Thomas Knopik

Steigerung des Wirkungsgrads und der Ausnutzung von Asynchronmotoren

Thomas Knopik

Steigerung des Wirkungsgrads und der Ausnutzung von Asynchronmotoren

Norm-Asynchronmotoren mit Kurzschlusskäfig

Südwestdeutscher Verlag für Hochschulschriften

Impressum / Imprint
Bibliografische Information der Deutschen Nationalbibliothek: Die Deutsche Nationalbibliothek verzeichnet diese Publikation in der Deutschen Nationalbibliografie; detaillierte bibliografische Daten sind im Internet über http://dnb.d-nb.de abrufbar.

Bibliographic information published by the Deutsche Nationalbibliothek: The Deutsche Nationalbibliothek lists this publication in the Deutsche Nationalbibliografie; detailed bibliographic data are available in the Internet at http://dnb.d-nb.de.

Coverbild / Cover image: www.ingimage.com

Verlag / Publisher:
Südwestdeutscher Verlag für Hochschulschriften
ist ein Imprint der / is a trademark of
OmniScriptum GmbH & Co. KG
Heinrich-Böcking-Str. 6-8, 66121 Saarbrücken, Deutschland / Germany
Email: info@svh-verlag.de

Herstellung: siehe letzte Seite /
Printed at: see last page
ISBN: 978-3-8381-3766-7

Zugl. / Approved by: Darmstadt, TU, Dissertation, 2013

Vorwort 9

Aufgabenstellung 10

Kurzfassung 12

1. Verwendete Formelzeichen 16

2. Abkürzungsverzeichnis 27

3. Einleitung 28

3.1. Rohstoff- und Energiesituation zu Beginn des 21. Jahrhunderts 30

3.2. Auswirkungen auf die Antriebstechnik 36

3.2.1. Rolle und Einsparpotential der elektrischen Antriebstechnik bei der Reduktion des Energiebedarfs 36

3.2.2. Maßnahmen und Richtlinien zur Senkung des Energieverbrauchs in der Antriebstechnik 38

3.2.3. Bezug zur Aufgabenstellung 43

4. Modelle zur analytischen Vorausberechnung der Betriebskennlinien der Kurzschlussläufer-Asynchronmaschine (KLASM) 46

4.1. Berechnung der elektromagnetischen Betriebsparameter 46

4.1.1. Allgemeine Funktionsweise der KLASM 47

4.1.2. Rotorspannungsgleichung der KLASM (Grundwellenverhalten) 49

4.1.3. Statorspannungsgleichung der ASM (Grundwellenverhalten) 55

4.1.4. Zusammenführen der Ersatzschaltbilder des Stators und des Rotors 60

4.1.5. Berücksichtigung des Einflusses von Oberwellen und der Sättigung im Ersatzschaltbild 63

4.1.6. Berücksichtigung der doppelseitigen Nutung im

Grundwellen-Ersatzschaltbild 71
4.1.7. Stromverdrängung in KLASM 76
4.2. Berücksichtigung von Bearbeitungseinflüssen bei der Vorausberechnung der Betriebskennlinien 79
4.3. Auswirkungen der Oberwellen auf das Betriebsverhalten einer KLASM 82
4.3.1. Generelles zur Entstehung von Oberwellen bei KLASM 82
4.3.2. Oberwellen des Statorfeldes 85
4.3.2.1. Wicklungs- und Nutungsoberfelder bei einseitiger Nutung 85
4.3.2.2. Abdämpfung durch das Läuferfeld 93
4.3.2.3. Einfluss der Eisensättigung und Sättigungsoberfelder 95
4.3.2.4. Berücksichtigung der Läufernutung 103
4.3.3. Rotoroberströme und Oberwellen des Rotorfeldes 109
4.3.3.1. Erweiterung des Grundwellenersatzschaltbilds zur Berechnung der Rotoroberströme: 110
4.3.3.2. Vergleich der Berechnungsmethoden nach *Weppler* und *Taegen* mit Ergebnissen der FEM-Berechnung 117
4.3.3.3. Läufergrund- und Restfelder 121
4.3.3.4. Sättigungsoberfelder des Rotors 124
4.3.3.5. Oberfelder durch Exzentrizitäten 128
4.3.3.6. Einfluss der Statornutung auf die Rotorfeldoberwellen 131
4.3.4. Vergleich des analytisch und numerisch berechneten Luftspaltfeldes für verschiedene Betriebspunkte 133
4.3.5. Möglichkeiten zur Reduzierung des Oberwellengehalts in KLASM 138
4.3.5.1. Sehnung 138

4.3.5.2. Schrägung der Stator- oder Rotornuten 139

4.4. Hochlaufkurve der KLASM bei Berücksichtigung von Oberwelleneinflüssen und Querströmen bei nicht isoliertem, geschrägtem Läuferkäfig 143

4.4.1. Asynchrone Oberwellenmomente 143

4.4.2. Synchrone Oberwellenmomente 145

4.4.3. Einfluss der Schrägung und des Querstroms auf die Drehmomentverläufe 147

4.4.4. Messung der Drehmomentverläufe im Reversierversuch 156

4.5. Verlustbilanz der KLASM 162

4.5.1. Allgemeines zum Leistungsfluss in der Asynchronmaschine 162

4.5.2. Stromwärmeverluste im Stator und Rotor 165

4.5.3. Ummagnetisierungsverluste im Stator und Rotor 166

4.5.4. Zusatzverluste in der KLASM 167

4.5.4.1. Zusatzverluste durch Flusspulsationen im Stator und Rotor 169

4.5.4.2. Zusatzverluste durch Ober- und Querströme im Rotor mit Einfluss der Stromverdrängung 187

4.5.4.3. Oberflächenverluste an der Stator- und Rotoroberfläche 187

4.5.5. Luft- und Lagerreibung 191

4.5.6. Messung des Wirkungsgrads und der Kurzschlusskennlinien 192

4.5.7. Vergleich zwischen FEM-Berechnung, Messung und analytischer Berechnung einiger Verlustkomponenten 197

5. Vorausberechnung der Geräuschabstrahlung von Kurzschlussläufer-Asynchronmaschinen 208

5.1. Generelle Vorgehensweise – Klassische Methode nach Jordan - 208

5.2. Berechnung der im Betrieb auftretenden radialen Kräfte 214
5.2.1. Berechnung der Radialkraftdichtewellen aus den Feldoberwellen des Stators und Rotors 214
5.2.2. Grundregeln für geräuscharme Motorauslegungen 217
5.3. Ermittlung der Resonanzfrequenzen des Stators 219
5.3.1. Resonanzfrequenzen des frei schwingenden Rings 219
5.3.2. Ergebnisse der Vorausberechnung der Schallleistungspegel im Bemessungsbetrieb bei Annahme eines frei schwingenden Statorrings („klassische" Methode) 225
5.3.3. Resonanzfrequenzen des eingespannten Rings 230
5.3.3.1. 2D-FEM-Modalanalyse („Mode Superposition Method" in *ANSYS*) des eingespannten Rings 231
5.3.3.2. 2D-FEM-Untersuchung im Zeitschrittverfahren mit Anregung des eingespannten Rings durch Radialkraftwellen unterschiedlicher Ordnungszahlen r 234
5.4 Erweiterung der klassischen Vorausberechnung der Schallleistungspegel durch Berücksichtigung der mechanischen Randbedingungen 240
5.4.1. Berücksichtigung mehrerer Resonanzfrequenzen zur Bewertung der anregenden Radialkraftwellen 243
5.4.2. Berücksichtigung der verzerrten Schwingungsformen bei der Berechnung der relativen Strahlungsleistung N_{rel} 247
6. Analytisches Mehrkörpermodell und FEM-Modell zur Vorausberechnung der Erwärmung einer KLASM 254
6.1. Physikalische Grundlagen des Wärmeersatzschaltbildes 254
6.1.1. Wärmeleitung nach dem *Fourier*'schen Wärmeleitungsgesetz 254
6.1.2. Konvektion nach dem *Prandtl*'schen

Wärmeübergangsgesetz 256
6.1.3. Wärmestrahlung nach dem Stefan-Boltzmann'schen Strahlungsgesetz 258
6.2. Analytisches Mehrkörpermodell zur Vorausberechnung der Betriebstemperaturen 259
6.2.1. Berechnung der Wärmewiderstände 259
6.2.1.1. Wärmewiderstand der Statorwicklung beim Übergang auf das Blechpaket R_w 259
6.2.1.2. Wärmewiderstand zwischen Statornut und Wickelkopf $R_{Q\leftrightarrow wk}$ und vom Wickelkopf zum Gehäuse $R_{wk\leftrightarrow geh}$ 262
6.2.1.3. Wärmewiderstand des Statorblechpakets $R_{blech,s}$ 264
6.2.1.4. Wärmewiderstand des Gehäuses R_{geh} 266
6.2.1.5. Wärmeübergangswiderstand des Luftspalts R_δ 267
6.2.1.6. Wärmewiderstand des Rotorblechpakets R_r 269
6.2.1.7. Wärmefluss über die Welle 271
6.2.2. Berechnung der Wärmekapazitäten 277
6.2.3. Gesamtes Wärmequellenersatzschaltbild zur Vorausberechnung der Erwärmungskurven 279
6.3. Berechnete Betriebstemperaturen im Vergleich mit Messergebnissen 280
6.3.1. Messung der Anströmgeschwindigkeiten v_{Luft} zwischen den Kühlrippen des Gehäuses 280
6.3.2. Thermisches FEM-Modell zur Vorausberechnung der Betriebstemperaturen 282
6.3.3. Messaufbau zur Ermittlung der Betriebstemperaturen bei unterschiedlicher Belastung 288
6.3.4. Vergleich der gemessenen und vorausberechneten Temperaturwerte 293
6.4. Zusammenfassung zur Vorausberechnung der Erwärmung einer KLASM 294

7. Neuauslegung einer Motorbaureihe unter Verwendung der erarbeiteten Berechnungsmodelle 297
7.1. Vorgehensweise zur alternativen Auslegung der Motoren AH160 303
7.2. Prototypenvermessung und Vergleich mit den Vorausberechnungen 306
7.2.1. Messung der Spannungsreihe zur Bestimmung der optimalen Betriebsspannung 308
7.2.1.1. Motor AH160_9,2kW_50Hz_IE2 309
7.2.1.2. Motor AH160_9,2kW_60Hz_IE3 311
7.2.1.3. Motor AH160_11kW_60Hz_IE3 312
7.2.2. Wirkungsgrad und allgemeine Betriebsdaten 313
7.2.2.1. Motor AH160_9,2kW_50Hz_IE2 im Vergleich mit dem Serienmotor AH160 314
7.2.2.2. Motor AH160_9,2kW_60Hz_IE3 und Motor AH160_11kW_60Hz_IE3 320
7.2.3. Anlaufverhalten 325
7.2.3.1. Motor AH160_9,2kW_50Hz_IE2 im Vergleich mit dem Serienmotor AH160 325
7.2.3.2. Motor AH160_9,2kW_60Hz_IE3 und Motor AH160_11kW_60Hz_IE3 330
7.2.4. Kurzschlusskennlinien 332
7.2.4.1. Motor AH160_9,2kW_50Hz_IE2 im Vergleich mit dem Serienmotor AH160 333
7.2.4.2. Motor AH160_9,2kW_60Hz_IE3 und Motor AH160_11kW_60Hz_IE3 335
7.2.5. Thermisches Verhalten 337
7.2.5.1. Motor AH160_9,2kW_50Hz_IE2 im Vergleich mit dem Serienmotor AH160 337
7.2.5.2. Motor AH160_9,2kW_60Hz_IE3 und Motor AH160_11kW_60Hz_IE3 339

7.2.6. Vergleich der analytisch berechneten Geräuschabstrahlung mit Messergebnissen 339
7.2.6.1. Serienmotor AH160_11kW_50Hz_IE2_CU_1 und AH160_11kW_60Hz_IE2_CU_1 339
7.2.6.2. Prototyp AH160_9,2kW_50Hz_IE2_ALU_1 340
7.2.6.3. Prototyp AH160_9,2kW_60Hz_IE3_ALU_1 342
7.2.6.4. Motor AH160_11kW_60Hz_IE3_CU_1 343
7.3. Diskussion weiterer Optimierungsmöglichkeiten 344
7.3.1. Reduktion der Reibungsverluste 344
7.3.2. Verlängerung des Kurzschlussrings 345
7.3.3. Variation der Statornuthöhe, -breite und der Nutform 348
7.3.4. Einsatz einer nicht-schlussgeglühten Blechsorte 352
7.3.5. Zusammenfassung der weiteren Optimierungspotentiale 354
7.4. Zusammenfassung zur Untersuchung der Entwurfsvorschläge 356
8. Einsatz einer mehrphasigen Wicklung in Stern-Polygon-Mischschaltung für KLASM zur Steigerung des Wirkungsgrads 358
8.1. Generelles zur Verwendung einer mehrphasigen Wicklung in Stern-Polygon-Mischschaltung 358
8.2. Analyse der resultierenden Durchflutungen im Luftspalt 361
8.3. Vergleich der Messergebnisse einer Standard-KLASM mit einem baugleichen Motor mit einer mehrphasigen Wicklung in Stern-Polygon-Mischschaltung 369
8.3.1. Messung der Verlustbilanz 372
8.3.2. Messung der Erwärmungskurven und der Strangströme und -Spannungen 375
8.3.3. Messung der Hochlaufkurven und axialen Schwingungen während des Hochlaufs der Motoren 379
8.3.4. Messung der Kurzschlusskennlinie 382

8.3.5. Vergleichende Geräuschmessungen 383

8.3.6. Zusammenfassung 384

9. Zusammenfassung 389

9.1. Wesentliche Ergebnisse 389

9.2. Neue Erkenntnisse 392

10. Anhang A: Maschinendaten 393

11. Anhang B: Herleitung der Maxwell'schen Zugspannung an der Grenzfläche zwischen Luftspalt und dem Stator 395

12. Anhang C: Herleitung der Schwebung in den Verläufen der radialen Auslenkung Y_r (t) 402

13. Anhang D: Maschinenparameter der Entwurfsvorschläge für die Motorbaureihe AH160 405

14. Anhang E: Wickelschema des Serienmotors AH180 im Vergleich zum Prototypmotor PT180 mit Auinger - Wicklung 408

15. Literaturverzeichnis 410

Vorwort

Diese Arbeit ist im Rahmen meiner Promotion am Institut für Elektrische Energiewandlung der Technischen Universität Darmstadt entstanden. Die Promotion begann im Frühjahr 2007 und endete nach 5 Jahren im Frühjahr 2012. Besonderer Dank gilt dabei Prof. Dr.-Ing. habil. Dr. h.c. Andreas Binder, der als Leiter des Instituts die Betreuung der Arbeit übernommen hat und mich dabei sehr unterstützt hat. Für die Bereitschaft die Korreferenz der Arbeit zu übernehmen danke ich Herrn Prof. Dr.-Ing. Ekkehard Bolte. Ich danke ebenfalls Herrn Dipl.- Ing. R. Hagen für die gute Zusammenarbeit bei der Verbesserung des Berechnungsprogramms *KLASYS*. Die hier mit *KLASYS* durch den Verfasser durchgeführten Berechnungen greifen auf die Berechnungsverfahren zurück, die Herr R. Hagen in *KLASYS* implementiert hat. Weiterhin danke ich den wissenschaftlichen Mitarbeitern des Instituts für Elektrische Energiewandlung der Technischen Universität Darmstadt, die sich gemeinsam mit mir während meiner Promotionszeit die Durchführung der Lehrtätigkeiten geteilt haben und mir auch darüber hinaus oft mit Ratschlägen weiterhelfen konnten.

Auch den Werkstätten des Instituts für Elektrische Energiewandlung bin ich zu Dank verpflichtet. Sowohl die Elektronikwerkstatt (in Persona: Herr Gütlich und Herr Moschko) als auch die mechanische Werkstatt (in Persona: Herr Fehringer und Herr Lohnes) haben mich während meiner Tätigkeit am Institut tatkräftig unterstützt.

Weiterhin möchte ich Herrn M. Strauch, Herrn M. Still, Herrn F. Aprodu, Herrn M. Bartosch, Herrn Y. Qu und Herrn A. Zinni dafür danken, dass sie ihre Studien- bzw. Diplomarbeiten mit Bezug auf mein Dissertationsthema durchgeführt haben und mich damit sehr bei meinen Forschungstätigkeiten unterstützt haben.

Nicht zuletzt danke ich meiner Familie und meiner Frau Michèle für den Beistand und die Unterstützung während der Promotionszeit.

Aufgabenstellung

Ziel dieser Arbeit ist die Steigerung der Energieeffizienz von netzgespeisten 4-poligen Kurzschlussläufer-Asynchronmaschinen (kurz: KLASM) einer Baureihe der Achshöhe 160 mm bei gleichzeitiger Optimierung der elektromagnetischen Ausnutzung und Einhaltung normativer Vorgaben für das Erwärmungs-, Anlauf- und Geräuschabstrahlungsverhalten. Als Basis für die Erarbeitung der Berechnungsmodelle dienen dabei Untersuchungen an drei 4-poligen Mastermotoren mit unterschiedlichen Achshöhen (80 mm: AH80 mit einer Bemessungsleistung P_N = 750 W; 100 mm: AH100 mit einer Bemessungsleistung P_N = 2200 W; 160 mm: AH160 mit einer Bemessungsleistung P_N = 9200 W). Die Motoren der ersten beiden Achshöhen 80 mm und 100 mm werden nur zum Abgleich und zur Verbesserung der Rechenmodelle betrachtet. Für diese Baureihen ist kein Neuentwurf vorzunehmen. Über Vergleichsmessungen und Berechnungen mit der Finite-Elemente-Methode (kurz: FEM) soll die Zuverlässigkeit der analytischen Vorausberechnungen untersucht werden. Als Ergebnis soll die institutseigene Berechnungssoftware *KLASYS* für die präzise Vorausberechnung des Betriebsverhaltens von KLASM hinsichtlich der elektromagnetischen Parameter und Betriebskennlinien verbessert werden und zusätzlich Programme zur Berechnung des thermischen Verhaltens und der Geräuschabstrahlung entstehen. Damit soll dann ein Neuentwurf der gesamten Motorbaureihe der Achshöhe 160 mm mit Motoren verschiedener Leistungs- und Wirkungsgradklassen gemäß der Vorgaben in Kapitel 7 durchgeführt werden. Ziel soll die Reduzierung der Verlustleistungen sein, um die geforderten Wirkungsgradklassen für alle Motoren der Produktreihe der Achshöhe 160 mm zu erreichen, ohne dabei die vorgegebenen produktionsbedingten, kostenbedingten und normativen Vorgaben zu missachten. Die Verbesserung der Effizienz und die Einhaltung der geforderten Wirkungsgradklassen sind anschließend durch Messungen an Prototypen, die gemäß den erarbeiteten Entwurfsvorschlägen gefertigt werden, nachzuweisen.

Objectives

The aim of this work is to increase the efficiency and electromagnetic utilization of mains-operated 4-pole squirrel cage induction machines of a production line with the frame size 160 mm without neglecting the normative restrictions concerning the thermal, start-up and acoustic behavior. To improve the calculation models, investigations on three 4-pole master motors with different frame sizes (80 mm: AH80 with rated power of P_N = 750 W; 100 mm: AH100 with rated power of P_N = 2200 W; 160 mm: AH160 with rated power of P_N = 9200 W) are performed. The results obtained for the motors of the frame sizes AH80 and AH100 are used only to improve the calculation models for the design of squirrel cage induction machines. For these motors no redesign is necessary.

By using comparative FEM-calculations and measurement results the quality of the gathered calculation models has to be proven. This should result in an improvement of the calculation software *KLASYS* (developed at the institute) for calculation of the general electro-magnetic machine parameters and the important operation characteristics of squirrel cage induction machines. In addition calculation programs for the thermal and acoustic behavior of squirrel cage induction machines for different load points should be worked out. With the help of these models a redesign of the production line with the frame size of 160 mm and different output power values and efficiency classes according to the design conditions, given in chapter 7, should be done. The main aim is to reduce the total losses to achieve the requested efficiency classes for all the motors of this production line with frame size 160 mm, taking into account all the normative restrictions and boundary conditions for the design. The efficiency improvements and the compliance to the restrictions are proven with measurement results of prototype motors that are manufactured according to the worked out motor design.

Kurzfassung

Die allgemeine Energiesituation am Ende des 20. Jahrhunderts zwingt die Menschheit zum bewussteren Umgang mit der Energie. Weiterhin sorgt ein weltweites Umdenken in der Umweltpolitik zu einer Verschärfung der Energiesituation und (besonders in Deutschland) zu einem verstärkten Einsatz regenerativer Energiequellen, was u. A. den Strompreis erheblich ansteigen lässt. In diesem Zusammenhang wird auch die Reduzierung des Energieverbrauchs elektrischer Verbraucher angestrebt und im Energiekonzept der Bundesregierung von 2010 [1] verankert. In der Antriebstechnik führt das zu immer strengeren neuen Wirkungsgradklassen (z.B. IE3 und IE4, IE5 in Diskussion), in die die Antriebe eingestuft werden. Motoren, die einen hohen Energieverbrauch haben und somit einen niedrigen Wirkungsgrad (<IE2) besitzen, sollen stufenweise vom Markt verschwinden. Die stark angestiegenen Preise für Selten-Erden-Magnete sowie die im Vergleich zur Kurzschlussläufer-Asynchronmaschine (kurz: KLASM) deutlich geringere Robustheit machen den Einsatz von Permanentmagnet-Synchronmotoren (kurz: PMSM) trotz der vergleichsweise größeren Wirkungsgrade für industrielle Anwendungen unrentabel, so dass die KLASM noch für längere Zeit der am weitesten verbreitete Motorentyp für industrielle Antriebe bleiben wird.

Zur Auslegung hocheffizienter KLASM sind äußerst präzise Berechnungsmodelle vonnöten. Die in dieser Arbeit vorgestellten Modelle zur elektromagnetischen Auslegung von KLASM berücksichtigen den Einfluss der doppelseitigen Nutung, des Fertigungsprozesses und der Eisensättigung auf das Betriebsverhalten der Motoren. Dabei liegt ein besonderer Fokus auf der Leistungsbilanz der Motoren in unterschiedlichen Betriebspunkten. Die präzise Vorausberechnung der Zusatzverluste P_{zus} stellt dabei eine besondere Herausforderung dar und wurde dementsprechend ausführlich betrachtet. Anhand von drei vierpoligen Mastermotoren der Achshöhen 80 mm, 100 mm und 160 mm (Kenndaten Anhang A: Maschinendaten) mit Bemessungsleistungen von P_N = 750 W, 2200 W bzw. 9200 W wurden die Berechnungsmodelle getestet, optimiert und über Vergleichsrechnungen

mit der Finite-Elemente-Methode (*FLUX2D, ANSYS*) und Messungen verifiziert. Dabei haben sich die in der Arbeit vorgestellten Berechnungsmodelle sowohl zur Vorausberechnung der elektromagnetischen Betriebsparameter als auch zur Berechnung der Erwärmung und der Geräuschabstrahlung nachweislich als sehr geeignet dargestellt. Die hier erzielten Ergebnisse wurden zur Verbesserung des am Institut mitentwickelten Berechnungsprogramms *KLASYS* herangezogen.
Die Modelle wurden zur Erarbeitung eines Neuentwurfs einer gesamten Motorbaureihe mit unterschiedlichen Leistungs- und Wirkungsgradklassen bei gleicher Achshöhe von 160 mm im 50Hz- und 60Hz-Netzbetrieb verwendet. Anhand von Messungen an Prototypen wurden die Vorausberechnungen der Betriebskennlinien der Entwurfvorschläge kontrolliert, und es ergaben sich sehr gute Übereinstimmungen. Die Ergebnisse dieser Arbeit legen nahe, dass die Realisierbarkeit eines Motorentwurfs gemäß den geforderten Vorgaben und im Rahmen der gewünschten Randbedingungen fraglich ist.
Zur Reduktion der parasitären Oberwelleneffekte wie z. B. der Zusatzverluste und der Oberwellenmomente wurde eine mehrphasige Wicklung in Stern-Polygon-Mischschaltung untersucht. Durch Reihenschaltung aus einer äußeren Stern- und einer inneren Dreieckverschaltung der Spulen mit unterschiedlichen Strangwindungszahlen N_s entsteht hierbei eine Wicklung, durch die die Durchflutungsverteilung einer 6-phasigen Wicklung mit um 30°el versetzten Stromzeigern angenähert wird. Der Vergleich eines Serienmotors der Achshöhe 180 mm (AH180 mit P_N = 15 kW) mit einem Prototypen PT180 gleicher Baugröße und Blechpaketdaten mit einer mehrphasigen Wicklung in Stern-Polygon-Mischschaltung, ergibt eine Steigerung des Wirkungsgrades η des Motors PT180 im Vergleich zum Motor AH180 um ca. 1 % bei gleichzeitiger Reduktion der Oberwellenmomente und der Geräuschabstrahlung.

Abstract

The energy situation at the end of the 20th century forces mankind to use their energy resources more efficiently. Furthermore a worldwide rethinking about the ecological policy intensifies the discussion on the energy situation and leads (especially in Germany) to a stronger use of renewable energy sources. This increases the costs for electric energy. Therefore the German government decided to develop concepts to reduce the energy consumption, which was summarized in the energy concept in the year 2010 [1]. In the area of drive technology, this results in new and tighter efficiency classes (e.g. IE3 and IE4, IE5 under consideration), in which the machines are classified. Motors that have a big amount of losses and therefore a low efficiency (< IE2) should vanish stepwise from the market. Due to the lower robustness and the strongly increasing price of rare earth magnet materials permanent-magnet synchronous machines are at the moment no economical alternative for industrial applications, although the efficiency is higher compared to induction machines.

For the design of high efficient squirrel cage induction machines very precise calculation models are necessary. In this thesis, models for the electro-magnetic design of squirrel cage induction machines, which take into account the influence of double-sided slotting, the production process and iron saturation on the machine performance are introduced. The focus is on the power balance of the motors for different load points. Especially the prediction of the additional losses P_{zus} is a challenging task and is therefore regarded more in detail. With investigations on three 4-pole machines with the frame sizes of 80 mm, 100 mm and 160 mm (machine data in Appendix A) and rated output power values of $P_N = 750$ W, 2200 W and 9200 W the calculation models are tested, optimised and validated with the help of FEM-calculations (*FLUX2D, ANSYS*) and measurement results. The results proof that the introduced models for the calculation of the electro-magnetic parameters, as well as the thermal and the acoustic behavior, deliver satisfying and reliable results. The gained experiences are used to improve the calculation program *KLASYS*, that was developed at the Institute for Electrical Energy Conversion.

The calculation models were used to redesign a production line with frame size 160 mm with motors of different output power values and efficiency

classes to reach improved efficiency of the motors. The predictive calculations of the redesigned motors were checked with measurement results of prototype motors and show very good accordance. The results of this thesis suggest that the desired machine performance, which considers all proposed boundary conditions, cannot be reached.
To reduce parasitic harmonic effects as e.g. additional losses or harmonic torques a star-polygon poly-phase winding for an induction machine was investigated. Due to the series connection of a outer star and inner delta connection of the stator coils with different number of turns, the ampere turns of a six phase winding with 30°el phase shifted currents is approximated. The comparison of a series motor with frame size 180 mm (AH180 with P_N = 15 kW) with a prototype motor PT180 of the same total machine volume and the same iron stack geometry, but equipped with a star-polygon poly-phase winding, shows an increase of efficiency for motor P180, compared to motor AH180, by ca. 1 % and at the same time a reduction of harmonic torques and acoustic noise emission.

1. Verwendete Formelzeichen

Formel-zeichen	Einheit	Beschreibung
a, a_i	-, -	Anzahl paralleler Wicklungszweige, Anzahl paralleler Leiter je Windung
A	A/m, m^2	Strombelag, Nutseitenfläche
A_{Cu}	m^2	Querschnittsfläche eines Leiters
b_{sk}	M	Schrägung
b_d, b_Q	m, m	Zahnbreite, Nutbreite
b_{stab}, b_r	m, m	Breite eines Rotorstabes, Breite einer Rotornut
$B_{r\mu=\nu}$	T	(Unabgedämpftes) Läufergrundfeld des ν-ten Rotoroberstroms
$B_{r\mu\nu}$	T	(Unabgedämpftes) Läuferrestfeld des ν-ten Rotoroberstroms mit Ordnungszahl μ
$B_{s\nu}$	T	(Unabgedämpfte) ν-te Feldoberwelle des Stators
$B_{\delta\nu}$	T	ν-te Oberwelle des Luftspaltfeldes als Summe von Stator- und Rotorfeld (abgedämpftes Statorfeld)
$B_{\delta sk\nu}$	T	ν-te Oberwelle des Luftspaltfeldes, verursacht durch einen Kreisstrom bei in Dreieck geschalteten Statorspulen
B_Q	T	Nutquerfeld
c_s	$W/(m^2K^4)$	Abstrahlungskoeffizient, *Stefan- Boltzmann'* sches Strahlungsgesetz
c_{th}, C_{th}	J/(kg·K), J/K	Spezifische Wärmekapazität, Wärmekapazität
$\cos\varphi$	-	Leistungsfaktor (auch: Wirkfaktor)
D	M	Dicke des Elektrobleches
d_K	M	Mittlerer Korndurchmesser des Elektrobleches
E	kN/mm^2	E-Modul
r_{ra}, d_{ra}	m, m	Rotoraussenradius, Rotoraussendurchmesser

r_{si}, d_{si}	m, m	Statorinnenradius, Statorinnendurchmesser (Statorbohrung)
H	A/m	Magnetische Feldstärke
h_d, h_Q	m, m	Zahnhöhe, Nuthöhe
h_{stab}, h_y	m, m	Höhe eines Rotorstabes, Jochhöhe
I	A	Stromstärke
I_D	A	Von den Sättigungsoberwellen durch Selbstinduktion verursachte Abdämpfströme bei in Dreieck geschalteten Statorspulen
I_N	A	Bemessungsstrom
I_k	A	Kurzschschlussstrom
I_m ,I_0	A, A	Magnetisierungsstrom, Leerlaufstrom
I_q	A	Querstrom zwischen geschrägten Rotorstäben
I_r	W/m^2	Schallintensität
$I_{r\nu}$	A	ν-ter Rotoroberstrom
I_s	A	Statorstrom
I_{stab}	A	Strom eines Stabes des Rotorkäfigs
J	$kg \cdot m^2$	Trägheitsmoment
J_r, J_{zyl}	$kg \cdot m^2$, $kg \cdot m^2$	Trägheitsmoment des Rotors bzw. der zylindrischen Zusatzmasse im Reversierversuch
k_C, k_{Cs}, k_{Cr}	-, -, -	*Carter*-Faktor, *Carter*-Faktor des Stators bzw. Rotors
k_f	-	Nutfüllfaktor
k_{Fe}	-	Stapelfaktor
$k_{d\mu}$, $k_{p\mu}$	-, -	Zonen- bzw. Sehnungsfaktor der μ-ten Feldoberwelle
k_h, k_{h0}	-, -	Hauptfeldsättigungsfaktor bei geschrägten bzw. ungeschrägten Nuten
$k_{ns,s/r,A/B}$	-, -, -, -	Nutschlitzsättigungsfaktoren im Zahnkopfbereich A bzw. B des Stators bzw. Rotors
k_R, k_L	-, -	Stromverdrängungsfaktor des *ohm*'schen Widerstands bzw. der Nutstreuinduktivität

$k_{Qs\nu}$	-	Nutschlitzfaktor der ν-ten Feldoberwelle
k_V	-	Verschlechterungsfaktor für die Erhöhung der Ummagnetisierungsverluste aufgrund von Bearbeitungseinflüssen
$k_{ws\nu}$, $k_{wr\mu}$	-, -	Wicklungsfaktor der ν-ten Feldoberwelle für den Stator bzw. der μ-ten Feldoberwelle für den Rotor
k_{zk}, K_{ZK}	-, -	Momentaner bzw. integraler Zahnkopffaktor
L	H, -	Induktivität, *Lorenz*-Konstante des *Wiedemann-Franz*'schen Wärmegestzes
l_e, l_{Fe}	m, m	Effektive (ideelle) Eisenlänge, Eisenlänge
L_h	H	Hauptinduktivität des T-Ersatzschaltbildes
L_{sh}, L_{rh}	H, H	Hauptinduktivität des Stators bzw. Rotors
$L_{s\sigma}$, $L_{r\sigma}$	H, H	Streuinduktivität des Stators bzw. Rotors
$L_{s\sigma b}$, $L_{r\sigma b}$	H, H	Streuinduktivität des Statorwickelkopfs bzw. des Kurzschlussrings
$L_{s\sigma Q}$, $L_{r\sigma Q}$	H, H	Streuinduktivität der Stator- bzw. Rotornuten
$L_{s\sigma os}$, $L_{r\sigma os}$	H, H	Oberfelderstreuinduktivität des Stators bzw. Rotors
L_W, L_{WA}	dB, dB(A)	Schallleistungspegel, A-bewerteter Schallleistungspegel
F	N	Kraft
f_N	Hz	Nennfrequenz
f_r	Hz	Rotorfrequenz
$f_{res,m}$, $f_{resl,m}$	Hz, Hz	Stator-Resonanzfrequenz der Biegeschwingung bzw. Längsschwingung des Schwingungs-Modus *m*,
f_s	Hz	Statorfrequenz
$f_{ton,r}$	Hz	Frequenz der elektromagnetischen Radialkraftwelle des Schwingungs-Modus *r*
F_{stab}	N	*Lorentz*-Kraft auf einen Rotorstab
E	N/m^2	Elastizitätsmodul

M	Kg	Masse
m_s, m_r	-, -	Anzahl der Wicklungsstränge im Stator bzw. Rotor
M_b	Nm	Kippmoment
$M_{e\nu}$, $M_{e\nu\nu}$	Nm, Nm	Asynchrones bzw. synchrones Oberwellenmoment der ν-ten Feldoberwelle
M_N	Nm	Bemessungsmoment
M_1	Nm	Anlaufmoment
$M_{rs,\nu}$, $M_{sr,\nu}$	H, H	Gegeninduktivität der ν-ten Feldoberwelle; rs: Induktion in den Rotor durch den Stator, sr: Induktion vom Rotor in den Stator
M_s	Nm	Bremsmoment der Luft- und Lagerreibung
M_u	Nm	Sattelmoment
N	min^{-1}	Drehzahl
N_c, N_s	-, -	Spulen- bzw. Strangwindungszahl
n_N	min^{-1}	Bemessungsdrehzahl
n_{syn}	min^{-1}	Synchrondrehzahl
P	-	Polpaarzahl
P	-; W	*Pfaff-Jordan* Parameter; Leistung
P_e, P_m	W, W	Elektrische Eingangsleistung, mechanische Ausgangsleistung
$P_{Cu,s}$, $P_{Cu,r}$	W, W	Stator- bzw. Rotorstromwärmeverluste
$P_{Cu,s,sv}$	W	Zusatzverluste im Stator durch Stromverdrängung 1. Ordnung
$P_{Cu,r,sv}$	W	Zusatzverluste durch größeren Rotorwiderstand bei Stromverdrängung 2. Ordnung
$P_{Cu,s,os}$	W	Zusätzliche Statorstromwärmeverluste durch aufgrund der sekundären Ankerrückwirkung induzierten Oberströme
$P_{Cu,r,os}$	W	Zusatzverluste durch Rotoroberströme
$P_{Cu,s,3}$	W	Zusatzverluste im Stator durch sättigungsbedingte Kreisströme bei Dreieckschaltung

$P_{\mathrm{Cu,r,3}}$	W	Zusatzverluste im Rotor durch sättigungsbedingte Oberströme
$P_{\mathrm{Fe,s}}$, $P_{\mathrm{Fe,r}}$	W, W	Über die *Steinmetz*-Formel berechnete Ummagnetisierungsverluste des Stators bzw. Rotors
$P_{\mathrm{Fe,IEC}}$	W	In Anlehnung an die IEC-Norm 60034-2 aus den Ummagnetisierungsverlusten des Leerlaufversuchs $P_{\mathrm{Fe,0}}$ und den Hauptfeldspannungen U_{h} für den jeweiligen Betriebspunkt umgerechnete Ummagnetisierungsverluste
P_{Ft}, P_{Hy}	W, W	Wirbelstrom- (Ft: *Foucault*) bzw. Hystereseverlustleistung
P_{N}, P_{d}	W, W	Bemessungsleistung, gesamte Verlustleistung
$P_{\mathrm{O,r}}$, $P_{\mathrm{O,s}}$	W, W	Oberflächenverluste durch Ummagnetisierungsverluste in den Zahnköpfen und Eisenbrücken der überdrehten Rotoren bzw. des Stators
$P_{\mathrm{p,s}}$, $P_{\mathrm{p,r}}$	W, W	Flusspulsationsverluste in den Zähnen des Stators bzw. Rotors
$P_{\mathrm{q,r}}$	W	Zusätzliche Stromwärmeverluste durch Querströme zwischen den Rotorstäben
P_{zus}, $P_{\mathrm{zus,Last}}$	W, W	Zusatzverluste, lastabhängige Zusatzverluste
$P_{\delta\nu}$, $P_{\mathrm{fr+w}}$	W, W	Luftspaltleistung der ν-ten Feldoberwelle, Verluste durch Luft- und Lagerreibung
Q	-	Lochzahl: Nuten pro Pol und Strang
q_{th}	$\mathrm{W/m^2}$	Wärmestromdichte
Q_{s} , Q_{r}	-, -	Anzahl der Nuten im Stator bzw. Rotor
$\dot{Q}$	W	Wärmestrom
r, m	-, -	Modenummer der radialen Kraftdichtewelle, Modenummer der Biegeschwingung des Stators
R	Ω	*Ohm*'scher Widerstand
R_{Fe}	Ω	Eisenwiderstand zur Berücksichtigung der Ummagnetisierungsverluste im Ersatzschaltbild

R_m	M	Mittlerer Radius der ringförmigen Stator-Ersatzstruktur zur analytischen Berechnung der Resonanzfrequenzen
R_q, r_q	Ω, Ω·cm²	Querwiderstand, Querwiderstandsbelag
R_s, R_r	Ω, Ω	*Ohm*'scher Stator- bzw. Rotorwiderstand eines Stranges
ΔR_{ring}, R_{stab}	Ω, Ω	*Ohm*'scher Widerstand eines Ringabschnitts bzw. eines Rotorstabes
S	-	Schlupf
s_b	-	Kippschlupf
S_ν	-	Schlupf des ν-ten Drehfeldes
S_N	VA	Bemessungsscheinleistung
S_k	VA	Kurzschlussscheinleistung
s_{Qs}, s_{Qr}	m, m	Geometrische Nutöffnung des Stators bzw. Rotors
s_{Qse}, s_{Qre}	m, m	Effektive Nutschlitzbreite der Radialfeldnäherung (stromlose Nut)
s_{Qse}', s_{Qre}'	m, m	Effektive Nutschlitzbreite der Radialfeldnäherung (stromdurchflossene Nut)
$s_{Qs,ges}$, $s_{Qr,ges}$	m, m	Magnetisch wirksame Nutöffnung des Stators bzw. Rotors bei Eisensättigung
s_{Qr}'	M	Magnetisch wirksamer Ersatznutschlitz bei geschlossenen Rotornuten bei Eisensättigung
T	S	Zeit
U	V	Spannung
$U_{h,\nu}$	V	Hauptfeldspannung der ν-ten Feldoberwelle
U_N	V	Bemessungsspannung
U_s	V	Statorstrangspannung
$U_{i,\nu}$	V	Durch die ν-te Feldoberwelle induzierte Spannung
$ü_I$, $ü_U$	-, -	Strom- bzw. Spannungsübersetzungsverhältnis
V	m/s	Geschwindigkeit

V	A, m^3	magnetische Spannung, Volumen
V_L	A	magnetische Spannung im Luftspalt
$V_{joch,s}$, $V_{joch,r}$	A, A	magnetische Spannung im Rückschlussjoch von Stator bzw. Rotor
$V_{zahn,s}$, $V_{zahn,r}$	A, A	magnetische Spannung in den Zähnen von Stator bzw. Rotor
W, W_r	- ; W	Spulenweite, Schallleistung
X_h	Ω	Hauptreaktanz des T-Ersatzschaltbildes
x, x_s, x_r	m, m, m	Ortskoordinate, Ortskoordinate im stator- bzw. rotorfesten Koordinatensystem
X_{sh}, X_{rh}	Ω, Ω	Hauptreaktanz des Stators bzw. Rotors
$X_{s\sigma}$, $X_{r\sigma}$	Ω, Ω	Streureaktanz des Stators bzw. Rotors
$X_{s\sigma b}$, $X_{r\sigma b}$	Ω, Ω	Streureaktanz des Statorwickelkopfs bzw. des Kurzschlussrings
$X_{s\sigma Q}$, $X_{r\sigma Q}$	Ω, Ω	Streureaktanz der Stator- bzw. Rotornuten
$X_{s\sigma os}$, $X_{r\sigma os}$	Ω, Ω	Oberfelderstreureaktanz des Stators bzw. Rotors
X_{sW}, $X_{shW\nu}$	Ω, Ω	Wechselfeldreaktanz, Wechselhauptfeldreaktanz der ν-ten Feldoberwelle
Y_r	M	Radiale Schwingungsamplitude des Statorjochs
Z_0	Ns/m^3	Wellenwiderstand der Luft für die Ausbreitung von Schallwellen

Griechische Formelzeichen

Formelzeichen	**Einheit**	**Beschreibung**
α	W/(m^2K)	Wärmeübergangskoeffizient
α_Q	°	Nutwinkel
χ_v, $\underline{\chi}_v$	-, -	Reeller bzw. komplexer Schrägungsfaktor
δ, δ_e	m, m	Luftspaltweite, ideelle Luftspaltweite
Δl_{ox}	M	Dicke der Oxidschicht zwischen einem Rotorstab und dem Blechpaket
$\Delta \underline{U}_1$, $\Delta \underline{U}_2$	V, V	Zus. Spannungsquellen im *Weppler*-Ersatzschaltbild

ε_{mech}	-	Relative Exzentrizität
Φ	Wb	Fluss
Φ_h, Φ_p	Wb, Wb	Hauptfluss, Fluss eines Pols
$\Phi_{s\sigma}$, $\Phi_{r\sigma}$	Wb, Wb	Streufluss des Stators bzw. Rotors
$\Phi_{s\sigma Q}$, $\Phi_{r\sigma Q}$	Wb, Wb	Nutstreufluss des Stators bzw. Rotors
$\Phi_{sy\nu}$, $\Phi_{ry\nu}$	Wb, Wb	Fluss im Stator- bzw. Rotorjoch für die ν-te Oberwelle
Φ_Z	Wb	Luftspaltstreufluss (Zick-Zack-Streufluss)
$\Phi_{Z,o\nu}$, $\Phi_{Z,u\nu}$	Wb, Wb	Fluss im Zahnkopf bzw. Zahnfuß für die ν-te Oberwelle
φ	°	Phasenwinkel
φ_m	°	Phasenwinkel zwischen dem Magnetisierungsstrom und der Statorspannung
φ_s	°	Phasenwinkel zwischen dem Statorstrom und der Statorspannung
ϑ, $\Delta\vartheta$	°C, K	Temperatur bzw. Temperaturdifferenz
$\vartheta_{\nu\mu}$	°	Rel. Phasenlage zwischen der ν-ten Feldoberwelle des Stators und der μ-ten Feldoberwelle des Rotors
Θ	A	Elektrische Durchflutung
κ	S/m	Spezifische elektrische Leitfähigkeit
λ	Vs/(Am)	Magnetischer Leitwert
λ_{Qs}, λ_{Qr}	Vs/(Am), Vs/(Am)	Leitwertsfunktionen des Stators bzw. Rotors zur Berücksichtigung der Nuten auf das einseitig genutete Feld der Gegenseite
λ_{th}	W/(m·K)	Wärmeleitfähigkeit
$\lambda_{X\nu}$	Vs/(Am)	Leitwert der geometrischen Streureaktanz für die ν-te Oberwelle
$\lambda_{w\nu}$	M	Wellenlänge der ν-ten Feldoberwelle
μ	Vs/(Am)	Magnetische Permeabilität (von Luft $\mu_0 = 4\pi \cdot 10^{-7}$ Vs/Am)

ν	Kg/(m·s)	kinematische Zähigkeit oder Viskosität
η	-	Wirkungsgrad
η_r	-	Resonanzüberhöhungsfaktor der Radialkraftwelle des Mode *r*
$\eta_\nu, \eta_{\nu e}$	-, -	*Jordan*´scher Kopplungsfaktor, erweiterter Kopplungsfaktor nach *Weppler* und *Neuhaus* für die ν-te Feldoberwelle
ρ	Kg/m^3	Massendichte
σ_{os}	-	Oberwellenstreuziffer
σ_r	N/m^2	Radialkraftdichte
τ_p	M	Polteilung
ω_r	Rad/s	Rotorkreisfrequenz
ω_s	Rad/s	Statorkreisfrequenz
$\zeta_{Ns\nu}$, $\zeta_{s\nu}$	-, -	Nutverstärkungsfaktor, Nutungsfaktors der ν-ten Feldoberwelle

Indizes:

Formelzeichen	Beschreibung
A	Außen-
Amb	Umgebungs-
B	Lager-
Bs	Lagerschild-
C	Spulen-
D	Zahn-
Fe	Eisen-
fr	Lagerreibung
Cu	Kupfer-
Geh	Gehäuse-
H	Haupt-
I	Induziert, Innen-
Is	Isolation
K	Kurzschluss

N	Bemessungs-
Q	Nut-
R	Rotor-, radial
S	Stator- und Strang-
Th	Thermisch
W	Wicklungs-
w	Luftreibung
Wk	Wickelkopf-
Y	Joch-
δ	Luftspalt-
ν	Ordnungszahl Statorfeldoberwellen
μ	Ordnungszahl Rotorfeldoberwellen
0	Leerlauf

- Für die Größen Strom I, Spannung U, Fluss Φ,... bedeuten Großbustaben jeweils, dass der Effektivwert gemeint ist. Kleinbuchstaben für den Strom i, die Spannung u, den Fluss ϕ,... werden verwendet, wenn die Augenblickswerte gemeint sind.
- Für die Verwendung sinusförmig zeitlich veränderlicher und komplexer Größen gelten allgemein folgende Bezeichnungen (hier am Beispiel des Strangstroms I_s):

$$i_s(t) = \sqrt{2} I_s \cos(2\pi f_s t - \varphi_s) = \sqrt{2} I_s \cos(\omega_s t - \varphi_s) = \hat{I}_s \cos(\omega_s t - \varphi_s) =$$
$$\mathrm{Re}\left(\sqrt{2}\underline{I}_s e^{j\omega_s t}\right) = \mathrm{Re}\left(\sqrt{2}\cdot\left|\underline{I}_s\right| e^{-j\varphi_s} e^{j\omega_s t}\right) = \mathrm{Re}\left(\hat{\underline{I}}_s e^{j\omega_s t}\right) = \mathrm{Re}\left(\left|\hat{\underline{I}}_s\right| e^{-j\varphi_s} e^{j\omega_s t}\right)$$

Die zu einem bestimmten Zeitpunkt t in den Wicklungssträngen fließenden Ströme $i_s(t)$ können gemäß der komplexen Wechselstromrechnung dadurch bestimmt werden, dass die Wechselstrom-Zeitverläufe durch mit der Winkelgeschwindigkeit ω_s kreisende Zeiger $\hat{\underline{I}}_s$ in der komplexen Zahlenebene ersetzt werden. Deren Projektion auf die Realteilachse ergibt die Augenblickswerte $i_s(t)$. Es sind:

I_s : Effektivwert des Strangstroms

$\hat{I}_s$: Amplitude des Strangstroms

$\underline{I}_s$: komplexer Effektivwert des Strangstroms

$\hat{\underline{I}}_s$: komplexe Amplitude des Strangstroms

$|\underline{I}_s|$: Betrag des komplexen Effektivwerts des Strangstroms

$|\hat{\underline{I}}_s|$: Betrag der komplexen Amplitude des Strangstroms

Re(.) Realteil von ...

Im(.) Imaginärteil von ...

Größtenteils werden zeitlich veränderliche Größen in dieser Arbeit vereinfacht als komplexer Effektivwert (z.B. $\underline{I}_s$) angegeben, wobei generell (soweit nicht explizit darauf hingewiesen wird) ein mit der jeweiligen Winkelgeschwindigkeit ω kreisender Zeiger gemeint ist.

- Die Wahl der Formelzeichen und Indizes orientiert sich im Wesentlichen an der Norm DIN EN 60027-4.
- Die Bezeichnung von Achsen und Angaben von Einheiten sowie das Referenzieren von Literaturstellen richtet sich in Form und Ausführung an die vom IEEE angegebenen Vorgaben (http://www.ieee.org/publications_standards/publications/authors/authors_journals.html). Daher werden SI-Einheiten in runden Klammern (…) und Literaturstellen in eckigen Klammern […] angegeben.

2. Abkürzungsverzeichnis

Abkürzung	Beschreibung
KLASM	Kurzschlussläufer-Asynchronmotor oder -maschine
FEM	Finite-Element-Methode
i. A.	im Allgemeinen
u. A.	Unter Anderem
u. U.	Unter Umständen
FFT	Fast-Fourier-Transformation
IEC	International Electrotechnical Commission
Elek.	Elektrische
Mech.	Mechanische
Magn.	Magnetisch
Bzw.	Beziehungsweise
z. B.	Zum Beispiel
o. g.	Oben genannt

3. Einleitung

Zu Beginn dieser Arbeit wird im Kapitel 3.1 die Rohstoff- und Energiesituation zu Anfang des 21. Jahrhunderts mit besonderem Fokus auf die Antriebstechnik vorgestellt, da dies die Grundlage für die Notwendigkeit zur Steigerung der elektromagnetischen Ausnutzung und des Wirkungsgrads moderner Antriebe darstellt. In diesem Zusammenhang wird dargelegt, welches Potential an Energieeinsparung und damit Reduzierung der Schadstoffemissionen in der Antriebstechnik vermutet wird, da elektrische Antriebe die wesentlichen Stromverbraucher in der Industrie sind. Auch die daraus entstandenen politischen Vorgaben, Beschlüsse, Klassifizierungen und Normierungen werden dargelegt. Durch die politischen Vorgaben sollen die Hersteller bei der Auslegung elektrischer Antriebe gezwungen werden, Rohstoffe optimal zu nutzen, um wirtschaftlich zu bleiben, und Verluste bei der Wandlung elektrischer in mechanischer Energie zu minimieren, um die Umwelt zu schonen.

Im Kapitel 4.1 wird die Funktionsweise der Asynchronmaschine mit Käfigläufer (KLASM) erläutert, da für die Erhöhung der Ausnutzung und Reduktion der Verlustleistungen zur Steigerung der Effizienz dieser Motoren fundierte Berechnungsmodelle unabdingbar sind. Neben der Erläuterung der physikalischen Effekte, die im Betrieb der KLASM auftreten, werden auch die Rechenmodelle zur mathematischen Beschreibung des Betriebsverhaltens Thema sein. Am Ende dieses Abschnitts steht ein analytisches Berechnungsmodell, welches die Möglichkeit bietet, die Betriebskennlinien und die elektromagnetischen Betriebsparameter der KLASM vorauszuberechnen. Die Besonderheit dieses Modells liegt darin, dass eine Vielzahl physikalischer Einflüsse wie die Nutungseinflüsse, der Einfluss der Eisensättigung, die Wirkung von Paketquerströmen, der Effekt der Stromverdrängung und der Einfluss des Produktionsprozesses berücksichtigt werden. Die Sättigungseinflüsse zu berücksichtigen ist wichtig im Hinblick auf die erstrebte Steigerung der Ausnutzung der Maschinen, die maßgeblich von der Sättigung beeinflusst wird. Das zweite Ziel, die Steigerung des Wirkungsgrads η, kann nur durch Erarbeitung genauer Verlustberechnungsmodelle erreicht werden. Besonders die detaillierte Analyse der Zusatzverluste P_{zus}, die oft nur 2 % der Bemessungsleistung P_N ausmachen, ist dabei unabdingbar. Obwohl sie nur einen geringeren Teil (10 %-15 %) der gesamten Verlustleistung P_d ausmachen, steckt in diesen, vorwiegend durch Oberwelleneffekte verursachten Verlustkomponenten, ein großes Optimierungspotential.

Bei Betrieb der Maschinen erwärmen sie sich aufgrund der auftretenden Verluste. Um gewährleisten zu können, dass dabei keine zulässigen Grenzwerte [2] überschritten werden, werden in Kapitel 6 Berechnungsmodelle für die Temperaturkennlinien vorgestellt. Die vorausberechneten Verluste in den jeweiligen Arbeitspunkten werden aus dem zuvor vorgestellten Berechnungsmodell entnommen. Das in dieser Arbeit vorgestellte Mehrkörper-Modell erlaubt die analytische Vorausberechnung der Temperaturverläufe an acht Stellen im Stator und im Rotor.

Ein weiterer Aspekt, der im Kapitel 5 betrachtet wird, ist die Vorausberechnung der Schallabstrahlung der KLASM. Durch die Nutung von Stator und Rotor und die in die Nuten eingebrachte verteilte Wicklung zur Generierung des Drehfeldes der KLASM ist das resultierende Luftspaltfeld $B_\delta(x,t)$ nicht ideal sinusförmig. Die Oberwellen des Stator- und Rotorfeldes erzeugen auf den Rotor und Stator wirkende Radialkraftwellen, die vor allem den Stator und das Gehäuse zu Schwingungen anregen und einen Körperschall erzeugen, der unter Umständen unzulässig laute Geräusche [3] verursacht. Daher wird ein Berechnungsmodell vorgestellt, dass eine Vorausberechnung dominanter Schallleistungspegel L_{wA} ermöglicht. Damit soll eine akustische Kontrolle einer Maschinenauslegung durchgeführt werden.

Die Berechnungsmodelle werden anhand von Messergebnissen und Finite-Elemente-Berechnungen (FEM) der gewählten Mastermotoren der AH80, AH100 und AH160 überprüft. Die Bemessungsleistung dieser Motoren reicht vom kleinen Wert 750 W bei der AH80 über 2,2 kW bei der AH100 bis hin zu 7,5 kW-15 kW bei der AH160, so dass die Modelle allgemeine Gültigkeit besitzen sollten. Eine genaue Vorausberechnung der Betriebseigenschaften von KLASM unabhängig von der Achshöhe stellt eine besondere Herausforderung dar.

Die Neuauslegung des Motors AH160 mit Aluminium- und Kupferkäfig bei gleichbleibenden Blechschnitten für den Betrieb am 50 Hz- und 60 Hz-

Netz ist Thema in Kapitel 7. Hier werden mit Hilfe der analytischen und der FEM-Modelle, die in den vorangegangen Kapiteln erläutert wurden, Vorschläge für eine alternative Auslegung vorgestellt und begründet. Die Vorausberechnungen werden dann durch Vergleichsmessungen an gemäß den Vorgaben gefertigten Prototypen überprüft.

In Kapitel 8 wird eine mehrphasige Wicklung in Stern-Polygon-Mischschaltung („*Auinger*"-Wicklung) als Reihenschaltung aus einer äußeren Stern- und einer inneren Dreieckverschaltung zur Erregung einer 12-zonigen Durchflutungsverteilung einer 6-phasigen Wicklung bei Anschluss an ein konventionelles 3-Phasen-Netz diskutiert. Der Einsatz einer solchen Wicklung verspricht eine Steigerung des Wirkungsgrads der Motoren durch Reduktion des Oberwellengehalts des Statorfeldes.

Kapitel 9 fasst die Erkenntnisse dieser Arbeit zusammen und stellt noch einmal die wesentlichen Erkenntnisse dar.

3.1. Rohstoff- und Energiesituation zu Beginn des 21. Jahrhunderts

Die, gemessen an der stetig wachsenden Weltbevölkerung, knapper werdenden Vorkommen industriell benötigter Rohstoffe zwingen die Industriestandorte weltweit zu einem sparsameren Umgang und zu optimierten Beschaffungs- und Bearbeitungsstrategien. Gleichzeitig entstehen gerade in Asien (hier vornehmlich in China und Indien) neue Industriestandorte, die einen großen Bedarf an Rostoffen aufweisen, was den Preis der fossilen Brennstoffe, der Baustoffe, aber auch der in der Elektrotechnik benötigten Materialien deutlich ansteigen lässt. Abbildung 3.1 a) zeigt die Entwicklung der Preise von den im Elektromaschinenbau im wesentlichen benötigten Rohstoffen Kupfer, Aluminium und Stahl im Zeitraum von Ende 2000 bis Ende 2010. Nach dem Einbruch durch die Weltwirtschaftskrise im Jahre 2008 ist aktuell (Stand 2012) ein rasanter Anstieg der Preise festzustellen. Daher sind Hersteller elektrischer Antriebe gezwungen, die elektromagnetische Ausnutzung ihrer Motoren zu erhöhen, um die Rentabilität ihrer Produkte zu steigern. Gleichzeitig sind strategische Maßnahmen in der Beschaffung und in der Produktion zu erarbeiten, um konkurrenzfähig zu bleiben. Bei der Beschaffung von Kupferdrähten und Elektroblech wird daher versucht, die komplette Produktpalette aufeinander abzustimmen, um möglicht in großen Massen und damit zu reduzierten Preisen einkaufen zu können (vgl. Vorgaben für Neuentwurf in Kapitel 7). Weiterhin wird versucht, mit minimalem Einsatz an Bearbeitungswerkzeugen (z.B. Wickelautomaten, Stanzwerkzeugen, ...) auszukommen, um die Vielzahl an Leitungsklassen im Bereich der Normachshöhen von KLASM von 56 mm bis 500 mm [4] abzudecken (vgl. Kapitel 7). Abbildung 3.1b) zeigt den Anstieg der Energiekosten für die deutsche Industrie [5] im Zeitraum von 1991-2009. Die Kurve macht zusammen mit der Strompreisentwicklung für Deutschland in den letzten Jahren (Abbildung 3.2a) deutlich, dass durch Reduktion des Energieeinsatzes während der Produktion der Motoren Kosten eingespart werden können. So sind die Hersteller darauf bedacht ihre Logistik, aber auch die Produktionsprozesse an sich hinsichtlich des Einsatzes von Energie in Form von Öl, Gas oder Strom zu optimieren. Daher wird versucht auf energieintensive Produktionsschritte wie z.B. das Rekristallationsglühen von Elektroblechen bei der Fertigung elektrischer Antriebe durch Einsatz schlussgeglühter Bleche zu verzichten (vgl. Kapitel 7).

Die Entwicklung des Strompreises (Abbildung 3.2a) hat weiterhin zur Folge, dass der Kauf möglichst effizienter Motoren immer attraktiver wird, da sich die Amortisationszeiten verkürzen (siehe den folgenden Abschnitt 3.2) und daher die Sparte der energieeffizienten Antriebe an Bedeutung gewinnt.

Abbildung 3.2b) zeigt die geschätzte, weltweite Entwicklung der CO_2-Emissionen der vergangenen drei Jahrzehnte getrennt nach den jeweiligen Ursprüngen. Gerade bei der weltweiten Stromerzeugung ist ein deutlicher Anstieg zu erkennen, der größtenteils auf die wachsenden asiatischen (hier besonders in China und Indien) Märkte und die dort fortschreitende Industrialisierung zurückzuführen ist. Die dicht besiedelten asiatischen Regionen mit immer weiter steigenden Bevölkerungszahlen benötigen für die angestrebte Steigerung ihres Wohlstandes auf westliches Niveau enorme Mengen an Energie. Eine Vielzahl von Studien zur Abschätzung der damit verbundenen Schadstoffemissionen ergeben Anstiege von bis zu 900 % in den nächsten 10 Jahren und erfordern daher ein weltweites Umdenken bei der ohnehin schon angespannten Klimapolitik.

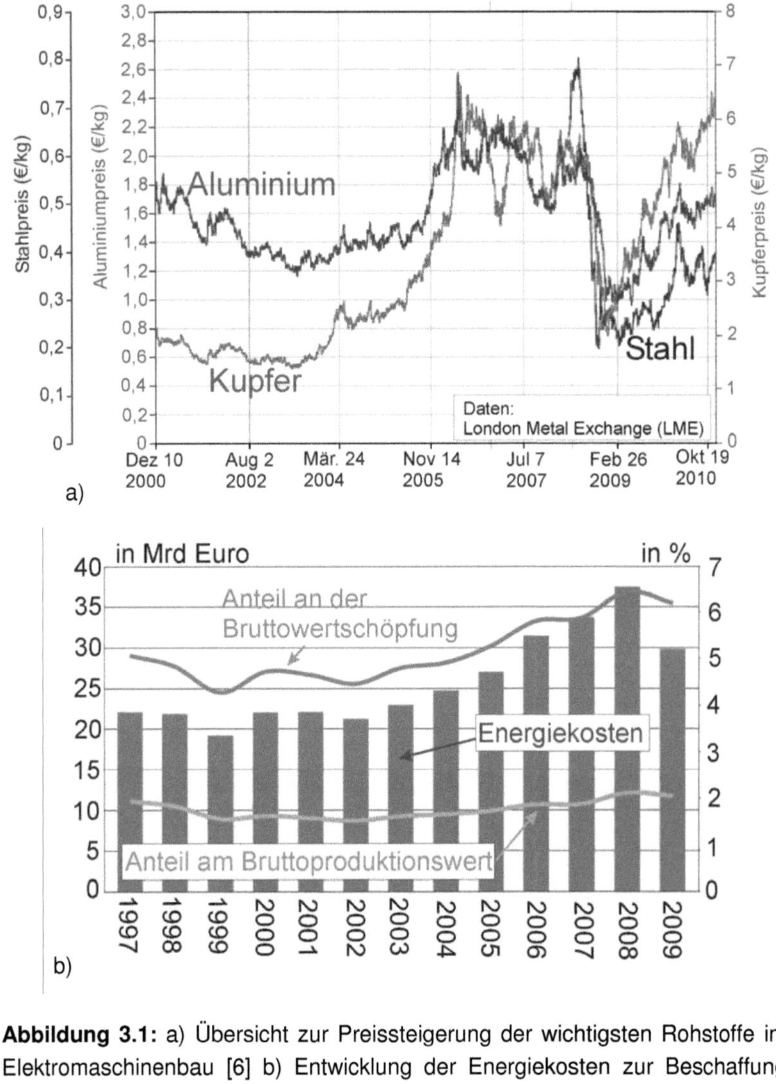

Abbildung 3.1: a) Übersicht zur Preissteigerung der wichtigsten Rohstoffe im Elektromaschinenbau [6] b) Entwicklung der Energiekosten zur Beschaffung von Primärenergie (Öl, Gas, Strom,...) für die Produktion in der deutschen Industrie [5].

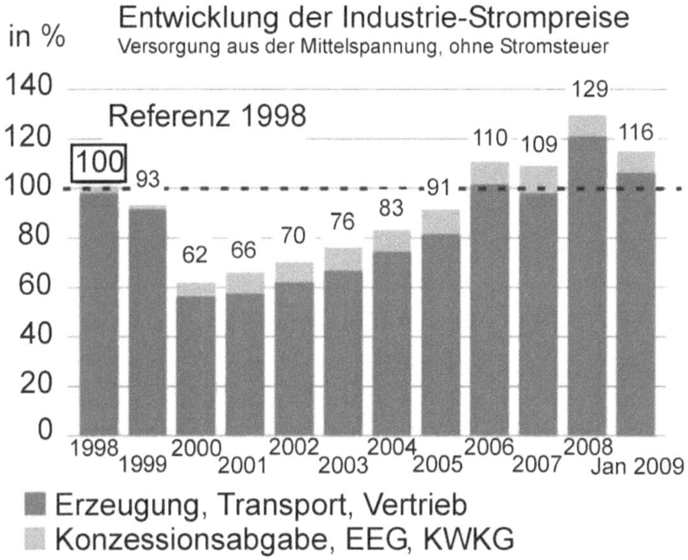

a)

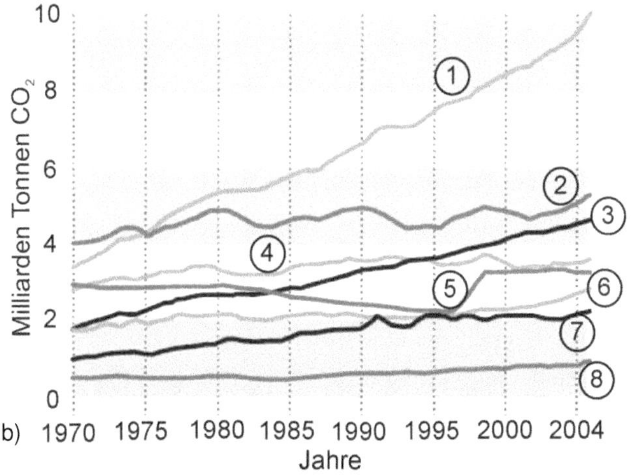

b)

Abbildung 3.2: a) Übersicht zur Entwicklung der Industrie-Strompreise in Deutschland in den Jahren 1998-2009 [7] b) Geschätzte weltweite CO_2-Emissionen der vergangenen Jahrzehnte, getrennt nach ihrem Ursprung: 1) Stromproduktion 2) Industrie (ohne Zementproduktion) 3) Straßenverkehr 4) Haushalte/Dienstleistungen 5) Abholzungen 6) Andere 7) Raffinerien etc. 8) internationaler Verkehr [8].

Erstmals formuliert wurden diese Klimaschutzziele auf dem G8-Gipfel in *Kyoto, Japan,* im Jahre 1997, der ein Zusatzprotokoll zur Ausgestaltung der Klima-Rahmenkonvention (UNFCCC) der Vereinten Nationen für den Klimaschutz [5, 9] hervorbrachte. Der hier beschlossene freiwillige Konsens legt den Industriestaaten nahe, dass sie ihre Emissionen bis zum Jahre 2050 um 60 %-80 % im Vergleich zum Jahr 1990 reduzieren und weltweit eine Reduktion um 50 % erreicht werden soll. Im Zuge dieser Beschlüsse verpflichtet sich die EU, ihre Emissionen in einem ersten Schritt um 20 % bis zum Jahre 2020 zu senken. Auf nationaler Ebene setzt die Bundesregierung in ihrem Energiekonzept von 2010 [10] auf den Einsatz erneuerbarer Energien und eine effizientere Nutzung vorhandener Ressourcen. Konkret werden folgende Punkte formuliert [5]:

- Steigerung des Anteils der erneuerbaren Energien bei der Stromerzeugung auf 35 % bis 2020, auf 50 % bis 2030 und bis zu 80 % bis zum Jahre 2050 (Anteil der erneuerbaren Energien an der gesamtdeutschen Bruttostromerzeugung im Jahre 2009 war ca. 16 % [5])
- Steigerung des Anteils der erneuerbaren Energien am gesamten Energieverbrauch auf 35 % bis 2020, auf 50 % bis 2030 und auf 80 % bis zum Jahre 2050 (Anteil der erneuerbaren Energien am gesamtdeutschen Energieverbrauch im Jahre 2009 war ca. 10 % [5])
- Steigerung der Energieproduktivität (Wirtschaftsleistung pro Primärenergieeinsatz) um 2,1 %/a . Zum Vergleich: In den Jahren von 1990-2009 stieg die Energieproduktivität nur um durchschnittlich 1,83 %.
- Einspeise- Vorrang der erneuerbaren Energien
- 80 % Minderung des Einsatzes von Primärenergien für Gebäude (durch Wärmedämmung, verbesserte Heizkreisläufe,...)

Eine Übersicht über alle energiewirtschaftlich relevanten Gesetze, die in diesem Zusammenhang im Zeitraum von 1991-2009 beschlossen wurden, ist in [5] zu finden.

Wie Abbildung 3.3a) zeigt, ist Deutschland mit diesen Maßnahmen auf einem guten Weg, die gesetzten Ziele zu erreichen. Die Aufteilung der CO_2-Emissionen nach Sektoren in Deutschland für das Jahr 2008 (Abbildung 3.3b) zeigt im weltweiten Vergleich (Abbildung 3.2b), dass auch in

Deutschland der Großteil der Emissionen durch die Erzeugung von Strom entsteht. In Deutschland steht allerdings der Verkehr (Bahn, PKW, LKW, Flugverkehr) mit 20 % an zweiter Stelle, weswegen die Regierung durch die Förderung der Elektromobilität in Zusammenhang mit der Stromgewinnung aus regenerativen Energien aktuell ein großes Einsparpotential zur Reduzierung der Schadstoffemissionen sieht, was einen direkten Einfluss auf die Antriebstechnik mit sich bringt.

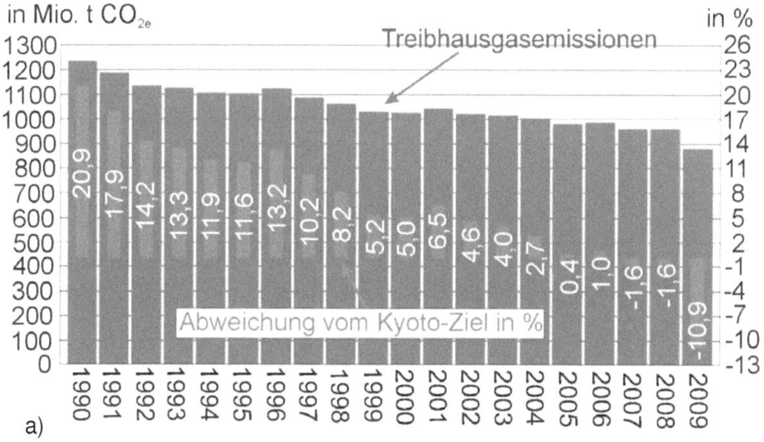

a)

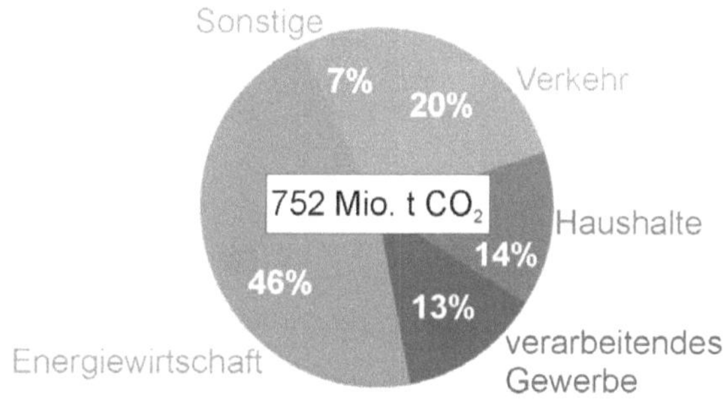

b)

Abbildung 3.3: a) Entwicklung der Schadstoffemissionen CO_{2e} (CO_2- Äquivalent = CO_{2e} ist Normgröße für Treibhausgase; ein CO_{2e} entspricht dem Treibhauspotential einer Tonne CO_2) in den Jahren 1990-2009 in Deutschland [5] b) Aufteilung der CO_2-Emissionen im Jahre 2008 nach Sektoren in Deutschland [5].

Weiterhin ist für die Antriebstechnik die Steigerung der Energieproduktivität von Bedeutung. Dahinter steht die Steigerung der Wirtschaftsleistung in Bezug auf die eingesetzte Energie. Es sollen also die industriellen Produktionen auf die Reduktion ihrer Verlustleistungen hin optimiert werden. Die Rolle, die die Antriebstechnik dabei spielt, wird im folgenden Abschnitt 3.2 diskutiert

3.2. Auswirkungen auf die Antriebstechnik

Da für einen Großteil der industriellen Fertigungen Antriebe zum Fördern, Bearbeiten, Verdichten, Kühlen, etc. benötigt werden, wird hier ein großes Potential zur Reduktion des Energiebedarfs und damit der Schadstoffemissionen gesehen. In den folgenden Abschnitten werden diese Potentiale diskutiert und die daraus abgeleiteten Maßnahmen und Richtlinien vorgestellt.

3.2.1. Rolle und Einsparpotential der elektrischen Antriebstechnik bei der Reduktion des Energiebedarfs

Abbildung 3.4a) zeigt das Energieflussbild für Deutschland aus dem Jahr 2008. Der Energieverbrauch teilt sich gemäß Abbildung 3.4b) annähernd gleichmäßig in die Sektoren Industrie, Haushalt, Verkehr und Gewerbe, Handel und Dienstleistungen (GHD) auf. Die Rolle der Antriebe am Gesamtenergieverbrauch wird deutlicher, wenn man sich die Aufteilung des Energieverbrauchs des Jahres 2007 nach Anwendungsbereichen [5] in Abbildung 3.4c) verdeutlicht. Der Anteil der mechanischen Energie an der gesamten in diesem Jahr umgesetzten Energie beträgt ca. 45 %. Während der Großteil der mechanischen Energie in den Sektoren Industrie, Haushalt und GHD auf die elektromagnetischen Energiewandler zurückzuführen ist, ist im Sektor Verkehr nur ein geringerer Anteil von ca. 8 % auf elektrische Bahnen im Personen- und Güterverkehr zurückzuführen.
Noch deutlicher wird die Rolle der elektrischen Antriebe, betrachtet man die Aufteilung des Stromverbrauchs der Jahre 1994-2005 in Deutschland nach Anwendungsgebieten (Abbildung 3.5a). Es wird deutlich, dass die elektrische Energiewandlung in mechanische Energie über alle die Jahre hinweg mehr als 50 % des Stromverbrauchs ausmacht.

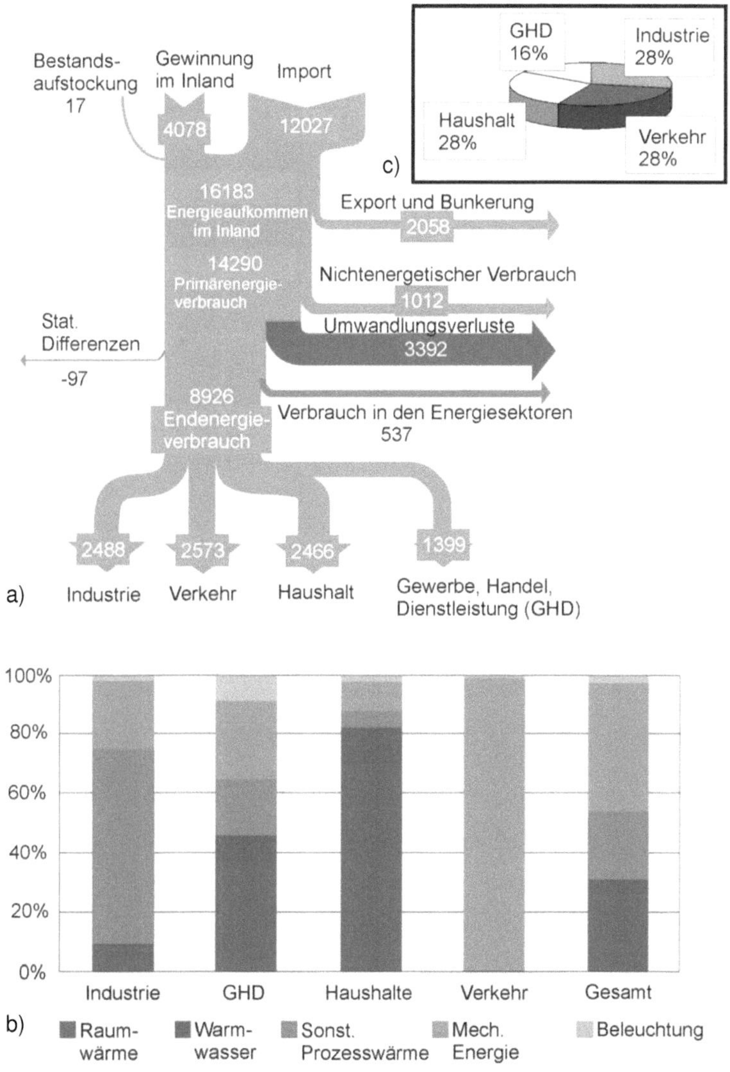

Abbildung 3.4: a) Energieflussbild für Deutschland im Jahr 2008 (Angaben in PJ $=1 \cdot 10^{15}$ J [5]) b) Aufteilung des Energieverbrauchs nach Sektoren 2008 [5] c) Aufteilung des Energieverbrauchs des Jahres 2007 nach Anwendungsbereichen [5].

Gemäß ZVEI [11] lag der Stromverbrauch in Deutschland im Jahr 2008 bei 540 Milliarden kWh, wovon 165 Milliarden kWh (ca. 31 %) auf elektrisch angetriebene Maschinen in der Industrie zurückzuführen sind. Im Handel, dem Gewerbe und dem Dienst leistenden Gewerbe (GHD) standen 38 Milliarden kWh für elektrisch angetriebene Maschinen zu Buche, was zusätzlich 7 % des gesamten Stromverbrauchs des Jahres 2008 in Deutschland ausmacht. Zählt man noch den Anteil der Antriebe aus Verkehr und den privaten Haushalten hinzu, kommt man auf ca. 50 % der elektrischen Energie, die durch elektrische Motoren in mechanische Energie umgesetzt wird [9]. Die in [12] dargelegten Zahlen legen nahe, dass sich der Energieverbrauch durch elektrische Antriebe in Zukunft weiter erhöht. Dementsprechend wird der Antriebstechnik eine wesentliche Rolle zur Einhaltung der Klimaschutzziele durch Reduktion des weltweiten Stromverbrauchs zugesprochen. Die daraus abgeleiteten Maßnahmen und Richtlinien werden im folgenden Abschnitt diskutiert.

3.2.2. Maßnahmen und Richtlinien zur Senkung des Energieverbrauchs in der Antriebstechnik

Zur Minimierung der Verlustleistungen elektrischer Antriebe werden zwei Maßnahmen als entscheidend angesehen [1, 13]:

1) Austausch von Antrieben niederer Wirkungsgradklassen (< IE1 oder IE1, siehe Abbildung 3.6b) durch hochwertigere, aber auch teurere Energiesparmotoren (Wirkungsgradklasse > IE1)
2) Optimierung bestehender Produktionsprozesse durch den Einsatz drehzahlvariabler Antriebe mit Verwendung von Frequenzumrichtern.

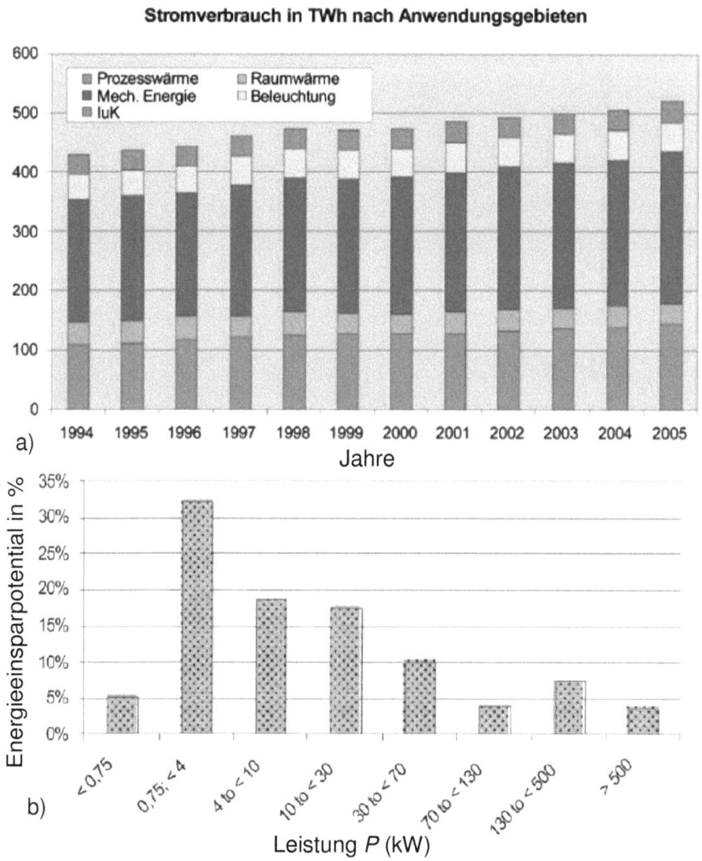

Abbildung 3.5: a) Aufteilung des Stromverbrauchs der Jahre 1994-2005 in Deutschland nach Anwendungsgebieten [9] (IuK steht für Information und Kommunikation) b) Geschätztes Einsparpotential bei elektrischen Antrieben unterschiedlicher Leistungsklassen [9], wenn nur noch Motoren der Wirkungsgradklasse IE3 eingesetzt würden.

Abbildung 3.5b) zeigt das geschätzte Einsparpotential an Energie bei der Verwendung von Energiesparmotoren (IE3) für unterschiedliche Leistungsklassen im Vergleich zu den im Jahre 2005 weltweit verwendeten Antrieben. Wie Abbildung 3.6a) zeigt, war zu diesem Zeitpunkt nur ein kleiner Anteil der Motoren der Wirkungsgradklassen $\geq$ IE2 im Einsatz. Bis zum Jahr 2009 steigt dieser Anteil jedoch stetig (vgl. [14]). Gerade im unteren Leistungsbereich von 1,1 kW bis 37 kW, wo auch die in dieser Arbeit untersuchten Antriebe angesiedelt sind, lässt sich ein großes Potential an Energieersparnis feststellen. Laut [1, 13] lassen sich durch den Einsatz der oben genannten Maßnahmen allein in Deutschland bei den Antrieben insgesamt ca. 38 TWh/a an elektrischer Energie einsparen. Dabei fallen 14 TWh/a (entspricht etwa einer CO_2-Ersparnis von 9 Mt/a oder 4 thermischen Kraftwerken je 400 MW Einspeiseleistung) auf die Verwendung von Energiesparmotoren und 24 TWh/a (entspricht etwa einer CO_2-Ersparnis von 15 Mt/a oder 7 thermischen Kraftwerken je 400 MW Einspeiseleistung) auf die Optimierung bestehender Produktionsprozesse durch den Einsatz drehzahlvariabler Antriebe. Bei der Betrachtung der Maßnahmen ist zu beachten, dass diese immer auf den jeweiligen Prozess abzustimmen sind. Wird ein Antrieb bei konstantem Drehmoment M und konstanter Drehzahl n betrieben (z. B. Rasennäher oder Schleifwerkzeug), ist der Einsatz eines Frequenzumrichters für den drehzahlvariablen Betrieb überflüssig. Eine Abstimmung der Motordrehzahl auf die gewünschte Ausgangsdrehzahl kann gegebenenfalls über eine Getriebestufe erfolgen. Bei einer Vielzahl von Prozessen gerade in Zusammenhang mit Pumpen oder der hydraulischen Fördertechnik wird jedoch oftmals ein überdimensionierter Motor verwendet und die Leistungseinstellung über nachgeschaltete Stellglieder (z. B. Ventile) bewerkstelligt. Hier entsteht durch den Einsatz eines drehzahlveränderbaren Antriebs und einer anforderungsorientierten Leistungsregelung über einen Frequenzumrichter ein erhebliches Einsparpotential. Der Einsatz von Frequenzumrichtern zur Steigerung der Effizienz ist demnach nur in Zusammenhang mit der Minimierung der Verluste im Gesamtsystem zu bewerten. Weiter besteht ein weitaus geringeres Einsparpotential durch zusätzliche Freiheitsgrade bei der Auslegung von KLASM. Während die Motoren im Netzbetrieb so ausgelegt werden müssen, dass ein gesicherter Anlauf gemäß [15] möglich ist und dabei die Kurzschlussleistung beschränkt wird, erlaubt der über Frequenzumrichter geregelte Anlauf die Verwendung verlustoptimierter Blechschnitte.

Obwohl laut [16](vgl. [12]) die Energiekosten bei den „Life-Cycle-Kosten"(siehe Tabelle 3.1) eines Antriebs den überwiegenden Teil ausmachen und die teureren Anschaffungskosten für Energiesparmotoren (> IE2) sich daher schon nach relativ kurzer Zeit amortisieren, steigt der Anteil dieser Motoren beim Einkauf nur sehr langsam (Abbildung 3.6a). Daher wurde 2008 in der so genannten „Ökodesign Richtlinie“ (EuP-VO Elektromotoren 640/2009) [1] die stufenweise Einführung von Mindestvorgaben für den Vertrieb von elektrischen Antrieben in Deutschland und Europa vorgegeben. Die Ecktermine sind:

- Ab 16. Juni 2011: Motoren im Leistungsbereich 0,75 kW bis 375 kW müssen mindestens die Wirkungsgradklasse IE2 erreichen (Abbildung 3.6b).
- Ab 1. Januar 2015: Motoren im Leistungsbereich 7,5 kW bis 375 kW müssen mindestens die Wirkungsgradklasse IE3 erreichen (Abbildung 3.6b) oder der Wirkungsgradklasse IE2 entsprechen und zusätzlich mit einem Frequenzumrichter drehzahlgeregelt betrieben werden.
- Ab 1. Januar 2017: Für den erweiterten Leistungsbereich von 0,75 kW bis 375 kW müssen die Motoren mindestens die Wirkungsgradklasse IE3 erreichen (Abbildung 3.6b) oder der Wirkungsgradklasse IE2 entsprechen und zusätzlich mit einem Frequenzumrichter drehzahlgeregelt betrieben werden.

International haben die unterschiedlichen Industriestaaten vergleichbare Regelungen beschlossen. So ist in den USA und Kanada seit 2002 mindestens Wirkungsgradklasse IE2 verbindlich und ab 2011 IE3. China z.B. schreibt die Wirkungsgradklasse IE2 erst ab 2012 vor. Allerdings bestand Anfang 2011 noch Unklarheit über die international verbindlichen Normen, da sich Nordamerika an der NEMA-Norm orientiert, während sich die europäischen Hersteller nach der internationalen IEC-Norm richten. Damit sind auch die Messverfahren zur Bestimmung des Wirkungsgrads η unterschiedlich. Wie ein Blick auf Abbildung 3.6b) zeigt, liegen gerade die Premium-Wirkungsgradklassen IE3 und IE4 sehr dicht beieinander, so dass schon kleinste Unterschiede bei der messtechnischen Bestimmung zu unterschiedlichen Einstufungen führen können. Die 2010 veröffentlichten Ergebnisse der so genannten „Round Robin-Studie“, bei der 15 Labore in 7 Ländern jeweils 42 2- und 4-polige KLASM mit Bemessungsleistungen von 1,5 kW bis 250 kW vermessen haben, legen nahe, dass zusätzlich zu den unvermeidbaren fertigungstechnischen und messtechnischen Streuungen nicht viel Spielraum für durch das Messverfahren bedingte Abweichungen übrig bleibt (vgl. [17, 18]). Weiterhin sind aktuell nur Messmethoden für die indirekte (genauere Methode siehe Kapitel 6) Wirkungsgradbestimmung für die KLASM normativ festgelegt.

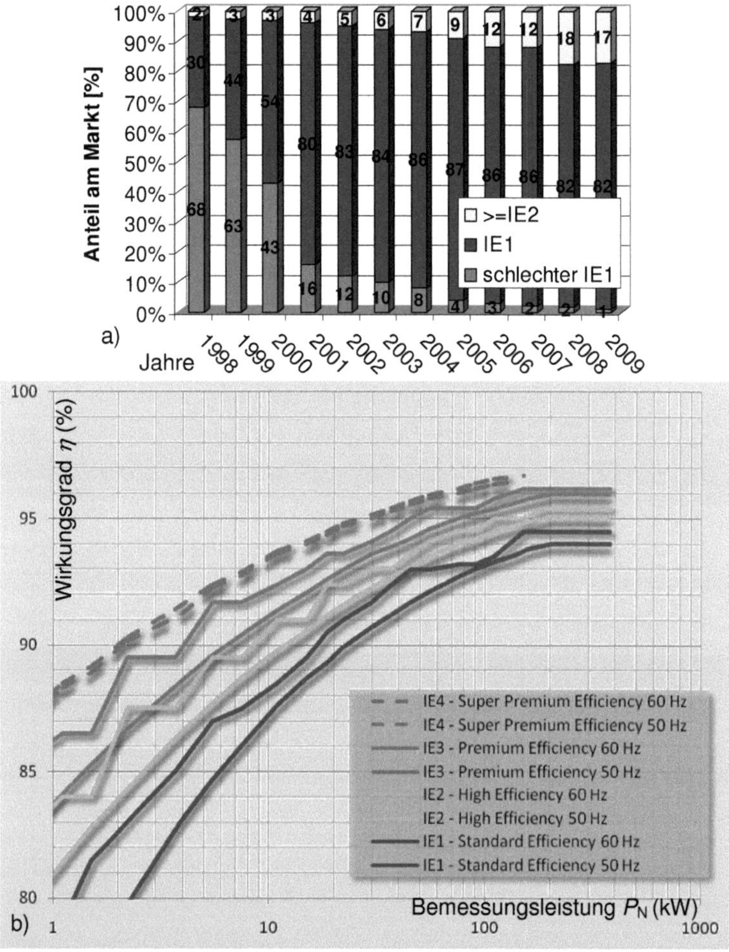

Abbildung 3.6: a) Europaweite Marktanteile von Drehstrommotoren unterschiedlicher Wirkungsgradklassen [11, 16] b) Wirkungsgradklassen von Motoren unterschiedlicher Bemessungsleistungen P_N gemäß [19] mit Erweiterung durch die Klasse IE4 (Super Premium Efficiency) für den 50 Hz- und 60 Hz-Netzbetrieb.

In den nächsten 5-10 Jahren wird die Normung hinsichtlich der messtechnischen Untersuchung von Synchronmotoren, Einphasenmotoren, Frequenzumrichtern, Antriebssystemen (Umrichter, Motor, Last), erweiterten Leistungsbereichen (0,18 kW bis 500 kW) und weiteren Wirkungsgradklassen erweitert [14].

Tabelle 3.1: „Life-Cycle-Kosten" von KLASM unterschiedlicher Leistungsklassen [16].

Bemessungsleistung P_N (kW)	**Durchschnittliche Motorlebensdauer**	**Life-Cycle-Kosten (%) (Nutzungsdauer 3000 h/a)**		
		Kaufpreis	**Installation, Wartung**	**Energiekosten**
1,5	12 Jahre	2,3	0,9	96,8
15	15 Jahre	1,1	0,2	98,7
110	20 Jahre	0,9	0,1	99

3.2.3. Bezug zur Aufgabenstellung

Im vorangegangenen Abschnitt wurden die Richtlinien und gesetzlichen Vorgaben bezüglich der Antriebstechnik diskutiert, die im Zuge der weltweiten Neuorientierung in der Klimapolitik entstanden sind. Da laut dem Verband der Industriellen Energie- und Kraftwirtschaft e.V. (VIK)[20] immer noch über 75 % aller Motoren netzgespeist sind und dabei die KLASM den Großteil aller Motoren darstellt, beziehen sich die Regelungen und Richtlinien im wesentlichen auf diesen Maschinentyp. Der Einsatz der Frequenzumrichter wird zwar im Zuge von prozessorientierter Steigerung der Effizienz zunehmen, dennoch wird (zumindest in absehbarer Zukunft) die netzgespeiste KLASM einen Großteil der Antriebe weltweit darstellen. Der Einsatz von permanentmagneterregten Synchronmotoren (PMSM) wird gerade in Bezug auf die Steigerung der Energieeffizienz diskutiert. Sie werden aber in absehbarer Zeit aufgrund des deutlich höheren und instabilen Preises und des notwendigen Betriebs am Umrichter (kein Selbstanlauf möglich) sowie der größeren Empfindlichkeit bezüglich Umgebungseinflüssen (Rütteln, Vibration, Wärme,...) die KLASM als Massenprodukt in der Industrie nicht ersetzen können. Daher konzentrieren sich

die Bemühungen der Hersteller bei der Steigerung der Effizienz ihrer Motoren auf die KLASM.
Um bei KLASM die Premium-Wirkungsgradklasse IE3 erreichen zu können, wie es 2015 bzw. 2017 gefordert wird, und zur Reduzierung der Materialkosten die elektromagnetische Ausnutzung zu steigern, sind äußerst präzise Vorausberechnungen nötig. Die Berechnungsmodelle müssen die Vielzahl an physikalischen Effekten, die während des Betriebs der KLASM auftreten, berücksichtigen. Ausgehend von der richtigen Berechnung der elektromagnetischen Betriebsparameter müssen die Modelle die Möglichkeit bieten, die Verluste, die während des Bemessungsbetriebs auftreten, zuverlässig vorausberechnen zu können. Die so genannten Zusatzverluste P_{zus}, die im Betrieb durch Oberwelleneffekte und Schrägung der Motoren auftreten, können, obwohl sie nur max. 10 %-15 % der gesamten Verlustleistung ausmachen und äußerst schwierig vorauszuberechnen sind, nicht vernachlässigt werden, wenn es um den Entwurf von Motoren der Wirkungsgradklassen IE3 und IE4 geht. Daneben muss beachtet werden, dass die normativen Vorgaben bezüglich der Baugrößen [4], des Netzanlaufes gemäß [15], der thermischen Grenzwerte gemäß [2] und der Geräuschgrenzwerte nach [3] auch bei diesen Motoren nicht außer acht gelassen werden dürfen, und daher auch hier Modelle zur Vorausberechnung benötigt werden (vgl. Kapitel 7). In dieser Arbeit wird neben der Erstellung von geeigneten FEM (Finite-Element-Methode) -Modellen vor allem die analytische Betrachtung der KLASM ausführlich erläutert. Nachteil der Auslegung von Motoren ausschließlich über FEM-Modelle ist der deutlich höhere zeitliche Aufwand bei den Berechnungen, besonders wenn dreidimensionale Modelle benötigt werden, wie das bei geschrägten KLASM der Fall ist. Um die Zusatzverluste in der Maschine zu ermitteln, sind zudem noch zeitaufwendige Berechnungen im Zeitschrittverfahren von Nöten. Die in der Aufgabenstellung geforderte Auslegung von Motoren verschiedener Leistungsklassen einer Achshöhe (vgl. Kapitel 7: 12 Motoren in drei Leistungsstufen für 50 Hz- und 60 Hz-Netzbetrieb) wird so extrem zeitaufwendig und ist daher nicht praktikabel (vgl. [21, 22]). Um Kosten bei der Materialbeschaffung und bei den Stanzwerkzeugen zu sparen, sollen möglichst viele Leistungsklassen mit einem Blechschnitt realisiert werden (vgl. Ab-

schnitt 3.1). Der Fokus dieser Arbeit liegt wegen des Vorteils deutlich schnellerer Entwurfsvorgänge auf der analytischen Betrachtung der KLASM, wobei geeignete FEM-Berechnungen für den Vergleich herangezogen werden. Ziel ist es, ein Werkzeug zu schaffen, dass es dem Anwender ermöglicht, möglichst schnell einen Entwurf einer hoch effizienten KLASM anzufertigen und sämtliche Betriebsdaten- und Kennlinien zur Verfügung zu stellen, damit die Einhaltung der normativen Vorgaben im Vorhinein zuverlässig garantiert werden kann. Basis dieses Vorhabens ist die Berechnungssoftware *KLASYS*, deren Grundstein in [23] gelegt wurde. Dieses Programm wird im Laufe der Arbeit erläutert und an vielen Stellen durch Erweiterungen ergänzt.

4. Modelle zur analytischen Vorausberechnung der Betriebskennlinien der Kurzschlussläufer-Asynchronmaschine (KLASM)

Für den Entwurf von hoch effizienten Käfigläufer-Asynchronmotoren (KLASM) sind gute analytische Berechnungsmodelle unabdingbar. In Abschnitt 4.1 wird eine Methode zur Ermittlung der elektromagnetischen Betriebsparameter vorgestellt. Dabei wird zunächst nur das Grundwellenverhalten der KLASM betrachtet. Das in diesem Abschnitt erarbeitete („Grundwellen"-) Ersatzschaltbild wird in den Folgeabschnitten zur Berücksichtigung möglichst vieler physikalischer Effekte erweitert. So wird z.B. in Abschnitt 4.2 der Einfluss der Bearbeitungsschritte zur Fertigung der Motoren (z.B. Stanzen der Bleche) diskutiert. Der Einfluss der Oberwellen des Luftspaltfeldes $B_{\delta}(x,t)$, die durch die Eisensättigung, die in Nuten verteilten Wicklungen, die doppelseitige Nutung und durch Exzentrizitäten entstehen, auf das Betriebsverhalten der KLASM ist Thema in Abschnitt 4.3. Hier werden Berechnungsmöglichkeiten für die einzelnen Feldoberwellen des Stators $B_{s\nu}(x,t)$ und Rotors $B_{r\mu}(x,t)$ angegeben und Möglichkeiten zur Reduktion des Oberwellengehalts mit der entsprechenden Berücksichtigung im Ersatzschaltbild vorgestellt. Das geschieht durch eine Erweiterung des („Grundwellen"-)Ersatzschaltbildes, so dass für jede Oberwelle ein eigenes („Oberwellen"-) Ersatzschaltbild verwendet wird. Damit können anschließend in Abschnitt 4.4 die Hochlaufkurven $M(n)$ für $n = -n_{syn}...n_{syn}$ mit Berücksichtigung der synchronen und asynchronen harmonischen Oberwellenmomente berechnet werden. Hierbei wird auch der Einfluss des Querstroms $\underline{I}_q$ bei geschrägten Rotoren mit nicht isoliertem Käfig betrachtet. Die Berechnung der Verlustbilanz über die Betriebsgrößen, die aus den in den vorangegangen Abschnitten 4.1 bis 4.4 vorgestellten Berechnungsmodellen ermittelt werden können, schließt dieses Kapitel mit Abschnitt 4.5 ab.

4.1. Berechnung der elektromagnetischen Betriebsparameter

Ziel dieses Abschnittes ist es, eine mathematische Beschreibung der KLASM in einem stationären Betriebspunkt vorzustellen. Dabei wird zunächst das Grundwellenverhalten beschrieben, d. h. es werden nur zeitlich sinusförmige Grundschwingungen und nur die Grundwelle des Stator- und Rotorfeldes ($\nu = \mu = 1$) in Betracht gezogen.

4.1.1. Allgemeine Funktionsweise der KLASM

Die Norm-KLASM besteht aus einem feststehenden Teil, dem Stator (oder auch Ständer) und einem drehbar gelagerten Teil, dem Rotor (oder auch Läufer), der als Innenläufer ausgeführt ist. Der Stator setzt sich in der Regel aus einem genuteten Blechpaket, in dem eine Drehfeldwicklung eingezogen ist, und einem auf das Blechpaket aufgepressten Gehäuse mit einem Klemmenkasten für die Anschlüsse, Kühlrippen zur Kühlung und einem Flansch oder Füssen zur Befestigung an das Fundament zusammen (siehe Abbildung 4.1). Der Läufer wird als Blechpaket, in welches ein Kurzschlusskäfig eingefügt ist, ausgeführt (siehe Abbildung 4.1). Dabei handelt es sich um stabförmig in die Nuten eingebrachte Leiter, die über gut leitfähige Ringe (Kurschlussringe) an beiden Enden elektrisch miteinander verbunden werden. Je nach Größe und Anwendung der Antriebe unterscheiden sich die Käfige in Form und Material voneinander. Bei den in dieser Arbeit untersuchten Motoren AH80 und AH100 handelt es sich um Normasynchronmotoren mit Aluminium-Druckgusskäfig. Es gibt aber auch Läufer, die aus Kupfer (vgl. Kapitel 7), Silumin, Bronze oder Messing gegossen werden, oder bei denen Stäbe in den Rotor geschlagen werden, was meist nur bei größeren Motoren üblich ist.

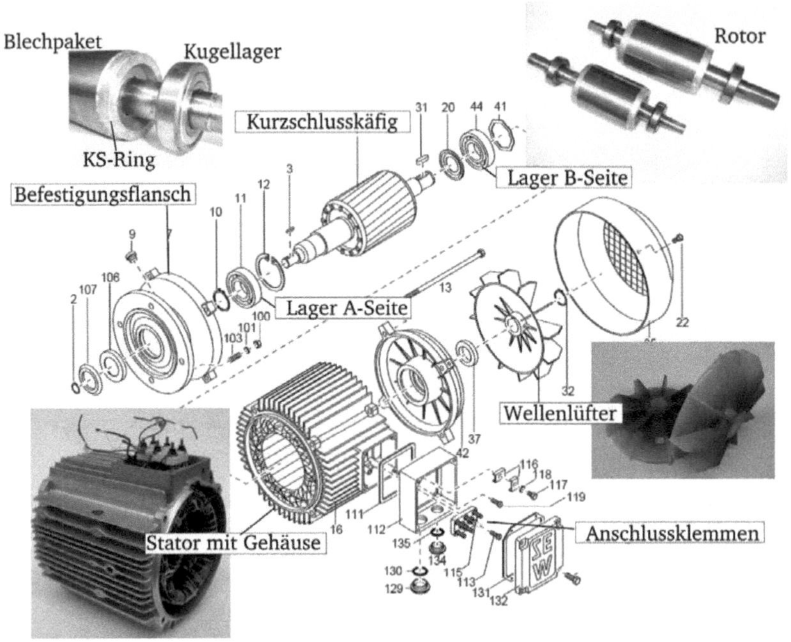

Abbildung 4.1: Expolisionsdarstellung einer Kurzschlussläufer-Asynchronmaschine (KLASM) (IEC-Standard) [24]

Die Asynchronmaschine wird auch Induktionsmaschine (*engl.* Induction machine) genannt, da die Energieübertragung vom Stator zum Rotor über eine induktive Kopplung im Luftspalt geschieht. Der Rotor muss dabei immer langsamer drehen als das vom Stator über eine Drehfeldwicklung mit dem Ständerstrom $\underline{I}_s$ erregte Drehfeld, welches mit der Synchrondrehzahl $n_{syn} = f_s/p$ im Luftspalt wandert. Nur dann findet im Rotor eine Flussänderung statt, wodurch die in ihn induzierten Spannungen die Rotorströme $\underline{I}_r$ als Kurzschlussströme im Kurzschlusskäfig hervorrufen. Diese sorgen dann nach dem *Lorentz*´schen Gesetz in Verbindung mit der Grundwelle (Ordnungszahl $\nu = 1$) des Luftspaltfeldes $B_{\delta\nu=1}(x,t)$ in radialer Richtung für eine antreibende Kraft in tangentialer Richtung $\vec{e}_t$, die wie folgt berechnet werden kann (Abbildung 4.2):

$$\vec{F}_{stab} = I_{stab} \cdot (l_e \vec{e}_z \times \vec{B}_{\delta\nu=1}) = I_{stab} \cdot l_e \cdot B_{\delta\nu=1} \cdot \vec{e}_t . \tag{4.1}$$

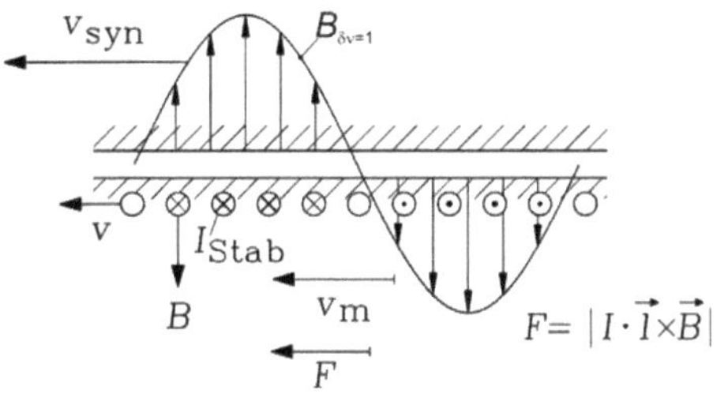

Abbildung 4.2: Die Kräfte am Umfang des Rotors summieren sich zu einer Summenkraft in tangentialer Richtung [25].

Dabei ist I_{stab} der Strom eines Stabes und l_{e} die ideelle Eisenlänge des Motors, die bei den hier betrachteten Normasynchronmotoren ohne Kühlkanäle im Blechpaket des Ständers der geometrischen Eisenlänge l_{Fe} entspricht. Die Feldanteile in tangentialer Richtung $\vec{e}_{\mathrm{t}}$ tragen in (4.1) nicht zur Kraftwirkung bei, da das entsprechende Vektorprodukt $l_{\mathrm{e}}\vec{e}_{\mathrm{z}} \times \vec{B}_{\delta\nu=1,\mathrm{t}}$ Null ist. Die Kräfte aller Stäbe am Umfang des Rotors lassen sich zu einer Summenkraft $F_{\mathrm{e}}\vec{e}_{\mathrm{t}}$ in tangentialer Richtung zusammenfassen (Abbildung 4.2). Über den Rotoraußenradius $d_{\mathrm{ra}}/2$ als Hebelarm bildet diese Summenkraft das innere Drehmoment M_{e}:

$$M_{\mathrm{e}} = F_{\mathrm{e}} \cdot d_{\mathrm{ra}} / 2 . \tag{4.2}$$

Wenn der Läufer sich mit der Leerlaufdrehzahl n_{syn} dreht, erfährt er keine Flussänderung, und der Läuferstrom $\underline{I}_{\mathrm{r}}$ und auch das innere Drehmoment M_{e} sind Null. Man definiert den Schlupf s als Maß für das relative Verhältnis zwischen der Drehzahl n_{syn} des Drehfeldes und der Drehzahl n der Rotors als:

$$s = \frac{n_{\mathrm{syn}} - n}{n_{\mathrm{syn}}} . \tag{4.3}$$

Der Rotorstrom $\underline{I}_{\mathrm{r}}$ hat also die Frequenz:

$$f_{\mathrm{r}} = s \cdot f_{\mathrm{s}} . \tag{4.4}$$

4.1.2. Rotorspannungsgleichung der KLASM (Grundwellenverhalten)

Werden die Stränge einer Drehfeldwicklung mit mindestens zwei Strömen

$\underline{I}_s$ unterschiedlicher Phasenlage φ_s bestromt, so ergibt sich ein im Luftspalt δ mit der Polzahl $2p$ und der Synchrondrehzahl $n_{syn} = f_s/p$ in Umfangsrichtung wanderndes Statorfeld $B_s(x,t)$ [26]. Die Grundwelle $B_{s\nu=1}(x,t)$ ändert sich relativ zum Läufer sinusförmig mit der Frequenz $f_r = s \cdot f_s$ und induziert die Spannung $U_{i,stab}$ in einen Stab des Käfigs:

$$U_i = U_{i,stab,1} + U_{i,stab,2} = 2 \cdot U_{i,stab} = -\frac{d\phi(t)}{dt} = -\frac{d\int \vec{B}_{s\nu=1}(t) \cdot d\vec{A}}{dt} = \\ = -\frac{d}{dt}\int B_{s\nu=1}(t) \cdot dA \quad , \tag{4.5}$$

wobei gilt:

$$\int \vec{B}_{s\nu=1}(t) \cdot d\vec{A} = \int B_{s\nu=1}(t) \cdot dA\,. \tag{4.6}$$

Im statorfesten Koordinatensystem kann der zeitliche Verlauf der Statorflussdichte $B_{s\nu=1}(t)$ wie folgt beschrieben werden:

$$B_{s\nu=1}(t) = \hat{B}_{s\nu=1} \cdot \cos\left(\frac{x_s \cdot \pi}{\tau_p} - \omega_s t\right). \tag{4.7}$$

Einsetzen von (4.7) in (4.6) und Umrechnung in das rotorfeste Koordinatensystem über $x_s = x_r + v_m \cdot t = x_r + (1-s) \cdot v_{syn} \cdot t = x_r + (1-s) \cdot 2 \cdot f_s \cdot \tau_p \cdot t$ ergibt:

$$\int B_{s\nu=1}(t) \cdot dA = \int_{-\tau_p/2}^{\tau_p/2} \hat{B}_{s\nu=1} \cdot \cos\left(\frac{x_r \cdot \pi}{\tau_p} + \frac{\pi}{\tau_p}(1-s) \cdot 2 \cdot f_s \cdot \tau_p \cdot t\right) dx_r \cdot l_{Fe} \cdot \tag{4.8}$$

Dabei wird mit $dx_r \cdot l_{Fe} = r_{si} \cdot d\varphi \cdot l_{Fe} = dA$ die Fläche einer Masche an der Statorbohrung beschrieben. Die Stammfunktion zu (4.8) lautet:

$$\int B_{s\nu=1}(t) \cdot dA = l_{Fe} \cdot \hat{B}_{s\nu=1} \cdot \sin\left(\frac{x_r \cdot \pi}{\tau_p} + (1-s) \cdot 2 \cdot \pi \cdot f_s \cdot t\right) \cdot \frac{\tau_p}{\pi}\Bigg|_{-\tau_p/2}^{\tau_p/2} \,. \tag{4.9}$$

Mit $2 \cdot f_s \cdot \pi = \omega_s$ gilt:

$$
\begin{aligned}
&\int B_{\mathrm{s}\,\nu=1}(t)\cdot dA = \\
&= l_{\mathrm{Fe}}\cdot \hat{B}_{\mathrm{s}\,\nu=1}\cdot\frac{\tau_{\mathrm{p}}}{\pi}\cdot\left[\sin\left(\frac{\pi}{2}+(1-s)\cdot\omega_{\mathrm{s}}\cdot t\right)-\sin\left(-\frac{\pi}{2}+(1-s)\cdot\omega_{\mathrm{s}}\cdot t\right)\right]= \\
&= l_{\mathrm{Fe}}\cdot \hat{B}_{\mathrm{s}\,\nu=1}\cdot\frac{\tau_{\mathrm{p}}}{\pi}\cdot\left[\cos((1-s)\cdot\omega_{\mathrm{s}}\cdot t)+\cos((1-s)\cdot\omega_{\mathrm{s}}\cdot t)\right]= \\
&= \frac{2}{\pi}\cdot\tau_{\mathrm{p}}\cdot l_{\mathrm{Fe}}\cdot\hat{B}_{\mathrm{s}\,\nu=1}\cdot\cos((1-s)\cdot\omega_{\mathrm{s}}\cdot t).
\end{aligned}
\qquad (4.10)
$$

Für die in eine Rotormasche induzierte Spannung U_{i} gilt daher:

$$
\begin{aligned}
&U_{\mathrm{i}}(t) = -\frac{d}{dt}\int B_{\mathrm{s}\,\nu=1}(t)\cdot dA = -\frac{d}{dt}\left[\frac{2}{\pi}\cdot\tau_{\mathrm{p}}\cdot l_{\mathrm{Fe}}\cdot\hat{B}_{\mathrm{s}\,\nu=1}\cdot\cos((1-s)\cdot\omega_{\mathrm{s}}\cdot t)\right]= \\
&= (1-s)\cdot\omega_{\mathrm{s}}\cdot\frac{2}{\pi}\cdot\tau_{\mathrm{p}}\cdot l_{\mathrm{Fe}}\cdot\hat{B}_{\mathrm{s}\,\nu=1}\cdot\sin((1-s)\cdot\omega_{\mathrm{s}}\cdot t).
\end{aligned}
\qquad (4.11)
$$

Mit $\omega_{\mathrm{r}}=(1\text{-}s)\cdot\omega_{\mathrm{s}}$ gilt (vgl. [25, 26]):

$$
U_{\mathrm{i}}(t) = \omega_{\mathrm{r}}\cdot\frac{2}{\pi}\cdot\tau_{\mathrm{p}}\cdot l_{\mathrm{Fe}}\cdot\hat{B}_{\mathrm{s}\,\nu=1}\cdot\sin(\omega_{\mathrm{r}}\cdot t) = 2\cdot\hat{U}_{\mathrm{i,stab}}\cdot\sin(\omega_{\mathrm{r}}\cdot t). \qquad (4.12)
$$

Damit kann die Amplitude der in einen Stab induzierten Spannung folgendermaßen beschrieben werden:

$$
\hat{U}_{\mathrm{i,stab}} = \omega_{\mathrm{r}}\cdot\frac{1}{\pi}\cdot\tau_{\mathrm{p}}\cdot l_{\mathrm{Fe}}\cdot\hat{B}_{\mathrm{s}\,\nu=1} = \hat{U}_{\mathrm{i,r}_{\nu=1}}. \qquad (4.13)
$$

Da die Stäbe um den Winkel $\alpha_{\mathrm{Qr}} = 2\pi p/Q_{\mathrm{r}}$ räumlich gegeneinander versetzt sind, sind auch die einzelnen Spannungen um die Zeit t phasenverschoben, die der Rotor benötigt, diese Strecke zurückzulegen. Der Parameter Q_{r} steht dabei für die Anzahl der Stäbe im Rotor, und p ist die Polpaarzahl. Zeichnet man die komplexen Spannungszeiger je Polpaar, so ergibt sich ein symmetrischer Spannungsstern (Abbildung 4.3a), wenn die Anzahl der Stäbe je Polpaar Q_{r}/p eine ganze Zahl ist, was häufig der Fall ist.

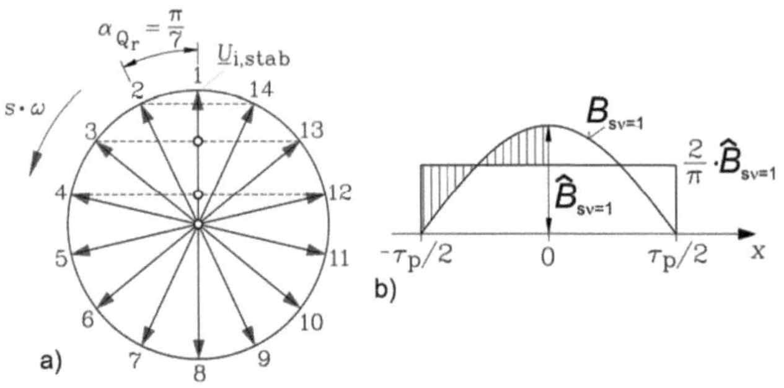

Abbildung 4.3: **a**) Symmetrischer Spannungsstern je Polpaar für den Motor AH80 und AH100 mit Q_r = 28 (14 Stäben/Polpaar). [26] b) Der Fluss Φ ist proportional zur Fläche unter der Flussdichtekurve [26].

Diese induzierten Stabspannungen treiben in dem Kurzschlusskäfig aus gut leitfähigen Materialien Kurzschlussströme, die lediglich durch den Widerstand und die Induktivität der Stäbe und der beiden Kurzschlussringe begrenzt werden. Die zwischen zwei Stäben im Kurzschlussring fließenden Ströme werden Ringabschnittsströme i_{Q1} genannt (Abbildung 4.4b). Zwei benachbarte Ringabschnittsströme sind um den Winkel $\alpha_{Qr} = 2\pi p / Q_r$ gegeneinander phasenverschoben (Abbildung 4.4c). Der Stabstrom i_Q (Abbildung 4.4a) lässt sich aus der 1. *Kirchhoff'*schen Regel als Differenz zweier benachbarter Abschnittsströme berechnen. An der Stelle, an der z.B. der Stab Nummer 2 mit dem Kurzschlussring verbunden ist, gilt:

$$\underline{I}_{12} + \underline{I}_2 - \underline{I}_{23} = 0 \tag{4.14}$$

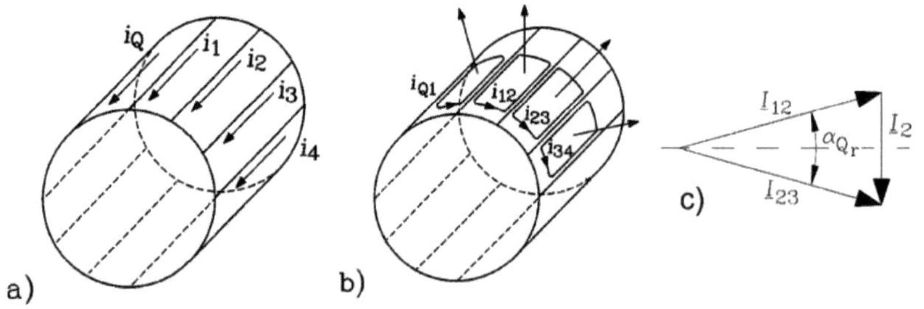

Abbildung 4.4: Stromverteilung im Kurzschlusskäfig: a) Stabströme, b) Ringabschnittströme c) Stromzeigerdiagramm der *Kirchhoff*schen Knotenregel für zwei Ringabschnittströme $\underline{I}_{12}$ und $\underline{I}_{23}$ und den Stabstrom $\underline{I}_2$ [26].

Betrachtet man die Stromzeiger in Abbildung 4.4c), so sieht man, dass folgende Beziehung zwischen dem Ringabschnittsstrom I_{12} und dem Stabstrom I_2 gilt:

$$I_2 = 2I_{12}\sin(\alpha_{Qr}/2)\,. \tag{4.15}$$

Daraus lässt sich eine allgemeine Beziehung zwischen den Effektivwerten der Ströme im Stab und in den Ringabschnitten herleiten:

$$I_{ring} = I_{stab}/(2\cdot\sin(p\pi/Q_r))\,. \tag{4.16}$$

Die gesamte Verlustleistung aufgrund von Stromwärmeverlusten im Rotor $P_{Cu,r}$ ist demnach:

$$P_{Cu,r} = Q_r R_{stab} I_{stab}^2 + 2Q_r \Delta R_{ring} I_{ring}^2\,. \tag{4.17}$$

Dabei steht ΔR_{ring} für den *ohm*'schen Widerstand eines Ringabschnitts und R_{stab} für den *ohm*'schen Widerstand eines Stabes. Um nicht zwischen Stab- und Ringabschnittsströmen unterscheiden zu müssen, wird Gleichung (4.16) in Gleichung (4.17) eingesetzt:

$$P_{Cu,r} = Q_r\cdot(R_{stab} + 2\cdot\Delta R_{ring}^*)\cdot I_{stab}^2 \quad \text{mit } \Delta R_{ring}^* = \Delta R_{ring}\cdot\frac{1}{(2\cdot\sin(\pi p/Q_r))^2} \tag{4.18}$$

Damit ergibt sich der resultierende Rotorwiderstand R_r als Serienschaltung des Stabwiderstandes R_{stab} und des Ersatzwiderstandes des Ringabschnitts ΔR^*_{ring} zu:

$$R_r = R_{stab} + 2\cdot\Delta R_{ring}^*\,. \tag{4.19}$$

Gemäß [25, 26] kann allgemein die durch das Ständerdrehfeld in einen Rotorkäfig mit m_r Strängen induzierte effektive Spannung $U_{i,r}$ aus Gleichung (4.13) wie folgt in Abhängigkeit der in der Drehfeldwicklung fließenden effektiven Strangströme I_s beschrieben werden:

$$U_{i,r\nu} = U_{h,r\nu} = f_s\cdot\frac{\sqrt{2}}{\pi}\frac{\tau_p}{\nu} l\hat{B}_{s\nu} = \omega_s M_{rs,\nu} I_s\,. \tag{4.20}$$

Die Gegeninduktivität $M_{rs,\nu}$ (Index rs: Induktion in den Rotor vom Stator) ist dabei maßgebend für die Größe von einer Statorfeldwelle ν-ter Ordnung in den Rotor induzierten Spannung $\underline{U}_{i,r\nu}$ und kann für $\nu = 1$ wie folgt beschrieben werden [25, 26]:

$$M_{rs} = \mu_0 N_r k_{wr} N_s k_{ws}\cdot\frac{2m_s}{\pi^2}\cdot\frac{l_e\tau_p}{p\delta} = \mu_0\cdot N_s\cdot k_{ws}\cdot\frac{m_s}{\pi^2}\cdot\frac{l_e\tau_p}{p\delta}\,. \tag{4.21}$$

Dabei sind die Faktoren k_{wr} bzw. k_{ws} die Wicklungsfaktoren, die den Einfluss der räumlichen Verteilung der Spulen in den Nuten und einer eventuellen Sehnung der Spulen auf die Amplitude der betrachteten Drehwelle (hier Grundwelle $\nu = 1$) und die induzierte Spannung berücksichtigen. Der Faktor k_{ws} wird im folgenden Abschnitt 4.1.3 näher betrachtet. Der Wicklungsfaktor k_{wr} des Kurzschlussläufers ist stets 1. Während die Windungszahl N_s der Ständerwicklung beliebige Werte annehmen kann, ist die Windungszahl eines Kurzschlusskäfigs je Stab immer $N_r = 1/2$.

Die Rotorströme $\underline{I}_r$ ihrerseits erzeugen ebenfalls ein im Luftspalt mit der Frequenz f_r/p wanderndes Luftspaltfeld. Es sei hier zunächst nur das von der Ständergrundwelle $\nu = 1$ hervorgerufene Läufergrundfeld $B_{r\mu=\nu=1}$ des Läufergrundstroms $\underline{I}_{r\nu=1}$ betrachtet. Dieses Feld rotiert synchron bezüglich des Läufers mit der Umfangsgeschwindigkeit v_r:

$$v_r = \frac{dx_r}{dt} = 2 f_r \tau_p . \tag{4.22}$$

Da das Läufergrundfeld $B_{r\mu=\nu=1}$ gemäß der *Lenz*'schen Regel seiner Ursache entgegen wirkt, wird das Ständerfeld $B_{s\nu=1}$ abgedämpft (vgl. Abschnitt 4.3.2.2).

Das Läufergrundfeld $B_{r\nu=\mu=1}$ induziert eine Selbstinduktionsspannung $\underline{U}_{i,r}$ in die Rotormasche, die wie folgt beschrieben werden kann [25, 26]:

$$\underline{U}_{i,r} = j\omega_r L_{rh} \underline{I}_r = j2\pi f_r L_{rh} \underline{I}_r . \tag{4.23}$$

Dabei ist L_{rh} die Hauptinduktivität (der Grundwelle $\nu = 1$), für die beim Kurzschlussläufer gilt:

$$L_{rh} = \mu_0 N_r^2 k_{wr}^2 \frac{2m_r}{\pi^2} \frac{l_{Fe}\tau_p}{p\delta} = \mu_0 \left(\frac{1}{2}\right)^2 1^2 \frac{2m_r}{\pi^2} \frac{l_{Fe}\tau_p}{p\delta} = \frac{1}{2}\mu_0 \frac{Q_r}{\pi^2} \frac{l_{Fe}\tau_p}{p\delta} . \tag{4.24}$$

Der Teil des Rotorfeldes $B_{r\nu=\mu=1}(x,t)$, dessen Feldlinien sich innerhalb des Rotors schließen und die nicht von diesem in den Stator übertreten, wird Rotorstreufeld genannt. Der entsprechende Streufluss $\underline{\Phi}_{r\sigma}$ kann mit Hilfe der Streuinduktivität $L_{r\sigma}$ in Abhängigkeit des Rotorstroms $\underline{I}_r$ beschrieben werden. Die durch diesen Streufluss $\underline{\Phi}_{r\sigma}$ in den Rotorkäfig induzierte Spannung $\underline{U}_{i,r\sigma}$ ist analog zu Gleichung (4.23) :

$$\underline{U}_{i,r\sigma} = j\omega_r L_{r\sigma} \underline{I}_r = j2\pi f_r L_{r\sigma} \underline{I}_r . \tag{4.25}$$

Dabei setzt sich die Streuinduktivität des Rotors $L_{r\sigma}$ aus der Streuinduktivität der Rotornuten $L_{r\sigma Q}$ und aus der Streuinduktivität der Kurzschlussringe $L_{r\sigma b}$ zusammen:

$$L_{r\sigma} = L_{r\sigma Q} + L_{r\sigma b}\,. \tag{4.26}$$

Vorschläge zur Berechnung dieser beiden Maschinenparameter sind in [23, 25, 26, 27, 28, 29] zu finden und werden hier nicht weiter vertieft. Abbildung 4.5 zeigt im rechten Teil das Ersatzschaltbild für den Rotorkäfig einer KLASM unter Vernachlässigung aller Oberwellen und –Schwingungen. In diesem Ersatzschaltbild werden nur Spannungsquellen, Ströme, *ohm´*sche Widerstände und Induktivitäten verwendet. Das Verhalten dieser Bauteile ist in der Elektrotechnik bestens bekannt, wodurch sich sehr einfach aus dem in Abbildung 4.5 zu sehenden Ersatzschaltbild die in Gleichung (4.27) angegebene Beziehung für den Rotor einer KLASM ohne Berücksichtigung der Oberwellen (Grundwellenmotor) ergibt:

$$j\omega_r M_{rs} \underline{I}_s + j\omega_r L_{rh} \underline{I}_r + j\omega_r (L_{r\sigma Q} + L_{r\sigma b}) \cdot \underline{I}_r + R_r \underline{I}_r = 0\,. \tag{4.27}$$

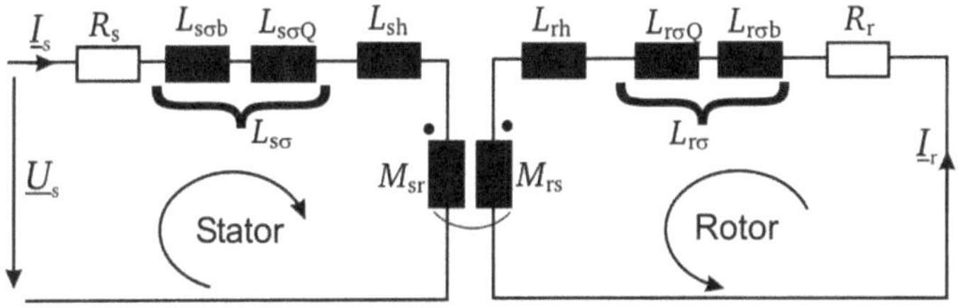

Abbildung 4.5: („Grundwellen")-Ersatzschaltbild einer KLASM mit galvanisch getrennten Stator- und Rotormaschen. Durch die Gegeninduktivitäten M_{sr} bzw. M_{rs} sind beide Maschen magnetisch miteinander gekoppelt.

4.1.3. Statorspannungsgleichung der ASM (Grundwellenverhalten)

Analog zu der in Abschnitt 4.1.2 vorgestellten Herleitung eines Berechnungsmodells für den Rotorkäfig wird in diesem Abschnitt ein Ersatzschaltbild für die Statorseite vorgestellt. Die in eine Spule mit N_c Windungen von der Grundwelle des Rotorfeldes $B_{r\,\nu=\mu=1}$ (x,t) effektive induzierte Spannung $U_{i,c}$ je Strang U, V oder W lautet:

$$U_{\mathrm{i,c}} = \sqrt{2}\pi \cdot f \cdot N_{\mathrm{c}} \cdot \frac{2}{\pi} \tau_{\mathrm{p}} l_{\mathrm{e}} \hat{B}_{\mathrm{r}\nu=\mu=1} . \tag{4.28}$$

Im Allgemeinen ist die Drehfeldwicklung des Stators in q Nuten pro Pol und Strang verteilt. Die Lochzahl q beschreibt die Anzahl der Nuten pro Pol und Strang und legt zusammen mit der Strangzahl m und der Anzahl der Pole $2p$ die Anzahl der Statornuten Q_{s} fest:

$$Q_{\mathrm{s}} = 2 \cdot p \cdot q \cdot m . \tag{4.29}$$

Da die Nuten eines Strangs räumlich um die Ständernutteilung versetzt sind, sind auch die Phasenlagen der durch die Läufergrundwelle dort induzierten Spulenspannungen um den Winkel $\alpha_{\mathrm{Q}} = \omega \cdot t = 2\pi/(2mq)$ phasenverschoben (Abbildung 4.6).

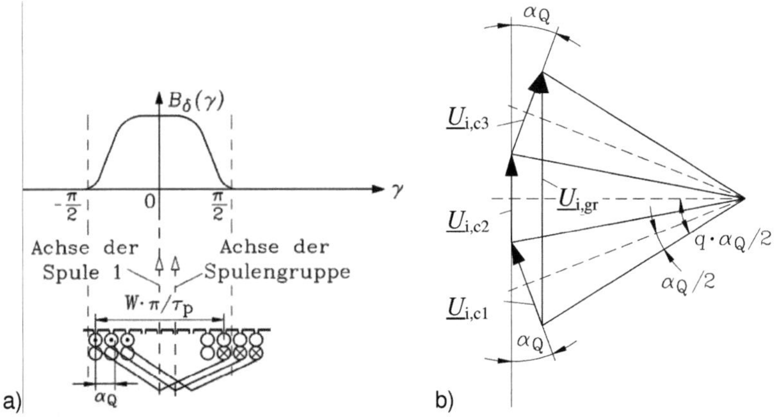

Abbildung 4.6: Das Läuferfeld $B_{\mathrm{r}}(\gamma)$ induziert eine Spannung in eine Spulengruppe aus q = 3 Spulen. a) Relative Lage des Läuferfelds zur Ständerspulengruppe zum Zeitpunkt maximaler Flussverkettung mit Spule Nr.1, b) Die vektorielle Addition der in die Spulen der Spulengruppe aus q = 3 Spulen induzierte Spannung einer μ-ten Läuferfeldwelle ist betragsmäßig um den Zonenfaktor $k_{\mathrm{d}\mu}$ kleiner als die Summe der Beträge der einzelnen induzierten Spannungen [26].

Das bedeutet, dass die induzierte Spannung in eine Spulengruppe $\underline{U}_{\mathrm{i,gr}}$ kleiner ist als das Dreifache der Spulenspannung $\underline{U}_{\mathrm{i,c}}$, da die Phasenlage der q induzierten Spulenspannungen mitberücksichtigt werden muss. Daher wird für eine Spannungsinduktion durch die μ-te Feldwelle der Zonenfaktor $k_{\mathrm{d}\mu}$ definiert, der das Verhältnis aus der induzierten Spannung einer Spulengruppe $\underline{U}_{\mathrm{i,gr}\mu}$ zum q-fachen der einzelnen Spulenspannungen $\underline{U}_{\mathrm{i,c}\mu}$ ist. Dieses Verhältnis ist aufgrund der unterschiedlichen Wellenlängen der Oberwellen und der dadurch unterschiedlichen Phasenlagen $\alpha_{\mathrm{Q}\mu} = \mu \cdot \omega \cdot t = \mu \cdot 2\pi/(2mq)$ unterschiedlich groß (Tabelle 4.1):

$$k_{\mathrm{d}\mu} = \frac{\hat{U}_{\mathrm{i,gr}\mu}}{q\hat{U}_{\mathrm{i,c}\mu}} = \frac{2\sin\left(q\frac{\alpha_{\mathrm{Q}\mu}}{2}\right)}{q \cdot 2\sin\left(\frac{\alpha_{\mathrm{Q}\mu}}{2}\right)} = \frac{\sin\left(\mu\frac{\pi}{2m}\right)}{q \cdot \sin\left(\mu\frac{\pi}{2mq}\right)} \overset{\mu=1}{=} \frac{\sin\left(\frac{\pi}{2m}\right)}{q \cdot \sin\left(\frac{\pi}{2mq}\right)}. \tag{4.30}$$

Weiterhin werden Drehfeldwicklungen zur Reduzierung von Oberwellen im Luftspalt gesehnt ausgeführt. Das heißt, die Spulenweite W ist kleiner als die Polteilung $\tau_{\mathrm{p}} = \pi \cdot d_{\mathrm{si}}/2p$. Damit ändert sich nach [25, 26] der mit der Spule verkettete Fluss der Grund- und Oberwellen. Während die (meist sehr kleine) Reduktion des Grundwellenflusses nachteilig ist, kann durch die Sehnung je nach Verhältnis von Spulenweite zu Polteilung W/τ_{p} eine erhebliche Reduktion von gewissen Oberwellen erreicht werden, was das Betriebsverhalten der Maschine deutlich verbessern kann. Weiterhin kann durch die Verkürzung der Spulen eine Einsparung von Kupfer erreicht werden, was neben den Herstellungskosten auch die Stromwärmeverluste des Stators $P_{\mathrm{Cu,s}}$ senkt. Um die Reduktion des Flusses bei der Berechnung der in einen Strang induzierten Spannung zu berücksichtigen, wird analog zum Zonenfaktor $k_{\mathrm{d}\mu}$ der so genannte Sehnungsfaktor $k_{\mathrm{q}\mu}$ definiert (Tabelle 4.1):

$$k_{\mathrm{p}\mu} = \sin\left(\mu\frac{\pi}{2}\cdot\frac{W}{\tau_{\mathrm{p}}}\right) \overset{\mu=1}{=} \sin\left(\frac{\pi}{2}\cdot\frac{W}{\tau_{\mathrm{p}}}\right). \tag{4.31}$$

Der Wicklungsfaktor $k_{\mathrm{w}\mu}$ wird als Produkt aus Zonen- und Sehnungsfaktor definiert:

$$k_{\mathrm{w}\mu} = k_{\mathrm{d}\mu} \cdot k_{\mathrm{p}\mu}. \tag{4.32}$$

Damit lässt sich die durch ein Rotorfeld μ-ter Ordnung $B_{\mathrm{r}\mu}$ in den Strang einer Drehfeldwicklung induzierte Spannung $U_{\mathrm{i},\mu}$ wie folgt beschreiben [25, 26]:

$$U_{\mathrm{i},\mu} = \sqrt{2}\pi \cdot f \cdot N \cdot k_{\mathrm{w}\mu} \cdot \frac{2}{\pi}\tau_{\mathrm{p}} l_{\mathrm{e}} \hat{B}_{\mathrm{r}\mu} \overset{\mu=1}{\Rightarrow}$$
$$U_{\mathrm{i},\mu=1} = \sqrt{2}\pi \cdot f \cdot N_s \cdot k_{\mathrm{w}\nu=1} \cdot \frac{2}{\pi}\tau_{\mathrm{p}} l_{\mathrm{e}} \hat{B}_{\mathrm{r}\mu=1} \qquad (4.33)$$

Analog zur Gleichung (4.20) kann die von der Läufergrundwelle $B_{\mathrm{r}\nu=\mu=1}$ induzierte Spannung $\underline{U}_{\mathrm{i,s}\mu}$ über die Gegeninduktivität $M_{\mathrm{sr},\mu}$ (Index sr: Induktion in den Stator vom Rotor) in Abhängigkeit der jeweiligen Läuferstromoberschwingung $\underline{I}_{\mathrm{r}\nu}$ beschrieben werden [26]:

$$\underline{U}_{\mathrm{i},\mu} = \underline{U}_{\mathrm{h,s}\mu} = j\omega_{\mathrm{s}} M_{\mathrm{sr},\mu} \underline{I}_{\mathrm{r}\mu} = j2\pi f_{\mathrm{s}} M_{\mathrm{sr},\mu} \underline{I}_{\mathrm{r}\nu} \overset{\nu=\mu=1}{\Rightarrow} \underline{U}_{\mathrm{h,s}} = j2\pi f_{\mathrm{s}} M_{\mathrm{sr}} \underline{I}_{\mathrm{r}}. \qquad (4.34)$$

Für die Gegeninduktivität $M_{\mathrm{sr},\mu}$ gilt dabei:

$$M_{\mathrm{sr},\mu} = \mu_0 N_{\mathrm{s}} k_{\mathrm{ws}\mu} N_{\mathrm{r}} k_{\mathrm{wr}\mu} \cdot \frac{2m_{\mathrm{r}}}{\pi^2} \frac{1}{\mu^2 p} \frac{\tau_{\mathrm{p}} l_{\mathrm{Fe}}}{\delta} \overset{\nu=\mu=1}{\Rightarrow}$$
$$M_{\mathrm{sr}} = \mu_0 N_{\mathrm{s}} k_{\mathrm{ws}} N_{\mathrm{r}} k_{\mathrm{wr}} \cdot \frac{2m_{\mathrm{r}}}{\pi^2} \frac{1}{p} \frac{\tau_{\mathrm{p}} l_{\mathrm{Fe}}}{\delta} \qquad (4.35)$$

Für die hier betrachteten KLASM gilt $k_{\mathrm{wr\mu}} = 1$, $m_{\mathrm{r}} = Q_{\mathrm{r}}$ und $N_{\mathrm{r}} = 1/2$, weshalb Gleichung (4.35) folgendermaßen vereinfacht werden kann:

$$M_{\mathrm{sr}} = \mu_0 N_{\mathrm{s}} k_{\mathrm{ws}} \cdot \frac{2Q_{\mathrm{r}}}{\pi^2} \frac{1}{p} \frac{\tau_{\mathrm{p}} l_{\mathrm{Fe}}}{\delta}. \qquad (4.36)$$

Das mit Synchrongeschwindigkeit $v_{\mathrm{syn}}=2 \cdot f_{\mathrm{s}} \cdot \tau_{\mathrm{p}}$ entlang des Luftspalts δ wandernde Stator-Drehfeld B_{s} induziert die Selbstinduktionsspannung $\underline{U}_{\mathrm{i,s}}$ in die Drehfeldwicklung des Stators:

$$\underline{U}_{\mathrm{i,s}} = j\omega_{\mathrm{s}} L_{\mathrm{sh}} \underline{I}_{\mathrm{s}}. \qquad (4.37)$$

Weiterhin treten auch im Stator Streufelder $\underline{\Phi}_{\mathrm{s}\sigma}$ in den Nuten und an den Wickelköpfen auf. Die Länge der Wickelköpfe l_{b} ist zudem noch maßgebend für den Strangwiderstand R_{s}, da die beiden Wickelköpfe zusammengenommen (gerade bei Motoren kleiner Achshöhen) bei verteilten Wicklungen oft deutlich länger sind als der Wicklungsteil in den Nuten im aktiven Eisen.

Tabelle 4.1: Zonen-, Sehnungs- und Wicklungsfaktoren der Mastermotoren AH80 und AH100 bis zum zweiten Nutharmonischenpaar (NH) des Statorfeldes bei unterschiedlicher Sehnung. Die Originalmotoren sind mit einer Einschichtwicklung versehen, weswegen der Sehnungsfaktor k_p = 1 ist (Kenndaten der Motoren siehe Anhang A: Maschinendaten).

ν	k_d ($q = 3$)	k_p bei W/τ_p =		k_w bei W/τ_p =	
		7/9	8/9	7/9	8/9
1	0,959	0,941	0,985	0,902	0,945
-5	0,218	0,174	-0,642	0,038	-0,140
7	-0,177	0,77	-0,344	-0,136	0,061
-11	-0,177	-0,77	-0,344	0,136	0,061
13	0,218	-0,174	-0,642	-0,038	-0,140
-17 NH	0,959	-0,941	0,985	-0,902	0,945
19 NH	0,959	-0,941	0,985	-0,902	0,945
-23	0,218	-0,174	-0,642	-0,038	-0,140
25	-0,177	-0,77	-0,344	0,136	0,061
-29	-0,177	0,77	-0,344	-0,136	0,061
31	0,218	0,174	-0,642	0,038	-0,140
-35 NH	0,959	0,941	0,985	0,902	0,945
37 NH	0,959	0,941	0,985	0,902	0,945

Die Länge der Wickelköpfe l_b hängt dabei vom Wicklungstyp und von den -Eigenschaften (Einschicht- oder Zweischichtwicklung, konzentrische oder verteilte Spulen, Windungszahl N_s,...) und von den von Hersteller zu Hersteller unterschiedlichen Methoden zum Richten der Wickelköpfe ab. Vorschläge zur Berechnung der Streuinduktivität $L_{s\sigma}$ des Stators sind in [23, 25, 26, 27, 28, 29] zu finden. Die im Berechnungsprogramm *KLASYS* in Abhängigkeit der Nutform verwendeten Formeln für die Nutstreuinduktivitäten von Stator und Rotor sind in [30, 31] zusammengefasst. Analog zur Gleichung (4.26) für den Rotor lässt sich die Statorstreuinduktivität $L_{s\sigma}$ als Summe aus Wickelkopfstreuinduktivität $L_{s\sigma b}$ und der Nutstreuinduktivität $L_{s\sigma Q}$ beschreiben:

$$L_{s\sigma} = L_{s\sigma Q} + L_{s\sigma b} \,. \tag{4.38}$$

Für den *ohm´*schen Widerstand R_s je Statorstrang gilt:

$$R_{\mathrm{s}} = \frac{1}{\kappa(\vartheta)} \cdot \frac{N_{\mathrm{s}} \cdot 2 \cdot (l_{\mathrm{Fe}} + l_{\mathrm{b}})}{a \cdot a_{\mathrm{i}} \cdot A_{\mathrm{Cu}}} = \frac{1}{\kappa(\vartheta)} \cdot \frac{N_{\mathrm{s}} \cdot 2 \cdot l_{\mathrm{c}}}{a \cdot a_{\mathrm{i}} \cdot A_{\mathrm{Cu}}}. \tag{4.39}$$

Dabei steht l_c für die mittlere Länge einer Windung der Spule, A_{cu} für die Querschnittsfläche des Drahtes, a für die Anzahl paralleler Wicklungszweige je Strang, a_i für die Anzahl paralleler Teilleiter je Windung und κ für den von der jeweiligen Temperatur ϑ abhängigen spezifischen elektrischen Leitwert des verwendeten Leitermaterials. Die Windungszahl N_s je Strang ist für Zweischichtwicklungen bei sonst gleichen Parametern doppelt so groß wie für Einschichtwicklungen:

$$N_{\mathrm{s}} = \frac{pqN_{\mathrm{c}}}{a} \quad \text{Einschichtwicklung,} \tag{4.40}$$

$$N_{\mathrm{s}} = \frac{2pqN_{\mathrm{c}}}{a} \quad \text{Zweischichtwicklung.} \tag{4.41}$$

Die Parameter werden zu dem auf der linken Seite in Abbildung 4.5 zu sehenden Ersatzschaltbild zusammengefasst, woraus sich die Maschengleichung in Gleichung (4.42) ergibt:

$$\underline{U}_{\mathrm{s}} = j\omega_{\mathrm{s}} M_{\mathrm{sr}} \underline{I}_{\mathrm{r}} + j\omega_{\mathrm{s}} L_{\mathrm{sh}} \underline{I}_{\mathrm{s}} + j\omega_{\mathrm{s}} (L_{\mathrm{s}\sigma\Omega} + L_{\mathrm{s}\sigma\mathrm{h}}) \cdot \underline{I}_{\mathrm{s}} + R_{\mathrm{s}} \underline{I}_{\mathrm{s}}. \tag{4.42}$$

4.1.4. Zusammenführen der Ersatzschaltbilder des Stators und des Rotors

Die in den Abschnitten 4.1.2 und 4.1.3 vorgestellten Ersatzschaltbilder erlauben eine getrennte Berechnung der Betriebsgrößen des Stators und Rotors. Abbildung 4.5 zeigt die über die Gegeninduktivitäten M_{rs} bzw. M_{sr} des Rotors bzw. Stators magnetisch gekoppelten Kreise. Um die Berechnung mit diesem Ersatzschaltbild zu vereinfachen und ein für Stator und Rotor gleichermaßen gültiges galvanisch verbundenes Ersatzschaltbild zu erhalten, werden i. A. die Größen des Rotors auf die Statorseite bezogen. Dies wird über eine Umrechnung der Parameter über einen Umrechnungsfaktor *ü* erreicht. Prinzipiell kann dieser Faktor beliebig gewählt werden. Der Einfachheit halber wird der Parameter so gewählt, dass nur die Rotorparameter umgerechnet werden müssen, und die Parameter des Stators unverändert bleiben.

Die Schnittstelle der Ersatzschaltbilder des Stators und des Rotors ist die von der Feldgrundwelle im Luftspalt mit der Amplitude $\hat{B}_{\delta\nu=1}$ in die Statorwicklung bzw. in einen Rotorstab induzierte Hauptfeldspannung $\underline{U}_{\mathrm{h,s}}$ bzw. $\underline{U}_{\mathrm{h,r}}$ (siehe Gleichungen (4.34) bzw. (4.20)). Wenn das Eisen als ungesättigt angenommen wird (Permeabilität des Eisens $\mu_{\mathrm{Fe}}\rightarrow\infty$) und die Abdämpfung des Statorfeldes $B_{\mathrm{s}\nu}$ durch das ihm (fast) entgegen gesetzte Rotorgrundfeld $B_{\mathrm{r}\mu=\nu}$ (vgl. Abschnitt 4.3.2.2) vernachlässigt wird, gilt für die vom Strom $\underline{I}_{\mathrm{s}}$ erregte Grundwelle der Flussdichte im Luftspalt [23, 25, 26, 27, 32]:

$$B_{\delta\nu=1}(x,t) = \hat{B}_{\delta\nu=1}\cdot\cos\left(\frac{x\cdot\pi}{\tau_{\mathrm{p}}}+2\pi f\cdot t\right),$$
$$\hat{B}_{\delta\nu=1} = \hat{B}_{\delta} = \frac{\mu_0}{\delta}\cdot\frac{\sqrt{2}}{\pi}\cdot\frac{m}{p}\cdot N_{\mathrm{s}}\cdot k_{\mathrm{ws}}\cdot I_{\mathrm{s}}. \tag{4.43}$$

Damit im Stator und im Rotor die gleiche Spannungsgrundschwingung induziert wird, muss in der Ständerwicklung ein m_{s}-phasiges Stromsystem $\underline{I}_{\mathrm{r}}$' fließen, welches die gleiche magnetische Spannungsamplitude erregt wie das m_{r}-phasige Läuferstabstromsystem $|\underline{I}_{\mathrm{stab}}| = |\underline{I}_{\mathrm{r}}|$. Daher gilt:

$$\hat{B}_{\delta} = \frac{\mu_0}{\delta}\cdot\frac{\sqrt{2}}{\pi}\frac{m_{\mathrm{s}}}{p}N_{\mathrm{s}}\cdot k_{\mathrm{ws}}\cdot I_{\mathrm{r}}' = \frac{\mu_0}{\delta}\cdot\frac{\sqrt{2}}{\pi}\frac{m_{\mathrm{r}}}{p}N_{\mathrm{r}}\cdot k_{\mathrm{w,r}}\cdot I_{\mathrm{r}}. \tag{4.44}$$

Damit ergibt sich ein Umrechnungsfaktor für die Ströme $\ddot{u}_{\mathrm{I}}$ von:

$$\ddot{u}_{\mathrm{I}} = \frac{k_{\mathrm{ws}}N_{\mathrm{s}}m_{\mathrm{s}}}{k_{\mathrm{wr}}N_{\mathrm{r}}m_{\mathrm{r}}} \overset{\mathrm{KLASM}}{=} \frac{2k_{\mathrm{ws}}N_{\mathrm{s}}m_{\mathrm{s}}}{Q_{\mathrm{r}}} = \frac{\underline{I}_{\mathrm{r}}}{\underline{I}_{\mathrm{r}}'} \tag{4.45}$$

Vergleicht man die Formeln (4.34) und (4.20) für die Hauptfeldspannungen von Stator und Rotor $\underline{U}_{\mathrm{h,s}}$ bzw. $\underline{U}_{\mathrm{h,r}}$, so wird deutlich, dass sie sich um die Faktoren $N_{\mathrm{s}}\cdot k_{\mathrm{ws}}$ bzw. $N_{\mathrm{r}}\cdot k_{\mathrm{wr}}$ unterscheiden. Folglich gilt für das Übersetzungsverhältnis der Spannungen $\ddot{u}_{\mathrm{U}}$:

$$\ddot{u}_{\mathrm{U}} = \frac{k_{\mathrm{ws}}N_{\mathrm{s}}}{k_{\mathrm{wr}}N_r} = 2k_{\mathrm{ws}}N_{\mathrm{s}} = \frac{\underline{U}_{\mathrm{r}}'}{\underline{U}_{\mathrm{r}}}. \tag{4.46}$$

Mit diesen Faktoren können nun die Selbst- und Gegeninduktivitäten des Rotors auf die Statorseite wie folgt umgerechnet werden:

$$L_{\mathrm{h}} = L_{\mathrm{sh}} = \ddot{u}_{\mathrm{U}}\cdot M_{\mathrm{sr}} = \ddot{u}_{\mathrm{I}}\cdot M_{\mathrm{rs}} = \mu_0 N_{\mathrm{s}}^2 k_{\mathrm{ws}}^2\cdot\frac{2m_{\mathrm{s}}}{\pi^2}\frac{l_{\mathrm{Fe}}\tau_{\mathrm{p}}}{p\delta}, \tag{4.47}$$

$$L_\mathrm{h} = \ddot{u}_\mathrm{U}\ddot{u}_\mathrm{I}L_\mathrm{rh} = \left(\frac{k_\mathrm{ws}N_\mathrm{s}}{k_\mathrm{wr}N_\mathrm{r}}\right)^2 \frac{m_\mathrm{s}}{m_\mathrm{r}} \cdot \mu_0 N_\mathrm{r}^2 k_\mathrm{wr}^2 \frac{2m_\mathrm{r}}{\pi^2} \frac{l_\mathrm{Fe}\tau_\mathrm{p}}{p\delta}.$$

Wird ein Parameter auf die Statorseite bezogen, so wird dies im weiteren Verlauf durch einen Apostroph „ ' " an der Variablen angezeigt. Die Formeln (4.48) fassen die Regeln zur Umrechnung der Rotorgrößen in Bezug zur Statorseite zusammen:

$$R_\mathrm{r}' = \ddot{u}_\mathrm{U}\ddot{u}_\mathrm{I}R_\mathrm{r} \qquad L_{\mathrm{r}\sigma}' = \ddot{u}_\mathrm{U}\ddot{u}_\mathrm{I}L_{\mathrm{r}\sigma} \qquad L_\mathrm{r}' = \ddot{u}_\mathrm{U}\ddot{u}_\mathrm{I}L_\mathrm{r}$$

$$I_\mathrm{r}' = \frac{I_\mathrm{r}}{\ddot{u}_\mathrm{I}} \qquad \ddot{u}_\mathrm{U}U_\mathrm{r} = U_\mathrm{r}' \tag{4.48}$$

Weiterhin muss beachtet werden, dass der Berechnung der Reaktanzen des Stators $X_\mathrm{s}=2\pi f_\mathrm{s}L_\mathrm{s}=\omega_\mathrm{s}L_\mathrm{s}$ und des Rotors $X_\mathrm{r}= 2\pi f_\mathrm{r}L_\mathrm{r} = \omega_\mathrm{r}L_\mathrm{r}$ unterschiedliche Kreisfrequenzen ω zu Grunde liegen. Da für die Rotorfrequenz $f_\mathrm{r}= s\cdot f_\mathrm{s}$ gilt, müssen die Rotor-Ersatzschaltbildparameter zusätzlich noch durch den Schlupf $s = (n_\mathrm{syn} - n)/ n_\mathrm{syn}$ dividiert werden, um ein Ersatzschaltbild für den Rotor und Stator zu erhalten. Das entsprechende T-Ersatzschaltbild ist in Abbildung 4.7 zu sehen. Daraus ergeben sich folgende Maschengleichungen für den Stator und den Rotor:

$$\underline{U}_\mathrm{s} = R_\mathrm{s}\underline{I}_\mathrm{s} + jX_{\mathrm{s}\sigma}\underline{I}_\mathrm{s} + jX_\mathrm{h}\cdot(\underline{I}_\mathrm{s} + \underline{I}_\mathrm{r}') \text{ für den Stator,} \tag{4.49}$$

$$0 = \frac{R_\mathrm{r}'}{s}\underline{I}_\mathrm{r}' + jX_{\mathrm{r}\sigma}'\underline{I}_\mathrm{r}' + jX_\mathrm{h}\cdot(\underline{I}_\mathrm{s} + \underline{I}_\mathrm{r}') \text{ für den Rotor mit}$$

$$X_\mathrm{r}' = 2\pi f_\mathrm{s}L_\mathrm{r}' = \omega_\mathrm{s}L_\mathrm{r}'. \tag{4.50}$$

Die Addition der beiden Stromzeiger $\underline{I}_\mathrm{s}$ und $\underline{I}_\mathrm{r}'$ ergibt den Magnetisierungsstrom $\underline{I}_\mathrm{m}$, der den Strombedarf zur Magnetisierung des gesamten Eisenkreises darstellt.

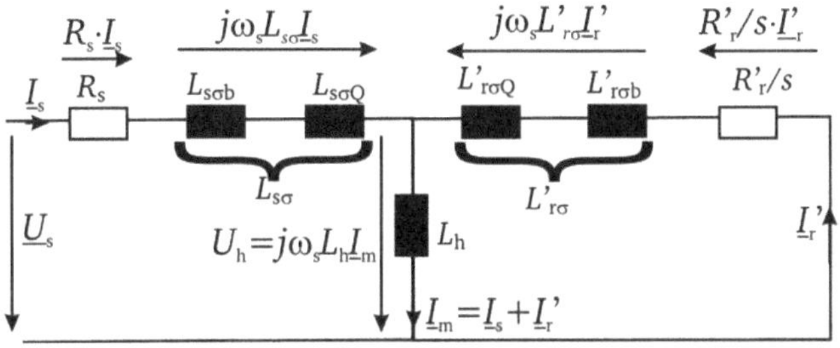

Abbildung 4.7: T-Ersatzschaltbild der KLASM. Es ergibt sich aus dem Ersatzschaltbild aus Abbildung 4.5 durch Umrechnung der rotorseitigen Parameter auf die Statorseite gemäß Gleichung (4.48), was durch Kennzeichnung mit einem Apostroph bei den Parametern deutlich gemacht wird [26, 28, 29, 33].

4.1.5. Berücksichtigung des Einflusses von Oberwellen und der Sättigung im Ersatzschaltbild

Das im vorangegangenen Abschnitt 4.1.4 vorgestellte Ersatzschaltbild beschreibt das Verhalten des Grundwellenmotors ohne Berücksichtigung von Oberwelleneffekten. Tatsächlich haben die u. A. aufgrund von den in Nuten verteilten Wicklungen und durch Sättigungseffekte hervorgerufenen Oberwellen im Luftspalt einen erheblichen Einfluss auf das Betriebsverhalten der Motoren. Neben den durch sie erregten Geräuschen (siehe Kapitel 5) und Oberwellenmomenten (siehe Abschnitt 4.4) werden auch die Betriebsströme von Stator und Rotor beeinflusst. Daher muss das T-Ersatzschaltbild erweitert werden. Die klassische Methode [25, 26, 27, 29, 32], den Einfluss der Oberwellen im Ersatzschaltbild aus Abbildung 4.7 zu berücksichtigen, ist die Einführung der Oberwellenstreuinduktivität $L_{r/s\sigma os}$ als zusätzlichen Teil der Streuinduktivitäten von Stator bzw. Rotor. Dann gilt für die Gleichungen (4.38) bzw. (4.26):

$$L_{s\sigma} = L_{s\sigma Q} + L_{s\sigma b} + L_{s\sigma os}, \tag{4.51}$$

$$L_{r\sigma} = L_{r\sigma Q} + L_{r\sigma b} + L_{r\sigma os}. \tag{4.52}$$

Mit (4.51), (4.52) werden nur die Selbstinduktionsspannungen (analog zu (4.37), (4.23)) der einzelnen ν-ten Stator- und μ-ten Rotorfeldoberwellen berücksichtigt. Die Gegeninduktionsspannungen (analog zu (4.20), (4.34)) werden vernachlässigt, so dass weiterhin nur $\underline{I}_s$ und $\underline{I}_r$' auftreten.

Die Berechnung der Oberwellenstreuinduktivität $L_{\sigma\,\mathrm{os}} = \sigma_{\mathrm{os}} L_{\mathrm{h}}$ wird dabei über die Hauptinduktivität und die Oberwellenstreuziffer σ_{os} vorgenommen. Für den Stator gilt:

$$\sigma_{\mathrm{os}} = \sum_{\nu} \left(\frac{k_{\mathrm{ws}\,\nu}}{\nu \cdot k_{\mathrm{ws}\,\nu=1}} \right)^2 - 1. \tag{4.53}$$

Der Wert liegt bei Ganzlochwicklungen (*q*: ganze Zahl) in der Regel zwischen 0.08 und 0.1. Die Berechnung für den Rotor ist in [25, 26, 27, 29] zu finden.

In dieser Arbeit wird jedoch eine alternative Methode nach *Weppler* zur Berücksichtigung der Oberwellen im T-Ersatzschaltbild verwendet. Die in [23, 31, 34, 35, 36, 37] vorgestellte Methode berücksichtigt die durch die Oberwellenstreuflüsse in den Stator induzierten Spannungen anhand zweier Spannungsquellen $\Delta\underline{U}_1$ und $\Delta\underline{U}_2$, welche die Streuinduktivität $L_{\mathrm{s}\sigma\mathrm{os}}$ ersetzen. Der Vorteil dieser Methode ist, dass der Einfluss der Oberwellen für die unterschiedlichen Betriebspunkte genauer erfasst werden kann. Je nach Betriebspunkt ändert sich die Flussverteilung in der Maschine und damit die entsprechenden Sättigungsverhältnisse. Während sich die Spannung $\Delta\underline{U}_1$ auf die vom Magnetisierungsstrom $\underline{I}_{\mathrm{m}}$ abhängigen Feldoberwellen aufgrund der verteilten Wicklung und der doppelseitigen Nutung bezieht (Abbildung 4.8a), ist der Spannungsfall $\Delta\underline{U}_2$ abhängig vom Laststrom $\underline{I}_{\mathrm{r}}$' und berücksichtigt sättigungsabhängig den Einfluss des so genannten Luftspalt- oder auch Spaltstreuflusses (auch Zick-Zack-Streufluss genannt) $\Phi_{\mathrm{Z}}(x,t)$. Im Niedriglastbereich und besonders im Leerlaufbetrieb ist der Einfluss der Hauptfeldsättigung groß und wird über den Hauptfeldsättigungsfaktor k_{h} bei der Berechnung von $\Delta\underline{U}_1$ berücksichtigt. Die Berechnung von $\Delta\underline{U}_2$ hängt dagegen von der Sättigung der Streufelder ab, die bei großen Schlupfwerten (z. B. Kurzschlussbetrieb mit $s = 1$) großen Einfluss auf das Betriebsverhalten hat und über den integralen Zahnkopfsättigungsfaktor K_{ZK} berücksichtigt wird [23, 31, 34]. Der Grund für die Bezeichnung Zick-Zack-Streufluss Φ_{Z} wird in Abbildung 4.9b) deutlich. Aufgrund der mit steigendem Schlupf s und daher steigender Belastung größer werdenden Ankerrückwirkung wird das Feld aus dem Rotor in den Luftspalt gedrängt, wo es sich „zick-zack"-förmig über die Zahnköpfe von Stator und Rotor und über das Statorjoch schließt. Dabei werden die Zahnköpfe stark gesättigt. Bei kleinen Schlupfwerten und damit nur geringer Ankerrückwirkung können die Feldlinien aus dem Stator (weitestgehend) ungedämpft in den Rotor eindringen und damit den gesamten Eisenkreis magnetisieren (Abbildung 4.8b). Das Hauptfeld ist also bei kleinen Schlupfwerten dominant und maßgebend für die Sättigung des Eisenkreises. Der Hauptfeldsättigungsfaktor k_h ergibt sich aus dem Verhältnis des Durchflutungsbedarfs zur Magnetisierung des Luftspaltes V_L zum gesamten Magnetisierungsbedarf $V_{gesamt} = V_L + V_{Joch,s/r} + V_{Zahn,s/r}$ in jedem Arbeitspunkt und ist dadurch stets kleiner 1 [23, 34]:

$$k_h = \frac{V_L}{V_L + V_{Joch,s} + V_{Joch,r} + V_{Zahn,s} + V_{Zahn,r}} . \tag{4.54}$$

Zur analytischen Berechnung der Sättigungsverhältnisse des Hauptfeldes im Blechpaket wird der Eisenkreis in magnetische Ersatzwiderstände der einzelnen Teilabschnitte unterteilt und über die Vorgabe des Flusses in den Jochen die Flussdichten in den einzelnen Teilabschnitten des Eisenkreises mit Verwendung der Eisenkennlinie $B(H)$ iterativ berechnet (siehe [23, 38, 39]). Damit lassen sich die zur Magnetisierung der Joche und Zähne benötigten Durchflutungen in (4.54) berechnen.

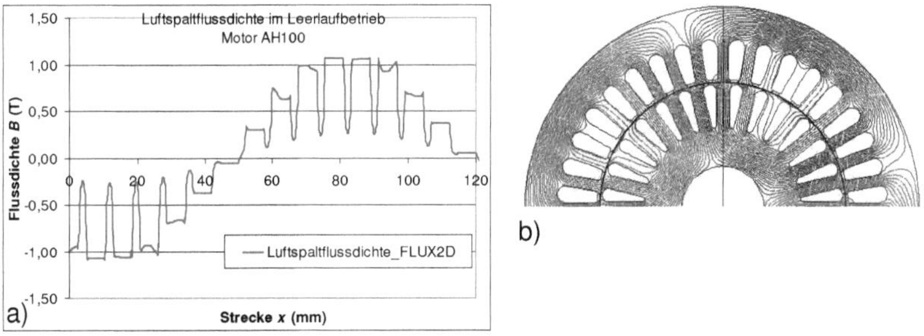

Abbildung 4.8: a) FEM-Berechnung (*FLUX2D*) der Luftspaltflussdichte $B_\delta(x)$ eines Polpaars zu einem Zeitpunkt t = 0 s des Motors der AH100 im Leerlauf s = 0; U_N = 400 VY. Es sind deutlich die Treppenform aufgrund der verteilten Wicklung und die Feldeinbrüche durch die Statornutung sichtbar. b) zugehörige zweidimensionale Feldverteilung, berechnet mit FEM (*FLUX2D*) [36, 37].

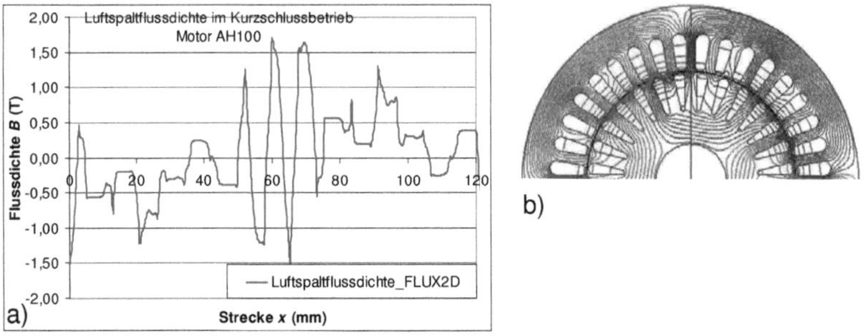

Abbildung 4.9: a) FEM-Berechnung (*FLUX2D*) der Luftspaltflussdichte $B_\delta(x)$ eines Polpaars zu einem Zeitpunkt t = 0 s des Motors der AH100 im Anlauf- oder Kurzschlusspunkt s = 1; U_N = 400 VY. b) zugehörige zweidimensionale Feldverteilung, berechnet mit FEM (*FLUX2D*) mit deutlich sichtbarem Zick-Zack-Streufluss im Luftspalt [36, 37].

Deutlich sichtbar ist diese Hauptfeldsättigung in der Leerlaufkennlinie einer KLASM (Abbildung 4.11a). Mit steigender Klemmenspannung und damit steigender Flussdichte im Eisenkreis steigt die Eisensättigung und damit der Magnetisierungsbedarf V_{gesamt}, was durch einen sinkenden Hauptfeldsättigungsfaktor k_h deutlich wird. Die Hauptinduktivität L_h im Ersatzschaltbild (Abbildung 4.7) ist proportional zum Hauptfeldsättigungsfaktor k_h, und sinkt mit steigendem Sättigungsgrad, wodurch der Magnetisierungsstrom $\underline{I}_\text{m}$, der im Leerlauf in etwa dem gemessenen Strangstrom $\underline{I}_{\text{s0}}$ entspricht, nicht mehr linear ansteigt:

$$U_\text{h} = X_{\text{h,ges}}(I_\text{m}) \cdot I_{\text{s0}} = \mu_0 N_\text{s}^2 k_{\text{ws}}^2 \cdot \frac{2m_\text{s}}{\pi^2} \frac{l_{\text{Fe}} \tau_\text{p}}{p \frac{\delta}{k_\text{h}}} \cdot I_{\text{s0}} < X_\text{h} \cdot I_{\text{s0}}. \tag{4.55}$$

Mit steigender Belastung steigt der Hauptfeldsättigungsfaktor k_{h0} bei ungeschrägten Rotoren wieder an, da durch die Ankerrückwirkung und die damit verbundene Feldverdrängung aus dem Rotor der Eisenkreis im Rotor entsättigt (k_{h0} in Abbildung 4.10a). Durch die Schrägung wird der Anteil der Oberschwingungen der Rotorströme $\underline{I}_{\text{r}\nu}$ stark reduziert. Damit wird auch deren abdämpfende Wirkung für die eindringenden Felder des Stators geschwächt, wodurch diese weiter in den Rotor eindringen können als im ungeschrägten Fall. Zusätzlich verstärken die Rotorquerströme $\underline{I}_\text{q}$ die Sättigung des Hauptfeldes im Falle geschrägter Rotornuten und nicht isolierter

Rotorstäbe. Daher steigt der entsprechende Sättigungsfaktor k_h (Abbildung 4.10a) bei steigender Last nicht wieder an, sondern fällt mit steigendem Schlupf s weiter ab. Die ebenfalls in Abbildung 4.10a) angegebene Kurve aus der FEM-Untersuchung der Hauptfeldsättigung aus [21] ist mit der Kurve für den ungeschrägten Rotor k_{h0} zu vergleichen, da es sich um ein 2D-FEM-Modell handelt, bei dem nur ungeschrägte Rotoren berechnet werden können. Die FEM-Ergebnisse zeigen, dass die Hauptfeldsättigung im Falle ungeschrägter Motoren analytisch gut erfasst wird.
Mit steigender Belastung der Maschine werden die Feldlinien aus dem Rotor in den Luftspalt gedrängt. Grund dafür sind die unter Last steigenden Rotorströme $\underline{I}_{r\nu}$, die die Läufergrundfelder $B_{r\nu=\mu}$ erregen, welche nach der *Lenz'*schen Regel ihrer Ursache entgegen wirken und so die Oberfelder des Stators $B_{s\nu}$ stark abdämpfen und das Eindringen in den Rotor verhindern (vgl. Abschnitt 4.3.2.2). Die Spannung $\Delta\underline{U}_2$ berücksichtigt die durch den resultierenden Zick-Zack-Streufluss Φ_Z mit Netzfrequenz f_s in den Stator induzierte Spannung. Dieser Spaltstreufluss Φ_Z steigt mit steigendem Schlupf s und damit dem Laststrom $\underline{I}'_r$ und ist abhängig von dem lokalen Zahnkopfsättigungsfaktor k_{zk}. In Abbildung 4.10d) ist der Verlauf des Zick-Zack-Streuflusses $\Phi_Z(\Delta x_r)$ zu einem Zeitpunkt $t = 0$ s über eine halbe Polteilung $\tau_p/2$ dargestellt. Abbildung 4.12a) zeigt den prinzipiellen Zeitverlauf $\phi_Z(t)$ des Zick-Zack-Streuflusses über eine halbe Periode des Statorstroms $\underline{I}_s$, berechnet über eine Statornutteilung am Luftspalt. Abhängig von der Nutenzahl von Stator und Rotor entstehen Flusspulse, deren Amplituden eine Einhüllende bilden, die sich mit der Statorfrequenz f_s sinusförmig ändern. Eine analytische Beschreibung dieser Flusspulsationen, basierend auf [31, 37, 40, 41], wird in Abschnitt 4.5.4 erläutert.

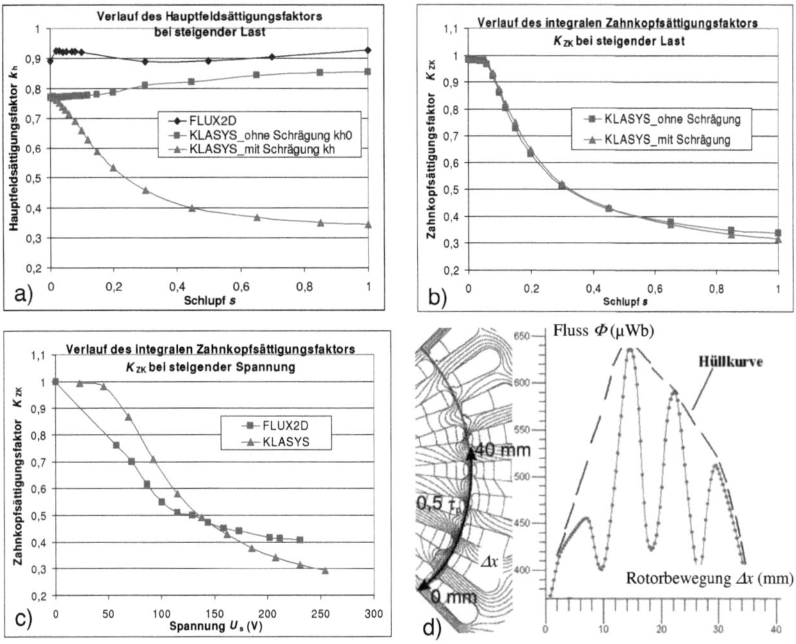

Abbildung 4.10: a) Verlauf der Hauptfeldsättigungsfaktoren k_{h0} und k_h des Motors der AH80 ohne Schrägung bzw. mit geschrägtem Rotor bei steigender Belastung. Zum Vergleich ist der aus [21] mit Hilfe der FEM (*FLUX2D*, d.h. ohne Schrägung) ermittelte Verlauf angegeben b) Analytisch berechneter Verlauf des Zahnkopfsättigungsfaktors K_{ZK} des Motors AH80 bei $U = U_N = 400$ VY mit steigendem Schlupf s c) Verlauf des Zahnkopfsättigungsfaktors K_{ZK} bei Schlupf $s = 1$ und steigender Strangspannung für den Motor AH80. Zum Vergleich ist der aus [21] mit Hilfe der FEM (*FLUX2D*) ermittelte Verlauf angegeben d) Gesättigter Zick-Zack-Streufluss $\Phi_Z(\Delta x_r)$ im Rotorzahnkopf entlang des Luftspaltes bei Verdrehung des Rotors um eine halbe Polteilung $0 \le \Delta x_r \le \tau_p/2$ im Kurzschlussbetrieb $s = 1$ des Motors AH80 bei Bemessungsspannung $U_N = 400$ V (*FLUX2D*)[21] zum Zeitpunkt $t = 0$ s (x_r: Rotorumfangskoordinate).

Abbildung 4.12b) zeigt den Grund für diese Pulse. Je nach Lage der Nutöffnungen des Rotors relativ zum Stator ist der Zick-Zack-Fluss Φ_Z maximal oder minimal. Liegt eine Nutöffnung des Rotors direkt gegenüber einer Öffnung des Stators, so ergibt sich ein Minimum, und liegt die Rotornutöffnung in der Mitte eines Statorzahns, so wird der Zick-Zack-Streufluss Φ_Z maximal. In Abbildung 4.12a) wird zudem der integrale Zahnkopfsättigungsfaktor K_{ZK} erläutert. Durch die Sättigung der Zahnköpfe wird die Einhüllende des Zick-Zack-Streuflusses Φ_Z um den lokalen Zahnkopfsättigungsfaktor k_{zk} gegenüber dem ungesättigten Fall abgeflacht. Dadurch ergeben sich zusätzliche, sättigungsbedingte Feldoberwellen von denen nur die Grundwelle mit f_s in die Statorwicklung induzieren kann. Die Amplitude dieser Grundwelle ist gegenüber dem ungesättigten Fall um den integralen Zahnkopfsättigungsfaktor K_{ZK} reduziert. Dieser Faktor hat sein Maximum bei sehr kleinen Schlupfwerten $s = 0$ und sinkt mit steigender Belastung (Abbildung 4.10b) und stärkerem Einfluss des Zick-Zack-Streuflusses Φ_Z. Abbildung 4.10c) zeigt den Vergleich der analytischen Berechnung des integralen Zahnkopfsättigungsfaktors K_{ZK} mit den FEM-Berechnungen gemäß [21] bei steigender Speisespannung im Kurzschlussfall ($s = 1$). Auch hier ergibt sich eine gute Übereinstimmung. Die formelmäßige Beschreibung dieses Sättigungsfaktors und Berechnungsmethoden für den Zick-Zack-Streufluss $\Phi_Z(x,t)$ werden in [30, 31, 34, 37, 42, 43] ausführlich betrachtet und sollen hier nicht weiter vertieft werden.

In Abbildung 4.9b) sieht man, dass unter Last (hier $s = 1$) der Nutstreufluss $\Phi_{\sigma Q}(t)$ und der Zick-Zack-Streufluss $\Phi_Z(t)$ gemeinsam die Zahnköpfe sättigen. Dadurch weichen im Vergleich zur Situation ohne den Zick-Zack-Streufluss $\Phi_Z(t)$ und damit reduzierter Sättigung weitaus mehr Feldlinien in die Nut des Stators und Rotors aus. Die Nutstreuinduktivitäten $L_{s/r\sigma Q}$ müssen daher bei Berücksichtigung des Zick-Zack-Streuflusses $\Phi_Z(t)$ im Bereich des Zahnkopfes reduziert werden. Dazu wird nach [34, 37, 42, 43] der Zahnkopf des Stators und Rotors in die Bereiche A an der Spitze zum Luftspalt hin und in die Bereiche B zum Zahnschaft hin unterteilt (Abbildung 4.13a). Über die Nutstreusättigungsfaktoren $k_{ns,s/r,A/B}$ werden dann für jeden Arbeitspunkt die magnetischen Streuleitwerte λ für den betrachteten Bereich modifiziert, was eine Änderung der gesamten Nutstreuinduktivität im Stator $L_{s\sigma}$ und Rotor $L_{r\sigma}$ mit sich bringt. Eine Möglichkeit, diese Faktoren analytisch zu berechnen, wird in [34, 37, 42, 43] vorgestellt. Abbildung 4.13b) zeigt den Verlauf dieser Sättigungsfaktoren am Beispiel des Motors AH100. Abbildung 4.13c) zeigt den Verlauf der Sättigungsfaktoren im Anlaufpunkt $s = 1$ für steigende Klemmenspannungen (vgl. Abbildung

4.11b).Typisch für Motoren mit geschlossenen Rotornuten ist, dass der Sättigungsfaktor $k_{ns,r,A}$ schon bei kleiner Belastung stark absinkt, da die sehr dünnen Eisenbrücken des Nutverschlusses stark sättigen (siehe Abschnitt 4.3.2.4).

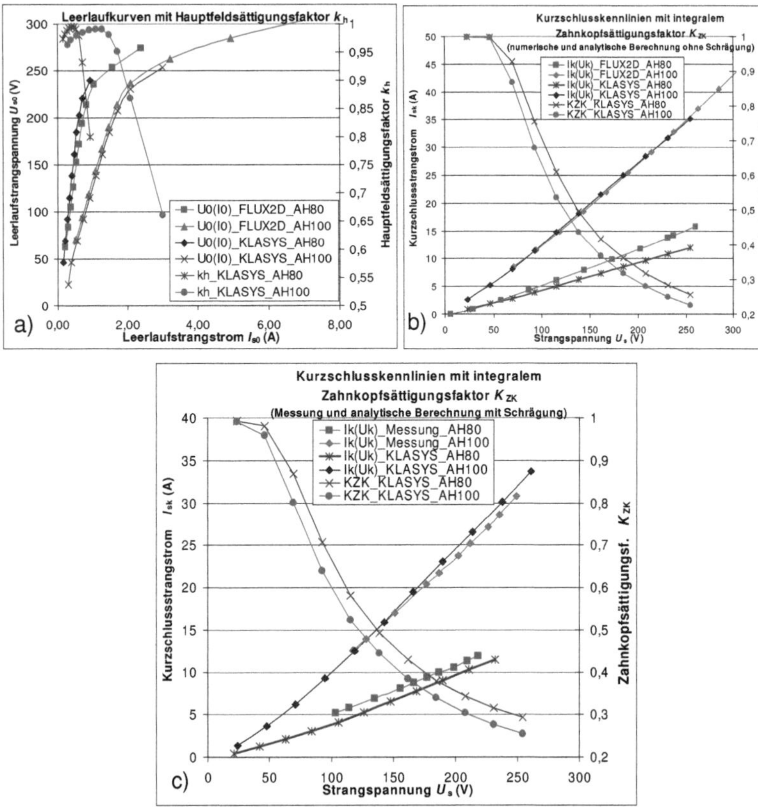

Abbildung 4.11: a) Analytisch und über FEM (*FLUX2D*) berechnete Leerlaufkennlinie der Motoren AH80 und AH100 mit entsprechendem Hauptfeldsättigungsfaktor k_h (*KLASYS*). b) Analytisch und über FEM (*FLUX2D*) berechnete Kurzschlusskennlinie der Motoren AH80 und AH100 (ohne Schrägung) mit entsprechendem integralen Zahnkopfsättigungsfaktor K_{ZK} (*KLASYS*). c) Gemessene Kurzschlusskennlinien im Vergleich mit den analytisch berechneten Kurzschlusskennlinien $I_k(U_s)$ mit entsprechenden integralen Zahnkopfsättigungsfaktor K_{ZK} für die beiden Testmotoren AH80 und AH100 (mit Berücksichtigung der Schrägung $b_{sk} = \tau_{Qr}$).

Betrachtet man die Kurzschlusskennlinien $I_{sk}(U_s)$ in Abbildung 4.11b) bzw. c), so sieht man, dass sich die Kennlinie durch die Sättigung der Streuwege bei höheren Spannungen zu höheren Strömen hin biegt. Grund dafür ist die sättigungsbedingte Reduktion der Nutstreuinduktivitäten im Stator und Rotor $L_{s/r\sigma Q}$ durch die Nutstreusättigungsfaktoren $k_{ns,s/r,A/B}$. Wie Abbildung 4.10b) zeigt, sind die Verläufe von K_{ZK} im Fall geschrägter und ungeschrägter Rotoren im Kurzschlussfall (s = 1) unterschiedlich, weswegen die 2-dimensionale numerische Berechnung mit der analytischen Rechnung ohne Schrägung (Abbildung 4.11b) und die Messungen mit den um eine Rotornutteilung τ_{Qr} geschrägten Rotoren mit der analytischen Rechnung und Berücksichtigung der Schrägung (Abbildung 4.11c) durchgeführt werden müssen.

In Abbildung 4.14 wird das Grundwellen-Ersatzschaltbild nach [31, 34, 35] mit Berücksichtigung der Eisensättigung durch die Sättigungsfaktoren und der Oberwellenstreuung über die Spannungsquellen $\Delta \underline{U}_1$ und $\Delta \underline{U}_2$ dargestellt. Der Widerstand $R_{Fe} = m_s \cdot U_s^2 / P_{Fe}$ berücksichtigt zusätzlich den Einfluss der in Abschnitt 4.5 näher betrachteten Ummagnetisierungsverluste P_{Fe} auf das Betriebsverhalten des Grundwellenmotors.

Dieses Ersatzschaltbild dient als Grundlage für die analytischen Berechnungen des Programms *KLASYS* und wird in den folgenden Abschnitten erweitert.

4.1.6. Berücksichtigung der doppelseitigen Nutung im Grundwellen-Ersatzschaltbild

Das in den vorangegangenen Kapiteln hergeleitete Ersatzschaltbild für das Betriebsverhalten des Grundwellenmotors unter Berücksichtigung des Einflusses von Oberwellen und der Sättigung soll in diesem Abschnitt um den Einfluss der Nutöffnungen von Stator und Rotor erweitert werden. Bislang wurde vorausgesetzt, dass die Nutöffnungen unendlich schmal sind, dass also die Breiten der Nutöffnungen $s_{Qr/s} \approx 0$ sind.

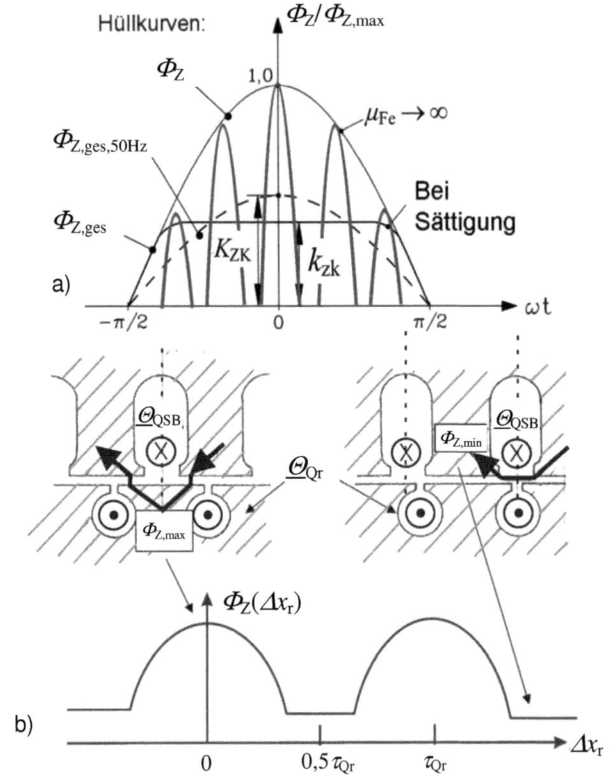

Abbildung 4.12: a) Zeitfunktion des Zick-Zack-Streuflusses $\phi_Z(t)$ an einer Stelle im Luftspalt und Verdeutlichung des lokalen und des integralen Zahnkopfsättigungsfaktors k_{zk} und K_{ZK} [36, 37, 40]. b) Erläuterung zur Abhängigkeit des Zick-Zack-Streuflusses $\Phi_Z(\Delta x_r)$ zu einem Zeitpunkt t von der gegenseitigen Lage von Rotor- und Statornuten [36, 37, 40].

Im Falle der geschlossenen Rotornuten ist dies auch tatsächlich der Fall, allerdings zeigt die meist schon im Leerlaufbetrieb stark gesättigte sehr dünne Eisenbrücke im Rotor keine magnetische Wirkung und kann (zumindest teilweise) wie Luft behandelt werden ($\mu = \mu_0$).

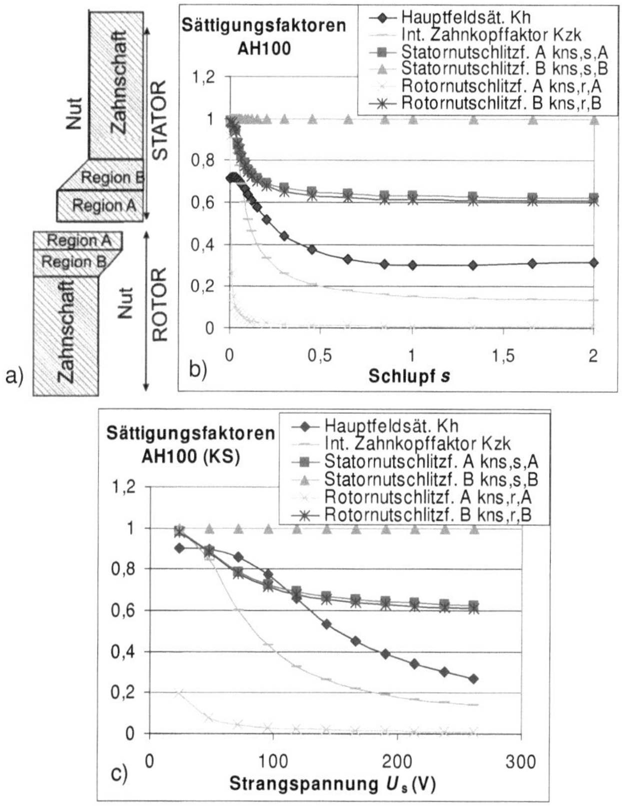

Abbildung 4.13: a) Aufteilung des Zahnkopfbereichs von Stator und Rotor in die Bereiche A und B zur Berücksichtigung des Einflusses des durch den Zick-Zack-Streufluss $\Phi_Z(t)$ steigenden Nutstreuflusses $\Phi_{\sigma Q}(t)$ auf die Nutstreuinduktivitäten $L_{s/r\sigma Q}$ im Ersatzschaltbild. b) Verlauf der Nutstreusättigungsfaktoren $k_{ns,s/r,A/B}$ und des Hauptfeld- und des integralen Zahnkopfsättigungsfaktors k_h bzw. K_{ZK} bei steigendem Schlupf s für den Motor AH100 mit geschlossenen Rotornuten und halbgeschlossenen Statornutöffnungen und um eine Rotornutteilung τ_{Qr} geschrägte Rotornuten (analytische Berechnung mit *KLASYS*) [36, 37] c) Wie b), jedoch für den Kurzschlussfall s = 1 und steigender Klemmenspannung.

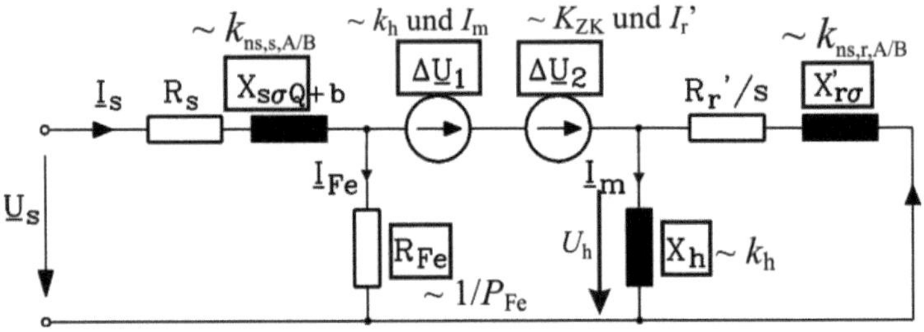

Abbildung 4.14: Grundwellen-Ersatzschaltbild nach *Weppler* [23, 31, 34, 35, 36, 37] mit Berücksichtigung der Eisensättigung durch Sättigungsfaktoren des Hauptfeldes k_h, des Zick-Zack-Streufeldes K_{ZK} und der Nutstreuung von Stator und Rotor $k_{ns,r/s,A/B}$. Der Einfluss der gesättigten Oberfelderstreuung wird durch zwei Spannungsquellen $\Delta \underline{U}_1$ und $\Delta \underline{U}_2$ berücksichtigt.

In den Modellen wird dies durch einen Ersatznutschlitz $s_{Qr,ges}$ berücksichtigt, dessen Wert gemäß [23, 31, 39, 41, 44] näherungsweise bestimmt werden kann (siehe Abschnitt 4.3.2.4).

Eine Nutöffnung $s_{Qr/s} \neq 0$ hat bei einseitiger Nutung zur Folge, dass entlang des Umfangs Bereiche mit unterschiedlichen magnetischen Leitwerten λ entstehen. Da die Feldlinien durch das Eisen der Zähne gebündelt werden, kommt es schon im Leerlauf dazu, dass das Luftspaltfeld nicht nur eine radiale Feldkomponente aufweist (Abbildung 4.15a). Dadurch bricht das radiale Luftspaltfeld $B_\delta(x,t)$ im Bereich der Nutöffnung ein, und es ergibt sich ein wellenförmiger Verlauf der Radialfeldamplitude entlang des Luftspalts an der ungenuteten Eisenoberfläche gegenüber dem genuteten Eisenbereich. Um diesen Effekt im Ersatzschaltbild zu berücksichtigen, wird der *Carter*-Faktor k_C gemäß [26, 27, 39, 45, 46] eingeführt. Er beschreibt das Verhältnis von maximaler Luftspaltflussdichte $\hat{B}_\delta$ zur mittleren Luftspaltflussdichte $\overline{B}_\delta$ je Nutteilung:

$$k_C = \hat{B}_\delta / \overline{B}_\delta = \frac{\tau_Q}{\tau_Q - \zeta(h) \cdot \delta}. \tag{4.56}$$

Im Wesentlichen kann mit diesem Faktor die mittlere Luftspaltflussdichte $\overline{B}_\delta$ ermittelt werden, die durch Reduktion der maximalen Flussdichte $\hat{B}_\delta$ aufgrund der Nutung von Stator und Rotor entsteht und zur Berücksichtigung der Nutung bei der Berechnung verwendet wird.

Wie leicht nachzuvollziehen ist, nimmt dieser Faktor mit steigendem Verhältnis $h = s_Q / \delta$ zu, da dadurch auch die Welligkeit im Verlauf der Radialflussdichte $B_\delta(x,t)$ zunimmt. Dies wird in Abbildung 4.15b) deutlich, wo die Funktion $\zeta(h)$ dargestellt wird, die sich mathematisch gemäß Gleichung (4.57) [23, 26, 27, 45, 46] beschreiben lässt:

$$\zeta(h) = \frac{2}{\pi} \cdot \left[h \cdot \arctan(h/2) - \ln\left(1 + (h/2)^2\right) \right] \approx \frac{h^2}{h+5}. \tag{4.57}$$

Der resultierende *Carter*-Faktor k_C bei beidseitiger Nutung ergibt sich näherungsweise als Produkt aus den gemäß Gleichung (4.56) berechneten Werten für den Stator und Rotor, sofern dieser genutet ist oder die Eisenbrücken durch die Sättigung magnetisch quasi offen sind:

$$k_C = k_{Cs} \cdot k_{Cr}. \tag{4.58}$$

Die induzierte Hauptfeldspannung U_h aus Gleichung (4.33) bzw. (4.28) wird daher um den *Carter*-Faktor k_C reduziert, da nicht die Amplitude der Feldgrundwelle $\hat{B}_\delta$, sondern die je Nutteilung mittlere Luftspaltflussdichte $\overline{B}_\delta$ verwendet werden muss. Im Ersatzschaltbild aus Abbildung 4.7b) bzw. Abbildung 4.14 wird dies durch die Verwendung des ideellen Luftspalts $\delta_e = \delta \cdot k_C$ berücksichtigt. Damit wird die Hauptinduktivität L_h aus Gleichung (4.47) zur Berücksichtigung der doppelseitigen Nutung wie folgt erweitert:

$$\begin{aligned} L_h &= \left(\frac{k_{ws} N_s}{k_{wr} N_r} \right)^2 \frac{m_s}{m_r} \cdot \mu_0 N_r^2 k_{wr}^2 \frac{2 m_r}{\pi^2} \frac{l_{Fe} \tau_p}{p \delta \cdot k_C} = \\ &= \left(\frac{k_{ws} N_s}{k_{wr} N_r} \right)^2 \frac{m_s}{m_r} \cdot \mu_0 N_r^2 k_{wr}^2 \frac{2 m_r}{\pi^2} \frac{l_{Fe} \tau_p}{p \delta_e} \end{aligned}. \tag{4.59}$$

Zu erwähnen ist noch, dass analog zum *Carter*-Faktor k_C zur Berücksichtigung der doppelseitigen Nutung auch ein Faktor für den Einfluss von Kühlkanälen entlang der Eisenlänge in axialer Richtung definiert werden kann. Auch diese Kanäle sorgen für unterschiedliche magnetische Permeabilitäten, was einen Einbruch des magnetischen Feldes zur Folge hat [26, 28, 29].

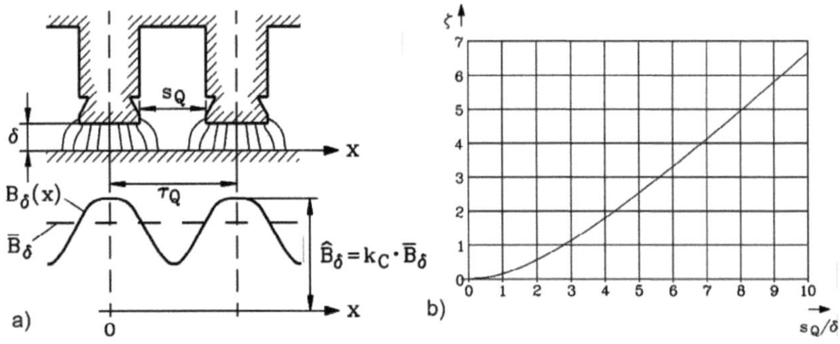

Abbildung 4.15: a) Darstellung der Einbrüche der Radialkomponente des Luftspaltfeldes $B_\delta(x)$ unterhalb der Nutöffnungen s_Q an der gegenüberliegenden Eisenoberfläche. Durch den *Carter*- Faktor k_C und der Rechnung mit der mittleren Luftspaltflussdichte $\bar{B}_\delta$ je Nutteilung wird der Einfluss der Feldeinbrüche im Mittel in der Berechnung berücksichtigt. b) Verlauf des Faktors ζ zur Berechnung des *Carter*- Faktors k_C in Abhängigkeit vom Verhältnis von Nutöffnung s_Q zum Luftspalt δ. Es wird deutlich, dass der Einfluss der Feldeinbrüche mit steigendem Verhältnis s_Q/δ ansteigt, was zu größeren *Carter* -Faktoren führt [23, 26, 27].

Da die hier untersuchten Standard-KLASM, mit gekapseltem Innenraum und Wellenlüfter für einen Kühlluftstrom zwischen den Kühlrippen des Gehäuses, keine radialen Kühlkanäle besitzen, wird dieser Effekt hier nicht näher betrachtet, kann aber einfach nachträglich berücksichtigt werden. Es muss dann l_{Fe} durch die ideelle Eisenlänge l_e [26, 28, 29] ersetzt werden.

4.1.7. Stromverdrängung in KLASM

Beim Betrieb der KLASM kommt es bei steigender Belastung und damit steigender Sättigung der Zahnköpfe zu einem veränderten Nutstreufluss $\underline{\Phi}_{\sigma Q}$ (vgl. Abschnitt 4.1.5). Das quer zur Nut verlaufende Feld B_Q wechselt seine Polarität im Stator mit der Speisefrequenz f_s und im Rotor mit der Rotorfrequenz $f_r = s \cdot f_s$. Wie Abbildung 4.16a) verdeutlicht, wird dadurch rotorseitig in den massiven Stäben ein Wirbelstrom $\underline{I}_{Ft}$ in die Stab-Leiter innerhalb der Nuten induziert, der die Stromdichte J zum Luftspalt hin erhöht und zum Nutgrund hin reduziert. Dieser Effekt ist in der Literatur als „skin-“ oder „Stromverdrängungs“-Effekt bekannt (vgl. [25, 26, 27, 28,

29]). Dieser Stromverdrängungseffekt wird genutzt, um das Anlaufverhalten der KLASM durch die Formgebung der Rotornutenform zu beeinflussen. Wie in [25, 26, 27, 28, 29] ausführlich erläutert wird, kann durch tiefe schlanke Rotornuten ein erheblicher Anstieg des Anlaufmoments erreicht werden, während radial kurze Rundnuten bei weniger Anlaufdrehmoment auch weniger Wirbelstromverluste aufweisen (vgl. Abschnitt 7.1).

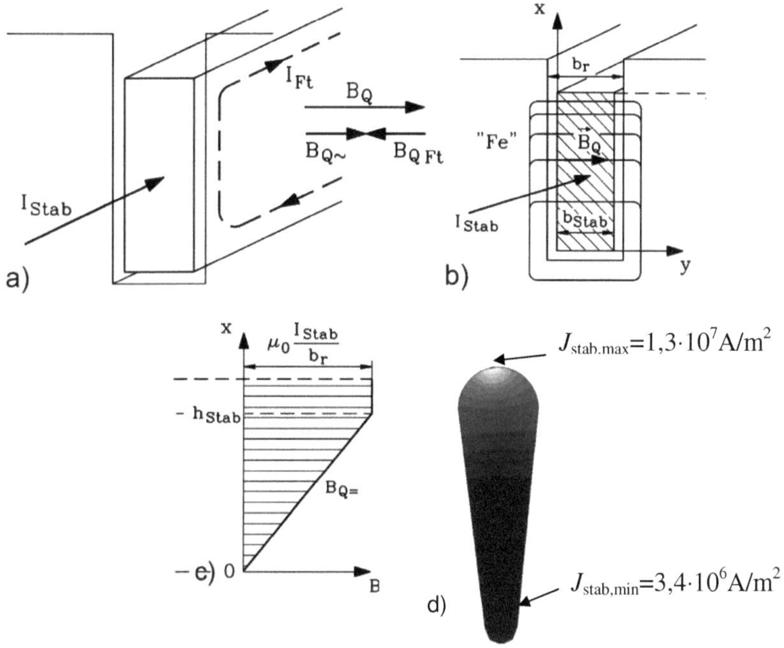

Abbildung 4.16: a) Verdeutlichung des Stromverdrängungseffekts durch das Nutquerfeld B_Q, welches seine Polarität im Stator mit der Statorfrequenz f_s und im Rotor mit der Rotorfrequenz f_r wechselt. Es wird im Rotor ein Wirbelstrom $\underline{I}_{Ft}$ in dem Stab hervorgerufen, der die Stromdichte J oben im Stab erhöht und im unteren Teil senkt. b) Die Dichte des Nutquerfeldes B_Q im Rotor steigt zur Nutöffnung hin. c) Verlauf der Flussdichte des Nutquerfeldes B_Q entlang des Rotorstabs ohne Stromverdrängung [25, 27] d) Verteilung der Stromdichte J eines Rotorstabs (*FLUX2D*) des Motors AH80 im Bemessungsbetrieb ($s \approx 5$ %; $U_N = 400$ V). Bereits bei diesen kleinen Rotorfrequenzen $f_r = s \cdot f_s \approx 2{,}5$ Hz ist der Stromverdrängungseffekt deutlich sichtbar [21]. Je heller der Farbton ist, umso größer ist die Stromdichte. $J_{stab,max} / J_{stab,min} = 1{,}3 \cdot 10^7\ A \cdot m^{-2} / 3{,}4 \cdot 10^6 A \cdot m^{-2}$

Grund dafür ist, dass durch den Stromverdrängungseffekt der Wechselstrom-Widerstand $R_{AC} = k_R \cdot R_{DC}$ um den Stromverdrängungsfaktor k_R gegenüber dem Widerstand bei reinem Gleichstrom R_{DC} ansteigt, während die Nutstreuinduktivitäten $L_{\sigma Q,AC} = k_L \cdot L_{\sigma Q,DC}$ um den Faktor k_L kleiner werden. Gemäß [25, 26, 27, 32] ist das Drehmoment M bei $s = 1$ proportional zu den Rotorstromwärmeverlusten $P_{cu,r} = m \cdot R_r' \; I_r'^2$, die mit steigendem Stromverdrängungseffekt größer werden.
Abbildung 4.17 zeigt die Verläufe für einen rechteckförmigen Hochstab in Abhängigkeit der reduzierten Leiterhöhe ξ (Abbildung 4.16):

$$\xi = h_{Stab} \sqrt{\pi \cdot s \cdot f_s \cdot \mu \cdot \kappa \frac{b_{Stab}}{b_r}} = h_{Stab} \sqrt{\pi \cdot f_r \cdot \mu \cdot \kappa \frac{b_{Stab}}{b_r}} . \qquad (4.60)$$

Gleichung 4.60) zeigt, dass der Stromverdrängungseffekt mit steigendem Schlupf s und damit steigender Rotorfrequenz f_r stärker wird. Außerdem wird er durch hohe (h_{Stab} groß) Rotorstäbe verstärkt.

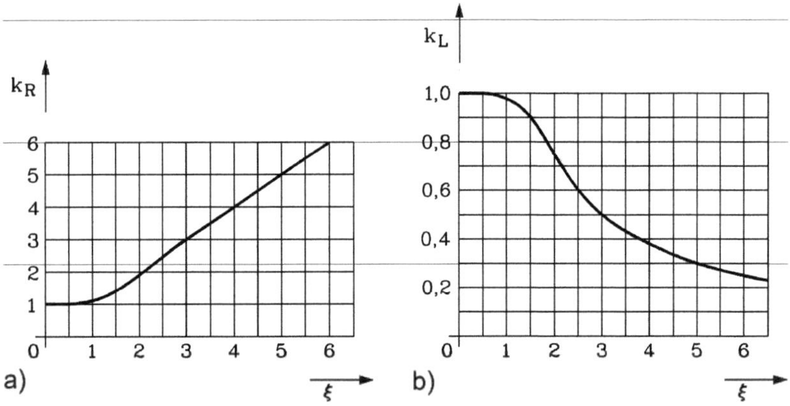

Abbildung 4.17: Stromverdrängungsfaktoren eines rechteckförmigen Hochstabs in Abhängigkeit der reduzierten Leiterhöhe ξ a) zur Berücksichtigung des Anstiegs des Widerstandes (Faktor k_R) und b) zur Berücksichtigung der Abnahme der Induktivität (Faktor k_L) [25, 27].

In vergleichbarer Weise lassen sich die Verdrängungsfaktoren k_R, k_L für unterschiedliche Nutformen berechnen. Eine Zusammenstellung der in *KLASYS* in Abhängigkeit der Nutformen verwendeten Formeln ist in [30] gegeben. Für beliebige Nutformen wird in [31] eine Berechnungsmöglichkeit angegeben. Es treten auch Stromverdrängungseffekte im Stator auf, die allerdings bei den hier betrachteten KLASM im Betrieb am starren 50 Hz bzw. 60 Hz-Netz wegen der kleinen Leiterquerschnitte vernachlässigbar sind [26, 28, 29, 47].

4.2. Berücksichtigung von Bearbeitungseinflüssen bei der Vorausberechnung der Betriebskennlinien

Um eine präzise Vorausberechnung der Betriebskennlinien von elektrischen Maschinen durchführen zu können, müssen die Einflüsse der Bearbeitung der Maschinen berücksichtigt werden. In [48, 49, 50] werden die einzelnen Verarbeitungsschritte (z. B. Blechpaketierung, Verkleben der Bleche, Stanzen, Schleifen der Bleche und Schweißen der Blechpakete) von schlussgeglühtem, nichtkornorientierten Elektroband, wie es auch bei den hier untersuchten Testmotoren AH80, AH100 und AH160 eingesetzt wird, hinsichtlich der Veränderung der Materialeigenschaften untersucht. Ähnliche Untersuchungen mit vergleichbaren Ergebnissen wurden auch in [51, 52] durchgeführt. Dabei hat sich herausgestellt, dass das Stanzen der Bleche an den Stanzkanten zu einer erheblichen Reduktion der Permeabilität führt und dadurch die Magnetisierbarkeit der Bleche im Ganzen sinkt [48, 49, 50]. Der Einfluss dieser Verschlechterung ist im Bereich von Flussdichten zwischen 1,1 T und 1,5 T (d. h. im Bereich des Knies der $B(H)$-Magnetisierungskennlinien) am größten (Abbildung 4.18a). Gerade diese Flussdichten treten in elektrischen Maschinen bei hoch ausgenutzten Blechschnitten sehr häufig auf, wodurch der Einfluss dieses Effekts steigt. Mit sinkender Breite der vermessenen Teststreifen ist der Einfluss der Verschlechterung der Magnetisierbarkeit der Bleche größer, was zur Folge hat, dass kleine Motoren (wie z. B. der Motor AH80) aufgrund der sehr dünnen Zahnbreiten stärker beeinflusst werden als große Motoren (Abbildung 4.18a). Mit steigendem Siliziumgehalt der Bleche wird der mittlere Korndurchmesser d_K der Metallstruktur nach [48] größer. Wie Abbildung 4.18b) zeigt, steigt der Einfluss der Stanzkanten mit dem mittleren Korndurchmesser d_K. Daher müssen die Magnetisierungskennlinien von Elektroblechen in Abhängigkeit von der mittleren Korngröße d_K und der Breite des vorliegenden Blechabschnitts im Eisenkreis modifiziert werden.

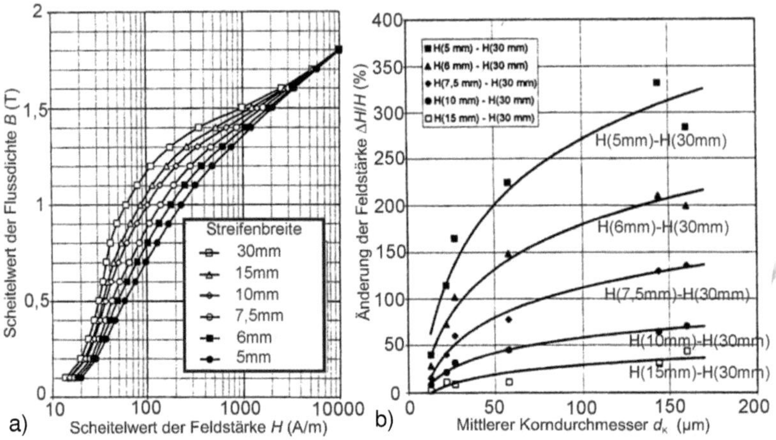

Abbildung 4.18: a) Einfluss der Stanzkanten auf die Magnetisierungskennlinien eines nichtkornorientierten, hochsillizierten Elektroblechs (Siliziumanteil ~ 3 %) mit der Blechdicke d = 0,5 mm bei Ummagnetisierung mit einer Frequenz von f = 50 Hz [48] b) Änderung der magnetischen Feldstärke H bei Streifen unterschiedlicher Breiten im Vergleich zu einem Streifen mit der Breite 30 mm in Abhängigkeit vom mittleren Korndurchmesser d_K [48].

Abbildung 19a) zeigt die mit dem Programm *KLASYS* berechneten Verläufe der modifizierten Magnetisierungskennlinien $B(H)$ des Bleches ISO HP520-65K der Motoren AH80 und AH100 in den jeweiligen Blechabschnitten im Vergleich zur vom Blechhersteller bestimmten Originalkennlinie. Da dieses Blech einen relativ hohen Siliziumanteil von ca. 3 % und damit mit $d_K = 150\ \mu$m auch eine große mittlere Korngröße bei sehr dünnen Zahnbreiten (Motor AH80 maximal 4 mm und Motor AH100 maximal 5 mm) aufweist, ist die Verschlechterung der Kennlinien in den Zähnen deutlich sichtbar, während sich die Kennlinien in den breiteren Jochen (Motor AH80 minimal 10 mm und Motor AH100 minimal 13 mm) weniger verschlechtern. Betrachtet man die Vorausberechnung der Betriebsgrößen der Motoren AH80 und AH100 mit und ohne Verschlechterung der Magnetisierungskennlinien im Vergleich mit den Messergebnissen (Tabelle 4.2) wird deutlich, dass gerade bei den Betriebsparametern im Leerlaufbetrieb eine zuverlässige Aussage nur unter Berücksichtigung dieser Produktionseinflüsse möglich ist. Deutlich sichtbar ist dieser Effekt der durch die Bearbeitung verschlechterten Magnetisierbarkeit der Motoren bei einem Vergleich der gemessenen mit den berechneten Leerlaufkennlinien (vgl. Abbildung 19b).

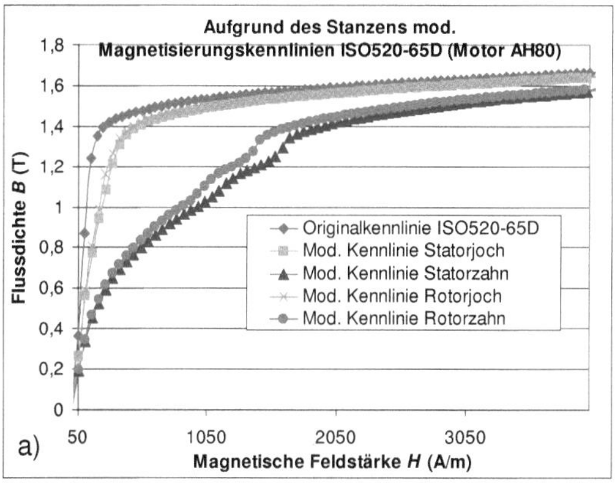

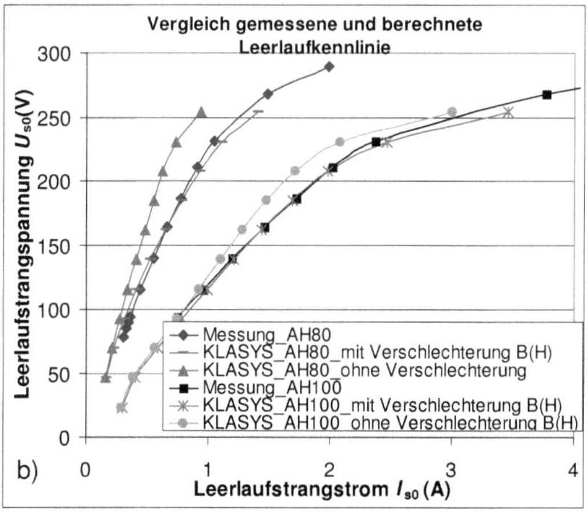

Abbildung 4.19: a) Vergleich zwischen der originalen und der verschlechterten *B*(*H*)-Kennlinie des bei den Motoren AH80 und AH100 verwendeten Blechs ISO HP520-65K. Die Berechnungen wurden mit *KLASYS* für den Motor AH80 durchgeführt, d.h. die für die Verschlechterung benötigte Breite der Blechstreifen bezieht sich auf die für diesen Motor gültigen Daten. b) Gemessene Leerlaufkennlinie im Vergleich mit der analytisch vorausberechneten Leerlaufkennlinie der Motoren AH80 und AH100. Es wurde jeweils eine Berechnung mit und ohne Verschlechterung der Magnetisierungskennlinien durchgeführt.

Tabelle 4.2: Vergleich zwischen Berechnung (*KLASYS*) und Messung einiger Betriebsparameter der Motoren AH80 und AH100 im Leerlauf-, Bemessungs- und Kurzschlussbetrieb zur Verdeutlichung des Einflusses der Verschlechterung der Magnetisierungskennlinien durch das Stanzen der Bleche.

$U_N = 400$ VY 1: $\mu(H)$ ohne 2: $\mu(H)$ mit Verschlechterung	**AH80** $P_N = 750$ W			**AH100** $P_N = 2200$ W		
	KLASYS (1)	*KLASYS* (2)	Messung	*KLASYS* (1)	*KLASYS* (2)	Messung
Leerlaufstrom I_0(A)	0,734	1,114	1,049	2,086	2,466	2,374
Leistungsfaktor $\cos\varphi_0$	0,098	0,094	0,113	0,068	0,065	0,087
Bemessungsstrom I_{sN}(A)	1,55	1,715	1,73	4,49	4,64	4,5
Leistungsfaktor $\cos\varphi_N$	0,849	0,776	0,775	0,833	0,809	0,8
Wirkungsgrad η_N	0,832	0,813	0,812	0,852	0,849	0,852
Kurzschlussstrom I_{sK}(A)	10,83	10,64	11,3	30,98	30,56	28,8
Leistungsfaktor $\cos\varphi_K$	0,826	0,809	0,79	0,741	0,73	0,772

4.3. Auswirkungen der Oberwellen auf das Betriebsverhalten einer KLASM

4.3.1. Generelles zur Entstehung von Oberwellen bei KLASM

Bisher wurde angenommen, dass lediglich die Grundwelle des Luftspaltfeldes $B_{\delta\nu=1}(x,t)$ mit dem von ihr in den Rotor induzierten Rotorstrom $\underline{I}_{r\nu=1}$ ein Drehmoment M erzeugt. Das in den vorangegangenen Abschnitten vorgestellte Ersatzschaltbild ermöglicht daher die Vorausberechnung des Grundwellenverhaltens einer KLASM. Der Einfluss der magnetischen

Flüsse der Oberwellen auf das Betriebsverhalten kann hierbei näherungsweise durch eine zusätzliche Oberwellenstreuinduktivität $L_{\sigma os}$ (vgl. (4.51) und (4.52)) oder sättigungsabhängig durch das in *KLASYS* implementierte *Weppler*-Ersatzschaltbild mit den zusätzlichen Spannungsquellen $\Delta \underline{U}_1$ und $\Delta \underline{U}_2$ (siehe Abbildung 4.14) berücksichtigt werden. Zur Berechnung der diversen oberwellenbedingten parasitären Effekte wie z.B. der Oberwellenmomente, der Zusatzverluste durch Flusspulsationen in den Zähnen und der Kraftanregung durch elektromagnetische Kräfte und der damit einhergehenden Abstrahlung von Schallwellen, müssen die einzelnen Oberwellen des Stators und Rotors berechnet werden. Dazu kann das Grundwellen-Ersatzschaltbild um Ersatzschaltbildparameter zur Berechnung der einzelnen Oberwellen erweitert werden (Abbildung 4.29). Durch die unterschiedlichen Flussverkettungen und Frequenzen der Oberwellen im Vergleich zur Grundwelle unterscheiden sich die Ersatzschaltbildparameter der Oberwellen von denen im Falle des Grundwellemodells. Im Folgenden werden die entsprechenden Berechnungsmethoden vorgestellt.

Wie ein Blick auf Abbildung 4.8 zeigt, existiert schon im Leerlauf (Rotorstrom $\underline{I}_{r\nu=1} \approx 0$) durch die verteilten Wicklungsstränge, die Nutung und Sättigung des Eisenkreises (Hauptfeldsättigungsfaktor $k_h \neq 1$ im Leerlauf (siehe Abbildung 4.11a und Abbildung 4.13a) ein erheblicher Oberwellenanteil im Luftspaltfeld $B_\delta(x,t)$. Die Feldoberwellen des Stators $B_{s\nu}$ mit der Ordnungszahl ν werden in Abschnitt 4.3.2 ausführlich untersucht. Jede dieser Oberwellen induziert eine Spannung in den Rotorkäfig, die einen Strom $\underline{I}_{r\nu}$ hervorruft. Dieser erregt ein Rotorgrundfeld $B_{r\mu=\nu}$, das gemäß der *Lenz*'schen Regel das Eindringen des Statorfeldes $B_{s\nu}$ in den Rotor abdämpft. Dabei sind die Felder nahezu gegenphasig ($\underline{B}_{s\nu} \approx - \underline{B}_{r\mu=\nu}$). Neben den vom abdämpfenden Rotorgrundstrom $\underline{I}_{r\nu}$ verursachten Rotorgrundfeldern $B_{r\mu=\nu}$ treten durch die in den Rotornuten liegenden Rotorstäbe auch Rotorrestfelder $B_{r\mu\neq\nu}$ auf, bei denen die Ordnungszahl μ ungleich zu der des zugehörigen Statorfeldes ν ist. Die Rotorrestfelder werden in Kapitel 4.3.3 betrachtet. Für die Grundwelle ($\nu = 1$, $\mu = 1$) sind die Stator- und Rotorfelder nur im Kurzschlussfall (Schlupf $s = 1$) annähernd gegenphasig. Hier sind die Ströme im Stator $\underline{I}_s$ und Rotor $\underline{I}_r$' in etwa entgegen gesetzt gleich groß $\underline{I}_s \approx -\underline{I}_r$', so dass sich die Durchflutungen Θ im Luftspalt nahezu aufheben und die Feldlinien in den Luftspalt gedrängt werden (siehe Abbildung 4.9 und das Kreisdiagramm in Abbildung 4.23).

Tabelle 4.3: Übersicht über die in den folgenden Abschnitten diskutierten Komponenten der Feldoberwellen von Stator und Rotor mit Angabe der jeweiligen Abschnittsnummern und Berechnungsformeln für die auftretenden Ordnungszahlen ν bzw. μ.

Stator	**Rotor**
Wicklungs- und Nutungsoberfelder bei einseitiger Nutung $\nu = 1 \pm 2m_s g_s$ $g_s = 0, \pm 1, \pm 2 \ldots\ldots$ Davon Nutharmonische $\nu_Q = 1 + \frac{Q_s}{p} \cdot g_s$ $g_s = 0, \pm 1, \pm 2 \ldots\ldots$ siehe Abschnitt 0	Läufergrund- und Restfelder des ν-ten Rotoroberstroms $\mu_\nu = \nu + g_r \cdot \frac{Q_r}{p}$ $g_r = 0, \pm 1, \pm 2, \ldots$ siehe Abschnitt 4.3.3.3
Sättigungsoberfelder aus nutharmonischen Oberstrombelägen $\nu = 1 + \frac{Q_s}{p} g_Q + 2 = 3 + \frac{Q_s}{p} g_Q$ $g_Q = \pm 1, \pm 2, \ldots$ siehe Abschnitt 4.3.2.3	Rotorrestfelder durch die erste sättigungsbedingten Oberwelle der Statorgrundwelle mit $\nu = 3$ $\mu_3 = 3 + g_r \cdot \frac{Q_r}{p}$. $g_r = \pm 1, \pm 2, \ldots$ Rotorrestfelder durch die sättigungsbedingte Oberwelle der nutharmonischen Oberstrombeläge mit $\mu_{\nu+2} = \nu + 2 + g_r \cdot \frac{Q_r}{p}$. $g_r = 0, \pm 1, \pm 2, \ldots$ siehe Abschnitt 4.3.3.4
	Läuferoberfelder durch Exzentrizitäten des Rotors $\nu_\varepsilon = (p \pm 1) / p$ siehe Abschnitt 4.3.3.5

Einfluss der Läufernutung auf das Statorfeld $\mu = \nu \pm l \cdot Q_r/p \quad l = \pm 1, \pm 2 ......$ siehe Abschnitt 4.3.2.4	Einfluss der Ständernutung auf das Rotorfeld $\nu = \mu_\nu \pm l' \cdot Q_s / p \quad l' = \pm 1, \pm 2 ......$ siehe Abschnitt 4.3.3.6

Tabelle 4.3 stellt die in den folgenden Abschnitten diskutierten Komponenten der Stator- und Rotoroberfelder mit der jeweiligen Abschnittsnummer und einer Berechnungsformel für die Ordnungszahlen ν bzw. μ zusammen.

4.3.2. Oberwellen des Statorfeldes

Im Vergleich zur Gleichung (4.43) lässt sich eine Feldoberwelle des Stators mit der Ordnungszahl ν wie folgt beschreiben [23, 26, 29, 33, 47]:

$$B_{s\nu}(x,t) = \hat{B}_{s\nu} \cdot \cos(\frac{\nu \cdot \pi \cdot x_s}{\tau_p} - \omega_s t - \varphi_\nu) \tag{4.61}$$

Je nach physikalischem Ursprung der Feldoberwellen unterscheiden sich die vorkommenden Ordnungszahlen ν, die Kreisfrequenzen ω_s und die Phasenlage φ_ν. Das resultierende Statorfeld kann durch phasenrichtige Summation aller Einzelkomponenten berechnet werden.

4.3.2.1. Wicklungs- und Nutungsoberfelder bei einseitiger Nutung

Aufgrund der verteilten, in Nuten liegenden Leitern des Stators entsteht ein treppenförmiger Verlauf des Statorfeldes $B_{s\nu}(x,t)$. Mit der Annahme, dass die magnetische Spannung $V(x) \sim B_{s\nu}(x)$ zu einem Zeitpunkt $t = T_0$ im Nutbereich aufgrund der unendlich schmal angenommenen Nuten durch die Nutdurchflutung Θ sprungartig ansteigt, entsteht der in Abbildung 4.20a) zu sehende Verlauf. Dieser Verlauf lässt sich als unendliche *Fourier*-Reihe beschreiben. Die Ordnungszahlen der darin enthaltenen Statorfeldoberwellen lassen sich wie folgt angeben [23, 26, 29, 33, 47]:

$$\nu = 1 + 2m_s g_s \quad g_s = 0, \pm 1, \pm 2, \dots \tag{4.62}$$

In Abhängigkeit von der Nutenzahl des Stators Q_s entstehen bei bestimmten Ordnungszahlen ν_{Q} Oberwellen mit einer besonders großen Amplitude. Man spricht hier von den nutharmonischen Oberwellen:

$$\nu_{\mathrm{Q}} = 1 + \frac{Q_{\mathrm{s}}}{p} g_{\mathrm{Q}} \qquad g_{\mathrm{Q}} = 0, \pm 1, \pm 2, \ldots \,. \tag{4.63}$$

In Tabelle 4.1 wird deutlich, dass für diese Ordnungszahlen der resultierende Wicklungsfaktor $k_{\mathrm{w}\nu}$ denselben Wert wie für die Grundwelle annimmt. Durch die Annahme einer infinitesimal kleinen Statornutöffnung $s_{\mathrm{Q}} \approx 0$ und des damit verbundenen sprungartigen Anstiegs der magnetischen Spannung $V(x)$ unterhalb der Nut ergibt sich ein Fehler bei der Berechnung der Amplituden der Feldoberwellen. In Wahrheit steigt die magnetische Spannung $V(x)$ und damit auch das Statorfeld $B_{\mathrm{s}}(x,t)$ unter dem Nutöffnungsbereich einer stromdurchflossenen Nut annähernd linear an (Abbildung 4.20b). Dieser Effekt wird durch die Einführung des so genannten Nutschlitzfaktors $k_{\mathrm{Qs}\nu}$ bei der Berechnung der einzelnen Feldoberwellen berücksichtigt [39, 41, 53, 54, 55]:

$$k_{\mathrm{Qs}\nu} = \frac{\sin F_{\mathrm{s}}}{F_{\mathrm{s}}} \qquad F_{\mathrm{s}} = \frac{\nu \cdot s_{\mathrm{Qs}}}{2\tau_{\mathrm{p}}}. \tag{4.64}$$

Betrachtet man Abbildung 4.20c) im Vergleich mit Abbildung 4.20a), so wird deutlich, dass in Abbildung 4.20c) neben dem treppenförmigen Verlauf auch noch starke Einbrüche im Bereich der Statornuten auftreten, da in diesem Bereich die Permeabilität stark absinkt (vgl. Abschnitt 4.1.6). In der Literatur werden mehrere Möglichkeiten angegeben, diesen Effekt der einseitigen Nutung im Ersatzschaltbild zu berücksichtigen [23, 41, 44, 54]. Eine sehr einfache Möglichkeit bietet sich durch die in [23, 26, 36, 39, 40] beschriebene Radialfeldnäherung. Dabei werden die Amplituden der Feldoberwellen mit zusätzlichen Faktoren multipliziert. In diesem Zusammenhang wird der Nutverstärkungsfaktor $\zeta_{\mathrm{Ns}\nu}$ folgendermaßen definiert:

$$\zeta_{\mathrm{Ns}\nu} = \frac{\sin\left(\dfrac{\nu\pi \cdot \tau_{\mathrm{Qs}}}{2\tau_{\mathrm{p}} \cdot k_{\mathrm{Cs}}}\right)}{\sin\left(\dfrac{\nu\pi \cdot \tau_{\mathrm{Qs}}}{2\tau_{\mathrm{p}}}\right)} = \frac{\sin\left(\dfrac{\nu\pi p}{Q_{\mathrm{s}} \cdot k_{\mathrm{Cs}}}\right)}{\sin\left(\dfrac{\nu\pi p}{Q_{\mathrm{s}}}\right)}. \tag{4.65}$$

Zur Berechnung des Nutungsfaktors $\zeta_{\mathrm{s}\nu}$ wird der *Carter*-Faktor k_{Cs} aus (4.56) multipliziert [23]:

$$\zeta_{s\nu} = k_{Cs} \cdot \zeta_{Ns\nu} = k_{Cs} \cdot \frac{\sin\left(\frac{\nu\pi \cdot \tau_{Qs}}{2\tau_p \cdot k_{Cs}}\right)}{\sin\left(\frac{\nu\pi \cdot \tau_{Qs}}{2\tau_p}\right)} = k_{Cs} \cdot \frac{\sin\left(\frac{\nu\pi p}{Q_s \cdot k_{Cs}}\right)}{\sin\left(\frac{\nu\pi p}{Q_s}\right)}. \tag{4.66}$$

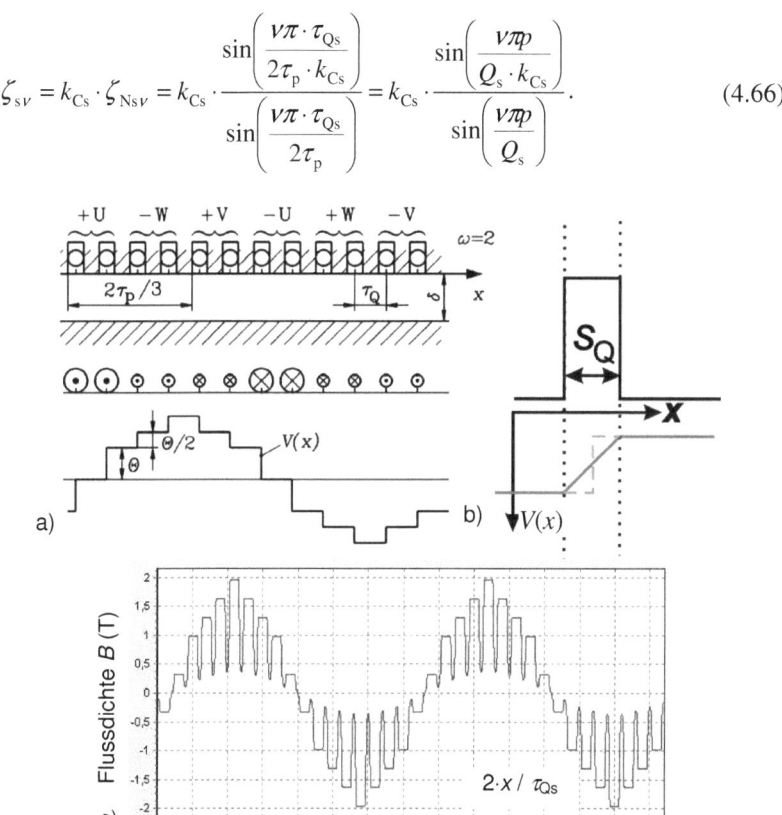

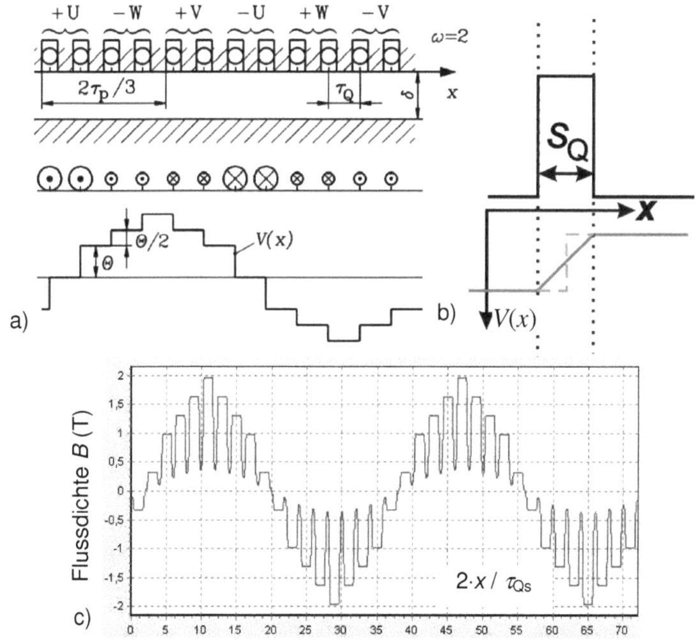

Abbildung 4.20: a) Entstehung der treppenförmigen magn. Spannungsverteilung $V(x)$ zu einem festen Zeitpunkt $t = T_0$ bei einer dreisträngigen Einschichtwicklung mit $q = 2$ [26]. b) Verdeutlichung des Anstiegs von $V(x)$ unterhalb einer Nut mit endlicher Nutöffnungsbreite c) Analytisch berechnete Radialkomponente des Statorfelds des Motors AH80 mit Berücksichtigung der einseitigen Nutung ohne Sättigungseinfluss über den kompletten Umfang der Maschine (*KLASYS*). Die sich aus der konformen Abbildung [38] ergebenden analytisch berechneten Amplituden der Feldoberwellen aufgrund der in Nuten verteilten Drehfeldwicklung werden über die *Kolbe*-Korrektur [56] modifiziert und anschließend phasenrichtig addiert.

Bei der Radialfeldnäherung müssen gemäß [23] folgende Fälle unterschieden werden:

1) Wird bei der Berechnung des *Carter*–Faktors k_{Cs} wie in Gleichung (4.56) nicht die reale Statornutöffnung s_{Qs}, sondern die kleinere effektive Nutschlitzbreite s_{Qse} der <u>stromlosen</u> Nut (vgl. Abbildung 4.21a)

$$s_{Qse} = \gamma \cdot \delta,$$

$$\gamma = \frac{2 \cdot s_{Qs}}{\pi \cdot \delta}\left[\arctan\left(\frac{s_{Qs}}{2\delta}\right) - \frac{\delta}{s_{Qs}}\ln\left(1+\left(\frac{s_{Qs}}{2\delta}\right)^2\right)\right] \tag{4.67}$$

verwendet, so liefert die Näherung für die Verwendung des Produktes aus Nutungsfaktor $\zeta_{s\nu}$ und Nutschlitzfaktor $k_{Qs\nu}$ in der *Fourier*-Reihe eine passable Annäherung für die Amplituden bis zur ersten Nutharmonischen des Statorfelds mit einseitiger Nutung (vgl. Abbildung 4.22 und (4.71)). Dem liegt zu Grunde, dass die magnetische Luftspalt-Leitwertwelle der Nut $\lambda(x,t)$ wie in Abbildung 4.21a) vor und hinter dem Nutbereich 1 ist und im Nutbereich der Breite s_{Qse} schlagartig auf Null absinkt. Ziel ist es stets, den gleichen Flussverlust $\Delta\Phi$ durch die Nuteinbrüche zu erfassen, weswegen die effektive Nutschlitzbreite s_{Qse} wegen $\lambda = 0$ stets kleiner als die geometrische Nutschlitzbreite s_{Qs} ist.

2) Wird bei der Berechnung des *Carter*–Faktors k_{Cs} wie in Gleichung (4.56) nicht die reale Statornutöffnung s_{Qs}, sondern die kleinere effektive Nutschlitzbreite s_{Qse}' der <u>stromdurchflossenen</u> Nut (vgl. Abbildung 4.21b)

$$s_{Qse}' = \gamma \cdot \delta,$$

$$\gamma = \frac{2 \cdot s_{Qs}}{\pi \cdot \delta}\left[\arctan\left(\frac{s_{Qs}}{2\delta}\right) - \frac{\delta}{s_{Qs}}\ln\left(1+\left(\frac{s_{Qs}}{2\delta}\right)^2\right)/4\right] \tag{4.68}$$

verwendet, so liefert die Näherung für die alleinige Verwendung des Nutungsfaktors $\zeta_{s\nu}$' (die Annahme einer stromdurchflossenen Nut ist durch ein Apostroph gekennzeichnet) in der *Fourier*-Reihe eine passable Annäherung an das Statorfeld mit einseitiger Nutung (vgl. Abbildung 4.22 und Gleichung (4.72)). Unterhalb einer stromdurchflossenen Nut steigt oder fällt je nach Durchflutungsrichtung der Wert der Leitwertwelle der Nut $\lambda(x,t)$ nahezu linear und wechselt dabei das Vorzeichen (vgl. Abbildung 4.21b).Wie Abbildung 4.22 deutlich macht, wird durch Verwendung dieser Näherung im Vergleich zu den FEM-Ergebnissen ein zu starker Feldeinbruch unterhalb der Nuten berechnet, was, wenn man sich das Prinzip der Radialfeldäherung verdeutlicht (Abbildung 4.21), auch so sein muss. Daher weichen die in Tabelle 4.4 angegebenen Amplituden der Feldoberwellen $B_{s\nu}$ teilweise doch recht erheblich von den FEM-Ergebnissen ab.

Tabelle 4.4: Amplituden der Statorfeldoberwellen bis zum zweiten Nutharmonischenpaar mit einseitiger Nutung, berechnet mit der Radialfeldnäherung und der *Kolbe*-Korrektur für die ungeschrägten Motoren AH80 und AH100 (Luftspaltfeld im Leerlauf mit U_N = 400 V). Der Rotorkäfig wurde in der FEM-Modellierung vernachlässigt und daher ein ungenuteter Rotor angenommen (vgl. Abschnitt 4.3.2.4).

ν	**Feldoberwellenamplitude AH80** $B_{s\nu}$ (T)			**Feldoberwellenamplitude AH100** $B_{s\nu}$(T)		
	FLUX2D	Radial-feld	*Kolbe*	*FLUX2D*	Radial-feld	*Kolbe*
1	0,737	0,733	0,734	0,895	0,891	0,891
-5	0,033	0,032	0,032	0,0301	0,0406	0,038
7	0,019	0,021	0,020	0,0101	0,0251	0,024
-11	0,015	0,0164	0,015	0,0092	0,0191	0,0181
13	0,025	0,02	0,019	0,0156	0,0231	0,0216
-17 NH	0,219	0,229	0,210	0,227	0,233	0,216
19 NH	0,138	0,145	0,135	0,126	0,129	0,121
-23	0,0006	0,0008	0,0011	0,0004	0,0026	0,002
25	0,00093	0,0022	0,0012	0,0006	0,0038	0,0029
-29	0,0045	0,0046	0,003	0,003	0,0062	0,0045
31	0,0039	0,0074	0,0049	0,005	0,0097	0,0069
-35 NH	0,112	0,152	0,106	0,133	0,168	0,124
37 NH	0,104	0,136	0,099	0,112	0,137	0,105

In Abbildung 4.22 ist auch die von *Kolbe* [56, 57, 58] verwendete Korrektur zur Annäherung an das Feldbild bei einseitiger Statornutung zu sehen. Diese Methode bildet den Verlauf der Radialkomponente des Luftspaltfeldes deutlich besser nach als die Radialfeldnäherung, wie auch die berechneten Feldoberwellenamplituden $B_{s\nu}$ aus Tabelle 4.4 nahelegen.

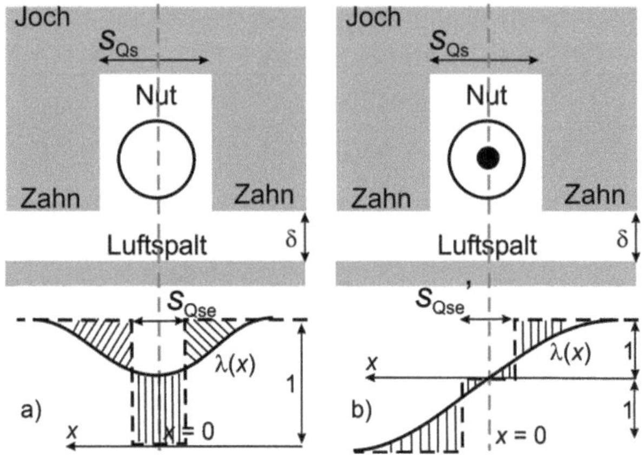

Abbildung 4.21: Verdeutlichung der Radialfeldnäherung bei Annahme einer a) stromlosen Statornut b) einer stromdurchflossenen Statornut.

Die *Kolbe*-Korrektur verwendet einen alternativen Nutverstärkungsfaktor $\zeta_{\mathrm{N}\nu\mathrm{s}}{}^*$ im Vergleich zur Radialfeldnäherung:

$$\zeta_{\mathrm{Ns}\nu}{}^* = \frac{\pi}{4} \cdot \nu \cdot \frac{\hat{H}_\nu}{H_{\max}} \text{ mit } H_{\max} = \frac{\theta}{2\delta}. \tag{4.69}$$

Mit $\hat{H}_\nu$ werden in [56, 57] die Harmonischen der p Einzelspulen definiert, die sich aus einer *Fourier*-Analyse einer Näherungsverteilung mit Gewichtung des Real- und Imaginärteils über spezielle Funktionen zur Annäherung an numerische Simulationsergebnisse der Radialfeldkomponente des Luftspaltfeldes bei einseitiger Nutung ergeben.

Der in [56, 57] erwähnte Nutungsfaktor $C_{\nu\mathrm{s}}$ ist in vergleichbarer Weise auch in [23, 39, 59] zu finden und ist definiert als das Produkt aus Nutverstärkungsfaktor $\zeta_{\mathrm{Ns}\nu}{}^*$ und dem *Carter*-Faktor k_{Cs} (vgl. Gleichung (4.64) und (4.65)):

$$C_{\nu\mathrm{s}} = \zeta_{\mathrm{s}\nu} = \zeta_{\mathrm{Ns}\nu}{}^* \cdot k_{\mathrm{Cs}}\,. \tag{4.70}$$

Auch hier muss, wie bei der Radialfeldnäherung, zur Berechnung des *Carter*-Faktors k_{Cs} zwischen einer stromlosen und stromdurchflossenen Nut unterschieden werden.

Mit der Radialfeldnäherung oder der Methode nach *Kolbe* lassen sich die unabgedämpften Statoroberfelder bei vernachlässigter Eisensättigung mit

Berücksichtigung der Nutschlitze und der einseitigen Nutung bei Annahme stromloser Nuten wie folgt berechnen [23]:

$$\hat{B}_{s\nu} = \frac{\mu_0}{\delta \cdot k_{Cs}} \cdot \frac{\sqrt{2} \cdot m \cdot N_s \cdot I_s}{\nu \cdot p \cdot \pi} \frac{k_{w\nu}}{\nu} \cdot k_{Qs\nu} \cdot \zeta_{s\nu}$$ mit dem Nutungsfaktor

$\zeta_{s\nu}$ gemäß der Radialfeldnäherung (4.66) oder der *Kolbe*-Näherung (4.70). Zur Berechnung des *Carter*-Faktors k_{Cs} wurde die effektive Nutschlitzbreite s_{Qse} der stromlosen Nut (4.67) eingesetzt. (4.71)

Alternativ gilt für die Annahme stromdurchflossener Nuten und der entsprechenden abweichenden Berechnung des Nutungsfaktors [23]:

$$\hat{B}_{s\nu} = \frac{\mu_0}{\delta \cdot k_{Cs}} \cdot \frac{\sqrt{2} \cdot m \cdot N_s \cdot I_s}{\nu \cdot p \cdot \pi} \frac{k_{w\nu}}{\nu} \cdot \zeta_{s\nu}'$$ mit dem Nutungsfaktor

$\zeta_{s\nu}$' gemäß der Radialfeldnäherung (4.66) oder der *Kolbe*-Näherung (4.70). Zur Berechnung des *Carter*-Faktors k_{Cs} wurde die effektive Nutschlitzbreite s_{Qse} der stromldurchflossenen Nut (4.68) eingesetzt. (4.72)

Im statorfesten Bezugssystem ist die Kreisfrequenz $\omega_{s\nu}$ der Feldoberwellen gleich der Netzfrequenz ω_s. In den Rotor induzieren sie jedoch mit der über den jeweiligen Oberwellenschlupf s_ν umgerechneten Rotorkreisfrequenz $\omega_{r\nu}$ [26]:

$$\omega_{r\nu} = (1 - \nu \cdot (1 - s)) \cdot \omega_s = s_\nu \cdot \omega_s \quad \Rightarrow s_\nu = 1 - \nu \cdot (1 - s) . \tag{4.73}$$

Die Phasenlage $\varphi_\nu = \varphi_s$ der Oberfelder mit positivem Wert für $\nu \cdot k_{w\nu}$ entspricht der des Statorstroms $\underline{I}_s$, während die Oberfelder mit negativem Wert für $\nu \cdot k_{w\nu}$ gegenphasig dazu sind.

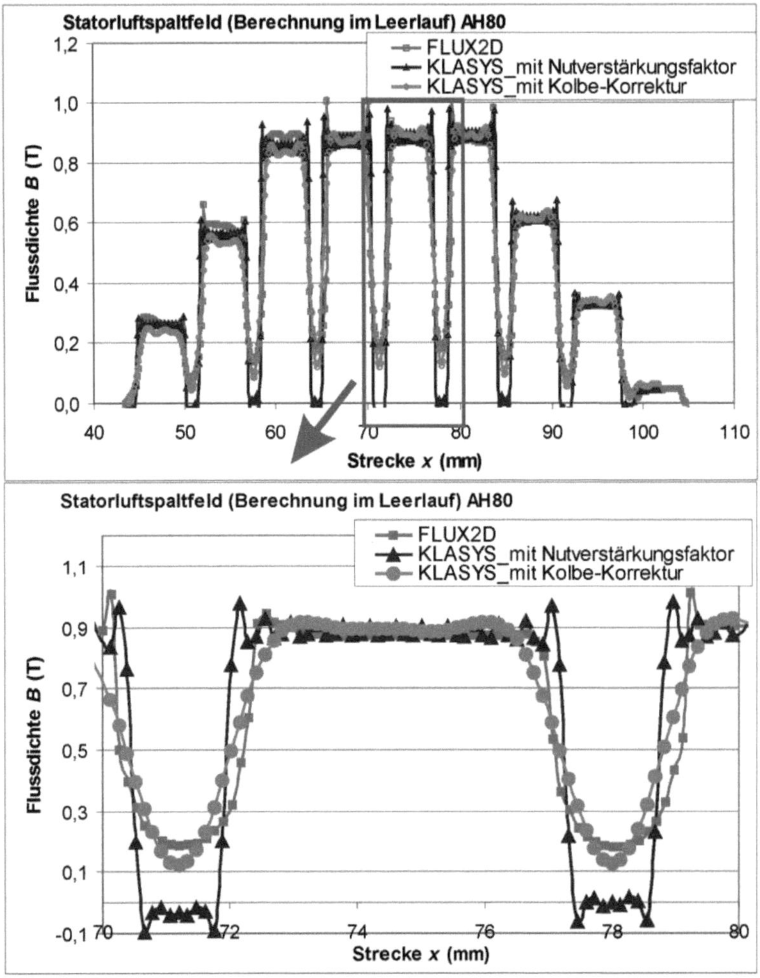

Abbildung 4.22: Vergleich des über die FEM (*FLUX2D*) und analytisch (*KLASYS*) vorausberechneten radialen Luftspaltfeldes für den (ungeschrägten) Motor AH80 im Leerlauf mit U_N = 400 VY. Der Rotorkäfig wurde in der FEM-Modellierung vernachlässigt und das Rotorblechpaket als ungenutet angenommen (vgl. Abschnitt 4.3.2.4). In *KLASYS* wurden die Feldoberwellen bis zur 250. Ordnung zum resultierenden Feld summiert.

4.3.2.2. Abdämpfung durch das Läuferfeld

Im vorangegangenen Abschnitt 0 wurde zur Berechnung des Statorfeldes $B_s(x,t)$ Leerlaufbetrieb angenommen. Das heißt, der Schlupf s zwischen dem Statorfeld und dem mit Leerlaufdrehzahl $n_{syn} = f_s/p$ rotierenden Rotor ist Null, und es wird von der Statorgrundwelle $B_{s\nu=1}$ keine Spannung in den Rotor induziert. Damit existiert auch kein durch die Statorgrundwelle $B_{s\nu=1}$ hervorgerufenes Rotorgrundfeld $B_{r\mu=\nu=1}$, da in den Stäben des Kurzschlusskäfigs keine Rotorströme $\underline{I}_{r\nu=1}$ fließen. Durch den Strom $\underline{I}_{r\nu}$, den eine Statorfeldoberwelle unter Last (also bei einem Schlupf s ungleich Null) in den Rotor induziert, wird dieses abgedämpft. Die Phasenlage des entstehenden Rotorgrundfeldes $B_{r\mu=\nu}$ ist nahezu gegenphasig zu dem entsprechenden Statorfeld $B_{s\nu}$ (*Lenz*'sche Regel) und sorgt somit für eine Reduzierung des resultierenden Feldes im Luftspalt $B_{\delta\nu}$, welches durch eine vektorielle Addition der beiden Felder entsteht (vgl. [54]). Daher spricht man bei dem Strom $\underline{I}_{r\nu}$ auch vom Abdämpfstrom zum Statorfeld $B_{s\nu}$ während das Rotoroberfeld $B_{r\mu=\nu}$ als Läufergrundfeld des Rotorstroms $\underline{I}_{r\nu}$ bezeichnet wird.
Um die Abdämpfung des Statorfeldes $B_{s\nu}$ durch das entsprechende Rotorgrundfeld $B_{r\mu=\nu}$ zu berücksichtigen, kann das resultierende Luftspaltfeld $B_\delta(x,t)$ aus der phasenrichtigen Addition der beiden Feldkomponenten ermittelt werden [54, 60]. Physikalisch gesehen stellt diese Methode den besten Lösungsweg dar, es werden jedoch die exakten Phasenlagen der beteiligten Feldkomponenten benötigt.
Eine weitere Möglichkeit bietet die Einführung eines so genannten Abdämpfungsfaktors $|\underline{I}_{m\nu}/\underline{I}_s|$ [61, 62]. Für $\underline{I}_{m\nu}/\underline{I}_s$ gilt (zur Erläuterung für die Berechnung des Rotoroberstroms $\underline{I}_{r\nu}'$ siehe Abschnitt 4.3.3.1) [60, 61, 62]:

$$\begin{aligned}\frac{\underline{I}_{m\nu}}{\underline{I}_s} &= \frac{\underline{I}_s + \underline{I}_{r\nu}'}{\underline{I}_s} = 1 + \frac{\underline{I}_{r\nu}'}{\underline{I}_s} = \\ &= 1 - j\frac{s_\nu X_{rh\nu Q} \cdot 2 \cdot (m_s/Q_r) \cdot N_s \cdot k_{ws\nu} \cdot \eta_\nu \cdot \eta_{\nu e} \underline{\chi}_\nu}{R_{r\nu} + js_\nu \cdot \left(X_{r\sigma\nu} + X_{rh\nu Q}\right)}\end{aligned} \quad (4.74)$$

Zur Bedeutung von $X_{rh\nu Q}$, η_ν und $\eta_{\nu e}$ siehe Abschnitt 4.3.3.1 und für Erläuterungen zum komplexen Schrägungsfaktor $\underline{\chi}_\nu$ siehe Abschnitt 4.4.3.

Die Amplitude der jeweiligen unabgedämpften Statorfeldoberwelle $\hat{B}_{s\nu}$ gemäß Gleichung (4.71) bzw. (4.72) wird mit diesem Abdämpfungsfaktor $|\underline{I}_{m\nu}/\underline{I}_s|$ multipliziert (hier für stromlose Nuten) und ergibt damit die abgedämpfte Feldoberwelle $B_{\delta\nu}$:

$$\hat{B}_{\delta\nu} = \frac{\mu_0}{\delta \cdot k_{Cs}} \cdot \frac{\sqrt{2} \cdot m \cdot N_s \cdot I_s}{\nu \cdot p \cdot \pi} \frac{k_{w\nu}}{\nu} \cdot k_{Qs\nu} \cdot \zeta_{s\nu} \cdot \left| \frac{\underline{I}_{m\nu}}{\underline{I}_s} \right|. \tag{4.75}$$

Durch die Abdämpfung wird das unabgedämpfte Statorfeld $B_{s\nu}$ mit der Phasenverschiebung φ_s bzw. $-\varphi_s$ (vgl. 0) um den Winkel φ_d verschoben und hat somit die Phasenlage φ_m des Magnetisierungsstroms $\underline{I}_m$:

$$\varphi_d = \arctan\left(\frac{\mathrm{Im}\left(\frac{\underline{I}_{m\nu}}{\underline{I}_s} \right)}{\mathrm{Re}\left(\frac{\underline{I}_{m\nu}}{\underline{I}_s} \right)} \right) = \arctan\left(\frac{\mathrm{Im}\left(\frac{\underline{I}_s + \underline{I}_{r\nu}'}{\underline{I}_s} \right)}{\mathrm{Re}\left(\frac{\underline{I}_s + \underline{I}_{r\nu}'}{\underline{I}_s} \right)} \right) = \varphi_m - \varphi_s\,. \tag{4.76}$$

Es wird bei der Verwendung des Abdämpfungsfaktors $|\underline{I}_{m\nu}/\underline{I}_s|$ angenommen, dass die Phasenverschiebung zwischen dem Magnetisierungsstrom $\underline{I}_{m\nu}$ für die ν-te Feldoberwelle und dem Statorstrom $\underline{I}_s$ Null ist. Damit wären der Statorstrom $\underline{I}_s$ und der abdämpfende Rotorstrom $\underline{I}_{r\nu}$ gegenphasig, was nur im Fall des idealen Durchflutungsausgleichs zutreffend ist, der nur bei sehr hohen Schlupfwerten ($s = \infty$) auftritt (Abbildung 4.23). Im Bemessungsbetrieb existiert eine Phasenverschiebung $\neq \pi$ zwischen Stator- und Rotorstrom (siehe Abbildung 4.23), weswegen die Phasenlage des abgedämpften Feldes durch den Abdämpfungsfaktor $|\underline{I}_{m\nu}/\underline{I}_s|$ nur näherungsweise erfasst wird. Tabelle 4.5 zeigt den Vergleich der mit *KLASYS* analytisch gemäß [54, 60] berechneten Amplituden der abgedämpften Statorfeldoberwellen im Vergleich mit den FEM-Ergebnissen für den Motor AH80 im Bemessungsbetrieb.

Tabelle 4.5: Vergleich zwischen FEM (*FLUX2D*) und analytischer Berechnung (*KLASYS*) der resultierenden Luftspaltfeldoberwellen $B_{\delta\nu}$ des Motors AH80 (ohne Schrägung) im Bemessungsbetrieb.

ν	$B_{\delta\nu}$ (T) (*FLUX2D*)	$B_{\delta\nu}$ (T) (*KLASYS*)
1	0,692	0,691
-5	0,0786	0,0515
7	0,0442	0,0392
-11	0,0363	0,0330
13	0,0635	0,0380
-17	0,221	0,2548
19	0,126	0,1256

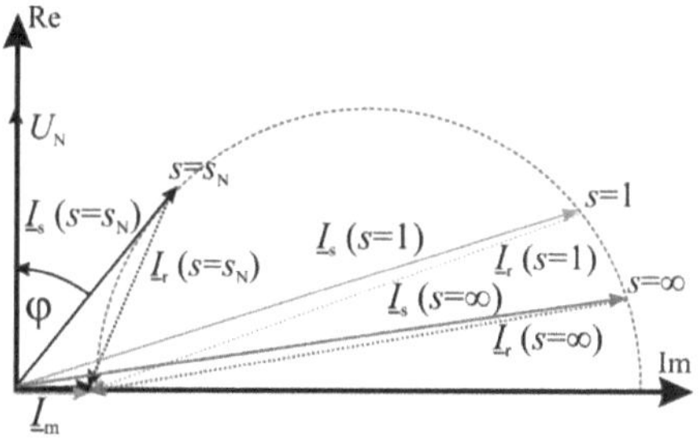

Abbildung 4.23: Vereinfachter *Ossanna*-Kreis als Ortskurve des Statorstroms $\underline{I}_s(s)$ einer KLASM [23, 26, 28, 29, 47] zur Verdeutlichung der Gültigkeit der Vernachlässigung der Phasenverschiebung zwischen dem Magnetisierungsstrom $\underline{I}_m$ und dem Statorstrom $\underline{I}_s$ bei der Berechnung des Abdämpfungsfaktors.

Zum Vergleich mit dem 2-dimensionalen FEM-Modell wird mit ungeschrägtem Rotor gerechnet. Die analytische Berechnung liefert jedoch für die Feldoberwellen mit der Ordnungszahl $\nu = 13$ deutlich kleinere Werte im Vergleich zu den FEM-Ergebnissen. Der Grund hierfür ist die sekundäre Ankerrückwirkung [41, 63, 64], die bei der analytischen Berechnung nur näherungsweise gemäß *Heller* [41] berücksichtigt wird. Wie in Kapitel 4.3.3.2 erläutert wird, ruft der durch die sekundäre Ankerrückwirkung stark ansteigende Rotorstrom $\underline{I}_{r\nu=13}$ ein Rotorrestfeld $B_{r\mu=-1\,\nu=13}$ der Ordnung $\mu = -1$ hervor, dass einen hochfrequenten abdämpfenden Statorstrom in den Ständer induzieren kann. Dieser zusätzliche Statorstrom ruft ein Ständerfeld hervor, welches sich der Feldoberwelle $B_{s\nu=13}$, überlagert und dieses gegebenenfalls verstärkt.

4.3.2.3. Einfluss der Eisensättigung und Sättigungsoberfelder

a) Sättigungsoberfelder aus nutharmonischen Oberstrombelägen

Vergleicht man das in Abbildung 4.20c) zu sehende Luftspaltfeld mit vernachlässigter Eisensättigung (d.h. ohne Sättigungsoberwellen) mit Abbildung 4.22, so wird deutlich die Abplattung des Feldverlaufs aufgrund der Sättigung der Eisenwege vor allem in den Zähnen sichtbar. Wie Abbildung 4.24a) zeigt, sind in der Regel die hohen Flussdichten in den Zähnen von Rotor und Stator maßgebend für die Sättigung des Hauptfeldes („zahngesättigte" Maschine). Betrachtet man die Grundwelle (als besondere nutharmonische Feldoberwelle mit $\nu_Q = 1$), so ergeben sich durch die Sättigung zusätzliche Oberwellen, die mit 3-facher Ständerfrequenz im Luftspalt wandern (Abbildung 4.24c). Um eine mathematische Beschreibung dieses Sättigungseffekts zu erhalten, wird eine Sättigungsleitwertwelle $\lambda_s(x,t)$ verwendet, die wie folgt definiert wird [23]:

$$\begin{aligned} \lambda_s(x,t) &= \lambda_m - \sum_{l=1,2,3,\ldots}^{\infty} \lambda_{l1} \cdot \cos\left(\frac{2x_s\pi \cdot l}{\tau_p} - 2\omega_s t - 2\varphi_{m_l}\right) \approx \\ &\approx \lambda_m - \lambda_1 \cdot \cos\left(\frac{2x_s\pi}{\tau_p} - 2\omega_s t - 2\varphi_m\right) = \lambda_m - \lambda_1(x_s,t). \end{aligned} \tag{4.77}$$

Da Nord- und Südpol der jeweiligen Oberwelle gleichermaßen das Eisen sättigen, muss die Leitwertfunktion $\lambda_s(x,t)$ gegenüber der Oberwelle die halbe Wellenlänge aufweisen. Dadurch hat der *cos*-Term in Gleichung (4.77) die Ordnungszahl $2\cdot\nu$. Da für alle Ständerfeldoberwellen der Ordnung ν die Kreisfrequenz ω_s gültig ist, ist die Frequenz $2\cdot\omega_s$. Die Phasenverschiebung φ_m tritt zwischen der Strangspannung U_s und dem Magnetisierungsstrom $\underline{I}_m$ auf und hat einen Wert von etwa 90° (vgl. Abbildung 4.23). Das Minimum λ_{min} und das Maximum λ_{max} der Sättigungsleitwertwelle $\lambda_s(x,t)$ sind [23]:

$$\lambda_{min} = \frac{1}{1+\dfrac{V_{Joch,s}+V_{Joch,r}+V_{Zahn,s}+V_{Zahn,r}}{V_L}} = k_h$$
$$\text{und} \quad \lambda_{max} = \frac{1}{1+\dfrac{V_{Joch,s}+V_{Joch,r}}{V_L}}. \tag{4.78}$$

Daraus ergeben sich ein Mittelwert λ_m und die Amplitude λ_1 von:

$$\lambda_m = \frac{\lambda_{min}+\lambda_{max}}{2} \quad \text{bzw.} \quad \lambda_1 = \frac{\lambda_{min}-\lambda_{max}}{2}. \tag{4.79}$$

Dieser magnetische Leitwert wird z.B. für $\nu = 1$ mit der Grundwelle $B_{s\nu=1}$

multipliziert, wodurch nach Umformung die beiden in Abbildung 4.24b) zu sehenden Kurven entstehen (Gleichung (4.82)). Im statorfesten Koordinatensystem ($x = x_s$) ergibt sich für den Leerlaufbetrieb ($\varphi = \varphi_m$) [23]:

$$\begin{aligned}
&B_{s\nu}(x_s,t) = \\
&= \frac{\mu_0}{\delta \cdot k_{Cs}} \cdot \frac{\sqrt{2} \cdot m \cdot N_s \cdot I_s}{\nu \cdot p \cdot \pi} \frac{k_{w\nu}}{\nu} \cdot k_{Qs\nu} \cdot \zeta_{s\nu} \cos\left(\nu x_s \pi / \tau_p - \omega_s t - \varphi_m\right) \cdot \lambda_s(x_s,t) \\
&\overset{\text{für } \nu=1}{=} \hat{B}_{s\nu=1} \cdot \cos\left(x_s \pi / \tau_p - \omega_s t - \varphi_m\right) \cdot \lambda_s(x_s,t) \cong \\
&\cong \hat{B}_{s\nu=1} \cos\left(x_s \pi / \tau_p - \omega_s t - \varphi_m\right) \cdot \left(1 - \frac{\lambda_1}{\lambda_m} \cos\left(\frac{2 x_s \pi}{\tau_p} - 2\omega_s t - 2\varphi_m\right)\right).
\end{aligned} \tag{4.80}$$

Daraus ergibt sich mit $\cos\alpha \cdot \cos\beta = 0{,}5 \cdot [\cos(\alpha - \beta) + \cos(\alpha + \beta)]$:

$$\begin{aligned}
&\hat{B}_{s\nu=1} \cos\left(x_s \pi / \tau_p - \omega_s t - \varphi_m\right) \cdot \left(1 - \frac{\lambda_1}{\lambda_m} \cos\left(\frac{2 x_s \pi}{\tau_p} - 2\omega_s t - 2\varphi_m\right)\right) = \\
&= \hat{B}_{s\nu=1} \cos\left(x_s \pi / \tau_p - \omega_s t - \varphi_m\right) - \\
&\left(\frac{1}{2} \hat{B}_{s\nu=1} \frac{\lambda_1}{\lambda_m} \left(\cos\left(x_s \pi / \tau_p - \omega_s t - \varphi_m\right) - \cos\left(3 x_s \pi / \tau_p - 3\omega_s t - 3\varphi_m\right)\right)\right).
\end{aligned} \tag{4.81}$$

Durch Umformung ergeben sich daraus die gesättigte Grundwelle a) und eine 3. Oberwelle b):

a) die gesättigte (ungedämpfte) Feldgrundgrundwelle (vgl. Gleichung (4.71)):

$$\begin{aligned}
&B_{s\nu=1}(x_s,t) = \\
&= \frac{\mu_0}{\delta \cdot k_{Cs}} \cdot \frac{\sqrt{2} \cdot m \cdot N_s \cdot I_s}{1 \cdot p \cdot \pi} \frac{k_{w\nu=1}}{1} \cdot k_{Qs\nu=1} \cdot \zeta_{s\nu=1} \cdot \left(\lambda_m - \frac{\lambda_1}{2}\right) \cdot \cos\left(x_s \pi / \tau_p - \omega_s t - \varphi_m\right) = \\
&= \hat{B}_{s\nu=1} \cdot \cos\left(x_s \pi / \tau_p - \omega_s t - \varphi_m\right),
\end{aligned} \tag{4.82}$$

b) die dritte (ungedämpfte) Oberwelle:

$$\begin{aligned}
&B_{s\nu=3}(x_s,t) = \\
&= -\frac{\mu_0}{\delta \cdot k_{Cs}} \cdot \frac{\sqrt{2} \cdot m \cdot N_s \cdot I_s}{1 \cdot p \cdot \pi} \frac{k_{w\nu=1}}{1} \cdot k_{Qs\nu=1} \cdot \zeta_{s\nu=1} \cdot \frac{\lambda_{\nu 1}}{2} \cdot \cos\left(3 x_s \pi / \tau_p - 3\omega_s t - 3\varphi_m\right) = \\
&= \hat{B}_{s\nu=3} \cdot \cos\left(3 x_s \pi / \tau_p - 3\omega_s t - 3\varphi_m\right).
\end{aligned} \tag{4.83}$$

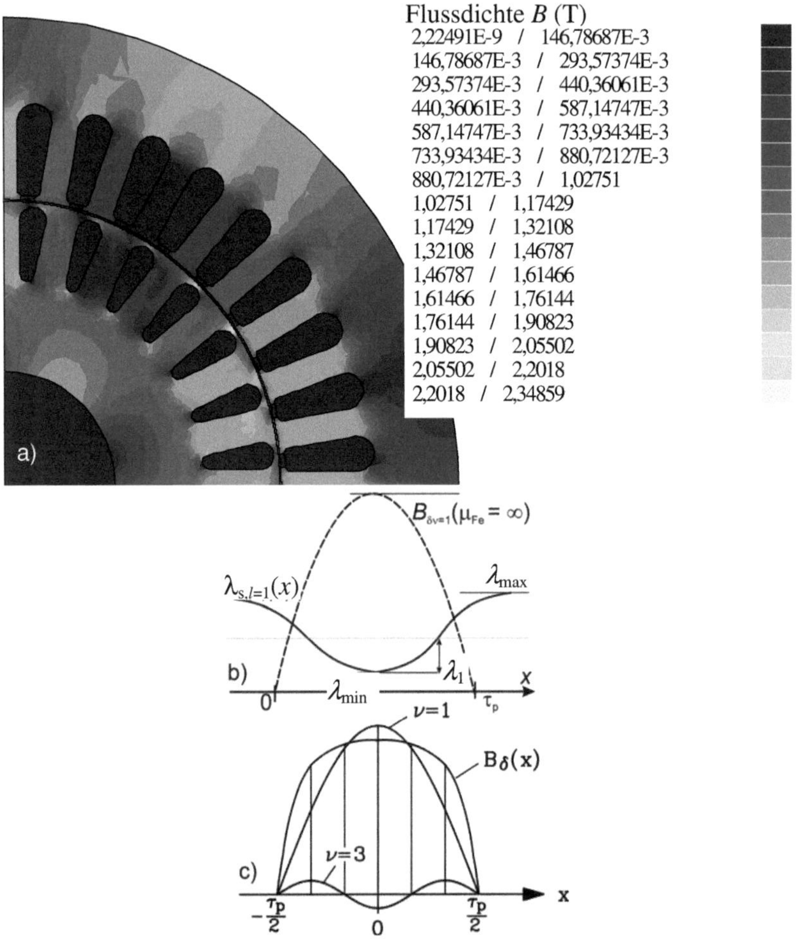

Abbildung 4.24: a) Verteilung des Betrags der Flussdichte des Motors AH100 im Leerlaufbetrieb bei $U_N = 400$ V (*FLUX2D*). Es werden deutlich die erhöhten Flussdichten in den Zähnen sichtbar, die im Leerlauf den Eisenkreis sättigen. b) Veranschaulichung der Grundwelle des Luftspaltfeldes $B_{\delta\nu=1}(x)$ und der Leitwertwelle $\lambda_{s,l=1}(x)$ zu einem Zeitpunkt t = 0 s c) Zusammensetzung der abgeflachten Luftspaltflussdichte als Summe der Grundwelle und einer Oberwelle der Ordnung $\nu = 3$ [26].

Auch alle weiteren Oberwellen $B_{\delta\nu}$ ($\nu > 1$)können durch Sättigung und der damit verbundenen Modulation mit $\lambda_s(x_s,t)$ zusätzliche Oberwellen erzeugen. Gerade bei den nutharmonischen Oberwellen mit den Ordnungszahlen

ν_Q können die daraus resultierenden Sättigungsoberwellen eine erhebliche Größe aufweisen. Gemäß [26, 53, 58, 62, 63] entstehen dadurch Oberwellen mit Vielfachen von 3 als Ordnungszahlen.

Abbildung 4.25 zeigt das Amplitudenspektrum des Luftspaltfeldes $B_\delta(x,t)$ der Motoren AH80 und AH100 im Leerlauf mit den zusätzlichen Oberwellen durch die Sättigung des Eisens. Die deutlich sichtbare Oberwelle der Ordnung $\nu = 9$ ergibt sich aus der Modulation der 7. und 11. Oberwelle mit der Sättigungsleitwertwelle $\lambda_1(x_s,t)$ und die Oberwelle der Ordnung $\nu = 15$ durch die Modulation der 13. und 17. Oberwelle mit $\lambda_1(x_s,t)$. In Summe treten folgende Ordnungszahlen ν durch Sättigungsoberwellen (l = 1) auf:

$$\nu_s = \nu \pm 2 \cdot l = \nu \pm 2 = 1 + 2mg \pm 2 \rightarrow \nu_{s_3} = 3 + 2mg \quad g=0,\pm 1,\pm 2,\dots \quad (4.84)$$

Für die nutharmonischen Ordnungszahlen gilt:

$$\nu_{sQ_3} = 1 + \frac{Q_s}{p} \cdot g_Q + 2 \rightarrow \nu_{s_3} = 3 + \frac{Q_s}{p} \cdot g_Q \quad g_Q=0,\pm 1,\pm 2,\dots \quad (4.85)$$

Bei den hier in Stern geschalteten Motoren entstehen anders als bei in Dreieck geschalteten Motoren (vgl. Abschnitt 4.3.2.3b) durch diese Sättigungsoberfelder aufgrund der gleichphasig mit dreifacher Netzfrequenz f_s induzierten Ständerspannungen gemäß [61, 62, 65] keine dämpfenden Statorströme und damit keine zusätzlichen Wicklungsoberfelder des Stators. Tabelle 4.6 zeigt die Ergebnisse der FEM-Berechnung des Leerlauffeldes im Vergleich mit der analytischen Berechnung (*KLASYS*) für die auf die Sättigungsoberwellen zurückzuführenden Ordnungszahlen. Im Vergleich zu den Wicklungs- und Nutungsoberfeldern sind die Amplituden der Sättigungsoberwellen im Leerlauf deutlich geringer. Deswegen sind die deutlicheren Abweichungen zwischen analytischer und numerischer Berechnung im Feldbild in Abbildung 4.22 nicht ersichtlich.

Auch die Sättigungsoberfelder werden durch sie in den Rotor induzierte Oberströme $\underline{I}_{r\nu=3,9,15,\dots}$ abgedämpft, so dass im Spektrum neben der dem Stator zugeordneten Sättigungsoberwelle $B_{\delta\nu=3}(x_s,t)$ auch Läufergrund- und Restfelder überlagert sind, die in Abschnitt 4.3.3.4 diskutiert werden.

Wird auch hier der Abdämpfungsfaktor $|\underline{I}_{m\nu} / \underline{I}_s|$ eingeführt, so ergibt sich für die abgedämpften Sättigungsoberwellen mit Gleichung (4.82) für das Beispiel der gesättigten, abgedämpften Grundwelle $\nu = 1$ mit der Phasenlage φ_m (vgl. Abschnitt 4.3.2.2):

a) für die gesättigte abgedämpfte Stator-Feldgrundgrundwelle (vgl. Gleichung (4.75))

$$\begin{aligned} & B_{\delta\nu=1}(x_\mathrm{s},t)= \\ & =\frac{\mu_0}{\delta\cdot k_\mathrm{Cs}}\cdot\frac{\sqrt{2}\cdot m\cdot N_\mathrm{s}\cdot I_\mathrm{s}}{1\cdot p\cdot\pi}\frac{k_{\mathrm{w}\nu=1}}{1}\cdot k_{\mathrm{Qs}\nu=1}\cdot\zeta_{\mathrm{s}\nu=1}\cdot\left(\lambda_\mathrm{m}-\frac{\lambda_1}{2}\right)\cdot\cos\left(x_\mathrm{s}\pi/\tau_\mathrm{p}-\omega_\mathrm{s}t-\varphi_\mathrm{m}\right)\cdot\left|\frac{\underline{I}_{\mathrm{m}\nu=1}}{\underline{I}_\mathrm{s}}\right|= \\ & =\hat{B}_{\mathrm{s}\nu=1}\cdot\left|\frac{\underline{I}_{\mathrm{m}\nu=1}}{\underline{I}_\mathrm{s}}\right|\cdot\cos\left(x_\mathrm{s}\pi/\tau_\mathrm{p}-\omega_\mathrm{s}t-\varphi_\mathrm{m}\right)=\hat{B}_{\delta\nu=1}\cdot\cos\left(x_\mathrm{s}\pi/\tau_\mathrm{p}-\omega_\mathrm{s}t-\varphi_\mathrm{m}\right) \end{aligned} \tag{4.86}$$

und b) die dritte abgedämpfte Oberwelle

$$\begin{aligned} & B_{\delta\nu=3}(x_\mathrm{s},t)= \\ & =-\frac{\mu_0}{\delta\cdot k_\mathrm{Cs}}\cdot\frac{\sqrt{2}\cdot m\cdot N_\mathrm{s}\cdot I_\mathrm{s}}{1\cdot p\cdot\pi}\frac{k_{\mathrm{w}\nu=1}}{1}\cdot k_{\mathrm{Qs}\nu=1}\cdot\zeta_{\mathrm{s}\nu=1}\cdot\frac{\lambda_1}{2}\cdot\cos\left(3x_\mathrm{s}\pi/\tau_\mathrm{p}-3\omega_\mathrm{s}t-3\varphi_\mathrm{m}\right)\cdot\left|\frac{\underline{I}_{\mathrm{m}\nu=3}}{\underline{I}_\mathrm{s}}\right|= \\ & =\hat{B}_{\mathrm{s}\nu=3}\cdot\left|\frac{\underline{I}_{\mathrm{m}\nu=3}}{\underline{I}_\mathrm{s}}\right|\cdot\cos\left(x_\mathrm{s}\pi/\tau_\mathrm{p}-\omega_\mathrm{s}t-\varphi_\mathrm{m}\right)=\hat{B}_{\delta\nu=3}\cdot\cos\left(3x_\mathrm{s}\pi/\tau_\mathrm{p}-3\omega_\mathrm{s}t-3\varphi_\mathrm{m}\right) \end{aligned} \tag{4.87}$$

Tabelle 4.6: Vergleich zwischen FEM und analytischer Berechnung der Sättigungsoberfelder des Motors AH80 (AH100 in Klammern) im Leerlaufbetrieb

Ordnung $\lvert\nu_\mathrm{s}\rvert$	$B_{\delta\nu}$ (T) (*FLUX2D*)	$B_{\delta\nu}$ (T) (*KLASYS*)
3	9,87e-3 (7,95e-3)	5,3e-3 (3,25e-3)
9	9,47e-4 (2,93e-3)	1,87e-3 (2,86e-3)
15	9,63e-3 (8,75e-3)	7,19e-3 (6,97e-3)
21	2,41e-3 (1,2e-3)	1,1e-3 (1,01e-3)
27	1,65e-3 (6,14e-4)	5,6e-4 (7,6e-4)
33	1,05e-3 (1,08e-3)	1,89e-3 (2,82e-3)

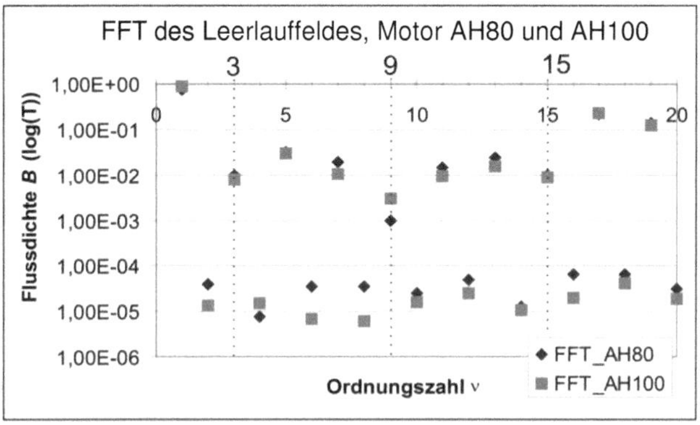

Abbildung 4.25: FFT des Leerlauffeldes der Motoren AH80 und AH100 bei $U_N = 400$ VY numerisch berechnet mit *FLUX2D*.

b) Sättigungsfelder durch zusätzliche Kreisströme bei Dreieckschaltung

Gemäß [23, 26] können durch Selbstinduktion der mit 3-facher Statorfrequenz ω_s im Luftspalt wandernden Sättigungsoberwellen, die durch Modulation der Feldoberwelle des Stators mit der Sättigungs-Leitwertsfunktion $\lambda_s(x_s,t)$ gemäß Gleichung (4.82) entstehen, nur bei Dreieckschaltung der $m = 3$ Stränge Kreisströme $\underline{I}_D$ entstehen (siehe (4.90)), die ihrerseits wieder Felder des Stators verursachen. Ihre Ordnungszahl ist durch (4.84) bestimmt. Im Allgemeinen ist nur die Grundwelle von Relevanz, da nur sie Kreisströme $\underline{I}_D$ in ausreichender Größe hervorrufen kann. Für diesen Fall lassen sich die durch die Kreisströme $\underline{I}_D$ erregten pulsierenden Feldoberwellen als Summe aus mit- und gegenlaufenden Wellen wie folgt beschreiben [26]:

$$B_{\delta sk\nu_3}(x_s,t) =$$

$$= \hat{B}_{sk\nu_3} \cdot \cos(\frac{3x_s\pi \cdot \nu_3}{\tau_p} - 3\omega_s t - 3\varphi_m) + \hat{B}_{sk\nu_3} \cdot \cos(\frac{3x_s\pi \cdot \nu_3}{\tau_p} + 3\omega_s t + 3\varphi_m) \qquad (4.88)$$

mit $\nu_3 = 3 \cdot (1 + 2k)$ und $k = 0,1,2,3,\dots$.

Diese Felder bewirken, dass aufgrund der durch sie verursachten zusätzlichen abdämpfenden Rotorströme neben den Kreisströmen $\underline{I}_D$ an sich die Zusatzverluste $P_{Cu,r,3}$ ansteigen, so dass die Verluste bei Motoren in Dreieckschaltung i. A. immer etwas höher sind als bei im Stern geschalteten Motoren [26]. Weiterhin tragen die durch die Kreisströme $\underline{I}_{\mathrm{D}}$ verursachten Wicklungsoberfelder mit den Ordnungszahlen ν_3 zur Geräuschanregung der Motoren bei (siehe Kapitel 5). Eine Methode zur Berechnung der Amplituden $\hat{B}_{\mathrm{sk}\nu 3}$ wird in [61, 62, 65] angegeben. Das Zahnsättigungsfeld mit $\nu_{\mathrm{s}} = 3$ nach Gleichung (4.86)b) induziert in den Strängen die gleichphasigen Spannungen:

$$\underline{U}_{\mathrm{i},\nu=3} = j\sqrt{2}\pi \cdot 3 \cdot f \cdot N_{\mathrm{s}} \cdot k_{\mathrm{w}\nu=3} \cdot \frac{2}{\pi} \cdot \frac{\tau_{\mathrm{p}}}{3} l_{\mathrm{e}} \cdot \underline{B}_{\delta\nu=3} \cdot \tag{4.89}$$

Diese treiben wie oben erwähnt, nur in im Dreieck geschalteten Motoren einen dämpfenden Kreisstrom $\underline{I}_{\mathrm{D}}$ in der Ständerwicklung. Dieser Kreisstrom $\underline{I}_{\mathrm{D}}$ lässt sich mit der zweiten *Kirchhoff'*schen Gleichung wie folgt berechnen:

$$\underline{I}_{\mathrm{D}} = -\frac{\underline{U}_{\mathrm{i},\nu=3}}{R_{\mathrm{s}} + j3 \cdot X_{\mathrm{sW}}}. \tag{4.90}$$

Dabei ist die Wechselfeldreaktanz X_{sW} die Summe aus der Wechselhauptfeldreaktanz $X_{\mathrm{shW}\nu=3}$ und der Streureaktanz $X_{\mathrm{s}\sigma}$ (4.51):

$$X_{s\mathrm{W}} = X_{\mathrm{shW}\nu=3} + X_{\mathrm{s}\sigma} \quad \text{mit}$$

$$X_{\mathrm{shW}\nu=3} = \frac{8}{9} \cdot f_s \cdot \mu_0 \cdot \frac{d_{\mathrm{si}} / 2 \cdot l_{\mathrm{Fe}}}{p^2 \cdot \delta \cdot k_{\mathrm{C}}} \cdot \left(N_{\mathrm{s}} \cdot k_{\mathrm{w}\nu=3}\right)^2 \quad \text{mit } k_{\mathrm{C}} = k_{\mathrm{Cs}} \cdot k_{\mathrm{Cr}}. \tag{4.91}$$

Der dem Kreisstrom $\underline{I}_{\mathrm{D}}$ entsprechende Wechselstrombelag hat die Ordnung $\nu_3 = 3 \cdot (1+2k)$ $k=1,2,3,\ldots$ und ruft zusätzliche Felder mit einer Frequenz $f_{\mathrm{s}\nu 3} = 3f_{\mathrm{s}}$ und der Amplitude $\hat{B}_{\mathrm{sk}\nu_3}$ hervor [61, 62]:

$$\hat{B}_{\mathrm{sk}\nu_3} = \frac{\sqrt{2} \cdot 3}{\pi} \cdot \frac{\mu_0}{\delta \cdot k_{\mathrm{C}}} \cdot \frac{k_{\mathrm{w}\nu_3}}{\nu_3} \cdot N_{\mathrm{s}} \cdot \left|\underline{I}_{\mathrm{D}}\right| \cdot k_{\mathrm{Qs}\nu_3} \cdot \tag{4.92}$$

Da diese Felder des Stators durch einen entsprechenden Rotorstrom $\underline{I}_{\mathrm{r}\nu 3}$ gedämpft werden, kann auch hier der Abdämpfungsfaktor $|\underline{I}_{\mathrm{m}\nu 3} / \underline{I}_{\mathrm{D}}|$ verwendet werden, um die resultierende Amplitude des Luftspaltfelds zu ermitteln:

$$\hat{B}_{\mathrm{sk}\nu_3} = \frac{\sqrt{2} \cdot 3}{\pi} \cdot \frac{\mu_0}{\delta \cdot k_{\mathrm{C}}} \cdot \frac{k_{\mathrm{w}\nu_3}}{\nu_3} \cdot N_{\mathrm{s}} \cdot \left|\underline{I}_{\mathrm{D}}\right| \cdot k_{\mathrm{Qs}\nu_3} \cdot \left|\frac{\underline{I}_{\mathrm{m}\nu_3}}{\underline{I}_{\mathrm{D}}}\right|. \tag{4.93}$$

Die Phasenlage dieses resultierenden Feldes ist [61, 62]:

$$\varphi_{\mathrm{sk}\nu_3} = \arctan\left(\frac{\mathrm{Im}(\underline{I}_\mathrm{D})}{\mathrm{Re}(\underline{I}_\mathrm{D})}\right) + \arctan\left(\frac{\mathrm{Im}\left(\frac{\underline{I}_{\mathrm{m}\nu_3}}{\underline{I}_\mathrm{D}}\right)}{\mathrm{Re}\left(\frac{\underline{I}_{\mathrm{m}\nu_3}}{\underline{I}_\mathrm{D}}\right)}\right). \qquad (4.94)$$

4.3.2.4. Berücksichtigung der Läufernutung

In [23, 26, 34, 44, 53, 60] werden Möglichkeiten zur Berücksichtigung des Einflusses der Läufernuten auf das Statorfeld $B_{\mathrm{s}\nu}(x,t)$ dargestellt. Eine gängige Methode ist die Verwendung der magnetischen Leitwertwelle $\lambda_{\mathrm{Qr}}(x,t)$ des Rotors, die im rotorfesten Koordinatensystem ($x = x_\mathrm{r}$) zeitlich konstant ist. Ähnlich wie bei der Radialfeldnäherung zur Berücksichtigung der einseitigen Nutung (vgl. Abbildung 4.21) wird angenommen, dass der magnetische Leitwert λ_{Qr} unterhalb der effektiven Nutschlitzbreite s_{Qre} des geometrischen Nutschlitzes mit Berücksichtigung der sättigungsbedingten Vergrößerung $s_{\mathrm{Qr,ges}}$ Null ist und im Zahnbereich auf einen Wert von 1 steigt. Um die Addition aller Rotoroberwellen zu erleichtern, wird der Koordinatenursprung der Leitwertfunktion $\lambda_{\mathrm{Qr}}(x_\mathrm{r})$ zu einem Zeitpunkt in die Nutmitte gelegt (vgl. Abbildung 4.21 und Abbildung 4.26a), weswegen gilt [26]:

$$\lambda_{\mathrm{Qr}}(x_\mathrm{r}) = \begin{cases} 0, & -s_{\mathrm{Qre}}/2 \le x_\mathrm{r} \le s_{\mathrm{Qre}}/2 \\ 1, & -\tau_{\mathrm{Qr}}/2 \le x_\mathrm{r} \le -s_{\mathrm{Qre}}/2 \text{ und } s_{\mathrm{Qre}}/2 \le x_\mathrm{r} \le \tau_{\mathrm{Qre}}/2 \end{cases}. \qquad (4.95)$$

Bildet man die *Fourier*-Reihe der Funktion aus Gleichung (4.95), so ergibt das [26]:

$$\lambda_{\mathrm{Qr}}(x_\mathrm{r}) = \frac{1}{k_{\mathrm{Cr}}} \cdot \left(1 - \sum_l \lambda_{\mathrm{r}l} \cdot \cos(l \cdot Q_\mathrm{r} \pi x_\mathrm{r} / (p \tau_\mathrm{p}))\right) \quad l = 1, 2, 3, \ldots,$$

$$\lambda_{\mathrm{r}l} = 2 \cdot \frac{\sin\left(\frac{l\pi}{k_{\mathrm{Cr}}} \cdot (k_{\mathrm{Cr}} - 1)\right)}{\frac{l\pi}{k_{\mathrm{Cr}}}}. \qquad (4.96)$$

Dabei steht der Kehrwert des *Carter*-Faktors des Rotors $1/k_{\mathrm{Cr}}$ für den mittleren magnetischen Widerstand des Luftspalts infolge der Läufernutschlitzöffnungen:

$$\lambda_{\mathrm{Qr,av}} = \frac{\tau_{\mathrm{Qr}} - s_{\mathrm{Qre}}}{\tau_{\mathrm{Qr}}} = \frac{1}{1/\left[1 - \zeta(s_{\mathrm{Qr}}/\delta)\cdot\delta/\tau_{\mathrm{Qr}}\right]} = \frac{1}{k_{\mathrm{Cr}}}. \qquad (4.97)$$

Multipliziert man diese Reihe $\lambda_{\mathrm{Qr}}(x_{\mathrm{r}})$ mit der Reihe für die Feldoberwellen des Luftspalts bei einseitiger Nutung $B_\delta(x_{\mathrm{s}},t)$ gemäß Gleichung (4.61) und (4.75):

$$B_\delta(x_{\mathrm{s}},t) = \sum_\nu \hat{B}_{\delta\nu}\cdot\cos(\nu\pi x_{\mathrm{s}}/\tau_{\mathrm{p}} - \omega_{\mathrm{s}}t)\cdot\lambda_{\mathrm{Qr}}(x_{\mathrm{r}}) \quad , \qquad (4.98)$$
$$\nu = 1 + 2mg \quad g = 0,\pm1,\pm2,...$$

so entstehen gemäß [26] wieder die Luftspaltfeldoberwellen der einseitigen Nutung aus Gleichung (4.98), vermindert um den *Carter*-Faktor des Rotors (stromlose Nut angenommen):

$$\frac{B_\delta(x_{\mathrm{s}},t)}{k_{\mathrm{Cr}}} = $$
$$= \sum_\nu \frac{\mu_0}{\delta\cdot k_{\mathrm{Cs}}\cdot k_{\mathrm{Cr}}}\cdot\frac{\sqrt{2}\cdot m\cdot N_{\mathrm{s}}\cdot I_{\mathrm{s}}}{\nu\cdot p\cdot\pi}\frac{k_{\mathrm{w}\nu}}{\nu}\cdot k_{\mathrm{Qs}\nu}\cdot\zeta_{\mathrm{s}\nu}\cdot\left|\frac{\underline{I}_{\mathrm{m}\nu}}{\underline{I}_s}\right|\cdot\cos(\nu\pi x_{\mathrm{s}}/\tau_{\mathrm{p}} - \omega_{\mathrm{s}}t) \quad , \qquad (4.99)$$

und mit der Leitwertfunktion $\lambda_{\mathrm{Qr}}(x_{\mathrm{r}})$ modulierte Feldoberwellen

$$-\sum_\nu\sum_l \hat{B}_{\delta\nu}\cdot(\lambda_{\mathrm{r}l}/k_{\mathrm{Cr}})\cdot\cos(\nu\pi x_{\mathrm{s}}/\tau_{\mathrm{p}} - \omega_{\mathrm{s}}t)\cdot\cos(l\cdot Q_{\mathrm{r}}\pi x_{\mathrm{r}}/(p\tau_{\mathrm{p}}))\,. \qquad (4.100)$$

Mit einer Umrechnung auf die Statorseite und einigen Umformungen ergeben sich zusätzliche Feldoberwellen

$$B_{\delta\mathrm{s}\nu l}(x_{\mathrm{s}},t) = -\frac{\hat{B}_{\mathrm{s}\nu}\cdot\lambda_{\mathrm{r}l}}{2k_{\mathrm{Cr}}}\cdot\cos\left((\nu \pm lQ_{\mathrm{r}}/p)\cdot\pi x_{\mathrm{s}}/\tau_{\mathrm{p}} - \omega_{\mathrm{s}l}t\right) \qquad l = \pm1,\pm2,...$$
$$\omega_{\mathrm{s}l} = \omega_s\cdot\left(1 + (1-s)\cdot(\pm l)\cdot\frac{Q_{\mathrm{r}}}{\mathrm{p}}\right), \qquad (4.101)$$

welche die gleichen Ordnungszahlen $\mu = \nu \pm l\cdot Q_{\mathrm{r}}/p$ wie die in Abschnitt 4.3.3 vorgestellten Läuferrestfelder aufweisen und diesen somit überlagert sind.

In der Regel reicht es aus, wegen ihrer relativ großen Amplituden nur die Modulationen der Ständergrundwelle $\nu = 1$ mit der Nutleitwert-Grundwelle $l = 1$ der Rotornutung (4.96) zu berücksichtigen. Wird jedoch auch noch das erste Nutharmonischenpaar des Stators $\nu_{\mathrm{Q}} = 1 \pm Q_{\mathrm{s}}/p$ mit der Nutleitwert-Grundwelle $l = 1$ der Rotornutung (4.96) moduliert, so ergeben sich u.a. zusätzliche Oberwellen, deren Ordnungszahlen von der Differenz aus Stator- und Rotornutenzahl $Q_{\mathrm{s}} - Q_{\mathrm{r}}$ bzw. $Q_{\mathrm{r}} - Q_{\mathrm{s}}$ abhängt und damit deutlich langwelliger sind als die nutharmonischen Feldoberwellen („nutdifferenzharmonische" Feldoberwellen [26, 54]). Dadurch werden sie durch die Schrägung deutlich geringer abgedämpft und können daher eventuell trotz der vergleichbar geringen Amplituden dennoch wichtig zur Beschreibung parasitärer Effekte sein. Da diese nutdifferenzharmonischen Feldoberwellen gemäß [37, 54, 59, 66] Wellenlängen ähnlich denen der Grundwelle aufweisen, magnetisieren sie das Rotor- und Stator-Blechpaket über die Joche und sättigen somit wesentlich stärker als die kurzwelligen Oberwellen mit dem Hauptfeldsättigungsfaktor k_h gemäß Kapitel 4.3.2.3. Daher sind sie bei hoch ausgenutzten Motoren in der Regel deutlich kleiner als die kurzwelligen nutharmonischen Feldoberwellen und können daher in der Regel vernachlässigt werden. Folglich werden diese nutdifferenzharmonischen Feldoberwellen aufgrund ihrer vergleichbar geringen Wirkung hier nicht weiter betrachtet und bei der Berechnung der parasitären Oberwelleneffekte in dieser Arbeit nicht weiter berücksichtigt.

Bei Belastung der Maschinen und dem damit verbundenen steigenden Zick-Zack-Streufluss Φ_Z [37, 67] sättigen die Zahnköpfe des Rotors, weswegen die geometrische Nutöffnung s_{Qr} über den in Abschnitt 4.1.5 definierten Nutschlitzsättigungsfaktor $k_{ns,r,A}$ (Abbildung 4.13b) zu vergrößern ist, was zur gesättigten Rotornutöffnung $s_{Qr,ges}$ führt (Abbildung 4.26a, [34]):

$$s_{Qr,ges} = \frac{s_{Qr}}{k_{ns,r,A}}. \tag{4.102}$$

Die von *Weppler* in [34] hergeleiteten Formeln zur Berechnung des Sättigungsfaktors $k_{ns,r,A}$ wurden für den Fall von offenen Rotornuten angegeben. Bei Rotoren mit geschlossenen Nuten, wie bei den hier betrachteten Motoren AH80, AH100 und AH160, muss eine Ersatz-Rotornutschlitzbreite $s_{Qr}{}'$ zur Berücksichtigung des Feldeinbruchs im Bereich der sehr dünnen Eisenbrücken an der Spitze der Rotornuten für die Berechnung verwendet werden. *Weppler* schlägt im Falle geschlossener Rotornuten die Verwendung eines geometrischen Rotor-Ersatznutschlitzes von $s_{Qr}{}' = 0{,}01$ mm als Startwert für die iterative Berechnung von $k_{ns,r,A}$ vor, was, betrachtet man den Bereich, in dem die Flussdichte in Abbildung 4.26b) rapide absinkt, sehr klein ist. Abbildung 4.27a) zeigt am Beispiel des Motors AH80, dass sich im Leerlaufbetrieb bei Verwendung dieses Wertes von $s_{Qr}' = 0{,}01$ mm keine Auswirkung der Rotornuten im analytisch berechneten Luftspaltfeld B_δ zeigt.

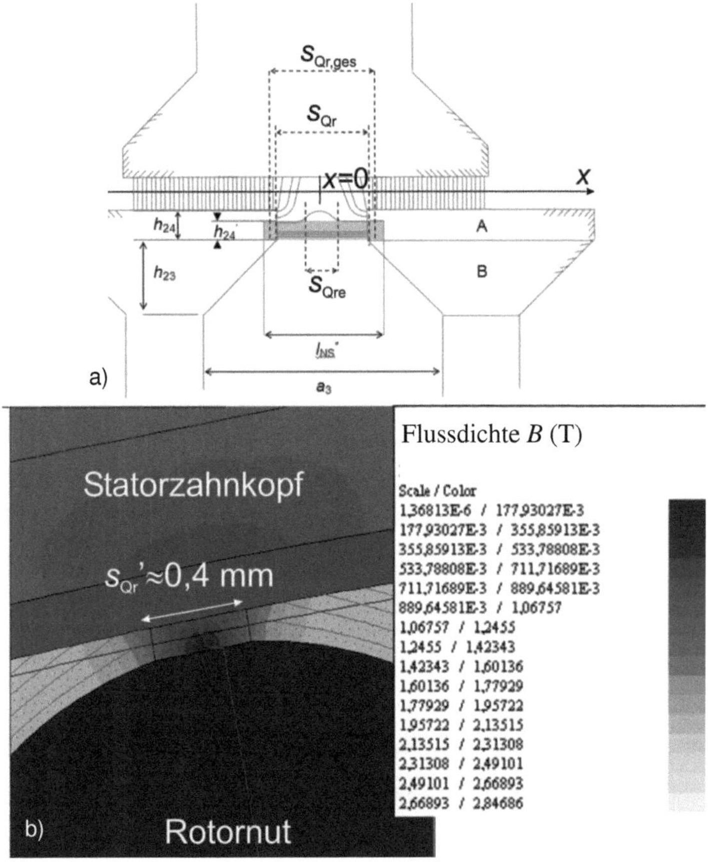

Abbildung 4.26: a) Veranschaulichung zur Definition der effektiven Nutschlitzbreite s_{Qre} und des geometrischen und gesättigten Rotornutschlitzes s_{Qr} bzw. $s_{Qr,ges}$ gemäß [34]. b) FEM-Berechnung der Beträge der Flussdichten des Motors AH80 im Leerlaufbetrieb im Bereich der Zahnköpfe für den von *Weppler* betrachteten Fall einer Rotornut gegenüber einem Statorzahn.

Die FEM-Berechnung zeigt dagegen einen deutlichen Einfluss des Rotorfeldes, welches wie oben erläutert durch die Rotornutung verstärkt wird (vgl. (4.104)). Daher wird mit Hilfe der FEM-Ergebnisse ein geometrischer

Rotor-Ersatznutschlitz s_{Qr}' derart bestimmt, dass für den von *Weppler* betrachteten Fall von Rotor- zu Statorlage (vgl. Abbildung 4.26a) im Leerlaufbetrieb der gleiche Flussverlust $\Delta\Phi$ durch die Rotornutung auftritt. Dazu müssen die schraffierten Flächen A2 (*KLASYS*) und A1 (*FLUX2D*) (siehe Abbildung 4.27a) gleich groß sein, was für den Motor AH80 bei Vorgabe eines geometrischen Ersatzschlitzes von $s_{Qr}'= 0{,}36$ mm der Fall ist (Abbildung 4.27b). Da die Radialfeldnäherung mit der Leitwertfunktion $\lambda_{Qr}(x_r)$ gemäß (4.95) zur Berücksichtigung der Rotornutung verwendet wird, sind die Feldeinbrüche in Abbildung 4.27a) bei der analytischen Berechnung mit *KLASYS* deutlich spitzer und wegen $s_{Qre} < s_{Qr,ges}'$ schmaler als bei den FEM-Ergebnissen.
Abbildung 4.28a) zeigt die gemäß *Weppler* [34] berechneten Nutschlitzsättigungsfaktoren des Rotorzahnkopfs $k_{ns,r,A}$ und die daraus berechneten gesättigten Rotor-Nutschlitzbreiten $s_{Qr,ges}'$ bei Vorgabe eines geometrischen Ersatznutschlitzes von $s_{Qr}' = 0{,}01$ mm und 0,36 mm. Es ergibt sich bei Vorgabe von $s_{Qr}' = 0{,}01$ mm im Leerlaufbetrieb eine sehr kleine gesättigte Nutschlitzbreite von $s_{Qr,ges} = 0{,}018$ mm. Bei Vorgabe von $s_{Qr}' = 0{,}36$ mm ergibt sich im Schlupfbereich s = 0%...10% ein nur leichter Anstieg der gesättigten Nutschlitzbreite $s_{Qr,ges}'$. Ein Vergleich mit alternativen Sättigungsberechnungen zur Ermittlung der gesättigten Nutschlitzbreite $s_{Qr,ges}'$ bei geschlossenen Rotornuten nach *Heller* [41] und *Birch* [68] ist in Abbildung 4.28b) zu sehen.
Die Berechnung nach *Heller* ergibt bei steigender Belastung im Vergleich zur *Weppler*'schen Methode einen deutlich größeren Anstieg der gesättigten Nutschlitzbreite $s_{Qr,ges}'$ im Rotor, während die Werte, berechnet gemäß *Birch,* weit unter den Werten von *Weppler* bleiben. Im Verlauf dieser Arbeit wird nur die Berechnung der Rotor-Ersatznutschlitzbreite $s_{Qr,ges}'$ gemäß *Weppler* mit Vorgabe eines über die oben beschriebene Methode ermittelten geometrischen Ersatznutschlitzes s_{Qr}' verwendet, da sich hiermit die besten Ergebnisse erzielen ließen. Für die Motoren AH100 und AH160 wurde analog zu Abbildung 4.27 ein Wert von $s_{Qr}'= 0{,}45$ mm bzw. 0,5 mm ermittelt.

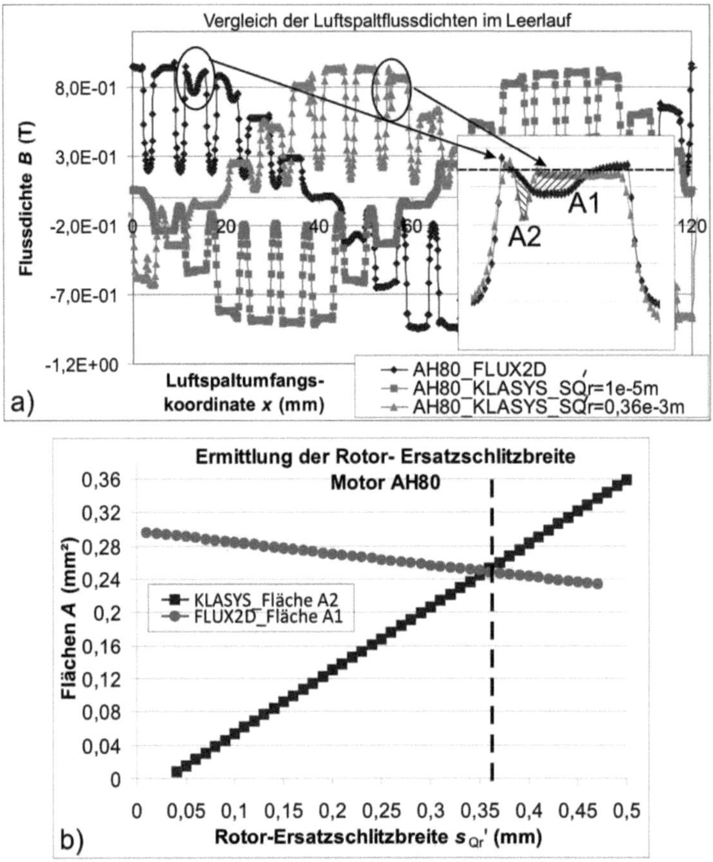

Abbildung 4.27: a) Leerlauffeld des Motors AH80, berechnet mit FEM (*FLUX2D*), im Vergleich mit den analytischen Berechnungen (*KLASYS*) mit einem Ersatz-Rotornutschlitz von s_{Qr}' = 0,01 mm gemäß *Weppler* [34] und s_{Qr}' = 0,36 mm. b) Vergleich der Flächen A1 (*FLUX2D*) und A2 (*KLASYS*) gemäß a) zur Bestimmung des Ersatz-Rotornutschlitzes s_{Qr}'.

Die richtige Wahl der Rotor-Ersatznutschlitzbreite $s_{Qr,ges}'$ ist äußerst wichtig für die Vorausberechnung des Betriebsverhaltens der Motoren, da sie sowohl bei der Berechnung der Feldoberwellen und den dadurch auftretenden parasitären Effekten und damit verbunden auch für die Berechnung der richtigen Oberwellenstreuung σ_{os} (siehe (4.53)) verantwortlich ist.

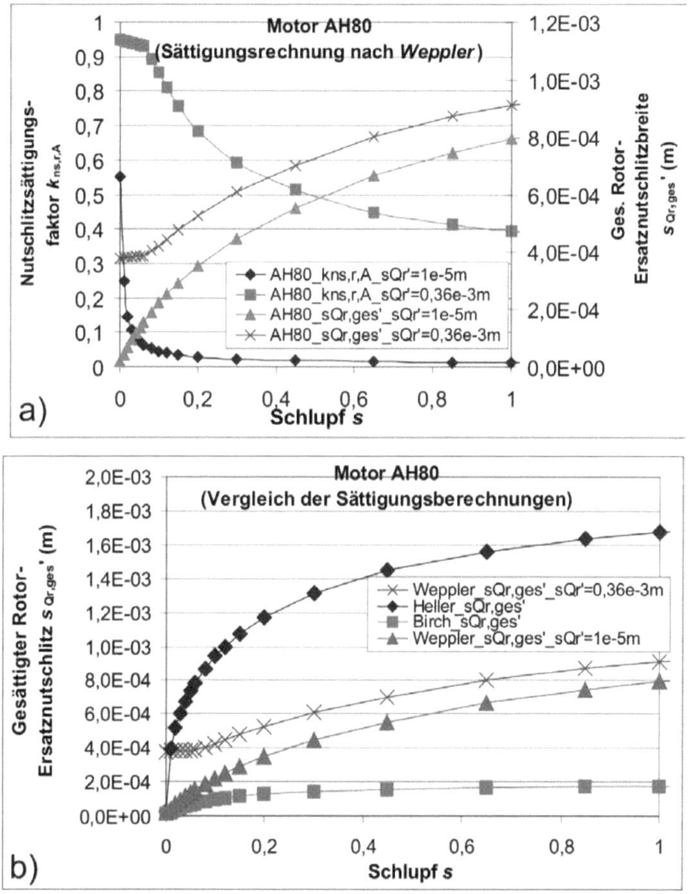

Abbildung 4.28: Motor AH80 a) Gemäß *Weppler* [34] berechnete Nutschlitzsättigungsfaktoren des Rotorzahnkopfs $k_{ns,r,A}$ und die daraus berechneten gesättigten Rotor-Ersatznutschlitzbreiten $s_{Qr,ges}'$ bei Vorgabe eines geometrischen Ersatznutschlitzes von $s_{Qr}' = 0{,}01$ mm und 0,36 mm. b) Vergleich der Berechnung der Rotor-Ersatznutschlitzbreiten $s_{Qr,ges}'$ nach *Weppler* [34] mit den Methoden von *Heller* [41] und *Birch* [68].

4.3.3. Rotoroberströme und Oberwellen des Rotorfeldes

Die Statorfeldoberwellen $B_{s\nu}(x,t)$, die im vorangegangenen Kapitel diskutiert wurden, induzieren schon im Leerlauf Rotoroberströme $\underline{I}_{r\nu}$ mit der

Frequenz $f_{r\nu} = s_\nu \cdot f_s$ in den Rotorkäfig, da für sie der Oberwellenschlupf $s_\nu = 1 - \nu \cdot (1 - s)$ nicht Null ist. Beim Schlupf $s = 0$ wird von der Statorgrundwelle $B_{s\nu=1}(x,t)$ kein Rotorstrom $\underline{I}_{r\nu=1}$ induziert. Es gibt also zu jeder Feldoberwelle $B_{s\nu}(x,t)$, solange der entsprechende Oberwellenschlupf $s_\nu \neq 0$ ist, einen abdämpfenden Rotorstrom $\underline{I}_{r\nu}$, der gemäß der *Lenz*'schen-Regel ein Läufergrundfeld $B_{r\mu=\nu}(x,t)$ erregt, welches dem induzierenden Statoroberfeld $B_{s\nu}(x,t)$ entgegen gerichtet ist (vgl. Abschnitt 4.3.2.2). Da allerdings auch der Rotorkäfig in Nuten liegt, erregt auch ein solches Stromsystem $\underline{I}_{r\nu}$ eine treppenförmige Durchflutungsverteilung, wodurch zusätzlich Läuferrestfelder $B_{r\mu\nu}(x,t)$ mit Ordnungszahlen $\mu \neq \nu$ entstehen. Zur Vorausberechnung der Felder ist zunächst eine Erweiterung des Grundwellenersatzschaltbildes aus Abbildung 4.7 zur Berechung der Rotoroberströme $\underline{I}_{r\nu}$ nötig, welche im folgenden Abschnitt 4.3.3.1 vorgestellt wird.

4.3.3.1. Erweiterung des Grundwellenersatzschaltbilds zur Berechnung der Rotoroberströme:

In [23, 26, 28, 29, 34, 35, 37, 42, 47] wird die Berücksichtigung der Rotoroberströme $\underline{I}_{r\nu}$ dadurch realisiert, dass in dem Grundwellenersatzschaltbild aus Abbildung 4.7, anstelle eine Oberwellenstreuinduktivität $L_{s\sigma os}$ (Abschnitt 4.1.5) einzuführen, mehrere Oberwellenmotoren in Reihe geschaltet werden (siehe Abbildung 4.29a). *Weppler* erläutert in [44] eine elegante Möglichkeit, die einseitige und doppelseitige Nutung durch die Verwendung des *Jordan*'schen Kopplungsfaktors η_ν [23, 26, 31, 36, 42, 44, 69, 70, 71] und des erweiterten Kopplungsfaktors $\eta_{\nu e}$ [23, 31, 36, 42, 44] als Korrekturfaktoren zu den Parametern im Ersatzschaltbild zu verwenden, um eine genauere Berechung der Rotoroberströme zu erreichen. *Taegen* [59] beschreibt ein Verfahren, mit dem über ein erweitertes Gleichungssystem des Läuferkreises die Läuferoberströme $\underline{I}_{r\nu}$ berechnet werden können (siehe dazu auch [23, 31]). In beiden Berechnungsmodellen kann der komplexe Schrägungsfaktor $\underline{\chi}_\nu$ nach [35] zur Berücksichtigung des Einflusses der Schrägung b_{sk} von Stator- gegenüber Rotornuten bei zusätzlicher Berücksichtigung der Querströme $\underline{I}_{q\nu}$ eingeführt werden. Im Folgenden werden beide Berechnungsmethoden kurz erläutert und anschließend mit FEM-Ergebnissen verglichen.

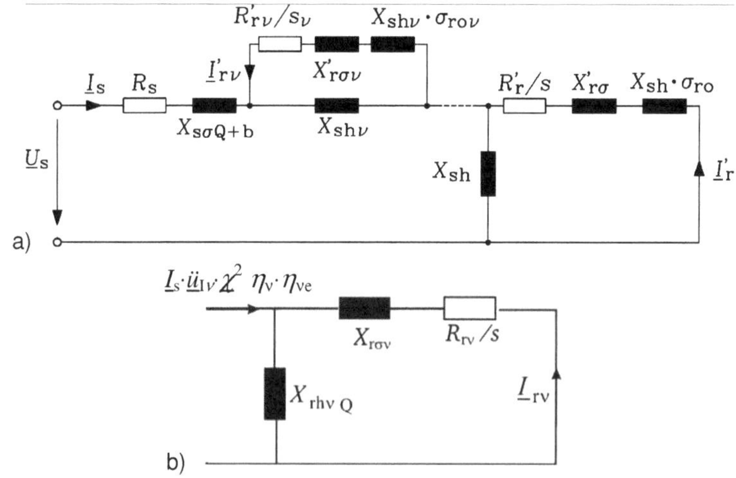

Abbildung 4.29: a) Ersatzschaltbild einer KLASM mit theoretisch unendlich vielen Oberwellenmotoren in Serie zum Grundwellenmotor. Die statorseitige Streureaktanz $X_{r\sigma Q+b}$ umfasst die Statornut- und Stirnstreuung, während die Statoroberwellenstreuung durch Auftrennung in die einzelnen Rotorersatzschaltungen der Oberwellenmotoren ersetzt wird. Die rotorseitigen Streureaktanzen $X'_{r\sigma}$ bzw. $X'_{r\sigma\nu}$ umfassen die Rotornut- und Stirnstreuung, während die Rotoroberwellenstreuung getrennt über die Oberwellenstreuziffer σ_{ro} bzw. $\sigma_{ro\nu}$ angegeben ist [23, 26, 72] b) Ersatzschaltung zur Berechnung der Rotoroberströme $\underline{I}_{r\nu}$ (äquivalent zur Darstellung der Oberwellenmotoren in a) allerdings ohne Umrechnung auf die Statorseite) [36, 37].

a) Berechnung der Rotoroberströme $\underline{I}_{r\nu}$ nach *Weppler* :

Zur Berechnung der Rotoroberströme $\underline{I}_{r\nu}$ wird das in Abbildung 4.29b) zu sehende Ersatzschaltbild verwendet, welches der Schaltung für den Oberwellenmotor aus Abbildung 4.29a), allerdings ohne Umrechnung auf die Statorseite, entspricht. Dabei stellt der Parameter $R_{r\nu}$ den für den Oberstrom ν- ter Ordnung gültigen Widerstand einer Rotorhalbmasche dar [23, 26]:

$$R_{\mathrm{r}\nu} = R_{\mathrm{Stab}} + 2 \cdot \Delta R_{\mathrm{Ring}} / (2\sin(\alpha_{\mathrm{Qr}\nu}/2))^2 = R_{\mathrm{Stab}} + 2 \cdot \Delta R^*_{\mathrm{Ring},\nu}, \qquad (4.103)$$

wobei gilt:

$$\Delta R^*_{\mathrm{Ring},\nu} = \Delta R_{\mathrm{Ring}} \cdot \frac{1}{(2 \cdot \sin(\nu \cdot \pi p / Q_{\mathrm{r}}))^2}. \qquad (4.104)$$

$\alpha_{\mathrm{Qr}\nu} = 2\pi p \cdot \nu / Q_{\mathrm{r}}$ ist der Phasenwinkel zwischen zwei Stabströmen ν-ter Ordnung zweier benachbarter Stäbe. Der Stabwiderstand R_{stab} kann ohne Einfluss der Stromverdrängung wie folgt berechnet werden:

$$R_{\mathrm{Stab}} = \frac{1}{\kappa_{\mathrm{Stab}}} \cdot \frac{l_{\mathrm{Stab}}}{A_{\mathrm{Stab}}}. \qquad (4.105)$$

Dabei ist zu beachten, dass die elektrische Leitfähigkeit κ_{Stab} des im Spritzgussverfahren gefertigten Rotorkäfigs durch Lufteinschlüsse (Lunker) in der Regel kleiner ist als der Wert des Stabmaterials. Wie stark die Reduktion ist, hängt von der Güte des Herstellungsverfahrens statt und ist von Hersteller zu Hersteller unterschiedlich. Bei der Berechnung der Mastermotoren mit Aluminiumläufer wird statt dem eigentlichen Leitwert von 37 MS/m (bei 20°C) ein Wert von 30-32 MS/m verwendet. Für den Kupferläufer sinkt der Wert von 58 MS/m (bei 20°C) auf 54 MS/m.

Weiterhin ist zu beachten, dass der Teil des Stabes, der innerhalb des Blechpakets liegt, durch die Stromverdrängung (siehe Abschnitt 4.1.7) einen vergrößerten Widerstand aufweist, während der Teil im Bereich der Kurzschlussringe außerhalb des Blechpakets davon nicht betroffen ist:

$$R_{\mathrm{Stab}} = \frac{1}{\kappa_{\mathrm{Stab}}} \cdot \frac{l_{\mathrm{Fe}} \cdot k_{\mathrm{R}} + (l_{\mathrm{Stab}} - l_{\mathrm{Fe}})}{A_{\mathrm{Stab}}}. \qquad (4.106)$$

Der Widerstand eines Ringabschnitts ΔR_{Ring} kann folgendermaßen ermittelt werden, wobei die gleichen Leitfähigkeiten κ_{Stab} wie beim Stab angenommen werden und d_{Ring} für den mittleren Durchmesser des Kurzschlussringes steht:

$$\Delta R_{\mathrm{Ring}} = \frac{1}{\kappa_{\mathrm{Ring}}} \cdot \frac{d_{\mathrm{Ring}} \cdot \pi}{A_{\mathrm{Ring}} \cdot Q_{\mathrm{r}}}. \qquad (4.107)$$

Die Rotorstreureaktanz der ν-ten Oberwelle $X_{\mathrm{r}\sigma\nu}$ setzt sich aus der Nutstreureaktanz $X_{\mathrm{r}\sigma\mathrm{Q}}$ im Stabbereich und der Ringabschnitt-Streureaktanz $X_{\mathrm{r}\sigma\mathrm{b}}$ wie folgt zusammen:

$$X_{\mathrm{r}\sigma\nu} = X_{\mathrm{r}\sigma\mathrm{Q}} + 2X_{\mathrm{r}\sigma\mathrm{b}} / (2\sin(\alpha_{\mathrm{Qr}\nu}/2))^2 . \tag{4.108}$$

Für die Berechung der Nutstreureaktanz $X_{\mathrm{r}\sigma\mathrm{Q}}$ verschiedener Nutformen und der Ringabschnitt-Streureaktanz $X_{\mathrm{r}\sigma\mathrm{b}}$ werden in [28, 29, 38, 47] Formeln angegeben. Auch hier ist zu beachten, dass im Nutbereich liegende Leiter durch die Stromverdrängung eine um den Stromverdrängungsfaktor k_{L} reduzierte Nutstreureaktanz $X_{\mathrm{r}\sigma\mathrm{Q}}$ aufweisen.

Die gesättigte ν-te Rotorhauptfeldreaktanz $X_{\mathrm{rh}\nu}$, welche die Wirkung der Selbstinduktion des Rotorluftspaltfeldes beschreibt, lässt sich mit Berücksichtigung der Hauptfeldsättigung durch den Hauptfeldsättigungsfaktor k_{h} (4.54) folgendermaßen berechnen [23, 26]:

$$X_{\mathrm{rh}\nu} = \omega_{\mathrm{s}}\mu_0 \cdot k_{\mathrm{h}} \cdot \frac{Q_{\mathrm{r}}}{4\pi^2} \cdot \frac{2p\tau_{\mathrm{p}}l_{\mathrm{e}}}{\delta} \cdot \frac{1}{(\nu \cdot p)^2} \cdot \frac{1}{\eta_{\nu}^2} . \tag{4.109}$$

Dabei ist der *Jordan*'sche Kopplungsfaktor η_{ν} [23, 44, 54, 70]:

$$\eta_{\nu} = \frac{\sin(\alpha_{\mathrm{Qr}\nu}/2)}{\alpha_{\mathrm{Qr}\nu}/2} = \frac{\sin(\pi p \cdot \nu / Q_{\mathrm{r}})}{\pi p \cdot \nu / Q_{\mathrm{r}}} . \tag{4.110}$$

Dieser Faktor berücksichtigt die reduzierte Flussverkettung für die ν-te Oberwelle und kann gemäß [23] als Sehnung bezüglich des ν-ten Statoroberfeldes aufgefasst werden.

Um den Einfluss der Stator- und Rotornutöffnungen auf die ν-te Rotorhauptfeldreaktanz $X_{\mathrm{rh}\nu}$ zu berücksichtigen, wird der Faktor $2d/\tau_{\mathrm{Qr}}$ verwendet:

$$X_{\mathrm{rh}\nu\mathrm{Q}} = \frac{2 \cdot d}{\tau_{\mathrm{Qr}}} \cdot X_{\mathrm{rh}\nu} \text{ mit } \tau_{\mathrm{Qr}} = \frac{d_{\mathrm{ra}} \cdot \pi}{Q_{\mathrm{r}}} \text{ und } d = \frac{1}{2} \cdot \left(\tau_{\mathrm{Qr}} - s_{\mathrm{Qse}}' - s_{\mathrm{Qre}}'\right). \tag{4.111}$$

Die effektiven Nutschlitzbreiten s_{Qse}' bzw. s_{Qre}' des Stators bzw. Rotors werden analog zur Formel (4.68) im Abschnitt 0 für stromdurchflossene Nuten berechnet.

Für das Stromübersetzungsverhältnis $\underline{\ddot{u}}_{\mathrm{I}\nu}$ des ν-ten Rotoroberstroms $\underline{I}_{\mathrm{r}\nu}$ gilt (vgl. Gleichung (4.45)):

$$\underline{\ddot{u}}_{\mathrm{I}\nu} = \frac{k_{\mathrm{w,s}\nu} N_{\mathrm{s}} m_{\mathrm{s}}}{k_{\mathrm{w,r}\nu} N_{\mathrm{r}} m_{\mathrm{r}} \cdot \underline{\chi}_{\nu}} \overset{\mathrm{KLASM}}{=} \frac{2k_{\mathrm{w,s}\nu} N_{\mathrm{s}} m_{\mathrm{s}}}{Q_{\mathrm{r}} \cdot \underline{\chi}_{\nu}} = \frac{\underline{I}_{\mathrm{r}\nu}}{\underline{I}'_{\mathrm{r}\nu}} . \tag{4.112}$$

Der Faktor $\underline{\chi}_{\nu}$ ist der komplexe Schrägungsfaktor nach *Weppler* [34, 35], der im Gegensatz zum reellen Schrägungsfaktor χ_ν aus Gleichung (4.158) eine Berücksichtigung des Querstroms $\underline{I}_{q\nu}$ bei der Berechung der Rotorοberströme $\underline{I}_{r\nu}$ gestattet.

Damit lässt sich mit Abbildung 4.29b) folgende Formel für den ν-ten Rotoroberstrom $\underline{I}_{r\nu}$ angeben [26, 34, 35, 36]:

$$\underline{I}_{r\nu} = -j\frac{s_\nu X_{rh\nu Q}\cdot 2\cdot(m_s/Q_r)\cdot N_s\cdot k_{ws\nu}\cdot\eta_\nu\cdot\eta_{\nu e}\underline{\chi}_\nu}{R_{r\nu}+js_\nu\cdot\left(X_{r\sigma\nu}+X_{rh\nu Q}\right)}\cdot\underline{I}_s. \qquad (4.113)$$

$\eta_{\nu e}$ ist der erweiterte Kopplungsfaktor nach *Weppler* und *Neuhaus* zur Berücksichtigung der doppelseitigen Nutung, der gemäß [36, 37, 44] folgendermaßen berechnet wird:

$$\eta_{\nu e} = \frac{\sin(2\pi p\cdot\nu\cdot d/Q_r\cdot\tau_{Qr})}{2\pi p\cdot\nu\cdot d/Q_r\cdot\tau_{Qr}}. \qquad (4.114)$$

Löst man die Gleichung (4.113) so erhält man den Rotoroberstrom $\underline{I}_{r\nu}$ als komplexe Größe und kann daraus den Betrag $|\underline{I}_{r\nu}|$ und die jeweilige Phasenlage φ_ν des Rotoroberstroms ermitteln.

Die Frequenz des Rotoroberstroms $\underline{I}_{r\nu}$ ist:

$$f_{r\nu}=f_s\,(1-\nu\cdot(1-s)). \qquad (4.115)$$

Als Grundlage für die Herleitung des erweiterten Kopplungsfaktors $\eta_{\nu e}$ wurde in [44] Kurzschlussbetrieb angenommen. Daher ist dieser Faktor nur bei hohen Schlupfwerten $s \approx 1$ gültig. Für den Bemessungsbetrieb und auch den Betrieb im Leerlauf ($s \approx 0$) liefert diese Näherung daher prinzipbedingt ungenaue Ergebnisse. Daher wird im folgenden Abschnitt als Alternative die Methode nach *Taegen* betrachtet, die auch für diese Arbeitspunkte gültig ist.

b) Berechnung der Rotoroberströme $\underline{I}_{r\nu}$ nach *Taegen*:

Grundlage für die Berechnungsmethode der Rotoroberströme $\underline{I}_{r\nu}$ nach *Taegen* sind die in [59] angegebenen Gleichung zur Berechnung der Ständer- und Rotorspannung (vgl. Abbildung 4.5 in Verbindung mit Abbildung 4.29):

$$\underline{U}_s = (R_s + j\omega L_{s\sigma})\underline{I}_s + j\omega \sum_{\nu} \left(L_{sh\nu} \cdot \underline{I}_s + \frac{Q_r}{2} M_{sr\nu} \cdot \underline{I}_{r\nu} \right) \tag{4.116}$$

für den Stator und

$$-\sum_{\nu} js_{\nu}\omega \frac{m}{2} M_{rs\nu} \underline{I}_s e^{js_{\nu}\omega t} =$$

$$= \sum_{\nu} \left[R_{r\nu} + js_{\nu}\omega (L_{rh\nu} + L_{r\sigma\nu}) \right] \underline{I}_{r\nu} e^{js_{\nu}\omega t} + \sum_{\nu} js_{\nu}\omega \sum_{n} M_n \underline{I}_{r\nu} e^{js_{\nu}\omega t} \tag{4.117}$$

für den Rotor.

Zur Berechnung des Statorstroms $\underline{I}_s$ aus Gleichung (4.116) werden in üblicher Weise (vgl. Gleichung (4.53)) die Selbstinduktionsspannungen der Oberfelder über die Streuziffer σ_{os} und der resultierenden Oberwellenstreuinduktivität $L_{\sigma os}$ berücksichtigt. Aus (4.117) ergibt sich für jede Ordnungszahl ν eine komplexe Spannungsgleichung. Das ergibt ein lineares Gleichungssystem zur Berechnung der von den Ständerfeldern der Ordnung ν hervorgerufenen Läuferströme $\underline{I}_{r\nu}$.

Laut [59] ist aufgrund der Ständernutung jedes Läuferstromsystem der Ordnungszahl ν nach Gleichung (4.62) mit Läuferströmen der Ordnungszahlen $\nu' = \nu + n \cdot Q_s/p$ n = 1,2,3,...gekoppelt, was den letzten Summanden in Gleichung (4.117) erklärt. Die Berücksichtigung der Nutschlitze, der gegenseitigen Nutung und der Schrägung mit Querstromeinfluss erfolgt in den Gegeninduktivitäten $M_{sr\nu}$.

Für die Gegeninduktivität zwischen einem Ständerwicklungsstrang und einer Läufermasche gilt [59]:

$$M_{sr\nu} = M_{rs\nu} = \mu_0 \frac{2 \cdot d_{si} \cdot l_{Fe}}{Q_r \cdot \nu \cdot p \cdot \delta'} \omega_s \cdot k_{ws\nu} \cdot \eta'_{\nu} \cdot k_{Cs} \cdot \zeta_{s\nu} \cdot \left| \underline{\chi}_{\nu} \right| \cdot k_{Qs\nu} \,. \tag{4.118}$$

Dabei wird der Luftspalt δ' als Produkt des mechanischen Luftspaltes δ mit dem *Carter*-Faktor unter Berücksichtigung der Sättigung durch Division durch den Hauptfeldsättigungsfaktor k_h (4.54) definiert. Daher gilt:

$$\delta' = \frac{\delta \cdot k_C}{k_h} = \frac{\delta}{k_h} \cdot k_{Cs} \cdot k_{Cr} = \frac{\delta_e}{k_h} \,. \tag{4.119}$$

Vergleichbar mit der Definition des *Jordan*'schen Kopplungsfaktors η_ν aus Gleichung (4.110) ist *Taegens* Definition des Kopplungsfaktors des Rotors:

$$\eta'_\nu = \frac{\sin(\pi p \cdot \nu / Q_\mathrm{r} \cdot k_\mathrm{Cr})}{\pi p \cdot \nu / (Q_\mathrm{r} \cdot k_\mathrm{Cr})}. \tag{4.120}$$

Der Nutungsfaktor des Stators $\zeta_{s\nu}$ ist in (4.65) bereits angegeben worden. $k_{\mathrm{Qs}\nu}$ steht für den Nutschlitzfaktor aus Abschnitt 0 (Gleichung (4.64)). Anstelle des Produktes $\zeta_{s\nu}\cdot k_{\mathrm{Qs}\nu}$ kann daher auch der Nutungsfaktor $\zeta_{\mathrm{s}\nu}$* nach *Kolbe* aus Gleichung (4.70) verwendet werden. χ_ν ist der komplexe Schrägungsfaktor nach *Weppler* [35].

Die durch die Ständernutung hervorgerufene Gegeninduktivität der Läuferstromsysteme untereinander M_n ist [59]:

$$M_\mathrm{n} = \frac{1}{2} \cdot \frac{\hat{\lambda}_{\mathrm{s}n}}{\lambda_0} \mu_0 \frac{\pi \cdot d_\mathrm{si} \cdot l_\mathrm{Fe}}{Q_\mathrm{r} \cdot \delta'} \cdot \left|\underline{\chi}_{\nu'}\right| \cdot \zeta_{\mathrm{sr}n}. \tag{4.121}$$

Dabei berücksichtigt der Faktor $\zeta_{\mathrm{sr}n}$ die Nutung der gegenüberliegenden Seite:

$$\zeta_{\mathrm{sr}n} = \frac{\sin\left(\dfrac{n \cdot Q_\mathrm{s} \cdot \pi}{Q_\mathrm{r} \cdot k_\mathrm{Cr}}\right)}{\dfrac{n \cdot Q_\mathrm{s} \cdot \pi}{Q_\mathrm{r} \cdot k_\mathrm{Cr}}}. \tag{4.122}$$

Ähnlich wie in Kapitel 4.3.2.4, wo der Einfluss der Läufernuten auf das Statorfeld durch Einführung einer Leitwertsfunktion $\lambda(x,t)$ berücksichtigt wurde, wird auch in Gleichung (4.121) der Einfluss der Ständernuten auf die Gegeninduktivität M_n durch den Faktor $\hat{\lambda}_{\mathrm{s}n} / \lambda_0$ berücksichtigt. Er stellt die auf den mittleren Leitwert λ_0 bezogene Amplitude der n-ten Leitwertswelle des Ständers dar, die sich aus der *Fourier*- Reihenentwicklung einer rechteckförmigen Leitwertfunktion $\lambda(x,t)$ ergibt (vgl. Gleichung (4.95)):

$$\frac{\hat{\lambda}_{\mathrm{s}n}}{\lambda_0} = (-1)^n 2 \cdot \frac{\sin\left(\dfrac{n \cdot \pi}{k_\mathrm{Cs}}\right)}{\dfrac{n \cdot \pi}{k_\mathrm{Cs}}} \cdot k_{\mathrm{s}\lambda n}. \tag{4.123}$$

Gemäß [59] ist der Faktor $k_{\mathrm{s}\lambda n}$ eine für die n-te Leitwertswelle gültige Korrektur, die sich direkt auf die Arbeit von *Kolbe* zurückführen lässt [56, 57].

Die Berechnung der übrigen Ersatzschaltbildparameter in Gleichung (4.116) und (4.117) erfolgt analog zu den vorangegangenen Kapiteln. Wie schon bei der Methode nach *Weppler* ergibt sich ein komplexer Rotoroberstrom $\underline{I}_{r\nu}$, aus dem der Betrag $|\underline{I}_{r\nu}|$ und die jeweilige Phasenlage φ_ν berechnet werden kann.

4.3.3.2. Vergleich der Berechnungsmethoden nach *Weppler* und *Taegen* mit Ergebnissen der FEM-Berechnung

In [59] weist *Taegen* die Gültigkeit seiner Modelle zur Berechnung der Rotoroberströme $\underline{I}_{r\nu}$ für Motoren unterschiedlicher Nutzahlen mit geschlossenen und offenen Rotornuten durch Messungen nach, wobei unklar bleibt, ob die auftretenden Abweichungen durch die Berechnungsmodelle oder durch Messungenauigkeiten entstehen. In diesem Abschnitt werden die analytischen Berechnungen von *Weppler* und *Taegen*, die in dem vorangegangenen Abschnitt erläutert wurden, mit dem Ergebnis einer FEM-Berechnung im Zeitschrittverfahren verglichen. Zur Verifikation der FEM-Modelle wurde der in [59] vorgestellte Motor, für den *Taegen* Messergebnisse der Oberströme $\underline{I}_{r\nu}$ veröffentlicht hat, mit den analytischen und numerischen Berechnungen verglichen. Für die analytische Berechnung in *KLASYS* wurden die Methoden nach *Taegen* und *Weppler* gegenüber gestellt. Diese in *KLASYS* implementierten Berechnungsverfahren wurden von Herrn *R. Hagen* [31] programmiert, wie überhaupt alle hier vorgestellten, in *KLASYS* enthaltenen Verfahren. Das in *FLUX2D* verwendete Modell, das aufgrund von Symmetrien nur einen von vier Polen zur Simulation benötigt, ist in Abbildung 4.30a) zu sehen [21]. Abbildung 4.30b) zeigt die Ergebnisse der analytischen Berechnungsmethode der Rotoroberstrom-Effektivwerte $|\underline{I}_{r\nu}|$ nach *Taegen* im Vergleich mit den Messergebnissen aus [59] und den FEM-Berechnungsergebnissen.

Auffällig ist, dass sich für den Rotoroberstrom der Ordnung $\nu = 13$ bei der analytischen Rechnung eine deutliche Abweichung im Vergleich zu der Messung und den Ergebnissen aus *FLUX2D* ergibt. Diese ist auf die fehlende Berücksichtigung der sekundären Ankerrückwirkung [41, 63, 64] bei den analytischen Rechenmodellen zurückzuführen.

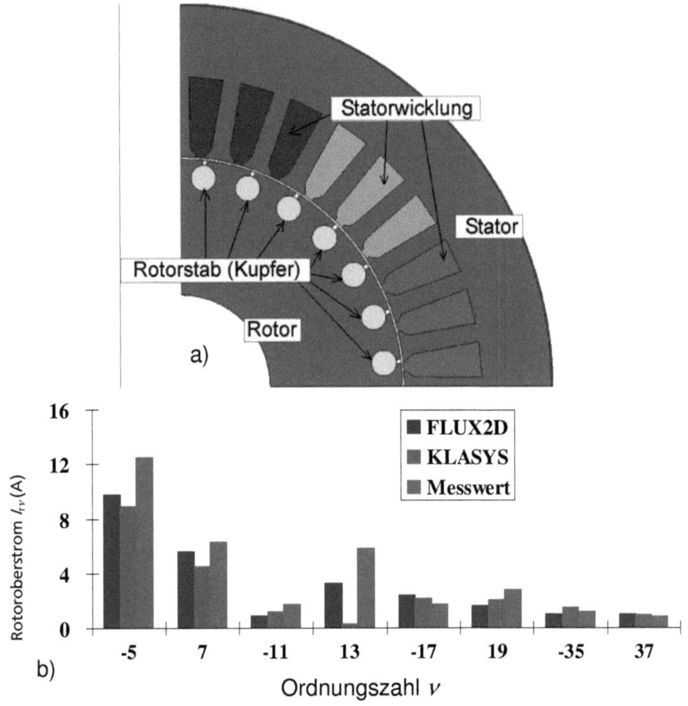

Abbildung 4.30: a) FEM-Modell des in [59] hinsichtlich der Rotoroberströme $\underline{I}_{r\nu}$ messtechnisch untersuchten 4-poligen KLASM mit einer Bemessungsleistung von P_N = 11 kW und f_N = 50 Hz; $2p$ = 4; ungeschrägt; Q_s/Q_r = 36/28, Kupferkäfig b) Vergleich der analytischen Berechnungsmethode (*KLASYS*) der Effektivwerte der Rotoroberströme $|\underline{I}_{r\nu}|$ nach *Taegen* (ohne sek. Ankerrückwirkung) mit den Messergebnissen aus [59] und den FEM-Untersuchungen. Betriebsparameter: $U = 0{,}2 \cdot U_N = 0{,}2 \cdot 380$ VY; I_S = 2,89 A; $I_{r\nu=1}'$ = 2,73 A; $I_{r\nu=1}$ = 96,16 A.

Gemäß [26] induzieren alle Läuferrestfelder aller ν-ten Oberstromsysteme netzfremdfrequent in den Stator mit der Frequenz $f_{s\mu_\nu}$:

$$f_{s\mu_\nu} = \left|1 + (1-s) \cdot g_{rQ} \cdot \frac{Q_r}{p}\right| \cdot f_s \qquad g_{rQ} = \pm 1, \pm 2, \dots \tag{4.124}$$

Allerdings können nur jene Läuferfeldoberwellen die Ständerwicklung induzieren, deren Ordnungszahl μ_ν mit den Ordnungszahlen der von der Ständerwicklung erregten Oberwellen ν' übereinstimmt:

$|\mu_\nu| = |\nu'|$, dabei muss nicht zwangsläufig $\nu = \nu'$ gelten. (4.125)

Der Rotoroberstrom $\underline{I}_{\mathrm{r}\nu=13}$ in Abbildung 4.30b) hat die Besonderheit, dass die von ihm erregten Läuferrestfelder $B_{\mathrm{r}\mu\nu}$ die Ordnungszahlen $\mu_{\nu=13} = \nu \pm Q_\mathrm{r}/p \cdot g$ = **-1**, 27, -15, 41... aufweisen und damit die Bedingung aus Gleichung (4.125) für den Fall der Grundwelle $\nu' = 1$ erfüllt ist. Das Feld mit $\mu = -1$ induziert wie die Grundwelle das Ständerfeld, die anderen Oberwellen nicht. Daher wird dieses Feld stark abgedämpft durch einen zusätzlichen hochfrequenten Ständerstrom mit der Frequenz $f_{\mathrm{s}\nu} = 13 \cdot (1 - s \cdot f_\mathrm{s})$. Seine resultierende Induktivität sinkt, und daher ist der Rotoroberstrom $\underline{I}_{\mathrm{r}\nu=13}$ der Ordnungszahl $\nu = 13$ (und auch der deutlich kleinere Rotorstrom der Ordnung $\nu = -29$) größer als in der *KLASYS*-Berechnung ohne Berücksichtigung der sekundären Ankerrückwirkung. In *KLASYS* wird dieser Effekt der sekundären Ankerrückwirkung in der Folge nur nährungsweise nach *Heller* [41] berücksichtigt. Die Amplituden aller weiteren Rotoroberströme $\hat{I}_{\mathrm{r}\nu}$ stimmen ausreichend gut miteinander überein, was sowohl Richtigkeit der analytischen Berechnungen nach *Taegen* als auch der FEM-Berechnungen untermauert.

Problematisch bei der Auswertung der FEM-Berechnung ist, dass die Rotorfrequenzen $f_{\mathrm{r}\nu}$ der jeweiligen Oberwellenpaare ν = (-5;7),(-11;13),... sehr nah beieinander liegen (siehe Tabelle 4.7). Daher müssen die Zeitschritte der FEM-Simulation (Zeitschrittverfahren *FLUX2D*) sehr klein gewählt werden, weil sonst in der FFT des Zeitverlaufs des Rotorstroms $i_\mathrm{r}(t)$ (vgl. Abbildung 4.31b) eine Unterscheidung für die jeweiligen Frequenzen $f_{\mathrm{r}\nu}$ nicht möglich ist. In dem in Abbildung 4.31a) zu sehenden simulierten Zeitverlauf des Rotorstroms $i_\mathrm{r}(t)$ des Motors AH80 im Bemessungsbetrieb ist ein Zeitschritt $\Delta t = 2 \cdot 10^{-5}$s gewählt worden. Das entspricht einer Abtastfrequenz von t_S = 50 kHz, was in etwa dem 30-fachen der Rotorfrequenz $f_{\mathrm{r}\nu}$ des zweiten Nutharmonischenpaars entspricht. Um beim Bemessungsschlupf s_N von ca. 4,2 % eine Periode des Rotorgrundstroms $i_{\mathrm{r}1}(t)$ erfassen zu können, müssen mind. 0,473 s simuliert werden, d.h. mindestens 23000 Zeitschritte zuzüglich der Zeitschritte, die für den Einschwingvorgang benötigt werden! Da diese Rechnung sehr langwierig ist,

unterstreicht dies die Wichtigkeit von guten analytischen Modellen für eine umfassende Vorausberechnung von KLASM.
Der Vergleich zwischen den analytischen Berechnungen der Amplituden der Rotoroberströme $\hat{I}_{r\nu}$ und den aus der FEM-Berechnung ermittelten Werten für die ungeschrägten Motoren AH80 und AH100 in Tabelle 4.7 ohne und mit Berücksichtigung der Ankerrückwirkung in den analytischen Rechnungen zeigt deutlich die für die Ordnung $\nu = 13$ reduzierten Amplituden (vgl. Abbildung 4.30b). Etwas geringer fallen die Unterschiede für die Rotoroberströme der Ordnung $\nu = -29$ aus. Zieht man in Betracht, dass sicherlich auch die Genauigkeit der FFT eine gewisse Grenze aufweist, geben beide analytischen Berechnungsmethoden die Rotorstromamplituden $\hat{I}_{r\nu}$ jedoch passabel wieder. Auffällig ist, dass die Amplituden, verursacht durch das zweite Nutharmonischenpaar $\nu = (-35; 37)$, bei der Methode nach *Weppler* zu klein berechnet werden, während *Taegen's* Methodik deutlich bessere Ergebnisse liefert. Generell liefert die *Taegen*'sche Berechnung eine deutlich bessere Annäherung an das über die FEM berechnete Rotorstromspektrum beider Motoren.
Wird die näherungsweise Berücksichtigung der sekundären Ankerrückwirkung nach *Heller* [41] verwendet, so werden die Amplituden der betroffenen Rotoroberströme $\hat{I}_{r\nu=13,-29}$ der Ordnungen $\nu = 13$ und -29 deutlich größer, sind allerdings im Vergleich zur FEM-Simulation für die relevantere Ordnung $\nu = 13$ immer noch deutlich zu klein. Auch hier liefert die Berücksichtigung der sekundären Ankerrückwirkung in Verbindung mit der Methode nach *Taegen* bessere Werte im Vergleich zu *Weppler's* Modellierung, für die Oberströme der Ordnung $\nu = -29$ ist das allerdings (wohl zufällig) umgekehrt. Dennoch erlaubt die Berücksichtigung der sekundären Ankerrückwirkung gemäß *Heller* [41] eine brauchbare Annäherung an die Ergebnisse der FEM-Simulation.

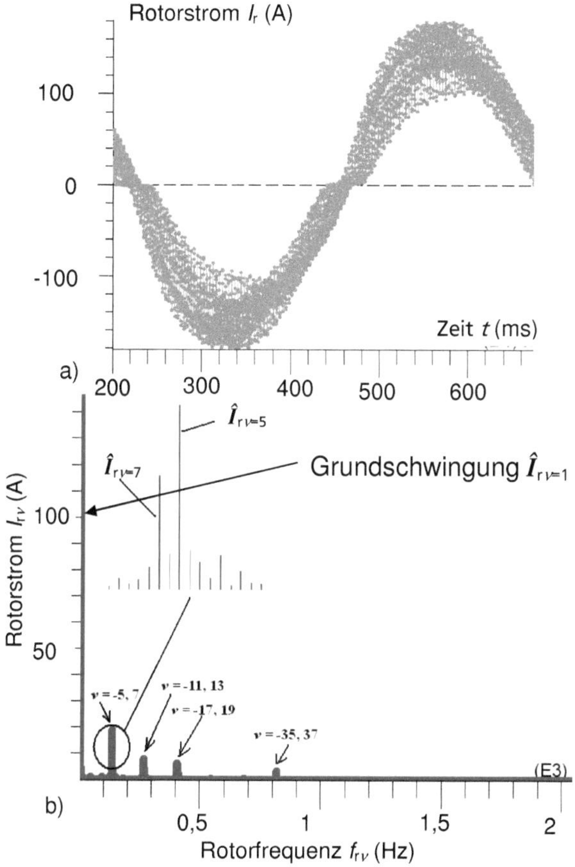

Abbildung 4.31: a) Eine Periode des berechneten (*FLUX2D*) Rotorstroms $i_r(t)$ des Motors AH80 im Bemessungsbetrieb $P_N = 750$ W; $s_N \approx 4{,}5$ %; $U_N = 400$VY b) FFT des Zeitverlaufs aus a). Die Frequenzen $f_{r\nu} = f_s\,(1-\nu\,(1-s))$ der jeweiligen Rotoroberstrompaare $\nu = (-5;7), (-11;13),\ldots$ liegen sehr nahe beieinander, weswegen sehr kleine Zeitschritte $\Delta t = 2\cdot 10^{-5}$s für die Simulation von Nöten sind, um diese noch trennen zu können.

4.3.3.3. Läufergrund- und Restfelder

Die im vorangegangenen Kapitel 4.3.3.1 nach *Weppler* oder *Taegen* berechneten Amplituden der Rotoroberströme $\hat{I}_{r\nu}$ sind die Grundlage zur Berechnung der durch sie erregten Läufergrund- bzw. Läuferrestfelder $B_{\mathrm{r}\mu=\nu}$ bzw. $B_{\mathrm{r}\mu\neq\nu}$. Wird zur Berechnung des Luftspaltfeldes $B_\delta(x,t)$ die Methode nach *Taegen* [54, 60] verwendet, so wird die Abdämpfung des Statorfeldes $B_{\mathrm{s}\nu}$ gemäß Abschnitt 4.3.2.2 durch eine phasenrichtige Addition des Läufergrundfeldes $B_{\mathrm{r}\mu=\nu}$ realisiert, was (wie bereits erläutert) die resultierende Luftspaltfeldoberwelle $B_{\delta\nu}(x,t)$ ergibt. Daher müssen Läufergrund- und Läuferrestfelder $B_{\mathrm{r}\mu=\nu}$ und $B_{\mathrm{r}\mu\neq\nu}$ jeweils mit richtiger Amplitude, Frequenz und Phasenlage berechnet werden.

Auf eine Berücksichtigung der Abdämpfung der Rotorfelder aufgrund der sekundären Ankerrückwirkung und den bei Dreieckschaltung fließenden Kreisströmen im Stator wird in dieser Arbeit generell verzichtet, da dies nur geringen Einfluss hat. Die in [61, 62] verwendete Methode, die Abdämpfung der Statorfelder $B_{\mathrm{s}\nu}$ durch den Abdämpfungsfaktor $|\underline{I}_{\mathrm{m}\nu} / \underline{I}_{\mathrm{s}}|$ zu berücksichtigen (siehe Abschnitt 4.3.2.2), benötigt keine phasenrichtige Addition des Läufergrundfeldes $B_{\mathrm{r}\mu=\nu}$. Hier müssen lediglich die Läuferrestfelder $B_{\mathrm{r}\mu\neq\nu}$ ermittelt werden.

Die Ordnungszahlen μ_ν für die von einem Rotoroberstrom $\underline{I}_{\mathrm{r}\nu}$ der Ordnung ν erregten Läuferrestfelder lassen sich wie folgt berechnen [23, 41, 54, 62]:

$$\mu_\nu = \nu + g_\mathrm{r} \cdot \frac{Q_\mathrm{r}}{p} \qquad g_\mathrm{r}=0,\pm1,\pm2,\dots \, . \tag{4.126}$$

Vergleicht man diese Formel mit Gleichung (4.63) für die Ordnungszahlen ν_Q der nutharmonischen Feldoberwellen des Stators, so wird deutlich, dass alle Läuferrestfelder $B_{\mathrm{r}\mu\neq\nu}$ nutharmonische Feldoberwellen des Rotors sind, bei denen der Wicklungsfaktor $k_\mathrm{wr} = 1$ ist [23, 26].

Die gesättigten Läuferrestfelder werden mit dem Hauptfeldsättigungsfaktor k_h wie folgt berechnet, wenn die Nuten als stromlos angenommen werden [26, 61, 62] (vgl. Gleichung (4.75)):

$$\underline{B}_{\mathrm{r}\mu_\nu} = \frac{1}{2} \cdot \frac{\mu_0}{\delta_\mathrm{e}} \cdot k_\mathrm{h} \cdot \frac{\sqrt{2}}{\pi} \cdot \frac{Q_\mathrm{r}}{\mu_\nu} \cdot k_{\mathrm{Qr}\mu_\nu} \cdot \zeta_{\mathrm{r}\mu_\nu} \cdot \underline{I}_{\mathrm{r}\nu} \, . \tag{4.127}$$

Dabei wurde der Einfluss der Statornutung durch den *Carter*-Faktor k_Cs im Mittel berücksichtigt (4.153). Eine Modulation mit der Statornutung wird in Abschnitt 4.3.3.6 beschrieben.

Tabelle 4.7: Amplituden der Rotoroberströme $\hat{I}_{\mathrm{r}\nu}$ der Motoren AH80 und AH100 im Bemessungsbetrieb, berechnet mit den analytischen Methoden nach *Taegen* und *Weppler* gemäß Kapitel 4.3.3.1 im Vergleich mit den *FLUX2D*-Ergebnissen. Für den Vergleich mit der 2D-FEM-Simulation werden für die analytische Rechnung ungeschrägte Rotoren angenommen. Die in Klammern angegebenen Werte berücksichtigen die sekundäre Ankerrückwirkung näherungsweise gemäß *Heller* (vgl. Abbildung 4.31b und [21]).

ν	**AH80: P_N = 750 W** I_{sN} =1,7 A; s_N =4,5 %; U_N =400V Y; 50Hz				**AH100: P_N = 2200 W** I_{sN} =4,7 A; s_N =5,2 %; U_N =400V Y; 50Hz			
	$f_{\mathrm{r}\nu}$ (Hz)	**Amplitude $\hat{I}_{\mathrm{r}\nu}$ (A)**			$f_{\mathrm{r}\nu}$ (Hz)	**Amplitude $\hat{I}_{\mathrm{r}\nu}$ (A)**		
		FLUX2D	*Taegen*	*Weppler*		*FLUX2D*	*Taegen*	*Weppler*
1	2,11	146,73	151,8	151,8	2,53	224,2	226,0	226,1
-5	289,45	18,97	15,07	14,6	287	21,7	20,66	19,6
7	285,23	11,6	7,6	7,61	282	16,4	9,39	10,99
-11	576,79	2,18	2,15	2,34	572	3,9	2,8	3,11
13	572,57	8,03	0,34(4,05)	0,58(2,27)	567	7,83	0,58(4,02)	0,88(3,11)
-17	864,13	3,83	6,85	2,15	857	5,38	8,02	3,28
19	859,91	6,40	7,22	2,39	852	7,18	6,85	3,46
-23	1151,47	0,422	0,45	0,49	1142	0,911	0,61	1,03
25	1147,25	0,272	0,24	0,38	1137	0,324	0,32	0,61
-29	1438,81	0,419	0,04(1,34)	0,12(0,36)	1427	0,37	0,04(1,41)	0,16(0,45)
31	1434,59	0,427	0,26	0,24	1422	0,302	0,14	0,29
-35	1726,15	3,29	4,05	0,31	1712	3,88	5,27	0,04
37	1721,93	2,88	2,96	0,11	1707	2,27	3,46	0,61

In Analogie zu Gleichung (4.64) wird der Nutschlitzfaktor $k_{\mathrm{Qr}\nu}$ definiert, der nur in Zusammenhang mit dem stromlos berechneten Nutungsfaktor des Rotors $\zeta_{\mathrm{r}\mu_\nu}$ verwendet wird:

$$k_{\mathrm{Qr}\nu} = \frac{\sin F_\mathrm{r}}{F_\mathrm{r}}, \quad F_\mathrm{r} = \frac{\nu \cdot s_{\mathrm{Qr}}}{2\tau_\mathrm{p}}. \tag{4.128}$$

Der Nutungsfaktor $\zeta_{\mathrm{r}\mu_\nu}$ für den Fall stromloser Nuten wird wie in Kapitel 0 mit dem *Carter*-Faktor für diesen Fall berechnet, während der Nutungsfaktor $\zeta_{\mathrm{r}\mu_\nu}'$ für den Fall stromdurchflossener Nuten den entsprechenden *Carter*-Faktor für den Fall stromdurchflossener Nuten zu Grunde legt. Die Berechnung des *Carter*-Faktors für den jeweiligen Fall erfolgt analog zu Kapitel 0. Für den Nutungsfaktor $\zeta_{\mathrm{r}\mu_\nu}$ des Rotors gilt (vgl. Gleichung (4.66)):

$$\zeta_{\mathrm{r}\mu_\nu} = k_{\mathrm{Cr}} \cdot \frac{\sin\left(\dfrac{\mu_\nu \cdot \pi \cdot \tau_{\mathrm{Qr}}}{2\tau_{\mathrm{p}} \cdot k_{\mathrm{Cr}}}\right)}{\sin\left(\dfrac{\mu_\nu \cdot \pi \cdot \tau_{\mathrm{Qr}}}{2\tau_{\mathrm{p}}}\right)} = k_{\mathrm{Cr}} \cdot \frac{\sin\left(\dfrac{\mu_\nu \cdot \pi \cdot p}{Q_{\mathrm{s}} \cdot k_{\mathrm{Cr}}}\right)}{\sin\left(\dfrac{\mu_\nu \cdot \pi \cdot p}{Q_{\mathrm{r}}}\right)}. \qquad (4.129)$$

Die auf die Statorseite bezogene Frequenz $\omega_{\mathrm{s}\mu_\nu}$ der durch die Statorfeldoberwellen der Ordnung ν hervorgerufenen Läufergrund- und Läuferrestfelder $B_{\mathrm{r}\mu\nu}$ der Ordnung μ_ν ist:

$$\omega_{\mathrm{s}\mu_\nu} = \omega_{\mathrm{s}}\left\{1 + g_{\mathrm{r}} \cdot \frac{Q_{\mathrm{r}}}{p}(1-s)\right\} \qquad g_{\mathrm{r}}=0,\pm 1,\pm 2,\dots . \qquad (4.130)$$

Aus der komplexen Feldoberwelle $\underline{B}_{\mathrm{r}\mu_\nu}$ (4.127) können die Amplitude $\hat{B}_{\mathrm{r}\mu_\nu}$ und die Phasenlage φ_{μ_ν} ermittelt werden. Tabelle 4.8 zeigt die ersten Ordnungszahlen μ_ν der Läuferrestfelder mit den entsprechenden Feldwellenamplituden $\hat{B}_{\mu_\nu}$, der Phasenlage φ_{μ_ν} und der auf die Statorseite bezogenen Frequenz $f_{\mathrm{s}\mu_\nu}$. Die zu Grunde liegenden Rotorströme $\underline{I}_{\mathrm{r}\nu}$ der Berechnungen in Tabelle 4.8 werden mit dem Programm *KLASYS* mit der Methode nach *Taegen* und unter Berücksichtigung der sekundären Ankerrückwirkung nach *Heller* [41], berechnet und sind in Tabelle 4.7 zusammengefasst. Die Berechnungsmethode wurde von *R. Hagen* [31] im Programm *KLASYS* implementiert.

4.3.3.4. Sättigungsoberfelder des Rotors

In Gleichung (4.86) wird die dritte Sättigungsoberwelle des Stators (analog dazu auch alle Sättigungsoberwellen der weiteren Statoroberwellen) durch einen in den Rotor induzierten Oberstrom $\underline{I}_{\mathrm{r}\nu=3,9,15,\dots}$ abgedämpft. Dieser dämpfende Oberstrom $\underline{I}_{\mathrm{r}\nu=3,9,15,\dots}$ erregt wiederum ein Läufergrund- und entsprechende Läuferrestfelder. Es wird im Folgenden analog zu [61] zwischen den Läuferrestfeldern des Zahnsättigungs-Grundfeldes und den Läuferrestfeldern der Zahnsättigung aus Oberstrombelägen unterschieden. Diese Felder sind i. A. sehr klein, sollten aber nach [61] gerade für die Berechnung der elektromagnetisch erregten Geräusche hoch ausgenutzter Motoren nicht vernachlässigt werden.

Läuferrestfelder des Zahnsättigungs-Grundfeldes:

Die Ordnungszahlen μ_3 der Läuferrestfelder des Zahnsättigungs-Grundfeldes lassen sich analog zu Gleichung (4.126) mit der Ordnung $\nu = 3$ wie folgt angeben [61, 62]:

$$\mu_3 = 3 + g_\mathrm{r} \cdot \frac{Q_\mathrm{r}}{p}. \quad g_\mathrm{r} = \pm 1, \pm 2, \dots \tag{4.131}$$

Für $g_\mathrm{r} = 0$ entsteht das Rotorgrundfeld $B_{\mathrm{r}\mu=\nu=3}$, das das entsprechende Statorfeld $B_{\mathrm{s}\nu=3}$ abdämpft, was in Gleichung (4.86) durch den Abdämpfungsfaktor $|\underline{I}_{\mathrm{m}\nu=3} / \underline{I}_\mathrm{s}|$ berücksichtigt wird. Aus der Amplitude des abgedämpften Sättigungsoberfeldes $\hat{B}_{\delta\nu=3}$ in Gleichung (4.86) kann die Amplitude des entsprechenden (unabgedämpften) Läufergrundfeldes $\hat{B}_{\mathrm{r}\mu=\nu=3}$ über die unabgedämpfte Sättigungsoberwelle des Stators mit der Amplitude $\hat{B}_{\mathrm{s}\nu=3}$ ermittelt werden:

$$\begin{aligned} \hat{B}_{\delta\nu=3} &= \hat{B}_{\mathrm{s}\nu=3} \cdot \left|\frac{\underline{I}_{\mathrm{m}\nu=3}}{\underline{I}_\mathrm{s}}\right| \approx \hat{B}_{\mathrm{s}\nu=3} - \hat{B}_{\mathrm{r}\mu=\nu=3} \\ \Rightarrow \hat{B}_{\mathrm{r}\mu=\nu=3} &\approx \hat{B}_{\mathrm{s}\nu=3} - \hat{B}_{\mathrm{s}\nu=3} \cdot \left|\frac{\underline{I}_{\mathrm{m}\nu=3}}{\underline{I}_\mathrm{s}}\right| = \hat{B}_{\mathrm{s}\nu=3} \cdot \left|1 - \left|\frac{\underline{I}_{\mathrm{m}\nu=3}}{\underline{I}_\mathrm{s}}\right|\right|. \end{aligned} \tag{4.132}$$

Die Rotorrestfelder $B_{\mathrm{r}\mu 3}$, die von dem Rotoroberstrom $\underline{I}_{\mathrm{r}\nu=3}$ hervorgerufen werden, haben daher folgende Amplituden [61, 62]:

$$\hat{B}_{\mathrm{r}\mu_3} = \left|\left|\frac{\underline{I}_{\mathrm{m}\nu=3}}{\underline{I}_\mathrm{s}}\right| - 1\right| \cdot \frac{3}{3 + g_\mathrm{r} \cdot \frac{Q_\mathrm{r}}{p}} \cdot \hat{B}_{\mathrm{s}\nu=3} \cdot k_{\mathrm{Qr}\mu=3} \cdot \frac{|\underline{\chi}_{\mu_{\nu=3}}|}{|\underline{\chi}_{\nu=3}|} \tag{4.133}$$

$g_\mathrm{r} = \pm 1, \pm 2, \dots$ gemäß Gleichung (4.131).

Die (auf die Statorseite bezogenen) Frequenzen $\omega_{\mathrm{s}\mu\nu=3}$ sind:

$$\omega_{\mathrm{s}\mu_{\nu=3}} = \omega_\mathrm{s} \left\{3 + g_\mathrm{r} \cdot \frac{Q_\mathrm{r}}{p}(1 - s)\right\} \tag{4.134}$$

$g_\mathrm{r} = \pm 1, \pm 2, \dots$ gemäß Gleichung (4.131).

Diese Oberwellen werden, im Falle, dass (4.125) gilt, auch durch von ihnen in die Statorwicklung induzierte Ströme abgedämpft. Dieser Effekt der sekundären Ankerrückwirkung ist jedoch so klein, dass er hier vernachlässigt werden kann.

Für die Phasenverschiebung gilt nach [61, 62] mit der Vereinfachung, dass die Phasenverschiebung φ_m im Leerlauf ca. $\pi/2$ beträgt (vgl. (4.86)):

$$\varphi_{r\mu_{\nu=3}} = \arctan\left(\frac{\mathrm{Im}\left(\frac{\underline{I}_{m\nu=3}}{\underline{I}_s}-1\right)}{\mathrm{Re}\left(\frac{\underline{I}_{m\nu=3}}{\underline{I}_s}-1\right)}\right)+3\cdot\varphi_m = \\ = \arctan\left(\frac{\mathrm{Im}\left(\frac{\underline{I}_{m\nu=3}}{\underline{I}_s}-1\right)}{\mathrm{Re}\left(\frac{\underline{I}_{m\nu=3}}{\underline{I}_s}-1\right)}\right)+\frac{3\cdot\pi}{2} \quad . \tag{4.135}$$

<u>Läuferrestfelder der Zahnsättigung aus Oberstrombelägen:</u>

Durch Modulation der nutharmonischen Statorfeldoberwellen mit der Sättigungsgrundwelle entstehen gemäß Abschnitt 4.3.2.3 Sättigungsoberwellen der Ordnung $\nu+2$. Diese induzieren ebenfalls Abdämpfströme $\underline{I}_{r\nu+2}$, die ihrerseits weitere Läufergrund- und Läuferrestfelder erregen, welche gemäß [61, 62] folgende Ordnungszahlen aufweisen:

$$\mu_{\nu+2} = \nu+2+g_r\cdot\frac{Q_r}{p}. \quad g_r=0,\pm1,\pm2,\dots . \tag{4.136}$$

Auch hier ergibt sich für $g_r = 0$ das Läufergrundfeld. Analog zu den Läuferrestfeldern des Zahnsättigungsgrundfeldes aus dem vorangegangenen Abschnitt lassen sich die Amplituden der unabgedämpften Läuferrestfelder, die durch die Sättigungsoberwellen der nutharmonischen Ständerfeldoberwellen hervorgerufen werden, wie folgt berechnen:

$$\hat{B}_{r\mu_{\nu+2}} = \\ = \left|\left|\frac{\underline{I}_{m\nu+2}}{\underline{I}_s}\right|-1\right|\cdot\frac{\nu+2}{\nu+2+g_r\cdot\frac{Q_r}{p}}\cdot\frac{k_{w\nu}}{\nu\cdot k_{w1}}\cdot\left|\frac{\underline{I}_s}{\underline{I}_{m\nu=1}}\right|\cdot k_{Qr\nu}\cdot\hat{B}_{s\nu=3}\cdot\frac{k_{Qr\mu_{\nu+2}}}{k_{Qr\nu+2}}\cdot\frac{\left|\underline{\chi}_{\mu_{\nu+2}}\right|}{\left|\underline{\chi}_{\nu+2}\right|} \tag{4.137}$$

mit $g_r=\pm1,\pm2,\dots$.

Tabelle 4.8: Amplitude, Phasenlage und auf den Ständer bezogene Frequenz der Läuferrestfelder der Motoren AH80 und AH100 im Bemessungsbetrieb, berechnet mit *KLASYS* nach Gleichung (4.127). Die Rotoroberströme $\underline{I}_{r\nu}$ werden gemäß *Taegen* ermittelt. Neben den beiden ersten Ordnungszahlen ν = -5 und 7 werden nur die Nutharmonischenpaare ν = -17 und 19 bzw. ν = -35 und 37 angegeben. Die Werte für die Rotoroberströme $\underline{I}_{r\nu}$ sind in Tabelle 4.7 zusammengefasst. Für $\nu = \mu$ werden die Werte für das Summenfeld aus Stator- und Läufergrundfeld angegeben (fett markiert).

ν	μ	**AH80:** P_N = 750 W ; I_{sN} = 1,72 A; s_N = 4,57 %; U_N = 400 VY; f_s = 50 Hz			**AH100:** P_N = 2200 W ; I_{sN} = 4,66 A; s_N = 5,2 %; U_N = 400 VY; f_s = 50 Hz		
		$\hat{B}_{\mu_\nu}$ (T)	φ_{μ_ν} (rad)	$f_{s\mu_\nu}$ (Hz)	$\hat{B}_{\mu_\nu}$ (T)	φ_{μ_ν} (rad)	$f_{s\mu_\nu}$ (Hz)
1	1	**6,91e-01**	**1,57**	**50,00**	**8,51e-01**	**1,57**	**50,00**
	-13	6,41e-02	3,02	618,01	9,74e-02	3,10	613,25
	15	5,86e-02	0,24	718,01	8,94e-02	0,22	713,25
	-27	2,52e-02	-0,39	1286,02	3,70e-02	-0,19	1276,50
	29	2,70e-02	-2,68	1386,02	4,02e-02	-2,77	1376,50
-5	-5	**5,15 e-02**	**0,80**	**50,00**	**4,49e-02**	**0,69**	**50,00**
	-19	7,29e-03	0,59	618,01	8,86e-03	0,56	613,25
	9	1,46e-02	-2,57	718,01	1,77e-02	-2,59	713,25
	-33	3,74e-03	-2,54	1286,02	4,55e-03	-2,57	1276,50
	23	4,57e-03	0,55	1386,02	5,54e-03	0,54	1376,50
7	**7**	**3,92 e-02**	**0,63**	**50,00**	3,51e-02	0,60	50,00
	-7	9,68e-03	-2,31	618,01	1,14e-02	-2,41	613,25
	21	3,56e-03	0,80	718,01	4,16e-03	0,71	713,25
	-21	2,52e-03	0,85	1286,02	2,96e-03	0,75	1276,50
	35	1,96e-03	-2,35	1386,02	2,29e-03	-2,44	1376,50
-17	-17	**2,55e-01**	**1,35**	**50,00**	**2,25e-01**	**1,26**	**50,00**
	-31	6,49E-03	0,87	618,01	6,52e-03	0,82	613,25
	-3	2,93e-02	1,40	718,01	2,92e-02	1,35	713,25
	-45	5,69e-03	-2,36	1286,02	5,72e-03	-2,41	1276,50
	11	5,33e-03	2,35	1386,02	5,29e-03	2,31	1376,50
19	19	**1,26e-01**	**1,93**	**50,00**	**1,32e-01**	**2,17**	**50,00**
	5	1,89e-02	1,69	618,01	1,53e-02	1,85	613,25
	33	4,45e-03	1,07	718,01	3,59e-03	1,07	713,25
	-9	8,87e-03	2,21	1286,02	8,18e-03	2,41	1276,50
	47	3,78e-03	-2,23	1386,02	3,15e-03	-2,26	1376,50
-35	-35	**1,00e-01**	**-1,57**	**50,00**	**1,20e-01**	**-1,61**	**50,00**
	-49	3,08e-03	-2,34	618,01	3,38E-03	-2,40	613,25
	-21	4,38e-03	-2,12	718,01	4,66e-03	-2,19	713,25
	-63	2,85e-03	0,76	1286,02	3,15e-03	0,70	1276,50
	-7	8,94e-03	1,25	1386,02	9,11e-03	1,20	1376,50
37	37	**9,40e-02**	**-1,49**	**50,00**	**1,02e-01**	**-1,34**	**50,00**
	23	3,41e-03	-2,03	618,01	3,13e-03	-2,06	613,25
	56	2,71e-03	-2,31	718,01	2,65e-03	-2,37	713,25
	9	5,74e-03	1,45	1286,02	5,07e-03	1,51	1276,50

Die Frequenzen $\omega_{\mathrm{r}\mu_{\nu+2}}$ sind identisch mit Gleichung (4.134), und für die Phasenverschiebung $\varphi_{\mathrm{r}\mu_{\nu+2}}$ gilt mit φ_{m} im Leerlauf ca. $\pi/2$:

$$\begin{aligned}\varphi_{\mathrm{r}\mu_{\nu+2}} &= \arctan\left(\frac{\mathrm{Im}\left(\dfrac{\underline{I}_{\mathrm{m}\nu+2}}{\underline{I}_{\mathrm{s}}}-1\right)}{\mathrm{Re}\left(\dfrac{\underline{I}_{\mathrm{m}\nu+2}}{\underline{I}_{\mathrm{s}}}-1\right)}\right)+\varphi_{\nu=1}-\varphi_{\mathrm{m}}+3\cdot\varphi_{\mathrm{m}} \\ &= \arctan\left(\frac{\mathrm{Im}\left(\dfrac{\underline{I}_{\mathrm{m}\nu+2}}{\underline{I}_{\mathrm{s}}}-1\right)}{\mathrm{Re}\left(\dfrac{\underline{I}_{\mathrm{m}\nu+2}}{\underline{I}_{\mathrm{s}}}-1\right)}\right)+2\cdot\varphi_{\mathrm{m}}+\varphi_{\nu=1} = \\ &= \arctan\left(\frac{\mathrm{Im}\left(\dfrac{\underline{I}_{\mathrm{m}\nu+2}}{\underline{I}_{\mathrm{s}}}-1\right)}{\mathrm{Re}\left(\dfrac{\underline{I}_{\mathrm{m}\nu+2}}{\underline{I}_{\mathrm{s}}}-1\right)}\right)+\pi+\varphi_{\nu=1}.\end{aligned} \tag{4.138}$$

4.3.3.5. Oberfelder durch Exzentrizitäten

Durch eine statische oder umlaufende dynamische Exzentrizität des Rotors ist der Luftspalt δ entlang des Umfangs nicht konstant. Man spricht von einer statischen Exzentrizität e, wenn der geometrische Mittelpunkt M_{r} des Rotors, der im Rotorquerschnitt den Durchstoßpunkt der Rotationsebene darstellt, aufgrund einer fehlerhaften exzentrischen Lagerung der Welle um das Maß e nicht mit dem geometrischen Mittelpunkt der Statorbohrung M_{s} übereinstimmt (Abbildung 4.32). Sie tritt schon im Stillstand auf, so dass auch hier schon der Luftspalt δ entlang des Umfangs unterschiedlich breit ist (Abbildung 4.32). Im Bereich des kleineren Luftspaltes steigt die Hauptfeldreaktanz $X_{\mathrm{h}} \sim 1/\delta$ und dadurch die Flussdichte B_{δ} im Luftspalt. Die durch die statische Exzentrizität entstehenden zusätzlichen Oberwellen können durch Einführung eines ortsabhängigen Luftspaltes $\delta(x_{\mathrm{s}})$ bei der Berechnung des Luftspaltfeldes ermittelt werden [26, 73, 74]. Für kleine relative Exzentrizitäten $\varepsilon_{\mathrm{mech}} < 0{,}2$ in (4.139), was in der Praxis meist weit unterschritten wird, kann der ortsabhängige Luftspalt $\delta(x_s)$ wie folgt beschrieben werden:

$$\delta(x_s) = \delta \cdot \left(1 - \varepsilon_{mech} \cdot \cos\left(\frac{x_s \pi}{p \tau_p}\right)\right) \tag{4.139}$$

mit der relativen Exzentrizität $\varepsilon_{mech} = e / \delta$.

Durch Umformung ergibt sich mit $1/(1+\varepsilon_{mech}) \approx 1 - \varepsilon_{mech}$, was für kleine Exzentrizitäten gültig ist:

$$B_\delta(x_s, t) = \mu_0 \frac{\hat{V} \cdot \cos(x_s \pi / \tau_p - \omega_s t)}{\delta(x_s)} \approx$$
$$\approx \frac{\mu_0 \hat{V}}{\delta} \cos\left(\frac{x_s \pi}{\tau_p} - \omega_s t\right) \cdot \left(1 - \varepsilon_{mech} \cdot \cos\left(\frac{x_s \pi}{p \tau_p}\right)\right) = B_{\delta \nu=1} + B_{\delta \varepsilon} \quad . \tag{4.140}$$

Das Exzentrizitätsfeld $B_{\delta\varepsilon}$ besteht aus zwei Feldwellen und kann gemäß [26] wie folgt angegeben werden:

$$B_{\delta\varepsilon}(x_s, t) =$$
$$= \hat{B}_{\delta \nu=1} \cdot \frac{\varepsilon_{mech}}{2} \cdot \left[\cos\left(\frac{(p+1) x_s \pi}{p \tau_p} - \omega_s t\right) + \cos\left(\frac{(p-1) x_s \pi}{p \tau_p} - \omega_s t\right)\right], \tag{4.141}$$

weswegen die Ordnungszahl ν_ε und Frequenz f_ε folgendermaßen beschrieben werden können:

$$\nu_\varepsilon = (p \pm 1) / p \qquad f_\varepsilon = f_s . \tag{4.142}$$

Dabei kann $\hat{B}_{\delta \nu=1}$ mit Berücksichtigung der Eisensättigung und der Nutschlitze wie in Gleichung (4.86) berechnet werden. Die Modulation aller weiteren Oberwellen $B_{\delta\nu}$ $\nu > 1$ mit $\delta(x_s)$ kann aufgrund des geringen Einflusses von ε vernachlässigt werden.

Eine dynamische Exzentrizität entsteht bei Rotation der Welle durch eine einseitig wirkende Fliehkraft aufgrund z. B. einer Restunwucht des Läufers. Dadurch kommt es zu einer Verformung der Rotorwelle, die synchron mit dem Läufer dreht. Der geometrische Mittelpunkt M_r des Rotors bewegt sich somit mit der Drehbewegung des Rotors auf einer Kreisbahn mit dem Radius e um den geometrischen Mittelpunkt der Statorbohrung M_s. Es kommt also zu einer umlaufenden Verkleinerung bzw. Vergrößerung des Luftspaltes δ (Abbildung 4.32). Mathematisch lässt sich dieser Umstand wie folgt beschreiben [26]:

$$\delta(x_s,t)=\delta\cdot\left(1-\varepsilon_{mech}\cdot\cos\left(\frac{x_s\pi}{p\tau_p}-\frac{1-s}{p}\cdot\omega_s t\right)\right) \tag{4.143}$$

mit der relativen Exzentrizität $\varepsilon_{mech}=e/\delta$.

Die Berechnung der Feldgrundwelle gemäß (4.140) unter Berücksichtigung des ortsabhängigen Luftspaltes $\delta(x_s,t)$ (4.143) ergibt zusätzliche Feldoberwellen mit Ordnungszahlen $\nu_{\varepsilon d}$ wie in Gleichung (4.142) und einer Frequenz f_ε von [26]:

$$\nu_{\varepsilon d}=(p\pm1)/p \quad f_\varepsilon=f_s\cdot\left(1\pm\frac{1-s}{p}\right). \tag{4.144}$$

Die Amplituden dieser Modulationsprodukte der beiden Exzentrizitätsfelder $B_{\delta\varepsilon}$ sind wie in Gleichung (4.141) $\hat{B}_{\delta\nu=1}\cdot\frac{\varepsilon_{mech}}{2}$.

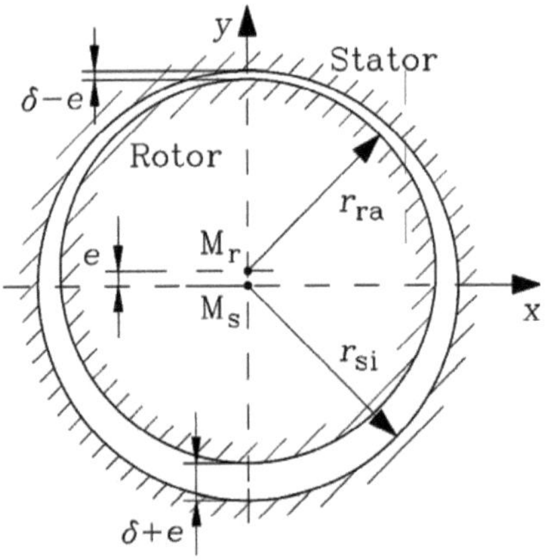

Abbildung 4.32: Exzentrische Verlagerung des Läufermittelpunktes M_r vom geometrischen Mittelpunkt M_s der Statorbohrung um die Exzentrizität e [32].

Diese zusätzlichen Feldoberwellen $B_{\delta\varepsilon}$ induzieren einen abdämpfenden zusätzlichen Rotoroberstrom $\underline{I}_{r\nu\varepsilon}$ in den Läufer. Dieser erregt, wie in den vorangegangenen Abschnitten, ein Läufergrundfeld $B_{r\mu=\nu\varepsilon}$, welches die Felder $B_{\delta\varepsilon}$ der Ordnung $\nu_\varepsilon=\nu_{\varepsilon d}$ aus (4.141) abdämpft und unabgedämpfte Läuferrestfelder $B_{r\mu\neq\nu\varepsilon}$, die gemäß [61, 62, 73] folgende Ordnungszahlen aufweisen:

$$\mu_{\nu\varepsilon} = \nu_{\varepsilon} + g_{\mathrm{r}} \cdot \frac{Q_{\mathrm{r}}}{p} = \frac{p \pm 1}{p} \pm g_{\mathrm{r}} \cdot \frac{Q_{\mathrm{r}}}{p}. \quad g_{\mathrm{r}}=0,\pm 1,\pm 2,\ldots \tag{4.145}$$

Je nachdem, ob eine statische oder dynamische Exzentrizität vorliegt, ergeben sich folgende auf den Stator bezogene Kreisfrequenzen [61, 62, 73]:

$$\omega_{\mathrm{s}\mu_{\nu\varepsilon}} = \omega_{\mathrm{s}} \left(1 \pm g_{\mathrm{r}} \cdot \frac{Q_{\mathrm{r}}}{p} (1-s) \right) \tag{4.146}$$

$g_{\mathrm{r}}=0,\pm 1,\pm 2,\ldots$ für die statische Exzentrizität,

$$\omega_{\mathrm{s}\mu_{\nu\varepsilon}} = \omega_{\mathrm{s}} \left(1 \pm \frac{1}{p} \cdot (1-s) + g_{\mathrm{r}} \cdot \frac{Q_{\mathrm{r}}}{p} (1-s) \right) \tag{4.147}$$

$g_{\mathrm{r}}=0,\pm 1,\pm 2,\ldots$ für die dynamische Exzentrizität.

Die Amplituden der Läuferrestfelder $B_{\mathrm{r}\mu \neq \nu\varepsilon}$ aufgrund einer statischen bzw. dynamischen Exzentrizität lassen sich mit dem unabgedämpften Statorgrundfeld $\hat{B}_{\mathrm{s}\nu=1}$ gemäß Gleichung (4.72) wie folgt berechnen [61, 62]:

$$\hat{B}_{\mathrm{r}\mu_{\nu\varepsilon}} = \left\| \frac{\underline{I}_{\mathrm{m}\nu_{\varepsilon}}}{\underline{I}_{\mathrm{s}}} \right| - 1 \right| \cdot \frac{\nu_{\varepsilon}}{\mu_{\nu_{\varepsilon}}} \cdot k_{\mathrm{Qr}\nu\varepsilon} \cdot \hat{B}_{\mathrm{s}\nu=1} \cdot \frac{\left|\underline{\chi}_{\mu_{\nu\varepsilon}}\right|}{\left|\underline{\chi}_{\nu\varepsilon}\right|} \cdot \frac{\Lambda_1}{2 \cdot \Lambda_0}. \tag{4.148}$$

Dabei ist gemäß [26] $\frac{\Lambda_1}{2 \cdot \Lambda_0} = f(\varepsilon_{\mathrm{magn}})$ eine von der magnetischen Exzentrizität

$$\varepsilon_{\mathrm{magn}} = \frac{\varepsilon_{\mathrm{mech}}}{k_{\mathrm{c}} \cdot \frac{1}{k_{\mathrm{h}}}} = \frac{e/\delta}{k_{\mathrm{c}} \cdot \frac{1}{k_{\mathrm{h}}}} \tag{4.149}$$

abhängige Funktion, die den Einfluss der Hauptfeldsättigung über den Sättigungsfaktor k_{h} berücksichtigt. In der Regel ist der Wert $\varepsilon_{\mathrm{magn}} < 0{,}2$, weswegen gemäß [61, 62] die Funktion $f(\varepsilon_{\mathrm{magn}})$ vereinfacht wie folgt beschrieben werden kann (vgl. (4.141): Dort ist $B_{\delta\varepsilon} \sim \varepsilon_{\mathrm{mech}}/2$)

$$f(\varepsilon_{\mathrm{magn}}) = \frac{\Lambda_1}{2 \cdot \Lambda_0} \cong \frac{\varepsilon_{\mathrm{magn}}}{2}. \tag{4.150}$$

4.3.3.6. Einfluss der Statornutung auf die Rotorfeldoberwellen

Die Berücksichtigung der Statornutung bei der Berechnung der Rotoroberfelder kann wie in Abschnitt 4.3.2.4 über die Einführung einer Leitwertsfunktion λ_{Qs}

$$\lambda_{\mathrm{Qs}}(x_{\mathrm{s}})=\begin{cases}0, & -s_{\mathrm{Qse}}/2\le x_{\mathrm{s}}\le s_{\mathrm{Qse}}/2\\ 1, & -\tau_{\mathrm{Qs}}/2\le x_{\mathrm{s}}\le -s_{\mathrm{Qse}}/2 \text{ und } s_{\mathrm{Qse}}/2\le x_{\mathrm{s}}\le \tau_{\mathrm{Qs}}/2.\end{cases} \tag{4.151}$$

durch Modulation mit dem einseitig genuteten Läuferfeld gemäß Gleichung (4.127) ermittelt werden. Dabei wird analog zu Abschnitt 4.3.2.4 die effektive Nutschlitzbreite s_{Qse} in (4.151) verwendet.

Bildet man die *Fourier*-Kosinusreihe der Funktion aus Gleichung (4.151), so ergibt das (vgl. Abschnitt 4.3.2.4):

$$\lambda_{\mathrm{Qs}}(x_{\mathrm{s}},t)=\frac{1}{k_{\mathrm{Cs}}}\cdot\left(1-\sum_{l}\lambda_{\mathrm{s}l'}\cdot\cos(l'\cdot Q_{\mathrm{s}}\pi x_{\mathrm{s}}/(p\tau_{\mathrm{p}}))\right)\quad l=1,2,3,\ldots$$

$$\lambda_{\mathrm{s}l'}=2\cdot\frac{\sin\left(\frac{l'\pi}{k_{\mathrm{Cs}}}\cdot(k_{\mathrm{Cs}}-1)\right)}{\frac{l'\pi}{k_{\mathrm{Cs}}}}. \tag{4.152}$$

Dabei ist der Faktor $1/k_{\mathrm{Cs}}$ der mittlere magnetische Widerstand des Luftspalts infolge der Statornutschlitzöffnungen:

$$\lambda_{\mathrm{Qs,av}}=\frac{\tau_{\mathrm{Qs}}-s_{\mathrm{Qse}}}{\tau_{\mathrm{Qs}}}=\frac{1}{1/\left[1-\zeta(s_{\mathrm{Qse}}/\delta)\cdot\delta/\tau_{\mathrm{Qs}}\right]}=\frac{1}{k_{\mathrm{Cs}}}. \tag{4.153}$$

Multipliziert man diese Reihe im statorfesten Koordinatensystem mit der Reihe für die Feldoberwellen des Rotors (bezogen auf den Rotor) bei einseitiger Nutung mit den Amplituden $\hat{B}_{\mathrm{r}\mu_\nu}$ gemäß Gleichung (4.127):

$$B_{\mathrm{r}}(x_{\mathrm{r}},t)=\sum_{\mu_\nu}\hat{B}_{\mathrm{r}\mu_\nu}\cdot\cos(\mu_\nu\pi x_{\mathrm{r}}/\tau_{\mathrm{p}}-s_\nu\omega_{\mathrm{s}}t). \tag{4.154}$$

mit μ_ν und $\omega_{\mathrm{s}\mu_\nu}$ gemäß Gleichung (4.126) bzw. (4.130), so entstehen gemäß [26] wieder die (gesättigten) Feldoberwellen der einseitigen Nutung aus Gleichung (4.127), vermindert um den *Carter*-Faktor des Stators (stromlose Nut angenommen):

$$\frac{B_{\mathrm{r}}(x_{\mathrm{r}},t)}{k_{\mathrm{Cs}}}=$$

$$\sum_{\mu_\nu}\frac{1}{2}\cdot\frac{\mu_0}{\delta\cdot k_{\mathrm{Cr}}\cdot k_{\mathrm{Cs}}}k_{\mathrm{h}}\cdot\frac{\sqrt{2}}{\pi}\cdot\frac{Q_{\mathrm{r}}}{\mu_\nu}\cdot k_{\mathrm{Qr}\mu_\nu}\cdot\zeta_{\mathrm{r}\mu_\nu}\cdot I_{\mathrm{r}\nu}\cdot\cos(\mu_\nu\pi x_{\mathrm{r}}/\tau_{\mathrm{p}}-s_\nu\omega_{\mathrm{s}}t) \tag{4.155}$$

und mit den Statornutleitwertwellen modulierte Rotorwellen

$$-\sum_{\mu_\nu}\sum_{l'}\hat{B}_{\mathrm{r}\mu_\nu}\cdot(\lambda_{\mathrm{s}l'}/k_{\mathrm{Cs}})\cdot\cos(\mu_\nu\pi x_\mathrm{r}/\tau_\mathrm{p}-s_\nu\omega_\mathrm{s}t)\cdot\cos(l'\cdot Q_\mathrm{s}\pi x_\mathrm{s}/(p\tau_\mathrm{p}))\,. \qquad (4.156)$$

Mit einer Umrechnung auf die Statorseite und einiger Umformungen ergeben sich zusätzliche Feldoberwellen:

$$B_{\mathrm{r}\mu_\nu l'}(x_\mathrm{s},t)=-\frac{\hat{B}_{\mathrm{r}\mu_\nu}\cdot\lambda_{\mathrm{s}l'}}{2k_{\mathrm{Cs}}}\cdot\cos\big((\mu_\nu\pm l'Q_\mathrm{s}/p)\cdot\pi x_\mathrm{s}/\tau_\mathrm{p}-\omega_{\mathrm{s}\mu_\nu}t\big)\,,$$

$l' = 1, 2, 3,\ldots$ (4.157)

$$\omega_{\mathrm{s}\mu_\nu}=\omega_\mathrm{s}\left\{1+g_\mathrm{r}\cdot\frac{Q_\mathrm{r}}{p}(1-s)\right\},\quad g_\mathrm{r}=0,\pm1,\pm2,\ldots,$$

die die Ordnungszahlen $\mu_\nu \pm l'\cdot Q_\mathrm{s}/p$ aufweisen, die für $\mu_\nu=\nu\,(g_\mathrm{r}=0)$ identisch mit den Ordnungszahlen der Ständernutharmonischen sind. Damit werden auch die nutharmonischen Felder des Stators durch die gegenüberliegende Nutung verstärkt (vgl. Abschnitt 4.3.2.4). Auch hier sind wie im Falle der Modulation des Statorfeldes mit den Nutleitwertwellen der Rotornutung wegen der vergleichsweise großen Amplituden die Modulationen der Läufergrundwelle $\mu_{\nu=1}=\mu=1$ mit den Nutleitwert-Grundwellen der Statornutung $l'=1$ besonders zu berücksichtigen. Bezüglich der nutdifferenzharmonischen Feldoberwellen, die aus der Modulation des ersten Nutharmonischenpaars des Rotors $\mu_\mathrm{Q} = 1 \pm Q_\mathrm{r}/p$ mit der Nutleitwert-Grundwelle der Statornutung $l'=1$ entstehen, gelten die gleichen Aussagen wie in Abschnitt 4.3.2.4.

4.3.4. Vergleich des analytisch und numerisch berechneten Luftspaltfeldes für verschiedene Betriebspunkte

Die analytisch mit dem von *R.* Hagen bereitgestellten Programm *KLASYS* berechneten Luftspaltfelder der Motoren AH80 (Abbildung 4.33) und AH100 (Abbildung 4.34) werden mit den FEM-Ergebnissen (*FLUX2D,* Radialkomponente der Flussdichte *B* im Luftspalt) für den Leerlaufbetrieb und den Bemessungsbetrieb verglichen. Wie die Ergebnisse aus den Abschnitten 0 und 4.3.2.2 zeigen, ergeben sich bei der Verwendung der *Kolbe*-Korrektur und der Berechnung der Abdämpfung der Statorfelder $B_{\mathrm{s}\nu}$ durch phasenrichtige Addition der entsprechenden dämpfenden Rotorfelder

$B_{r\nu=\mu}$ die größten Übereinstimmungen mit den FEM-Berechnungen, weswegen sich die Vergleiche hier nur auf diese Fälle beschränken. Da die FEM-Berechnung nur zweidimensional möglich ist, werden die Motoren ungeschrägt angenommen. Die Rotor-Ersatznutschlitzbreiten $s_{Qr,ges}$ werden über die *Weppler*'sche Sättigungsberechnung und die Vorgabe der in Abschnitt 4.3.2.4 diskutierten geometrischen Rotor-Ersatznutschlitzbreiten s_{Qr}' ermittelt. Um die Vergleichbarkeit der Ergebnisse zu erhöhen, wurden die identischen $B(H)$-Kennlinien der verwendeten Bleche sowohl bei der analytischen als auch numerischen Berechnung verwendet (Keine Berücksichtigung der Bearbeitungseinflüsse gemäß Abschnitt 4.2 bei der analytischen Berechnung).

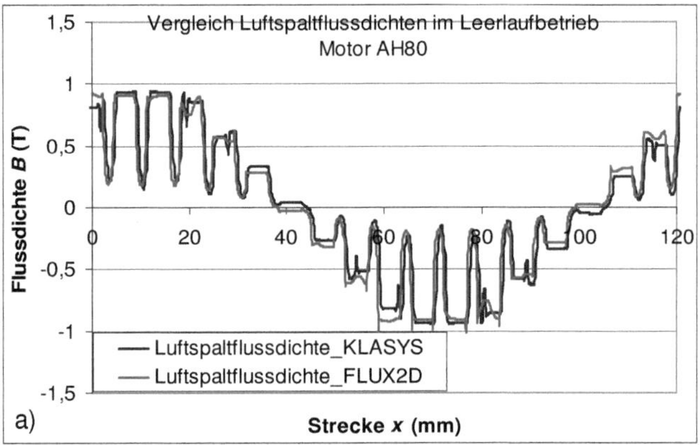

a)

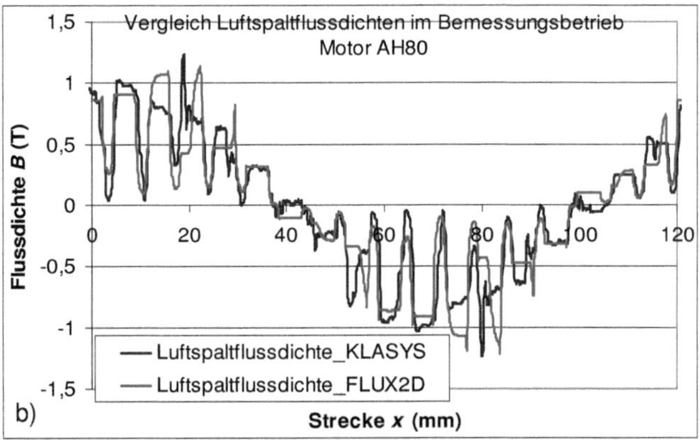

b)

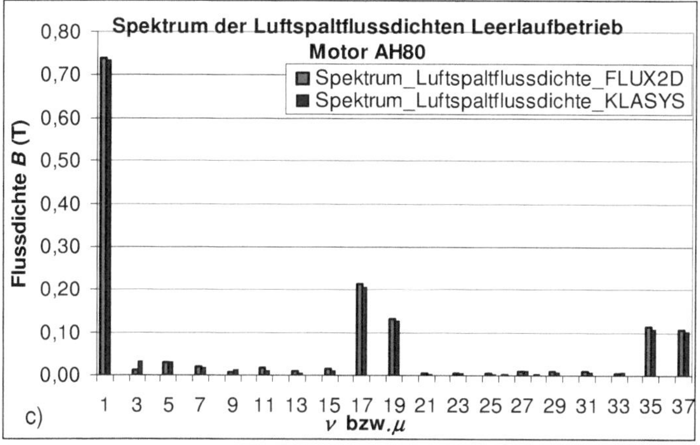

c)

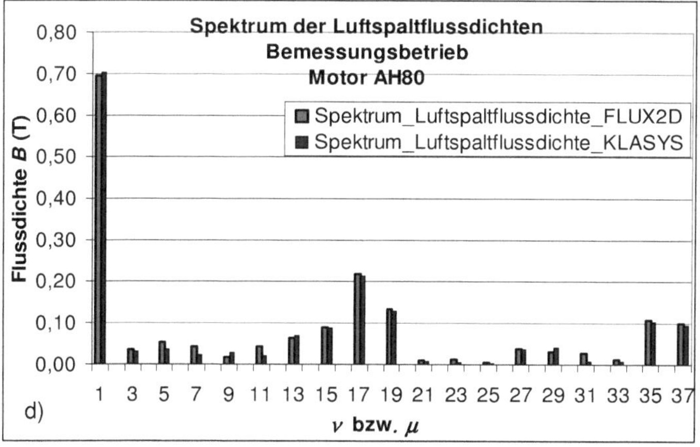

d)

Abbildung 4.33: Motor AH80: Numerische (*FLUX2D*) und analytische (*KLASYS*: mit *Kolbe*-Korrektur aus Abschnitt 0) Berechnung des Luftspaltfeldes des (ungeschrägten) Motors AH80 im a) Leerlauf- und b) Bemessungsbetrieb. c) d) Spektren der Luftspaltflussdichten aus a) bzw. b).

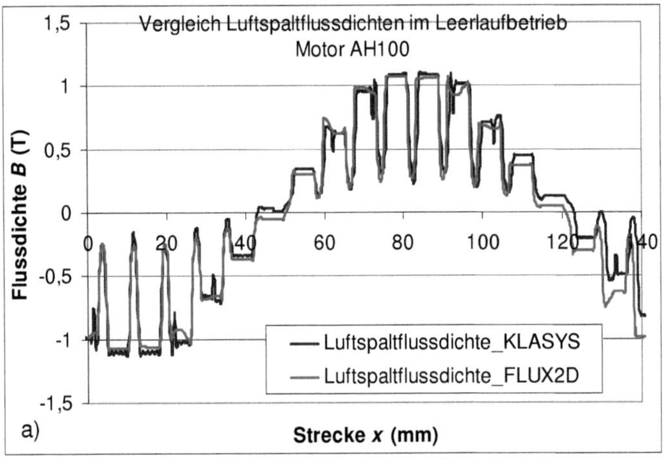
Vergleich Luftspaltflussdichten im Leerlaufbetrieb
Motor AH100
Flussdichte B (T)
1,5
1
0,5
0
-0,5
-1
-1,5
0
20
40
60
80
100
120
140
Luftspaltflussdichte_KLASYS
Luftspaltflussdichte_FLUX2D
a)
Strecke x (mm)

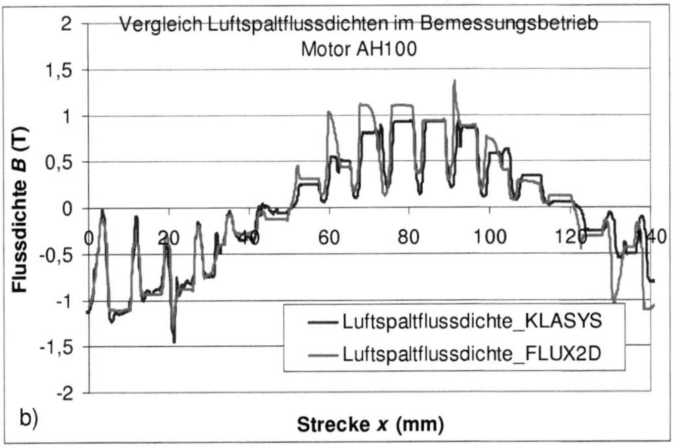
Vergleich Luftspaltflussdichten im Bemessungsbetrieb
Motor AH100
Flussdichte B (T)
2
1,5
1
0,5
0
-0,5
-1
-1,5
-2
0
20
40
60
80
100
120
140
Luftspaltflussdichte_KLASYS
Luftspaltflussdichte_FLUX2D
b)
Strecke x (mm)

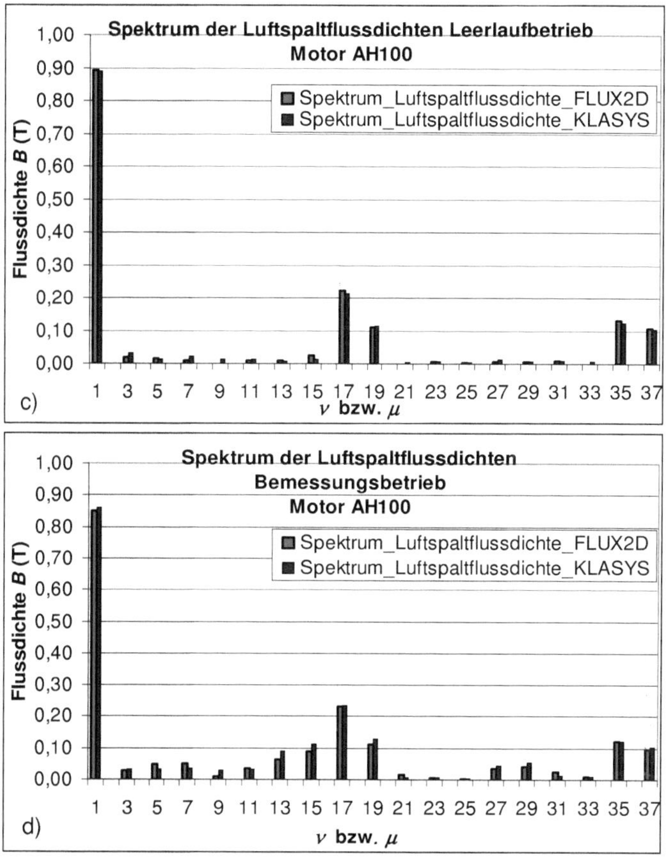

Abbildung 4.34: Wie Abbildung 4.33, jedoch für den Motor AH100.

Die Rotoroberströme $\underline{I}_{r\nu}$, die zur analytischen Berechnung der Rotorgrund- bzw. Rotorrestfelder $B_{r\mu=\nu}$ bzw. $B_{r\mu\neq\nu}$ benötigt werden, werden mit der *Taegen*'schen Methode aus Abschnitt 4.3.3.2 ermittelt. Die sekundäre Ankerrückwirkung wird näherungsweise nach *Heller* [41] berücksichtigt.

Der Vergleich der Oberwellenspektren beider Motoren untermauert die Richtigkeit der verwendeten Rechenmodelle zur Berechnung des Luftspaltfeldes $B_\delta(x)$ zu einem Zeitpunkt $t = T_0$. Die ermittelten Feldoberwellen sind der Ausgangspunkt zur Berechnung der durch sie verursachten parasitären Effekte wie z.B. zusätzliche Verluste P_{zus}, Oberwellenmomente oder Geräuschanregungen, die in den folgenden Abschnitten diskutiert werden.

4.3.5. Möglichkeiten zur Reduzierung des Oberwellengehalts in KLASM

Die Oberwellen des Luftspaltfeldes sorgen für unerwünschte Parasitäreffekte im Betrieb der Motoren. Dabei sind in erster Linie die zusätzlichen Ummagnetisierungsverluste P_{zus}, die Oberwellenmomente $M_{e\nu\nu}$ bzw. $M_{e\nu}$ und die erhöhte Geräuschentwicklung zu nennen. Wie in Kapitel 7 im Detail besprochen wird, kann durch eine geschickte Wahl des Verhältnisses von Stator- zu Rotornutzahlen Einfluss auf diese Parasitäreffekte genommen werden. Allerdings gibt es auch weitere konstruktive Maßnahmen, die eine zusätzliche Reduktion des Oberwellengehalts gewährleisten und in den folgenden Abschnitten diskutiert werden. Eine Sonderschaltung der Statorwicklungen zur Erregung einer 12-zonigen Durchflutungsverteilung (vergleichbar einer Maschine mit 6 Phasen) bei konventionellem 3-phasigen Netzanschluss, die eine Reduktion der Oberwellen der Ordnung $\nu = -5, 7, -17, 19, \ldots = 1 \pm 2m \cdot g$ ($m = 3$; $g = \pm 1, \pm 3, \ldots$) bewirkt, wird in Kapitel 10 diskutiert.

4.3.5.1. Sehnung

Durch die Wahl des Verhältnisses von Spulenweite W zur Polteilung τ_p einer Zweischichtwicklung (Abbildung 4.35) lässt sich die Form der Durchflutungskurven $V(x,t)$ beeinflussen. Damit lassen sich gezielt Oberwellen bestimmter Ordnungen reduzieren und durch die verkürzten Leiter eine zusätzliche Reduzierung des Statorwiderstandes R_s erreichen.

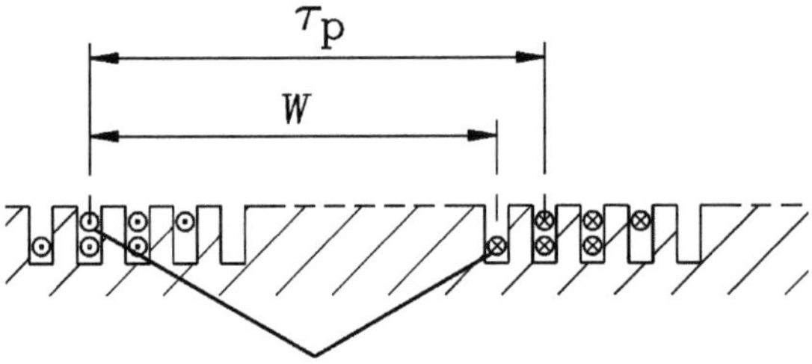

Abbildung 4.35: Lage der Leiter einer gesehnten Spule für q = 3, m = 3 einer Zweischichtwicklung mit um W/τ_p = 8/9 gesehnten Spulen [26].

Im Ersatzschaltbild wird der Einfluss der Sehnung über den Sehnungsfaktor $k_{p\nu}$ bei der Berechnung der Hauptinduktivität $L_{h\nu}$ berücksichtigt (siehe Formel (4.31)). Wie Tabelle 4.1, zeigt wird durch die Sehnung der resultierende Wicklungsfaktor $k_{w\nu} = k_{p\nu} \cdot k_{d\nu}$ gegenüber dem ungesehnten Fall ($k_{w\nu} = k_{d\nu}$) reduziert, womit im gleichen Maße die Amplitude der entsprechenden Oberwelle der Ordnung ν kleiner wird. Nachteilig ist, dass der resultierende Wicklungsfaktor k_{w1} der Grundwelle durch die Sehnung ebenfalls sinkt, was eine i. A. geringe Reduktion des Grundwellen-Hauptflusses Φ_{h1} von 2 %-7 % zur Folge hat.

4.3.5.2. Schrägung der Stator- oder Rotornuten

Nach [23, 26, 28, 29, 31, 47] kann durch Schrägung der Stator- oder der Rotornuten gegenüber der jeweils anderen Seite eine erhebliche Reduktion der in den Rotor durch die Nutharmonischen des Statorfeldes induzierten Rotoroberströme $\underline{I}_{r\nu}$ erreicht werden. Dadurch wird die Wirkung der durch sie erregten Läufergrund- bzw. Läuferrestfelder $B_{r\mu=\nu}$ bzw. $B_{r\mu\neq\nu}$ ebenfalls stark reduziert und eine Reduktion der Wechselwirkungen zwischen Stator- und Rotorfeldern erreicht. In [25, 26, 28, 29, 32, 47] wird der reelle Schrägungsfaktor χ_ν definiert:

$$\chi_\nu = \frac{\sin\left(\nu\pi b_{sk} /(2\tau_p)\right)}{\nu\pi b_{sk} /(2\tau_p)}. \tag{4.158}$$

Mit diesem Faktor wird die durch die Schrägung reduzierte magnetische Flussverkettung der Feldoberwellen berücksichtigt, was, ähnlich wie bei dem Wicklungsfaktor $k_{w\nu}$ (4.32), eine Reduktion der Hauptfeldreaktanz $X_{h\nu}$ mit sich bringt. Wie im Falle der Sehnung aus dem vorangegangenen Abschnitt tritt allerdings nachteilig auch bei der Schrägung von Stator zu Rotornuten und die dadurch reduzierte magnetische Kopplung ein geringer Flussverlust beim Grundwellen-Hauptfluss Φ_{h1} auf. Als vereinfachende Annahme wurde angenommen, dass der Rotorkäfig vollständig isoliert ist. Es fließen demnach keine Paketquerströme $\underline{I}_q$ zwischen den Stäben (siehe Abschnitt 4.4). Durch die reduzierte Wechselwirkung zwischen Stator- und Rotorfeldern können die Oberwellenmomente (Abschnitt 4.4) und die Geräuschabstrahlung (Kapitel 5) deutlich reduziert werden. Abbildung 4.36a) zeigt den Vergleich zwischen zwei FEM-Berechnungen mit *FLUX2D* (ohne Schrägung) und *FLUXskewed* (mit Schrägung des Rotors um τ_{Qr}) des Luftspaltfeldes $B_\delta(x, t = T_0)$ für den Motor AH160 bei P_N = 9,2 kW. Abbildung 4.36b) stellt das dafür in *FLUXskewed* verwendete Modell zur Berücksichtigung der Schrägung mit fünf jeweils um τ_{Qr} /5 gegeneinander verdrehten zweidimensionalen Rotorgeometrien dar [22]. Das Luftspaltfeld $B_\delta(x, t = T_0)$ des FEM-Modells mit geschrägtem Rotor ergibt sich als Mittelung über alle fünf Rotorgeometrien. Es wird deutlich, dass durch die Mitelung der phasenverschobenen Verläufe der fünf Rotorgeometrien das resultierende Luftspaltfeld deutlich geringere Feldoberwellen aufweist, und der Verlauf des Feldes bei ungeschrägtem Läufer deutlich stufenförmiger ist.

Abbildung 4.37a) zeigt den Vergleich für die Ströme eines Stabes $\underline{I}_{\mathrm{Stab},\nu} = -j \cdot \underline{I}_{r\nu}$ der FEM-Berechnung mit *FLUX2*D (ohne Schrägung) und *FLUXskewed* (mit Schrägung des Rotors um τ_{Qr}) für den Motor AH160 im Bemessungsbetrieb bei P_N = 9,2 kW. In Abbildung 4.37b) ist die FFT der Stabströme $\underline{I}_{\mathrm{stab}}$ zu sehen. Bei der FFT liegen die Frequenzen der jeweiligen Oberwellenpaare sehr nahe beieinander, weswegen eine Trennung zwischen den Ordnungen ν (bei dem hier gewählten sehr kleinen Zeitschritt von Δt = 1e-5 s) nur bei sehr genauer Betrachtung möglich ist. Es ist deutlich sichtbar, dass durch die Schrägung und die damit verbundene Reduktion der Feldoberwellen innerhalb einer Rotormasche (vgl. Abbildung 4.36a) eine erhebliche Reduzierung der induzierten Rotoroberströme $\underline{I}_{r\nu}$ erreicht werden kann.

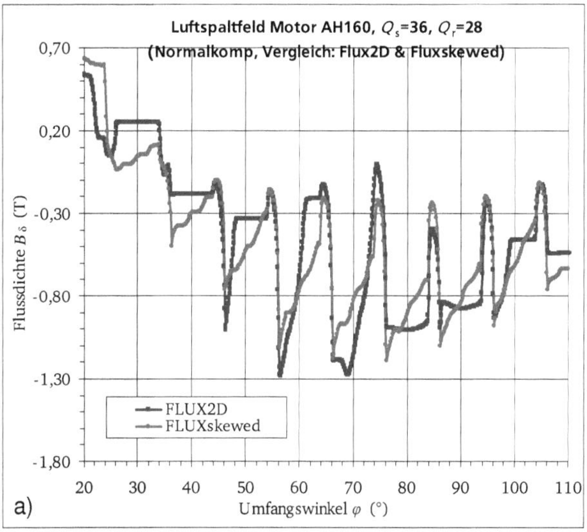

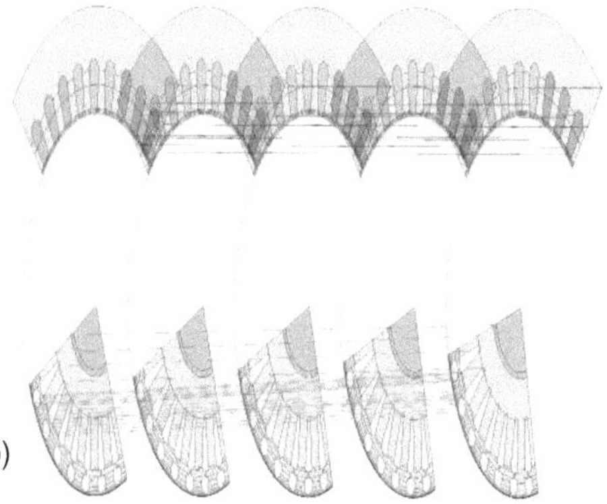

Abbildung 4.36: a) Vergleich der Luftspaltflussdichten, berechnet mit den FEM-Programmen *FLUX2D* (ohne Schrägung) und *FLUXskewed* (Schrägung um eine Rotornutteilung τ_{Qr}) für den Motor AH160 (P_N = 9,2 kW, U_N = 400 VY). b) In *FLUXskewed* verwendetes Modell der Motors AH160 (P_N = 9,2 kW, U_N = 400 VY) zur Berücksichtigung der Schrägung mit fünf jeweils um $\tau_{Qr}/5$ gegeneinander verdrehten zweidimensionalen Rotorgeometrien.

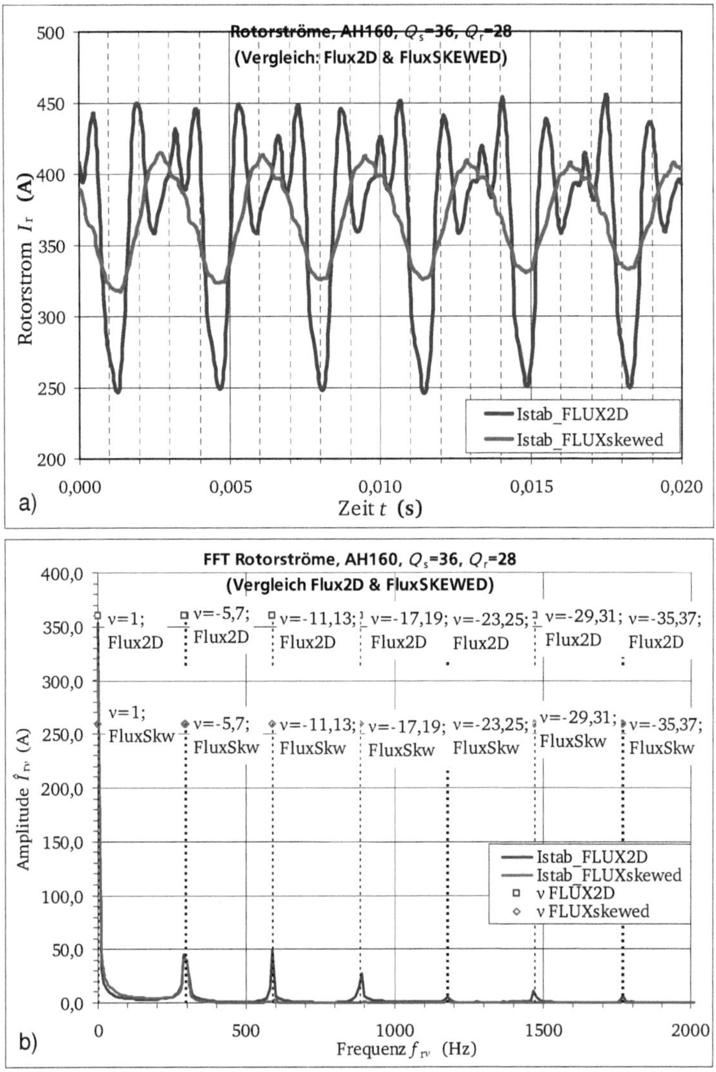

Abbildung 4.37: Vergleich der Ströme eines Stabes $\underline{I}_{Stab,\nu} = -j\cdot\underline{I}_{r\nu}$, berechnet mit den FEM-Programmen *FLUX2D* (ohne Schrägung) und *FLUXskewed* (Schrägung um eine Rotornutteilung τ_{Qr}) für den Motor AH160 (P_N = 9,2 kW, U_N = 400 VY). a) Zeitverläufe $i_r(t)$ b) FFT der Zeitverläufe $i_r(t)$ aus a).

4.4. Hochlaufkurve der KLASM bei Berücksichtigung von Oberwelleneinflüssen und Querströmen bei nicht isoliertem, geschrägtem Läuferkäfig

Die Oberwellen des Stator- und des Rotorfeldes erzeugen aufgrund der gegenseitigen Kraftwirkung aufeinander zusätzliche tangentiale Kräfte, die sich als harmonische Oberwellenmomente zeigen. Dabei treten asynchrone und synchrone harmonische Oberwellenmomente auf [26, 28, 29, 32, 44, 47]. Die korrekte Vorausberechnung der Drehmomentverläufe $M(n)$, die durch diese parasitären Oberwellenmomente u. U. stark beeinflusst werden, ist für die Auslegung von Standard-KLASM von großer Bedeutung, da die normativen Vorgaben ein Unterschreiten eines Motorminimalmoments („Sattelmoment“) für einen sicheren Hochlauf der Motoren verbietet (siehe Kapitel 7 und [15]). Durch starke Einbrüche („Sättel“) in den Drehmomentverläufen $M(n)$ aufgrund der Oberwellenmomente während des Hochlaufs von netzgespeisten KLASM kann es je nach dem Gegenmomentverlauf $M_L(n)$ zu einem „Hängenbleiben“ der Motoren im Anlaufbereich kommen, was aufgrund der sehr großen Schlupfwerte s im Bereich des Sattelpunktes und dementsprechend großen Strangströmen I_s zu einer starken Erwärmung der Motoren bis hin zur Überhitzung führen kann.

4.4.1. Asynchrone Oberwellenmomente

Die Ständerfeldoberwelle $B_{s\nu}$ erzeugt zusammen mit dem Rotoroberstrom $\underline{I}_{r\nu}$ ein asynchrones Drehmoment $M_{e\nu}$. Im Falle der Grundwelle $\nu = 1$ ergibt sich daraus das Grundwellenmoment, welches zur Wandlung der elektrischen in die mechanische Energie innerhalb eines Motors genutzt wird. Aber auch alle weiteren Feldoberwellen $\nu \neq 1$ können mit den entsprechenden Rotoroberströmen $\underline{I}_{r\nu}$ in der Regel deutlich kleinere asynchrone Drehmomente hervorrufen, die sich dem Grundwellenmoment überlagern. Das asynchrone Oberwellenmoment der ν-ten Ständeroberwelle $M_{e\nu}$ lässt sich gemäß [23, 26, 32] wie folgt beschreiben (vgl. (4.113)):

$$M_{e\nu} = \frac{\nu \cdot Q_r \cdot R_{r\nu} \cdot I_{r\nu}^2}{s_\nu \cdot (2 \cdot \pi \cdot n)} = M_{b\nu}(s) \cdot \frac{2}{\frac{s_\nu}{s_{b\nu}} + \frac{s_{b\nu}}{s_\nu}} = ,$$

$$= \frac{\nu}{2\pi n} \cdot \frac{s_\nu Q_r R_{r\nu} \cdot (X_{rh\nu} \cdot 2 \cdot (m_s / Q_r) \cdot N_s k_{ws\nu} \eta_\nu \cdot \eta_{\nu e})^2}{R_{r\nu}^2 + s_\nu^2 \cdot (X_{r\sigma\nu} + X_{rh\nu})^2} \cdot I_s^2(s) \cdot \mathrm{Re}\{\underline{\chi}_\nu^2\}$$

wobei (4.159)

$$M_{b,\nu} = \frac{\nu}{2\pi n} \cdot \frac{Q_r \cdot (X_{rh\nu} \cdot 2 \cdot (m_s / Q_r) \cdot N_s k_{ws\nu} \cdot \eta_\nu \cdot \eta_{\nu e})^2}{2R_{r\nu} \cdot (X_{r\sigma\nu} + X_{rh\nu})} \cdot I_s^2(s) \cdot \mathrm{Re}\{\underline{\chi}_\nu^2\},$$

$s_\nu = 1 - \nu \cdot (1 - s) = 1 - \nu + \nu \cdot s$,

und $s_{b\nu} = \pm \frac{R_{r\nu}}{X_{r\sigma\nu} + X_{rh\nu}}$ ist.

Das asynchrone Oberwellenmoment beschreibt bei Annahme von $M_{b\nu}(s) \approx$ konst. in einem bestimmten Schlupfbereich $-3s_{b\nu} \leq s - s_{0\nu} \leq 3s_{b\nu}$ eine *Kloss*`sche Kurve um den „Leerlaufschlupf" $s_{0\nu}$ des ν-ten asynchronen Oberwellenmoments [26]:

$$s_{0\nu} = 1 - 1/\nu. \qquad (4.160)$$

Für die Oberwelle der Ordnung $\nu = -5$ ergibt sich z. B. ein Wert von $s_{0\nu} = 1{,}2$ und für die Ordnung $\nu = 7$ ein Wert von $s_{0\nu} = 0{,}86$ (siehe Abbildung 4.38a und b). Generell liegen die Werte für positive Ordnungszahlen $\nu > 0$ im Anlaufbereich, während die negativen Ordnungszahlen $\nu < 0$ Leerlaufschlupfwerte $s_{0\nu}$ im Gegenstrombereich ($s > 1$) ergeben und den Hochlauf daher nicht beeinflussen.

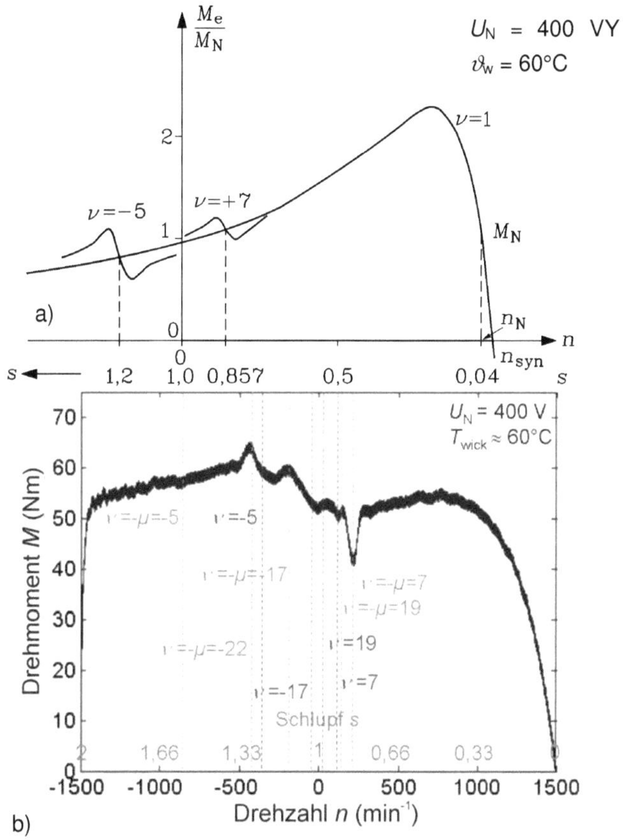

Abbildung 4.38: a) Grundwellenmoment und die beiden asynchronen Oberwellenmomente der -5. und 7. Ständeroberwelle [26, 32] b) Gemessene Hochlaufkurve des Motors AH100 mit Kennzeichnung der asynchronen (ν) und synchronen ($\nu = -\mu$) Oberwellenmomente (Messverfahren in Abschnitt 4.4.4).

4.4.2. Synchrone Oberwellenmomente

Die vom Rotoroberstrom $\underline{I}_{r\nu}$ erregten Läuferrestfelder $B_{r\mu \neq \nu}$ erzeugen, falls die Wellenlänge $\lambda_{w\mu}$ mit jener einer ν-ten Statorfeldoberwelle $\lambda_{w\nu}$ übereinstimmt, mit dieser ein synchrones Drehmoment $M_{e\nu\nu}$. Da die beteiligten Feldoberwellen in der Regel unterschiedliche Umfangsgeschwindigkeiten

ν_u aufweisen, pulsieren die resultierenden Drehmomente $M_{e\nu\nu}$ mit einer Frequenz, die zur Differenz der Umlaufgeschwindigkeiten ν_u der beiden beteiligten Feldwellen proportional ist [41]. Da das mittlere Drehmoment Null ist, kann die Wirkung dieser pulsierenden Oberwellenmomente i. A. vernachlässigt werden.

Nach [23, 26, 28, 29, 31, 47, 67] entsteht nur bei bestimmten Schlupfwerten $s = s^*$, bei denen die Umlaufgeschwindigkeiten $v_{u\nu}$ und $v_{u\mu}$ der jeweiligen Ständer- und Läuferfeldoberwelle und auch die Wellenlängen $\lambda_{w\nu}$ bzw. $\lambda_{w\mu}$ gleich sind, ein zeitlich konstantes Drehmoment $M_{e\nu\nu}$, das den Drehmomentverlauf $M(n)$ maßgeblich beeinflussen kann. Gleiche Wellenlängen $\lambda_{w\mu}$ bzw. $\lambda_{w\nu}$ von Rotor- und Statorfeld ergeben sich, wenn gilt [26, 32, 67]:

$$|\nu| = |\mu| \quad \Rightarrow \quad \nu = \mu \quad \text{bzw.} \quad \nu = -\mu\,. \tag{4.161}$$

Die Umfangsgeschwindigkeiten $v_{u\nu}$ und $v_{u\mu}$ beider Feldoberwellen sind gleich, wenn im statorfesten Koordinatensystem gilt:

$$v_{u\nu} = \frac{\omega_s \tau_p}{\nu\pi} = v_{u\mu} = \frac{\omega_s \tau_p}{\mu\pi} \cdot \left(s^* + \mu \cdot (1 - s^*)\right). \tag{4.162}$$

Aus (4.161) und (4.162) ergibt sich als Schlupfwert s^*, bei dem ein zeitlich konstantes synchrones Oberwellenmoment $M_{e\nu\nu}$ auftritt [26, 32, 67]:

$$s^* = \frac{1/\nu - 1}{1/\mu - 1}. \tag{4.163}$$

Weitere Umformungen ergeben (siehe auch Abbildung 4.38b):

$$\nu = \mu:\quad s^* = 1 \qquad\qquad \nu = -\mu:\quad s^* = \frac{\nu - 1}{\nu + 1}. \tag{4.164}$$

In [26] hängt die Größe des resultierenden synchronen Oberwellenmoments $M_{e\nu\nu}$ nicht nur von den Amplituden der beteiligten Feldoberwellen $B_{s\nu}$ bzw. $B_{r\mu}$ von Stator und Rotor, sondern auch von der relativen Phasenlage $\vartheta_{\nu\mu}$ zueinander ab. Diese wiederum ist von der Relativlage des Läufers zur Ständerfeldgrundwelle in jenem Augenblick, wenn der Schlupf den Wert s^* erreicht, abhängig und hängt daher von der zufälligen Relativlage des Läufers zum Ständer beim Start des Motors ab. Ob das synchrone Oberwellenmoment $M_{e\nu\nu}$ bremsend oder antreibend wirkt, hängt zusätzlich noch davon ab, ob die Ordnungszahl ν größer oder kleiner Null ist [26]:

$$\nu > 0: M_{\mathrm{e}\nu\nu} \sim \hat{B}_{\mathrm{s}\nu}\hat{B}_{\mathrm{r}\mu}\cdot\sin\vartheta_{\nu\mu} \sim I_{\mathrm{s}}I_{\mathrm{r}}\cdot\sin\vartheta_{\nu\mu},$$
$$\nu < 0: M_{\mathrm{e}\nu\nu} \sim -\hat{B}_{\mathrm{s}\nu}\hat{B}_{\mathrm{r}\mu}\cdot\sin\vartheta_{\nu\mu} \sim -I_{\mathrm{s}}I_{\mathrm{r}}\cdot\sin\vartheta_{\nu\mu}. \tag{4.165}$$

Betrachtet man Abbildung 4.39, wo mehrere Hochlaufkurven mit zufälligen Startpositionen des Rotors aufgenommen wurden, so wird ersichtlich, dass sich die Lage der synchronen Oberwellenmomente nicht ändert, jedoch ein Wechsel zwischen antreibender und bremsender Wirkung sichtbar wird.

Durch eine Schrägung der Ständer- oder Läufernuten kann ein bestimmtes synchrones Drehmoment gänzlich eliminiert werden, wenn die Schrägung b_{sk} ein ganzzahliges Vielfaches der Wellenlänge $\lambda_{\mathrm{w}\nu} = \lambda_{\mathrm{w}\mu}$ der am Drehmoment beteiligten Stator- und Rotorfeldwelle ist (siehe folgenden Abschnitt 4.4.3).

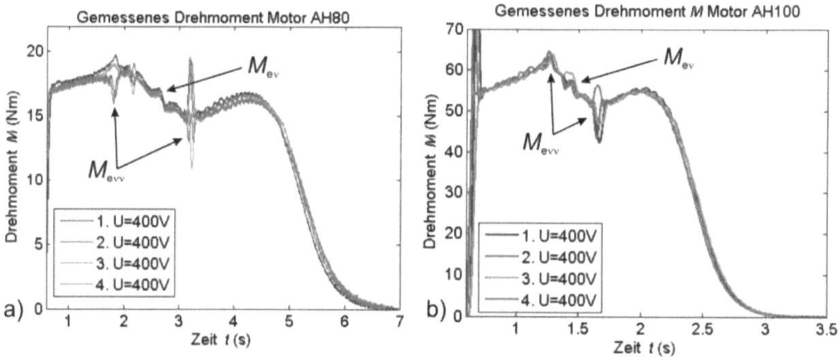

Abbildung 4.39: Hochlaufkurven *M*(*t*), gemessen bei Bemessungsspannung U_{N} = 400 VY und unterschiedlichen Startpositionen des Rotors. Es wird deutlich sichtbar, dass die synchronen Oberwellenmomente $M_{\mathrm{e}\nu\nu}$ zwar immer beim selben Schlupf auftreten, aber bremsend oder antreibend wirken können. (Die Messmethode gemäß [75] wird in Abschnitt 4.4.4 erläutert) a) Motor AH80 b) Motor AH100.

4.4.3. Einfluss der Schrägung und des Querstroms auf die Drehmomentverläufe

Einer der Gründe, warum eine Schrägung b_{sk} der Stator- oder Rotornuten gegenüber der jeweils gegenüberliegenden Seite eingeführt wird, ist die

Reduzierung der in den vorangegangenen Abschnitten vorgestellten Oberwellenmomente $M_{e\nu}$ bzw. $M_{e\nu\nu}$. Wie bereits in Kapitel 4.3.5.2 erörtert wurde, sinken durch die Schrägung und die Wechselwirkungen zwischen Stator und Rotor (siehe Gleichungen (4.159) und (4.165))[44]. Die Reduktion der asynchronen Oberwellenmomente $M_{e\nu}$ wird in (4.159) durch die Verwendung des komplexen Schrägungsfaktors $\underline{\chi}_\nu$ realisiert. Dieser Faktor ergibt sich durch die Integration der Feldkomponenten in axialer Richtung (z-Achse) und kann auch bei der Berechnung der synchronen Oberwellenmomente $M_{e\nu\nu}$ bei geschrägten Rotoren verwendet werden [26, 67]:

$$M_{e\nu\nu} \sim \frac{1}{l_{\mathrm{Fe}}} \int_{-l_{\mathrm{Fe}}/2}^{l_{\mathrm{Fe}}/2} \sin(\vartheta_{\nu\mu}(z)) \cdot dz = \sin(\vartheta_{\nu\mu}(z=0)) \cdot \mathrm{Re}\{\underline{\chi}_\nu\}. \tag{4.166}$$

Abbildung 4.40a) zeigt den analytisch mit *KLASYS* berechneten Drehmomentverlauf $M(n)$ des Motors AH80 bei Schrägung der Rotorstäbe um eine Rotornutteilung τ_{Qr}. Abbildung 4.40b) zeigt dagegen im Vergleich denselben Motor mit ungeschrägtem Rotor. Es wird ein deutlicher Anstieg der asynchronen und synchronen Oberwellenmomente $M_{e\nu}$ bzw. $M_{e\nu\nu}$ sichtbar. Die synchronen Oberwellennmomente $M_{e\nu\nu}$ werden in der analytischen Rechung als vertikale Strecken mit Mittelpunkt auf der $M(n)$-Kurve dargestellt, um anzudeuten, dass sie nur an bestimmten Schlupfwerten s^* vorkommen und je nach Phasenlage $\vartheta_{\nu\mu}$ bremsend oder antreibend wirken, wobei ihre Amplitude wegen $M_{e\nu\nu} \sim \sin\vartheta_{\nu\mu}$ in dem Wertebereich der vertikalen Strecken liegt (Abschnitt 4.4.2). Besonders das große synchrone Oberwellenmoment bei einem Schlupf von ca. 86 % (entspricht einer Drehzahl n von 210 min^{-1}) im Hochlaufbereich des Motors, verursacht durch die Statoroberwelle $\nu = 7$ im Zusammenspiel mit der Rotoroberwelle $\nu = -\mu = 7$, kann den Hochlauf u. U. behindern und kann daher nicht toleriert werden.

Je nach verwendetem Produktionsverfahren der Käfige sind die Stäbe gegenüber dem Rotorblechpaket nur schwach isoliert. Im Betrieb mit geschrägten Rotoren bildet sich ein Querstrom $\underline{I}_{q\nu}$ aus, der nicht nur Querstromzusatzverluste $P_{q,r}$, sondern auch eine Veränderung des Drehmomentverlaufs $M(n)$ bewirkt [35, 62, 76]. Um den Einfluss dieser Querströme $\underline{I}_{q\nu}$ im Rechenmodell zu berücksichtigen, wird das in [23, 26, 35] vorgestellte

Modell des komplexen Schrägungsfaktors χ_ν verwendet. Hier wird angenommen, dass der Querwiderstand R_q als Übergangswiderstand zwischen zwei Rotorstäben gleichmäßig entlang des Stabes mit der Nutseitenfläche A verteilt ist (siehe Abbildung 4.41a):

$$R_q = \frac{\Delta l_{ox}}{\kappa_{ox} \cdot A} = \frac{r_q}{A}. \tag{4.167}$$

Daher ist der Querwiderstand R_q im Wesentlichen durch die Oxidschicht zwischen Stab und Rotorblechpaket mit der Dicke Δl_{ox}, der elektrischen Leitfähigkeit κ_{ox} und der Durchtrittsfläche A bestimmt.

Da je nach Produktionsprozess und -strategie die Dicke Δl_{ox} sogar innerhalb der Stäbe einer Maschine stark variiert, ist auch eine Vorausberechnung des Querwiderstandsbelags r_q nur bedingt möglich. In [77] wird eine Näherungsformel angegeben, die sich aus der Auswertung einer Vielzahl von Rotoren ergibt. In der Regel müssen die Querwiderstände R_q jedoch gemessen werden, um eine Aussage über die Werte machen zu können, die sich aus dem angewandten Produktionsverfahren ergeben. In [35, 77, 78] werden Vorschläge für Messmethoden zur Ermittlung der Querwiderstände R_q angegeben. Die hier untersuchten Rotoren weisen einen sehr kleinen Querwiderstandsbelag r_q auf, weswegen die Messauswertemethoden [77, 78] aufgrund ihrer vereinfachenden Annahmen eines gleichmäßig verteilten Querwiderstands R_q entlang der Nut und vernachlässigbar kleinem Stabwiderstand $R_{stab} << R_q$ nicht verwendet werden können.

Die Messungen bei den Motoren AH80 und AH100 ergaben nur um knapp 5 %-10 % geringere Stabwiderstände R_{stab} im Vergleich zum gemessenen Querwiderstand $R_{q,mess}$ zwischen zwei Stäben (Abbildung 4.41a). Deswegen musste die in [35] vorgeschlagene Messmethode aus Abbildung 4.41b) verwendet werden. Um den reinen Querwiderstandsbelag r_q zu erhalten muss der Stabwiderstand R_{stab} vom gemessenen Querwiderstand $R_{q,mess}$ subtrahiert werden und anschließend die doppelte Nutseitenfläche $2 \cdot A$ multipliziert werden [35]:

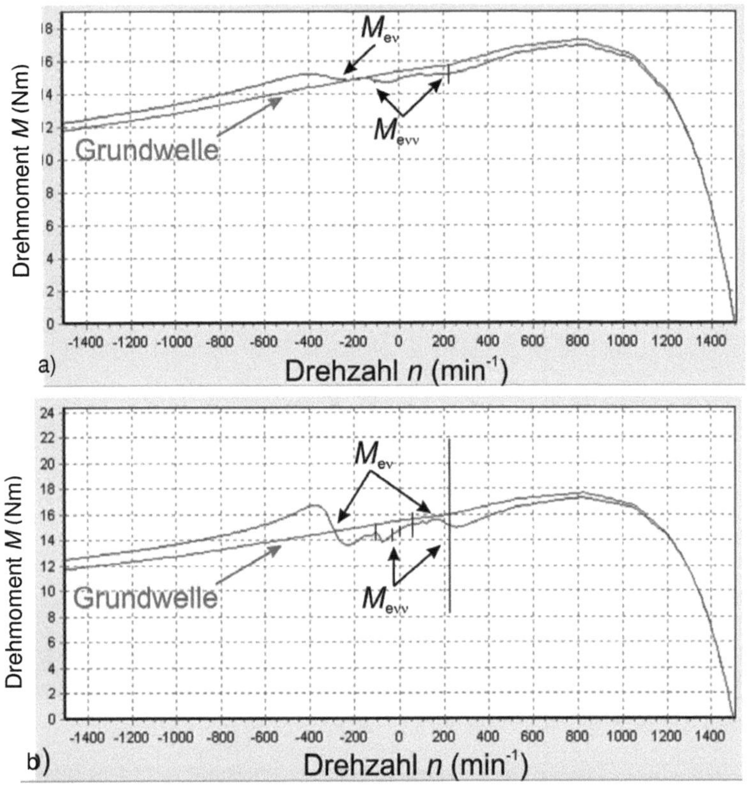

Abbildung 4.40: Analytisch (*KLASYS*) berechnete Hochlaufkurve $M(n)$ des Motors AH80 bei U_N = 400 VY als Grundwellenmotor und mit der Summe der Grundwelle- und aller Oberwellenmomente bei a) Schrägung der Rotorstäbe um b_{sk} = τ_{Qr} und b) ohne Schrägung. Die Rechnung enthält den komplexen Schrägungsfaktor.

$$r_q = 2\cdot(R_{q,mess}-R_{stab})\cdot A \text{ in } (\Omega\cdot m^2). \quad (4.168)$$

Es ergeben sich die in Tabelle 4.9 zusammengefassten Messergebnisse. Abbildung 4.41c) zeigt die gemessenen Querstromwiderstandsbeläge r_q aller Stabpaare von zwei baugleichen Rotoren des Motors AH100. Es wird deutlich, dass diese Werte zwischen den einzelnen Stabpaaren und auch zwischen den beiden Rotoren deutlich voneinander abweichen. Bei der analytischen Berechnung wird jeweils der Mittelwert aller Stabpaare der beiden vermessenen Rotoren verwendet.

Tabelle 4.9: Messergebnisse der nach *Weppler* [35] ermittelten Querwiderstände R_q als Mittelwert der Messungen jeweils zweier Rotoren und aller Q_r Stabpaare (in Klammern stehen jeweils die auf den Mittelwert bezogene Standardabweichungen σ der Messergebnisse aller $Q_r/2$ Stabpaare)

Messgröße	AH80	AH100
$R_{q,mess}$ in [Ω] (σ[%])	$3{,}93 \cdot 10^{-5}$ (11,3)	$4{,}94 \cdot 10^{-5}$ (13,9)
A in [cm²]	13,83	16,98
$r_{q,mess} = 2 \cdot R_{q,mess} A$ in [Ω·cm²] (σ[%])	$1{,}09 \cdot 10^{-3}$ (11,3)	$1{,}68 \cdot 10^{-3}$ (13,9)
$R_{Stab,mess}$ in [Ω] (σ[%])	$3{,}60 \cdot 10^{-5}$ (9,9)	$4{,}69 \cdot 10^{-5}$ (13,5)
$r_q = 2 \cdot (R_{q,mess} - R_{stab}) \cdot A$ in [Ω·cm²] (σ[%])	**$9{,}14 \cdot 10^{-5}$** (75)	**$8{,}58 \cdot 10^{-5}$** (81)

Weppler [35] erläutert den Einfluss des Querwiderstands R_q und damit des Querstroms $\underline{I}_q$ auf den Drehmomentverlauf $M(n)$, die Kurzschlussströme I_k und die Zusatzverluste P_{zus}. Durch die Einführung des komplexen Schrägungsfaktors χ_ν lassen sich diese Einflüsse auch mathematisch im Berechnungsmodell erfassen. Abbildung 4.42 zeigt den Einfluss des Querwiderstandsbelags r_q auf den Kurzschlussstrom I_k und das Anlaufmoment M_1 beider Motoren AH80 und AH100 in der analytischen Berechnung nach *Weppler* [35]. Sehr kleine Querwiderstandsbeläge r_q sorgen für einen Anstieg des Kurzschlussstromes I_k um etwa 6 % (AH80) bzw. 7 % (AH100) und einen Anstieg von bis zu 12 % (AH80) bzw. 15 % (AH100) für das Anlaufmoment M_1 im Vergleich zum isolierten Käfig. Das muss bei der Auslegung der Antriebe beachtet werden, um die zulässigen Grenzwerte für die Kurzschlussscheinleistung S_k und das Anlaufmoment einzuhalten. Betrachtet man Abbildung 4.43, so wird auch der Einfluss des Querwiderstandsbelags r_q auf die Hochlaufkurven $M(s)$ der Motoren AH80 und AH100 deutlich. Abbildung 4.44 zeigt die im Reversierversuch (siehe Abschnitt 4.4.4) gemessenen Drehmomentverläufe $M(s)$ der beiden Motoren im Schlupfbereich $s = 0...2$. Bei $r_q = 9{,}1 \cdot 10^{-5}$ Ω·cm² für den Motor AH80 und $r_q = 8{,}6 \cdot 10^{-5}$ Ω·cm² für den Motor AH100 (vgl. Tabelle 4.9) gleichen die gemessenen und die berechneten Kurven im Schlupfbereich $0 < s < 1$ einander (siehe auch Abbildung 7.12a für den Motor AH160).

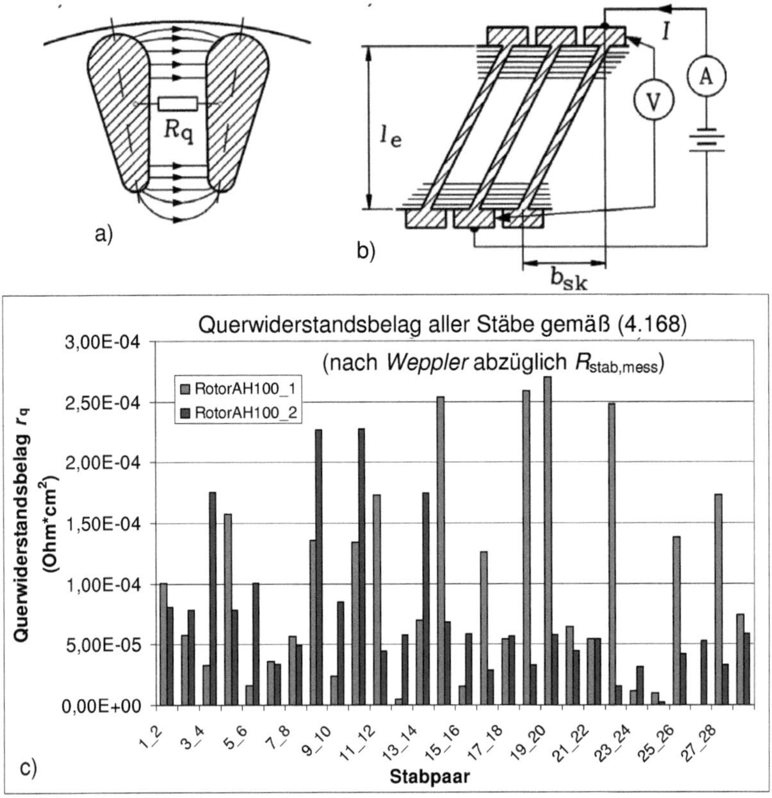

Abbildung 4.41: a) Veranschaulichung des Querwiderstandes R_q als Übergangswiderstand zwischen zwei Stäben b) Messaufbau zur Messung des Querwiderstandes gemäß *Weppler* [35] c) Gemessene Querwiderstandsbeläge r_q (4.168) zwischen den einzelnen Stabpaaren zweier Rotoren des Motors AH100.

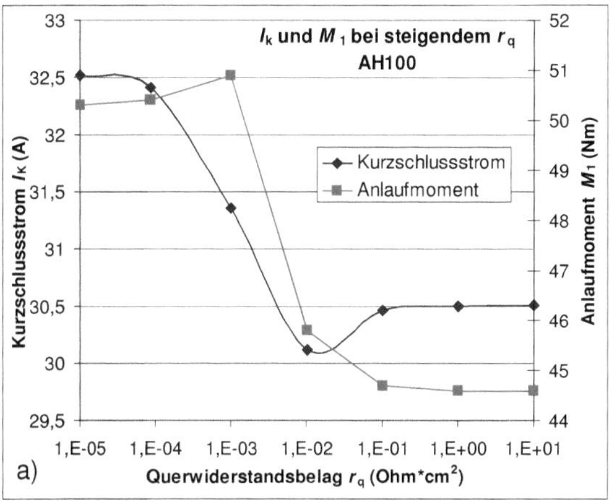

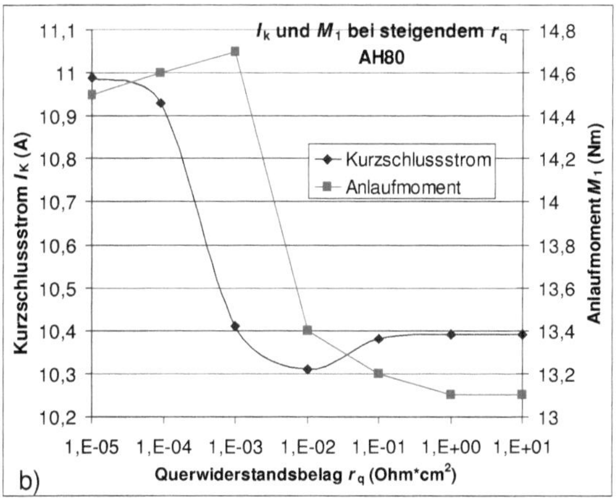

Abbildung 4.42: Einfluss des Querwiderstandsbelags r_q auf die analytische Berechnung des Kurzschlussstroms I_k und das Anfahrmoments M_1 am Beispiel der Motoren a) Motor AH80 und b) MotorAH100 (U_N = 400 VY).

Nimmt man den Käfig als isoliert an und vernachlässigt somit den Querstromeinfluss, so wird eine deutliche Abweichung sowohl beim Kipp- als auch beim Sattelmoment und der Form der Hochlaufkurve deutlich.

Im Gegenstrombereich ergibt die Messung für beide Motoren einen wesentlich stärkeren Anstieg des Drehmoments als vorausberechnet.

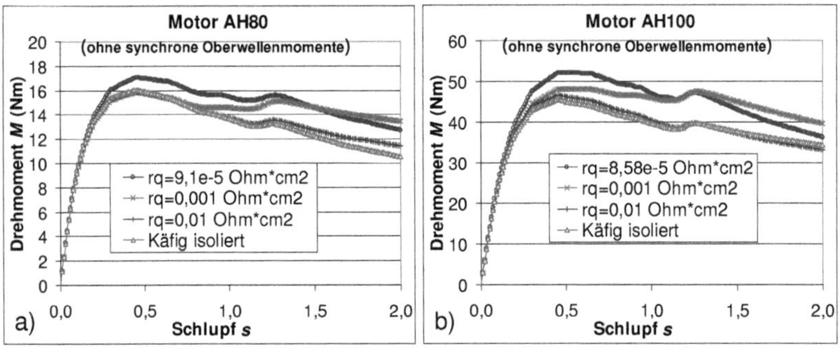

Abbildung 4.43: Analytisch mit *KLASYS* berechnete Hochlaufkurven $M(s)$ mit Berücksichtigung des Querstromeinflusses gemäß [35] bei Verwendung unterschiedlicher Werte für den Querwiderstandsbelag r_q a) Motor AH80 bei U_N = 400 VY b) Motor AH100 bei U_N = 400 VY.

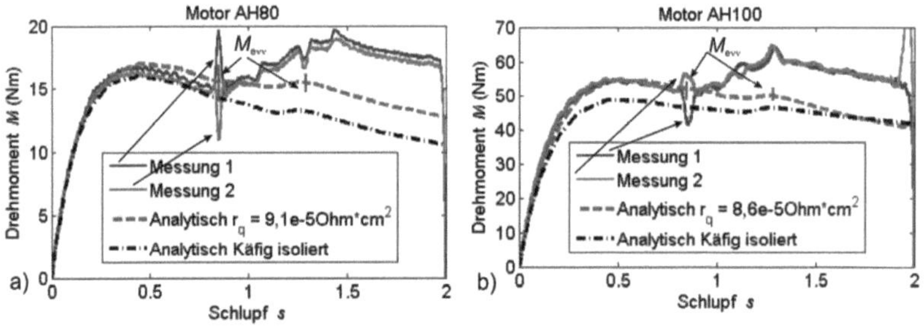

Abbildung 4.44: Vergleich zwischen gemessenen (Messmethode in Abschnitt 4.4.4 erläutert) und vorausberechneten Hochlaufkurven. Für die analytische Rechnung wurde der Fall mit Vorgabe des gemessenen Querwiderstandsbelags r_q (gemäß (4.165) siehe Tabelle 4.9) mit dem Fall des isolierten Käfigs ohne Berücksichtigung des Querstromeinflusses verglichen. a) Motor AH80 bei U_N = 400 VY b) Motor AH100 bei U_N = 400 VY.

Eine Begründung für den starken Anstieg der gemessenen Drehmomentkurven $M(s)$ im Gegenstrombereich ($1 < s < 2$) wird in [33, 62] gegeben. Durch die aufgrund der kleinen Querwiderstände R_q sehr großen Querströme $\underline{I}_q$ steigen die Stromwärmeverluste $P_{q,r}$, da sie proportional zu dem Produkt $R_q \cdot I_q^2$ sind, deutlich an. Gemäß [25, 26, 27, 28, 29, 32, 33, 47] ist das Drehmoment M proportional zu den Verlusten im Läufer und damit auch zu den Rotorstromwärmeverlusten $P_{Cu,r}$, die ebenfalls durch die Erhöhung des Rotorstroms durch die Querströme $\underline{I}_q$ ansteigen. Die Stromwärmever-

luste durch die Querströme $P_{q,r}$ und die erhöhten Rotorstromwärmeverluste $P_{Cu,r}$ zusammen sorgen also für eine Erhöhung des Drehmoments gerade im Gegenstrombereich.
Auch die Ummagnetisierungsverluste $P_{Fe,r}$ im Rotor erhöhen die Drehmomente zusätzlich [33]. Wie Abbildung 4.45a) zeigt, kommt es bei den Motoren zu Aluminiumeinlagerungen zwischen den Blechen. Durch einen hohen Druck soll bei der Produktion im Druckgussverfahren eine Reduktion der Lunkerbildung und ein geringerer Querwiderstands R_q erreicht werden, da dadurch zum einen die Rotorstromwärmeverluste $P_{Cu,r}$ und zum anderen die Querstromzusatzverluste P_q gesenkt werden (siehe Kapitel 4.5.4). Das führt vereinzelt zu einer durchgehenden Aluminiumfläche zwischen den Rotorblechen der untersuchten Motoren, die die Bleche kurzschließt und damit eine Ausbreitung der Wirbelströme auch in axialer Richtung begünstigt. Die Feldoberwellen $\nu \neq 0$ weisen auch schon bei geringer Belastung (Grundwellenschlupf $s_{\nu=1} \cong 0$) erheblich höhere Frequenzen $f_{r\nu} = f_s\,(1-\nu(1-s))$ als die Grundwelle auf. Wie in Kapitel 4.5.3 gezeigt wird, steigen die Wirbelstromverluste quadratisch mit der Frequenz, wodurch die Oberwellen unter Umständen erhebliche Zusatzverluste im Rotor und damit auch einen Anstieg des Drehmoments verursachen können. Mit steigendem Schlupf s steigt auch die Frequenz der Grundwelle im Rotor $f_r = s \cdot f_s$, wodurch die Ummagnetisierungsverluste und damit die Drehmomente gerade im Gegenstrombereich ($s > 1$) zusätzlich ansteigen.
Gemäß [33] gilt für Luftspaltleistung $P_{\delta\nu}$ und das Oberwellendrehmoment M_ν aufgrund der Ummagnetisierungsverluste durch die ν-te Feldoberwelle im Rotoreisen $P_{Fe\nu}$:

$$P_{\delta\nu} = \frac{P_{Fe\nu}}{s_\nu} \Rightarrow M_\nu = \frac{P_{\delta\nu}}{2 \cdot \pi \cdot n_\nu} \quad n_\nu = \frac{n_N}{\nu}. \tag{4.169}$$

Diese parasitären Drehmomente M_ν müssen zu den berechneten Hochlaufkurven $M(s)$ in Abbildung 4.44 addiert werden und erhöhen damit gerade im Gegenstrombereich die Drehmomente erheblich (siehe Abbildung 4.45c). Dieser Effekt wird in der analytischen Vorausberechnung in *KLASYS* nicht berücksichtigt, was die deutlichen Abweichungen der Drehmomentverläufe im Gegenstrombereich erklärt (vgl. Abbildung 4.44).

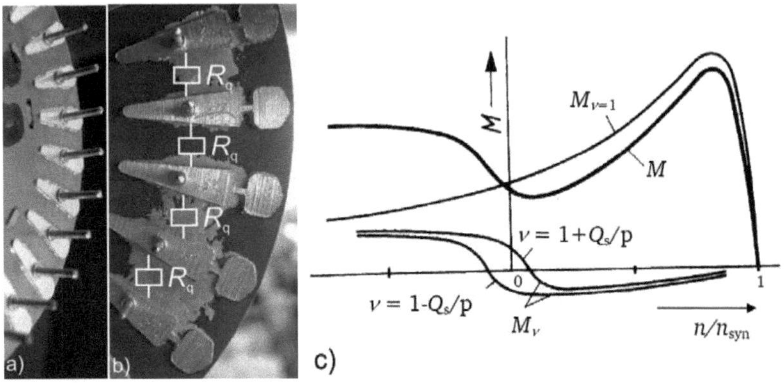

Abbildung 4.45: Rotorblechpaket mit Aluminiumkäfig nach dem Abdrehen des Kurzschlussringes und Abtrennen der äußersten Rotorbleche (Endbleche). Das zwischen die Bleche eingedrungene Aluminium ist der Grund für die sehr kleinen gemessenen Werte von r_q und sorgt für eine erhebliche Erhöhung der Wirbelstrom- und der Querstromzusatzverluste gerade bei hohen Schlupfwerten. Dadurch ergibt sich eine Erhöhung der Drehmomente gerade im Gegenstrombereich ($s > 1$): a) Motor AH80 b) Motor AH160 c) Oberfeldmomente M_ν durch oberfelderbedingte zusätzliche Ummagnetisierungsverluste $P_{Fe\nu}$; $M_{\nu=1}$ Grundwellenmoment [33].

4.4.4. Messung der Drehmomentverläufe im Reversierversuch

Zur Messung der Hochlaufkurve $M(n)$ wurde der Reversierversuch durchgeführt, wie er in [75, 79] beschrieben wird. Dafür wird der Wellenlüfter entfernt und das Trägheitsmoment J_r des Rotors über eine Zusatzmasse vergrößert (Abbildung 4.46) und während des bei etwa Leerlaufdrehzahl n_{syn} rotierenden Rotors ein Phasenwechsel durchgeführt. Dadurch wechselt die Drehrichtung des Drehfeldes, so dass der Rotor vom Schlupf $s = 2$ auf $s = 1$ gebremst wird, um anschließend in die andere Richtung bis zu einem Schlupf $s = 0$ zu beschleunigen. Während dieses Vorgangs werden die Spannung U_S, der Strangstrom I_S und die Drehbeschleunigung $\dot{\Omega}_m$ über einen nach dem *Ferraris*-Prinzip arbeitenden Drehbeschleunigungsaufnehmer aufgezeichnet (Abbildung 4.47a). Da nach [25, 26, 28] für die *Newton*'sche Bewegungsgleichung gilt:

$$J \cdot \frac{d\Omega_{\mathrm{m}}}{dt} = M_{\mathrm{e}} - M_{\mathrm{s}} \qquad J = J_{\mathrm{r}} + J_{\mathrm{zyl}},$$

$$\text{mit } J_{\mathrm{zyl}} = \frac{1}{2} \cdot \pi \cdot l \cdot \rho \cdot \left(r_{\mathrm{a}}^2 - r_{\mathrm{i}}^2\right)^2 \text{ zylindrische Zusatzmasse,} \tag{4.170}$$

kann über die Kenntnis des gesamten Trägheitsmomentes J der rotierenden Teile und der Messung des bremsenden Gegenmomentes M_{s} der Lager (Abbildung 4.47b) das antreibende Drehmoment M_{e} ermittelt werden. Zur Messung des Gegenmomentes M_{s} der Lagerreibung wird am äußeren Rand der Zusatzmasse am Radius r eine definierte Masse m über ein aufgerolltes Band befestigt und fallen gelassen (Abbildung 4.47b). Während des Fallens mit der konstanten Erdbeschleunigung g wird die Beschleunigung $\dot{\Omega}_{\mathrm{m}} = d\Omega_{\mathrm{m}} / dt$ gemessen. Aus der *Newton*'schen Bewegungsgleichung folgt mit $J \cdot \dot{\Omega}_{\mathrm{m}} = m \cdot g \cdot r - M_{\mathrm{s}}(\Omega_{\mathrm{m}})$ das Reibmoment $M_{\mathrm{s}}(\Omega_{\mathrm{m}})$ über $\Omega_{\mathrm{m}} = \int \dot{\Omega}_{\mathrm{m}} dt$. Da $\dot{\Omega}_{\mathrm{m}}$ nahezu konstant war, war auch das Reibmoment $M_{\mathrm{s}}(\Omega_{\mathrm{m}})$ der Lager nahezu unabhängig von der Drehzahl Ω_{m}, zumindest im gemessenen Drehzahlbereich $0 \leq n \leq 90\ \mathrm{min}^{-1}$. Der Einfachheit halber wurde für den fehlenden Drehzahlbereich $0 \leq n \leq n_{\mathrm{syn}}$ ebenfalls dieser Wert des Lagerreibungsmoments $M_{\mathrm{s}} = 23$ mNm verwendet. Das Drehmoment M_{e} ergibt sich dann zu $M_{\mathrm{e}} = J \cdot \dot{\Omega}_{\mathrm{m}} + M_{\mathrm{s}}$.

Da das Drehmoment quadratisch von der speisenden Spannung abhängt [23, 25, 26, 28, 29, 32, 47, 75], muss während des Versuchs die Spannung überwacht werden. Sollte sie aufgrund der hohen Ströme im Schlupfbereich $2 > s > 1$ stark einbrechen (was aufgrund der mit $S_{\mathrm{N}} = 400$ kVA des Transformators stark überdimensionierten Einspeisung für die Motoren AH80 und AH100 nicht der Fall war), so sind die Messwerte für die Drehmomente $M_{\mathrm{e}} \sim (U_{\mathrm{N}}/U_{\mathrm{mess}})^2$ zu korrigieren (siehe Abbildung 7.12d, Abbildung 7.13b, Abbildung 7.14b).

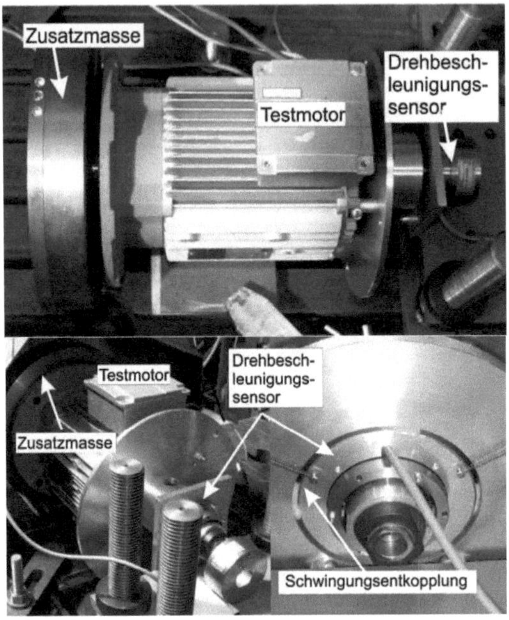

Abbildung 4.46: Messaufbau zur Ermittlung des Drehmomentverlaufs $M(n)$ während des Reversierens des Motors AH100. Um die Einflüsse der Vibrationen und der Geräuschabstrahlung während des Reversierens zu minimieren, sind ein möglichst schwingungsentkoppelter Aufbau und eine Filterung des Messsignals über einen Tiefpassfilter (Filtereckfrequenz: 20 Hz) unvermeidlich (im Bild nicht sichtbar).

Weiterhin ist zu beachten, dass der Drehbeschleunigungssensor schwingungsentkoppelt befestigt werden muss (Abbildung 4.46), damit sich die starken Vibrationen z.B. zufolge der Restunwucht, die der Antrieb während des Reversierens an das Fundament überträgt, nicht auf das Messergebnis auswirken. Da dies trotz aller konstruktiver Bemühungen nicht gänzlich möglich ist, und die Messung über die hochempfindlichen Drehbeschleunigungssensoren sogar von der Schallabstrahlung der Motoren beeinflusst wird, ist eine Filterung der Signale mit einem Tiefpassfilter mit Eckfrequenzen bis zu 20 Hz nötig (vgl. [79]). Hier ist natürlich darauf zu achten, dass das Messsignal von der Filterung nicht beeinflusst wird. Allerdings wird durch die Zusatzmasse der Reversiervorgang und damit auch die Zeitspanne zwischen dem Auftreten der Oberwellenmomente während des Re-

versierens deutlich verlängert, so dass auch niedrige Eckfrequenzen problemlos verwendet werden können, ohne die zu messenden Oberwellenmomente maßgeblich zu beeinflussen. Da während der Dauer des Reversierversuchs erhebliche Statorströme I_s und damit verbunden erhebliche Stromwärmeverluste $P_{Cu,s}$ auftreten, kommt es je nach Reversierdauer zu einer erheblichen Erwärmung der Wicklung und des Rotorkäfigs. Gemäß (4.173) hängt sowohl das Kippmoment M_b als auch das innere Moment M_e von den temperaturabhängigen *ohm*'schen Widerständen des Stators R_s und Rotors R_r' ab, was bei der Betrachtung der Messergebnisse berücksichtigt werden muss.
Um die über der Zeit *t* aufgetragenen Größen in Abbildung 4.47a) in Bezug zur Drehzahl *n* und damit zum jeweiligen Schlupf *s* bringen zu können, muss kein eigener Drehzahlsensor verwendet werden. Durch Integrieren der gemessenen Drehbeschleunigung kann mit der Annahme, dass die Drehzahl zu Beginn des Vorgangs $n_0 \approx -1500\ \mathrm{min}^{-1}$ beträgt, direkt auf die Drehzahl *n* zu jedem Zeitpunkt *t* rückgerechnet werden (Abbildung 4.48):

$$n = \frac{\Omega_\mathrm{m}}{2\pi} = \frac{1}{2\pi}\int \frac{d\Omega_\mathrm{m}}{dt}\,dt + n_0 \,. \qquad (4.171)$$

Die Wahl eines ausreichend großen zusätzlichen Trägheitsmoments J_{zyl} ist entscheidend für die Aussagekraft der Messergebnisse. Wird ein zu kleiner Wert verwendet, so sind gemäß [27, 67] die gemessenen Momentenwerte und vor allem das dynamische Kippmoment $M_{b,dyn}$ deutlich kleiner als im statischen Drehmomentverlauf. Abbildung 4.49b) zeigt, dass die Drehmomentverläufe $M(t)$, gemessen mit einer kleinen Schwungmasse (d = 15 mm; J = 0,089 kgm^2; $M_{b,dyn} / M_{b,stat}$ = 0,95), im Vergleich mit der Messung mit einer großen Schwungmasse (d = 40 mm; J = 0,237 kgm^2; $M_{b,dyn} / M_{b,stat}$ = 1) deutlich kleinere Werte liefern.

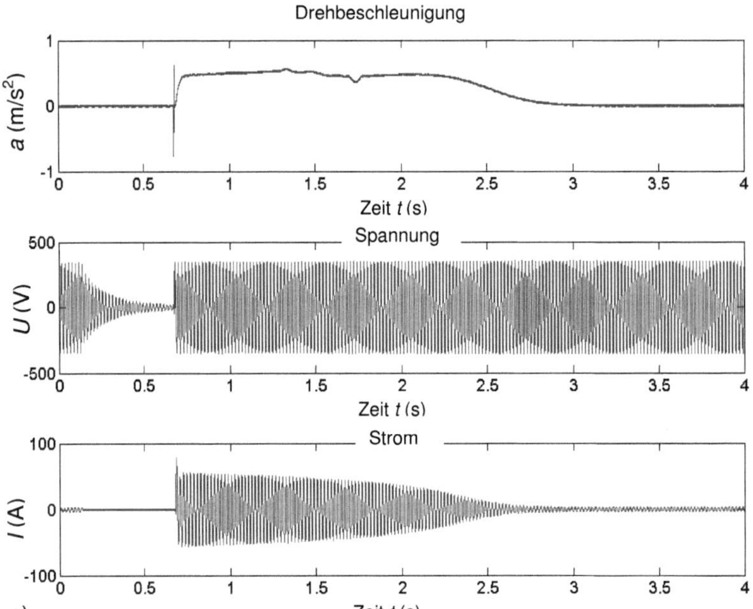

a)

b)

Abbildung 4.47: a) Während des Reversiervorgangs aufgenommene Messsignale: Strangspannung des Strangs U $U_{s,U}$, entsprechender Strangstrom $I_{s,U}$, Drehbeschleunigung $d\Omega_m/dt$ (im Bild Spannungssignale, die über den Verstärkungsfaktor des Messverstärkers zu Drehmomenten umgerechnet werden müssen) b) Messaufbau zur Ermittlung des bremsenden Lagermoments M_s im unteren Drehzahlbereich bis n =90 min^{-1}.

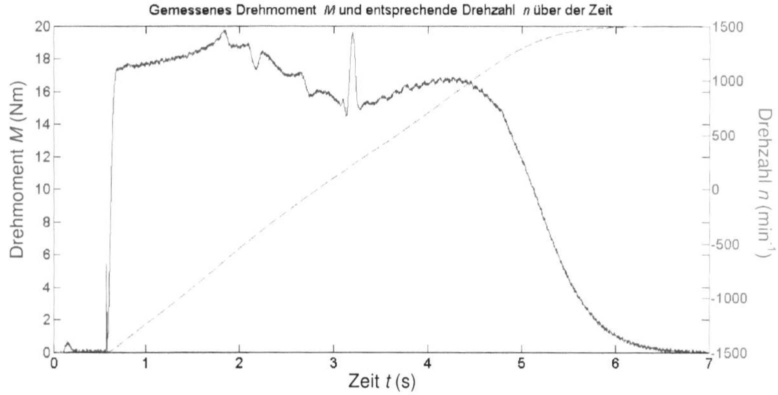

Abbildung 4.48: Reversiervorgang des Motors AH80 bei Bemessungsspannung U_N = 400 VY mit Aufnahme des Drehmoments M über der Zeit t durch Umrechnung der Drehbeschleunigung $d\Omega_m/dt$ und gleichzeitiger Berechnung der Drehzahl n zu jedem Zeitpunkt t durch Integrieren von $d\Omega_m/dt$.

Für die richtige Wahl der zusätzlichen Trägheitsmasse J_{zyl} wird in [27, 75] der *Pfaff-Jordan*-Parameter P definiert. Über die Kenntnis dieses Parameters kann eine Aussage darüber getroffen werden, wie groß das dynamische Kippmoment $M_{b,dyn}$ im Vergleich zum statischen Kippmoment $M_{b,stat}$ für unterschiedliche Trägheitsmomente ist [75]:

$$P=\left(\frac{\omega_s}{u_s}\cdot\frac{x_s}{x_h}\right)^2\cdot\tau_J\cdot r_r'\cdot s_b=\left(\frac{2\pi f_s}{U_s}\cdot\frac{L_s}{L_h}\right)^2\cdot J\cdot\frac{R_r'\cdot s_b\cdot 2\pi f_N}{3p^2} \tag{4.172}$$

mit $J=J_r+J_{zyl}$ und $L_s=L_{s\sigma}+L_h$.

Mit steigendem *Pfaff-Jordan*-Parameter P weichen $M_{b,dyn}$ und $M_{b,stat}$ immer weniger voneinander ab, so dass ab einem Wert von P = 7 das dynamische Moment $M_{b,dyn}$ schon 98 % des statischen Moments $M_{b,stat}$ aufweist. Für die Messungen wurde ein *Pfaff-Jordan*-Parameter P von mindestens 10 gewählt. Wird der Wert deutlich höher angesetzt, so wird der Reversiervorgang erheblich verlängert, was eine starke Erwärmung der Motoren bewirken kann. Da gemäß [23, 26, 27, 28, 29, 32, 47] das Kippmoment M_b und auch das innere Moment M_e von den Rotor- und Statorwiderständen abhängen, hat die Motortemperatur einen deutlichen Einfluss auf die gemessenen Momentenverläufe und sollte während des Reversierens nicht zu stark steigen (vgl. (4.159) bei Vernachlässigung der Schrägung $b_{sk} = 0$):

$$M_b = \pm \frac{m_s}{2} \frac{p}{\omega_s^2} U_s^2 \frac{1}{\pm \frac{R_s}{\omega_s} + \frac{1}{(1-\sigma)\omega_s X_s} \cdot \sqrt{(R_s^2 + X_s^2)(R_s^2 + \sigma^2 X_s^2)}},$$

$$M_e = m_s \frac{p}{\omega_s} U_s^2 \frac{s(1-\sigma) X_s X_r' R_r'}{(R_s R_r' - s\sigma X_s X_r')^2 + (s R_s X_r' + X_s R_r')^2}, \tag{4.173}$$

mit $\sigma = 1 - \frac{L_h^2}{L_s L_r'} = 1 - \frac{X_h^2}{X_s X_r'}$ (*Blondel*'sche Streuziffer).

Um die Messergebnisse des Reversierversuchs zu validieren, wurde für den Motor AH100 eine Vergleichsmessung mit einer Belastungsmaschine durchgeführt. Der Vergleich in Abbildung 4.49c) zeigt eine gute Übereinstimmung, auch wenn die synchronen Oberwellenmomente bei der Messung mit der Belastungsmaschine und sekündlicher Messwertaufnahme nicht sichtbar werden.

4.5. Verlustbilanz der KLASM

4.5.1. Allgemeines zum Leistungsfluss in der Asynchronmaschine

Bei der Betrachtung der Verlustbilanz einer KLASM wird in dieser Arbeit das Verbraucherzählpfeilsystem verwendet. Das bedeutet, dass dem Motor eine positive elektrische Eingangsleistung P_e über die Klemmen zugeführt wird und nach Abzug aller Verlustleistungen P_d, die innerhalb des Motors anfallen, eine positive mechanische Ausgangsleistung P_m über die Welle abgegeben wird. Der Wirkungsgrad η wird für den Motorbetrieb wie folgt definiert [25, 26, 27, 28, 29, 32, 33, 47, 80]:

$$\eta = \frac{P_m}{P_e} = \frac{P_e - P_d}{P_e}. \tag{4.174}$$

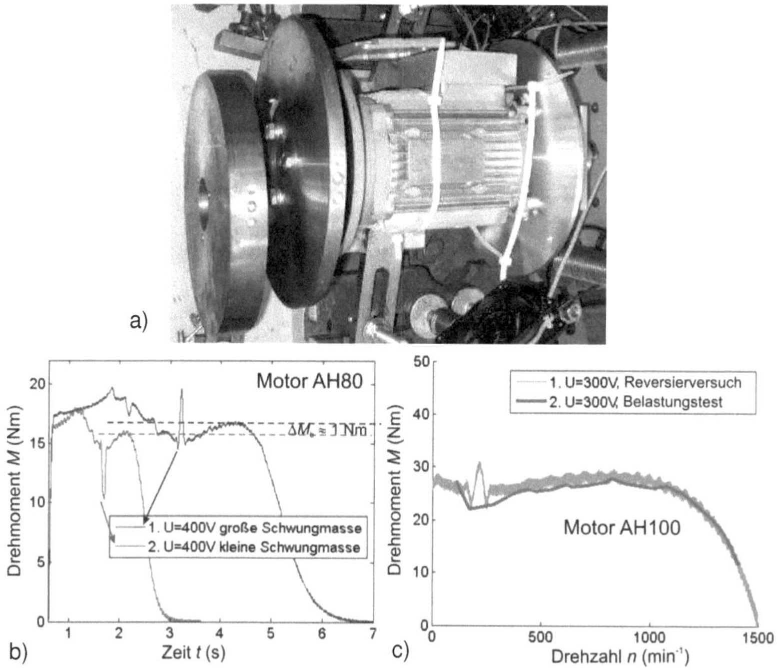

Abbildung 4.49: a) Motor AH80 mit unterschiedlichen zusätzlichen Scheiben zur Verdeutlichung der Auswirkung unterschiedlicher Trägheitsmomente J_{zyl}: Dicke Scheibe: d = 40 mm; J_{zyl} = 0,237 kgm^2; $P \approx 20$; $M_{b,dyn}/M_{b,stat} = 1$, dünne Scheibe: d = 15 mm; J_{zyl} = 0,089 kgm^2; $P \approx 6$; $M_{b,dyn}/M_{b,stat} = 0,95$ b) Reversiervorgang des Motors AH80 bei Betrieb mit Bemessungsspannung U_N = 400 VY mit den Schwungmassen mit unterschiedlichen Trägheitsmomenten J_{zyl} bzw. *Pfaff-Jordan*-Parametern P aus a). c) Vergleich der Messung der Drehmomentverläufe $M(n)$ im Hochlaufbereich $0 < s < 1$ des Motors AH100 über eine gekoppelte Belastungsmaschine (2.) und direkter Drehmomentmessung im Vergleich mit der Messung aus dem Reversierversuch (1.).

Abbildung 4.50a) stellt den Leistungsfluss der KLASM mit einer Aufspaltung der Gesamtverlustleistung P_d in einzelne Verlustkomponenten dar. In Abbildung 4.50b) ist die Aufteilung der Gesamtverluste P_d des Motors AH80 im Bemessungsbetrieb zu sehen. Die größten Verlustkomponenten sind i. A. die Stromwärmeverluste im Stator $P_{Cu,s}$ (53 %) und im Rotor $P_{Cu,r}$ (21 %). Die Ummagnetisierungsverluste $P_{Fe,s}$ des Stators stellen die Verluste dar, die die mit Synchrondrehzahl n_{syn} im Statorblech drehende Feldgrundwelle zur Magnetisierung des Stator-Blechpakets verursacht. Bei typischen Bemessungsschlupfwerten, die je nach Bemessungsleistung der Antriebe von $s_N = 1$ % (bei großen Leistungen) bis $s_N = 5$ % (bei kleinen Leistungen) variieren, sind die entsprechenden Ummagnetisierungsverluste im Rotor $P_{Fe,r}$ deutlich kleiner als die des Stators (Motor AH80 im Bemessungsbetrieb: $P_{Fe,s}/ P_{Fe,r} = 16{,}5$ W/0,4 W). Die durch die Feldoberwellen (siehe Abschnitt 4.3), die Querströme $\underline{I}_q$ (siehe Abschnitt 4.3.5.2) und die Stromverdrängung (siehe Abschnitt 4.1.7) verursachten zusätzlichen Ummagnetisierungs- bzw. Stromwärmeverluste werden zu den Zusatzverlusten P_{zus} zusammengefasst. In Abschnitt 4.5.4 wird eine genaue Aufspaltung dieser Verluste vorgenommen. Obwohl die Zusatzverluste meist nur 10 % - 15 % (12 % beim Motor AH80) der Gesamtverlustleistung P_d ausmachen, werden sie in dieser Arbeit besonders betrachtet, da zum einen ihre Vorausberechnung deutlich anspruchsvoller ist und zum anderen vornehmlich bei diesen Verlustkomponenten Verbesserungspotentiale hinsichtlich der Erhöhung des Gesamtwirkungsgrades η besteht. Hinzu kommt, dass die aktuellen Wirkungsgradklassen im Premium-Effizienzbereich (IE3 und IE4) nur noch geringe Unterschiede aufweisen, weswegen die Vernachlässigung oder nur unzureichend genaue Vorausberechnung der Zusatzverluste P_{zus} zu einer fehlerhaften Einstufung der Motoren führen kann (vgl. Abschnitt 3.2.2).

Die Luft- und Lagerreibungsverluste P_{fr+w} stellen die Verluste dar, die durch Luftreibung (vorzugsweise des Wellenlüfters) und Reibung der Kugellager entstehen. In *KLASYS* können die durch Reibung verursachten Verluste für den Leerlaufbetrieb dem Programm aus Meßwerten vorgegeben werden. Daraus können dann aus dem Verhältnis von aktueller Drehzahl n zur Leerlaufdrehzahl $P_{fr+w} \sim n/n_{syn}$ gemäß einer linear angenommenen Abhängigkeit näherungsweise die Reibungsverluste in jedem Arbeitspunkt bestimmt werden.

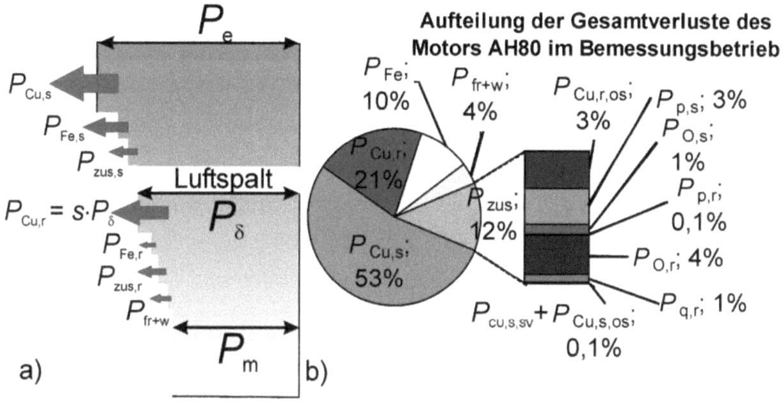

Abbildung 4.50: a) Leistungsfluss der KLASM [26] b) Aufteilung der Gesamtverluste P_d für den Motor AH80 im Bemessungsbetrieb U_N = 400 VY; P_N = 750 W [67] (*KLASYS*-Berechnung).

4.5.2. Stromwärmeverluste im Stator und Rotor

Die in der Ständerwicklung einer m_s-strängigen Drehfeldwicklung fließenden Ströme $\underline{I}_s$ erzeugen Stromwärmeverluste $P_{Cu,s}$, die aus dem Widerstand je Strang R_s und dem Effektivwert des Strangstroms $\underline{I}_s$ folgendermaßen berechnet werden [25, 26, 27, 28, 29, 32, 33, 47, 80]:

$$P_{Cu,s} = m_s \cdot R_s \cdot I_s^2 . \tag{4.175}$$

Auch der in den Rotor induzierte Rotorgrundstrom $\underline{I}_{r\nu=1}$ erzeugt Stromwärmeverluste $P_{Cu,r}$ (vgl. (4.17)), die in den Stäben und Endringen des Läufers anfallen. Eine einfache Berechnung der Rotorstromwärmeverluste $P_{Cu,r}$ ergibt sich durch die Verwendung des in Abbildung 4.7 zu sehenden Ersatzschaltbildes, mit auf die Statorseite umgerechneten Parametern des Rotors R'_r und $\underline{I}'_r$. [26, 27, 28, 29, 33, 47]:

$$P_{Cu,r} = Q_r \cdot R_r \cdot I_r^2 = s \cdot P_\delta = s \cdot \left(P_e - P_{d,s}\right) = m \cdot R'_r \cdot I'^2_r . \tag{4.176}$$

Dabei wird die Luftspaltleistung P_δ im Motorbetrieb als die elektrische Eingangsleistung P_e abzüglich der gesamten Verluste $P_{d,s}$, die im Stator anfallen, definiert. Die Stromwärmeverluste des Stators $P_{Cu,s}$ stellen im Bemessungsbetrieb in der Regel den größten Verlustanteil dar (siehe Tabelle 4.11 und Abbildung 4.50b). Zu beachten ist, dass sowohl die

Stromwärmeverluste des Stators $P_{\text{Cu,s}}$ als auch die des Rotors $P_{\text{Cu,r}}$ durch die Stromverdrängung (siehe Abschnitt 4.1.7) und die damit verbundenen Erhöhung der Widerstände ansteigen. Während sich die Statorwiderstände R_{s} durch die Stromverdrängung 1. Ordnung (Schlingströme zwischen den Leitern) bei Betrieb am 50Hz und 60Hz-Netz kaum erhöhen, sind die Rotorwiderstände R_{r} in der Regel gerade bei hohen Schlupfwerten $s > 0{,}5$ und damit höheren Rotorfrequenzen $f_{\text{r}} = s\, f_{\text{s}}$ stark erhöht. Dies gilt besonders bei Motoren mit tiefen Nuten, bei denen zur Beschränkung der Kurzschlussscheinleistung S_{k} eine Doppelstabanordnung verwendet werden muss (siehe Motor AH160 in Kapitel 7).

4.5.3. Ummagnetisierungsverluste im Stator und Rotor

Durch die aufgrund der Grundwelle des Drehfeldes wechselnden magnetischen Flüsse im Aktiveisen des Motors kommt es zu Verlusten, die unter dem Begriff Ummagnetisierungsverluste P_{Fe} zusammengefasst werden. Das sind im Wesentlichen die Wirbelstromverluste P_{Ft}, die bei 50 Hz bzw. 60 Hz und bei ca. 0,5 mm dünnen Blechen quadratisch von der Frequenz im Stator $\sim f_{\text{s}}^2$ bzw. Rotor $\sim f_{\text{r}}^2$ abhängen, und die $\sim f_{\text{s}}$ von der jeweiligen Frequenz abhängenden Hystereseverluste P_{Hy}, die zur Fläche unter der Magnetisierungsschleife (Hystereseschleife) $w_{\text{Hy}} = \int_C \vec{B} d\vec{H}$ des weichmagnetischen Eisenmaterials proportional sind. In [26, 28, 29, 33, 47] wird zur Berechnung dieser Verluste die *Steinmetz*-Formel verwendet:

$$P_{\text{Fe}} = k_{\text{V}} \cdot \left(\frac{B}{B_{\text{ref}}} \right)^2 \cdot \left(p_{\text{Ft}} \cdot \left(\frac{f}{f_{\text{ref}}} \right)^2 \cdot \left(\frac{d}{d_{\text{ref}}} \right)^2 + p_{\text{Hy}} \cdot \frac{f}{f_{\text{ref}}} \right) \cdot m \,. \tag{4.177}$$

Dabei stellen die beiden Verlustziffern p_{Ft} und p_{Hy} die in einem *Epstein*-Rahmen bei einer Referenzflussdichte B_{ref} (meist 1T oder 1,5T) für eine Blechprobe der Dicke d_{ref} bei einer Ummagnetisierungsfrequenz von f_{ref} gemessenen Verlustdichten in W/kg dar. Diese lassen sich durch Lösung eines Gleichungssystems für zwei gemessene Verlustdichtewerte bei unterschiedlichen Frequenzen f aus dem Datenblatt des jeweils verwendeten Blechmaterials berechnen (siehe Anhang A). Dabei ist zu beachten, dass die Werte der Verlustdichten im jeweiligen Frequenzbereich zu betrachten

sind, da sich mit steigenden Frequenzen größere Verlustziffern p_{Hy} für die Hystereseverluste ergeben [81, 82].
Eine alternative Berechnungsmethode über die so genannte *Bertotti*-Formel, die auch im FEM-Programm *FLUX2D* zum Einsatz kommt, wird in [83] vorgestellt.
Der als zusätzliche Wirbelstromverluste (engl. Excess losses) bekannte Anteil der Ummagnetisierungsverluste ist nach Bertotti $\sim f_s^{1,5}$ [83] und ist bei nicht kornorientierten Blechen klein, weswegen er aufgrund der niedrigen Frequenzen und der daraus resultierenden kleinen Verlustleistungen bei der Betrachtung von KLASM im Netzbetrieb vernachlässigt werden kann.
Der Verschlechterungsfaktor k_{V} berücksichtigt in beiden Berechnungsmethoden die Erhöhung der Ummagnetisierungsverluste durch die Erhöhung der Verlustziffern aufgrund der Bearbeitungseinflüsse durch z. B. das Stanzen der Bleche. Dabei muss zwischen den dünnen Zahnbereichen mit hier pulsierenden Flüssen und den Jochen mit drehenden Feldvektoren unterschieden werden. Die dünnen Zähne werden durch die im Verhältnis breitere Stanzkante, wie das auch schon bei der Magnetisierbarkeit in Abschnitt 4.2 der Fall war, deutlich stärker beeinflusst als die breiteren Joche [48, 50]. Allerdings kommt es durch das Einpressen oder Aufschrumpfen des Gehäuses durch die Druckbelastung zu einer zusätzlichen Verschlechterung der Magnetisierbarkeit im Jochbereich. In *KLASYS* werden die Verschlechterungen abhängig von der Blechbreite, der mittleren Flussdichte und des mittleren Korndurchmessers d_{K} der Blechkornstruktur gemäß [48] ermittelt (vgl. Abschnitt 4.2). Ähnliche Untersuchungen wurden in [49, 50, 51, 52, 81, 82] durchgeführt. Die für die Motoren AH80 und AH100 berechneten Ummagnetisierungsverluste P_{Fe} im Vergleich mit den Messwerten und den FEM-Ergebnissen für den Bemessungsbetrieb stellt Tabelle 4.11 zusammen. Eine Erhöhung der Hystereseverluste im Joch durch die drehende Hysterese wird nicht gesondert erfasst, sondern ist pauschal in k_{V} enthalten.

4.5.4. Zusatzverluste in der KLASM

Unter dem Begriff Zusatzverluste P_{zus} werden (in dieser Arbeit) alle Verluste zusammengefasst, die aufgrund von Stromverdrängungseffekten 1.

und 2. Ordnung, Schrägung und Oberwelleneffekten entstehen. Tabelle 4.10 gibt eine Übersicht über die Komponenten, die in Summe die Zusatzverluste des Stators $P_{zus,s}$ und Rotors $P_{zus,r}$ ausmachen. Die folgenden Abschnitte beinhalten eine Erläuterung zu den jeweiligen Komponenten und vergleichen analytische Berechnungsergebnisse mit FEM-Ergebnissen und Messungen. Der Anteil der berechneten Zusatzverlustkomponenten an den Gesamtverlusten P_d im Bemessungsbetrieb für den Motoren AH80 wird in Abbildung 4.50b) gezeigt. Tabelle 4.11 fasst die Verlustbilanzen beider Motoren AH80 und AH100 im Bemessungsbetrieb zusammen.
In [84] werden Untersuchungsergebnisse bezüglich der zusätzlichen Verluste durch Wirbelströme im Gehäuse und den Lagerschilden P_{Geh} vorgestellt. Bei einer 1,5 MW KLASM wurden die Flussdichten im Gehäuse und in den Lagerschilden über *Hall*-Sonden gemessen. Die daraus berechneten Verlustleistungen sind selbst bei dieser hohen Bemessungsleistung sehr klein. Ebenso spielen die Zusatzverluste durch Stromverdrängung 1. Ordnung $P_{Cu,s,sv}$ und die zusätzlichen Stromwärmeverluste durch sekundäre Ankerrückwirkung im Stator $P_{Cu,s,os}$ bei den hier untersuchten, am 50Hz- und 60Hz-Netz betriebenen Motoren keine Rolle. Die zusätzlichen Oberflächenverluste $P_{O,r}$ durch axiale Wirbelströme in den teilweise durch Eisengrate an der Rotoroberfläche gebrückten Blechen, die aufgrund des Überdrehens der Rotoroberfläche auf das definierte Endmaß bei Rotoren mit geschlossenen Rotornuten entstehen, spielen bei den heutzutage verwendeten Schleifwerkzeugen und den hier verwendeten Blechdicken von $d > 0{,}5$ mm ebenfalls keine wesentliche Rolle mehr. Daher werden alle diese Verlustkomponenten im Folgenden nicht weiter berücksichtigt. Da in dieser Arbeit nur Motoren mit in Stern geschalteten Wicklungen untersucht werden, können die Zusatzverluste durch sättigungsbedingte Kreisströme $\underline{I}_D$ bei Dreieckschaltung $P_{Cu,s,3}$ nicht auftreten. Die analytische Berechnung der Zusatzverluste durch die Rotoroberströme $P_{Cu,r,os}$ in *KLASYS* beinhaltet bereits den Einfluss der durch die Stromverdrängung 2. Ordnung (vgl. Abschnitt 4.1.7) erhöhten Rotorwiderstände und damit die durch die Stromverdrängung verursachten Zusatzverluste $P_{Cu,r,sv}$.

4.5.4.1. Zusatzverluste durch Flusspulsationen im Stator und Rotor

Für eine Berechnung der Zusatzverluste durch pulsierende Flüsse in den Zähnen und Jochen von Stator und Rotor werden die Zeitverläufe der Flüsse benötigt. Grundlegende Arbeiten zu diesem Thema sind [34, 40, 66], die in [31] miteinander verglichen und teilweise kombiniert werden. Dabei werden Methoden zur Berechnung der netzfrequenten und höherfrequenten Flusskomponenten vorgestellt, die phasenrichtig addiert werden müssen, um den resultierenden Gesamtfluss zu errechnen. Es wird bei der Berechnung zwischen den Statoreckzähnen zwischen zwei Spulengruppen und den Statormittelzähnen zwischen zwei Nuten einer Spulengruppe unterschieden (siehe Abbildung 4.51). Gemäß [31, 67] setzt sich der gesamte Fluss in den Statorzähnen aus folgenden Komponenten zusammen:

- Netzfrequenter und höherfrequenter Spaltstreufluss (auch Zick-Zack-Streufluss genannt) im Eck- und Mittelzahn $\underline{\phi}_{Z}(t)$:

  Die Ursache für den Spaltstreufluss im Stator sind die dämpfenden Grundfelder des Rotors $B_{r\mu=\nu}$. Diese dämpfen die Statorfelder und verhindern somit ein Eindringen in den Rotor. Dadurch schließen sich einige Feldlinien schon bei kleinen Schlupfwerten s über den Zahnkopf des Rotors und sind nicht mit den Leitern des Rotors verkettet (siehe Abbildung 4.51). Die Sättigung der netzfrequenten Grundwelle des Spaltstreuflusses Φ_Z wird gemäß Abschnitt 4.1.5 durch den integralen Zahnkopfsättigungsfaktor K_{ZK} (siehe Abbildung 4.12) erfasst. Die durch $\underline{\Phi}_Z$ in den Stator induzierte Spannung wird durch $\Delta\underline{U}_2$ berücksichtigt (Abbildung 4.14). Der netzfrequente Anteil lässt sich gemäß [31, 37] wie folgt beschreiben:

$$\phi_{Z,50}(t)=\left[\left(\Phi_{Z,\max}-\Phi_{Z,\min}\right)\cdot\frac{4}{3}\cdot\frac{d'}{t_{Qr}}+\Phi_{Z,\min}\right]\cdot\cos(\omega_s\cdot t). \tag{4.178}$$

  Die Formeln zur Bestimmung der von K_{ZK} abhängigen minimalen und maximalen Flüsse $\Phi_{Z,\min}$ bzw. $\Phi_{Z,\max}$ sind in [31, 40] für einen Eck- und einen Mittelzahn angegeben. Die höherfrequenten Anteile des Spaltstreuflusses Φ_Z werden mit dem lokalen Zahnkopfsättigungsfaktor k_{zk} bewertet und können vereinfacht wie folgt angegeben werden [31]:

$$\phi_{Z,>50}(t) =$$
$$= \left(\Phi_{Z,max} - \Phi_{Z,min}\right) \cdot \sum_{g \neq 0} a_g \cdot \cos\left(\left[\omega_s \cdot t \cdot \left(1 + \frac{g \cdot Q_r}{p} \cdot (1-s)\right)\right]\right) \cdot \tag{4.179}$$

Dabei stellen die Faktoren a_g die nach *Schetelig* in [40] definierten *Fourier*-Koeffizienten der Spaltstreuung dar. Da die ihnen zugehörigen Frequenzen ein Vielfaches der Statorfrequenz f_s sind, kann die von diesen Flüssen induzierte Spannung nur dann einen Strom am starren Netz hervorrufen, wenn die Phasenverschiebungen in den einzelnen Strängen nicht gleich sind („sekundäre Ankerrückwirkung"). Dieser Effekt wird im Ersatzschaltbild in Abbildung 4.14 nicht berücksichtigt. Die Summe aus (4.178) und (4.179) ergibt den Zeitverlauf des Spaltstreuflusses $\phi_Z(t)$ (vgl. Abbildung 4.10d).

- Hauptfluss der Wicklungsoberfelder $\underline{\Phi}_{h\nu}$ des Stators:

  Gemäß [40] wird unter dem Hauptfluss einer Feldoberwelle der in die Läufermaschen eintretende Fluss der Frequenz $s_\nu \cdot f_s$ verstanden. Daher wird bei der Berechnung des Jochflusses $\underline{\Phi}_{h\nu}$ (oder auch halben Polflusses $\underline{\Phi}_{p\nu}$) nur der *ohm*'sche Widerstand $R_{r\nu}$ und der Spannungsfall an der Streureaktanz des Läufers $X_{r\sigma\nu}$ berücksichtigt.

$$\underline{\Phi}_{h\nu} = \frac{\underline{\Phi}_{p\nu}}{2} = \left(-j\frac{R_{r\nu}}{s_\nu \cdot \omega_s} + L_{r\sigma\nu}\right) \cdot \left|\underline{I}_{Stab,\nu} \cdot \sqrt{2}\right|. \tag{4.180}$$

  Dabei gilt für den Rotorstrom $\underline{I}_{r\nu} = j \cdot \underline{I}_{Stab,\nu}$ und damit mit dem auf die Statorseite umgerechneten Wert $\underline{I}_{Stab,\nu} = -j \cdot \ddot{u}_I \cdot \underline{I}'_{r\nu}$ mit $\ddot{u}_I$ gemäß (4.45). Die Phasenlage entspricht dem des Statorstroms $\underline{I}_s$. Die Ordnungszahlen ν sind nach Gleichung (4.62) zu berechnen.

Tabelle 4.10: Auflistung der Komponenten der Zusatzverluste P_{zus} im Leerlauf- und Lastbetrieb in geschrägten KLASM, getrennt nach Stator und Rotor mit in dieser Arbeit verwendeten Bezeichnungen.

	Statorzusatzverluste $P_{zus,s}$	**Rotorzusatzverluste Rotor $P_{zus,r}$**
Leerlauf $P_{zus,0}$	Leerlauf-Flusspulsationsverluste in den Statorzähnen $P_{p,s,0}$	Leerlauf-Flusspulsationsverluste in den Rotorzähnen $P_{p,r,0}$
	Oberflächenverluste durch Ummagnetisierungsverluste in den Zahnköpfen $P_{O,s,0}$	Oberflächenverluste durch Ummagnetisierungsverluste in den Eisenbrücken der überdrehten Rotoren und in den Zahnköpfen $P_{O,r,0}$
	Zusatzverluste durch Stromverdrängung 1. Ordnung (Schlingströme zwischen Leitern in die Nut) im Leerlauf $P_{Cu,s,sv,0}$	
	Zusatzverluste durch Wirbelstromverluste im massiven Gehäuse und in den Lagerschilden im Leerlauf $P_{Geh,0}$	Zusatzverluste durch Rotoroberströme im Leerlauf $P_{Cu,r,os,0}$
	Zusatzverluste durch sättigungsbedingte Kreisströme bei Dreieckschaltung $P_{Cu,s,3,0}$	Zusatzverluste durch sättigungsbedingte Oberströme $P_{Cu,r,3,0}$
Bemessungsbetrieb $P_{zus,Last}$	Durch sekundäre Ankerrückwirkung in die Statorwicklung induzierte Oberströme $P_{Cu,s,os,N}$	Zusatzverluste durch Rotoroberströme im Lastfall $P_{Cu,r,os,N}$
	Lastabhängige Flusspulsationsverluste in den Statorzähnen $P_{p,s,N}$	Zusatzverluste durch Rotorquerströme im Blechpaket unter Last $P_{q,r,N}$
	Lastabhängige Oberflächenverluste durch Ummagnetisierungsverluste in den Zahnköpfen $P_{O,s,N}$	Zusatzverluste durch größeren Rotorwiderstand bei Stromverdrängung 2. Ordnung im Lastfall $P_{Cu,r,sv,N}$
		Lastabhängige-Flusspulsationsverluste in den Rotorzähnen $P_{p,r,N}$
		Lastabhängige Oberflächenverluste durch Ummagnetisierungsverluste in den Eisenbrücken der überdrehten Rotoren und in den Zahnköpfen $P_{O,r,N}$

- Nutstreufluss im Zahnkopf bzw. Zahnschaft des Stators $\underline{\Phi}_{s\sigma Q}$:

  Der Nutstreufluss $\underline{\Phi}_{s\sigma Q}$ schließt sich quer über die q Zähne einer Spulengruppe entlang der Eckzähne und das Statorjoch (siehe Abbildung 4.51). Da er sich mit Netzfrequenz f_s verändert, wird er im Ersatzschaltbild über die Nutstreuinduktivität $L_{s\sigma Q}$, die einen Teil der gesamten Ständerstreuinduktivität $L_{s\sigma}$ darstellt, berücksichtigt. Da gilt:

$$\underline{\Phi}_{s\sigma Q} = L_{s\sigma Q} \cdot \underline{I}_s = \mu_0 \cdot N_s^2 \cdot \frac{2}{p \cdot q} \cdot \lambda_{Qs} \cdot l_{Fe} \cdot \underline{I}_s, \tag{4.181}$$

  ist die Phasenlage des Nutstreuflusses $\underline{\Phi}_{s\sigma Q}$ die des entsprechenden Statorstroms $\underline{I}_s$. Zur Berechnung des magnetischen Leitwerts λ_{Qs} werden in [28, 29, 30, 31, 40, 47] Formeln für eine Vielzahl von Nutformen für Ein- und Zweischichtwicklungen angegeben. Formeln für die Berechnung dieser Leitwerte sind im Berechnungsprogramm *KLASYS* für eine Vielzahl an Nutformen hinterlegt. Die Änderung des Nutstreuflusses $\underline{\Phi}_{s\sigma Q}$ durch die Sättigung der Zahnköpfe wird über die Sättigungsfaktoren $k_{ns,s/r,A/B}$ (siehe Abbildung 4.13) je im Zahnkopfbereich A und B getrennt berücksichtigt. Im Zahnkopfbereich sättigen der Nutstreufluss $\underline{\Phi}_{s\sigma Q}$ und der Zick-Zack-Streufluss $\underline{\Phi}_Z$ gemeinsam das Eisen. In diesen Bereichen wird der magnetische Leitwert $\lambda_{Qs,A}$ bzw. $\lambda_{Qs,B}$ je nach Sättigungsgrad über $k_{ns,s/r,A/B}$ reduziert. Im Ersatzschaltbild (Abbildung 4.14) wird die Nutstreuinduktivität $L_{s\sigma Q}$ dementsprechend auch kleiner, wodurch der Strom $\underline{I}_s$ ansteigt.

- Nutungsoberfelder des Läufers

  Diese Felder wurden in Kapitel 4.3.3.3 bereits betrachtet. Die sich aus den hier berechneten Flussdichten $B_{r\mu}$ ergebenden magnetischen Flüsse werden in integraler Form als Zick-Zack-Streufluss gemäß (4.178) und (4.179) berücksichtigt. Dabei ist es in der Regel ausreichend nur die Läuferrestfelder des Grundstroms $B_{r\mu\nu=1}$ zu betrachten, deren Frequenzen bezüglich des Rotors eben jene Frequenzen in (4.178) und (4.179) sind.

Um die Gültigkeit der analytischen Berechnung der Flusspulsationen im Statorzahn nachzuweisen, wird ein Vergleich mit FEM-Ergebnissen und gemessenen Flüssen durchgeführt. Zur Messung der magnetischen Flüsse wurden in Anlehnung an [40] Messspulen in den Motoren angebracht (Abbildung 4.52). Damit kann über die gemessene induzierte Spannung durch Integration der Fluss in den Eck- und Mittelzähnen gemessen werden:

$$U_\mathrm{i} = -N\frac{d\phi(t)}{dt} = -\frac{d\psi(t)}{dt} \Rightarrow \phi(t) = -\frac{1}{N}\cdot\int U_\mathrm{i}dt\,. \tag{4.182}$$

Weiterhin ist zum Vergleich der Fluss mittels 2D-FEM-Berechnung (*FLUX2D* Zeitschrittverfahren) ermittelt worden. Hierzu wurden die Differenzen der Vektorpotentiale entlang des linken und rechten Rands des Statorzahns berechnet (siehe Abbildung 4.51). Wie in [21] gezeigt wird, ändern sich die zeitlichen Flussverläufe entlang des Statorzahns in radialer Richtung im Bemessungspunkt aufgrund der überlagerten Nutstreuflüsse (Abbildung 4.57a). Der Einfluss ist aufgrund der deutlich kleineren Nutstreuflüsse klein. Es muss beachtet werden, dass die Messungen mit geschrägten Rotoren durchgeführt wurden. Da die Messspule um den gesamten Statorzahn gewickelt ist und dadurch die von ihr umschlossenen Flüsse der Rotoroberfelder $B_{\mathrm{r}\mu}$ durch den Phasenversatz in axialer Richtung in Summe stark reduziert werden (siehe Abschnitt 4.3.5.2), sind die gemessenen Flusspulsationen geringer als die Ergebnisse der *FLUX2D*-Berechnung im selben Betriebspunkt. Durch die Schrägung des Rotors sind die Flusspulsationen in den einzelnen Blechebenen des Stators in axialer Richtung phasenverschoben, weswegen sich bei den Messungen mit der um einen Zahn gewickelten Spule im Mittel reduzierte Flusspulsationen ergeben.
Eine FEM-Untersuchung mit dem Programm *FLUXskew*, dass die annähernde Berechnung für geschrägte Rotoren anhand von fünf um $\tau_{\mathrm{Qr}}/5 = b_{\mathrm{sk}}/5$ gegeneinander verschobenen Rotorblechebenen durchführt, bestätigt die Reduktion der Pulse bei der Mittelwertbildung gegenüber den Pulsen in einer Blechebene (Abbildung 4.53b).

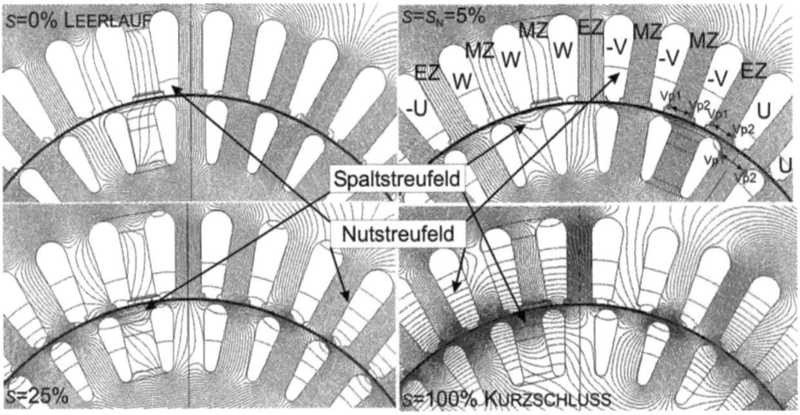

Abbildung 4.51: Verdeutlichung von Spaltstreu- und Nutstreufeld Φ_Z bzw. $\Phi_{\sigma Q}$ am Beispiel des Feldbildes (*FLUX2D*) des Motors AH80 in unterschiedlichen Lastpunkten. MZ: Mittelzahn ; EZ: Eckzahn ; VP: Vektorpotential

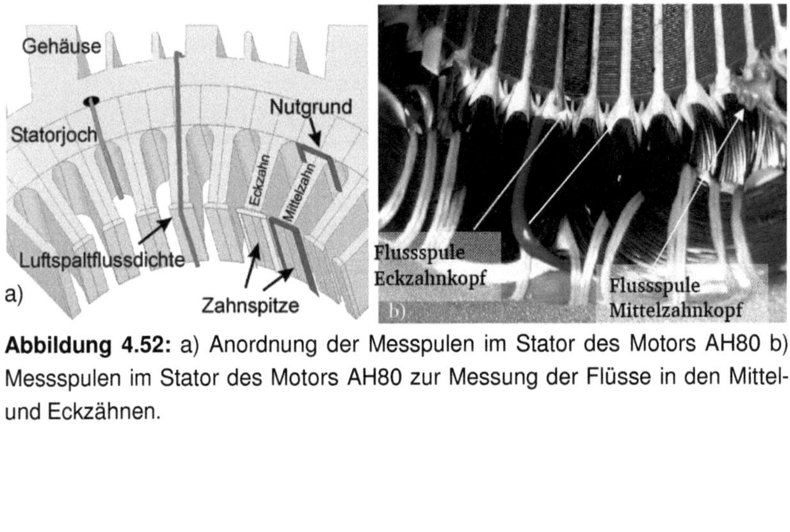

Abbildung 4.52: a) Anordnung der Messpulen im Stator des Motors AH80 b) Messspulen im Stator des Motors AH80 zur Messung der Flüsse in den Mittel- und Eckzähnen.

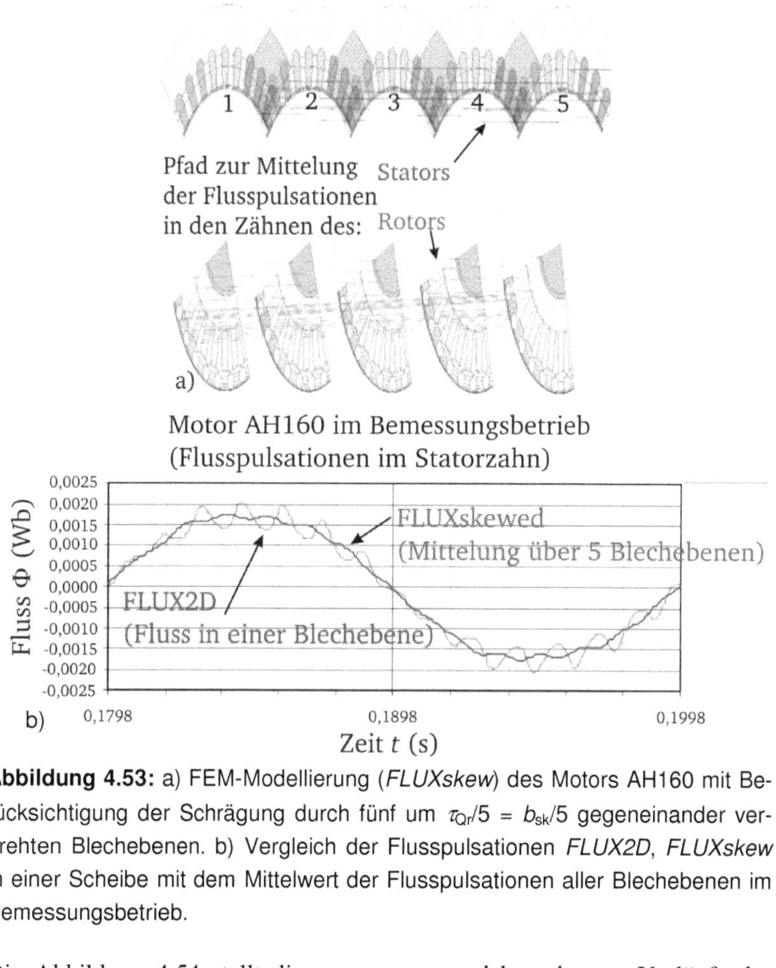

Abbildung 4.53: a) FEM-Modellierung (*FLUXskew*) des Motors AH160 mit Berücksichtigung der Schrägung durch fünf um $\tau_{Qr}/5$ = $b_{sk}/5$ gegeneinander verdrehten Blechebenen. b) Vergleich der Flusspulsationen *FLUX2D*, *FLUXskew* in einer Scheibe mit dem Mittelwert der Flusspulsationen aller Blechebenen im Bemessungsbetrieb.

Die Abbildung 4.54 stellt die gemessenen und berechneten Verläufe der Flusspulsationen im Statormittel- und Eckzahn im Leerlauf- und Bemessungsbetrieb gegenüber. Es wird deutlich, dass wegen der unterschiedlichen Streuflüsse nur geringfügige Unterschiede zwischen dem Eck- und Mittelzahn bestehen. Wie in [21, 67] gezeigt wird, werden die Unterschiede bei größeren Schlupfwerten über 20 % deutlicher, da dann aufgrund der steigenden Ströme die von ihnen erregten Nutstreufelder $\Phi_{\sigma Q}$ und damit ihr Einfluss auf den Verlauf der Flusspulsationen zunimmt (Abbildung 4.55). Für die Rotor-Ersatznutschlitze s_{Qr}' der Motoren AH80 und AH100 werden für die analytische Rechnung die in Abschnitt 4.3.2.4. angegebenen Werte verwendet. Im Bemessungsbetrieb stimmen die Verläufe der analytisch und numerisch (2D-Berechnung mit *FLUX2D*) berechneten Verläufe gut überein und weisen wegen der fehlenden Schrägung im Vergleich zu den Messungen größere Pulse auf.

Die analytische Rechnung mit und ohne Schrägung im Vergleich zeigt, wie zu erwarten, dass die Verläufe der Pulse mit geschrägtem Rotor etwas kleiner sind als die ohne Schrägung (Abbildung 4.54a). Der Unterschied ist jedoch gering, weil hier die Flusspulse in einer der Blechebenen zu sehen sind, und die Schrägung nur bei Betrachtung der axial variierenden Verläufe (wie bei der Messung mit den Messspulen) deutlich sichtbar wird.

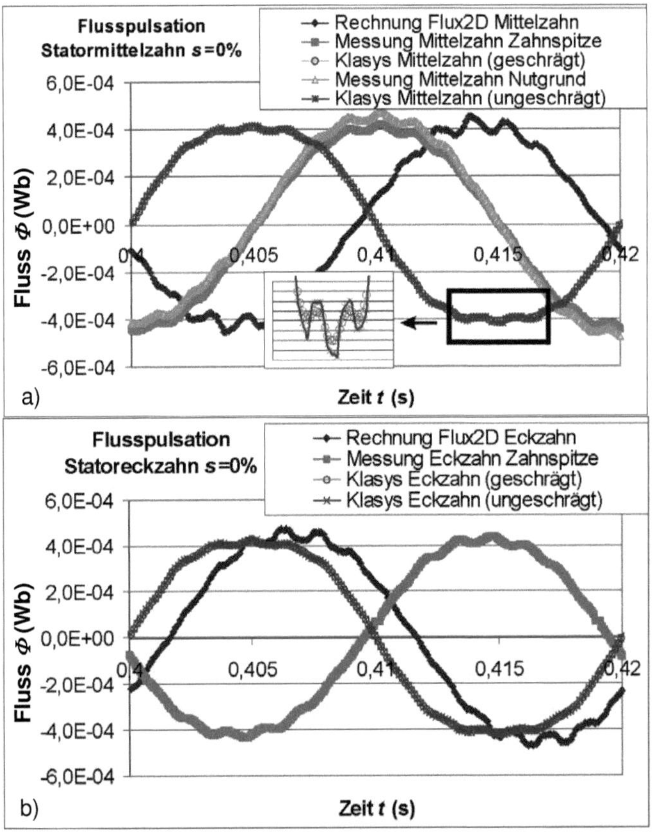

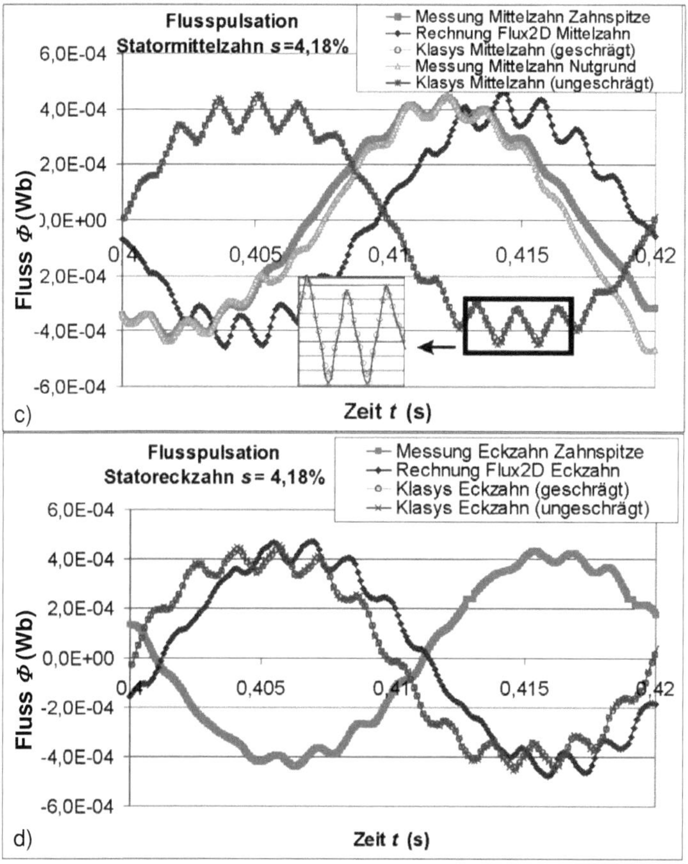

Abbildung 4.54: Analytisch und numerisch berechnete Verläufe der Flusspulsationen im Statoreckzahn und -Mittelzahn im Vergleich mit den Messergebnissen des Motors AH80 a) Mittelzahn AH80 Leerlauf b) Eckzahn AH80 Leerlauf c) Mittelzahn AH80 Bemessungsbetrieb d) Eckzahn AH80 Bemessungsbetrieb.

Die Flusspulsationen des Rotors lassen sich gemäß [40] für den Fall ungeschrägter Nuten direkt aus den Stabströmen $\underline{I}_{\mathrm{Stab},\nu} = -j\cdot\underline{I}_{\mathrm{r}\nu}$ berechnen. Dazu wird zwischen dem Fluss am oberen Ende des Zahns $\underline{\Phi}_{\mathrm{Z,o}\nu}$, der den gesamten radial in die Läufermasche eintretenden Fluss und damit keinen (tangential gerichteten) Spaltstreufluss $\underline{\Phi}_{\mathrm{Z}}$ und Nutstreufluss $\underline{\Phi}_{\mathrm{r\sigma Q}\nu}$ beinhaltet, und dem Fluss am unteren Ende des Zahns $\underline{\Phi}_{\mathrm{Z,u}\nu}$, welcher den gesamten Nutstreufluss $\underline{\Phi}_{\mathrm{r\sigma Q}\nu}$ ebenfalls enthält, unterschieden (siehe Abbildung 4.56a in Zusammenhang mit b). Deswegen lässt sich der Fluss oben $\underline{\Phi}_{Z,o\nu}$ aus der Spannungsgleichung einer Läufermasche für den ν-ten Stabstrom $\underline{I}_{Stab,\nu}$ wie folgt berechnen [40]:

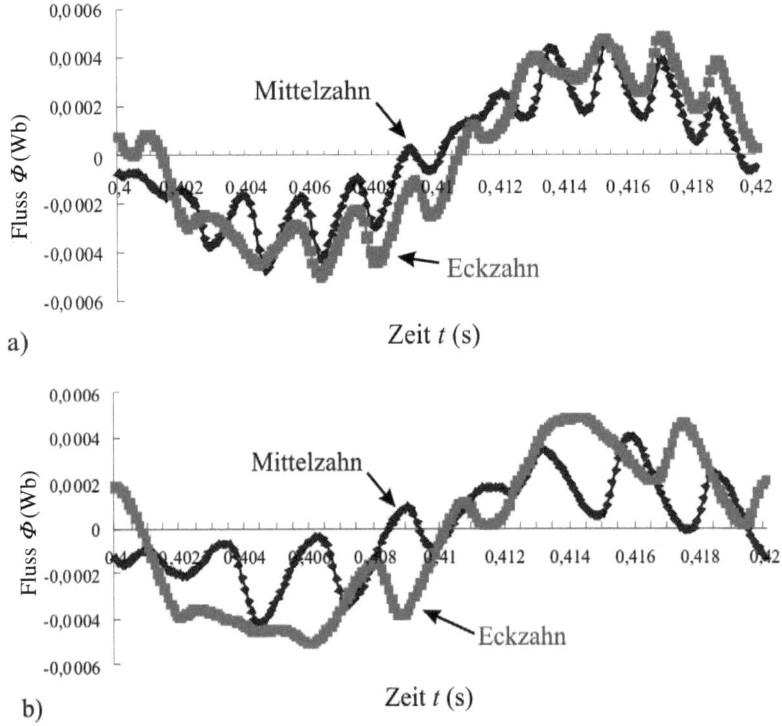

Abbildung 4.55: *FLUX2D*-Berechnungen der Flusspulsationen im Eck- und Mittelzahn des Motors AH80 a) Schlupf s = 0,2 b) Schlupf s = 0,5.

Maschengleichung:

$$\left(R_{r\nu} + js_\nu \cdot \omega_s \cdot L_{r\sigma\nu}\right) \cdot \underline{I}_{Stab,\nu} \cdot \left(e^{j\nu\frac{\pi}{Q_r}} - e^{-j\nu\frac{\pi}{Q_r}} \right) = -js_\nu \cdot \omega_s \frac{\underline{\Phi}_{Z,o\nu}}{\sqrt{2}} \tag{4.183}$$

$$\Rightarrow \underline{\Phi}_{Z,o\nu} = -\left(\frac{R_{r\nu}}{s_\nu \cdot \omega_s} + jL_{r\sigma\nu} \right) \cdot 2\sqrt{2} \sin\left(\nu \frac{\pi}{Q_r} \right) \cdot \underline{I}_{Stab,\nu} \,.$$

In [40] wird darauf hingewiesen, dass sowohl der Ausdruck $R_{r\nu}/s_\nu \cdot \omega_s$ als auch die Nutstreuinduktivität $L_{r\sigma\nu}$ für einen gegen Unendlich strebenden Oberwellenschlupf $s_\nu \rightarrow \infty$ gegen Null gehen, denn wegen der Stromverdrängung steigt $R_{r\nu} \sim \sqrt{s_\nu}$ und $L_{r\sigma\nu}$ sinkt $\sim 1/\, s_\nu$. Das bedeutet physikalisch im Falle ungeschrägter Rotoren, dass die Zahnschäfte und vor allem das Rotorjoch für große Schlupfwerte s annähernd feldfrei sind. Das über den Luftspalt in den Läufer dringende Statorfeld wird also für steigenden Schlupf immer stärker durch den Rotor abgedämpft und weiter in den Luftspalt gedrängt. Im Rotor verbleibt bei größeren Schlupfwerten lediglich der Spaltstreufluss $\underline{\Phi}_Z$ in den Zahnköpfen und den Eisenbrücken der geschlossenen Rotornuten (Abbildung 4.51). Daher sind die Zusatzverluste im Zahnschaft unter Last bei KLASM mit ungeschrägten Rotornuten i. A. klein.

Laut [40] ergibt sich bei Vernachlässigung des Rotorstreuflusses der Rotorjochfluss $\underline{\Phi}_{y\nu}$ aus den in das Joch eintretenden Zahnflüssen, berechnet an den Zahnköpfen (4.183), die von Zahn zu Zahn um $\pi \cdot \nu / Q_r$ phasenverschoben sind, zu:

$$\underline{\Phi}_{y\nu} = \left(-j \frac{R_{r\nu}}{s_\nu \cdot \omega_s} + L_{r\sigma\nu} \right) \cdot \underline{I}_{Stab,\nu} \cdot \sqrt{2} = \underline{\Phi}_2 + \underline{\Phi}_1 . \qquad (4.184)$$

Da am Nutgrund der in das Joch eintretende Fluss aber um $\underline{\Phi}_{r\sigma Q\nu}$ kleiner ist, wird von diesem Fluss $\underline{\Phi}_{y\nu}$ der Nutstreufluss des Rotors $\underline{\Phi}_{r\sigma Q\nu}$

$$\underline{\Phi}_{r\sigma Q\nu} = L_{r\sigma Q\nu} \cdot \hat{\underline{I}}_{Stab,\nu} = \mu_0 \cdot \lambda_{Qr\nu} \cdot l_{Fe} \cdot \underline{I}_{Stab,\nu} \cdot \sqrt{2} \qquad (4.185)$$

abgezogen (siehe Zeigerdiagramm Abbildung 4.56c). So erhält man den Fluss im Läuferjoch $\underline{\Phi}_{ry\nu}$:

$$\begin{aligned} &\underline{\Phi}_{y\nu} - \underline{\Phi}_{r\sigma Q\nu} = \\ &= \left[-j \frac{R_{r\nu}}{s_\nu \cdot \omega_s} + \mu_0 \cdot l_{Fe} \cdot \left(\lambda_{X\nu} - \lambda_{Qr\nu} \right) \right] \sqrt{2} \cdot \underline{I}_{Stab,\nu} = \underline{\Phi}_{ry\nu} \end{aligned} \qquad (4.186)$$

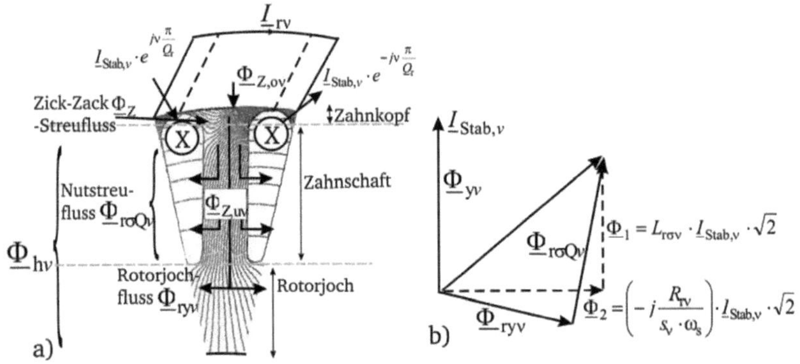

Abbildung 4.56: a) Verdeutlichung der Flüsse in einem Rotorzahn mit der FEM-Simulation der Feldverteilung des Motors AH100 bei $s = 50\,\%$ (vgl. [40, 67]) b) Zeigerdiagramm der Zeiger des Nutstreuflusses $\underline{\Phi}_{\mathrm{r\sigma Q}\nu}$ und des Rotorjochflusses $\underline{\Phi}_{\mathrm{ry}\nu}$ [40].

Dabei steht $\lambda_{\mathrm{Qr}\nu}$ für den ν-ten komplexen Leitwert des Nutstreuflusses $\underline{\Phi}_{\mathrm{r\sigma Q}\nu}$ und $\lambda_{\mathrm{X}\nu}$ für den ν-ten Leitwert der geometrischen Streureaktanz. Für den Fall des rechteckförmigen Leiters ergibt sich bei Vernachlässigung der Stromverdrängung mit der Höhe h und der Breite b der Nut für $\lambda_{\mathrm{Qr}\nu} = h/(2{\cdot}b)$ und für $\lambda_{\mathrm{X}\nu} = h/(3{\cdot}b)$ [40]. Für andere Nutformen sind Näherungen für diese Parameter in [28, 29, 40, 47] angegeben. Alternativ ist in [31] eine Methode beschrieben, wie $\lambda_{\mathrm{Qr}\nu}$ aus der Differenz der Vektorpotentiale des oberen und unteren Teils der Nut bestimmt werden kann. Der Fluss im Rotorjoch $\underline{\Phi}_{\mathrm{ry}\nu}$ enthält also mit $\underline{\Phi}_{\mathrm{r,o}\nu}$ einen Anteil des Hauptflusses zur Deckung der *ohm*'schen Spannungsfälle und Anteile des Nutstreuflusses $\underline{\Phi}_{\mathrm{r\sigma Q}\nu}$ (vgl. Zeigerdiagramm Abbildung 4.56 c). Der Fluss im Zahnfuss $\underline{\Phi}_{\mathrm{Z,u}\nu}$ ist mit (4.186):

$$\underline{\Phi}_{\mathrm{Z,u}\nu} = \left[-j\frac{R_{\mathrm{r}\nu}}{s_\nu \cdot \omega_{\mathrm{s}}} + \mu_0 \cdot l_{\mathrm{Fe}} \cdot \left(\lambda_{\mathrm{X}\nu} - \lambda_{\mathrm{Qr}\nu}\right)\right] 2 \cdot \sqrt{2} \sin\left(\nu \frac{\pi}{Q_r}\right) \cdot \underline{I}_{\mathrm{Stab},\nu} \cdot \quad (4.187)$$

Ist man an Zwischenwerten des Zahnflusses entlang des Zahnschafts interessiert, so kann man diese über die oben angesprochene Methode [31] zur Berechnung des ν-ten komplexen Leitwerts des Nutstreuflusses $\lambda_{\mathrm{Qr}\nu}$ aus den Vektorpotentialen entlang der Nut gewinnen. Der so berechnete Wert für $\lambda_{\mathrm{Qr}\nu}$ für eine Stelle des Zahnes wird dann in Gleichung (4.187) verwen-

det. Der gesamte Fluss im Zahn ergibt sich als Summe der Einzelflüsse aller Oberwellen. Die Flusspulsationen erhält man wie zuvor besprochen aus der Differenz des Vektorpotentials an der linken und rechten Seite des Zahns. Die Verläufe der Flusspulsationen entlang des Rotorzahns in radialer Richtung variieren dabei aufgrund der dämpfenden Wirkung der Rotorströme im Gegensatz zum Stator sehr stark (siehe Abbildung 4.57b).
Ein Vergleich der analytisch berechneten Verläufe mit den FEM-Simulationen zeigt, dass die in *KLASYS* programmierte Berechnung der Flusspulsationen Amplituden der Pulse ergeben, die in etwa denen der numerischen Lösung an der Position R3 am Eintritt vom Zahnkopf zum Zahnschaft hin entspricht (Abbildung 4.58a). Diese Position wurde bewusst gewählt, da die hier berechneten Verläufe im Bereich des Bemessungsbetriebs in etwa dem Mittel aller Verläufe in den Ebenen R1, R2, R3, R4, R5 und R6 entlang des ungeschrägten Zahns entsprechen (Abbildung 4.57b) und damit die über diesen Verlauf berechneten zusätzlichen Ummagnetisierungsverluste für die Zähne richtig wiedergegeben werden.
Auch im Rotor werden durch die Schrägung die Verläufe der gemessenen Flusspulsationen geglättet, da die Messspule den gesamten Zahnfluss umfasst. Das wurde mit dem FEM-Modell mit *FLUXskew* (Modell Abbildung 4.53a) untersucht. Auch hier ergibt sich eine Mittelung der Flusspulsationen, wie das auch im Stator der Fall war.

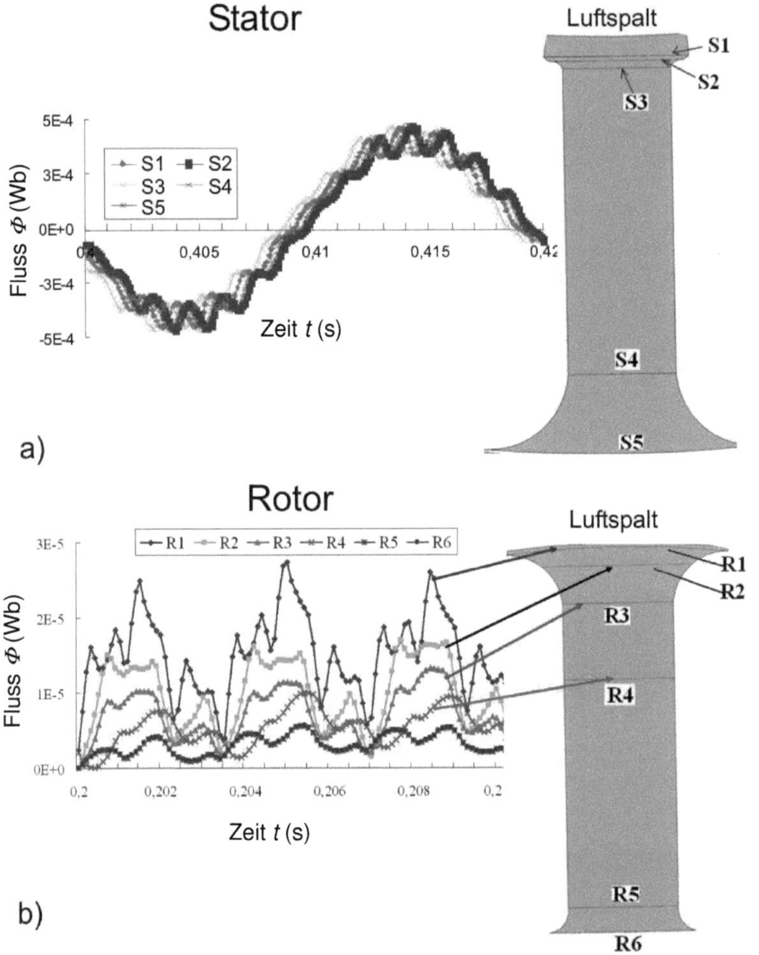

Abbildung 4.57: Numerische Berechnung mit *FLUX2D* a) Flusspulsationen entlang des Statorzahns des Motors AH80 im Bemessungsbetrieb [21] b) Flusspulsationen entlang des Rotorzahns des Motors AH80 im Bemessungsbetrieb [21].

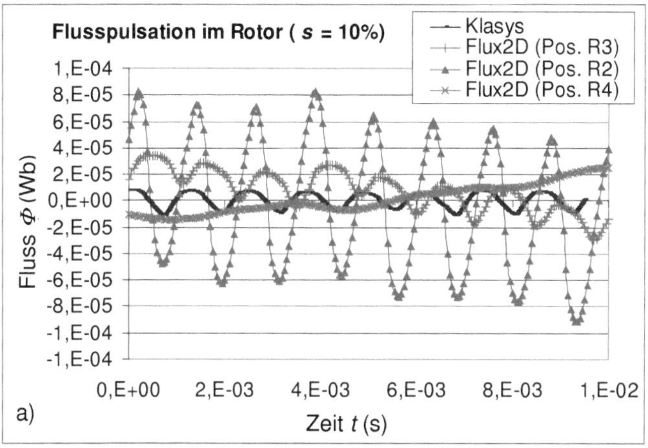

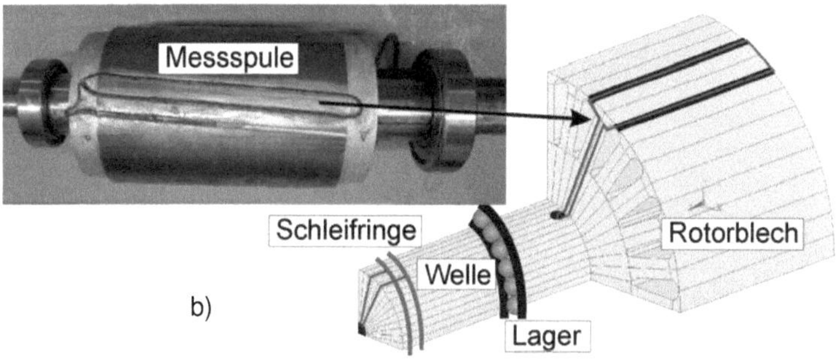

Abbildung 4.58: a) Vergleich der analytisch berechneten Flusspulsationen im Rotorzahn (*KLASYS*) mit den FEM-Ergebnissen (*FLUX2D*) des Motors der AH100 (ohne Schrägung) bei einem Schlupfwert s = 10 % [36]. b) Auf der Rotoroberfläche in eingefrästen Nuten um einen Zahnkopf herum angebrachte Messspule mit N = 10 Windungen zur Messung der Flusspulsationen über die in die Spule induzierte Spannung U_i (siehe Gleichung (4.182)).

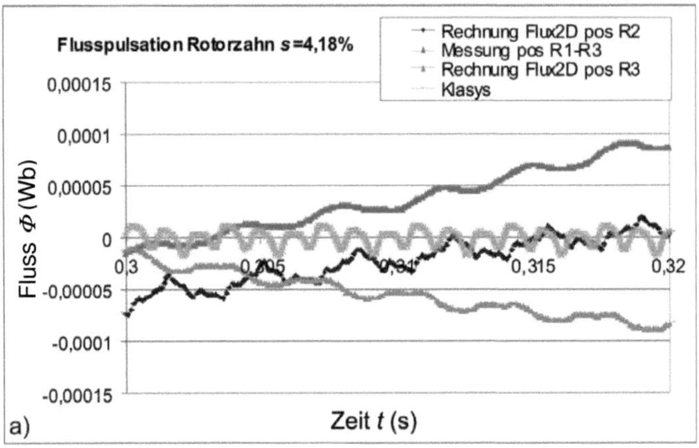

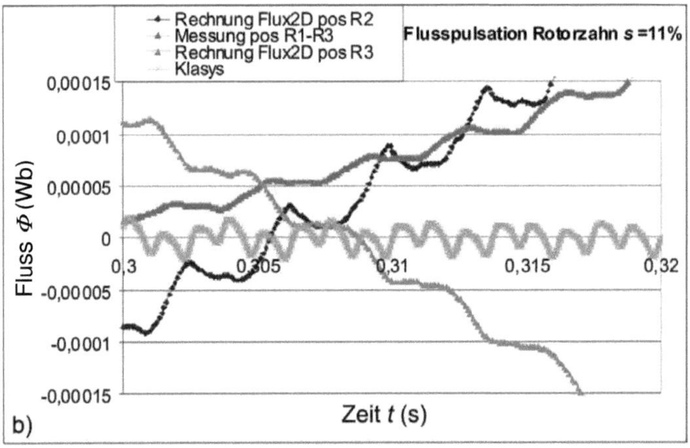

Abbildung 4.59: a) Vergleich der analytisch berechneten Flusspulsationen im Rotorzahn (*KLASYS*) mit den FEM-Ergebnissen (*FLUX2D*) des Motors der AH100 (ohne Schrägung). Während bei der Messung und den FEM-Berechnungen die Grundwelle überlagert ist, fehlt sie bei der analytischen Berechnung mit *KLASYS*.

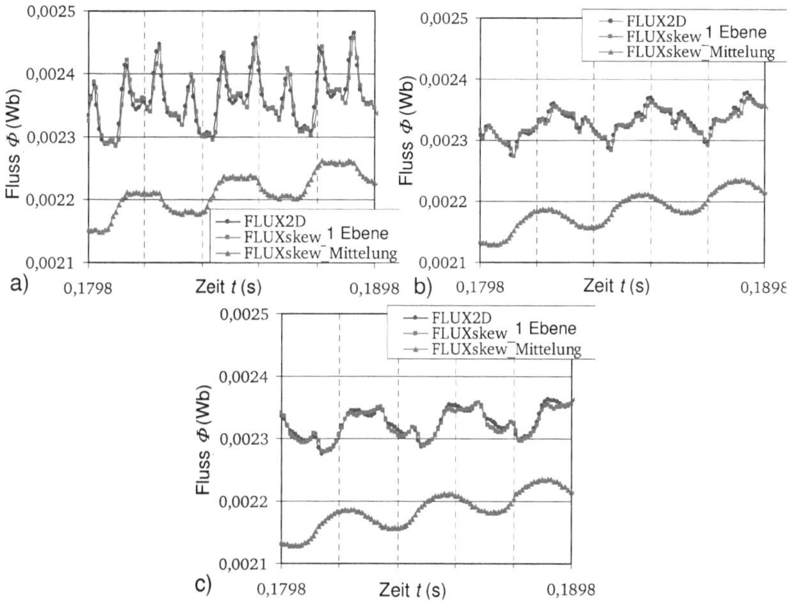

Abbildung 4.60: Vergleich der Flusspulsationen des Motors AH160 im Bemessungsbetrieb im Rotorzahn der 2D-Simulation (*FLUX2D*) und der FEM-Simulation mit Schrägung (*FLUXskew*) in einer Blechebene und gemittelt über den ganzen Zahn im Zahnbereich a) R1 b) R2 und c) R3 (siehe *FLUXskew*-Modell Abbildung 4.53a und zur Verdeutlichung der Zahnbereiche Abbildung 4.57b [22]).

Daher können auch hier die gemessenen Verläufe nur als qualitativer Vergleich dienen. Zur Berechnung der Verluste sind die Flusspulsationen in einer Blechebene zu verwenden, die deutlich höhere Flusspulsationen aufweisen (siehe Abbildung 4.60). Es ist zu beachten, dass die FEM-Ergebnisse für geschrägte Rotoren, berechnet mit *FLUXskew*, nicht die wirkliche Flussverteilung im Rotorzahn darstellt. Durch die Reduktion der Rotorstromoberschwingungen $\underline{I}_{r\nu}$ durch den Schrägungsfaktor χ_ν reduziert sich gemäß [40, 85, 86, 87] die Abdämpfung $|\underline{I}_{m\nu}/\underline{I}_s|$ der Statorfelder, so dass der mit einer Läufermasche verkettete Fluss der Feldoberwellen höherer Ordnungen ν, für die der Schrägungsfaktor χ_ν sehr klein wird, weiter in den Zahn eindringen kann. Da das FEM-Modell in *FLUXskew* allerdings fünf 2D Lösungen berechnet und sich die Schrägung erst durch das Addieren der Lösungen der einzelnen zweidimensionalen Blechebenen ergibt, kann dieser Effekt nicht erfasst werden, und die Flusspulsationen entlang des Rotorzahns sind so groß wie die der 2D-Lösung (Abbildung 4.60).

Gemäß [40] wird der in eine Läufermasche eintretende Gesamtfluss $\underline{\Phi}_{Z,o\nu}$, der auch durch die Messspule bei den Messungen tritt, richtig berechnet, wenn in Gleichung (4.184) der durch den komplexen Schrägungsfaktor $\underline{\chi}_{\nu}$ reduzierte Stabstrom $\underline{I}_{Stab,\nu}$ eingesetzt wird. Wird der Querstromeinfluss vernachlässigt, so ist der reelle Schrägungsfaktor χ_{ν} gemäß [23, 26, 33] zu verwenden. Für die Berechnung der Flusspulsationsverluste bei geschrägten Rotoren muss allerdings die Situation in jeder Blechebene einzeln betrachtet werden. Daher wird in [40] eine Unterteilung der Maschine in mehrere axiale Teilstücke vorgeschlagen, für die die Flüsse mit reduzierter Dämpfung $|\underline{I}_{m\nu}/\underline{I}_{s}|$ berechnet werden. Die Vorgehensweise wird in [23, 31] ausführlich dargestellt. Da durch die reduzierte Dämpfung bei geschrägten Rotoren die Flussdichten B im Rotorzahn im Mittel größer sind als bei ungeschrägten Rotoren, sind die Flusspulsationsverluste in den Rotorzähnen größer (siehe Tabelle 4.11).

Die durch die Flusspulsationen verursachten zusätzlichen Ummagnetisierungsverluste $P_{p,s}$ bzw. $P_{p,r}$ können direkt durch die Ermittlung des Oberwellengehalts der Flussverläufe berechnet werden. Dazu müssen die zu den Flussoberwellen korrespondierenden Flussdichteoberwellen, die über $\Phi = \int \vec{B} d\vec{A}$ miteinander verknüpft sind, ermittelt werden. *Taegen* gibt in [66] Messergebnisse zur Bestimmung der reversiblen relativen Permeabilität an, die zur Berechnung der Amplituden der Flussdichteoberwellen verwendet werden können. Dazu wird für jede Feldoberwelle ein wirksamer Luftspalt ermittelt, dessen Weite je nach Wert der reversiblen relativen Permeabilität variiert. Mit den Amplituden und Frequenzen der jeweiligen Feldoberwellen kann dann z.B. über die in Gleichung (4.177) [83] angegebene *Bertotti*-Formel eine Verlustberechnung erfolgen. Dabei muss beachtet werden, dass gemäß [81, 82] die Hysterese-Verlustkoeffizienten p_{Hy} je nach verwendetem Blechtyp für höhere Ordnungszahlen deutlich größer sind als die der Grundwelle. Zusätzlich sind die in Abschnitt 4.5.3 diskutierten Verschlechterungen durch die Bearbeitung des Blechpakets zu berücksichtigen. Alternative Verfahren u. A. die Berechnung nach *Lavers* [88] zur Berechnung der Ummagnetisierungsverluste durch die pulsierenden Flüsse in den Zähnen werden in [31] zusammengefasst und dort näher erläutert.

4.5.4.2. Zusatzverluste durch Ober- und Querströme im Rotor mit Einfluss der Stromverdrängung

Wie in Abschnitt 4.3.2 bei der Betrachtung der Statorfelder schon erwähnt wurde, induzieren diese Felder $B_{s\nu}(x,t)$ Ströme $\underline{I}_{r\nu}$ in den Kurzschlusskäfig, die ihrerseits ein dem Statorfeld (fast völlig) entgegen gerichtetes Rotorfeld $B_{r\mu}(x,t)$ erregen. Die Rotorströme $\underline{I}_{r\nu}$ sind, da hier die Oberwellenschlüpfe $s_\nu \neq 0$ sind, auch im Motorleerlauf schon vorhanden. Sie sorgen für zusätzliche Stromwärmeverluste $P_{\mathrm{Cu,r,os}}$, für die gilt:

$$P_{\mathrm{Cu,r,os}} = m_{\mathrm{s}} \cdot R'_{\mathrm{r}\nu} \cdot \left|\underline{I}'_{\mathrm{r}\nu}\right|^2 = Q_{\mathrm{r}} \cdot R_{\mathrm{r}\nu} \cdot \left|\underline{I}_{\mathrm{r}\nu}\right|^2 . \tag{4.188}$$

Wird bei der Berechnung der Rotoroberströme $\underline{I}_{r\nu}$ gemäß Abschnitt 4.3.3 der komplexe Schrägungsfaktor $\underline{\chi}_\nu$ nach *Weppler* [35] verwendet, so wird automatisch auch der Querstrom $\underline{I}_{q\nu}$ bei der Verlustberechnung mit erfasst. Der Rotorwiderstand $R_{r\nu}$ (4.106) für den ν-ten Oberstrom $\underline{I}_{r\nu}$ ist größer als der der Grundschwingung, da die Frequenzen der Rotoroberströme $f_{r\nu} = f_s$ $(1-\nu\,(1-s))$ deutlich größer sind (vgl. Tabelle 4.7) und daher der Stromverdrängungseffekt (siehe Abschnitt 4.1.7) stärker zum Tragen kommt. Das sorgt für einen weiteren Anstieg der zusätzlichen Stromwärmeverluste $P_{\mathrm{Cu,r,os}}$ und muss genau so wie die sekundäre Ankerrückwirkung (siehe Abschnitt 4.3.3) bei der Berechnung der gesamten Verlustbilanz mitberücksichtigt werden.

4.5.4.3. Oberflächenverluste an der Stator- und Rotoroberfläche

Der Spaltstreufluss oder auch Zick-Zack-Streufluss $\Phi_Z(x,t)$ (siehe Abschnitt 4.5.4.1), der laut [40] nur zu einem geringen Teil mit einer Läufermasche verkettet ist und daher bei der Berechnung der Flusspulsationen im Rotorzahn in Abschnitt 4.5.4.1 nicht berücksichtigt ist, verläuft in den Zahnköpfen des Stators und Rotors (vgl. Abbildung 4.51). Da die kurzwelligen Oberfelder des Zick-Zack-Streuflusses $\Phi_Z(x,t)$ nur zu einem geringen Teil mit den Rotorstäben verkettet sind, kann eine Berechnung der Verluste in der Rotoroberfläche nicht über die Formel (4.187) erfolgen (siehe auch [31]). Unter Last kann der Spaltstreufluss $\Phi_Z(x,t)$ nach *Weppler* [34] aus Abschnitt 4.5.4.1 zur Berechnung der Ummagnetisierungsverluste in den Zahnköpfen des Stators $P_{O,s}$ und Rotors $P_{O,r}$ herangezogen werden. Während dieses Verfahren im Falle des Stators uneingeschränkt gültig ist, kommt es für den Rotor zu Fehlern bei der Berechnung der Rotor-Oberflächenverluste $P_{O,r}$. Gemäß [40] können diese Rotor-Oberflächenverluste $P_{O,r}$ nur im Fall, dass die Wicklungsoberfelder $B_{s\nu}$ des Stators sich über den Rotorzahnkopf schließen, über den Spaltstreuflusses $\Phi_Z(x,t)$ richtig erfasst werden. Ein Teil der Wicklungsoberfelder $B_{s\nu}$ ist jedoch mit dem Rotorkäfig verkettet und induziert die Rotoroberströme $\underline{I}_{r\nu}$ mit der Frequenz $f_r = s_\nu \cdot f_s$. Im Falle von sehr großen Werten des Oberwellenschlupfes $s_\nu = 1 - \nu\,(1-s)$ gehen die Amplituden der entsprechenden verketteten Flüsse gegen Null [34, 40]. Im Falle des Leerlaufbetriebs und im Bereich des Bemessungsbetriebs und damit bei kleinen Schlupfwerten s kann es jedoch zu Fehlern bei der Berechnung der Oberflächenverluste $P_{O,r}$ des Rotors kommen, weil die Flussdichten im Zahnkopf durch den Spaltstreufluss $\Phi_Z(x,t)$ nicht richtig berechnet werden können. Zur Lösung dieses Problems wird in *KLASYS* in Anlehnung an das *Weppler*'sche Ersatzschaltbild (Abbildung 4.14) bei der Berechnung der Rotor-Oberflächenverluste $P_{O,r}$ die Summe aus den Hauptflüssen der Statorfeldoberwellen $B_{s\nu}$ (vgl. $\Delta U_1 \sim k_h \cdot I_{m\nu}$ in Abbildung 4.14) und dem Spaltstreufluss $\Phi_Z(x,t)$ (vgl. $\Delta U_2 \sim K_{ZK} \cdot I_{r\nu}$ in Abbildung 4.14) verwendet. Während die Hauptfelder des Stators $B_{s\nu}$ rein radial (normal zur Rotoroberfläche) verlaufen, kommen durch die Überlagerung des Spaltstreuflusses $\Phi_Z(x,t)$ tangentiale Feldkomponenten hinzu. Wie Abbildung 4.51 zeigt, treten im Zahnkopf des Rotors in jedem Betriebspunkt, aber besonders bei großen Schlupfwerten $s > 25\ \%$, tangentiale Feldkomponenten auf. Die Feldoberwellen $B_{s\nu}$, die sich über den Zahnkopf schließen, werden bei der Berechnung der radialen Feldkomponente $B_{s\nu}$ (vgl. Abschnitt 4.3.2) durch den Kopplungsfaktor η_ν reduziert und bei der Berechnung des Spaltstreuflusses

$\Phi_Z(x,t)$ mit erfasst. Für die Berechnung des Spaltstreuflusses $\Phi_Z(x,t)$ gemäß *Weppler* [34] wird vereinfachend ein dreieckförmiger Feldverlauf in den Zahnköpfen angenommen. Die Berechnung hängt maßgeblich von den Winkeln zwischen den Feldlinien und der Rotor- bzw. Statoroberfläche ab (Abbildung 4.61). Dieser Winkel wird in [34] als Feldlinienwinkel ρ_s bzw. ρ_r im Stator bzw. Rotor bezeichnet. *Weppler* gibt Formeln zur Berechnung der Feldlinienwinkel für verschiedene Nutformen des Stators und Rotors an. Für alle weiteren Nutformen sind im Berechnungsprogramm *KLASYS* Eingabefelder zur Eingabe von Feldlinienwinkeln aus Erfahrungswerten oder FEM-Berechnungen vorgesehen. Gemäß [34] wird bei unterschiedlichen Feldlinienwinkeln ρ_s bzw. ρ_r immer der kleinere von beiden Werten verwendet, da dieser maßgeblich für die Berechnung der Flussdichten im Zahnkopf ist. Abbildung 4.61) zeigt am Beispiel des Motors AH160 im Kurzschlussbetrieb (s = 1) die Ermittlung der Feldlinienwinkel ρ_s und ρ_r über die FEM. Bei den hier betrachteten Testmotoren liegen die Werte im Bereich von 20°-30°, was zeigt, dass der Spaltstreufluss $\Phi_Z(x,t)$ im Wesentlichen tangential im Zahnkopf verläuft.
Im Stator werden gemäß den Ausführungen zu den Flusspulsationen aus Abschnitt 4.5.4.1 zur Berechnung der Stator-Oberflächenverluste $P_{O,r}$ die Rotoroberfelder $B_{r\mu}$, die Statorhauptfelder $B_{s\nu}$ und im Fall eines Eckzahns auch das Nutstreufeld im Zahnkopfbereich dem Zick-Zack-Streufluss $\Phi_Z(x,t)$ überlagert.
Taegen beschreibt in [89] ein analytisches Verfahren zur Berechnung der Oberflächenverluste in der Rotoroberfläche $P_{O,r}$ bei beliebigem Lastzustand der Maschine in Abhängigkeit der im Zahnkopf durch die Feldoberwellen hervorgerufenen Flussdichten B_ν. Es basiert auf der Arbeit von *Dreyfus* [90] und erweitert die Berechnung, die in [90] nur unter Berücksichtigung der nutharmonischen Oberwellen ν_Q durchgeführt wurde, für das komplette Spektrum an Oberwellen.

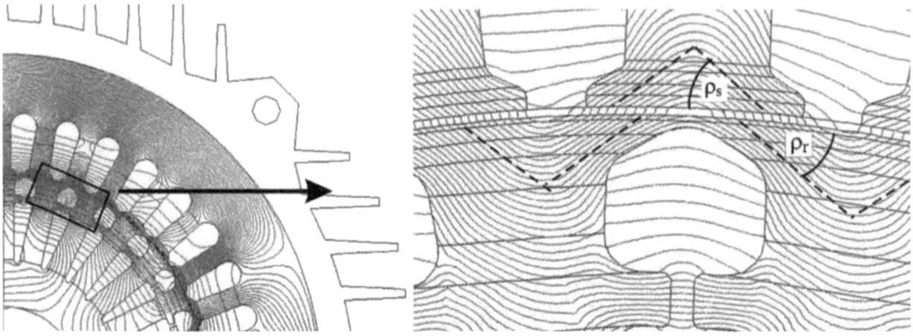

Abbildung 4.61: Veranschaulichung des Spaltstreuflusses $\Phi_Z(x)$ zum Zeitpunkt t = 0 s des Motors AH160 im Kurzschlussbetrieb bei U_N = 400 VY (*FLUX2D*). *Weppler* [34] beschreibt den gesättigten Spaltstreufluss $\Phi_Z(x)$ vereinfachend als dreieckförmig in Abhängigkeit vom Feldlinienwinkel $\rho = \min[\rho_s, \rho_r]$.

Auch hier ergeben sich bei geschrägten Rotoren (wie bei den Flusspulsationsverlusten in den Zahnschäften des Rotors) durch Reduktion der dämpfenden Wirkung des Läuferkäfigs eine Steigerung der Ummagnetisierungsverluste in den Zahnschäften (siehe Tabelle 4.11). Die Methode [89] (siehe dazu auch [31]) berücksichtigt den Einfluss der Rotornutschlitze s_{Qr} und wird durch Verwendung von Korrekturfunktionen aus [89, 90] um den Fall gesättigter Nutöffnungen erweitert.

Es sei noch darauf hingewiesen, dass es durch das Abdrehen des Rotors bei Motoren mit geschlossenen Nuten und durch Gratbildung beim Stanzen der Bleche zu einer teilweisen Überbrückung der Blechebenen kommen kann, wodurch sich die Wirbelströme I_{Ft}, verursacht durch die Felder im Rotorzahnkopf auch in axialer Richtung ausbreiten können und die zusätzlichen Ummagnetisierungsverluste dadurch ansteigen. *Richter* gibt in [29] eine empirische Näherungsformel zur Beschreibung der Oberflächenverluste des Rotors $P_{O,r}$ an, die den Rotor als massiven Eisenzylinder verwendet und mit einem Korrekturfaktor aus Messergebnissen näherungsweise den Anteil gebrückter Blechebenen beschreibt. Die Messungen ergaben gegenüber einem massiven Eisenzylinder einen Anteil von 8 %...13 % Prozent je nach Blechdicke. Da heutzutage die Produktionswerkzeuge soweit fortgeschritten sind, dass der Anteil der gebrückten Bleche deutlich niedriger anzusetzen ist, werden axiale Wirbelströme bei der Betrachtung hier vernachlässigt.

4.5.5. Luft- und Lagerreibung

Die Reibungsverluste P_{fr+w} setzen sich aus der Summe der Reibungsverluste in den beiden Kugellagern, der Luftreibungsverluste des Wellenlüfters und der Luftreibungsverluste aufgrund von Verwirbelungen im sehr schmalen Luftspalt zusammen. Zur Abschätzung der Luftreibungsverluste werden in [91, 92, 93] empirische Formeln angegeben. Die Verluste durch Reibung der Kugellager sind sehr vom Verschleißzustand der eingesetzten Kugellager abhängig. Daher ist eine exakte Vorausberechnung schwierig und kann in den in [91, 92, 94] vorgestellten Abschätzungsformeln nur bei Kenntnis der korrekten Reibbeiwerte der Lager ermittelt werden (vgl. Abschnitt 6.3.2). Diese sind wiederum abhängig von den eingesetzten Schmiermitteln, der Betriebstemperatur und dem Alterungszustand der Kugeln und des Schmierstoffs [95]. Noch schwieriger ist die exakte Vorausberechnung der Luftreibungsverluste des Wellenlüfters. Da diese stark von der Geometrie der Lüfterflügel abhängen und kubisch mit der Drehzahl n ansteigen, sind analytische Berechnungen nur schwer möglich, und es müssten zeitintensive 3D-FEM-Untersuchungen des Strömungsverhaltens vorgenommen werden. Bei den hier untersuchten Motoren handelt es sich um 4-polige Asynchronmotoren mit einer Leerlaufdrehzahl n_{syn} von 1500 min^{-1}, weswegen die Luft- und Lagerreibungsverluste P_{fr+w} eine untergeordnete Rolle spielen. Daher wird auf einen unverhältnismäßig hohen Aufwand zur Vorausberechnung der Reibungsverluste P_{fr+w} verzichtet. Es werden in der Verlustbilanz in Tabelle 4.11 die Reibungsverluste P_{fr+w} der Motoren aus den Messergebnissen der Mastermotoren verwendet und auf die jeweiligen Betriebsdrehzahlen umgerechnet. Dabei ist zu beachten, dass nur die Reibungsverluste durch die Kugellager sich linear mit der Drehzahl $\sim n$ verändern, während die Verlustleistung der Luftreibung kubisch mit der Drehzahl $\sim n^3$ ansteigt. Die in *KLASYS* verwendete lineare Umrechnung der gesamten Reibungsverluste im Leerlauf auf die jeweilige Bemessungsdrehzahl führt im untersuchten Drehzahlbereich allerdings nur zu relativ kleinen Fehlern bezogen auf die Gesamtverluste.

4.5.6. Messung des Wirkungsgrads und der Kurzschlusskennlinien

Zur Messung des Wirkungsgrads η gemäß [96] Methode 1 wurde der in Abbildung 4.62 zu sehende Versuchsstand aufgebaut. Durch den „Input-output“-Test [96, 97, 98] werden direkt über die Messung der elektrischen Eingangsgrößen und der mechanischen Ausgangsgrößen über den Quotienten aus elektrischer Eingangsleistung P_e und mechanischer Ausgangsleistung P_m der direkte Wirkungsgrad $\eta_{direkt} = P_m / P_e$ der Antriebe bestimmt. Bei dieser Methode haben Messfehler sowohl auf der Eingangs- als auch auf der Ausgangsseite einen relativ großen Einfluss auf das Messergebnis, so dass selbst bei der Beachtung der in der Norm vorgegebenen Messtoleranzen für die jeweiligen Messgrößen u. U. eine erhebliche Abweichung von gemessenen zu realen Wirkungsgraden η entsteht (vgl. [18]).

$$\eta_{direkt} = \frac{P_m + \Delta E_{mess,m}}{P_e + \Delta E_{mess,e}} \tag{4.189}$$

mit $\Delta E_{mess,m/e}$ als Messfehler zwischen dem wahren Wert und dem mechanischen/elektrischen Messwert.

Gerade bei den engen Abstufungen zwischen den Wirkungsgradklassen IE2, IE3 und IE4 (siehe Abschnitt 3.2.2) können derartig große Messungenauigkeiten nicht toleriert werden, weil dies in vielen Fällen zu einer falschen Einstufung der Motoren führen würde. Deswegen wird von den meisten Herstellern das ebenfalls in [96] beschriebene indirekte Messverfahren zur Bestimmung des Wirkungsgrades η von KLASM verwendet („Residual losses“-Verfahren). Bei diesem Verfahren wird durch Messung der elektrischen Eingangsleistung P_e und durch Abzug der rechnerisch aus den Messgrößen ermittelten Reibungs-, Ummagnetisierungs-, Stromwärme- und lastabhängigen Zusatzverlusten die Ausgangsleistung P_m berechnet. Der Fehler $\Delta E_{mess,m}$ der mechanischen Messgrößen, der im Wesentlichen aus dem Messfehler der (messtechnisch anspruchsvollen) Drehmomentmessung besteht, kann somit minimiert werden, da er nur bei der Bestimmung der lastabhängigen Zusatzverluste wirkt, und wird durch einen i. A. geringeren Gesamtfehler bei der Verlustbestimmung $\Delta E_{mess,e} \pm \Delta E_{mess,v}$ ersetzt:

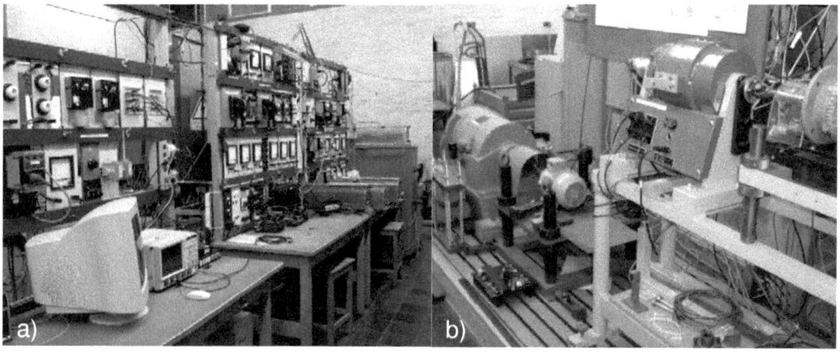

Abbildung 4.62: Versuchsstand zur Messung des Wirkungsgrads η gemäß [96]. a) Bedienteil zur Einstellung der AC-Spannungen über einen Drehregler und der Belastung über ein Dynamometer (Pendelmaschine) sowie eine automatisierte Datenerfassung elektrischer, thermischer und mechanischer Messgrößen [99]. b) Lastmaschinen: Hinten links (blau): DC-Maschine; $P_N = 20$ kW bei 1500 min^{-1}, $I_{aN} = 91$ A Vorne links: DC-Maschine; $P_N = 1$ kW bei 3000 min^{-1}, $I_{aN} = 4{,}4$ A.

$$\eta_{\text{indirekt}} = \frac{P_e - P_d + \Delta E_{\text{mess,e}} \pm \Delta E_{\text{mess,v}}}{P_e + \Delta E_{\text{mess,e}}} \tag{4.190}$$

Zusätzlich bietet diese Messung nicht nur die Bestimmung der einzelnen Verlustkomponenten, die mit Berechnungsergebnissen verglichen werden können, sondern auch über die Bestimmung der lastabhängigen Zusatzverluste $P_{\text{zus,Last}}$, die etwa linear über dem Quadrat der Abgabeleistung P_m ansteigen, und das Bestimmtheitsmaß des gemessenen Kurvenverlaufs $P_{\text{zus,Last}}(P_m)$ aus einer Regressionsrechnung die Möglichkeit der Einschätzung der Güte einer Messung. Sollte das Bestimmtheitsmaß nach Streichung maximal eines von sechs Messpunkten (z.B. 1/4-, 2/4-, 3/4-, 4/4-, 5/4- und 6/4- Bemessungslast) unter 95 % liegen, ist die Messung laut Norm nicht brauchbar und muss (eventuell mit Verbesserung der Messgenauigkeit) wiederholt werden. Somit wird die Vergleichbarkeit der Messungen erhöht, weswegen in dieser Arbeit diese indirekte Messmethode verwendet wird.

Zur Ermittlung der mittleren Wicklungstemperaturen ϑ_m wird nach dem Erwärmungslauf, der Teil des Messverfahrens in [96] ist, während des Abkühlens der Motoren ein Abgleich der lokalen Temperaturen an den Mess-

stellen der Wicklung ϑ_{mess} mit den über die Widerstandsmessung mit dem Gerät *Resistomat 2316* der Firma *Burster* zurück gerechneten Temperaturwerten vorgenommen (vgl. [96]). Die Erfassung des Wicklungswiderstands erfolgt zeitgleich zu der Temperaturmessung über den PC, wodurch zu jeder Zeit ein Bezug zwischen der lokal in der Wicklung gemessenen Temperatur ϑ_{mess} und der über die gemessenen Widerstände berechneten mittleren Wicklungstemperatur ϑ_m vorgenommen werden kann. Über die Extrapolation des Verhältnisses der betrachteten Temperaturen $\vartheta_m/\vartheta_{mess}$, ausgehend von der aus dem ersten Messwert ermittelten mittleren Wicklungstemperatur ϑ_m nach dem Abschalten (z.B. 5 s nach dem Abschalten wie in Abbildung 4.63) bis zum Ausschaltzeitpunkt $t = 0$ s (Abbildung 4.63), kann ein Korrekturfaktor $\vartheta_m/\vartheta_{mess}$ bestimmt werden, mit dem die Messwerte der Sensoren in der Wicklung ϑ_{mess} zur Ermittlung der mittleren Wicklungstemperatur ϑ_m während des Erwärmungslaufes korrigiert werden können und der auch für die Korrektur der während des Leerlauf- und Belastungstests gemessenen Temperaturwerte verwendet wird.
Für die Durchführung der indirekten Messung sind Messungen im Leerlauf und in sechs Belastungspunkten nötig. Die Lastpunkte werden über die Pendelmaschine angefahren (Abbildung 4.62). Bei der Methode 1 in [96] wird sowohl bei der direkten als auch bei der indirekten Wirkungsgradbestimmung eine Messung des Drehmoments M gefordert. Die Realisierung erfolgt hier über eine drehbar gelagerte Pendelmaschine, die über eine Kraftmessdose und einen definierten Hebelarm an das Fundament befestigt wird (Abbildung 4.64a). Um die in der Norm geforderte Drehmomentmessgenauigkeit von unter ± 0,2 % des Messbereichs zu gewährleisten, wurde vor jeder Messung eine Kalibrierung mit Referenzmassen vorgenommen (Abbildung 4.64b). Die prinzipbedingte Fehlerhysterese aufgrund der Dehnungsmessstreifen in der Kraftmessdose wird durch Korrektur der Messwerte mit Hilfe einer Ausgleichsgeraden kompensiert, um die Messgenauigkeit weiter zu erhöhen (Abbildung 4.64c). Die zeitsynchrone Aufzeichnung aller elektrischen, thermischen und mechanischen Größen, die für die Analyse der Verlustbilanz der zu vermessenden Maschine benötigt werden, geschieht automatisiert über das in [99] vorgestellte Messsystem.

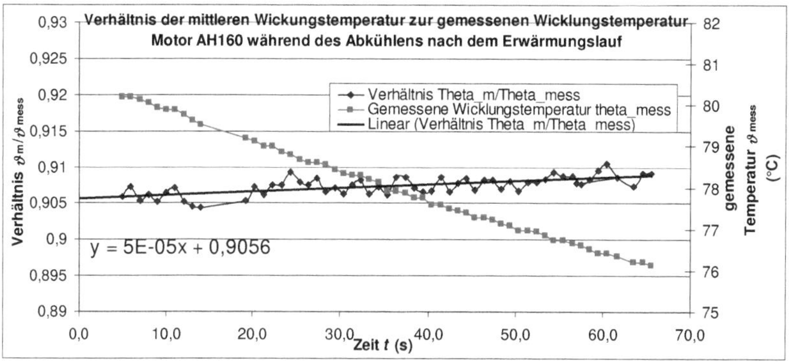

Abbildung 4.63: Ermittlung des Korrekturfaktors $\vartheta_m/\vartheta_{mess}$ aus der Abkühlkurve nach dem Erwärmungslauf des Motors AH160. Die Umbauzeit für die Messung des Widerstandes nach Spannungsfreischaltung und Abbremsung der Maschine beträgt ca. 5 s ($t = 0$ s: Abschaltzeitpunkt).

Zur Überprüfung der daraus ermittelten lastabhängigen Zusatzverluste $P_{zus,Last}$ wird zusätzlich eine Messung nach dem „Eh-Stern“ –Verfahren, das auf [100] zurückgeht und in [101, 102, 103] näher erläutert wird, durchgeführt. Die Ermittlung der lastabhängigen Zusatzverluste $P_{zus,Last}$ ist der kritischste Punkt bei der Ermittlung des Wirkungsgrades η, da die Ungenauigkeiten in der Messkette und hier besonders die Toleranzen der Drehmomentmessung sich stark auf das Ergebnis auswirken. Bei der hier durchgeführten Untersuchung für die beiden Testmotoren AH80 und AH100 hat sich herausgestellt, dass die Messergebnisse, ermittelt gemäß Methode 1 in [96], mit den Ergebnissen der Eh-Stern-Messmethode vergleichbar sind (siehe Abbildung 4.68b).

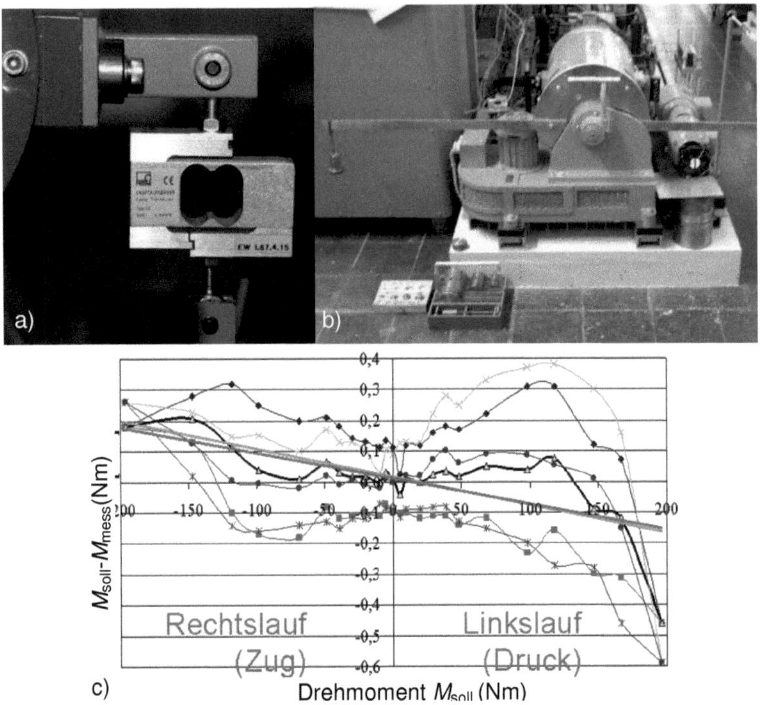

Abbildung 4.64: a) Kraftmessdose zur Messung des über die Welle an die drehbar gelagerte Pendelmaschine übertragenen Drehmoments b) Aufbau zur Kalibrierung der Drehmomentmessung c) Fehlerhysterese der Drehmomentmessung: Teilweise Kompensierung des Fehlers durch eine Ausgleichsgerade, die sich aus der mittleren Abweichung in jedem Messpunkt des Messbereichs ergibt. Im Bild wurde die Fehlerhysterese zweimal hintereinander gemessen.

4.5.7. Vergleich zwischen FEM-Berechnung, Messung und analytischer Berechnung einiger Verlustkomponenten

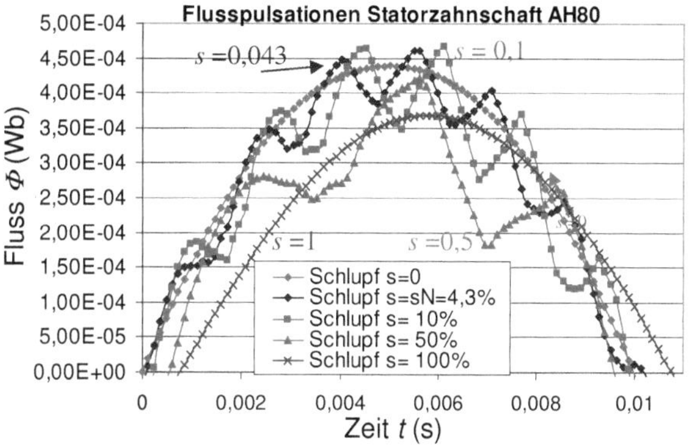

a)

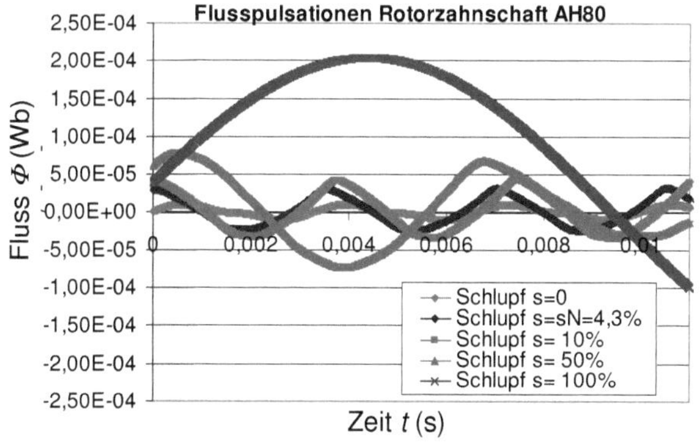

b)

Abbildung 4.65: Analytisch mit *KLASYS* berechnete Flusspulsationen in verschiedenen Belastungspunkten des Motors AH80 a) im Statormittelzahn b) im Rotorzahn am Übergang von Zahnkopf zum Zahnschaft (ohne Grundwelle; vgl. pos. 3 in Abbildung 4.57b).

Tabelle 4.11 zeigt die analytisch und numerisch berechnete Leistungsbilanz der Motoren AH80 und AH100 im Bemessungsbetrieb im Vergleich mit den Messergebnissen. Da in der 2D-FEM-Simulation der Einfluss der Schrägung nicht berücksichtigt werden kann, wird zum Vergleich eine analytische Rechnung ohne Schrägung eingefügt. Die Messergebnisse der geschrägten Motoren sind mit den analytischen Rechnungen mit Schrägung

$b_{sk} = \tau_{Qr}$ zu vergleichen. Da es unmöglich ist, die einzelnen Komponenten der Zusatzverluste P_{zus} gemäß Tabelle 4.10 zu messen, kann an dieser Stelle nur ein Vergleich der einzelnen Komponenten zwischen analytischer und numerischer Rechnung der ungeschrägten Motoren durchgeführt werden.
In [21] wird ausführlich erläutert, wie die wesentlichen Zusatzverlustkomponenten mit Hilfe der FEM-Berechnungen ermittelt werden können. Im Falle der Zusatzverluste durch die Flusspulsationen in den Stator- und Rotorzähnen $P_{p,s}$ bzw. $P_{p,r}$ (siehe Abbildung 4.65a bzw. b) werden aus der FFT der numerische berechneten Flussdichteverläufe entlang der Zähne mit Hilfe der *Steinmetz*-Formel (Gleichung (4.177)) und den entsprechenden Wirbelstrom- und Hysterese-Verlustkoeffizienten für die Grundwelle die Verluste für die Ummagnetisierung durch die Oberwellen der Flussdichte ermittelt. Die Verwendung konstanter Verlustkoeffizienten stellt eine Vereinfachung dar, weil, wie in [81] besprochen wird, die Verlustkoeffizienten für die höheren Ordnungszahlen größer werden. (vgl. Abschnitt 4.5.3). Der Einfluss der Bearbeitung der Blechpakete (vorwiegend Stanzen) wird analog zu den analytischen Berechnungen durch veränderte $B(H)$-Kennlinien und Verschlechterungsfaktoren bei der Berechnung der Ummagnetisierungsverluste P_{Fe} berücksichtigt (vgl. Abschnitt 4.2).
Abbildung 4.66 zeigt die Verläufe der analytisch und numerisch ermittelten Zusatzverluste durch Feldoberwellen in den Zähnen von Stator und Rotor $P_{O,s/r}+ P_{p,s/r}$ im Schlupfbereich von s = 0 %-70 % im Fall von ungeschrägten Rotornuten. Für höhere Schlupfwerte ist eine Trennung der Oberwellen von der Grundwelle in der FFT aufgrund der Angleichung der Rotorfrequenz $f_{r\nu} = s_\nu \cdot f_s$ an die Statorfrequenz f_s nicht mehr einwandfrei möglich (vgl. Abbildung 4.65). Es zeigt sich, dass die Verläufe vergleichbar sind und die analytische Berechnung durch die numerischen Ergebnisse weitestgehend bestätigt werden. Besonders für die Verluste in den Statorzähnen ergeben sich gerade im Bereich des Bemessungsbetriebs gute Übereinstimmungen.
Abbildung 4.67a) zeigt die berechneten Zusatzverluste durch Rotoroberströme $P_{Cu,r,os}$, berechnet mit den ungeschrägten Motoren AH80 und AH100. Hier werden die Stromwärmeverluste $P_{Cu,\nu} = 3R_{r\nu}' \cdot I_{r\nu}^2$ der Rotoroberströme $\underline{I}_{r\nu}$ bis zum 2. Nutharmonischenpaar des Stators (ν = -35, 37)

addiert. Bei der numerischen Berechnung der Stromwärmeverluste $P_{\mathrm{Cu},\nu}$ wurden die Amplituden der Rotoroberströme $I_{\mathrm{r}\nu}$ numerisch berechnet, während die Rotorwiderstände $R_{\mathrm{r}\nu}$ analytisch berechnet wurden. Die Widerstandserhöhung durch die Stromverdrängung wurde dabei näherungsweise für einen rechteckförmigen Leiter gemäß Abschnitt 4.1.7 ermittelt. Vergleicht man die analytischen Berechnungsergebnisse für den Fall geschrägter Rotoren mit denen ungeschrägter Rotoren (Tabelle 4.11), so fällt auf, dass diese Werte größer sind, obwohl die Amplituden der Rotoroberströme $\hat{I}_{\mathrm{r}\nu}$ in einer kompletten Rotormasche mit dem Schrägungsfaktor χ_{ν} kleiner werden. Durch die sehr geringen Querwiderstände R_{q} (vgl. Abschnitt 4.4.3) der Motoren AH80 und AH100 können zwar die Querstromzusatzverluste $P_{\mathrm{q,r}}$ gering gehalten werden, es kommt aber zu erheblichen Querströmen $\underline{I}_{\mathrm{q}\nu}$, so dass die Ströme im Stab $\underline{I}_{\mathrm{Stab},\nu}$ und damit die Zusatzverluste durch Rotoroberströme $P_{\mathrm{Cu,r,os}}$ deutlich ansteigen.

Obwohl im Leerlauf durch die Stator-Grundwelle $B_{\mathrm{s}\nu=1}$ keine Ströme $\underline{I}_{\mathrm{r}\nu=1}$ in den Rotor induziert werden und daher im Leerlauf keine Stromwärmeverluste $P_{\mathrm{Cu,r}}$ durch die Rotorstromgrundschwingung (siehe Abbildung 4.70b) auftreten, können durch die Statoroberwellen mit dem Schlupf $s_{\nu} = 1 - \nu \cdot (1 - s)$ (vgl. Gleichung (4.73)) Ströme $\underline{I}_{\mathrm{r}\nu \neq 1}$ induziert werden, die zusätzliche Stromwärmeverluste $P_{\mathrm{Cu,r,os}}$ verursachen. Daher sind die Werte beim Schlupf $s = 0$ nicht Null, und die Zusatzverluste im Leerlauf $P_{\mathrm{zus,0}}$ werden (wenn auch nur leicht) erhöht.

Abbildung 4.68a) und b) zeigen die über den Input-Output-Test gemäß [96] Methode 1 („Residual losses“-Verfahren) gemessenen lastabhängigen Zusatzverluste $P_{\mathrm{zus,Last}}$ im Vergleich mit den Berechnungsergebnissen. Es ergeben sich sowohl aus den FEM-Berechnungen als auch aus den analytischen Berechnungen mit geschrägtem und ungeschrägtem Rotor mit den Messungen vergleichbare Ergebnisse.

Tabelle 4.11: Analytisch mit *KLASYS* berechnete Leistungsbilanz im Bemessungsbetrieb im Vergleich zu den FEM-Ergebnissen (*FLUX2D*-Zeitschrittverfahren, *B*(*H*)-Kurven wie in analytischer Rechnung mit Verschlechterung durch das Stanzen) und Messergebnissen der beiden Mastermotoren AH80 und AH100 nach IEC-Norm [96] Methode 1. Zur Berechnung der Stromwärmeverluste wurden die gleichen Temperaturen wie bei den Messungen verwendet. Die Verschlechterungsfaktoren der analytischen und numerischen Berechnung der Ummagnetisierungsverluste sind gleich. Die Ummagnetisierungsverluste P_{Fe} sind die über die Verlustformel (4.177) berechneten Werte. Zum Vergleich mit den Messergebnissen werden die in Anlehnung an das Messverfahren umgerechneten Ummagnetisierungsverluste $P_{Fe,IEC}$ (4.193) und Leerlauf-Zusatzverluste $P_{zus,0}(s = s_N)$ (4.194) in der analytischen Berechnung verwendet.

	AH80				AH100			
Verluste	*KLASYS*		*FLUX2D*	Mess.	*KLASYS*		*FLUX2D*	Mess.
	geschrägt	ungesch.	ungesch.	geschrägt	geschrägt	ungesch.	ungesch.	geschrägt
U_N (V)	400 Y	400 Y	400 Y	402 Y	400 Y	400 Y	400 Y	400 Y
I_N (A)	1,72	1,69	1,75	1,73	4,66	4,55	4,57	4,5
$cos\varphi_N$	0,78	0,78	0,79	0,78	0,81	0,82	0,79	0,8
P_e (W)	922,4	914,9	939	941	2608	2596,3	2573	2572
$P_{Cu,s}$(W)	91,93	88,91	95,27	92,2	182,9	174,4	175,9	175,3
P_{Fe}(W)	17	16,99	16,7	-	42,44	43,03	42,9	-
$P_{Fe,IEC}+P_{zus,0}(s=s_N)$ (W)	27,9	26	-	33,1	59,6	59,1	-	58,8
$P_{Cu,r}$(W)	36,63	35,63	43,1	37,1	121,76	121,76	122,8	118,6
P_{fr+w}	6,56	6,57	6,56	6,48	7,4	7,4	7,4	8,2
$P_{Cu,r,os}$(W)	6	3,9	2	-	8,4	6,4	7,3	-
$P_{p,s}$ (W)	5,74	6,59	6,64	-	9,19	13,13	15	-
$P_{O,s}$ (W)	1,64	1,58		-	4,21	5,58		-
$P_{p,r}$ (W)	0,05	0,11	5,34	-	0,21	0,21	13,8	-
$P_{O,r}$ (W)	6,36	6,08		-	14,68	13,7		-
$P_{q,r}$ (W)	1,25	0	0	-	2,89	0	0	-
$P_{Cu,s,os}$ + $P_{Cu,s,sv}$ (W)	0,02	0,02	0	-	0,05	0,05	0	-
$P_{zus,Last}$ (W)	8,6	8,9	8,2	8	21,1	21,4	15,3	17,5
P_d (W)	173,2	166,4	175,6	176,9	394,1	385,7	371,3	378,4
P_m (W)	749,2	748,5	763,4	764,1	2213,9	2210,6	2201,7	2194
M (Nm)	5	5	5,1	5,1	14,9	14,8	14,75	14,7
N (min^{-1})	1431,5	1433,2	1428,6	1433,1	1421,3	1422,8	1425,3	1425,1
η (%)	81,3	81,8	81,3	81,2	84,9	85,1	85,5	85,2

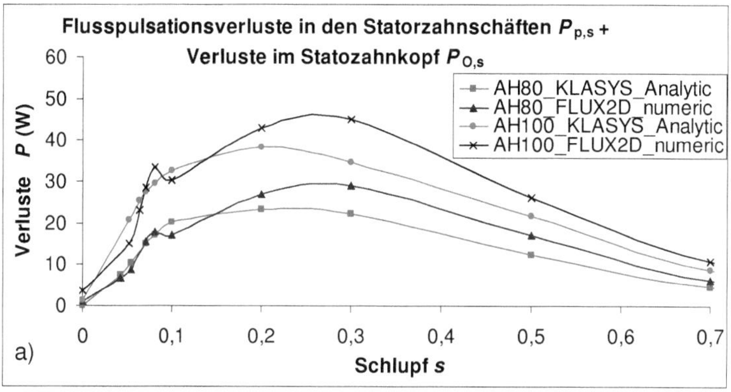

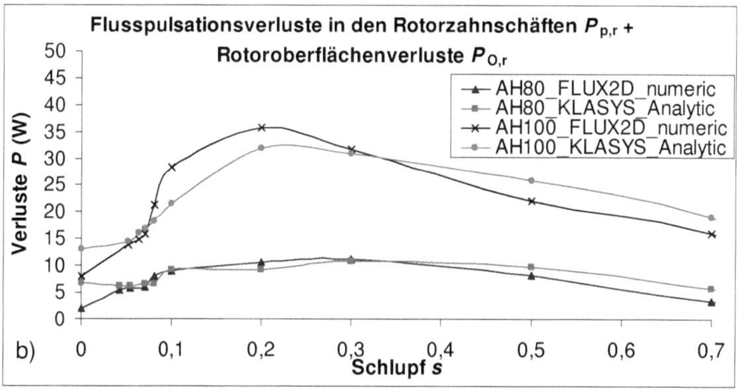

Abbildung 4.66: Analytische und numerische Berechnung der zusätzlichen Ummagnetisierungsverluste $P_{O,s/r}$+ $P_{p,s/r}$ der Motoren AH80 und AH100 ohne Schrägung bei unterschiedlichen Belastungen a) in den Statorzahnschäften und –Zahnköpfen $P_{p,s} + P_{O,s}$ b) in den Rotorzahnschäften und –Zahnköpfen $P_{p,r} + P_{O,r}$ (U_N = 400 VY; f_s = 50Hz).

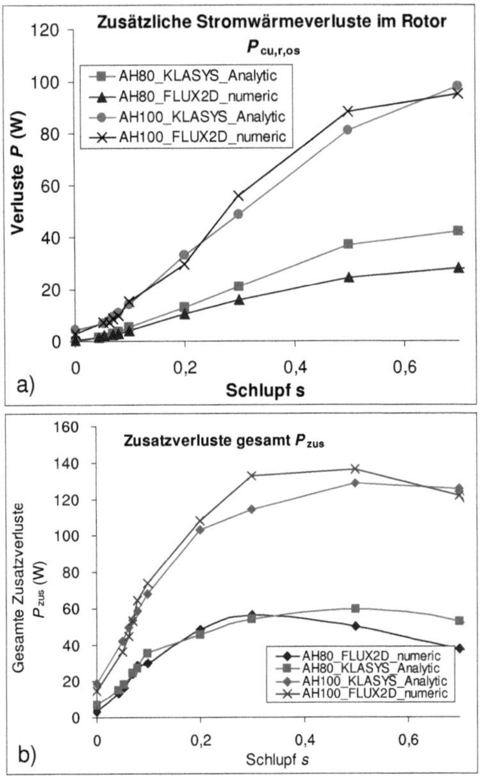

Abbildung 4.67: Vergleich der numerisch und analytisch berechneten a) Zusatzverluste durch Rotoroberströme $P_{Cu,r,os}$ der Motoren AH80 und AH100 ohne Schrägung bei unterschiedlichen Belastungen b) Gesamte Zusatzverluste (Zusatzverluste durch Ummagnetisierung der Zähne im Stator und Rotor $P_{O,s/r}+P_{p,s/r}$ und Zusatzverluste durch Rotoroberströme $P_{Cu,r,os}$) der Motoren AH80 und AH100 ohne Schrägung (U_N = 400 VY; f_s = 50Hz).

Zur analytischen und numerischen Berechnung der lastabhängigen Zusatzverluste $P_{zus,Last}$ wurden von den gesamten Zusatzverlusten $P_{zus}(s = s_N)$ in den jeweiligen Arbeitspunkten die umgerechneten Leerlauf-Zusatzverluste $P_{zus,0}(s = s_N)$ abgezogen. Für die Umrechnung wurden in Anlehnung an das Messverfahren die im Leerlaufbetrieb berechneten Zusatzverluste $P_{zus,0}(s = 0)$ über die quadratische Abhängigkeit von der Hauptfeldspannung U_h für jeden Betriebspunkt ermittelt:

$P_{zus,Last}(s = s_N) =$

$$= P_{zus}(s = s_N) - P_{zus,0}(s = s_N) = P_{zus}(s = s_N) - P_{zus,0}(s = 0) \cdot \left(\frac{U_h}{U_{h,0}} \right)^2 . \quad (4.191)$$

Abbildung 4.68 zeigt, dass die lastabhängigen Zusatzverluste $P_{zus,Last}$ bei der analytischen Berechnung mit Schrägung bei steigenden Belastungen im Vergleich zum ungeschrägten Fall größer werden. Grund hierfür sind die steigenden Querströme $\underline{I}_{q\nu}$, die nicht nur die Querstromzusatzverluste $P_{q,r}$ hervorrufen, sondern wie oben erwähnt auch die Zusatzverluste durch Rotoroberströme $P_{Cu,r,os}$ erhöhen. Zu beachten ist, dass die (vergleichbar kleinen) Verluste durch die Flusspulsationen in den Rotorzähnen $P_{p,r}$ bei geschrägten Rotoren u. U. ansteigen, da gemäß den Untersuchungen in [41, 66, 85] die dämpfende Wirkung der Rotoroberströme $\underline{I}_{r\nu}$ geringer ist und ein tieferes Eindringen der Statoroberfelder in die Rotorzähne begünstigt wird. Durch die Schrägung verringert werden dagegen die Flusspulsationsverluste in den Statorzähnen $P_{p,s}$, da die Feldoberwellen des Rotors $B_{r\mu}$ proportional zum Schrägungsfaktor χ_ν kleiner werden. Auch wenn die Schrägung in Summe bei Motoren mit sehr kleinen Querwiderständen R_q zu einer Erhöhung der Verlustleistungen führt, können die Rotoroberströme in der gesamten Rotormasche $\underline{I}_{r\nu}$ und damit die Rotoroberfelder $B_{r\mu}$ und die parasitären Kräfte zwischen Stator- und Rotorfeldern reduziert werden. Die Schrägung ist daher für die Beschränkung der Oberwellenmomente und Geräusche unabdingbar.

Abbildung 4.69a) zeigt die analytischen Berechnungen der Ummagnetisierungsverluste der Grundwelle gemäß Abschnitt 4.5.3 im Statorblech $P_{Fe,s}$ im Vergleich mit den Messergebnissen gemäß [96]. Für die kleinen Belastungen während der Messung spielen die Ummagnetisierungsverluste im Rotor $P_{Fe,r}$ wegen den sehr kleinen Rotorfrequenzen $f_r = s \cdot f_s$ keine Rolle. Dabei ist zu beachten, dass die Messwerte für die Ummagnetisierungsverluste in den unterschiedlichen Lastpunkten auch die Leerlauf-Zusatzverluste $P_{zus,0}(s = s_N)$ beinhalten. In [96] werden die Ummagnetisierungsverluste $P_{Fe,0}$ wie folgt aus den Messgrößen des Leerlaufversuchs ermittelt:

$$P_{\mathrm{Fe,0}} = P_{\mathrm{e,0}} - P_{\mathrm{Cu,s,0}} - P_{\mathrm{fr+w}} \,. \tag{4.192}$$

Für die einzelnen Lastpunkte im Belastungsversuch muss in der Norm eine Umrechnung über die entsprechende Hauptfeldspannung U_{h} erfolgen (vgl. [96]):

$$P_{\mathrm{Fe,IEC}} = P_{\mathrm{Fe,0}} \cdot \left(\frac{U_{\mathrm{h}}}{U_{\mathrm{h,0}}} \right)^2 . \tag{4.193}$$

Da in (4.192) die Leerlauf-Zusatzverluste $P_{\mathrm{zus,0}}(s = s_{\mathrm{N}})$ nicht abgezogen werden, müssen sie für den Vergleich der analytisch berechneten Ummagnetisierungsverluste P_{Fe} mit den Messungen zu P_{Fe} addiert werden. Eine Umrechnung der quadratisch mit der Hauptfeldspannung U_{h} in den jeweiligen Betriebspunkten fallenden Leerlauf-Zusatzverluste $P_{\mathrm{zus,0}}$ erfolgt gemäß Gleichung (4.194):

$$P_{\mathrm{zus,0}}(s \neq 0) = P_{\mathrm{zus,0}}(s = 0) \cdot \left(\frac{U_{\mathrm{h}}}{U_{\mathrm{h,0}}} \right)^2 . \tag{4.194}$$

Die über die FEM und *KLASYS* berechneten Verläufe der Ummagnetisierungsverluste des Stators $P_{\mathrm{Fe,s}}$ in Abbildung 4.69a) sind für beide Motoren vergleichbar. Die FEM-Berechnungen wurden mit der Rechenoption „Steady State AC Magnetic" in *FLUX2D* berechnet. Wie in [104] erläutert wird, bietet diese Methode die Möglichkeit sehr schnell an Ergebnisse für das Grundwellenverhalten der Motoren zu gelangen.

Die zeitlich veränderlichen Größen Flussdichte $B(t)$ oder Feldstärke $H(t)$ werden dabei als sinusförmig angenommen, woraus aus einer Energiebetrachtung modifizierte $B(H)$-Kurven für den AC-Betrieb berechnet werden [104]. Da es physikalisch unmöglich ist, dass die Flussdichte $B(t)$ und die Feldstärke $H(t)$ gleichzeitig im Eisen mit einer nichtlinearen $B(H)$-Kennlinie sinusförmig sind, wird in unserem Fall angenommen, dass die Flussdichte $B(t)$ sinusförmig ist, was laut [104] für Modelle mit Spannungsquellen zu empfehlen ist.

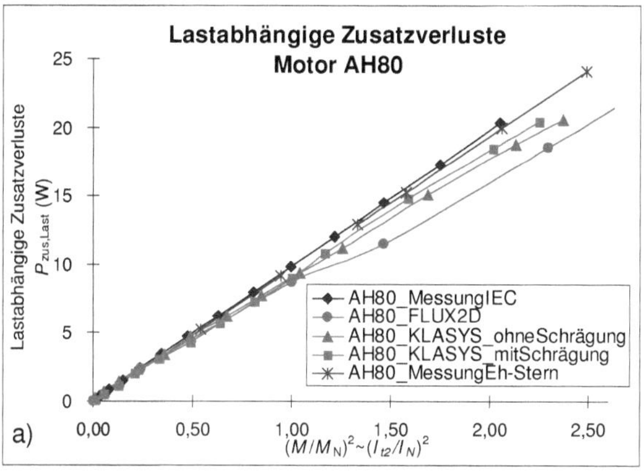

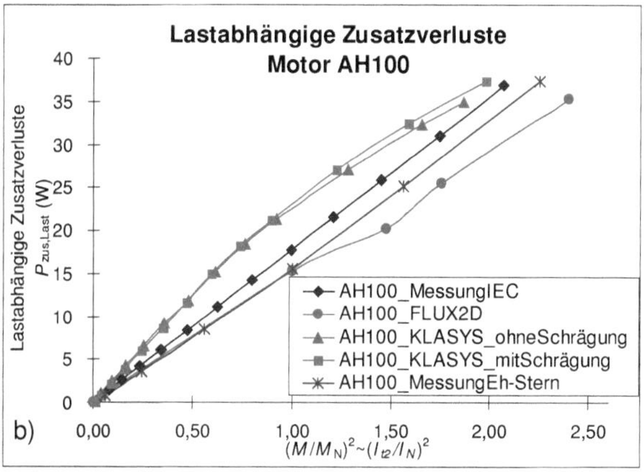

Abbildung 4.68: Vergleich zwischen den analytisch und numerisch berechneten und gemessenen lastabhängigen Zusatzverlusten $P_{zus,Last}$ der Motoren AH80 und AH100 für die Lastpunkte gemäß [96]. Die analytische Berechnung ist mit und ohne Schrägung des Rotors durchgeführt worden. Es werden die lastabhängigen Zusatzverluste, gemessen gemäß der indirekten Messung nach IEC-Norm [96] Methode 1, und die Messwerte gemäß der Eh-Stern Messmethode [100, 101] angegeben (U_N = 400 VY; f_s = 50Hz).

Eine ausführliche Betrachtung der unterschiedlichen Berechnungsoptionen und ihrer Auswirkungen ist in [105] zu finden. Die gemäß Gleichung (4.193) berechneten Ummagnetisierungsverluste $P_{Fe,IEC}$ zuzüglich der auf den jeweiligen Betriebspunkt umgerechneten Leerlauf-Zusatzverluste $P_{zus,0}(s = s_N)$ (4.194) sind vergleichbar mit den Messergebnissen gemäß

[96]. Für große Schlupfwerte $s > 30\ \%$ ergeben sich bei der FEM-Berechnung für beide Motoren erhöhte Ummagnetisierungsverluste im Stator $P_{Fe,s}$. Für die gemäß der in Abschnitt 4.5.3 vorgestellten *Steinmetz*-Formel analytisch berechneten Ummagnetisierungsverluste P_{Fe} des Stators und Rotors $P_{Fe} = P_{Fe,s} + P_{Fe,r}$ ergeben sich für beide Motoren im Schlupfbereich von 0 %-100 % mit den FEM-Berechnungen vergleichbare Ergebnisse (siehe Abbildung 4.69b). Im für die Vermessung der Motoren gemäß [96] relevanten Schlupfbereich von 0 %-10 % zeigen sich nur geringe Abweichungen.

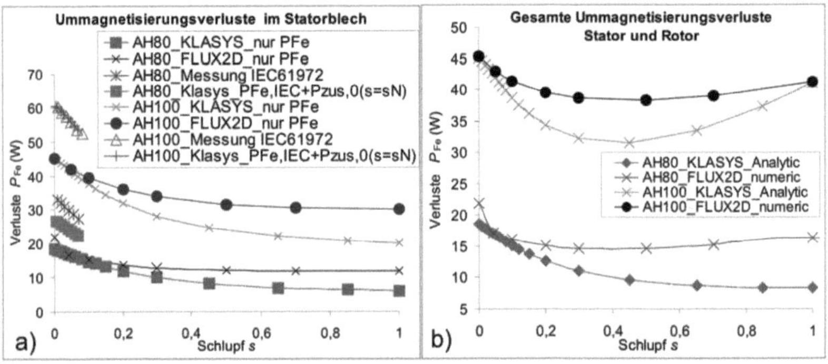

Abbildung 4.69: a) Analytisch (*KLASYS*) und numerisch (*FLUX2D*) berechnete Ummagnetisierungsverluste in den Statorblechen $P_{Fe,s}$ bei verscheidenen Belastungen. Für den Bereich des Bemessungsbetriebs wurden die Messergebnisse gemäß [96] mit den analytisch berechneten Ummagnetisierungsverlusten $P_{Fe,IEC}$ zuzüglich der umgerechneten Zusatzverluste im Leerlauf $P_{zus,0}(s = s_N)$ verglichen b) Analytisch (*KLASYS*) und numerisch (*FLUX2D*) berechnete gesamte Ummagnetisierungsverluste in den Stator- und Rotorblechen P_{Fe} in unterschiedlichen Arbeitspunkten (U_N = 400 VY; f_s = 50Hz).

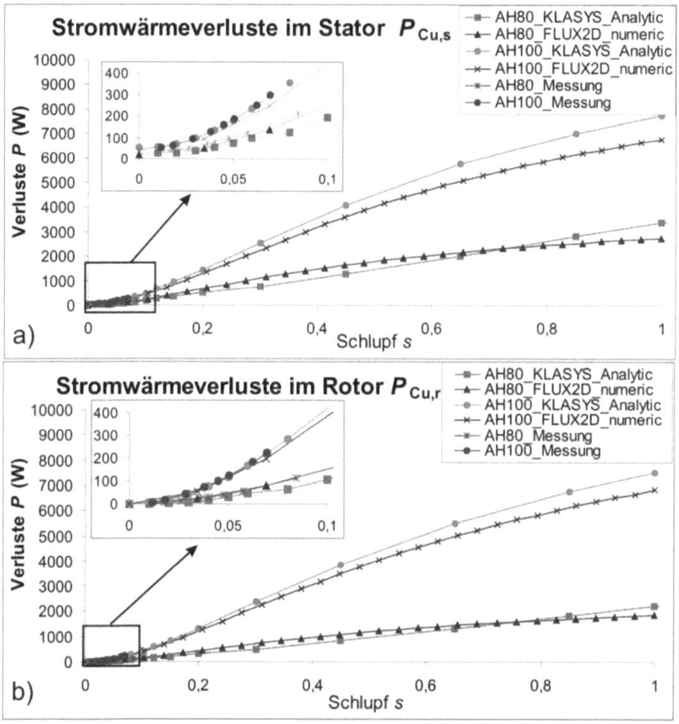

Abbildung 4.70: Numerisch und analytisch berechnete Stromwärmeverluste im a) Stator $P_{Cu,s}$ und b) Rotor $P_{Cu,r}$ der ungeschrägten Motoren AH80 und AH100 im Vergleich mit den Messergebnissen für die Messpunkte gemäß [96] (U_N = 400 VY; f_s = 50Hz).

Der Vergleich der FEM-Berechnungen der Stromwärmeverluste im Stator und Rotor $P_{Cu,s}$ bzw. $P_{Cu,r}$ zeigt ebenfalls eine zufriedenstellende Übereinstimmung mit den analytischen Ergebnissen, besonders im Bereich des Bemessungsbetriebs. Die größeren Werte für die analytischen Berechnungen bei großen Schlupfwerten im Stator sind auf den fehlenden Einfluss der Ummagnetisierungsverluste auf die Strangströme I_s bei der FEM-Berechnung zurückzuführen. Im Rotor kann der Unterschied mit Abweichungen zwischen analytischer und numerischer Erfassung der Stromverdrängung erklärt werden.

5. Vorausberechnung der Geräuschabstrahlung von Kurzschlussläufer-Asynchronmaschinen

In diesem Kapitel wird basierend auf den Arbeiten von *Jordan* [71] und *Frohne* [106] eine Erweiterung der Geräuschvorausberechnung der Motoren in unterschiedlichen Arbeitspunkten vorgestellt. Die Ergebnisse werden mit geeigneten FEM-Modellen und Vergleichsmessungen der (A-bewerteten) Schallleistungspegel L_{wA} verglichen und validiert. Eine vertrauenswürdige Vorausberechnung ist für die Auslegung eines Normasynchronmotors unabdingbar, da die maximal im Betrieb zulässigen Schallleistungspegel L_{wA}, die von einer Maschine ausgehen, gemäß der IEC-Norm [3] festgelegt sind.

5.1. Generelle Vorgehensweise – Klassische Methode nach Jordan -

Die im vorangegangenen Kapitel 4 vorgestellten Oberwellen des Stator- bzw. Rotorfeldes $B_{s\nu}(x,t)$ bzw. $B_{r\mu}(x,t)$ erzeugen gemäß [26, 71, 106, 107, 108, 109, 110, 111, 112] Radialkraftwellen, die vornehmlich den Stator, bestehend aus Statorblechpaket und aufgepresstem Gehäuse, zu Schwingungen anregen. Die Vorausberechnung der Geräuschabstrahlung erfordert daher sowohl eine elektromagnetische Berechnung der Feldoberwellen als auch eine profunde Kenntnis der mechanischen Eigenschaften des Stators. Die hier vorgestellte Vorgehensweise richtet sich im Wesentlichen nach der in [71] vorgestellten Methode von *Jordan* zur Abschätzung der Geräuschemissionen, wobei die Berechnung der Feldoberwellen wie, im vorangegangenen Abschnitt 4.3 erläutert, durchgeführt werden kann. Die sich aus der Wechselwirkung von Stator- und Feldoberwellen ergebenden Radialkraftdichtewellen $\sigma_r(x,t)$ werden durch ihre Amplituden $\hat{\sigma}_r$, Frequenzen f_{ton}, Phasenlagen φ und Modenummern r beschrieben (siehe Abschnitt 5.2). Mit dem Mode r wird die Anzahl der Knoten $2r$ entlang des Umfangs der Radialkraftdichtewelle $\sigma_r(x,t)$ angegeben. Im Gegensatz dazu wird die durch die Radialkraftdichtewelle mit dem Mode r angeregte Schwingungsform des ringförmigen Stators über die Modenummer m charakterisiert.

Um zu bewerten, wie stark eine Radialkraftwelle den Stator zu Biegeschwingungen anregt, die zu einer Abstrahlung von Schallwellen führen, müssen die Resonanzfrequenzen $f_{\mathrm{res,m}}$ des Stators für die jeweiligen Modi m ermittelt werden. Wird wie in [71, 106, 109] ein frei schwingender Ring angenommen, so ergeben sich die in Abbildung 5.1a) zu sehenden Biegeformen (siehe Abschnitt 5.3.1). Die in [71, 106, 109, 113] vorgestellte, weit verbreitete Methode nach *Jordan* nimmt grundlegend an, dass nur eine Radialkraftwelle der Modenummer $r = m$ bei der jeweiligen Resonanzfrequenz $f_{\mathrm{res,m}}$ den Stator resonant zu Schwingungen anregen kann. Daher werden die Kraftwellen über Resonanzüberhöhungsfaktoren η_{r} bewertet, die abhängig von der Dämpfung ζ_{r} des metallischen Stators mit sinkender Differenz zwischen der Frequenz $f_{\mathrm{ton,r}}$ und der Resonanzfrequenz $f_{\mathrm{res,m}}$ (f in [Hz] in (5.1), wobei gilt $m = r$) eine Überhöhung aufweisen (Abbildung 5.1b):

$$\eta_{\mathrm{r=0}} \cong \frac{1}{1-\left(\dfrac{f_{\mathrm{ton}}}{f_{\mathrm{res,m=0}}}\right)^2} \qquad r = m = 0,$$

$$\eta_{\mathrm{r}} \cong \frac{1}{\sqrt{\left\{1-\left(\dfrac{f_{\mathrm{ton}}}{f_{\mathrm{res,m}}}\right)^2\right\}^2 + \left\{\dfrac{2\cdot\zeta_{\mathrm{r}}\cdot f_{\mathrm{ton}}}{f_{\mathrm{res,m}}}\right\}^2}} \qquad (5.1)$$

$$\zeta_{\mathrm{r}} = \frac{1}{2\pi}\cdot\left(2{,}76\cdot 10^{-5}\cdot f_{\mathrm{res,m}} + 0{,}062\right) \qquad r = m \geq 2$$

Die daraus mit (5.2) berechneten radialen Schwingungsamplituden $Y_{\mathrm{r}}(x,t)$ des Stators werden anschließend über die relative Strahlungsleistung $N_{\mathrm{rel,m}}$ (5.4) auf ihre akustische Abstrahlungswirkung in der unmittelbaren Entfernung zu den Motoren gewichtet [71, 106, 108, 109, 113, 114]. Mit der Breite des ringförmig vereinfachten Stators (bzw. Höhe des Jochs) h_{y}, dem mittleren Radius des Rings R_{m} und $i = \frac{1}{2\sqrt{3}}\frac{h_{\mathrm{y}}}{R_{\mathrm{m}}}$ gilt:

$$Y_r(x,t) = \hat{Y}_r \cos(\frac{r \cdot \pi \cdot x}{p \tau_p} - \omega_{ton} t - \varphi_r) \qquad \omega_{Ton} = 2\pi f_{ton}$$

$$\hat{Y}_r = \begin{cases} \frac{R \cdot R_m}{E \cdot h_y} \cdot \hat{\sigma}_{r=0} \cdot \eta_{r=0} & r = 0 \\ \frac{R \cdot R_m}{E \cdot h_y} \cdot \hat{\sigma}_r \cdot \eta_r \cdot \left[\frac{1 + 3i^2(r^2 - 1)}{i^2(r^2 - 1)^2} \right] & r \geq 2 \qquad i = \frac{1}{2\sqrt{3}} \frac{h_y}{R_m} \end{cases} . \qquad (5.2)$$

E(Elastizitätsmodul für Stahl bei 20°C) = 210kN/mm²

Abbildung 5.2a) zeigt die relative Strahlungsleistung $N_{rel,m}$ (5.4) einer kugelförmigen Schallquelle für die ersten sechs Modi $m = r = 0,\ldots,5$ in Abhängigkeit des Parameters ζ. Die schwingende Kugeloberfläche (Sphäre) ergibt sich aus der vereinfachenden Annahme, dass der Motor eine kugelförmige Schallquelle ist. Der Parameter ζ kann mit dem Gesamtdurchmesser D des Motors (bzw. der vereinfachten Ringstruktur aus Gehäuse und Stator) wie folgt berechnet werden [71, 106, 108, 109, 113]:

$$\zeta = D\pi / \lambda_{ton} \qquad \lambda_{ton} = c_0 / f_{ton} \qquad c_0(20°\text{C}, p = 1\,\text{bar}) = 343\,\text{m/s}. \qquad (5.3)$$

In [71, 106, 108, 109, 113] wird also angenommen, dass die meist zylinderförmigen Motoren in der Ferne näherungsweise als Kugelstrahler betrachtet werden können. Es wird deutlich, dass gerade die Schwingungsformen der Modi m mit niedrigen Ordnungszahlen zu erheblichen Strahlungsleistungen $N_{rel,m}$ in der Ferne führen, während sie für die höheren Ordnungszahlen $m \geq 5$ stark abgedämpft werden. Daher können diese Modi $m \geq 5$ bei der Vorausberechnung vernachlässigt werden, auch wenn eventuell erhebliche Radialkraftdichtewellen $\sigma_{r\geq5}(x,t)$ auftreten. Die Faktoren $N_{rel,m}$ können näherungsweise für jede beliebige Modenummer m wie folgt berechnet werden [113]:

$$N_{rel,m} = \text{Re}\left\{ \frac{z \cdot \sum_{k=0}^{m} \frac{(m+k)!}{(m-k)!} \cdot \frac{m!}{k!} \cdot (2z)^{(r-k)}}{\sum_{k=0}^{m} \frac{(m+k)!}{(m-k)!} \cdot \frac{m!}{k!} \cdot (2z)^{(r-k)} \cdot (1+k+z)} \right\} \qquad (5.4)$$

mit $z = j\frac{\pi \cdot D}{\lambda_{\text{ton}}} = j \cdot \zeta$.

Die Berechnung der relativen Strahlungsleistung $N_{\text{rel,m=r}}$ wird in [71, 106, 108, 109, 113], basierend auf der Modenummer r der jeweiligen anregenden Radialkraftdichtewellen $\sigma_{\text{r}}(x,t)$, vorgenommen. Die akustische Wirkung einer Radialschwingung Y_{r} wird daher nur über die Modenummer $r = m$ der zu Grunde liegenden Radialkraftwelle bewertet. Sind die relative Strahlungsleistung $N_{\text{rel,m}}$ und die Amplitude $\hat{Y}_{\text{r}}$ der Radialschwingung bekannt, kann über den akustischen Wellenwiderstand $Z_0(20°C, p = 1bar) = 420N \cdot s/m^3$ die Schallintensität I_{r} bestimmt werden [71, 106, 108, 109, 113]:

$$I_{\text{r}} = \pi^2 \cdot 2Z_0 \cdot \left(\hat{Y}_{\text{r}} \cdot f_{\text{ton}}\right)^2 \cdot \frac{N_{\text{rel,m}}}{2r+1}. \tag{5.5}$$

Die menschliche Hörschwelle liegt bei einer Schallintensität von $I_0 = 10^{-12}$ W/m^2. Zur Berechnung der resultieren Schallintensitätspegel L_I wird diese Hörschwelle als Bezug verwendet, weswegen gilt:

$$L_I = 10 \cdot \lg(I_{\text{r}} / I_0) \text{ in dB}. \tag{5.6}$$

In [3] wird die Messung des Schallleistungspegels L_W vorgeschrieben, da er ein Maß für die abgestrahlte Energie liefert und wesentliche Vorteile in der akustischen Analyse und Bemessung bietet. Die Schallleistung $W_{\text{r}} = \oint I_{\text{r}} dA = I_{\text{r}} \cdot S$ ist das Integral der Schallintensität I_{r} über die Messoberfläche S. Die Verwendung des Schallleistungspegels L_W macht demnach Angaben von Messflächen und Umgebungsbedingungen unnötig und ermöglicht den Vergleich von Motoren unterschiedlicher Leistungsklassen und Baugrößen miteinander. Der Schallleistungspegel L_W wird gemäß [3] wie folgt berechnet:

$$L_W = 10 \cdot \lg(W_{\text{r}} / W_0) \text{ in dB } (W \text{ Schallleistung in W}). \tag{5.7}$$

Da die Referenz-Schallleistung W_0 in [3] mit 10^{-12} W angegeben wird, sind die berechneten Schallintensitätspegel L_I direkt mit den gemessenen Schallleistungspegel L_W vergleichbar.

Um das menschliche Hörempfinden nachzubilden, werden die berechneten

Schallleistungspegel L_W mit der in Abbildung 5.2b) zu sehenden Kurve A bewertet, was zu den „A-bewerteten" Schallleistungspegeln L_{wA} in dB(A) führt. Der Schallleistungspegel L_{wA} wird also bei der hier vorgestellten vereinfachten Betrachtung des Stators als frei schwingendem und inkompressiblem Ring sowohl bei der Berechnung der Resonanzüberhöhung η_r als auch bei der relative Strahlungsleistungsberechnung $N_{rel,m}$ abhängig von dem Mode r der anregenden Radialkraftwelle berechnet. Es wird dabei angenommen, dass eine Radialkraftwelle vom Mode r nur einen Mode (Schwingungsform) anregen kann, nämlich $r = m$, bei der der Ring mit dem Mode $m = r$ schwingt. Im Laufe dieser Arbeit wird in Abschnitt 5.4 mit Hilfe geeigneter FEM-Berechnungen und Vergleichen mit Messwerten gezeigt, dass diese Methode, die den frei schwingenden Ring als Grundlage zur Berechung der Resonanzstellen verwendet und diese lediglich nur mit dem Mode r einer Radialkraftwelle bewertet, im Regelfall zu falschen Vorausberechnungen der Schallleistungspegel L_{wA} führt.

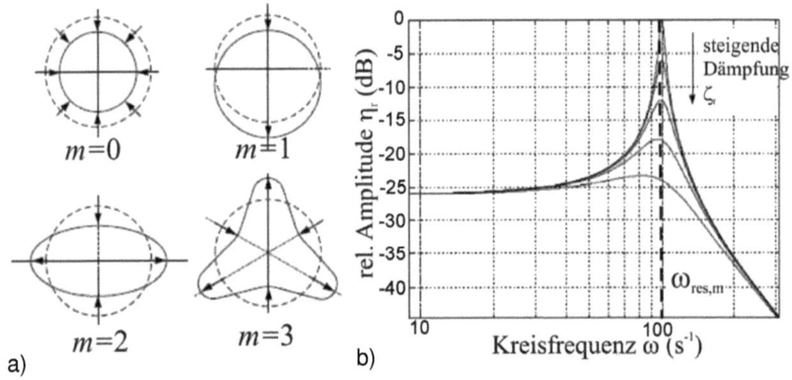

Abbildung 5.1: a) Schwingungsform der ersten vier Modi m des frei schwingenden Rings zu einem Zeitpunkt $t = 0$ [108]. b) Resonanzüberhöhungsfaktor η_r zur Bewertung der Schwingungsanregung durch eine Radialkraftwelle vom Mode $r = m$, die mit der Frequenz $f_{ton,r}$ auf der Innenseite des Stators angreift und diesen so zu Schwingungen anregt. Die Schwingungsamplituden steigen in Abhängigkeit von der Materialdämpfung ζ_r mit Annäherung an die Resonanzfrequenz $f_{res,m}$ [71, 108].

Die vorgestellte realistischere FEM-Untersuchung mit einem eingespannten Ring als (immer noch stark vereinfachte) Struktur des Stators, was z.B. den Klemmenkasten oder die Fixierung an den Füssen des Motors mit in Betracht nimmt, führt zu einer Erweiterung der in [71, 106, 108, 109, 113] vorgestellten Methode. Damit konnte bei überschaubarem Rechenaufwand eine deutliche Annäherung der vorausberechneten an die gemessenen Schallleistungspegel L_{wA} erreicht werden (Abschnitt 5.4).

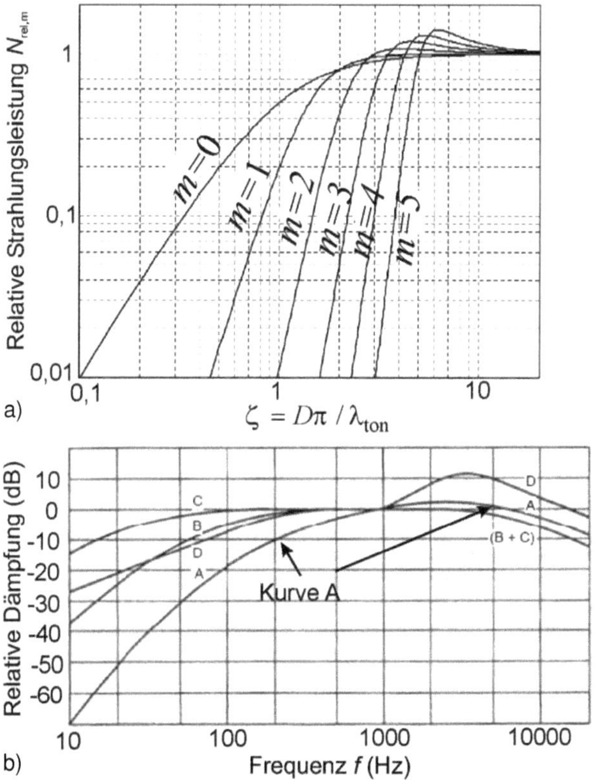

Abbildung 5.2: a) Verlauf der relative Strahlungsleistung $N_{rel,m}$ für die ersten 6 Modi m in Abhängigkeit vom Kugeldurchmesser D, der Tonfrequenz f_{ton} und der Schallgeschwindigkeit c_0 [71, 108, 109, 113]. b) Normative Bewertungskurven für Schallleistungspegel L_W. Zur Anpassung an das menschliche Hörempfinden wird hier die Bewertungskurve A verwendet [3].

5.2. Berechnung der im Betrieb auftretenden radialen Kräfte

5.2.1. Berechnung der Radialkraftdichtewellen aus den Feldoberwellen des Stators und Rotors

Grund für die radialen Schwingungsamplituden $Y_r(x,t)$ des Motors, dessen Oberfläche dadurch Schallwellen aussendet, die u. U. auch noch weithin hörbar sind, sind die Anregungen durch die Radialkraftdichtewellen $\sigma_r(x,t)$. Die physikalische Grundlage ist die *Maxwell'* sche Zugkraft auf die Grenzflächen A zwischen Luftspalt und dem Eisen des Stators, auf die die Feldlinien bei Annahme eines ideal ungesättigten Statorblechpakets senkrecht auftreffen (Radialflussdichte $B_r = B_\delta(x,t)$). Bei Belastung des Motors tritt wegen des Strombelags $A(x,t)$ auch eine tangentiale Feldkomponente $B_t = \mu_0 \cdot A(x,t)$ auf, die aber i.A. deutlich kleiner als B_r ist. Daher lässt sich die entsprechende Kraftdichte oder auch Grenzflächenspannung $\sigma_r(x,t)$ wie folgt berechnen [71, 108, 109, 111, 113]:

$$\sigma_r(x,t) = -\frac{B_r^2(x,t) - B_t^2(x,t)}{2 \cdot \mu_0} \cong -\frac{B_r^2(x,t)}{2 \cdot \mu_0} = -\frac{B_\delta^2(x,t)}{2 \cdot \mu_0}. \tag{5.8}$$

Insofern wäre es technisch richtig, nicht von Radialkraftdichtewellen $\sigma_r(x,t)$, sondern von Radialspannungswellen zu sprechen, was in dieser Arbeit als äquivalent angesehen wird. Es ist zu beachten, dass die Gleichung (5.8) nur unter erheblichen Idealisierungen und Vereinfachungen gültig ist. Im Anhang B wird daher aus einer Energiebetrachtung die Kraft auf ein Volumen in einem magnetischen Feld berechnet und anschließend die Radialspannung σ auf eine Grenzfläche zwischen zwei Materialien hergeleitet. Daraus lässt sich unter gewissen (im Anhang B näher erläuterten) Voraussetzungen (5.8) direkt ableiten. Das Luftspaltfeld $B_\delta(x,t)$ setzt sich als Summe des Statorfeldes $B_{s\nu}(x,t)$ und des Rotorfeldes $B_{r\mu}(x,t)$ zusammen. Dabei existieren sowohl radiale, senkrecht zur Statorinnenfläche gerichtete als auch tangentiale in Umfangsrichtung gerichtete Feldkomponenten. Gemäß den Ausführungen in Anhang B gilt (5.8) nur für den Fall, dass das Eisen im Stator eine unendlich große Permeabilität ($\mu_{Fe} = \infty$) aufweist und $B_t << B_r$ ist. Im Leerlauf- und im Bemessungsbetrieb sind die Zahnköpfe von Stator und Rotor nicht stark gesättigt (vgl. Abschnitt 4.1.5), wodurch die Permeabilität recht groß ist und die Feldlinien im Luftspalt i. A. vorwiegend radial verlaufen, so dass die tangentialen Feldkomponenten vernachlässigt werden können. Die radialen Feldkomponenten des Stator- und Rotorfeldes können gemäß Abschnitt 4.3 als Summe aller Oberwellen im statorfesten Koordinatensystem ($x = x_s$) beschrieben werden [23, 26, 41]:

$$B_{s\nu}(x_s,t) = \sum_{\nu} \hat{B}_{s\nu} \cdot \cos\left(\frac{\nu \cdot \pi \cdot x_s}{\tau_p} - 2 \cdot \pi \cdot f_\nu \cdot t - \varphi_{s\nu}\right),$$

$$B_{r\mu}(x_s,t) = \sum_{\mu} \hat{B}_{r\mu} \cdot \cos\left(\frac{\mu \cdot \pi \cdot x_s}{\tau_p} - 2 \cdot \pi \cdot f_\mu \cdot t - \varphi_{r\mu}\right) \text{ mit} \tag{5.9}$$

$$f_\nu = f_s \quad \text{und} \quad f_\mu = f_s \cdot (s + \mu \cdot (1 - s)).$$

Damit ergibt sich durch Einsetzen von (5.9) in (5.8) und nach Lösung der binomischen Gleichung unter zu Hilfenahme der Additionstheoreme für je eine ν-te und μ-te Oberwelle:

$$\sigma_{r_{\nu\mu}}(x_s,t) = -\frac{B_\delta(x_s,t)^2}{2 \cdot \mu_0} = -\frac{\left(B_{s\nu}(x_s,t) + B_{r\mu}(x_s,t)\right)^2}{2 \cdot \mu_0}$$

$$= -\frac{1}{2 \cdot \mu_0}\left(B_{s\nu}(x_s,t)^2 + 2 \cdot B_{s\nu}(x_s,t) B_{r\mu}(x_s,t) + B_{r\mu}(x_s,t)^2\right) \Rightarrow$$

$$\sigma_r(x_s,t) =$$

$$-\left(\begin{aligned} &\frac{1}{2 \cdot \mu_0}\left(\sum_{\nu} \hat{B}_{s\nu} \cdot \cos\left(\frac{\nu\pi x_s}{\tau_p} - 2\pi f_\nu t - \varphi_{s\nu}\right)\right)^2 \\ &+ \frac{1}{\mu_0} \cdot \left(\sum_{\nu} \hat{B}_{s\nu} \cdot \cos\left(\frac{\nu\pi x_s}{\tau_p} - 2\pi f_\nu t - \varphi_{s\nu}\right)\right) \cdot \left(\sum_{\mu} \hat{B}_{r\mu} \cdot \cos\left(\frac{\mu\pi x_s}{\tau_p} - 2\pi f_\mu t - \varphi_{r\mu}\right)\right) \\ &+ \frac{1}{2 \cdot \mu_0}\left(\sum_{\mu} \hat{B}_{r\mu} \cdot \cos\left(\frac{\mu\pi x_s}{\tau_p} - 2\pi f_\mu t - \varphi_{r\mu}\right)\right)^2 \end{aligned}\right). \tag{5.10}$$

Mit dem Additionstheorem $\cos^2(x) = \frac{1}{2}(1 + \cos(2x))$ und $\cos(x) \cdot \cos(y) = \frac{1}{2}(\cos(x - y) + \cos(x + y))$ ergibt sich:

$$\sigma_\mathrm{r}(x_\mathrm{s},t)= \left(\begin{array}{l} \sum\limits_\nu \frac{\hat{B}_{\mathrm{s}\nu}}{4\cdot\mu_0}\cdot\left(1+\cos\left(\frac{2\nu\pi x_\mathrm{s}}{\tau_\mathrm{p}}-4\pi f_\nu t-2\varphi_{\mathrm{s}\nu}\right)\right) \\ +\left(\sum\limits_\nu\sum\limits_\mu \frac{\hat{B}_{\mathrm{s}\nu}\hat{B}_{\mathrm{r}\mu}}{2\cdot\mu_0}\cos\left(\frac{(\nu\pm\mu)\pi x_\mathrm{s}}{\tau_\mathrm{p}}-2\pi(f_\nu\pm f_\mu)\cdot t-(\varphi_{\mathrm{s}\nu}\pm\varphi_{\mathrm{r}\mu})\right)\right) \\ +\sum\limits_\mu \frac{\hat{B}_{\mathrm{r}\mu}}{4\cdot\mu_0}\cdot\left(1+\cos\left(\frac{2\mu\pi x_\mathrm{s}}{\tau_\mathrm{p}}-4\pi f_\mu t-2\varphi_{\mathrm{r}\mu}\right)\right) \end{array} \right). \quad (5.11)$$

Von den drei Summanden ist lediglich der mittlere von Bedeutung, weil sich nur hier ausreichend kleine Modi r der Radialkraftdichtewellen ergeben können [61, 71, 109]. Eine hohe Knotenzahl $2r$ ergibt kurze Wellenlängen λ, für die das Joch (bzw. die ringförmige Ersatzanordnung des Stators) als biegesteif angesehen werden kann. Für beide quadratischen Terme ergibt sich als Mode r das Doppelte der Ordnungszahlen der Stator- bzw. Feldoberwellen ν bzw. μ und damit in der Regel große Werte für die Knotenzahl $2r$. Zusätzlich sind die anregenden Frequenzen f_ton i. A. deutlich höher wie die des mittleren gemischten Produkts, was ebenfalls die Geräuschwirkung mindert, da, wie in Abschnitt 5.3.3 gezeigt wird, gerade die Anregungen im unteren und mittleren Frequenzbereich ($f_\mathrm{ton} < 4000$ Hz) und kleiner Modenzahl ($r < 5$) von besonderer Bedeutung sind. Damit kann die zur Berechnung der Geräuschabstrahlung wesentliche Komponente der radialen Kraftdichtewellen für eine ν-te und μ-te Feldwelle wie folgt beschrieben werden [71, 106, 108, 109, 113]:

$$\begin{aligned} \sigma_{\mathrm{r}_{\nu\mu}}(x_\mathrm{s},t) &= \hat{\sigma}_{\mathrm{r}_{\nu\mu}}\cdot\cos\left(\frac{r\cdot\pi\cdot x_\mathrm{s}}{p\cdot\tau_\mathrm{p}}-2\cdot\pi\cdot f_\mathrm{ton}\cdot t-\varphi_\mathrm{r}\right)= \\ &= \frac{\hat{B}_{\mathrm{s}\nu}\hat{B}_{\mathrm{r}\mu}}{2\cdot\mu_0}\cdot\cos\left(\frac{(\nu\pm\mu)\pi\cdot x_\mathrm{s}}{p\cdot\tau_\mathrm{p}}-2\pi(f_\nu\pm f_\mu)\cdot t-(\varphi_{\mathrm{s}\nu}\pm\varphi_{\mathrm{r}\mu})\right). \end{aligned} \quad (5.12)$$

In [71, 106, 109] werden alle Radialkraftdichtewellen $\sigma_\mathrm{r}(x_\mathrm{s},t)$ mit der gleichen Modenummer r, die auch noch die gleiche Frequenz f_ton bei unterschiedlichen Phasenlagen φ_r aufweisen, zu einer resultierenden Kraft addiert. Diese Summenkraft wird dann über die Resonanzüberhöhungsfaktoren η_r bewertet (5.1). Abbildung 5.3 zeigt diese Situation anhand von zwei Kraftdichtewellen unterschiedlicher Phasenlage φ_r mit gleicher Frequenz f_{ton} und gleicher Modezahl r in komplexer Darstellung, die vektoriell zu addieren sind. Daher sind zur Berechnung der aus diesen Kraftdichtewellen hervorgehenden Schallleistungspegel L_W die Amplitude $\hat{\sigma}_r$, die Modezahl r, die Frequenz f_{ton} und auch die Phasenlage φ_r der einzelnen Radialkraftdichtewellen nötig. Das wiederum erfordert die genaue Kenntnis der Amplituden $\hat{B}_{s\nu}$ bzw. $\hat{B}_{r\mu}$, der Ordnungszahl ν bzw. μ, der Frequenzen f_ν bzw. f_μ und der Phasenlagen $\varphi_{s\nu}$ bzw. $\varphi_{r\mu}$ der beteiligten Feldoberwellen (5.11).

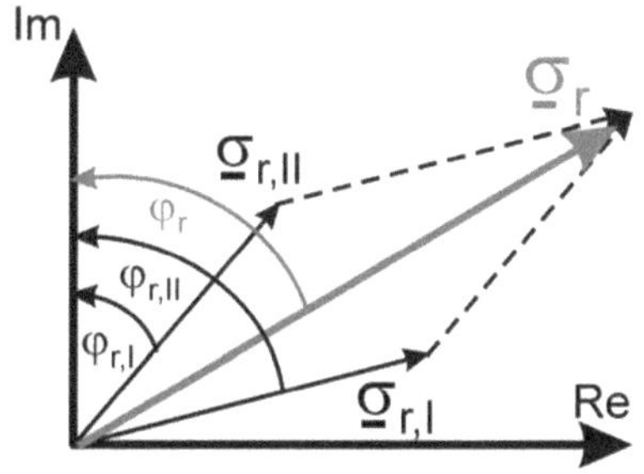

Abbildung 5.3: Vektorielles Addieren zweier Kraftdichtewellen mit gleicher Modenummer r und Frequenz f_{ton}, die allerdings unterschiedliche Phasenlagen φ_r aufweisen.

5.2.2. Grundregeln für geräuscharme Motorauslegungen

Wie bereits im vorangegangenen Abschnitt 5.2.1 erläutert wurde, sind höhere Ordnungszahlen $r > 5$ der Radialkraftdichtewellen vorteilhaft im Hinblick auf die Reduktion der Geräuschabstrahlung, da zum einen die Biegesteifigkeit des Joches für diese Anregungen steigt und zum anderen die relative Schallleistung $N_{rel,m}$ und damit auch die Fernwirkung der abgestrahlten Schallwellen rapide mit steigender Ordnungszahl $r = m$ absinkt (Abbildung 5.2a). Aus Gleichung (5.12) ergibt sich daher die Forderung, dass der Term $\nu \pm \mu$ möglichst große Werte aufweisen soll. Wie in Abschnitt 4.3 dargelegt wurde, sind die in Nuten verteilten Wicklungen von

Stator und Rotor, die Sättigung und die auftretenden statischen oder dynamischen Exzentrizitäten der Grund für die Entstehung von Oberwellen unterschiedlichster Ordnungszahlen ν und μ. Alle diese Kombinationen von Stator- und Rotorfeldoberwellen können Kraftdichtewellen unterschiedlicher Ordnungszahlen r erzeugen. Besonders die nutharmonischen Feldoberwellen mit den Ordnungszahlen ν_Q (siehe Tabelle 4.3) spielen wegen ihrer relativ großen Amplituden dabei eine entscheidende Rolle. Diese hängen gemäß Abschnitt 4.3 im Wesentlichen von den Nutzahlen des Stators und Rotors Q_s bzw. Q_r ab. Daher ergeben sich folgende Regeln für die Wahl der Nutzahlen für den Entwurf möglichst geräuscharmer Motoren (vgl. [27, 71, 115]):

1) Kraftwellen niedriger Ordnungszahl r sollen möglichst vermieden werden weswegen gilt:
$|\nu \pm \mu| \sim |Q_s \pm Q_r| \neq 0, 1, 2, \ldots r^*, 2p, 2p \pm 1, 2p \pm 2, \ldots, 2p \pm r^*$ soll möglichst groß sein
2) Die Anzahl der Rotornuten ist gerade zu wählen, um Kraftwellen der Ordnung $r = 1$ zu vermeiden, die u. U. zu unangenehmen Rüttelkräften des Läufers führen können, die erhebliche Geräuschentwicklungen mit sich bringen.
3) Die Anzahl der Statornuten und Rotornuten darf allerdings auch nicht gleich sein, und sollte möglichst wenige gemeinsame Teiler aufweisen, um die Rastmomente im Betrieb so gering wie möglich zu halten: $Q_s \neq Q_r$ und $Q_s/Q_r \neq$ ganze Zahl

Trotz Beachtung dieser Regeln kann es im Einzelfall zu großen Geräuschentwicklungen im Betrieb der Motoren kommen, wenn die Frequenzen $f_{\mathrm{ton,r}}$ der anregenden Radialkraftwellen auf Resonanzstellen des Stators $f_{\mathrm{res,m}}$ fallen oder sich in unmittelbarer Nähe befinden. Daher ist in jedem Fall eine aussagekräftige Abschätzung der im Bemessungsbetrieb auftretenden Schallleistungspegel L_{wA} bei jedem Neuentwurf eines Motors notwendig.

5.3. Ermittlung der Resonanzfrequenzen des Stators

Besonders wichtig bei der Vorausberechnung der Schallleistungspegel L_{wA} im Bemessungsbetrieb ist die genaue Kenntnis der Resonanzstellen der ersten sechs Schwingungsformen $m = 0 \ldots 5$. Wie ein Blick auf Abbildung 5.1b) zeigt, steigt der Resonanzüberhöhungsfaktor η_r zur Bewertung der schwingungstechnischen Wirkung einer Radialkraftwelle für Frequenzen $f_{ton,r}$ in Abhängigkeit von der Materialdämpfung ζ_r sehr stark an. Dies erfordert eine möglichst präzise Kenntnis der Resonanzfrequenzen $f_{res,m}$ des Stators, da schon kleinste Abweichungen von 1 % vom realen Wert weitaus größere Wirkungen von über 100 % bei dem entsprechenden Resonanzüberhöhungsfaktor η_r hervorrufen können.

Mathematisch führt die vereinfachte Betrachtung des Stators als massiven Ring gemäß [71, 106, 109] zu einem überschaubaren, geschlossenen und damit analytisch lösbaren Problem, dessen Lösung in Abschnitt 5.3.1 besprochen wird. In der Realität jedoch kann über einen frei im Raum schwebenden Ring keine Kraft übertragen werden, weswegen jeder Motor gewisse Randbedingungen an seinen mechanischen Befestigungspunkten aufweist. Auch der Klemmenkasten mit seinen weit in das Gehäuse ragenden Befestigungsschrauben sorgt für veränderte mechanische Randbedingungen. Daher wird in Abschnitt 5.3.3 untersucht, welche Auswirkungen die Einspannung der ringförmigen Statoranordnung auf das Schwingungsverhalten hat. Die Ergebnisse führen zu einer Erweiterung der *Jordan*'schen Berechnungsmethode aus Abschnitt 5.1 durch Vorgabe dieser FEM-Ergebnisse, was in Abschnitt 5.4 diskutiert wird.

5.3.1. Resonanzfrequenzen des frei schwingenden Rings

Jordan [71] beschreibt ein einfaches Verfahren zur Ermittlung der Biegefrequenz $f_{res,m}$ für die Schwingungsform mit der Modenummer m. Für den Mode $m = 0$ gilt nach [71, 109] für die so genannte Nullschwingung:

$$f_{res,m=0} = \frac{1}{2\pi R_m} \sqrt{\frac{E}{\Delta \cdot \rho_{Fe} \cdot k_{Fe}}} \qquad m = r = 0. \tag{5.13}$$

Dabei steht R_m für den mittleren Radius des ringförmigen Stators, E ist der

Elastizitätsmodul von *Young*, für den bei Eisen ein Wert von $210 \cdot 10^9$ N/m^2 eingesetzt werden kann, und ρ_{Fe} steht für die Dichte von Eisen, für die der Wert von 7850 kg/m^3 verwendet wird. Der Faktor Δ berücksichtigt nach *Jordan* den Einfluss der mitschwingenden, aber nicht zur Biegesteife beitragenden Zahnmassen:

$$\Delta = \frac{m_y + m_d}{m_y}. \tag{5.14}$$

Der Einfluss der Wicklungsmasse wird vernachlässigt, weil auch der versteifende Einfluss des Harzvergusses vernachlässigt wird.

Gemäß [71] ergeben sich die Resonanzfrequenzen $f_{res,m}$ für die Biegeschwingung, deren Auslenkung sinusförmig mit der Knotenpaarzahl m entlang des Umfangs verteilt ist, und für die Resonanzfrequenzen der Längsschwingung $f_{resl,m}$, die mit dem selben Mode m Längsschwingungen in Umfangsrichtung der Joche hervorrufen, folgende Formeln:

$$f_{res,m} / f_{res,m=0} \cong \frac{i \cdot m \cdot (m^2 - 1)}{\sqrt{m^2 + 1}} \quad m \geq 2$$

$$\text{bzw. } f_{resl,m} / f_{m=0} \cong \sqrt{m^2 + 1} \quad m \geq 1 \qquad i = \frac{1}{2\sqrt{3}} \frac{b_{ring}}{R_m} \tag{5.15}$$

(b_{ring} steht für die Breite des Rings).

Der Grund, warum nur die Biegefrequenzen $f_{res,m}$ der Schwingungsformen entlang des Umfangs von Bedeutung sind, während die Längsschwingungen $f_{resl,m}$ vernachlässigt werden können, ist, dass die Längsschwingungen weitaus größere Frequenzen aufweisen, die geräuschtechnisch weniger interessant sind. Daher können nur die Biegeschwingungen mit ihren Resonanzfrequenzen $f_{res,m}$, die durchaus im Bereich der Anregefrequenzen $f_{ton,r=m}$ liegen können, wesentliche Geräusche verursachen. Die Längsschwingungen als Umfangsschwingungen $f_{resl,m}$ werden im Folgenden nicht weiter betrachtet.

Vereinfacht wird das Statorjoch mit der Höhe h_y und der (eventuell aus einem anderen Material bestehende) Gehäuserahmen h_{rahmen} in (5.15) zusammengefasst, so dass $b_{ring} = h_y + h_{rahmen}$ gilt.

Der Mode m = 1 für die Biegeschwingung führt gemäß Abbildung 5.1a) zu einer Schwingungsform, die zu einer Schwingbewegung in transversaler Richtung führt. Das sind Biegeschwingungen vor allem des Läufers. Daher werden hier nur Modi $m \geq 2$ in Betracht gezogen. Die stark vereinfachte Lösung für die Resonanzstellen der Biegeschwingungen in [71] wird in [108] durch eine genauere Lösung wie folgt angegeben:

$$f_{\mathrm{res,m}} = f_{\mathrm{m=0}} \cdot i \cdot \frac{r \cdot (r^2 - 1)}{\sqrt{r^2+1}} \frac{1}{\sqrt{1 + i^2 (\frac{r^2-1}{r^2+1})[3+5r^2]}} \qquad r \geq 2. \tag{5.16}$$

Zur Verbesserung der Ermittlung der Resonanzstellen können auch weitere mitschwingende Massen bei der Berechnung des Korrekturfaktors Δ gemäß Formel (5.14) berücksichtigt werden. So hat sich gezeigt, dass eine zusätzliche Berücksichtigung der Zusatzmassen der Gehäusekühlrippen m_{geh}, des Wicklungskupfers m_{Cu} und des Isolations- und Nutfüllmaterials m_{harz} die Berechnung verbessert:

$$\Delta = \frac{m_{\mathrm{y}} + m_{\mathrm{d}} + m_{\mathrm{harz}} + m_{\mathrm{geh}} + m_{\mathrm{Cu}}}{m_{\mathrm{y}}}. \tag{5.17}$$

In [106] wird dieser Gedanke von *Frohne* aufgegriffen und durch spezielle Massezuschlagsfaktoren realisiert. Der entscheidende Unterschied zu der Arbeit von *Jordan* ist, dass *Frohne* bei der Ermittlung der Resonanzfrequenzen die Zähne als schwingungsfähige Systeme auffasst, was besonders bei den Resonanzfrequenzen für die Biege- und Längsschwingungen höherer Ordnung einen Einfluss hat (vgl. auch [116]). Dieser Ansatz führt auf ein komplexes Gleichungssystem, das in [106] gelöst wird. Es ermöglicht eine genauere Berechnung der Resonanzfrequenzen über die Berücksichtigung von Massezuschlagsfaktoren der radialen Masse Δ_{x}, der tangentialen Masse Δ_{y} und der Drehmasse Δ_{m}. Die entsprechenden Formeln sind in [106, 113] zusammengefasst. Auch hier kann eine Berücksichtigung der nicht erfassten Masseanteile der Wicklung m_{harz} und m_{Cu} und der Kühlrippen m_{geh} durch einen Korrekturfaktor der Dichte ρ erfasst werden (vgl. Gleichung (5.14)bzw. (5.17)):

$$\Delta = \frac{m_{\mathrm{y}} + m_{\mathrm{d}} + m_{\mathrm{harz}} + m_{\mathrm{geh}} + m_{\mathrm{Cu}}}{m_{\mathrm{y}} + m_{\mathrm{d}}}. \tag{5.18}$$

Die Berechnungsmethode für die Resonanzfrequenzen $f_{res,m}$ der Biegeschwingungen nach *Jordan* und *Frohne* wurden für einen 6-poligen 11 kW-Motor [32], für den eine Messung der Resonanzfrequenzen mit einer zusätzlicher Messung der entsprechenden Schwingungsform durchgeführt wurde, verglichen. Zusätzlich wurden 2D-FEM-Berechnungen für den gesamten Motor mit Einfluss der Zähne, der Wicklung und des aufgeschrumpften Gehäuses angegeben. Für die Messungen des Frequenzganges wurde der Stator des Motors auf sehr weichen Füssen aufgestellt, damit die Situation des frei schwingenden Rings möglichst gut nachgestellt werden konnte. Über einen Unwucht-Schwingungserreger wurde der Stator durch Schläge gleicher Stärke, aber unterschiedlicher Frequenzen zu Biegeschwingungen angeregt. Am Umfang verteilt angebrachte Beschleunigungssensoren ermitteln über zweimalige Integration die Schwingungsauslenkung und lassen Rückschlüsse auf die entsprechenden Schwingungsformen zu (siehe Abbildung 5.4). Abbildung 5.5a) zeigt die 2D-FEM-Modellierung des Motors mit Berücksichtigung der Kupfer- und Harzanteile als zusammenhängende Blöcke in der Nut und näherungsweise Modellierung des Gehäuses aus Aluminium. Die Berücksichtigung des Aufschrumpfens des Gehäuses auf das Statorblechpaket wird im Model durch ein Untermaß zwischen Außendurchmesser des Statorblechpakets d_{sa} und dem Innendurchmesser des Gehäuserahmens $d_{geh,i}$ berücksichtigt, führt allerdings im Vergleich zur Berechnung ohne Berücksichtigung des Aufschrumpfens nur zu kleinen Abweichungen. Eine versteifende Wirkung des Harzvergusses oder der Kupferleiter wurde nicht berücksichtigt. Abbildung 5.5b) und c) zeigen beispielhaft die entsprechenden Schwingungsformen der 2D-FEM-Modalanalyse mit *ANSYS* an zwei Resonanzstellen. Der Vergleich der analytischen Berechnungsmethoden nach *Jordan* [71] und *Frohne* [106] mit den FEM- Berechnungen und den Messungen ist in Tabelle 5.1 für die Modi m = 2, 3 und 4 zusammengefasst. Die Ergebnisse aus Tabelle 5.1 zeigen, dass die analytische Berechnung der Biegefrequenzen $f_{res,m}$ nach *Frohne* im Vergleich zu der Methode nach *Jordan* eine deutliche Annäherung an die FEM-Ergebnisse liefert. Diese wiederum stimmen, außer für den Mode m = 3 mit einer Abweichung von knapp 13 %, ansonsten sehr gut mit den Messergebnissen überein. Der Grund für die Abweichung sind wohl die Randbedingungen durch das Aufstellen der Statoren auf die Füße während der Messung. Es wurde zwar versucht, eine möglich weiche Befestigung zu schaffen, allerdings wird im folgenden Abschnitt gezeigt, wie empfindlich die Ergebnisse von derartigen Randbedingungen beeinflusst werden. Ansonsten zeigt der Vergleich die Zuverlässigkeit der Methode nach *Frohne*, die für die Berechnung der resultierenden Schallleistungspegel L_{wA} bevorzugt verwendet werden sollte und im weiteren Verlauf der Arbeit verwendet wird.

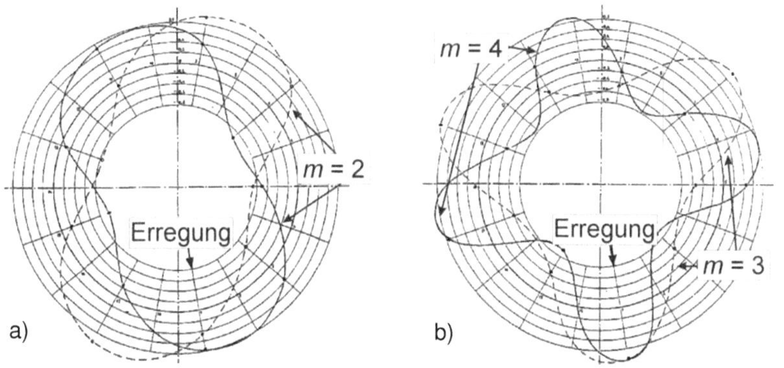

Abbildung 5.4: Messung der Schwingungsformen eines 6-poligen 11kW-Motors an den Resonanzstellen der Modi *m*: a) $m = 2$ bei $f_{\text{res,m=2}} = 592$ Hz (602 Hz) b) $m = 3$ und $m = 4$ bei $f_{\text{res,m=3}} = 1739$ Hz bzw. $f_{\text{res,m=4}} = 2704$ Hz [32].

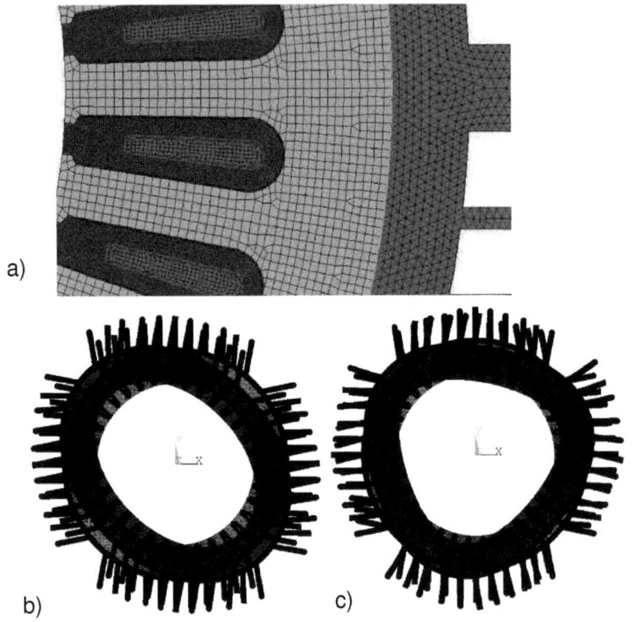

Abbildung 5.5: a) 2D-FEM-Modell (*ANSYS*) mit Berücksichtigung der Wicklung (Nutfüllgrad Wicklungskupfer 44 %), des Nutharzes (Nutfüllgrad 56 %) und des Gehäuses aus Aluminium. Weiterhin wurde das Aufschrumpfen des Gehäuses auf das Statorblech durch ein Untermaß von 0,05 mm zwischen Außendurchmesser des Statorblechpakets d_{sa} und dem Innendurchmesser des Gehäuserahmens $d_{geh,i}$ berücksichtigt. b) Schwingungsform mit Modenummer $m = 2$ der FEM-Modalanalyse (*ANSYS*) bei $f_{res,m=2}$ = 597 Hz c) Schwingungsform mit Modenummer $m = 3$ der FEM-Modalanalyse (*ANSYS*) bei $f_{res,m=3}$ = 1588 Hz.

Tabelle 5.1: Vergleich der analytischen Berechnungsmethoden zur Berechnung der Resonanzfrequenzen $f_{res,m}$ nach *Jordan* [71] und *Frohne* [106] mit den FEM-Berechnungen und den Messungen für einen 6-poligen Testmotor mit einer Bemessungsleistung von P_N = 11 kW [32].

Mode m	Analytisch $f_{res,m}$ (Hz)		2D-FEM (*ANSYS*)	Messung
	Jordan	*Frohne*	$f_{res,m}$ (Hz)	$f_{res,m}$ (Hz)
2	457	557	597	592 (604)
3	1256	1505	1588	1739
4	2349	2724	2669	2704

5.3.2. Ergebnisse der Vorausberechnung der Schallleistungspegel im Bemessungsbetrieb bei Annahme eines frei schwingenden Statorrings („klassische“ Methode)

In diesem Abschnitt werden beispielhaft die Ergebnisse der klassischen Vorausberechnung der Schallleistungspegel L_{wA} nach *Jordan* [71] mit der erweiterten Berechnung der Resonanzfrequenzen des frei schwingenden Rings nach *Frohne* [106] für den Motor AH80 vorgestellt. Die analytisch vorausberechneten Resonanzstellen werden über eine 2D-FEM-Modalanalyse (*ANSYS*) des in Abbildung 5.6a) zu sehenden FEM-Modells verglichen. Abbildung 5.6b) zeigt den Frequenzgang der maximalen radialen Auslenkung $\hat{Y}_r$ am Umfang des Stators in Abhängigkeit der Frequenz f. Es werden die in Tabelle 5.2 zusammengefassten Materialparameter für die Berechnungen vorgegeben. Daraus ergeben sich die in Tabelle 5.3 gegenübergestellten Resonanzfrequenzen $f_{res,m}$ der Biegeschwingungen. Auch für diesen Vergleich ergibt nur die Berechnung nach *Frohne* eine mit den FEM-Ergebnissen vergleichbare Vorausberechnung der Resonanzstellen.

Tabelle 5.2: Materialparameter für die Berechnung der Resonanzfrequenzen f_{res} aus Tabelle 5.3.

Material	Eisen	Kupfer	Harz	Aluminium
Dichte ρ (kg/m^3)	7850	8900	1320	2700
E-Modul E (kN/mm^2)	210	120	2,5	70
Dämpfungsfaktor in FEM (*ANSYS*: DMPR)	0,05	-	-	0,004

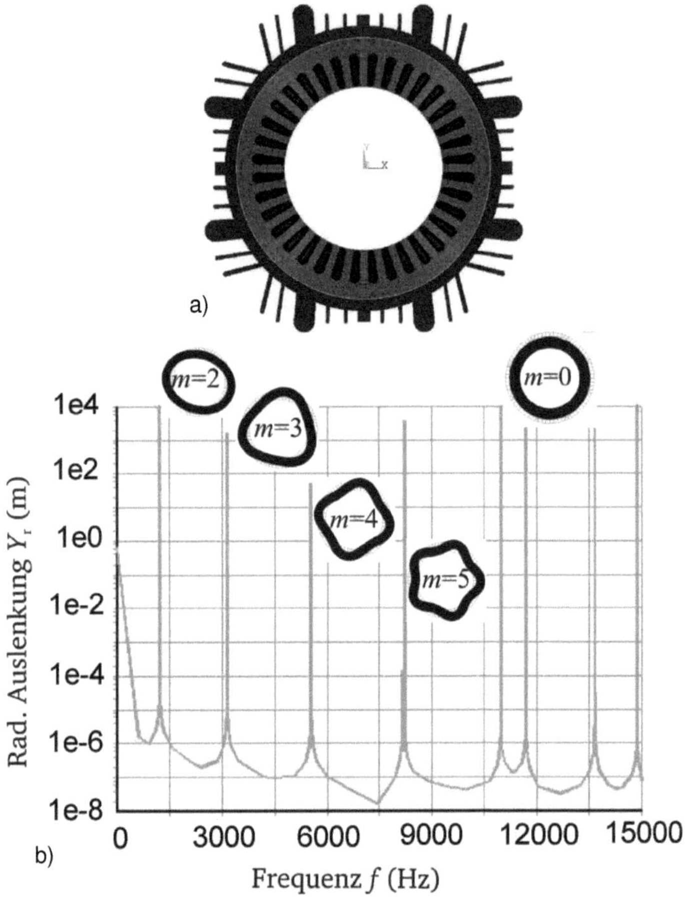

Abbildung 5.6: a) FEM-Modell (*ANSYS*) vom Stator des Motors AH80 mit Berücksichtigung der Wicklung (Nutfüllgrad Wicklungskupfer 44 %), des Nutharzes (Nutfüllgrad 56 %) und des Gehäuses aus Aluminium. Weiterhin wurde das Aufschrumpfen des Gehäuses auf das Statorblech durch ein Untermaß (0,05 mm) zwischen Außendurchmesser des Statorblechpakets d_{sa} und dem Innendurchmesser des Gehäuserahmens $d_{geh,i}$ berücksichtigt. b) Ergebnis der Modalanalyse des Modells aus a) (Materialparameter gemäß Tabelle 5.2).

Tabelle 5.3: Vergleich der analytischen Berechnungsmethoden nach *Jordan* [71] und *Frohne* [106] mit den FEM- Berechnungen (Modalanalyse *ANSYS*) für den Motor der AH80 (vgl. [114]).

Mode m	**Analytisch berechnete Resonanzfrequenz $f_{\text{res,m}}$**		**Resonanzfrequenz $f_{\text{res,m}}$ (Modalanalyse FEM *ANSYS*)**
	Jordan	*Frohne*	Siehe Abbildung 5.6b)
0	7902 Hz	9967 Hz	10040 Hz
2	898 Hz	1116 Hz	1096 Hz
3	2487 Hz	3008 Hz	2898 Hz
4	4631 Hz	5419 Hz	5151 Hz
5	7231 Hz	8168 Hz	8218 Hz

Abbildung 5.7 zeigt die analytische Vorausberechnung mit der in Kapitel 5.1 vorgestellten Methode nach *Jordan* [71] im Vergleich zu den gemessenen Schallleistungspegeln L_{wA}. Die Messwerte wurden vom industriellen Partner gemäß [3] im schalltoten Raum ermittelt und freundlicher Weise zur Verfügung gestellt. Es wird deutlich, dass die absoluten Pegel (obwohl dieselben Bezugspegel verwendet wurden) in der Berechnung deutlich kleiner ausfallen als bei den Messungen. Auch der Amplitudengang der Vorausberechnung, d.h. die Frequenzstellen großer und kleiner Schallleistungspegel L_{wA}, stimmen nicht mit der Messung überein. So wird der in der Messung dominante Pegel von ca. 63 dB(A) bei 750-800 Hz in der Vorausberechnung viel zu klein berechnet. Bei der Berechnung ergibt sich der größte Schallleistungspegel L_{wA} mit einem Wert von etwa 14 dB(A) bei ca. 1300 Hz. Das bedeutet, dass mit dieser Methode keine aussagekräftige Vorausberechnung der Schallleistungspegel L_{wA} möglich ist. Zwar werden tendenziell die dominanten Pegel der Messung auch in der Rechung erfasst, allerdings viel zu klein und mit unzureichender Übereinstimmung der Amplitudengänge. Der in Abschnitt 4.3.4 durchgeführte Vergleich zwischen den numerisch und analytisch berechneten Luftspaltfeldern belegt, dass die Feldoberwellen des Stators und Rotors gut vorausberechnet werden, so dass die geringen Fehler bei der Berechnung der Radialkraftdichtewellen als Grund für die großen Unterschiede bei den resultierenden Schallleistungspegeln L_{wA} ausgeschlossen werden können.

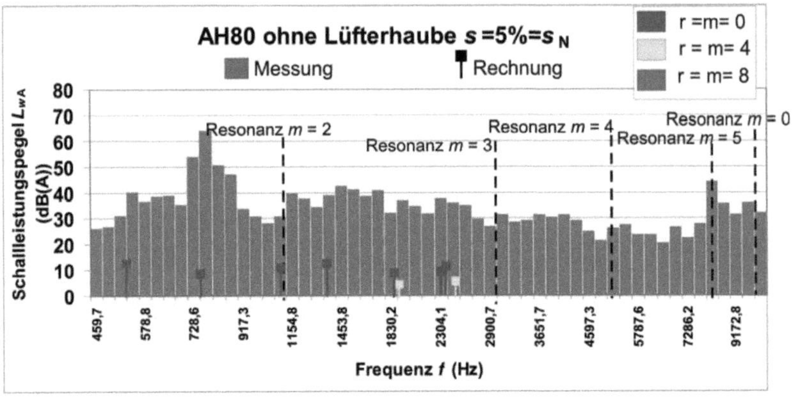

Abbildung 5.7: Ergebnis der analytischen Vorausberechnung der Schallleistungspegel L_{wA} nach *Jordan* mit Berechnung der Resonanzstellen nach *Frohne* im Vergleich mit Messergebnissen im Bemessungsbetrieb des Motors AH80 (vgl. [114]).

Abbildung 5.8 zeigt die Amplituden der Radialkraftdichtewellen $\hat{\sigma}_r$, die sich aus der phasenrichtigen Summation aller einzelnen Radialkraftwellen gleicher Frequenz $f_{ton,r}$ und Ordnungszahlen r ergeben und bei der Berechnung der Schallleistungspegel L_{wA} in Abbildung 5.7 verwendet wurden. Die zugehörigen Zahlenwerte sind in Tabelle 5.4 zusammengefasst. Kraftwellen zufolge Sättigung und Exzentrizitäten sind hier nicht berücksichtigt. Es wird deutlich, dass sich die dominanten Anregungen tatsächlich im Frequenzbereich befinden, in dem auch die gemessenen Schallleistungspegel L_{wA} aus Abbildung 5.7 ihr Maximum aufweisen. In der *Jordan*'schen Methode fallen diese großen Anregungen der Modi $r = 0$ und 4 allerdings nicht ins Gewicht, da die entsprechenden Resonanzfrequenzen $f_{res,m=r}$ weit von den anregenden Frequenzen $f_{ton,r}$ entfernt sind und daher der Resonanzüberhöhungsfaktor η_r gemäß Gleichung (5.1) (siehe auch Abbildung 5.1b) sehr klein wird. Bei der Berechnung nach *Jordan* wird angenommen, dass Radialkraftwellen nur Resonanzen der gleichen Modenummer $r = m$ anregen können, weswegen die Resonanzstelle vom Mode $m = 2$ in unmittelbarer Nähe für die dominanten Kraftwellen bei etwa 800Hz keine Rolle spielt. Der Vergleich mit den Messergebnissen lässt den Schluss zu, dass diese starre Kopplung zwischen der Anregung und der Biegeform über den Mode $r = m$ in der Realität nicht zulässig ist. Es ist zu vermuten, dass Radialkraftwellen vom Mode $r \neq m$ mehrere Resonanzstellen von Biegeformen anderer Modenzahlen $r \neq m$ anregen können. Mathematisch ist dies bei Annahme eines frei schwingenden Rings nicht zu begründen. Daher wird im folgenden Kapitel 5.3.3 untersucht, wie sich die in der Realität vorherrschenden Randbedingungen durch die Befestigung der Motoren an den Füssen oder mechanische Randbedingungen durch z.B. den Klemmenkasten des Spannungsanschlusses auf die Vorausberechnung der Resonanzstellen und der Schallleistungspegel L_{wA} auswirken.

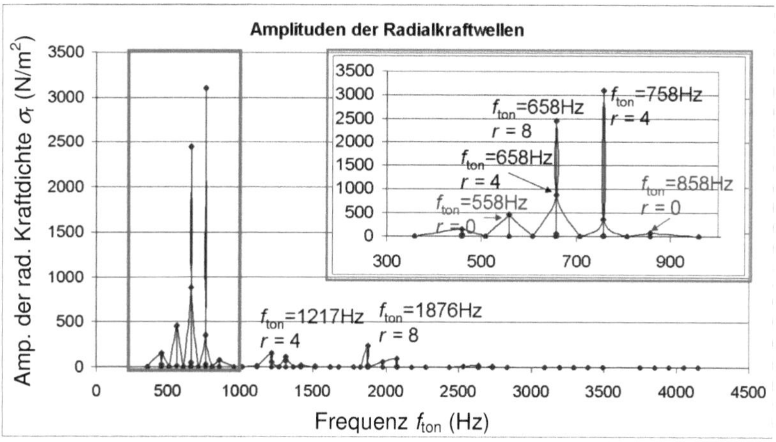

Abbildung 5.8: Analytisch berechnete Amplituden der resultierenden Radialkraftdichtewellen $\hat{\sigma}_r$ ohne Sättigung und Exzentrizität (Addition aller Einzelwellen gleicher Frequenzen $f_{ton,r}$ und Ordnungszahl r (vgl. Abbildung 5.3)) bei unterschiedlichen Frequenzen $f_{ton,r}$ des Motors AH80 im Bemessungsbetrieb.

Tabelle 5.4: Zahlenwerte der analytisch berechneten Amplituden der resultierenden Radialkraftdichtewellen $\hat{\sigma}_r$ ohne Sättigung und Exzentrizität (Addition aller Einzelwellen gleicher Frequenzen $f_{ton,r}$ und Ordnungszahl r (vgl. Abbildung 5.3)) bei unterschiedlichen Frequenzen $f_{ton,r}$ des Motors AH80 im Bemessungsbetrieb.

$f_{ton,r}$ (Hz)	$\hat{\sigma}_r$ (N/m^2)	*R*	$f_{ton,r}$ (Hz)	$\hat{\sigma}_r$ (N/m^2)	*r*	$f_{ton,r}$ (Hz)	$\hat{\sigma}_r$ (N/m^2)	*r*
358,7	0,46	4	1417,4	14,90	0	2634,8	23,64	4
358,7	1,54	8	1517,4	2,8	4	2634,8	1,08	8
458,7	153,32	8	1517,4	5,88	8	2734,8	13,52	8
458,7	30,62	4	1617,4	0,09	8	2734,8	0,79	4
558,7	**454,24**	**0**	1617,4	0,02	4	2834,8	0,05	0
658,7	**881,67**	**4**	1676,1	0,02	0	3093,5	0,01	0
658,7	**2450,90**	**8**	1776,1	0,83	4	3193,5	0,62	4
758,7	353,621	8	1776,1	1,96	8	3193,5	0,79	8
758,7	**3097,62**	**4**	**1876,1**	**234,74**	**8**	3293,5	1,05	8
858,7	**80,61**	**0**	1876,1	21,40	4	3293,5	2,21	4
958,7	0,55	4	1976,1	55,51	0	3393,5	1,52	0
958,7	0,13	8	2076,1	91,42	4	3493,5	0,01	4
1017,4	0,08	8	2076,1	13,28	8	3493,5	0,002	8
1017,4	0,39	4	2176,1	1,65	8	3852,2	0,004	8
1117,4	10,5	0	2176,1	0,30	4	3852,2	0,002	4
1217,4	**153,72**	**4**	2276,1	0,003	0	3852,2	0,004	8
1217,4	54,64	8	2434,8	0,08	8	3952,2	0,004	0
1317,4	118,28	8	2434,8	0,09	4			
1317,4	66,28	4	2534,8	10,24	0			

5.3.3. Resonanzfrequenzen des eingespannten Rings

Wie der vorangegangene Abschnitt 5.3.2 gezeigt hat, lassen sich die Schallleistungspegel L_{wA} des untersuchten Testmotors AH80 im Bemessungsbetrieb bei Annahme einer ringförmigen, frei schwingenden Statoranordnung nur sehr ungenau berechnen. In diesem Abschnitt werden die Unterschiede bei der Berechnung der Resonanzfrequenzen f_{res} der Biegeschwingungen mit mechanischen Randbedingungen (z.B. Befestigung der Motoren an Füssen) untersucht.

In [117] werden Ansätze zum Aufstellen entsprechender Differentialgleichungssysteme zur Berücksichtigung z.B. einer festen Einspannung eines Kreisbogens angegeben. Trifft man entsprechende Vereinfachungen, lässt sich gemäß [117] mit viel mathematischen Aufwand auch eine analytisch geschlossene Lösung finden. Ähnliches wird in [112, 118, 119, 120] für elektrische Maschinen diskutiert. Das Studieren dieser Literaturstellen macht schnell deutlich, dass das Finden von analytischen Ansätzen und Lösungen nur mit erheblichem Aufwand und nur für stark vereinfachte Strukturen möglich ist. Daher wird hier eine FEM-Modalanalyse des Stators durchgeführt. Die Ergebnisse der 2D-Simulationen werden anschließend zur Erweiterung der *Jordan*'schen Methode zur Ermittlung der Schallleistungspegel L_{wA} verwendet (siehe Abschnitt 5.4).

Die 2D-FEM-Untersuchung des Biegeschwingungsverhaltens wird in zwei Teilen durchgeführt. Zunächst wird in Abschnitt 5.3.3.1 eine Modalanalyse der an zwei Stellen fixierten Ringstruktur (Abbildung 5.6) durchgeführt und daraus der Frequenzgang $\hat{Y}_r(f_{ton})$ ermittelt. Mit dieser Struktursimulation über die „Mode Superposition Method“ mit dem FEM-Programm *ANSYS* kann allerdings nicht untersucht werden, inwiefern Radialkraftwellen einer Ordnungszahl r auch mehrere Resonanzstellen, für die $r \neq m$ gilt, anregen können. Daher wird in Abschnitt 5.3.3.2 eine 2D-FEM-Untersuchung im Zeitschrittverfahren durchgeführt, bei der Radialkraftwellen unterschiedlicher Ordnungszahl r mit variierenden Frequenzen f_{ton}, aber gleichen Amplituden an der Innenseite des ringförmigen Stators angesetzt werden. Über die Aufzeichnung der Amplituden der sich einstellenden radialen Auslenkungen $Y_r(t)$ eines Punktes am Außenrand des Rings wird der Frequenzgang $\hat{Y}_r(f_{ton})$ ermittelt.

5.3.3.1. 2D-FEM-Modalanalyse („Mode Superposition Method“ in *ANSYS*) des eingespannten Rings

Bei den Verfahren der 2D-Modalanalyse des Programms *ANSYS* wird im Frequenzbereich numerisch eine Analyse möglicher Schwingungsformen eines elastischen Objekts durchgeführt. Dabei ermittelt das Programm die Resonanzfrequenzen $f_{res,m}$ und die zugehörige Schwingungsform, genannt Modus mit der Ordnungszahl m und schreibt alles in eine Lösungsdatei. Die Schwingungsformen bei den jeweiligen Resonanzfrequenzen kann man sich grafisch anzeigen lassen. Anschließend werden diese Ergebnisse verwendet, um Frequenzgänge der Schwingungsamplitude und Phasenlage zu ermitteln. Betrachtet man die Amplituden der radialen Auslenkung $\hat{Y}_r(f_{ton})$ eines Knotens im FEM-Gitternetz des untersuchten Objekts, wie z.B. des schwingenden Rings, bei Anregung des Rings mit verschiedenen Frequenzen, ergeben sich Frequenzgänge der verschiedenen Schwingungsformen. Vorteil dieser Methode ist, dass der Frequenzgang einer beliebigen Anzahl von Modi *m* für einen beliebigen Frequenzbereich innerhalb kurzer Zeit bestimmt werden kann, da die Rechnung die lineare Elastizitätstheorie als Grundlage hat.

Es ist weiterhin möglich, mechanische Randbedingungen im FEM-Modell vorzugeben. Abbildung 5.9a) zeigt das verwendete 2D-Modell mit fester Einspannung der Elemente am Außenrand der Ringstruktur unter einem Winkel von 25°, was in etwa der Stelle entspricht, an der der Klemmenkasten an den Motor geschraubt wird. Abbildung 5.9b) zeigt den ermittelten Frequenzgang der radialen Auslenkung $\hat{Y}_r(f_{ton})$ eines Punktes am Außenrand des Gehäuserahmens. Tabelle 5.5 stellt die berechneten Resonanzfrequenzen f_{res} denen des frei schwingenden Rings aus Tabelle 5.3 gegenüber. Es wird deutlich, dass sich völlig andere und auch doppelt so viele Resonanzfrequenzen ergeben.

Ein Blick auf die Schwingungsformen, die die eingespannte ringförmige Struktur bei den Resonanzfrequenzen aufweisen, zeigt, dass keine Zuordnung zu einer einzelnen Modenummer *m* wie beim frei schwingenden Ring mehr möglich ist (Abbildung 5.9 im Vergleich mit Abbildung 5.6b).

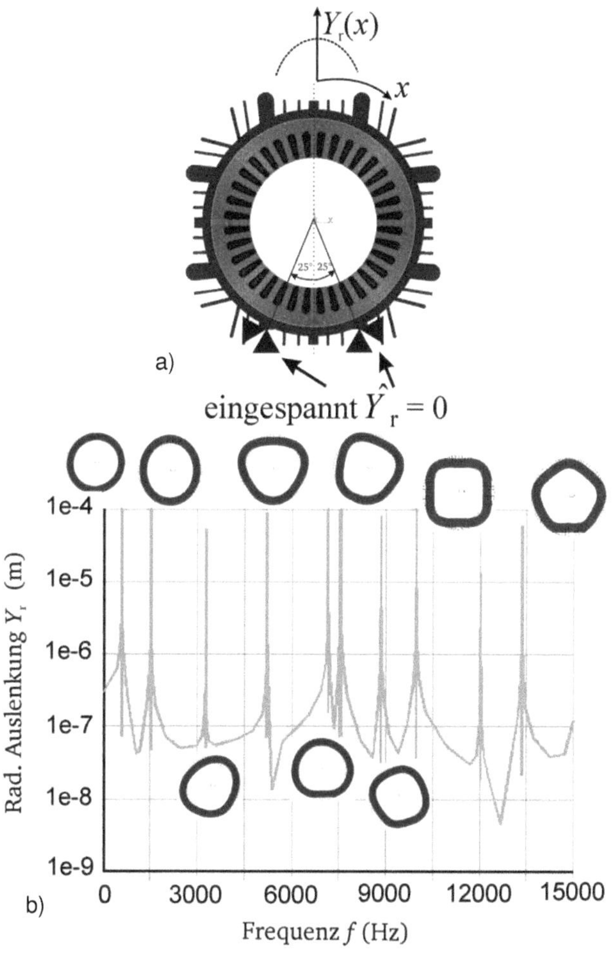

Abbildung 5.9: a) FEM-Modell (*ANSYS*) des eingespannten Stators des Motors AH80 mit Berücksichtigung der Massen der Wicklung (Nutfüllgrad Wicklungskupfer 44 %), des Nutharzes (Nutfüllgrad 56 %) und des Gehäuses aus Aluminium. Weiterhin wurde das Aufschrumpfen des Gehäuses auf das Statorblech durch ein Untermaß (0,05 mm) zwischen Außendurchmesser des Statorblechpakets d_{sa} und dem Innendurchmesser des Gehäuserahmens $d_{geh,i}$ berücksichtigt. b) Ergebnis der Modalanalyse des Modells aus a) (Materialparameter gemäß Tabelle 5.2).

Die durch die Randbedingungen verzerrten Schwingungsformen lassen sich als Kombinationen mehrerer Modi m des frei schwingenden Rings zusammensetzen. Daher liegt die Vermutung nahe, dass die Resonanzfrequenzen auch durch Kraftwellen mehrerer Ordnungszahlen r angeregt werden können. Um das zu überprüfen, werden im folgenden Abschnitt 5.3.3.2 Berechnungen im Zeitschrittverfahren durchgeführt, bei denen (wie es in Realität auch der Fall ist) Kraftwellen einer Ordnungszahl r mit unterschiedlichen Frequenzen f_{ton} von Zeitschritt zu Zeitschritt an der Innenseite des Statorrings entlang wandern und diesen zu Schwingungen anregen.

5.3.3.2. 2D-FEM-Untersuchung im Zeitschrittverfahren mit Anregung des eingespannten Rings durch Radialkraftwellen unterschiedlicher Ordnungszahlen *r*

Durch eine 2D-FEM-Simulation im Zeitschrittverfahren soll untersucht werden, ob Radialkraftwellen der Ordnungszahl r in der Lage sind, bei einem eingespannten Stator mehrere Resonanzstellen bei unterschiedlichen Frequenzen f_{ton} anzuregen, wie es die Messergebnisse und die Schwingungsformen aus der Modalanalyse vermuten lassen. Um die Untersuchung in einem zeitlich überschaubaren Rahmen zu halten, wird das FEM-Modell aus Abbildung 5.9a) zu einem Ring, bestehend aus einem Teil für das Joch aus Stahl und einem Teil für den aufgeschrumpften Gehäuserahmen aus Aluminium, mit deutlich reduzierter Zahl der Elemente (ca. 200) vereinfacht (siehe Abbildung 5.10a).

Um vergleichbare Resonanzstellen wie in Tabelle 5.5 zu erhalten, werden die Zahn- und Wicklungsmassen über einen Zuschlagsfaktor $\Delta = (m_y+m_d+m_{cu}+m_{harz})/m_y = 1{,}82$ auf die Dichte von Eisen ρ_{Fe} gemäß $\rho_{Fe}^*=\rho_{Fe}\cdot 1{,}82$ berücksichtigt (vgl. Gleichung (5.17)).

Der Einfluss der Kühlrippen ergibt einen Zuschlag um den Faktor $\Delta = (m_{geh}+m_{rippen})/m_{geh} = 1{,}21$ auf den verwendeten Wert für die Dichte ρ_{Alu} von Aluminium gemäß Tabelle 5.2 ($\rho_{Alu}^*=\rho_{Alu}\cdot 1{,}21$).

Tabelle 5.5: Vergleich der Resonanzfrequenzen der Biegeschwingung $f_{res,m}$, berechnet über eine FEM-Modalanalyse (*ANSYS*) für den gemäß Abbildung 5.9a) eingespannten Stator im Vergleich zum frei schwingenden Stator aus Abbildung 5.6a) (vgl. [114]) Die bei $f_{res,m}$ auftretenden Schwingungsformen wurden mit jenen von Abbildung 5.6 verglichen und aufgrund der Ähnlichkeiten Ersatz-Modezahlen m^* vergeben.

Mode m^*	**Resonanzfrequenz $f_{res,m}$ (eingespannter Ring)**	**Resonanzfrequenz $f_{res,m}$ (frei schwingender Ring)**
≈1	577 Hz	1096 Hz (m=2)
≈2	1502 Hz	
≈2	3267 Hz	2898 Hz (m=3)
≈3	5217 Hz	
≈3-4	7148 Hz	
≈3-4	7358 Hz	5151 Hz (m=4)
≈3-4	8839 Hz	
≈4	9958 Hz	
≈4	11083 Hz	8218 Hz (m=5)

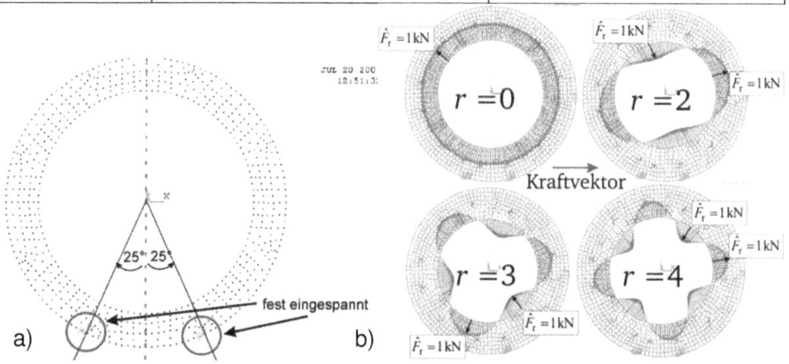

Abbildung 5.10: a) FEM-Modell (*ANSYS*) des Stators vom Motor AH80 als vereinfachte Ringstruktur mit reduzierter Elementenanzahl für die FEM-Untersuchung im Zeitschrittverfahren b) Im FEM-Modell vorgegebene Radialkraftwellen unterschiedlicher Ordnungszahlen r an der Ringinnenseite für einen Zeitschritt t = 0 s. Die Länge des Kraftvektors entspricht der vorgegebenen radialen Kraft im jeweiligen Knoten an der Innenseite des Rings. Die Amplitude ist für eine bessere Vergleichbarkeit für alle vorgegebenen Kraftwellen mit unterschiedlichen Frequenzen gleich groß ($\hat{F}_r = 1000\,\text{N}$).

Abbildung 5.11 zeigt einen Ausschnitt des Zeitverlaufs der radialen Auslenkung $Y_r(t)$ eines Knotens am Außenrand des eingespannten Rings im Bereich zweier Resonanzfrequenzen (577 Hz und 1502 Hz) aus der Modalanalyse bei Anregung mit Kraftwellen der Ordnungszahl $r = 2$. Man sieht deutlich, dass bei beiden Resonanzfrequenzen der Ring zu starken Schwingungen angeregt wird. Zwischen diesen Frequenzen sinken die Amplituden der Schwingungen stark. Es ist zu erkennen, dass der Ring nicht nur mit der Anregefrequenz f_{ton} schwingt, sondern dass noch eine niederfrequente Schwingung $f_{mod} << f_{ton}$ überlagert ist. Diese Frequenz f_{mod} wird geringer, je näher man mit der Anregefrequenz f_{ton} an eine Resonanzfrequenz f_{res} rückt. Der Grund hierfür ist, dass in der FEM-Simulation die Dämpfung des Systems sehr klein ist (siehe Tabelle 5.2), so dass die Eigenschwingung des Systems nach dem „Einschalten" der Kraftwirkung zum Zeitpunkt $t = 0$, also die homogene Lösung der linearen Differentialgleichung, sehr lange benötigt, um durch die wirkende Dämpfung abzuklingen. Dieser Abklingvorgang ist also der durch f_{ton} angeregten Schwingung als partikuläre Lösung des DGL-Systems überlagert. Die Rechenzeit wäre viel zu groß, um ein nahezu vollständiges Abklingen der homogenen Lösung abzuwarten. Anhang B zeigt, dass durch Überlagerung der homogenen und partikulären Lösung eine Schwebung bei der hier auftretenden sinusförmigen Kraftanregung auftritt, deren Amplitude mit sinkendem Abstand zur Resonanzfrequenz größer wird. Beim Sonderfall $f_{ton} = f_{res}$ wäre die Anregung resonant und die homogene und partikuläre Lösung wären identisch. Die Schwingungsamplitude ist dann wegen der Resonanz und der schwachen Dämpfung sehr groß. Diese Schwebung ist daher als „Einschaltvorgang" für die Betrachtung nicht weiter von Bedeutung und würde bei entsprechender Wahl einer großen Dämpfung des Systems auch stärker abgedämpft.

Abbildung 5.12 zeigt den kompletten Frequenzgang $\hat{Y}_r(f_{ton})$ der maximalen Amplituden der radialen Auslenkung $Y_r(t)$ eines Gitterknotens am Außenrand des eingespannten Rings bei Anregung durch Radialkraftwellen der Ordnungszahl $r = 0, 2, 3$ und 4. Es ist zu erkennen, dass die Frequenzgänge aller Modi Überhöhungen an mehreren Frequenzstellen mit unterschiedlicher Überhöhung aufweisen. Besonders hoch sind die Überhöhungen für den Mode r = 2. Eine Anregung mit Kraftwellen der Ordnungszahl r = 2 im unteren Frequenzbereich zwischen f_{ton} = 500 Hz – 1000 Hz würde daher mit großer Wahrscheinlichkeit zu großen Schallleistungspegeln L_{wA} führen. Es ist damit gezeigt, dass eine Kraftwelle mit der Ordnungszahl r auf Grund der mechanischen Struktur diese nicht nur bei einer, sondern bei unterschiedlichen Frequenzen resonant anregen kann, wobei die Schwingungsamplituden-Überhöhungen ebenfalls unterschiedlich ist. Dies zeigt, dass das einfache Modell des homogen schwingenden Rings (Abschnitt 5.3.1) unbrauchbar ist; die mechanische Struktur muss viel genauer nachgebildet werden.

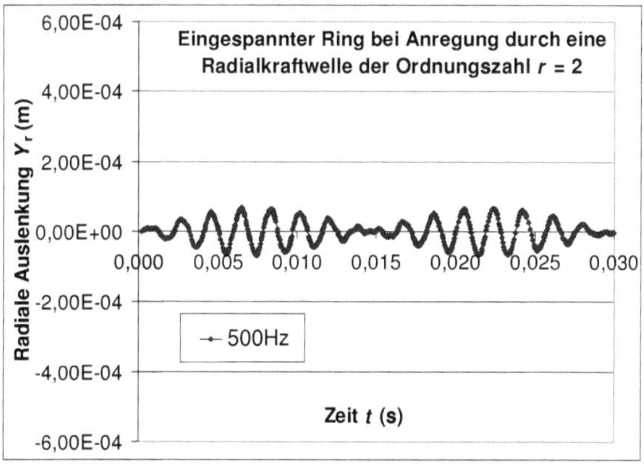

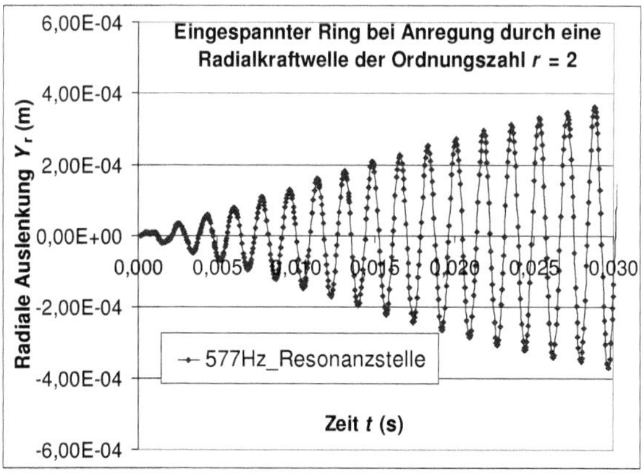

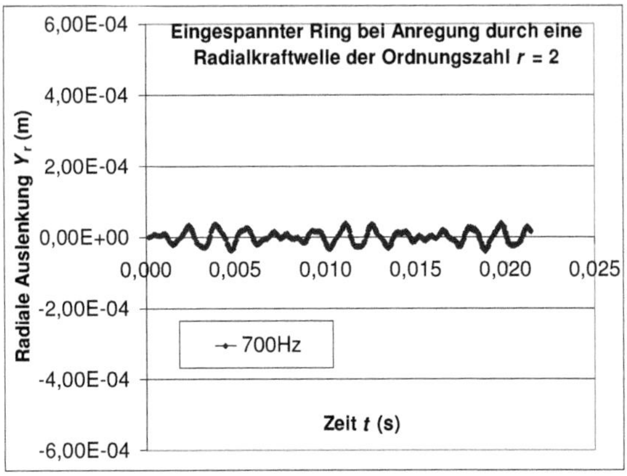
Eingespannter Ring bei Anregung durch eine Radialkraftwelle der Ordnungszahl r = 2
Radiale Auslenkung Yr (m)
6,00E-04
4,00E-04
2,00E-04
0,00E+00
-2,00E-04
-4,00E-04
-6,00E-04
0,000
0,005
0,010
0,015
0,020
0,025
700Hz
Zeit t (s)

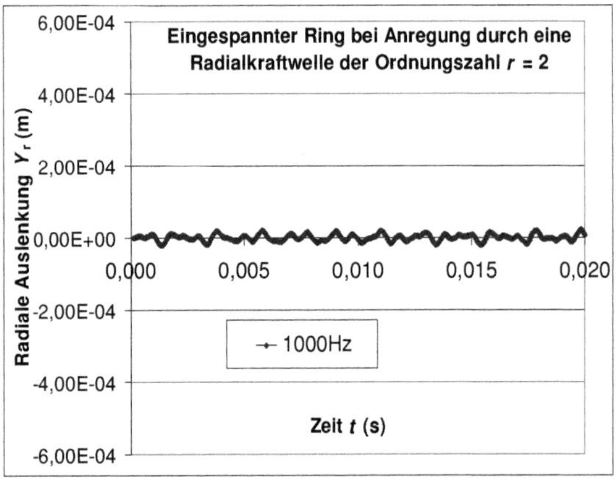
Eingespannter Ring bei Anregung durch eine Radialkraftwelle der Ordnungszahl r = 2
Radiale Auslenkung Yr (m)
6,00E-04
4,00E-04
2,00E-04
0,00E+00
-2,00E-04
-4,00E-04
-6,00E-04
0,000
0,005
0,010
0,015
0,020
1000Hz
Zeit t (s)

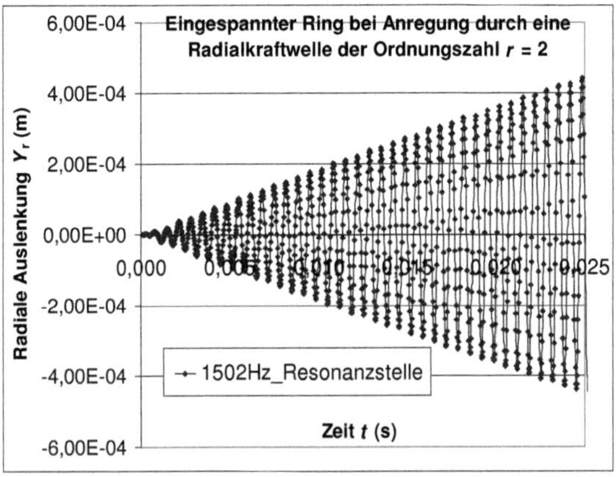
Eingespannter Ring bei Anregung durch eine Radialkraftwelle der Ordnungszahl r = 2
Radiale Auslenkung Yr (m)
6,00E-04
4,00E-04
2,00E-04
0,00E+00
-2,00E-04
-4,00E-04
-6,00E-04
0,000
0,005
0,010
0,015
0,020
0,025
1502Hz_Resonanzstelle
Zeit t (s)

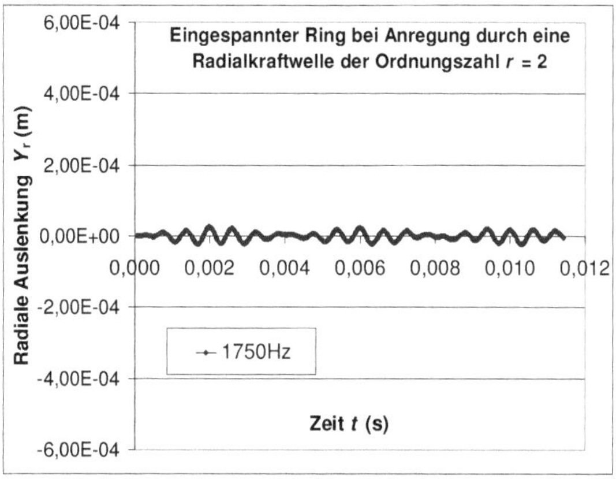

Abbildung 5.11: FEM-Ergebnisse der radialen Auslenkung $Y_r(t)$ eines Knotens am Außenrand der Ersatzanordnung aus Abbildung 5.10a) bei Anregung durch eine Radialkraftwelle mit der Ordnungszahl $r = 2$ und einige ausgewählte Anregefrequenzen f_{ton}. Für die Resonanzstellen liegt das Maximum der Kurven bei der im Modell verwendeten Dämpfung (siehe Tabelle 5.2) weit außerhalb des im Bild zu sehenden (der Übersicht halber reduzierten) Zeitbereichs.

Kraftwellen mit unterschiedlichen Ordnungszahlen r regen bei denselben Resonanzfrequenzen Schwingungen mit überhöhter Amplitude an, wobei die Resonanzüberhöhung i.A. umso höher ist, je näher die Ordnungszahl r der anregenden Kraftwelle bei der Modenzahl m der angeregten Schwingung liegt (siehe Abbildung 5.12b). Wie Tabelle 5.4 zeigt, treten bei der für den Motor AH80 gewählten Nutkombination $Q_S/Q_r = 36/28$ nur Kraftwellen der Ordnungszahl $r = 0$, 4 und 8 auf (höhere Ordnungszahlen sind unerheblich). Auch für die Ordnungszahl $r = 4$ ergeben sich bei den Resonanzfrequenzen $f_{res,m} = 577$ Hz und 1502 Hz Amplitudenüberhöhungen. Die große Anregung bei ca. 760 Hz vom Mode $r = 4$ (Abbildung 5.8) müsste also mit diesen Resonanzfrequenzen bewertet werden und nicht wie in der „klassischen" Methode nach *Jordan* mit der Resonanzstelle bei der weit entfernten Frequenz von $f_{res,4} = 5151$ Hz des frei schwingenden Rings (siehe Tabelle 5.5). Es ist zu erwarten, dass dadurch diese Anregung bei 760 Hz an Bedeutung gewinnt, wie das auch die Messungen der Schallleistungspegel L_{wA} vermuten lassen (vgl. Abbildung 5.7).

Zusammenfassend lässt sich festhalten, dass die 2D-FEM-Strukturuntersuchungen des eingespannten Rings nahe legen, dass Kraftwellen einer Ordnungszahl r in der Lage sind, mehrere Resonanzstellen anzuregen. Eine Bewertung der Kräfte mit nur einer Resonanzstelle wie bei der „klassischen" Methode nach *Jordan* ist unzulässig, da keine direkte Zuordnung einer Radialkraftwelle zu den Schwingungsformen an den Resonanzstellen mehr möglich ist. Die Schwingungsformen lassen sich als Kombination mehrerer Schwingungsformen des frei schwingenden Rings beschreiben. Daher wird aufgrund der realistischeren Betrachtung der Statorbiegeschwingungen durch z.B. die Befestigung des Klemmenkastens die Aussagekraft der Vorausberechnung der Schallleistungspegel L_{wA} nach *Jordan* als unbrauchbar eingestuft. Im folgenden Abschnitt 5.4 werden daher Erweiterungen der Methodik unter Zuhilfenahme der FEM-Ergebnisse vorgeschlagen, die die hier gewonnenen Erkenntnisse aufgreifen und die bis dato unzureichende Vorausberechnung des Geräuschverhaltens (vgl. Abbildung 5.7) verbessern sollen.

5.4. Erweiterung der klassischen Vorausberechnung der Schallleistungspegel durch Berücksichtigung der mechanischen Randbedingungen

Die FEM-Untersuchungen zum Schwingungsverhalten des frei schwingenden im Vergleich zum eingespannten Stator aus dem vorangegangenen Abschnitt 5.3 hat zu folgenden Erkenntnissen geführt:

- Die Modalanalyse des eingespannten Stators hat ergeben, dass sich im Vergleich zum frei schwingenden Stator deutlich mehr Resonanzstellen f_{res} ergeben (vgl. Tabelle 5.5) und dass die entsprechenden Schwingungsformen verzerrt sind und nur in Grundzügen Ähnlichkeit zu den (reinen) Schwingungsformen des frei schwingenden Rings aufweisen (siehe Abbildung 5.9b im Vergleich mit Abbildung 5.6b).
- Die FEM-Untersuchung der eingespannten Ringe (Abschnitt 5.3.3.2) bei Anregung mit Kraftwellen verschiedener Ordnungszahlen r und Frequenzen $f_{ton,r}$ im Zeitschrittverfahren hat ergeben, dass anders als bei den frei schwingenden Ringen mehrere Resonanzüberhöhungen in den

Frequenzgängen einer Ordnungszahl der Kraftwelle *r* sichtbar sind.

Es zeigt sich auch, dass Kraftwellen mit unterschiedlichen Ordnungszahlen der Kraftwelle *r* ein und dieselbe Resonanzstelle unterschiedlich stark anregen können, und zwar in der Regel umso stärker, je näher *r* an der Modenzahl der resonanten Schwingungsform liegt.
Um diese Erkenntnisse bei der Geräuschvorausberechnung zu berücksichtigen, wird in Abschnitt 5.4.1 die Methode nach *Jordan* insofern erweitert, dass nicht nur eine Resonanzfrequenz $f_{res,m=r}$, sondern mehrere, gewichtete Resonanzfrequenzen zur Bewertung der Wirkung der anregenden Radialkraftwellen verwendet werden. In Abschnitt 5.4.2 wird zusätzlich die Berechnung der relativen Strahlungsleistung $N_{rel,m}$ erweitert. Ausgehend von der Annahme, dass Radialkraftwellen der Ordnungszahl *r* Biegeschwingungen der Modenummer $m = r$ anregen, wie es für den frei schwingenden Stator in der *Jordan*'schen Methode verwendet wird, kann über die Formel (5.4) ein Wert für $N_{rel,m=r}$ bestimmt werden.

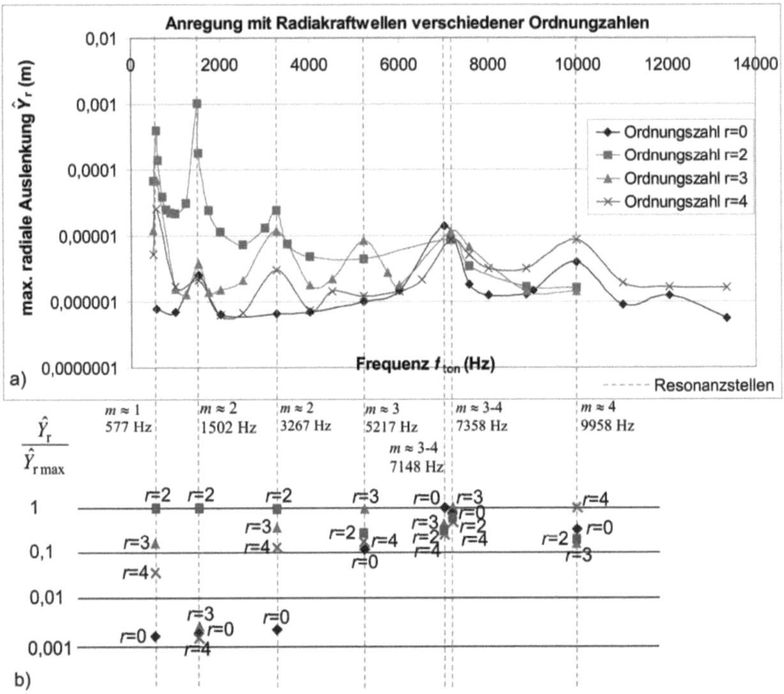

Abbildung 5.12: a) FEM-Ergebnisse der max. radialen Auslenkung $\hat{Y}_r(f)$ eines Knotens am Außenrand der Ersatzanordnung aus Abbildung 5.10a) bei Anregung durch eine Radialkraftwelle mit der Ordnungszahl r = 0, 2, 3, 4 und einigen ausgewählten Anregefrequenzen f_{ton}.b) aus a) ermittelte Verhältnisse $\hat{Y}_r/\hat{Y}_{rmax}$ der Amplituden der Radialschwingung bei den unterschiedlichen Resonanzfrequenzen bezogen auf das jeweilige Maximum $\hat{Y}_{rmax}$ aller Ordnungszahlen r.

Die FEM-Untersuchungen mit dem eingespannten Stator haben jedoch ergeben, dass keine eindeutige Zuordnung der dort entstehenden Biegeformen zu den Schwingungsformen des frei schwingenden Rings, die die Grundlage der Berechnung der rel. Strahlungsleistung $N_{rel,m}$ gemäß Formel (5.4) bilden, mehr möglich ist. Daher wird in Abschnitt 5.4.2 eine Methode vorgestellt, die die Biegeform in einzelne Schwingungsformen des frei schwingenden Rings zerlegt und daraus gewichtete rel. Strahlungsleistungsfaktoren $N_{rel,m}$ berechnet, die zu einem Gesamtwert addiert werden.

5.4.1. Berücksichtigung mehrerer Resonanzfrequenzen zur Bewertung der anregenden Radialkraftwellen

Die „klassische" Methode nach *Jordan* [71] bewertet im Falle eines frei schwingenden Stators die Summe der Kraftwellen einer Ordnungszahl r und Tonfrequenz $f_{\mathrm{ton,r}}$ über den Resonanzüberhöhungsfaktor η_{r} (5.1) für den Mode $m = r$. Die Methode zur Berechnung der Schallleistungspegel $L_{w\mathrm{A}}$ wurde insofern erweitert, dass es möglich ist, beliebig viele Resonanzstellen für jede Ordnungszahl r vorzugeben, um der aus der FEM-Untersuchung für den eingespannten Stator gewonnenen Erkenntnis, dass eine Kraftwelle einer Ordnungszahl r mehrere Resonanzüberhöhungen im Frequenzgang aufweist, Rechnung zu tragen. Daher können die FEM-Ergebnisse einem eigens angefertigten Berechnungsprogramm zur Computer unterstützten Berechnung der Schallleistungspegel $L_{w\mathrm{A}}$, wie in Tabelle 5.6 zu sehen, zugänglich gemacht werden. Die Werte ergeben sich aus dem in Abbildung 5.12 zu sehenden FEM-Frequenzgangberechnungen im Zeitschrittverfahren mit dem eingespannten Ring und Anregung durch Radialkraftwellen unterschiedlicher Frequenzen f_{ton} und Ordnungszahlen r. Neben den Resonanzfrequenzen $f_{\mathrm{res,m}}$ für alle zu berücksichtigenden Schwingungsmodi werden auch Gewichtungsfaktoren $K_{\mathrm{res,m}}$ (siehe Tabelle 5.6) angegeben, die es ermöglichen, mehrere gewichtete Resonanzüberhöhungen η_{r} zur Bewertung einer resultierenden Radialkraftwelle zu berechnen (siehe Abbildung 5.13). Die Gewichtungsfaktoren $K_{\mathrm{res,m}}$ in Tabelle 5.6 ergeben sich aus dem Verhältnis der Amplitude der Radialschwingung $\hat{Y}_{\mathrm{r}}$ bei der jeweiligen Resonanzfrequenz bezogen auf die maximale Amplitude der Radialschwingung $\hat{Y}_{\mathrm{rmax}}$ im Frequenzspektrum einer Ordnungszahl r. Im Gegensatz zu den in Abbildung 5.12b) angegebenen Verhältnissen wird in Tabelle 5.6 nicht auf die größte Amplitude der Radialschwingung $\hat{Y}_{\mathrm{rmax}}$ aller Ordnungszahlen r bei der jeweiligen Resonanzfrequenz $f_{\mathrm{res,m}}$ bezogen, sondern es wird für jede betrachtete Ordnungszahl r getrennt die größte Amplitude der Radialschwingung $\hat{Y}_{\mathrm{rmax}}$ des gesamten Frequenzgangs als Bezugswert verwendet. Der Programmablauf zur Berücksichtigung mehrfacher Resonanzstellen wird in Abbildung 5.14 dargestellt. Anders als bei der „klassischen“ Methode nach *Jordan* wird eine Schleife über alle $N = 5$ vorgegebenen Resonanzfrequenzen $f_{\mathrm{res,m,x}}$ getrennt nach der Ordnungszahl $r = 0$ und $r \geq 2$ berechnet. Für jede Resonanzstelle wird somit über die entsprechenden, gewichteten Überhöhungsfaktoren η_{r} eine Amplitude der radialen Auslenkung $\hat{Y}_{\mathrm{r,x}}$ berechnet. Die Summe aller N Einzelwerte ergibt dann die resultierende Amplitude der radialen Auslenkung $\hat{Y}_{\mathrm{r}}$. Damit werden analog zu Abschnitt 5.1 gemäß [71] die durch die entsprechenden Schwingungsamplituden $Y_{\mathrm{r}}(x,t)$ entstehenden Schallleistungspegel $L_{w\mathrm{A}}$ ermittelt. Abbildung 5.15 zeigt die mit der um die Vorgabe mehrerer Resonanzstellen $f_{\mathrm{res,m}}$ gemäß Tabelle 5.6 erweiterte Vorausberechnung der Schallleistungspegel $L_{w\mathrm{A}}$ im Vergleich zu den Messergebnissen. Für die Kraftwellen der Modi $r > 5$, für die keine Vorgaben gemacht wurden, wird bis zur Ordnung $r = 10$ eine Bewertung nach der „klassischen“ Methode [71] mit den ermittelten Resonanzfrequenzen $f_{\mathrm{res,m}}$ des frei schwingenden Rings vorgenommen. Der Einfluss von Radialkraftwellen der Ordnung $r > 5$ ist generell ohnehin als sehr gering anzusehen. Wie die vorausberechneten Schallleistungspegel $L_{w\mathrm{A}}$ in Abbildung 5.15 zeigen, ergeben sich im Vergleich zur „klassischen“ Berechung ohne die Vorgabe von mehreren Resonanzfrequenzen deutlich höhere Schallleistungspegel $L_{w\mathrm{A}}$. Damit nähern sich die Berechnungen den Messergebnissen an. Allerdings liegt in der Vorausberechnung das Maximum bei einer Frequenz von ca. 1900 Hz, während die Messung die größten Schallleistungspegel $L_{w\mathrm{A}}$ bei einer Frequenz von etwa 800 Hz aufzeigt. Die relative Strahlungsleistung $N_{\mathrm{rel,m}}$ wurde in der hier vorliegenden erweiterten Berechnung, wie in Abschnitt 5.1 beschrieben, berechnet. Es wird angenommen, dass jede Radialkraftwelle der Ordnungszahl r Schallwellen erzeugt, deren relative Strahlungsleistung $N_{\mathrm{rel,m}}$ über den Mode der Anregung $m = r$ berechnet wird.

Da allerdings die FEM-Untersuchungen zeigen, dass die Schwingungsformen keinem Schwingungsmodus m des frei schwingenden Rings eindeutig zugewiesen werden kann (Abbildung 5.9b), ist die Kopplung zwischen der Ordnungszahl r der Anregung und dem Mode m der Schwingungsform des frei schwingenden Rings nicht gültig und muss durch eine Berücksichtigung einer Überlagerung der Modi m zur tatsächlich auftretenden Schwingungsform bei der Berechnung der relativen Strahlungsleistung N_{rel} ersetzt werden, was im nächsten Abschnitt 5.4.2 erläutert wird.

Tabelle 5.6: Vorgaben für den Motor AH80 für das erweiterte Berechnungsprogramm zur Ermittlung der Schallleistungspegel L_{WA} für eingespannte Statoren in jedem beliebigen Betriebspunkt. Die $N = 5$ angegebenen Resonanzfrequenzen $f_{res,m}$ und die zugehörigen Gewichtungsfaktoren $K_{res,m}$ für die zu berücksichtigenden Modi m sind aus den FEM-Berechnungen für den Stator mit mechanischen Randbedingungen (siehe Abbildung 5.10 bzw. Abbildung 5.12a) zu entnehmen.

Mode m	**Vorgegebene Resonanzfrequenz** $f_{res,m}$	**Gewichtungsfaktor** $K_{res,m}$
0	1502 Hz	0,1
0	3267 Hz	0,02
0	7148 Hz	1
0	9958 Hz	0,28
0	11083 Hz	0,01
4	577 Hz	1
4	1502 Hz	0,1
4	3267 Hz	0,12
4	7148 Hz	0,34
4	9958 Hz	0,35

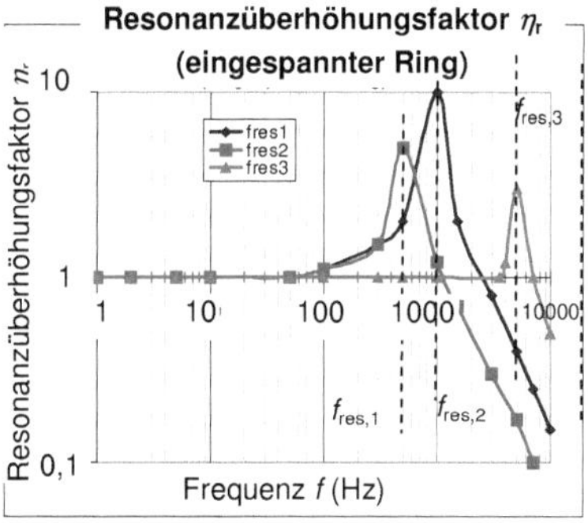

Abbildung 5.13: Berechnung von $N = 3$ Resonanzüberhöhungsfaktoren η_r bei Vorgabe von $N = 3$ Resonanzstellen aus der FEM-Berechnung.

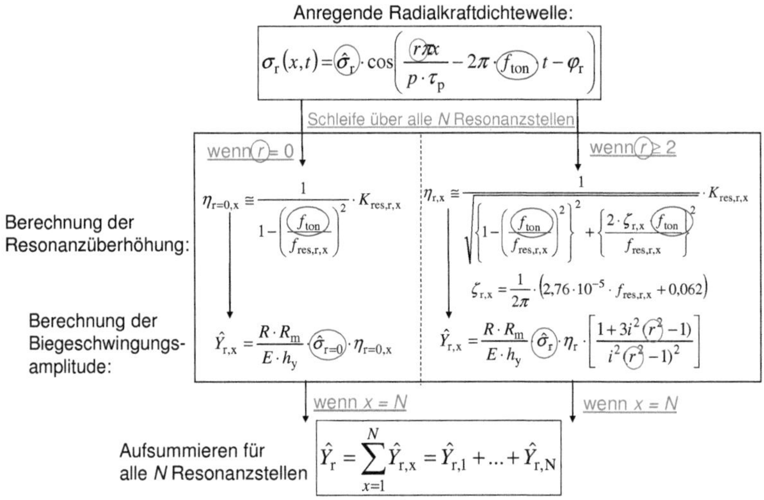

Abbildung 5.14: Darstellung des Programmablaufs zur Berücksichtigung mehrerer gewichteter Resonanzstellen aus der FEM-Berechnung des eingespannten Stators für die erweiterte Vorausberechnung der Schallleistungspegel L_{wA} mit den Vorgaben gemäß Tabelle 5.6.

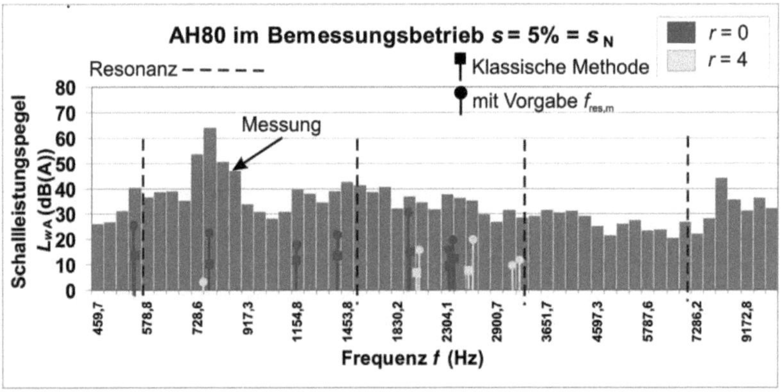

Abbildung 5.15: Gemessene im Vergleich zu den vorausberechneten Schallleistungspegeln L_{wA} für den Motor AH80 im Bemessungsbetrieb. Es wurde die durch die manuelle Vorgabe der Resonanzstellen des eingespannten Rings gemäß Tabelle 5.6 erweiterte Berechnungsmethode aus Abbildung 5.14 verwendet.

5.4.2. Berücksichtigung der verzerrten Schwingungsformen bei der Berechnung der relativen Strahlungsleistung N_{rel}

Abbildung 5.16 zeigt beispielhaft die FEM-Ergebnisse für die Stator-Schwingungsformen des Motors AH80 an zwei unterschiedlichen Resonanzstellen bei f_{res} = 577 Hz und 1502 Hz. Wie in der Abbildung 5.16 zu sehen ist, wird der Stator an zwei Stellen eingespannt. In den Abbildungen sind ebenfalls die jeweiligen Aufteilungen der Schwingungsformen in die einzelnen Amplituden der Schwingungsformen des frei schwingenden Rings sowie die verzerrte tatsächliche Schwingungsform selbst zu sehen. Die FEM-Berechnungen zeigen, dass sich die Schwingungsformen des eingespannten Rings als Summe der Schwingungsformen des frei schwingenden Rings ergeben. Tabelle 5.7 fasst die Anteile (Gewichtungsfaktoren G_m) der ersten fünf Modi m an der gesamten radialen Auslenkung $Y_r(x)$ zusammen. Alle Anteile zusammengenommen ergeben 100 %, es wird also angenommen, dass die resultierende Schwingungsform größtenteils aus den ersten fünf Modi zusammengesetzt werden kann, was für die hier bedeutsamen Frequenzbereiche auch ausreicht. Damit kann eine Aussage darüber getroffen werden, welchen Anteil der Mode m an der resultierenden Schwingungsform an jeder betrachteten Resonanzstelle f_{res} hat.

Um eine Aussage darüber treffen zu können, welche Schwingungsformen sich durch die Schwingungsanregung der einzelnen Radialkraftwellen mit der Frequenz f_{ton} ergeben, müsste eine FEM-Berechnung für jede ermittelte Radialkraftwelle durchgeführt werden. Aus den berechneten Schwingungsformen sind anschließend (analog zu Abbildung 5.16) die Aufteilungen der Schwingungsformen in die einzelnen Amplituden der Schwingungsformen des frei schwingenden Rings für jede anregende Radialkraftwelle mit der Frequenz f_{ton} zu berechnen. Die resultierende relative Strahlungsleistung N_{rel}, die für die jeweilige Schwingungsform gültig ist, kann dann über die ermittelten Aufteilung (vgl. Gewichtungsfaktoren G_m in Tabelle 5.7) der Schwingungsform in die einzelnen Amplituden der Schwingungsformen des frei schwingenden Rings berechnet werden. Dazu wird der Beitrag jeder der Schwingungsformen des frei schwingenden Rings gemäß Gleichung (5.4) anteilig aufaddiert, wodurch sich die resultierende relative

Strahlungsleistung N_{rel} wie folgt berechnen lässt:

$$
\begin{aligned}
N_{rel} &= N_{rel,0} \cdot G_{m=0} + N_{rel,1} \cdot G_{m=1} + N_{rel,2} \cdot G_{m=2} + \\
&+ N_{rel,3} \cdot G_{m=3} + N_{rel,4} \cdot G_{m=4} + N_{rel,5} \cdot G_{m=5}
\end{aligned}
\tag{5.19}
$$

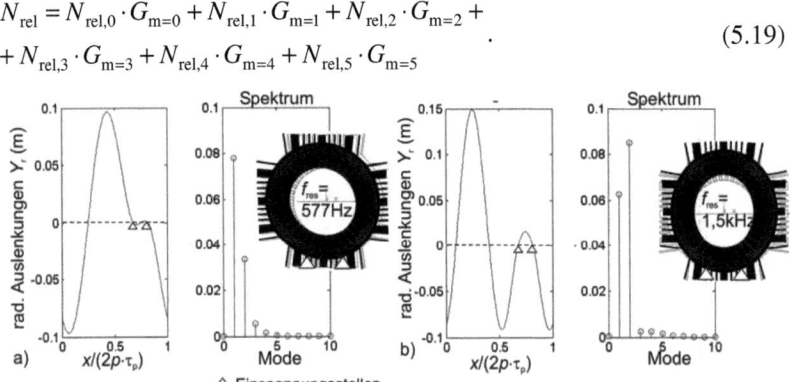

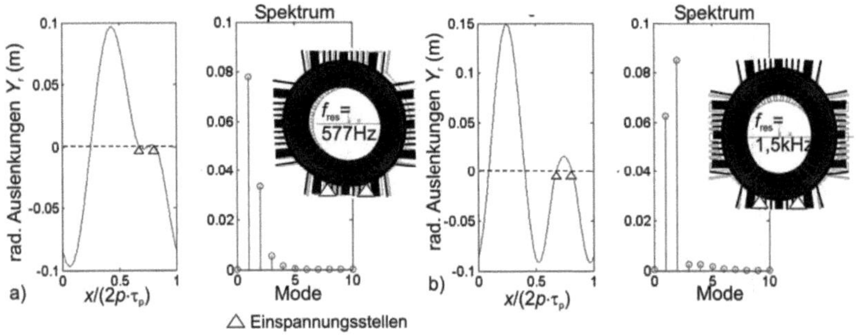

Abbildung 5.16: FEM-Berechnung (*ANSYS*) der Schwingungsform am Umfang des eingespannten Stators des Motors AH80 bei der Resonanzfrequenz f_{res} von a) 577 Hz und b) 1,5 kHz. Es sind jeweils der Verlauf der radialen Auslenkung $Y_r(x)$ zu einem Zeitpunkt t = 0, gemessen in einem Punkt am Außenrand des Gehäuserahmens, und die Aufteilung in die einzelnen Schwingungsanteile des frei schwingenden Rings als Spektrum angegeben.

Da eine derartige FEM-Analyse für jede der ermittelten Radialkraftwellen (vgl. Tabelle 5.4) sehr umfangreich ist, wird hier für den Motor AH80 näherungsweise mit den FEM-Ergebnissen für die Resonanzstellen aus Tabelle 5.7 (Tabelle 5.8 für den Motor AH100) gemäß dem Schema in Abbildung 5.17 eine Berechnung der resultierenden relativen Strahlungsleistung N_{rel} vorgenommen. Dabei wird angenommen, dass sich die Schwingungsform des Stators bei Anregung durch eine Radialkraftwelle mit der Frequenz f_{ton} mit sinkendem Abstand zur Resonanzfrequenz f_{res} der Schwingungsform an dieser Resonanzstelle angleicht. Die für die jeweilige Resonanzfrequenz (siehe Tabelle 5.7 für den Motor AH80 und Tabelle 5.8 für den Motor AH100) gemäß Gleichung (5.19) berechnete relative Strahlungsleistung N_{rel} wird mit dem Term $1/|f_{res} - f_{ton}|$ multipliziert. Damit wird die für die Resonanzfrequenz f_{res} gültige relative Strahlungsleistung N_{rel} über die Differenz zur anregenden Frequenz f_{ton} gewichtet.

Tabelle 5.7: Vorgaben für den Motor AH80 für das erweiterte Berechnungsprogramm zur Ermittlung der Schallleistungspegel L_{wA} für eingespannte Statoren in jedem beliebigen Betriebspunkt. Es werden aus den Schwingungsformen der Statoren in dem jeweiligen Resonanzpunkten (siehe Abbildung 5.16) die Anteile der Schwingungsformen des frei schwingenden Rings berechnet, um diese Anteile bei der Berechnung der relativen Strahlungsleistung N_{rel} zu berücksichtigen.

Vorgegebene Resonanzfrequenz f_{res}	**Mode m**	**Gewichtungsfaktor G_m (%)**
$f_{res,1}$ = 577 Hz; $m^* \approx 1$	0	0,2
	1	66,5
	2	26,3
	3	4,8
	4	1,6
	5	0,6
$f_{res,2}$ = 1502 Hz; $m^* \approx 2$	0	0,2
	1	41,8
	2	56,4
	3	0,9
	4	0,4
	5	0,4
$f_{res,3}$ = 3267 Hz; $m^* \approx 2$	0	0
	1	0,6
	2	58,4
	3	31,6
	4	6,9
	5	2,4
$f_{res,4}$ = 5217 Hz; $m^* \approx 3$	0	3,4
	1	15,1
	2	19,1
	3	58,1
	4	2,6
	5	1,8

Ist die Differenz $|f_{\text{res}} - f_{\text{ton}}|$ zwischen der Resonanzfrequenz f_{res} und der anregenden Frequenz f_{ton} groß, so wird der entsprechende Term $1/|f_{\text{res}} - f_{\text{ton}}|$ klein, wodurch die für diese Resonanzstelle berechnete relative Strahlungsleistung N_{rel} einen geringen Beitrag zur gesamten relativen Strahlungsleistung N_{rel} leistet. Da der Absolutwert der rel. Strahlungsleistung N_{rel} durch die Gewichtungen gerade für Anregungen, deren Frequenz f_{ton} nicht in der Nähe einer Resonanzfrequenz f_{res} liegt, sehr klein werden kann, muss anschließend mit der Summe aller Gewichtungsfaktoren $(1/|f_{\text{res},1} - f_{\text{ton}}| + \ldots + 1/|f_{\text{res,N}} - f_{\text{ton}}|)$ eine Normierung erfolgen (siehe Abbildung 5.17).

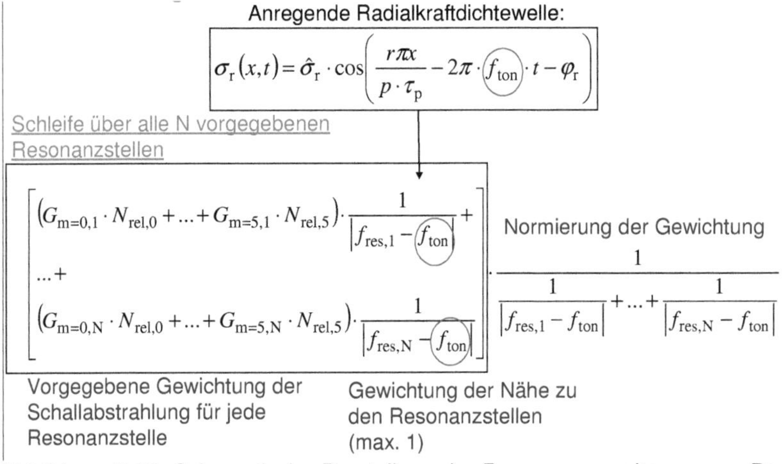

Abbildung 5.17: Schematische Darstellung der Programmerweiterung zur Berechnung der rel. Strahlungsleistung N_{rel} aus den Vorgaben aus Tabelle 5.7. Im Gegensatz zur „klassischen" Methode nach *Jordan* kann bei der Annahme eines eingespannten Stators keine starre Zuordnung von rel. Strahlungsleistung N_{rel} zur Modenummer r der anregenden Radialkraftwelle mehr verwendet werden. Die Bewertung der Schallabstrahlung der durch eine Radialkraftwelle erzeugten Vibrationen geschieht hier über den Abstand der Tonfrequenz f_{ton} der Kraftwelle zu den Resonanzstellen f_{res}.

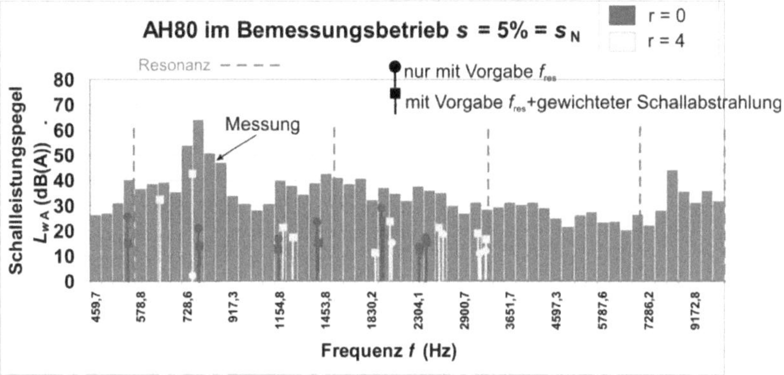

Abbildung 5.18: Gemessene im Vergleich zu den vorausberechneten Schallleistungspegeln L_{wA} für den Motor AH80 im Bemessungsbetrieb. Es wurde die durch die manuelle Vorgabe der Resonanzstellen des eingespannten Rings gemäß Tabelle 5.6 erweiterte Berechnungsmethode aus Abbildung 5.14 verwendet. Zusätzlich wird die rel. Strahlungsleistung N_{rel} gemäß des in Abbildung 5.17 zu sehenden Schemas mit den Vorgaben von Gewichtungsfaktoren für $N = 4$ Resonanzstellen (vgl. Tabelle 5.7) ermittelt.

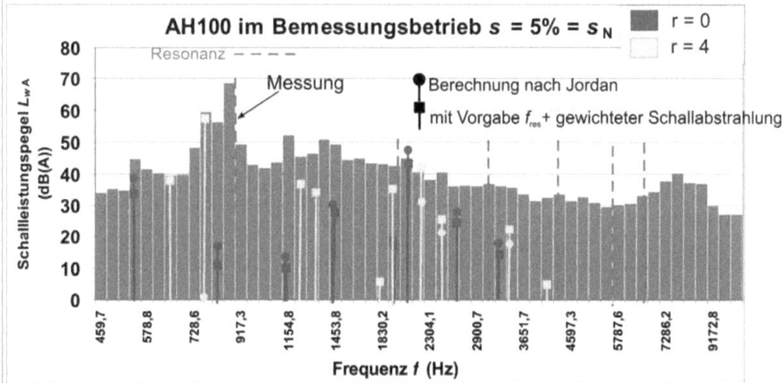

Abbildung 5.19: Gemessene im Vergleich zu den vorausberechneten Schallleistungspegeln L_{wA} für den Motor AH100 im Bemessungsbetrieb. Es wird die klassische Berechnungsmethode nach *Jordan* [71] mit der in Abschnitt 5.4 erläuterten modifizierten Berechnungsmethode verglichen. In Bezug zu Tabelle 5.7 für den Motor AH80 werden für den Motor AH100 die in Tabelle 5.8 aufgelisteten Resonanzfrequenzen und Gewichtungsfaktoren für $N = 5$ Resonanzstellen verwendet.

Abbildung 5.18 zeigt die Berechnungsergebnisse für die Schallleistungspegel L_{wA} bei Verwendung dieser Methode für den Motor AH80 im Vergleich mit der Berechnung, die die rel. Strahlungsleistung $N_{rel,m}$ „klassisch" in Abhängigkeit von der Ordnungszahl $r = m$ der anregenden Kraftwelle berechnet (siehe Abbildung 5.19 für den Motor AH100). Zusätzlich werden die gemessenen Schallleistungspegel L_{wA} angegeben. Es wird deutlich, dass gerade die Anregungen der Ordnungszahl $r = 4$ an Bedeutung gewinnen. Die rel. Strahlungsleistung $N_{rel,m}$ sinkt mit steigender Modenummer m rapide ab (siehe Abbildung 5.2a). Daher werden die Kraftwellen der Ordnungszahl $r = 4$ bei z.B. 758 Hz in der „klassischen" Methode was ihre Geräuschwirkung betrifft stark unterbewertet. Tatsächlich sind Kraftwellen dieser Ordnungszahl r gemäß Abbildung 5.12 in der Lage die Resonanzstelle in unmittelbarer Nähe bei ca. 577 Hz besonders gut anzuregen. Die Schwingungsform an dieser Resonanzstelle lässt sich gemäß Tabelle 5.7 aus „reinen" Schwingungsformen wie beim frei schwingenden Ring zusammensetzen, wobei sich die größten Anteile für die Modenummern $m = 1$ und 2 ergeben. Daher steigt für diese und alle weiteren Kraftanregungen der Ordnungszahlen $r = 4$ die akustische Wirkung u. U. drastisch an im Vergleich zu den Ergebnissen mit der „klassischen" Berechnung der rel. Strahlungsleistung $N_{rel,m}$. Im Gegenteil dazu werden die Anregungen mit der Ordnungszahl $r = 0$ überbewertet, da die rel. Strahlungsleistung $N_{rel,0}$ die größten Werte ergibt. Eine Berücksichtigung der tatsächlichen Schwingungsformen an dieser Resonanzstelle führt im Falle der Ordnungszahl $r = 0$ zu kleineren Werten für die rel. Strahlungsleistung N_{rel} und damit zu geringeren Schallleistungspegeln L_{wA}.

Im Großen und Ganzen jedoch führt die Berücksichtigung der tatsächlichen Schwingungsformen des eingespannten Rings bei der Vorausberechnung der Schallleistungspegel L_{wA} zu einer deutlichen Anpassung an die Messergebnisse. Zwar sind die absoluten Pegel nur näherungsweise richtig, es können aber durch die beiden vorgestellten Maßnahmen aus den Abschnitten 5.4.1 und 5.4.2 deutliche Verbesserungen bei der Vorausberechnung der Schallleistungspegel erreicht werden. Die deutlich zu kleinen und verhältnismäßig falschen Vorausberechnungen der „klassischen" Methode nach *Jordan* [71] können deutlich verbessert werden, so dass nun aussagekräftige Vorausberechnungen der Schallleistungspegel möglich sind.

Tabelle 5.8: Vorgaben für den Motor AH100 für das erweiterte Berechnungsprogramm zur Ermittlung der Schallleistungspegel L_{wA} für eingespannte Statoren in jedem beliebigen Betriebspunkt. Es werden aus den Schwingungsformen der Statoren in dem jeweiligen Resonanzpunkten (vgl. Abbildung 5.16) die Anteile der Schwingungsformen des frei schwingenden Rings berechnet, um diese Anteile bei der Berechnung der relativen Strahlungsleistung N_{rel} zu berücksichtigen.

Vorgegebene Resonanzfrequenz f_{res}	**Mode *m***	**Gewichtungsfaktor G_m (%)**
$f_{res,1}$ = 382 Hz; $m^* \approx 1$	0	0,19
	1	65,3
	2	28,3
	3	4,6
	4	1,3
	5	0,3
$f_{res,2}$ = 919 Hz; $m^* \approx 2$	0	0,26
	1	40,4
	2	55,0
	3	1,7
	4	1,6
	5	1
$f_{res,3}$ = 1929 Hz; $m^* \approx 2$	0	0,1
	1	4,9
	2	52,3
	3	34,4
	4	6,4
	5	1,8
$f_{res,4}$ = 2947 Hz; $m^* \approx 3$	0	2,2
	1	15,1
	2	15,1
	3	58,8
	4	5,6
	5	3,2
$f_{res,5}$ = 4302 Hz; $m^* \approx 3$	0	1,7
	1	12,4
	2	17,3
	3	52,3
	4	11,5
	5	4,8

6. Analytisches Mehrkörpermodell und FEM-Modell zur Vorausberechnung der Erwärmung einer KLASM

Für den Entwurfsprozess von elektrischen Maschinen ist die Kenntnis der sich aufgrund der verschiedenen Verlustkomponenten in den einzelnen Maschinenteilen ergebenden Temperaturen von grundlegender Bedeutung. Zum einen verändern sich die Eigenschaften der verwendeten Materialien und damit auch die Maschinenparameter, und zum anderen dürfen normative Grenztemperaturen gemäß [2] für die verwendete Wicklungsisolierung (Wärmeklasse des verwendeten Isolierstoffs) nicht überschritten werden. Thermische FEM-Modelle stellen neben analytischen Mehrkörpermodellen eine Möglichkeit dar eine Vorausberechnung der Temperaturverläufe durchzuführen. FEM-Simulationen bieten den Vorteil, dass die teilweise unbekannten Strömungsverhältnisse, besonders zwischen den Kühlrippen des Gehäuses, berechnet werden können. In den folgenden Abschnitten werden nach einer kurzen Vorstellung der physikalischen Grundlagen analytische und FEM-Berechnungsmodelle vorgestellt und die Ergebnisse mit Messergebnissen für die Motoren AH80 und AH100 im Bemessungsbetrieb verglichen.

6.1. Physikalische Grundlagen des Wärmeersatzschaltbildes

Die Verlustleistungen in einer Maschine werden in den Maschinenteilen in Wärme umgesetzt. Der Wärmeabtransport erfolgt vorwiegend durch Wärmeleitung nach dem *Fourier*'schen Wärmeleitungsgesetz [27, 121, 122] und Konvektion nach dem *Prandtl*'schen Wärmeübergangsgesetz [27, 123]. Eher von untergeordneter Bedeutung ist bei den hier betrachteten KLASM mit maximalen Betriebstemperaturen von unter 150°C der Beitrag der Wärmestrahlung nach dem *Stefan-Boltzmann*'schen Strahlungsgesetz [27, 122].

6.1.1. Wärmeleitung nach dem *Fourier*'schen Wärmeleitungsgesetz

Bei einer Temperaturdifferenz $\Delta\vartheta$ innerhalb fester, unbewegter flüssiger oder gasförmiger Medien erfolgt der Wärmetransport durch Wärmeleitung. Sie tritt in festen Materialien wie der Wicklung und deren Isolation auf. Der Wärmetransport wird durch das *Fourier*'sche Gesetz der Wärmeleitung beschrieben [27, 122] (siehe Abbildung 6.1):

$$q_{\text{th}} = \frac{P_{\text{th}}}{A} = -\lambda_{\text{th}} \cdot (\vartheta_1 - \vartheta_2),\ P_{\text{th}} > 0,\ \text{wenn}\ \Delta\vartheta = \vartheta_2 - \vartheta_1 > 0. \tag{6.1}$$

Dabei ist $q_{\text{th}} = P_{\text{th}}/A$ die Wärmestromdichte, P_{th} ist die Wärmeverlustleistung, die als Wärmestrom $\dot{Q}$ wirkt, λ_{th} ist die spezifische Wärmeleitfähigkeit des Materials und ϑ_1 und ϑ_2 sind die beiden Temperaturwerte zwischen denen die Strecke der Länge l liegt.

In Analogie zum *ohm*'schen Widerstand der Elektrotechnik kann der thermische Widerstand bei der Wärmeleitung berechnet werden:

$$R_{\text{th}} = \frac{l}{\lambda_{\text{th}} A}. \tag{6.2}$$

Die thermischen Netzwerke können dabei wie elektrische Netwerke mit Widerstandselementen R_{th} aufgestellt und berechnet werden. Elektrische Stromquellen werden durch die Wärmeverlustleistungen als thermische Stromquellen ersetzt. Der elektrische Spannungsfall über dem Widerstand entspricht der Temperaturdifferenz. Tabelle 6.1 zeigt einige Werte λ_{th} für die spezifische Wärmeleitfähigkeit verschiedener Materialien, die in der späteren Berechnung verwendet werden. Daneben ist für das jeweilige Material zusätzlich die elektrische Leitfähigkeit κ_{el} aufgeführt, um zu zeigen, dass ein gut elektrisch leitendes Metall in der Regel zugleich ein guter Wärmeleiter ist. Dieser Zusammenhang ist im *Wiedemann-Franz-Lorenz*´schen Gesetz festgehalten [122, 124]:

$$T \cdot L = \frac{\lambda_{\text{th}}}{\kappa_{\text{el}}}. \tag{6.3}$$

Dabei ist $L = (\pi^2/3)\cdot(k/e)$ die *Lorenz*-Konstante (*k*: *Boltzmann*-Konstante, *e*: Elementarladung), welche für Metalle gültig ist, und T die absolute Temperatur.

Tabelle 6.1: Thermische und elektrische Leitfähigkeiten (ϑ = 20°C) verschiedener Materialien, die für die Modellierung der Motoren AH80 und AH100 benötigt werden.

Material	Wärme-leitfähigkeit λ_{th} in (W/(m·K))	elektrische Leitfähigkeit κ_{el} in (MS/m)
Kupfer (Cu)	380	57,1
Aluminium (Alu)	237	36,6
Stahlwelle (C 45)	45	6,6
Gusseisen (Fe)	55	8
Blechpaket (M520-65D) in Blechebenen-richtung (quer dazu)	36 (5)	5,3 (≈ 0)
Vergussmaterial der Statorwicklung (Harz/Isolation/Luft-Gemisch)	0,17	(≈ 0)
Nomex (150°C;0,18 mm)	0,14	$1{,}66 \cdot 10^{-13}$
Luft bei 20°C	0,024	$3 \cdot 10^{-9} \ldots 8 \cdot 10^{-9}$

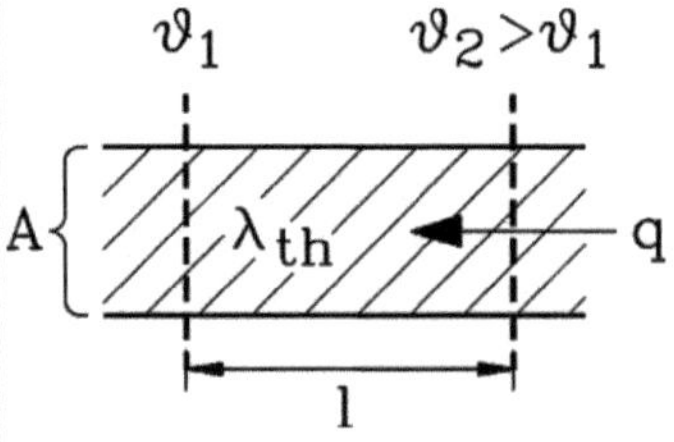

Abbildung 6.1: Schaubild zum *Fourier*'schen Gesetz der Wärmeleitung [27].

6.1.2. Konvektion nach dem *Prandtl*'schen Wärmeübergangsgesetz

Konvektiver Wärmeübergang tritt immer dann auf, wenn Wärme von einem Festkörper auf ein bewegtes Fluid übertragen wird, wie z. B. vom Gehäuse einer Maschine auf die umgebende Luft. Dieser Vorgang kann gemäß [27, 123] wie folgt beschrieben werden:

$$\frac{P_{th}}{A} = \alpha \cdot \Delta\vartheta. \tag{6.4}$$

Damit lässt sich auch hier analog zu Gleichung (6.2) ein Wärmewiderstand wie folgt definieren:

$$R_{th} = \frac{1}{\alpha \cdot A} \,. \tag{6.5}$$

Dabei ist α der Wärmeübergangskoeffizient zwischen der Oberfläche des Festkörpers und dem sie umströmenden Fluid. Die Schwierigkeit bei dessen Bestimmung liegt darin, dass der Wärmeübergangskoeffizient α von verschiedenen Faktoren, wie z. B. der Strömungsgeschwindigkeit v, den Stoffparametern des Fluids und der Oberflächenbeschaffenheit abhängt. Tabelle 6.2 zeigt Näherungsformeln zur Abschätzung der Wärmeübergangskoeffizienten $\alpha_{Fe,Luft}$ zwischen einer glatten Metalloberfläche und der Umgebungsluft bei Luftkühlung und unterschiedlichen Anströmgeschwindigkeiten v_{Luft} [27, 122].

Der Wärmeübergangskoeffizient α_{geh} zwischen dem Motorgehäuse aus Aluminium und der den Motor umgebenden Luft zum Beispiel hängt von verschiedenen Faktoren ab, wie z.B. der Luftgeschwindigkeit v_{Luft}, der Oberflächenrauhigkeit und der Strömungsverhältnisse des umströmten Körpers (turbulent oder laminar). Lokal können die Wärmeübergangskoeffizienten α_{geh} daher stark variieren, weswegen für die analytische Vorausberechnung ein Näherungswert gefunden werden muss, der im Mittel eine richtige Berechnung der Wärmeströme $\dot{Q}$ ermöglicht.

Tabelle 6.2: Näherungsformeln zur Abschätzung der Wärmeübergangskoeffizienten $\alpha_{Fe,Luft}$ zwischen einer glatten Metalloberfläche und der Umgebungsluft bei Luftkühlung und unterschiedlichen Anströmgeschwindigkeiten v_{Luft}.[122].

Strömungsgeschwindigkeit v in m/s	glatte Metalloberfläche α in W/(m²·K)
natürliche Konvektion ($v_{Luft} < 0{,}5$ m/s)	$\alpha_{Fe,Luft} = 8$
$v_{Luft} < 5$ m/s	$\alpha_{Fe,Luft<5} = 15\ v_{Luft}^{2/3}$
$v_{Luft} > 5$ m/s	$\alpha_{Fe,Luft>5} = 7{,}14 \cdot v_{Luft}^{0{,}78}$

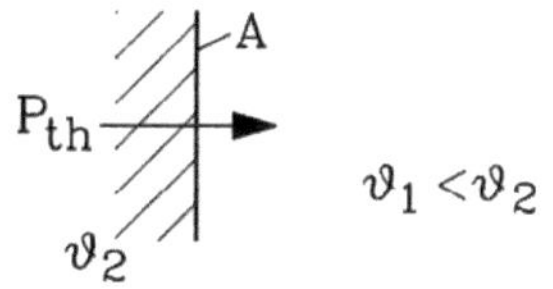

Abbildung 6.2: Konvektiver Wärmestrom P_{th} von der Oberfläche A des Festkörpers mit der Temperatur ϑ_2 auf das Fluid mit der Temperatur ϑ_1 [27].

6.1.3. Wärmestrahlung nach dem Stefan-Boltzmann'schen Strahlungsgesetz

Wärmestrahlung beschreibt die Abstrahlung von Wärme in Form von elektromagnetischen Wellen. Sie ist im Gegensatz zu der Wärmeleitung und der Konvektion an keinen materiellen Träger gebunden und ist daher auch im Vakuum möglich. Ein Wärmestrom $\dot{Q}$ von einer warmen (T_2) zu einer kalten ($T_1 < T_2$) Fläche A kann durch das *Stefan- Boltzmann*'sche Strahlungsgesetz beschrieben werden [27, 121, 122, 124]. Dabei sind T_1 und T_2 absolute Temperaturen in K:

$$\frac{P_{\text{th}}}{A} = c_{\text{s}}(T_2^4 - T_1^4) = q_{\text{th}}. \tag{6.6}$$

Über die so ermittelte Wärmestromdichte q_{th} kann ein äquivalenter Wärmeübergangskoeffizient α berechnet werden, der dann analog zu Gleichung (6.5) zur Berechnung eines Wärmewiderstandes R_{th} verwendet werden kann [27]:

$$\alpha = \frac{P_{\text{th}}}{A \cdot \Delta\vartheta} = \frac{q_{\text{th}}}{\Delta\vartheta} \Rightarrow R_{\text{th}} = \frac{1}{\alpha \cdot A}. \tag{6.7}$$

Der Abstrahlungskoeffizient c_{s} hängt von der Oberflächeneigenschaften (Farbe, Rauhigkeit) und Materialeigenschaften ab und variiert typischer Weise im Bereich zwischen $c_{\text{s}} = 4 \ldots 5 \cdot 10^{-8}$ W/(m²K⁴). Bei den in dieser Arbeit durchgeführten Untersuchungen spielt die Wärmestrahlung nur eine untergeordnete Rolle, da sie wegen der 4-ten Potenz T^4 merklich erst bei sehr hohen Temperaturen auftritt. Daher wird die Wärmestrahlung im Mehrkörpermodell des folgenden Abschnitts 6.2 nur näherungsweise bei der Berechnung des Wärmübergangswiderstandes zwischen dem Gehäuse und der Umgebungsluft über eine Erhöhung des entsprechenden Übergangskoeffizienten $\alpha_{\text{Fe,Luft}}$ um ca. 7 W/(m^{2}K)(Tabelle 6.2) berücksichtigt. Es ist dann bei natürlicher Konvektion $\alpha_{\text{Fe,Luft}} \cong 15$ W/(m^{2}K) zu verwenden. Bei erzwungener Konvektion ($v_{\text{Luft}} > 0{,}5$ m/s) wird diese Korrektur vernachlässigt, da der Übergangskoeffizient $\alpha_{\text{Fe,Luft}}$ dann deutlich größer ist.

6.2. Analytisches Mehrkörpermodell zur Vorausberechnung der Betriebstemperaturen

Zur Vorausberechnung der Betriebstemperaturen einer KLASM wird das in Abbildung 6.3 zu sehende Wärmequellen-Ersatzschaltbild verwendet. Es lehnt sich stark an das in [121] vorgestellte Modell an. Allerdings werden Verlustquellen P_{th} und Wärmewiderstände R_{th} zur Erweiterung des Modells zur Berechnung der Wickelkopftemperaturen und der Temperaturen im Lager eingefügt bzw. modifiziert. Im Folgenden werden kurz die zur Berechnung der einzelnen Wärmewiderstände R_{th} verwendeten Formeln vorgestellt und kurz erläutert. Die Wärmeleitfähigkeiten λ der verwendeten Materialien sind in Tabelle 6.1 zusammengefasst.

6.2.1. Berechnung der Wärmewiderstände

6.2.1.1. Wärmewiderstand der Statorwicklung beim Übergang auf das Blechpaket R_w

An dieser Stelle wird der Wärmedurchgangswiderstand R_w vom Wicklungskupfer zum Ständereisen berechnet. Zur Vereinfachung der Rechnung wird angenommen, dass der Wärmestrom $\dot{Q}$ überwiegend in Richtung des Gehäuses fließt, da auch eine kleine Wärmestromdichte q_{th} zum Luftspalt hin auftreten kann. Da die bei den Maschinen vorhandene Träufelwicklung mit der unregelmäßigen Lage der Drähte in der Nut ein komplexes thermisches Netzwerk darstellt, wird sie vereinfacht als massiver Kupferleiter angenommen (Abbildung 6.4). Das Vergussmaterial, bestehend aus Harz, Leiterisolation und Lufteinschlüssen, wird als zusammenhängende Fläche, die den Kupferleiter umhüllt, vereinfacht. Dabei werden die Flächenverhältnisse aus dem Nutfüllfaktor $k_f = A_{Cu}/A_{Nut}$ ermittelt. Hinzu kommt als äußerste Fläche die verwendete Nutisolation (z.B. *Nomex*) mit einer Dicke $d_{is} = 0{,}18$ mm. Der Wärmestrom $\dot{Q}$ wird zunächst nur in eine Richtung seitlich fließend angenommen. Die Wärmewiderstände wirken also nur in der linken und rechten Nuthälfte.

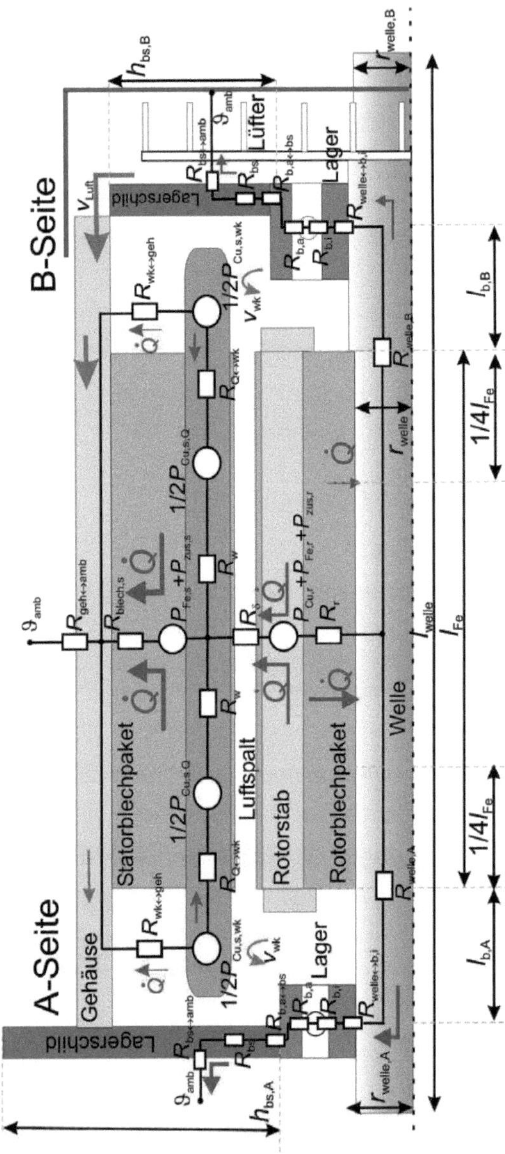

Abbildung 6.3: Wärmequellen Ersatzschaltbild zur Vorausberechnung der Betriebstemperaturen einer KLASM (vgl. [125]). Aus Symmetriegründen ist nur die obere Hälfte einer KLASM dargestellt.

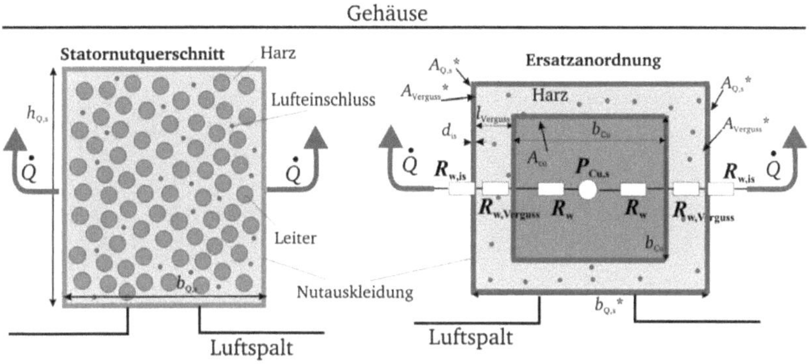

Abbildung 6.4: Darstellung des Nutquerschnitts zur Berechnung der Wärmeübergangswiderstände vom Wicklungskupfer zum Statorblechpaket [121, 126].

Näherungsweise ermittelter Wärmewiderstand des (Ersatz-) Kupferleiters $R_{w,Cu}$ in den Statornuten:

$$R_{w,Cu} = \frac{\frac{b_{Cu}}{2}}{3 \cdot \lambda_{Cu} \cdot A_{Cu}} \quad \text{mit} \quad A_{Cu} = 4 \cdot b_{Cu} \cdot l_{Fe} \tag{6.8}$$

Dabei wird angenommen, dass der Wärmestrom über die komplette Innenfläche der Ersatznut in Abbildung 6.4 zum Motorgehäuse verläuft. Der Wärmestrom über die untere Nuthälfte zum Luftspalt hin ist deutlich kleiner, da der Luftspalt unterhalb der Statornut im Vergleich zum Statorblechpaket oberhalb der Statornut einen wesentlich größeren Wärmewiderstand darstellt (vgl. Abschnitt 6.2.1.3 und Abschnitt 6.2.1.5).
Der Faktor 3 im Nenner berücksichtigt die räumliche Verteilung der Wärmequellen [126].

Wärmewiderstand des Vergussmaterials $R_{w,Verguss}$:

$$R_{w,Verguss} = \frac{l_{Verguss}}{\lambda_{Harz} \cdot A_{Verguss}*} \quad \text{mit} \quad A_{Verguss}* = (b_{Q,s}* - 2 \cdot d_{is}) \cdot l_{Fe} \cdot 4 \text{ an} \tag{6.9}$$

der Vergussoberfläche

Dabei ist:

$b_{Q,s}$ mittlere Nutbreite bei Statornuten mit parallelen Zähnen

d_{is} Dicke der Nomexisolierung

$\lambda_{Verguss}$ Wärmeleitfähigkeit des Vergussmaterials der Statorwicklung (beinhaltet Isolation des Drahtlacks, Lufteinschlüsse zwischen den Wicklungen, Harz) $\lambda_{Verguss} = 0{,}17\ W/(m \cdot K)$

Wärmewiderstand der Nutauskleidung (Nomex) $R_{w,is}$:

$$R_{w,is} = \frac{d_{is}}{\lambda_{is} \cdot A_{Q,s}*} \quad \text{mit} \quad A_{Q,s} = b_{Q,s} * \cdot l_{Fe} \cdot 4 \tag{6.10}$$

Wie Abbildung 6.4 zeigt, sind alle Widerstände in Reihe zu schalten. Will man im Ersatzschaltbild die gesamten Stromwärmeverluste $P_{Cu,s}$ der Statorwicklung vorgeben, so ist zu berücksichtigen, dass die Wärmeübergangswiderstände aller Q_s Nuten parallel zu schalten sind. Daher ergibt sich für den resultierenden Wärmewiderstand der Statorwicklung beim Übergang auf das Blechpaket R_w:

$$R_w = (R_{w,Cu} + R_{w,Verguss} + R_{w,Nomex})/Q_s. \tag{6.11}$$

Tabelle 6.3 fasst die für die beiden Motoren berechneten Wärmewiderstände zusammen.

Tabelle 6.3: Zusammenfassung der berechneten Wärmewiderstände R_w für den Übergang von Statorwicklung zum Blechpaket.

Statorseite	**Maschine**	
thermischer Widerstand	**AH80**	**AH100**
Kupferleiter $R_{w,Cu}$ (K/W)	0,0012	0,0008
Vergussmaterial $R_{w,Verguss}$ (K/W)	2,651	1,789
Nutauskleidung (Nomex) $R_{w,Nomex}$ (K/W)	0,851	0,576
Statorwicklung zum Statoreisen R_w (K/W)	**0,097**	**0,065**

6.2.1.2. Wärmewiderstand zwischen Statornut und Wickelkopf $R_{Q\leftrightarrow wk}$ und vom Wickelkopf zum Gehäuse $R_{wk\leftrightarrow geh}$

Um die Temperaturen im Wickelkopf, der bei geschlossenen Motoren in der Regel den „HOT SPOT“ (heißester Punkt) der Maschinen darstellt, zu berechnen, werden die Stromwärmeverluste im Stator $P_{Cu,s}$ in die Anteile $P_{Cu,s,Q}$ bzw. $P_{Cu,s,wk}$, die innerhalb bzw. außerhalb der Nut anfallen, aufgeteilt und Wärmewiderstände zwischen Nutkupfer und Wickelkopfkupfer $R_{Q\leftrightarrow wk}$ sowie zwischen Wickelkopf und Gehäuse $R_{wk\leftrightarrow geh}$ berechnet (Faktor $1/Q_s$ analog zu (6.11)). Der thermische Widerstand $R_{Q\leftrightarrow wk}$ lässt sich bei Annahme identisch aufgebauter A- und B-Seite des Motors (Faktor ½ in (6.12)) wie folgt abschätzen:

$$R_{Q\leftrightarrow wk} = \frac{1}{2} \frac{\frac{l_{Fe}}{4} + \frac{l_b}{4}}{\lambda_{Cu} \cdot A_{Cu} \cdot Q_s} . \qquad (6.12)$$

Vereinfachend wird angenommen, dass der Wärmestrom je Maschinenhälfte $\dot{Q}$ in der Nut innerhalb einem Viertel der Eisenlänge l_{Fe} seinen Ursprung hat und bis zu einem Viertel der Wickelkopflänge l_b hineinragt. Zur Berechnung des Wärmeübergangswiderstands $R_{wk\leftrightarrow geh}$ zwischen dem Wickelkopf und dem Gehäuse werden die Ergebnisse aus [127] herangezogen, die eine sehr einfache Näherung, basierend auf Messergebnissen an Standard-KLASM unterschiedlicher Baugröße, beschreiben. Hier wird mit Hilfe von Messungen ein äquivalenter Übergangskoeffizient α^* für den Wärmeabtransport von Wickelkopf zum Gehäuse bzw. den Lagerschilden in Abhängigkeit der Windgeschwindigkeiten v_{wk} im Wickelkopfbereich unterschiedlicher Motoren beschrieben. Da sich bei den hier untersuchten Maschinen keine Lüfterflügel an dem Kurzschlusskäfig befinden, tritt nur die Konvektion zufolge der Läuferumfangsgeschwindigkeit auf, so dass nach [127] für eine Maschinenhälfte gilt:

$\alpha^* = 6{,}22 \cdot v_{wk}$ (α^* in $W/(m^2K)$ und v_{wk} in m/s)

$$R_{wk\leftrightarrow geh} = \frac{1}{2} \cdot \frac{1}{\alpha^* \cdot A_{wk}} . \qquad (6.13)$$

Als aktive Kühlfläche A_{wk} wird dabei in erster Näherung die Außenfläche des Wickelkopfes verwendet [127]:

$$A_{wk} = l_b \cdot U_{wk} . \qquad (6.14)$$

Dabei steht l_b für die mittlere Länge einer Spule im Wickelkopf je Maschinenseite und U_{wk} für den äußeren Umfang des Wickelkopfquerschnitts. Die Abschätzung der Windgeschwindigkeiten v_{wk} im Wickelkopfbereich ist analytisch nur schwer möglich. Hier sind entweder Erfahrungswerte oder

Ergebnisse von FEM-Berechnungen (siehe Abschnitt 6.3.2) zu verwenden. Es wurde für beide Motoren ein Wert von v_{wk} =1,0 m/s verwendet, der sich aus den FEM-Untersuchungen aus Abschnitt 6.3.2 bei Bemessungsdrehzahl ergibt. Tabelle 6.4 fasst die in diesem Abschnitt vorgestellten Berechnungen für die beiden Testmotoren zusammen.

Tabelle 6.4: Berechnete Wärmewiderstände für den Übergang von Statornut und Wickelkopf $R_{Q\leftrightarrow wk}$ und vom Wickelkopf zum Gehäuse $R_{wk\leftrightarrow geh}$.

Statorseite	Maschine	
thermischer Widerstand	**AH80**	**AH100**
Nutkupfer-Wickelkopf $R_{Q\leftrightarrow wk}$ (K/W)	0,092	0,085
Wickelkopf - Gehäuse $R_{wk\leftrightarrow geh}$ (K/W)	1,869	1,526

6.2.1.3. Wärmewiderstand des Statorblechpakets $R_{blech,s}$

Der Großteil der gesamten Stromwärmeverluste des Stators $P_{Cu,s}$ wird radial über das Ständerblechpaket an das Gehäuse abgeführt. Der radiale thermische Widerstand des Blechpakets $R_{blech,s}$ setzt sich dabei nach Abbildung 6.5 aus drei Teilwiderständen zusammen, die im Folgenden einzeln betrachtet werden [121, 128]. Der Wärmefluss im Blechpaket in axialer Richtung zu den Außenseiten wird wegen der deutlich kleineren spezifischen Wärmeleitfähigkeit (siehe Tabelle 6.1) vernachlässigt.

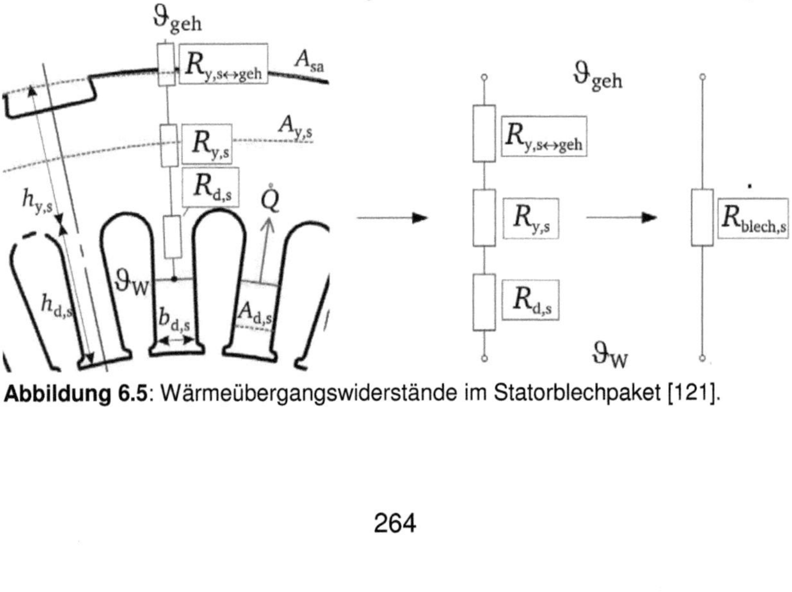

Abbildung 6.5: Wärmeübergangswiderstände im Statorblechpaket [121].

Wärmewiderstand der Statorzähne $R_{\mathrm{d,s}}$:

Bei Vorgabe der gesamten Stromwärmeverluste des Stators $P_{\mathrm{Cu,s}}$ gilt:

$$R_{\mathrm{d,s}} = \frac{1}{2} \frac{h_{\mathrm{d,s}}}{\lambda_{\mathrm{M520-65D}} \cdot A_{\mathrm{d,s}} \cdot Q_{\mathrm{s}}} \text{ mit } A_{\mathrm{d,s}} = b_{\mathrm{d,s}} \cdot l_{\mathrm{Fe}}. \tag{6.15}$$

Dabei ist $\lambda_{\mathrm{M520\text{-}65D}}$ für die Wärmeflussrichtung in der Blechebene zu verwenden.

Wärmewiderstand des Statorjochs $R_{\mathrm{y,s}}$:

$$R_{\mathrm{y,s}} = \frac{h_{\mathrm{y,s}}}{\lambda_{\mathrm{M520-65D}} \cdot A_{\mathrm{y,s}}} \text{ mit } A_{\mathrm{y,s}} = 2 \cdot \pi \cdot (r_{\mathrm{sa}} - \frac{1}{2} h_{\mathrm{y,s}}) \cdot l_{\mathrm{Fe}} \tag{6.16}$$

(Stapelfaktor $k_{\mathrm{Fe}} \cong 0{,}97$)

Wärmeübergangswiderstand zwischen Statorblechpaket und dem Gehäuse $R_{\mathrm{y,s \leftrightarrow geh}}$:

Das Gehäuse wird für gewöhnlich auf die Statorbleche geschrumpft oder unter hohem Druck gepresst. Als Wärmeübergangszahl $\alpha_{\mathrm{y,s \leftrightarrow geh}}$ wird nach [121] ein Wert von 4000 W/(m^{2}K) verwendet. Der entsprechende Wärmewiderstand $R_{\mathrm{y,s \leftrightarrow geh}}$ kann wie folgt berechnet werden:

$$R_{\mathrm{y,s \leftrightarrow geh}} = \frac{1}{\alpha_{\mathrm{y,s \leftrightarrow geh}} A_{\mathrm{sa}}} \text{ mit } A_{\mathrm{sa}} = 2 \cdot \pi \cdot r_{\mathrm{sa}} \cdot l_{\mathrm{Fe}}. \tag{6.17}$$

Der resultierende Wärmewiderstand des Statorblechpakets $R_{\mathrm{blech,s}}$ ergibt sich gemäß Abbildung 6.5 aus der Serienschaltung und damit aus der Summe der Widerstände aus den Gleichungen (6.15) - (6.17).

Die entsprechenden Werte für die beiden Motoren AH80 und AH100 sind in Tabelle 6.5 zusammengefasst.

Tabelle 6.5: Berechnete radial wirksame Wärmewiderstände für das Statorblechpaket R_{blech}.

Statorseite	Maschine	
thermischer Widerstand	**AH80**	**AH100**
Statorzähne $R_{d,s}$ (K/W)	0,016	0,011
Statorjoch $R_{y,s}$ (K/W)	0,009	0,008
Statorblechpaket - Gehäuse $R_{y,s\leftrightarrow geh}$ (K/W)	0,007	0,004
Statorblechpaket $R_{blech,s}$ (K/W)	**0,032**	**0,023**

6.2.1.4. Wärmewiderstand des Gehäuses R_{geh}

Die hier untersuchten Motoren AH80 und AH100 haben einen an der Welle angebrachten Lüfter und einen geschlossenen Motorinnenraum (Abbildung 6.3). Der Lüfter sorgt lediglich für eine kühlende Luftströmung mit der Windgeschwindigkeit v_{Luft} zwischen den Kühlrippen des Gehäuses. Ausführliche Untersuchungen zu diesem Thema wurden in [129] angestellt. Eine vereinfachte Abschätzung [27, 122] des Wärmeübergangskoeffizienten $\alpha_{geh\leftrightarrow amb}$ für eine metallische Oberfläche bei bewegter Luft erfolgt über die in Tabelle 6.2 angegebenen Näherungsformeln in Abhängigkeit von der Anströmgeschwindigkeit v_{Luft}. Typischer Weise ist die Formel $\alpha_{geh\leftrightarrow amb} = 15 v_{Luft}^{2/3}$ (bei v_{Luft} < 5m/s) für Standard-KLASM gültig. Eine analytische Vorausberechnung der Windgeschwindigkeiten v_{Luft} ist nicht möglich. Hier muss entweder auf Vergleichsmessungen oder FEM-Ergebnisse zurückgegriffen werden (vgl. Abschnitte 6.3.1 (Tabelle 6.13), 6.3.3 bzw. 6.3.2)

$$R_{geh\leftrightarrow amb} = \frac{1}{\alpha_{geh\text{-}amb} A_k} \quad (6.18)$$

mit der A_k als Fläche der äußeren Gehäusekühlfläche.

Tabelle 6.6 fasst die Wärmewiderstände beider Motoren für unterschiedliche Lastpunkte zusammen.

Tabelle 6.6: Berechnete Wärmewiderstände für den Übergang vom Gehäuse zur Umgebungsluft $R_{geh\leftrightarrow amb}$ in unterschiedlichen Lastpunkten. Grundlage für die verwendeten Windgeschwindigkeiten v_{Luft} sind die Messergebnisse aus Tabelle 6.13.

Statorseite		**Maschine**	
thermischer Widerstand		**AH80**	**AH100**
Gehäuse $R_{geh\leftrightarrow amb}$ (K/W) bei	Leerlauf	0,21	0,10
	0,5 P_N	0,21	0,11
	P_N	0,22	0,11
	1,5 P_N	0,24	0,12

6.2.1.5. Wärmeübergangswiderstand des Luftspalts R_δ

Der Luftspalt δ zwischen dem Rotor und Stator von KLASM ist im Allgemeinen sehr klein, um den Magnetisierungsbedarf der Maschinen so gering wie möglich zu halten, und da Luftstrecken einen großen magnetischen Widerstand darstellen. Gleichzeitig stellen Luftstrecken mit ruhender Luft auch einen großen thermischen Widerstand dar, da die Wärmeleitfähigkeit von Luft λ_{Luft} nur etwa 0,028 W/(m·K) (bei 50°C und 1 bar Luftdruck) beträgt. Allerdings findet in dem sehr kurzen Luftspalt δ durch Konvektion infolge des rotierenden Läufers und im vernachlässigbar kleinen Maße auch durch Wärmeabstrahlung ein Wärmeaustausch zwischen der heißen Rotoroberfläche und dem Luftspalt und auch zwischen dem Luftspalt, mit der vom Rotor erwärmten Luft, und dem Stator statt.

Im Betrieb wird der Wärmeaustausch durch Luftturbulenzen aufgrund des schmalen Luftspalts und der Aufwirbelung durch die Statornutöffnungen s_{Qs} verstärkt. Ein Maß zur Abschätzung dieser Wärmeübertragung stellt die „scheinbare" Wärmeleitfähigkeit λ_s dar [121, 130, 131, 132]. Sie ergibt sich aus Messungen an zwei in Luft rotierenden ineinander liegenden Zylindern, die in [132] vorgestellt werden und an die Arbeiten von [130] angelehnt sind, wobei das Luftvolumen, anders als bei den genuteten Statorblechpaketen, durch eine glatte Oberfläche begrenzt wird. Bezieht man die „scheinbare" Wärmeleitfähigkeit λ_s auf die Wärmeleitfähigkeit von ruhender Luft λ_{Luft}, so erhält man die *Nusselt*-Zahl Nu [121, 122, 129, 130,

131, 132]:

$$\mathrm{Nu} = \frac{2 \cdot \lambda_\mathrm{s}}{\lambda_\mathrm{Luft}}. \tag{6.19}$$

Zur Unterscheidung der laminaren und turbulenten Strömungsverhältnisse wird die *Reynolds*-Zahl Re [121, 122, 129, 130, 131, 132] verwendet:

$$\mathrm{Re} = \frac{v_\mathrm{u,r} \cdot \delta}{v_\mathrm{Luft}}, \text{ dabei ist } \quad v_\mathrm{u,r} = 2 \cdot \pi \cdot n \cdot r_\mathrm{ra}. \tag{6.20}$$

Abbildung 6.6 zeigt die Messergebnisse aus [132] für die *Nusselt*-Zahl Nu in Abhängigkeit der *Reynolds*-Zahl Re und dem Verhältnis von Läufer-Außendurchmesser d_ra zu dem doppelten Luftspalt 2δ. Die *Reynolds*-Zahl Re muss groß genug sein, um eine turbulente Strömung unterstellen zu können (nur für diese Strömungsart gilt Abbildung 6.6) und ist abhängig von der kinematischen Zähigkeit ν (auch kinematische Viskosität genannt) des Mediums bei Betriebstemperatur, vom Luftspalt δ und von der Umfangsgeschwindigkeit der Luft an der Rotoroberfläche $v_\mathrm{u,r}$. Der Wärmewiderstand R_δ des Luftspaltes δ kann mit der aus Abbildung 6.6 abgelesenen „scheinbaren" Wärmeleitfähigkeit λ_s wie folgt berechnet werden [121]:

$$R_\delta = \frac{\delta}{d_\mathrm{si} \cdot \pi \cdot l_\mathrm{Fe} \cdot \lambda_\mathrm{s}}. \tag{6.21}$$

Die berechneten Wärmeübergangswiderstände der Motoren AH80 und AH100 sind in Tabelle 6.7 zusammengefasst. Aufgrund der relativ kleinen Leerlaufdrehzahl n von 1500 min^{-1} der hier untersuchten 4-poligen Motoren ist die *Nusselt*-Zahl Nu = 2. Damit wird die Wärmeleitfähigkeit der Luft im Luftspalt etwa gleich groß wie jene ruhender Luft. Also bleiben die Wärmewiderstände trotz der sehr kleinen Luftspalte δ relativ groß, was den Wärmestrom $\dot{Q}$ vom i. A. heißeren Rotor zum kühleren Stator reduziert.

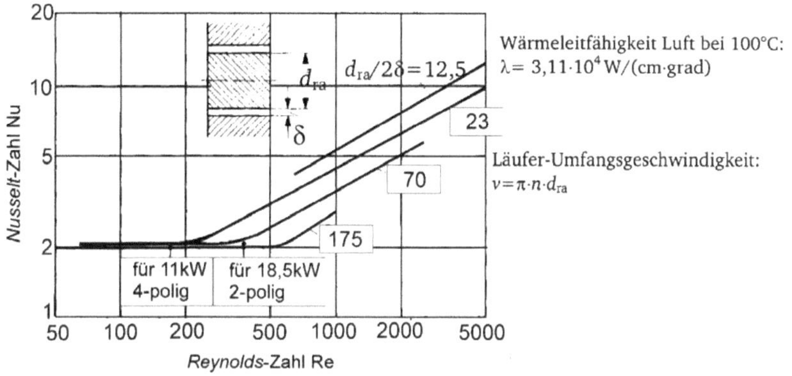

Abbildung 6.6: Messergebnisse der Funktion Nu = *f*(Re) für rotierende Zylinderrotoren mit unterschiedlichen Verhältnissen von Rotoraußendurchmesser d_{ra} zu dem doppelten Luftspalt 2δ [132].

Tabelle 6.7: Berechnungen zum Wärmeübergang von Rotor zu Stator über die Verwendung der scheinbaren Wärmeleitfähigkeit λ_s nach [121, 130, 131, 132] zur Berechnung des Wärmewiderstands R_δ des Luftspaltes δ.

Stator/Rotor		**Maschine**	
Werte zur Berechnung des Luftspaltwiderstands		**AH80**	**AH100**
Reynolds-Zahl Re		47,7	65,8
Nusselt-Zahl Nu		2	2
Wärmeleitfähigkeit λ_s der Luft bei 100°C (W/(m²K))		0,031	0,031
Luftspaltwiderstand R_δ (K/W) bei	50°C	0,375	0,280
	75°C	0,352	0,263
	100°C	0,333	0,249
	150°C	0,301	0,225

6.2.1.6. Wärmewiderstand des Rotorblechpakets R_r

Die Stromwärmeverluste in den Rotorstäben $P_{Cu,r}$ werden im Wesentlichen in zwei Richtungen abgeführt, zum einen über den Luftspalt δ in Richtung zum Stator, zum anderen in Richtung der Rotorwelle. Der in Druckgusstechnik hergestellte Käfigläufer besteht bei den beiden Testmotoren aus Aluminium und ist vom Rotorblechpaket umgeben. Die Messungen in Abschnitt 4.4.3 zeigen, dass sich zwischen den Stäben und dem Blechpaket keine ausgeprägte Oxidschicht ausbildet und daher nur ein verschwindend kleiner Wärmewiderstand zwischen den Stäben und dem Blechpaket existiert. Im Ersatzmodell greift der Luftspaltwiderstand daher direkt auf die Stabseite des Rotors an (Abbildung 6.3b). In Richtung der Welle kann der thermische Widerstand in drei Teilwiderstände aufgeteilt werden, die wie folgt berechnet werden:

Wärmewiderstand der Rotorzähne $R_{d,r}$:

Der thermische Widerstand der Rotorzähne kann analog zur Berechnung des thermischen Widerstandes der Statorzähne (6.15) berechnet werden. Werden die Gesamtverluste $P_{Cu,r} + P_{Fe,r} + P_{zus,r}$ des Rotors als Wärmequelle vorgegeben, so müssen alle thermischen Widerstände der Zähne parallel geschaltet werden, wobei die halbe Zahnlänge als thermisch wirksame Länge verwendet wird:

$$R_{d,r} = \frac{1}{2}\frac{h_{Q,r}}{\lambda_{M520-65D} \cdot A_{d,r} \cdot Q_r} \quad \text{mit } A_{d,r} = b_{d,r} \cdot l_{Fe} \tag{6.22}$$

(Stapelfaktor $k_{Fe} = 0{,}97$ angenommen).

Wärmewiderstand des Rotorjochs $R_{y,r}$:

Analog zum radial wirksamen thermischen Widerstand des Statorjochs $R_{y,s}$ (6.16) wird der radial wirksame thermische Widerstand des Rotorjochs $R_{y,r}$ bestimmt:

$$R_{y,r} = \frac{h_{y,r}}{\lambda_{M520-65D} \cdot A_{y,r}} \quad \text{mit } A_{y,r} = 2 \cdot \pi \cdot (r_{welle} + \frac{1}{2} h_{y,r}) \cdot l_{Fe} \tag{6.23}$$

(Stapelfaktor $k_{Fe} = 0{,}97$ angenommen).

Wärmeübergangswiderstand zwischen dem Rotorjoch und der Rotorwelle $R_{y,r\leftrightarrow welle}$:

Aufgrund von Oberflächenrauhigkeit und Toleranzen der Komponenten tritt wie beim Übergang zwischen Statorblechpaket und dem Gehäusemantel durch Lufteinschlüsse ein zusätzlicher Übergangswiderstand am Wellensitz des Rotorblechpakets auf. Es wird wie in [121] von einer Wärmeübergangszahl $\alpha_{y,r\leftrightarrow welle}$ von 4000 W/(m^{2}K) ausgegangen:

$$R_{y,r\leftrightarrow welle} = \frac{1}{\alpha_{y,r\leftrightarrow welle} A_{welle}} \quad \text{mit } A_{welle} = 2 \cdot \pi \cdot r_{welle} \cdot l_{Fe} \,. \tag{6.24}$$

Tabelle 6.8 fasst die Berechnungen für die Mastermotoren zusammen.

Tabelle 6.8: Berechnungen zum Wärmewiderstand des Rotorblechpakets R_r.

Rotorseite	**Maschine**	
thermischer Widerstand	**AH80**	**AH100**
Rotorzähne $R_{d,r}$ (K/W)	0,019	0,009
Rotorjoch $R_{y,r}$ (K/W)	0,032	0,021
Übergang Rotorjoch - Rotorwelle $R_{y,r\leftrightarrow welle}$ (K/W)	0,034	0,018
Rotorblechpaket bis Rotorwelle R_r (K/W)	**0,085**	**0,048**

6.2.1.7. Wärmefluss über die Welle

Zur näherungsweisen Berechnung des Wärmeflusses der vom Rotorblechpaket abgeführten Verluste über die Welle in Richtung der Lager und Lagerschilde der A- und B-Seite der KLASM wird das in Abbildung 6.3 zu sehende Prinzipschaltbild zugrunde gelegt. Bei der Berechnung wird dabei zwischen der A- und B- Seite des Motors unterschieden, da beide Seiten unterschiedliche Abstände zwischen der Lagersitzfläche und dem Rotorblechpaket $l_{b,A}$ bzw. $l_{b,B}$, unterschiedliche Abmessungen und Kühlverhältnisse (z. B. ist der Lüfter auf B – Seite angebracht) aufweisen.

Wärmewiderstände zwischen der Welle und dem Lager R_{welle}:

Es wird angenommen, dass sich der Wärmestrom $\dot{Q}$ in beide axialen Richtungen längs der Welle aufteilt. Der Wärmewiderstand bis zur Mitte des Kugellagers wird bestimmt. Die Konvektion zwischen Welle und Luft innerhalb des Gehäuses wird vernachlässigt, da die kühlende Oberfläche der Welle gering ist und dort ein geringer Temperaturunterschied herrscht. Es muss nur zwischen A- und B-Seite unterschieden werden, wenn die Wellendurchmesser sich auf beiden Seiten unterscheiden, wie das bei den Testmotoren der Fall ist. Je Maschinenhälfte gilt:

$$R_{\text{welle,A/B}} = \frac{\frac{l_{\text{Fe}}}{4}}{\lambda_{\text{C45}} \cdot A_{\text{welle}}} + \frac{l_{\text{b,A/B}}}{\lambda_{\text{C45}} \cdot A_{\text{b,A/B}}} \quad \text{mit } A_{\text{welle}} = \pi \cdot (r_{\text{welle}}^2 - r_{\text{welle,i}}^2) \tag{6.25}$$

bei Vollwelle $r_{\text{welle,i}}^2 = 0$

$$A_{\text{welle,A/B}} = \pi \cdot (r_{\text{welle,A/B}}^2 - r_{\text{welle,A/B,i}}^2).$$

Hinzu kommt der Übergangswiderstand $R_{\text{welle}\leftrightarrow\text{b,i}}$ zwischen der Welle und dem Lagerinnenring, für den, wie im Falle des auf das Blechpaket aufgeschrumpften Gehäuses, ein Übergangskoeffizient $\alpha_{\text{welle}\leftrightarrow\text{b,i}} = 4000\ \text{W/(m}^2\text{K)}$ [121] gewählt wird:

$$R_{\text{welle}\leftrightarrow\text{b,i}} = \frac{1}{\alpha_{\text{welle}\leftrightarrow\text{b,i}} A_{\text{welle,A/B}}}. \tag{6.26}$$

Wärmewiderstand der Lager R_b:

Eine ausführliche Beschreibung und Möglichkeiten zur Berechnung der Wärmewiderstände von Kugellagern sind in [133] zu finden. Für die in [133] vorgestellten Berechnungen sind genauste Kenntnisse der verwendeten Schmierstoffe und des Abnutzungszustandes der Lager von Nöten (siehe dazu [95]), die in der Regel nur selten mit ausreichender Genauigkeit verfügbar sind. Daher wird in [133] eine vereinfachte Methode vorgestellt, die die in Abbildung 6.7 zu sehenden Wärmedurchgangskoeffizienten k_q verwendet. Diese ergeben sich aus Messungen an Kugellagern unterschiedlicher Abnutzungsgrade und Lagersitzflächen A_r. Für den Wärmestrom aufgrund der Lagerreibungsverluste $P_{\text{fr}} = \dot{Q}_{\text{fr}}$ gilt [133]:

$$\dot{Q}_{fr} = k_q \cdot A_{r,i/a} \cdot \Delta\vartheta_{b,i/a}. \quad (6.27)$$

Wobei gilt:

- $\dot{Q}_{fr}$ Lagerreibungsverluste in W
- k_q Wärmedurchgangskoeffizient des Lagers in $W/(m^2K)$
- $A_{r,\,i/a}$ Lagersitzfläche von Innen – bzw. Außenring in m^2
- $\Delta\vartheta_{b,i/a}$ Temperaturdifferenz zwischen Kugel und Lagerschalen in K an der Lagerinnen-/Außenseite

Der Wärmestrom $\dot{Q}_{fr}$ durch die Reibungsverluste P_{fr} der Kugellager wird im Wesentlichen über den Lageraußenring an die Lagerschilde abgeführt und überlagert sich dem Wärmestrom $\dot{Q}$, der die Verluste des Rotors über die Welle abführt. Die thermischen Widerstände des Lageraußen- und Innenrings lassen sich folgendermaßen abschätzen:

Widerstand Kugel – Außenring:

$R_{b,a} = \dfrac{1}{k_q A_{r,a}}$, wobei für die äußere Lagersitzfläche näherungsweise gilt: $A_{r,a} = \pi \cdot b_{b,a} \cdot d_{b,a}$.

(6.28)

Widerstand Kugel – Innenring:

$R_{b,i} = \dfrac{1}{k_q A_{r,i}}$, wobei für die äußere Lagersitzfläche näherungsweise gilt: $A_{r,i} = \pi \cdot b_{b,i} \cdot d_{b,i}$.

Die Werte $b_{b,a/i}$ bzw. $d_{b,a/i}$ stehen dabei für die Breite bzw. den Durchmesser der äußeren bzw. inneren Lagersitzfläche. Zu beachten ist, dass sich diese Werte für die A- und B-Seite in der Regel unterscheiden. Da der Wertebereich des Wärmedurchgangskoeffizienten k_q je nach Abnutzungszustand der Lager zwischen $0{,}2\cdot 10^{-6}$ und $1{,}0\cdot 10^{-6}$ $W/(m^2K)$ liegt (Abbildung 6.7a), wird versucht, aus den Messergebnissen (siehe Abschnitt 6.3.4) für die Lagerinnen- und Außentemperatur auf die tatsächliche Wärmeleitfähigkeit der Lager in den vorliegenden Testmotoren mit einer Laufleistung von weit unter 1000 h zu schließen.

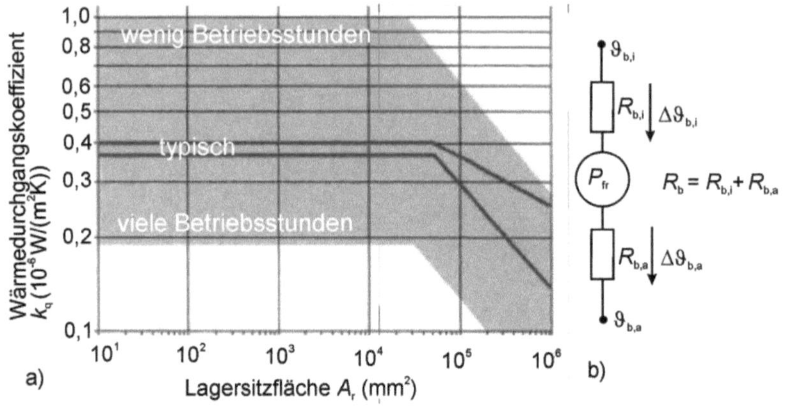

Abbildung 6.7: a) Wärmedurchgangskoeffizient k_q in Abhängigkeit der Lagersitzfläche A_r für unterschiedliche Abnutzungsgrade der Kugellager [133] b) Thermisches Ersatzschaltbild des Lagers mit Wärmeübergang am Lagerinnen- und Außenring und den Lagerreibungsverlusten P_{fr} als Wärmequelle.

Dafür wurden iterativ die Lagerwiderstände auf der A-und B-Seite im Ersatzschaltbild (siehe Abschnitt 6.2.3) so lange verändert, bis sich die gemessenen Temperaturdifferenzen einstellen. Tabelle 6.9 vergleicht die berechneten Werte für die Lagerwiderstände auf der A- und B-Seite für die minimalen, maximalen und typischen Werte für den Wärmedurchgangskoeffizienten k_q aus Abbildung 6.7a) mit den aus Messergebnissen zurückgerechneten Werten für verschiedene Lastpunkte. Im Mittel passen die Berechnungen für die minimalen Wärmedurchgangskoeffizienten k_q am besten, was aufgrund der nur geringen Laufzeiten der Motoren auch zu erwarten war. Laut [95] nimmt die Wärmeleitfähigkeit des Lagers mit zunehmender Betriebsdauer ab.

Wärmewiderstände von Außenring des Lagers bis zur Umgebung:

Der Wärmewiderstand zwischen dem äußeren Ring des Kugellagers und der Oberfläche des Lagerschildes R_{bs} beschreibt die Wärmeleitung durch das Lagerschild und ergibt aufgrund der meist metallischen, dickwandigen Lagerschilde und kurzen Wegstrecken nur kleine Werte (Tabelle 6.10). Es wird angenommen, dass der Wärmestrom $\dot{Q}$ auf halber Höhe des Lagerschildes tangential austritt. Dies ist ein Ersatz für die Annahme eines über die gesamte Lagerschildfläche auftretenden Wärmestroms. Daher gilt (Abbildung 6.3):

$$R_{\mathrm{bs}} = \frac{\frac{h_{\mathrm{bs}}}{2}}{\lambda_{\mathrm{Fe}} \cdot \left(b_{\mathrm{bs}} \cdot 2\pi \frac{h_{\mathrm{bs}}}{4} \right)} \quad \text{mit } h_{\mathrm{bs}} = r_{\mathrm{bs,a}} - r_{\mathrm{bs,i}} . \tag{6.29}$$

Tabelle 6.9: Berechnungen zum Wärmeübergang der Kugellager auf der A- und B-Seite und Vergleich mit Messergebnissen zur Bestimmung der Wärmedurchgangskoeffizienten k_q der Motoren AH80 und AH100. Der untersuchte Wertebereich für k_q entspricht dem in Abbildung 6.7a).

Rotorseite		**Maschine**			
thermischer Widerstand A-Seite/B-Seite		**AH80**		**AH100**	
Seite		**A**	**B**	**A**	**B**
Lagerbezeichnung		6205	6304	6306	6206
Min. Lagerwiderstand berechnet $R_{b,min,A/B}$ (K/W)		1,26	1,47	0,79	1,27
max. Lagerwiderstand berechnet $R_{b,max,A/B}$ (K/W)		6,28	7,35	3,96	6,37
typischer Lagerwiderstand berechnet $R_{b,typ,A/B}$ (K/W)		3,14	3,67	1,98	3,18
aus Messung bestimmter Lagerwiderstand $R_{b,mess,A/B}$ in K/W für (Laufleistung < 1000h)	P_N	1,78	1,91	0,92	1,40
	0,5 P_N	2,14	2,34	0,92	1,66
	1,5 P_N	1,33	1,41	0,71	0,92
	Leerlauf	1,75	1,97	1,00	1,45
Mittelwert $R_{b,av}$ aller Belastungspunkte (K/W)		**1,75**	**1,91**	**0,89**	**1,36**

Bei der Bestimmung des thermischen Übergangswiderstandes $R_{bs\leftrightarrow amb}$ zwischen dem Lagerschild auf der A- bzw. B-Seite und der Umgebungsluft wird vereinfacht angenommen, dass die Temperatur innerhalb des Lagerschildes konstant ist. Zwischen der A- und B- Seite wird unterschieden, da unterschiedliche geometrische Maße und Kühlverhältnisse und damit unterschiedliche Werte für die Wärmeübergangszahl $\alpha_{bs\leftrightarrow amb}$ vorliegen. Für den thermischen Übergangswiderstand $R_{bs\leftrightarrow amb}$ gilt:

$$R_{\mathrm{bs}\leftrightarrow\mathrm{amb}} = \frac{1}{\alpha_{\mathrm{bs}\leftrightarrow\mathrm{amb}} \cdot A_{\mathrm{bs}}} \quad \text{mit } A_{\mathrm{bs}} = \pi \cdot \left(r_{\mathrm{bs,a}}^2 - r_{\mathrm{bs,i}}^2 \right). \tag{6.30}$$

Dabei werden auf der A- und B-Seite folgende Wärmeübergangszahlen $\alpha_{bs\leftrightarrow amb}$ zu Grunde gelegt:

$\alpha_{bs\leftrightarrow amb}$ = 15 W/(m²K) (A-Seite, Wert für ruhende Luft inklusive Wärmestrahlung)

$\alpha_{bs\leftrightarrow amb} = 15 v_{Luft}^{2/3}$ W/(m²K) (B-Seite mit Lüfterrad → forcierte Luftkühlung mit v_{Luft} aus Messergebnissen oder FEM-Berechnungen)

Tabelle 6.10 zeigt die analytischen Ergebnisse der Wärmewiderstände, die ein Wärmestrom $\dot{Q}$ von der Rotormitte bis hin zu den Lagerschilden der A- bzw. B-Seite überwinden muss. Da die Rotorwellendurchmesser im Vergleich zu den für die Berechnung des Wärmewiderstands zwischen der Welle und dem Lager $R_{welle,A/B}$ in Gleichung (6.25) zugrunde gelegten Wege klein sind (siehe Abbildung 6.3), sind die Werte für die Wärmewiderstände relativ groß. Auch der Wärmewiderstand über die Lager R_b ist vergleichbar groß. Hinzu kommt der geringe Wärmeübergang an den Lagerschilden, da die Luftströmung des Lüfters vorwiegend über die Kühlrippen verläuft. Daher kann über die Welle und die Lagerschilde laut analytischer Berechnung der Wärmewiderstände nur ein sehr kleiner Teil der Verlustwärme im Rotor abgeführt werden. Ein Großteil der Wärme wird daher über den Stator abgeführt, der dadurch zusätzlich erwärmt wird.

Tabelle 6.10: Berechnung der am Wärmeabtransport über die Rotorwelle beteiligten Wärmewiderstände der Testmotoren.

Rotorseite	**Maschine**			
thermischer Widerstand A-Seite / B-Seite	**AH80**		**AH100**	
Seite	**A**	**B**	**A**	**B**
Welle (in Richtung Lager) R_{welle} (K/W)	3,558	2,553	2,069	1,697
Übergang Welle-Lager $R_{welle\leftrightarrow b,i}$ (K/W)	0,212	0,265	0,140	0,212
Lagerwiderstand R_b (k_q aus Messergebnissen) (K/W)	1,781	1,908	0,924	1,398
Übergang Lager-Lagerschild $R_{b,a\leftrightarrow bs}$ (K/W)	0,102	0,102	0,058	0,106
Lagerschild Leitung R_{bs} (K/W)	0,098	0,094	0,096	0,088
Übergang Lagerschild-Umgebung $R_{bs\leftrightarrow amb}$ (K/W)	2,745	3,174	1,348	1,911
Gesamter thermischer Widerstand (K/W)	**8,495**	**8,097**	**4,634**	**5,412**

6.2.2. Berechnung der Wärmekapazitäten

Um auch die Anstiegszeiten der Erwärmungen in den jeweiligen Maschinenteilen berechnen zu können, was u. A. für die Prüfung von Maschinen für den explosionsgeschützten Betrieb wichtig ist, müssen die Wärmekapazitäten C_{th} im Wärmequellenersatzschaltbild berücksichtigt werden. Sie ergeben sich aus der spezifischen Wärmekapazität c_{th} und der Masse $m=\rho \cdot V$ eines Körpers [27]. Es ergibt sich folgende Beziehung, die für das Wärmequellenersatzschaltbild von Bedeutung ist [27]:

$$m \cdot c_{\text{th}} \frac{d\Delta\vartheta}{dt} = C_{\text{th}} \frac{d\Delta\vartheta}{dt} = P_{\text{th}} . \qquad (6.31)$$

Im Folgenden werden Formeln zur Berechnung der Wärmekapazitäten C_{th} für die wichtigsten Wärmespeicher innerhalb einer elektrischen Maschine vorgestellt. Die berechneten Werte für die beiden Testmotoren AH80 und AH100 werden in Tabelle 6.12 angegeben.

Tabelle 6.11: Formeln zur Berechnung der Wärmekapazitäten C_{th} der großen Wärmespeicher einer KLASM [121, 131].

Maschinenteil	Formel für die Wärmekapazität C
Generell C_{th}	Wärmekapazität C = Masse m · spez. Wärmekapazität c_{th} Masse m = Volumen V · Dichte ρ
Gehäuse C_{geh}	Volumen des Gehäuses: $V_{\text{geh}} = \frac{\pi}{4} \cdot \left(d_{\text{geh,a}}^2 - d_{\text{sa}}^2\right) \cdot l_{\text{geh}} \cdot k_{\text{rippen}}$ mit $k_{rippen} \sim 2{,}5$ als Zuschlagsfaktor für die Kühlrippen und den Klemmenkasten Masse des Gehäuses: $m_{\text{geh}} = V_{\text{geh}} \cdot \rho_{\text{Alu}}$ Wärmekapazität des Gehäuses: $C_{\text{geh}} = m_{\text{geh}} \cdot c_{\text{Alu}}$
Statorblechpaket $C_{blech,s}$	Querschnittsfläche des Statorblechpakets: $A_{\text{blech,s}} = \frac{\pi}{4} \cdot \left(d_{sa}^2 - d_{si}^2\right) - Q_{\text{s}} \cdot A_{\text{Q,s}}$ Volumen des Statorblechpakets: $V_{\text{blech,s}} = A_{\text{blech,s}} \cdot l_{\text{Fe}} \cdot k_{\text{Fe}}$ Masse des Statorblechpakets: $m_{\text{blech,s}} = \rho_{\text{M520-65D}} \cdot V_{\text{blech,s}}$ Wärmekapazität des Statorblechpakets: $C_{\text{blech,s}} = m_{\text{blech,s}} \cdot c_{\text{M520-65D}}$
Statorwicklung innerhalb der Nut $C_{w,nut}$	Volumen des Wicklungskupfers innerhalb der Nuten: $V_{\text{Cu,nut}} = A_{\text{Q,s}} \cdot k_{\text{f}} \cdot l_{\text{Fe}} \cdot Q_{\text{s}}$ Masse des Wicklungskupfers innerhalb der Nuten: $m_{\text{Cu,nut}} = \rho_{\text{Cu}} \cdot V_{\text{Cu,nut}}$ Wärmekapazität des Wicklungskupfers innerhalb der Nuten:

	$C_{\text{Cu,nut}} = m_{\text{Cu,nut}} \cdot c_{\text{Cu}}$ Volumen der Isolationen und des Gießharzes (keine Lufteinschlüsse) innerhalb der Nuten: $V_{\text{harz,nut}} = A_{\text{Q,s}} \cdot (1-k_{\text{f}}) \cdot l_{\text{Fe}} \cdot Q_{\text{s}}$ Masse der Isolationen und des Gießharzes (keine Lufteinschlüsse) innerhalb der Nuten: $m_{\text{harz,nut}} = \rho_{\text{harz}} \cdot V_{\text{harz,nut}}$ Wärmekapazität der Isolationen und des Gießharzes (keine Lufteinschlüsse) innerhalb der Nuten: $C_{\text{harz,nut}} = m_{\text{harz,nut}} \cdot c_{\text{harz}}$ Gesamtkapazität: $C_{\text{w,nut}} = C_{\text{Cu,nut}} + C_{\text{harz,nut}}$
Statorwicklung im Wickelkopf $C_{\text{w,wk}}$	Volumen des Wicklungskupfers außerhalb der Nuten: $V_{\text{Cu,wk}} = A_{\text{Q,s}} \cdot k_{\text{f}} \cdot l_{\text{b}} \cdot Q_{\text{s}}$ Masse des Wicklungskupfers innerhalb der Nuten: $m_{\text{Cu,wk}} = \rho_{\text{Cu}} \cdot V_{\text{Cu,wk}}$ Wärmekapazität des Wicklungskupfers innerhalb der Nuten: $C_{\text{Cu,wk}} = m_{\text{Cu,wk}} \cdot c_{\text{Cu}}$ Volumen der Isolationen und des Gießharzes (keine Lufteinschlüsse) innerhalb der Nuten: $V_{\text{harz,wk}} = A_{\text{Q,s}} \cdot (1-k_{\text{f}}) \cdot l_{\text{b}} \cdot Q_{\text{s}}$ Masse der Isolationen und des Gießharzes (keine Lufteinschlüsse) innerhalb der Nuten: $m_{\text{harz,wk}} = \rho_{\text{harz}} \cdot V_{\text{harz,wk}}$ Wärmekapazität der Isolationen und des Gießharzes (keine Lufteinschlüsse) innerhalb der Nuten: $C_{\text{harz,wk}} = m_{\text{harz,wk}} \cdot c_{\text{harz}}$ Gesamtkapazität: $C_{\text{w,wk}} = C_{\text{Cu,wkt}} + C_{\text{harz,wk}}$
Rotorblechpaket C_{r}	Volumen der Käfigstäbe: $V_{\text{käfig}} = A_{\text{stab}} \cdot l_{\text{Fe}} \cdot Q_{\text{r}}$ Masse der Käfigstäbe: $m_{\text{käfig}} = \rho_{\text{Alu}} \cdot V_{\text{käfig}}$ Volumen der KS-Ringe: $V_{\text{ring}} = 2 \cdot \left(\frac{\pi}{4} \cdot \left(d_{\text{ring,a}}^2 - d_{\text{ring,i}}^2 \right) \cdot l_{\text{ring}} \right)$ Masse der KS-Ringe: $m_{\text{ring}} = \rho_{\text{Alu}} \cdot V_{\text{ring}}$ Wärmekapazität des KS-Käfigs: $C_{\text{käfig}} = \left(m_{\text{käfig}} + m_{\text{ring}} \right) \cdot c_{\text{Alu}}$ Querschnittsfläche des Statorblechpakets: $A_{\text{blech,r}} = \frac{\pi}{4} \cdot \left(d_{\text{ra}}^2 - d_{\text{welle}}^2 \right) - Q_{\text{r}} \cdot A_{\text{stab}}$ Volumen des Statorblechpakets: $V_{\text{blech,r}} = A_{\text{blech,r}} \cdot l_{\text{Fe}} \cdot k_{\text{Fe}}$ Masse des Statorblechpakets: $m_{\text{blech,r}} = \rho_{\text{M520-65D}} \cdot V_{\text{blech,r}}$ Wärmekapazität des Statorblechpakets: $C_{\text{blech,r}} = m_{\text{blech,s}} \cdot c_{\text{M520-65D}}$ Gesamtkapazität: $C_{\text{r}} = C_{\text{käfig}} + C_{\text{blech,r}}$
Rotorwelle C_{welle}	Volumen der Rotorwelle: $V_{\text{welle}} = \frac{\pi}{4} \cdot \left(d_{\text{welle}}^2 - d_{\text{welle,i}}^2 \right) \cdot l_{\text{welle}}$ Masse der Rotorwelle: $m_{\text{welle}} = \rho_{\text{C45}} \cdot V_{\text{welle}}$

	Wärmekapazität der Rotorwelle: $C_{\text{welle}} = m_{\text{welle}} \cdot c_{\text{Alu}}$
Lager C_b	Die Massen der verwendeten Kugellager wurden dem Datenblatt des Herstellers entnommen: Motor AH80 A-Seite Typ 6205: $m_b = 0{,}13$ kg Motor AH80 B-Seite Typ 6304: $m_b = 0{,}14$ kg Motor AH100 A-Seite Typ 6306: $m_b = 0{,}35$ kg Motor AH100 B-Seite Typ 6205: $m_b = 0{,}13$ kg Die Kugellager bestehen zum größten Teil aus der Metall-Legierung 102Cr6, weswegen gilt: Wärmekapazität der Kugellager: $C_b = m_b \cdot c_{102\text{Cr}6}$
Lagerschild C_{bs}	Volumen des Lagerschilds: $V_{bs} = \frac{\pi}{4} \cdot \left(d_{bs,a}^2 - d_{bs,i}^2\right) \cdot b_{bs}$ Masse des Lagerschilds: $m_{bs} = \rho_{Fe} \cdot V_{bs}$ Wärmekapazität des Lagerschilds: $C_{bs} = m_{bs} \cdot c_{Fe}$

Tabelle 6.12: Wärmekapazitäten mit den entsprechenden Materialkennwerten der beiden Testmotoren AH80 und AH100 [121].

Motorteil	Materialkennwerte		Wärmekapazität C_{th} (J/K)	
	Spez. Wärmekapazität c_{th} (J/(kg·K))	Dichte ρ (kg/m³)	Motor AH80	MotorAH100
Gehäuse	$c_{Alu} = 920$	$\rho_{Alu} = 2700$	469	843
Statorblech	$c_{M520\text{-}65D} = 485$	$\rho_{M520\text{-}65D} = 7700$	1790	4049
Wicklung in der Nut	$c_{Cu} = 393$	$\rho_{Cu} = 8950$	482	823
Wicklung im Wickelkopf	$c_{harz} = 1600$	$\rho_{harz} = 1600$	402	622
Rotorblech	$c_{M520\text{-}65D} = 485$	$\rho_{M520\text{-}65D} = 7700$	1390	2431
Rotorwelle	$c_{C45} = 500$	$\rho_{C45} = 7470$	298	760
Lager (A-Seite)	$c_{102Cr6} = 460$	$\rho_{102Cr6} = 7850$	60	161
Lager (B-Seite)			65	60
Lagerschild (A-Seite)	$c_{Fe} = 485$	$\rho_{Fe} = 7300$	907	1416
Lagerschild (B-Seite)			412	648

6.2.3. Gesamtes Wärmequellenersatzschaltbild zur Vorausberechnung der Erwärmungskurven

Abbildung 6.8 zeigt das gesamte Wärmequellenersatzschaltbild zur Vorausberechnung der Betriebstemperaturen mit den in den vorangegangenen Abschnitten vorgestellten Wärmewiderständen R_{th} und- Kapazitäten C_{th}. Die Stromquellen geben die Verlustquellen vor und die Spannungsquelle die Temperaturdifferenz der Umgebung zu 0°C.

6.3. Berechnete Betriebstemperaturen im Vergleich mit Messergebnissen

In diesem Abschnitt werden die analytischen Vorausberechnungen der Erwärmungskurven mit Messergebnissen für die Motoren AH80 und AH100 im Bemessungsbetrieb verglichen und zusätzlich ein Vergleich der endgültigen Betriebstemperaturen mit FEM-Ergebnissen angestellt. Dazu wird in Abschnitt 6.3.2 das thermische FEM-Modell *(ANSYS)* kurz erläutert und in Abschnitt 6.3.3 der Messaufbau vorgestellt. Zuvor wird in Abschnitt 6.3.1 die Messung der Windgeschwindigkeiten v_{Luft} zwischen den Kühlrippen und am Lufteintritt gezeigt. Die Messergebnisse für v_{Luft} werden sowohl für die analytische als auch für die FEM-Modellierung als Vorgabe benötigt, da eine analytische Berechnung oder eine FEM-Modellierung des Lüfters zur Ermittlung der Strömungsverhältnisse zwischen den Kühlrippen des Gehäuses äußerst schwierig zu realisieren sind.

6.3.1. Messung der Anströmgeschwindigkeiten v_{Luft} zwischen den Kühlrippen des Gehäuses

Zur Berechnung der Wärmeübergangszahl $\alpha_{\mathrm{geh}\leftrightarrow\mathrm{amb}}$ des Gehäuses muss sowohl für die FEM- als auch für die analytische Berechnung die Anströmgeschwindigkeit v_{Luft} im Bereich der Kühlrippen bekannt sein. Daher wurden Messungen mit einem Anemometer durchgeführt (Abbildung 6.9a). Die Ergebnisse für die beiden Motoren im Leerlaufbetrieb sind in Abbildung 6.9b) zu sehen. Es wird deutlich, dass die Windgeschwindigkeit v_{Luft} entlang des Gehäuses mit zunehmender Entfernung zum Lüfter stark abnimmt. Beide Motoren weisen vergleichbare Ergebnisse auf. Der Mittelwert, der sich aus den Messungen an vier Messstellen entlang des Gehäuses ergibt, wird in Tabelle 6.13 zusammengefasst und dient als Grundlage für die analytischen Berechnungen der Übergangswiderstände an dem Lagerschild auf der B-Seite $R_{\mathrm{bs,B}\leftrightarrow\mathrm{amb}}$ und dem Gehäuse $R_{\mathrm{geh}\leftrightarrow\mathrm{amb}}$. Mit steigender Belastung sinkt die Motor- und damit auch die Lüfterdrehzahl und daher auch $v_{\mathrm{Luft}} \sim n$.

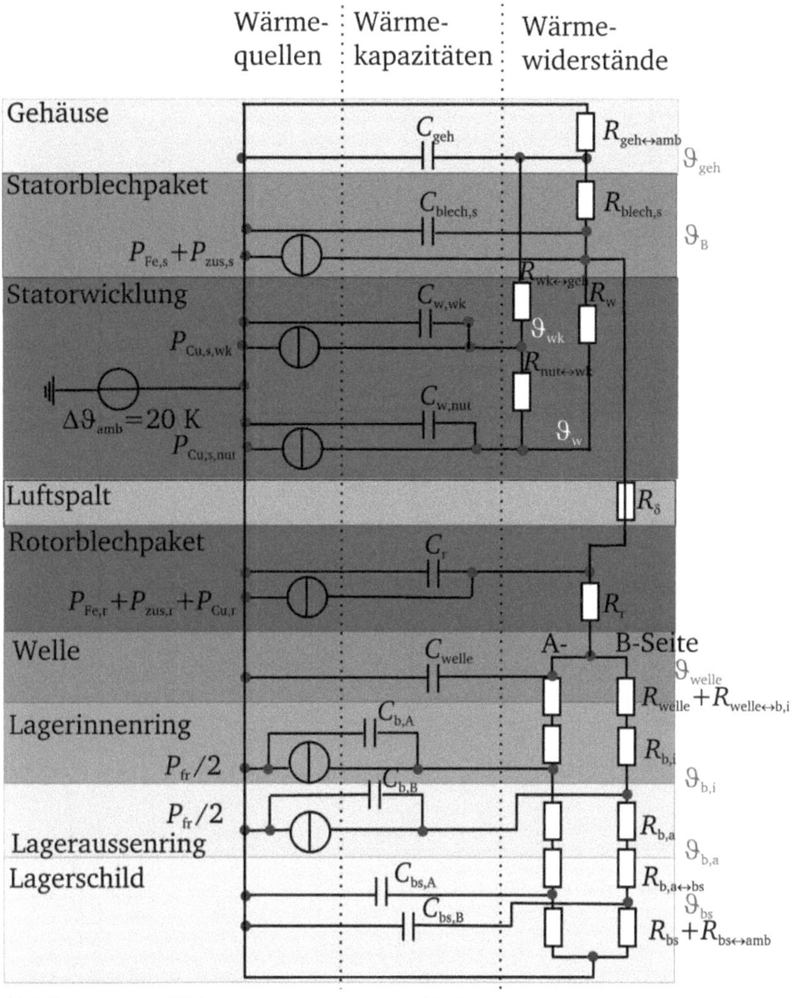

Abbildung 6.8: Wärmequellenersatzschaltbild zur analytischen Vorausberechnung der Betriebstemperaturen (vgl. [121]).

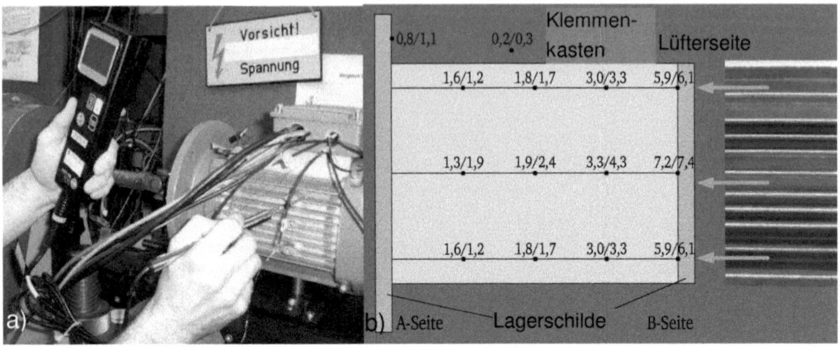

Abbildung 6.9: a) Messung der Windgeschwindigkeiten vLuft im Gehäusebereich des Motors AH80 mit dem Anemometer Testo 490. b) Messergebnisse vLuft in [m/s] für den Leerlauf in den unterschiedlichen Bereichen des Gehäuses für die Motoren AH80/AH100 [125].

Tabelle 6.13: Mittelwert aus den vier Messstellen der Windgeschwindigkeiten v_{Luft} im Gehäusebereich (Seite ohne Klemmenkasten) und an der Außenseite des Lagerschildes auf der B-Seite (Lüfterseite) für die Motoren AH80 und AH100 in unterschiedlichen Betriebspunkten.

Betriebspunkt	**Gemessene mittlere Windgeschwindigkeiten v_{Luft} in m/s**			
	AH80		**AH100**	
	Gehäuseseite ohne Klemmenkasten	Lagerschild (B-Seite)	Gehäuseseite ohne Klemmenkasten	Lagerschild (B-Seite)
Leerlauf	3,20	3,37	3,40	3,04
0,5 P_{N}	3,14	3,30	3,33	2,97
P_{N}	3,06	3,22	3,25	2,88
1,5 P_{N}	2,96	3,12	3,15	2,79

6.3.2. Thermisches FEM-Modell zur Vorausberechnung der Betriebstemperaturen

Die FEM-Berechnung der Temperaturverläufe besteht aus zwei Teilabschnitten, einer vorausgehenden Strömungsberechnung mit dem Modul *ANSYS-CFX*, die zur Berechnung der Wärmeübergangskoeffizienten α am Rand des Modells aus Abbildung 6.10a) verwendet wird, und einer thermischen Berechung mit *ANSYS*, bei der die Verluste aus Abschnitt 4.5,

Tabelle 4.11, als Verlustdichten $p = P/V$ in den jeweiligen Volumina V vorgeben werden. Die hier angegebenen Reibungsverluste P_{fr+w} ergeben sich aus der Summe der Lagerreibungsverluste P_{fr} und der Luftreibungsverluste P_w (größtenteils durch den Wellenlüfter), da diese messtechnisch nicht zu trennen sind. Zur Abschätzung der Verlustleistungen P_{fr} in den Kugellagern wird folgende Formel verwendet [91, 92, 134]:

$$P_{fr} = 2 \cdot \pi \cdot n \cdot M_{fr} = 2 \cdot \pi \cdot n \cdot 0{,}5 \cdot \mu_{fr} \cdot \sqrt{F_r^2 \cdot F_a^2} \cdot d_{b,si}\,. \qquad (6.32)$$

Dabei ist μ_{fr} der konstante Reibkoeffizient und $d_{b,si}$ der Bohrungsdurchmesser der verwendeten Lager. F_r ist die auf ein Lager aufgrund der Rotormasse wirkende statische radiale Tragkraft und F_a die auf das Lager wirkende statische axiale Kraft. Es wird angenommen, dass sich die Gewichtskraft gleichmäßig auf beide Lager verteilt, so dass in jedem Lager nur die Hälfte der gesamten radialen Tragkraft F_r wirkt. Tabelle 6.14 fasst die Kenndaten und die gemäß (6.32) berechneten Lagerreibungsverluste P_{fr} der in den Motoren AH80 und AH100 verwendeten Kugellager zusammen.

Tabelle 6.14: Kenndaten und Lagerreibungsverluste P_{fr} der in den Motoren AH80 und AH100 verwendeten Kugellager [134].

Hersteller SKF	**AH80 (n_N = 1437 min^{-1})**		**AH100 (n_N = 1425 min^{-1})**	
	A-Seite	B-Seite	A-Seite	B-Seite
Lagerbezeichnung	6205-Z	6304-Z	6306-Z	6205-Z
Reibkoeffizient μ_{fr}	0,002	0,002	0,002	0,002
statische radiale Tragkraft F_r [N]	25	25	32	32
statische axiale Tragkraft F_a [N] (ca. 6-fache radiale Tragkraft F_r)	152	152	194	194
Bohrungsdurchmesser $d_{b,si}$ (mm)	25	20	30	25
Lagerreibungsverluste P_{fr} (W)	0,58	0,46	0,88	0,73
Summe der P_{fr} der A- und B-Seite	1,05 W		1,61 W	
Verhältnis P_{fr}/P_{fr+w} (P_{fr+w} aus Messergebnissen in Kapitel 4)	1,05 W/6,48 W = 16 %		1,61 W/8,2 W = 20 %	

Abbildung 6.10b) zeigt eingefärbt die Flächen, an denen sich Oberflächenelemente (engl. Surface elements) befinden, die für den Export der Wär-

meübergangskoeffizienten α aus dem Modul *ANSYS-CFX* für die thermische Berechnung in *ANSYS* vorgesehen sind. Die Abbildung 6.10c) und die Abbildung 6.10d) zeigen das FEM-Modell im Programmmodul *ANSYS-CFX* mit diesen Oberflächenelementen im Gehäuse und dem Wickelkopfbereich. Im Gehäuseteil (Abbildung 6.10c) wird eine Windgeschwindigkeit v_{Luft} in axialer Richtung (x-Richtung) vorgegeben. Da die Luftdurchtrittsfläche A mit der Randbedingung einer äußeren Modellbegrenzung als Zylinderfläche mit konstantem Radius axial konstant ist, wobei an der Zylinderaußenoberfläche die Bedingung $v_X = 0$ vorgegeben wird (siehe Abbildung 6.11a), verläuft die Strömung parallel durch die Kühlrippen mit $v_{\text{Luft}} \approx$ konst. In Wahrheit strömen die Luftströme vom Lüfter aus durch eine sich weitende Fläche A_2, was wegen $A_2 \cdot v_2 = A_1 \cdot v_1$ (konstanter Durchfluss) und $A_2 > A_1$ (A_1 ist Fläche am Lufteintritt des Lüfters) zu deutlich abnehmenden Windgeschwindigkeiten v_{Luft} in axialer Richtung führt. Daher wird nur der Mittelwert der Messung (Tabelle 6.13) am Lufteintritt vorgegeben, um eine vergleichbare Kühlwirkung der Kühlrippen zu erreichen. Abbildung 6.11a) zeigt die so berechnete Strömung im Bereich der Kühlrippen für den Bemessungsbetrieb und Abbildung 6.12a) die entsprechenden Wärmeübergangskoeffizienten α. Aus den o. g. Gründen bleiben die Werte in axialer Richtung nahezu konstant. Lediglich am Lufteintritt ergeben sich minimal größere Werte durch lokale Turbulenzen.

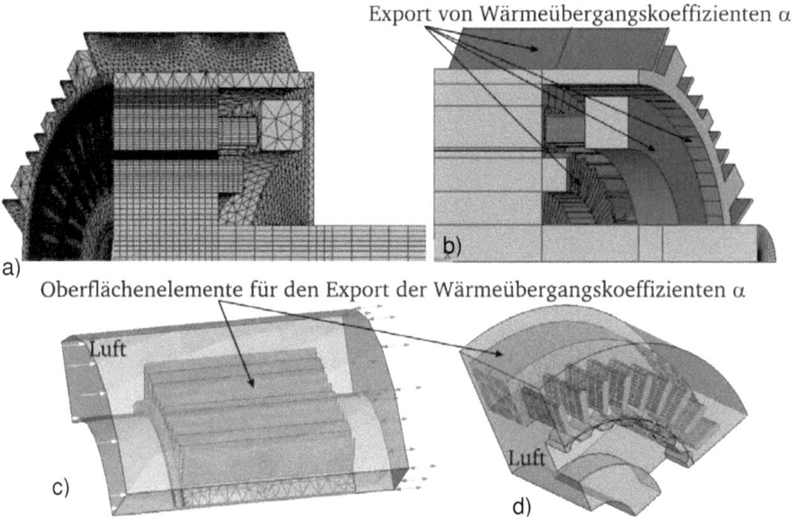

Abbildung 6.10: a) Vernetzung des FEM-Modells zur Vorausberechnung der Temperaturen des Motors AH100 in unterschiedlichen Betriebspunkten. Aufgrund von Symmetrien muss in axialer Richtung nur der halbe Motor und radial nur ein Viertel des Motors betrachtet werden. Es wird dabei vereinfachend angenommen, dass die Geometrie der A- und B-Seite gleich ist. b) FEM-Modell aus a) mit Einfärbung der Flächen, für die die Berechnungen der Übergangskoeffizienten α aus einer vorausgegangenen Strömungsberechnung verwendet werden. c) und d) Kontaktelemente für den Export der Wärmeübergangskoeffizienten aus der vorausgegangenen Strömungsberechnung: c) Gehäuse mit Kühlrippen, d) Wickelkopf vereinfacht als ringförmiges Volumen [135].

Im Mittel ergibt sich im Bereich zwischen den Kühlrippen ein Wert von knapp 32 W/(m^{2}K), sich mit bei dem Wert von ca. 33 W/(m^{2}K) für die analytische Formel aus Tabelle 6.2 mit der gemessenen mittleren Windgeschwindigkeit im Gehäuse des Motors AH100 von v_{Luft} =3,25 m/s (siehe Tabelle 6.13) im Bemessungsbetrieb deckt.

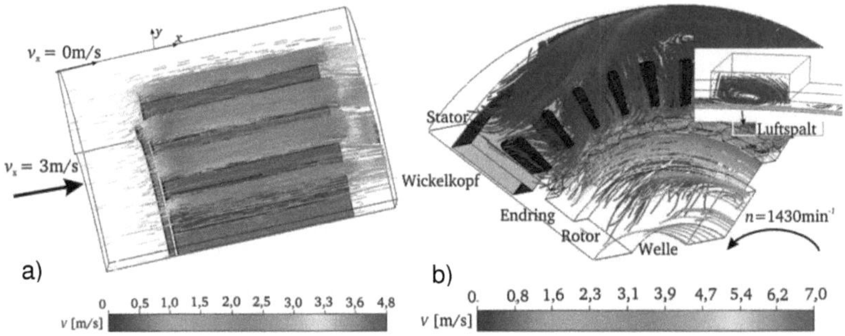

Abbildung 6.11: Ergebnisse der Strömungsberechnung für den Motor AH100 mit dem Programmmodul *ANSYS-CFX* für den Bemessungsbetrieb bei Vorgabe von $v_{Luft} = v_x$ am Lufteintritt gemäß den Messwerten aus Abbildung 6.9 bzw. Tabelle 6.13. Strömung im a) Gehäuse und b) im Wickelkopfbereich, im Luftspalt und am KS-Ring bis hin zu den Lagerschilden [135].

Abbildung 6.11b) zeigt die FEM-Berechnungsergebnisse der Strömungslinien im Wickelkopfbereich, im Bereich der Rotorendringe und im Luftspalt des Motors AH100 im Bemessungsbetrieb. Deutlich sind für den mit Bemessungsdrehzahl $n_N = 1425\ \mathrm{min}^{-1}$ rotierenden Rotor die ansteigenden Windgeschwindigkeiten v_{Luft} durch die mit steigendem Radius $r = d/2$ ansteigenden Umfangsgeschwindigkeiten $v = d \cdot \pi \cdot n_N$ zu sehen. Die entsprechenden Wärmeübergangskoeffizienten α sind in Abbildung 6.12b) zu sehen. Die durch den rotierenden Rotor ohne Lüfterflügel aufgewirbelte Luft im Wickelkopfbereich weist nur geringe Geschwindigkeiten von im Mittel $v_{Luft} = 1{,}2$ m/s auf und hilft damit nicht wesentlich, die Wärme, verursacht durch die Stromwärmeverluste im Wickelkopf, abzuführen. Für den Luftspaltbereich können die ermittelten Wärmeübergangskoeffizienten α nicht verwendet werden, da der Wärmestrom $\dot{Q}$ vom Rotor auf den Stator sonst nicht berücksichtigt würde. Wärmeübergangskoeffizienten α sind im Programm *ANSYS* nur am Außenrand eines Modells vorzugeben. Hier wird eine wärmeleitende Schicht eingeführt, deren Wärmeleitfähigkeit die scheinbare Leitfähigkeit λ_s aus Abschnitt 6.2.1.5 ist. Ähnlich werden die Lager definiert. Hier wird für das Material eine Wärmeleitfähigkeit λ_{102Cr6} vorgegeben, so dass sich für den Übergang von der Welle zu den Lagerschilden der gleiche Wärmewiderstand wie in Tabelle 6.9 ergibt. Es wird hier der Mittelwert der sich aus den Messungen ergebenden Werten von A- und B-Seite verwendet, damit bei der FEM-Modellierung die axiale Symmetrie verwendet werden kann und durch Reduzierung des Modells auf den halben Motor der numerische Aufwand halbiert werden kann.

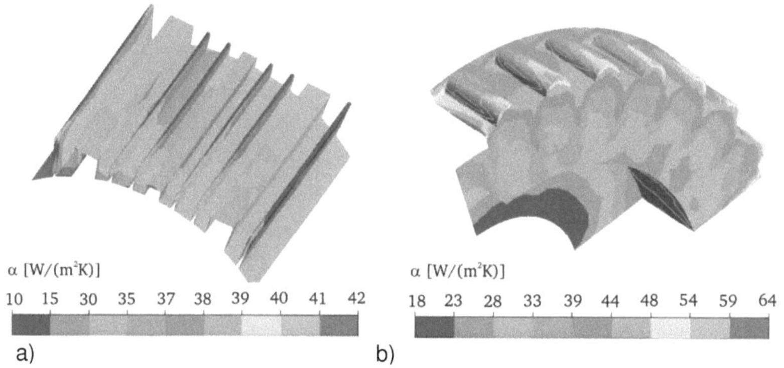

Abbildung 6.12: Mit den *ANSYS-CFX*- Modellen aus Abbildung 6.11 berechnete Wärmeübergangskoeffizienten α des Motors AH100 im Bemessungsbetrieb für a) den Gehäusebereich mit Kühlrippen und b) die Rotorstirnfläche mit KS-Ring [135].

Die Berechnungsergebnisse für die Motoren AH80 und AH100 zeigt Abbildung 6.13 (Zusammenfassung in Tabelle 6.15). Die thermische FEM-Berechnung gibt den größten Temperaturanstieg $\Delta\vartheta$ (HOT SPOT) für den Bemessungsbetrieb des Motors AH80 im Rotor mit max. 50 K und für den Bemessungsbetrieb des Motors AH100 im Rotor mit max. 81 K an. Für die Statorwicklung wurde der größte Temperaturanstieg $\Delta\vartheta$ im Wickelkopf für den Motor AH80 mit knapp 47 K und für den Motor AH100 mit 63 K berechnet, wodurch sich für den verwendeten Lackdraht mit der Wärmeklasse F (max. Temperaturanstieg $\Delta\vartheta_{max}$ = 105 K) ausreichende Reserven ergeben. Diese Reserven wurden aber nicht ausgeschöpft, um einen hohen Motorwirkungsgrad zu erhalten. Der Vergleich zwischen den FEM- und den analytischen Ergebnissen mit den Messergebnissen in Abschnitt 6.3.4 zeigt, dass sich für beide Motoren gute Übereinstimmungen ergeben.

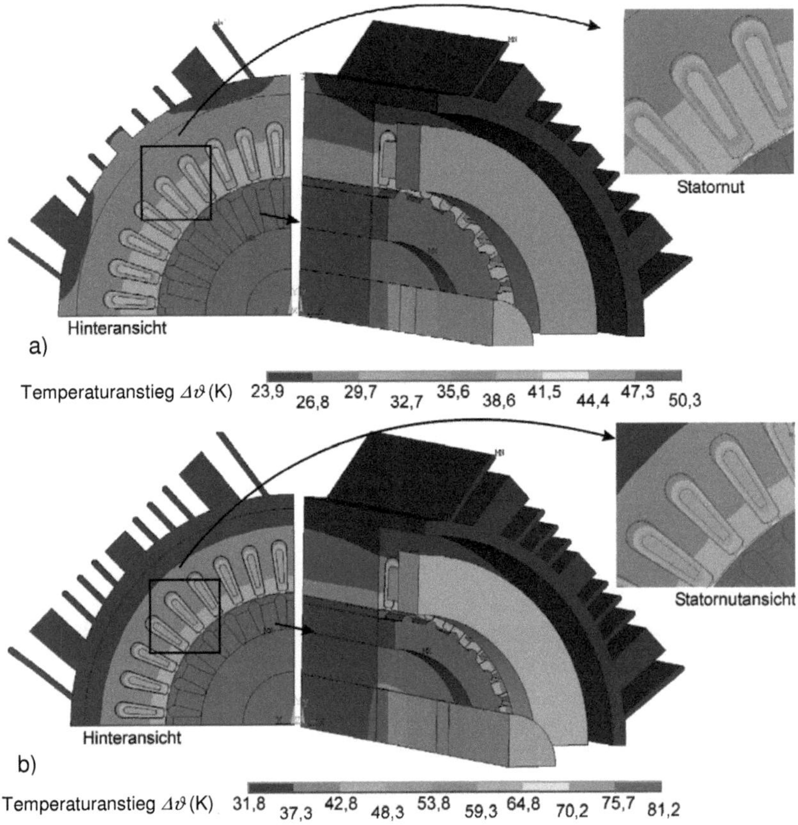

Abbildung 6.13: FEM-Berechnungsergebnisse (*ANSYS*) des Temperaturanstiegs $\Delta\vartheta = \vartheta - \vartheta_{amb}$ a) des Motors AH80 und b) des Motors AH100 im Bemessungsbetrieb: Gesamtansicht (ohne Lagerschild) mit Statorwicklung und Wickelkopf (als ringförmiges Volumen angenähert) [135].

6.3.3. Messaufbau zur Ermittlung der Betriebstemperaturen bei unterschiedlicher Belastung

Zur Messung der Temperaturverläufe bei konstanter Belastung der Motoren wird das in Abbildung 6.14 zu sehende Messsystem verwendet. Die Auswertung der Temperaturmesswerte von bis zu acht Thermoelementen

vom Typ J und von sechs PT100-Temperatursensoren erfolgt sekündlich über eine an einen PC angeschlossenes Auswertemodul vom Typ CA-1000 der Firma *National Instruments* und der Software *Labview*.
Während des Betriebs der Motoren mit konstanter Abgabeleistung P_N werden neben den Temperaturwerten auch die wichtigsten Betriebsdaten (Ströme, Spannungen, Leitungsfaktoren aller Stränge, Drehmoment und Drehzahl) über das Leistungsmessgerät *Norma* 6000d der Firma *LEM* aufgezeichnet. Die Messsignale der PT100-Thermosensoren im Rotor werden über Schleifringe übertragen, die bis zu einer Drehzahl von 3000 min^{-1} dank spezieller Silberringe und Silber-Graphit-Bürsten nur minimale Messfehler verursachen.

Im Stator wurden Thermoelemente vom Typ J an folgenden Messstellen angebracht:

- Wickelkopf von A- und B-Seite
- Axiale Mitte der Wicklung in der Nut
- Lageraußenring an A- und B-Seite (siehe Abbildung 6.15a)
- Am Gehäuse an der äußersten Kühlrippe direkt vor dem Lufteintritt (siehe Abbildung 6.15b)
- Am Gehäuse im Windschatten des Klemmenkastens (siehe Abbildung 6.15c)

Im Rotor wurden PT100-Thermosensoren an folgende Messstellen angebracht:

- Kurzschlussring an der A- und B-Seite (siehe Abbildung 6.16b)
- Axiale Mitte der Rotoroberfläche (siehe Abbildung 6.16a)
- Lagerinnenring an A- und B-Seite (siehe Abbildung 6.16a)
- Innen nahe am Wellensitz am Blechpaket des Rotors (nur Motor AH100) (siehe Abbildung 6.16a)

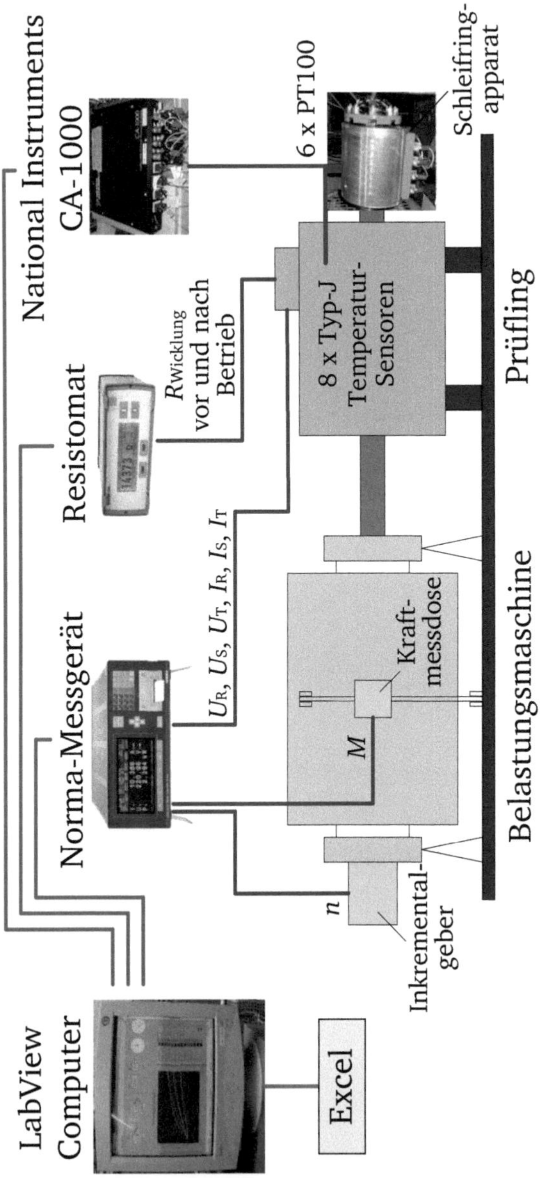

Abbildung 6.14: Aufbau des Messsystems zur Erfassung der Temperaturverläufe an bis zu 8 Messstellen des Stators und 6 Messstellen des Rotors bei Dauerbetrieb in einem Belastungspunkt [125].

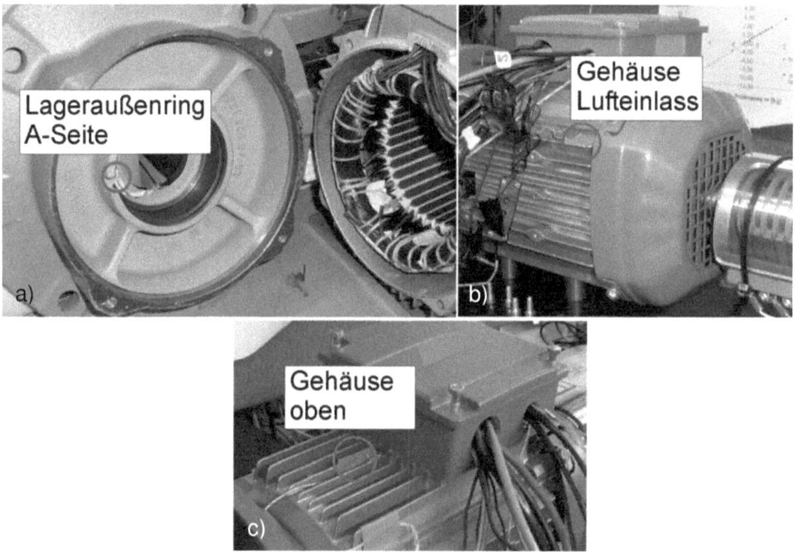

Abbildung 6.15: Thermoelemente im Stator des Motors AH80 a) am Lageraußenring der A-Seite b) am Gehäuse vor dem Lufteinlass des Lüfters c) am Gehäuse im Windschatten des Klemmenkastens [125].

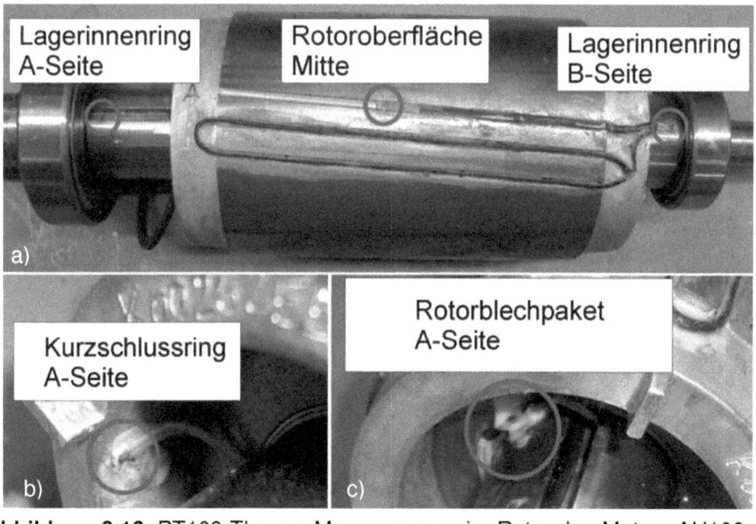

Abbildung 6.16: PT100-Thermo-Messsensoren im Rotor des Motors AH100 a) an der Rotoroberfläche und an den Lagerinnenringen der A- und B-Seite, b) am Kurzschlussring der A-Seite, c) am Rotorblechpaket der A-Seite [125].

Abbildung 6.17 zeigt die gemessene Erwärmungskurve und einen Teil der Abkühlkurve für den Bemessungsbetrieb der beiden Motoren. Es wurde vor dem Abschalten so lange bei Bemessungslast gemessen, bis die Temperatur im Windschatten des Klemmkastens (siehe Abbildung 6.15c) sich über einen Zeitraum von über 30 Minuten nicht mehr als 0,5 K verändert hat. Ein Vergleich zwischen den Berechnungen und den Messergebnissen wird im folgenden Abschnitt 6.3.4 vorgestellt.

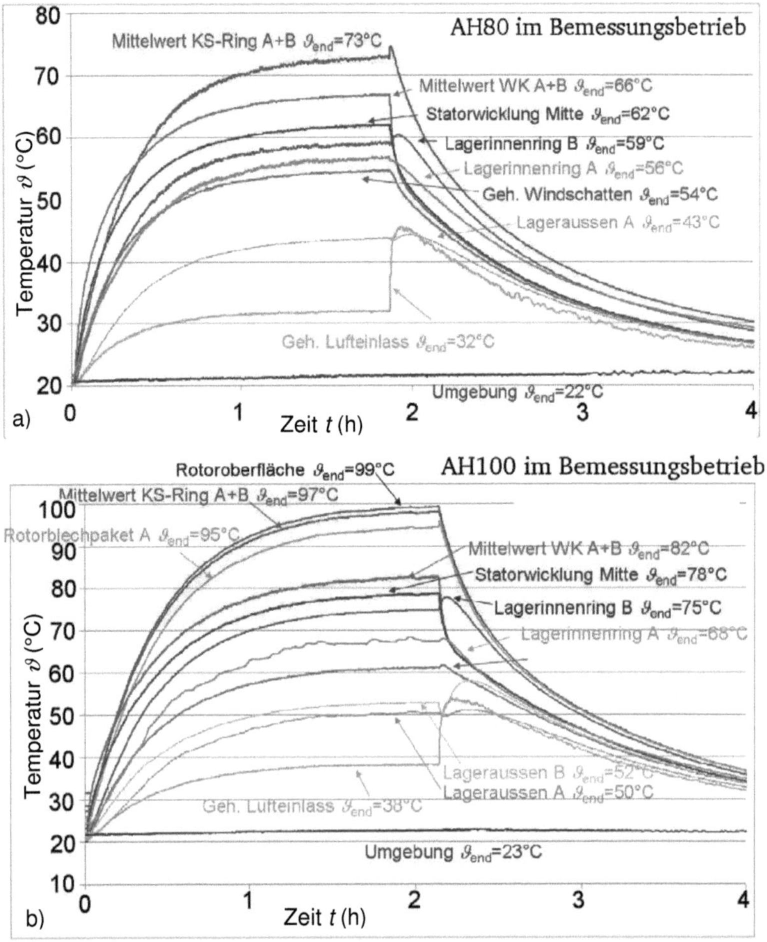

Abbildung 6.17: Erwärmungskurven- und ein Teil der Abkühlkurven, gemessen im Bemessungsbetrieb für die Motoren a) AH80 und b) AH100.

6.3.4. Vergleich der gemessenen und vorausberechneten Temperaturwerte

Abbildung 6.18 zeigt den Vergleich zwischen den analytisch vorausberechneten und gemessenen Erwärmungskurven bei Betrieb mit Bemessungsleistung P_N für die Motoren AH80 und AH100. Es wird deutlich, dass die analytisch berechneten und gemessenen Erwärmungskurven gut übereinstimmen. Tabelle 6.15 stellt die analytischen und die FEM-Berechnungsergebnisse der sich nach dem Erwärmungslauf ergebenden Temperaturanstiege $\Delta\vartheta$ den Messergebnissen gegenüber. In Abbildung 6.19 sind die Abweichungen der beiden Berechnungsmethoden zu den Messergebnissen grafisch dargestellt. Es wird deutlich, dass das analytische Modell die gemessenen Temperaturen gut annähert. Selbst für die Temperaturen im Rotor (zwischen Rotoroberfläche und Endringen wird im Modell nicht unterschieden) sind die (berechneten) Werte im Fall des Motors AH80 nur um ca. 5 % zu hoch. Die wichtigen Temperaturanstiege $\Delta\vartheta$ im Wickelkopf und der Mitte der Statorwicklung zur Überwachung der Grenztemperaturen des verwendetet Wicklungsmaterials (hier Wärmeklasse F $\Delta\vartheta_{max} = 105$ K) können bis auf 8 % genau vorausberechnet werden. Auch die FEM-Berechnungen ergeben bis auf die Temperaturen im Lagerinnen- und Außenring eine zufriedenstellende Übereinstimmung mit den Messergebnissen. Bei den Lagern werden die Temperaturanstiege auf der Innenseite für den Motor AH80 mit -14 % auf der A-Seite und -8 % auf der B-Seite und für den Motor AH100 mit -22 % auf der A-Seite und -4 % auf der B-Seite teilweise deutlich zu hoch berechnet. Für die Außenseite ergibt sich für den Motor AH80 -18 % auf der A-Seite und -13 % auf der B-Seite und für den Motor AH100 -18 % auf der A-Seite und -7 % auf der B-Seite. Grund dafür ist die vereinfachende Annahme, dass die Lager von A- und B- Seite gleich aufgebaut sind.

Tabelle 6.15: Vergleich der gemessenen mit den analytischen Werten, zusammen mit FEM-Berechnungsergebnissen, der Temperaturanstiege $\Delta\vartheta = \vartheta - \vartheta_{amb}$ nach dem Erwärmungslauf für die beiden Testmotoren im Bemessungsbetrieb [125]. Für die Berechnung der Lagerwiderstände wurde der Wärmedurchgangskoeffizient k_q, der sich aus der Messung ergibt und nahe dem minimalen Wert in Abbildung 6.7a) liegt, verwendet (siehe Abschnitt 6.2.1.7). Für die FEM-Berechnungen wird der Mittelwert aller Werte des jeweiligen Maschinenteils angegeben und in Klammern der maximale Wert.

	Messstelle	**Temperaturanstieg $\Delta\vartheta$ (K)**					
		Messung		analytisch		FEM	
		AH80	AH100	AH80	AH100	AH80	AH100
Wicklung	Mittelwert Wickelkopf A und B	45	59	47	62	46(47)	62(63)
	Statorwicklung Mitte	40	56	43	55	41(41)	52(53)
Rotor	Rotorendring MW A-/B-Seite	51	74	49	75	48(49)	79(79)
	Rotoroberfläche Mitte	52	76			50(50)	81(81)
Lager	Lagerinnenring A-Seite	35	44	32	42	40(42)	54(57)
	Lagerinnenring B-Seite	37	52	36	49		
	Lageraußenring A-Seite	22	27	23	30	26(28)	32(33)
	Lageraußenring B-Seite	23	30	28	32		
Gehäuse	Gehäuse Windschatten	33	38	31	37	25(28)	32(35)
	Gehäuse Lufteinlass	10	15				

Wie die Messergebnisse zeigen, ergeben sich sowohl bei den Lagerinnen- und Außenringen beider Motoren höhere Temperaturen an dem Lager auf der B-Seite. Die Lager werden in den FEM-Berechnungen so modelliert, dass sich der Mittelwert der thermischen Lagerwiderstände R_b der A- und B-Seite aus Tabelle 6.10 einstellt.

6.4. Zusammenfassung zur Vorausberechnung der Erwärmung einer KLASM

Der in diesem Kapitel durchgeführte Vergleich zwischen den analytisch über das Ersatzschaltbild in Abbildung 6.8 berechneten Betriebstemperaturen und den Ergebnissen einer FEM-Berechnung mit Messergebnissen beider Testmotoren bestätigt die Eignung des verwendeten analytischen Modells.

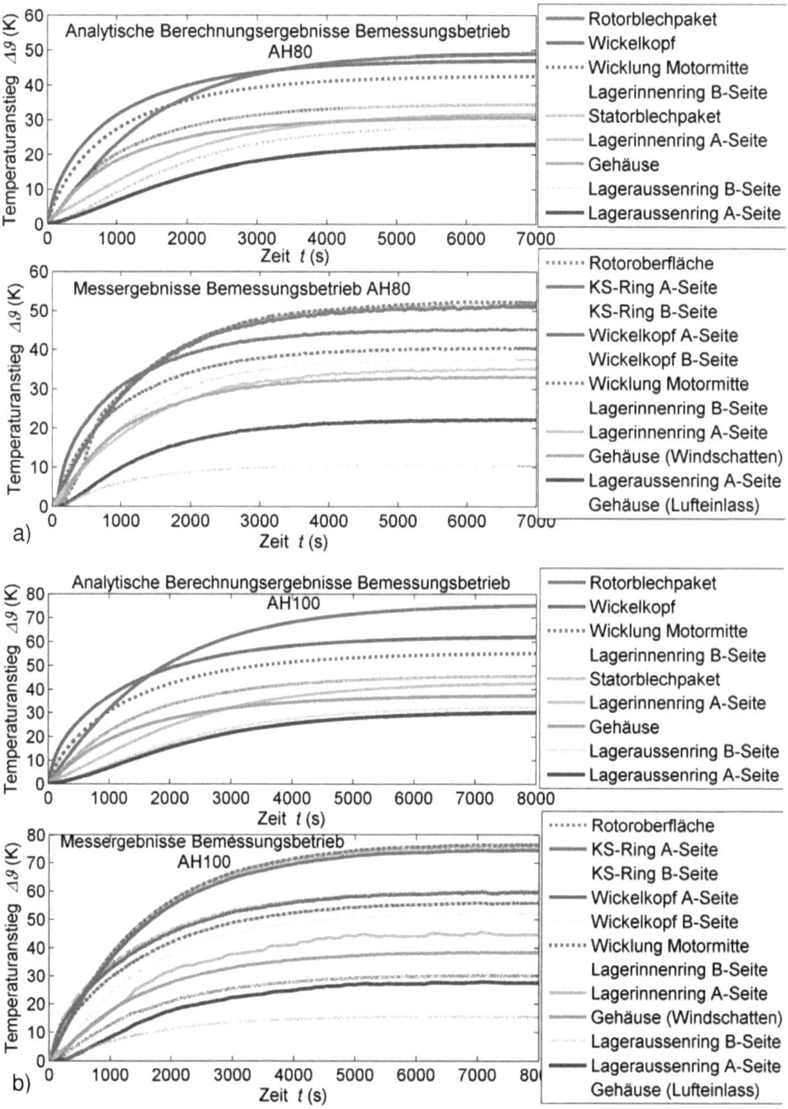

Abbildung 6.18: Vergleich zwischen analytisch vorausberechneten (Mehrkörpermodell aus Abbildung 6.8, Berechnung mit *Matlab Simscape*) und gemessenen Erwärmungskurven (als Temperaturanstiege $\Delta\vartheta$) der Testmotoren im Bemessungsbetrieb: a) Motor AH80 und b) Motor AH100. Die Legendeneinträge sind absteigend nach den Enderwärmungen sortiert.

Trotz erheblicher Vereinfachung der Motorgeometrie bei der Berechnung der thermischen Widerstände R_{th} und –Kapazitäten C_{th} werden die gemessenen Erwärmungskurven in unterschiedlichen Motorbereichen hinreichend gut durch das Modell wiedergegeben. Damit wird die Verwendung der vorgestellten FEM-Modelle, bei denen die Wärmeübergangskoeffizienten α über eine FEM-Strömungberechnung (*ANSYS-CFX)* ermittelt werden, bei den hier untersuchten Standard-KLASM mit Wellenlüfter überflüssig, was eine erhebliche Zeitersparnis bei dem Entwurfsprozess von KLASM mit sich bringt.

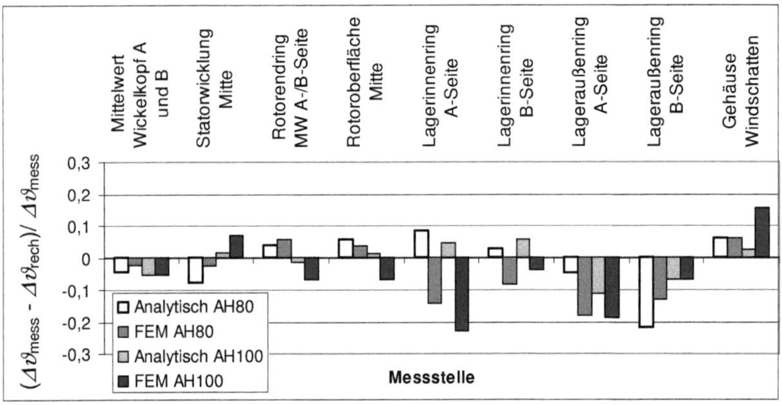

Abbildung 6.19: Abweichungen $(\Delta\vartheta_{mess} - \Delta\vartheta_{rech})/\ \Delta\vartheta_{mess}$ der analytischen und FEM-Berechnung zu den Messergebnissen.

7. Neuauslegung einer Motorbaureihe unter Verwendung der erarbeiteten Berechnungsmodelle

In diesem Kapitel werden die vorgestellten Berechnungsmodelle zur elektromagnetischen (Kapitel 4), thermischen (Kapitel 6) und akustischen (Kapitel 5) Vorausberechnung des Betriebsverhaltens von KLASM für den Neuentwurf einer kompletten Motorenbaureihe der Achshöhe 160 mm (AH160) eingesetzt. Ein besonderer Fokus wird bei dem Neuentwurf der Motoren auf die Leistungsbilanz gelegt, da die Steigerung des Wirkungsgrads der Motoren im Vordergrund steht. Dennoch dürfen die unten angegebenen Randbedingungen für den Neuentwurf der Motoren nicht außer Acht gelassen werden. Eine Auslegung der insgesamt 12 geforderten Motoren unterschiedlicher Leistungsklassen der Achshöhe 160 mm (Tabelle 7.1) nur mit der Verwendung von FEM-Modellen wäre durch die Vielzahl von Variationen und zu betrachtenden Betriebsgrößen sehr langwierig. Daher wurden FEM-Berechnungen in [22] nur zum Abgleich einzelner Berechnungsergebnisse eingesetzt und werden in diesem Kapitel nicht weiter angegeben. Aus den erarbeiteten Verbesserungsvorschlägen für die Motoren der Baureihe AH160 wurden Prototypen angefertigt, die bezüglich der Wirkungsgrads normgerecht nach Methode 1 in der Norm IEC 60034-2 [96, 97, 98] vermessen wurden (vgl. Abschnitt 4.5.6). Bei dieser Neuauslegung sollen zusätzlich folgende Randbedingungen eingehalten werden:

- Geometrie: Das Blechpaket darf nicht länger als 210 mm sein und muss in ein Gehäuse mit einem Innendurchmesser von 210 mm passen. Das Gehäuse soll dem der aktuellen Motoren dieser Achshöhe entsprechen (vgl. Maße AH160 in Anhang A: Maschinendaten). Der Luftspalt δ darf einen Wert von $\delta = 0{,}325$ mm nicht unterschreiten. Die Welle wird aus dem Wellenstahl C45 gefertigt und weist einen Durchmesser von $d_{\text{welle}} = 50$ mm auf.
- Wicklung: Für die Wicklung ist doppelt isolierter Standard-Lackdraht (Grad 2) zu verwenden. Der Nutfüllfaktor $k_f = N_c \cdot A_{Cu}/A_{Q,s}$ darf einen Wert von 44,5 % für Einschichtwicklungen und 43 % für

Zweischichtwicklungen wegen der verwendeten automatisierten Einziehtechnik nicht überschreiten.

- Wirkungsgrad: Der Blechschnitt des Stators und des Rotors soll so ausgelegt werden, dass nur durch Anpassung der Wicklung und des Materials des Käfigs die in Tabelle 7.1 zusammengefassten Vorgaben der Wirkungsgradklassen gemäß [19] für die angegebenen unterschiedlichen Leistungsstufen erfüllt werden können. Das heißt, die geometrischen Abmessungen der Motoren aller Leistungsklassen müssen gleich sein. Bei dem Entwurf der Blechschnitte muss also ein Kompromiss für alle Leistungsklassen einer Baureihe gefunden werden.
- Leistungsfaktor: Der Leistungsfaktor $\cos\varphi$ soll für alle Leistungsklassen einen Wert von 0,8 nicht unterschreiten.
- Anlaufverhalten: Das Drehmomentverhalten der Antriebe soll die Vorgaben der IEC-Norm 60034-12 erfüllen [15]. Das bedeutet z. B. für einen Antrieb in der Leistungsklasse von 6,3 kW bis 10 kW, dass das Anlaufmoment M_1 mindestens das 2,4-fache, der Drehmomentsattel in der Mitte der Hochlauf-Kurve M_u mindestens das 1,65-fache und das Kippmoment M_b mindestens das 2-fache des Bemessungsmoments M_N aufweisen müssen (siehe auch Tabelle 7.2 bzw. Tabelle 7.3). Allerdings sollte das Kippmoment M_b maximal im Bereich des 2 - 3-fachen (IE3-Motoren maximal bis zum 3,5-fachen) des Bemessungsmoments M_N liegen. Grund dafür ist, dass die Motoren als Getriebemotoren im Verbund mit Getrieben verwendet werden sollen. Daher ist das maximal auftretende Drehmoment zu beschränken, um den Verschleiß des Getriebes zu reduzieren.
- Die Kurzschlussscheinleistung S_k darf laut IEC 60034-12 [15] nicht mehr als das 12-fache der Bemessungsleistung P_N aufweisen. Hier ist eine Sicherheitsmarge von 5 % zu berücksichtigen (siehe auch Tabelle 7.2 bzw. Tabelle 7.3).
- Geräuschverhalten: Es sollen die Grenzwerte gemäß IEC60034-9 [3] unterschritten werden. Der maximal zulässige Schallleistungspegel L_{wA} darf die Werte aus Tabelle 7.2 und Tabelle 7.3 für die jeweiligen Leistungsklassen nicht überschreiten. Dabei ist zu berücksichtigen,

dass die Motoren sowohl am 50 Hz- als auch am 60 Hz-Netz betrieben werden sollen.

- Erwärmung: Es sollen Standard-Runddrahtleiter für die Wärmeklasse F verwendet werden. Die mittlere Erwärmung der Wicklung, bestimmt mit dem Widerstandsverfahren (Abschnitt 4.5.6), darf demnach den in der Wärmeklasse F festgelegten Grenzwert von 105 K nicht überschreiten [2]. Im Wesentlichen sollte durch die angestrebte Reduktion der gesamten Verluste P_d im Vergleich zur aktuellen Auslegung bei gleichbleibender Baugröße und identischen Gehäuse und Lüfter sowie vergleichbarer Werte von Strombelag A und Leiterstromdichte J eine Reduktion der Temperaturendwerte erreicht werden. Die Kühlung darf ausschließlich über einen an der Welle angebrachten Lüfter erfolgen.
- Die Kosten für die Produktion sollen nicht höher als bei der bestehenden Motorenbaureihe werden, was den Einsatz teuerer Blechsorten und Leitermaterialien sowie teurer Sonderwicklungen (wie sie z.B. in Kapitel 8 diskutiert werden) ausschließt. Der Einsatz sehr dünner, verlustminimierter Bleche mit Blechdicken unter 0,5 mm ist nicht zulässig. Der Einsatz von nicht-schlussgeglühten Blechsorten ist zwar zulässig, es soll jedoch versucht werden, mit schlussgeglühten Blechsorten auszukommen, um auf den zusätzlichen Fertigungsprozess des Schlussglühens verzichten zu können und damit weitere Herstellungskosten zu vermeiden.
- Die überdrehten Eisenbrücken zwischen Rotornut und dem Luftspalt dürfen nicht dünner als 0,4 mm sein. Der Streusteg bei Verwendung einer Doppelnutform im Rotorblech muss eine Mindestbreite von 0,8 mm aufweisen, um Lufteinschlüsse während der Fertigung der Rotorkäfige im Druckgussverfahren zu vermeiden.

Tabelle 7.1: Übersichtsmatrix der geforderten Wirkungsgradklassen [19] bei verschiedenen Bemessungsleistungen der Baureihe AH160 für Aluminium (Alu) - und Kupferkäfig (Cu) im 50Hz- und 60Hz-Netzbetrieb.

Frequenz η-klasse	f_N = 50 Hz IE1	f_N = 50 Hz IE2	f_N = 50 Hz IE3	f_N = 60 Hz IE1	f_N = 60 Hz IE2	f_N = 60 Hz IE3
Alu-Käfig	P_N = 11 kW	**P_N =9,2 kW**	P_N = 7,5 kW	P_N = 11 kW	P_N = 9,2 kW	**P_N =9,2 kW**
Cu-Käfig	P_N = 15 kW	P_N = 11 kW	P_N = 9,2 kW	P_N = 15 kW	P_N = 11 kW	**P_N = 11 kW**

Die folgenden Tabellen (Tabelle 7.2 bzw. Tabelle 7.3) fassen die Randbedingungen bezüglich der Betriebsparameter für den 50 Hz- und 60 Hz-Netzbetrieb zum Neuentwurf der Motoren der Baureihe AH160 zusammen. Die in der Tabelle 7.1 vorgegebenen Leistungsstufen und angestrebten Wirkungsgradklassen sind unter Verwendung eines Blechschnitts und der Vorgaben in Tabelle 7.2 und Tabelle 7.3 für den 50 Hz- bzw. 60Hz-Netzbetrieb zu erfüllen. In Summe sind so insgesamt 12 Entwürfe notwendig, um die Leistungsklassen von P_N = 7,5 kW bis 15 kW für 50- und 60 Hz-Netzbetrieb gemäß den Vorgaben auszulegen.

Tabelle 7.2: Übersicht über die Vorgaben der wichtigsten Betriebsparameter am 50Hz-Netz, die sich aus der Übersichtsmatrix in Tabelle 7.1 ergeben. Die Vorgaben sollen über einen Blechschnitt von Stator und Rotor nur durch Anpassung der Wicklungsdaten erfüllt werden.

Bezeichnung	AH160_ 7,5kW_ 50Hz_IE3	AH160_ 9,2kW_ 50Hz_IE2	AH160_ 11kW_ 50Hz_IE1	AH160_ 9,2kW_ 50Hz_IE3	AH160_ 11kW_ 50Hz_IE2	AH160_ 15kW_ 50Hz_IE1
Bemessungs-leistung P_N	7,5 kW	9,2 kW	11 kW	9,2 kW	11 kW	15 kW
Käfig	Aluminium	Aluminium	Aluminium	Kupfer	Kupfer	Kupfer
Geforderte Wirkungs-gradklasse	IE3 (+0,3 %)	IE2 (+0,5 %)	IE1	IE3 (+0,3 %)	IE2 (+0,5 %)	IE1
Min. Wir-kungsgrad η_{min} (%) ink. Toleranz	90,73	89,77	87,57	91,27	90,29	88,67
Max. Schall-leistungspe-gel L_{wA} (dBA)	88	88	88	88	88	91
Max. Kurz-schluss-scheinleis-tung S_k (kVA)	90	110,4	132	110	132	180
Max. Kurz-schlussstrom I_k (A) - 5 %	123,4	151,4	180,9	151,4	180,9	248,8
Bemessungs-moment ca. M_N (Nm)	50	60	72	60	72	100
Min. An-fahrmoment M_1 (Nm)	$2{,}4 \cdot M_N =$ 120	$2{,}4 \cdot M_N =$ 144	$2{,}25 \cdot M_N =$ 162	$2{,}4 \cdot M_N =$ 144	$2{,}25 \cdot M_N =$ 162	$2{,}25 \cdot M_N =$ 225
Min. Sattel-moment M_u (Nm)	$1{,}65 \cdot M_N =$ 83	$1{,}65 \cdot M_N =$ 99	$1{,}65 \cdot M_N =$ 119	$1{,}65 \cdot M_N =$ 99	$1{,}65 \cdot M_N =$ 119	$1{,}65 \cdot M_N =$ 165
Min. Kipp-moment M_b (Nm)	$2 \cdot M_N =$ 100	$2 \cdot M_N =$ 120	$2 \cdot M_N =$ 144	$2 \cdot M_N =$ 120	$2 \cdot M_N =$ 144	$2 \cdot M_N =$ 200
Max. zul. Drehmoment M_{max} (Nm)	$\approx 3{,}5\ M_N =$ 175	$\approx 3\ M_N =$ 180	$\approx 3\ M_N =$ 216	$\approx 3{,}5\ M_N =$ 210	$\approx 3\ M_N =$ 216	$\approx 3\ M_N =$ 300

Tabelle 7.3: Wie Tabelle 7.2, jedoch für das 60 Hz-Netz.

Bezeichnung	AH160_ 9,2kW_ 60Hz_IE2	AH160_ 9,2kW_ 60Hz_IE3	AH160_ 11kW_ 60Hz_IE1	AH160_ 11kW_ 60Hz_IE3	AH160_ 11kW_ 60Hz_IE2	AH160_ 15kW_ 60Hz_IE1
Bemessungsleistung P_N	9,2 kW	9,2 kW	11 kW	11 kW	11 kW	15 kW
Käfig	Aluminium	Aluminium	Aluminium	Kupfer	Kupfer	Kupfer
Geforderte Wirkungsgradklasse	IE2 (+0,5 %)	IE3 (+0,3 %)	IE1	IE3 (+0,3 %)	IE2 (+0,5 %)	IE1
Min. Wirkungsgrad η_{min} (%) ink. Toleranz	90	92	88,5	92,7	91,5	89,5
Max. Schallleistungspegel L_{wA} (dBA)	88	88	88	88	88	91
Max. Kurzschlussscheinleistung S_k (kVA)	110,4	110,4	132	132	132	180
Max. Kurzschlussstrom I_k (A) - 5 %	151,4	151,4	180,9	180,9	180,9	248,8
Bemessungsmoment ca. M_N (Nm)	50	50	60	60	60	81
Min. Anfahrmoment M_1 (Nm)	$2{,}4 \cdot M_N =$ 120	$2{,}4 \cdot M_N =$ 120	$2{,}25 \cdot M_N =$ 135	$2{,}25 \cdot M_N =$ 135	$2{,}25 \cdot M_N =$ 135	$2{,}25 \cdot M_N =$ 182
Min. Sattelmoment M_u (Nm)	$1{,}65 \cdot M_N =$ 82,5	$1{,}65 \cdot M_N =$ 82,5	$1{,}65 \cdot M_N =$ 99	$1{,}65 \cdot M_N =$ 99	$1{,}65 \cdot M_N =$ 99	$1{,}65 \cdot M_N =$ 134
Min. Kippmoment M_b (Nm)	$2 \cdot M_N =$ 100	$2 \cdot M_N =$ 100	$2 \cdot M_N =$ 120	$2 \cdot M_N =$ 120	$2 \cdot M_N =$ 120	$2 \cdot M_N =$ 162
Max. zul. Drehmoment M_{max} (Nm)	$\approx 3 \cdot M_N =$ 150	$\approx 3{,}5\ M_N =$ 175	$\approx 3\ M_N =$ 180	$\approx 3{,}5\ M_N =$ 210	$\approx 3\ M_N =$ 180	$\approx 3\ M_N =$ 243

7.1. Vorgehensweise zur alternativen Auslegung der Motoren AH160

Entscheidend bei der Auslegung einer KLASM ist die Wahl des Nutzahlenverhältnisses Q_s/Q_r. Hier sind Regeln zu beachten, damit sich positive Betriebseigenschaften ergeben. So hängen die Ordnungszahlen ν und μ der Stator- bzw. Rotornutharmonischen gemäß Abschnitt 4.3 von Q_s und Q_r ab. Bei größeren Nutzahlen pro Pol werden die Ordnungszahlen der Nutharmonischen größer und damit wegen $\hat{B}_{\delta,\nu} \approx \hat{B}_{\delta,1}/\nu$ bzw. $\hat{B}_{\delta,\mu} \approx \hat{B}_{\delta,1}/\mu$ die Amplituden der nutharmonischen Oberwellen kleiner. Durch die feinere Nutung wird eine stärkere Annäherung der Felderregerkurve an die Sinusform erreicht, wodurch sämtliche auf die Feldoberwellen zurückzuführenden parasitären Effekte reduziert werden. Weiterhin ist zu beachten, dass sich gemäß Kapitel 5 Geräusche aus der Wechselwirkung von Stator- und Rotoroberwellen ausbilden, weswegen durch eine geeignete Wahl des Nutzahlenverhältnisses Q_s/Q_r eine Reduktion der Schallabstrahlung der Motoren erreicht werden kann. Der Entwurf der KLASM hat sich daher im Wesentlichen bei der Wahl des Nutzahlenverhältnisses Q_s/Q_r an folgende Regeln zu richten [32, 115, 136]:

1) Um Rastmomente zu vermeiden, sollten die Stator- und Rotornutenzahlen unterschiedlich sein und möglichst wenige gemeinsame Teiler besitzen:

$$\boxed{Q_s \neq Q_r \qquad \frac{Q_s}{Q_r}: \text{wenige gemeinsame Teiler}}$$

2) Zur Minimierung der Zusatzverluste P_p durch Flusspulsationen sollten die Stator- und Rotornutzahlen um nicht mehr als 20 % voneinander abweichen:

$$\boxed{0{,}8 \cdot Q_s \leq Q_r < 1{,}2 \cdot Q_s}$$

3) Bei geschrägten Rotoren können die Querstrom-Zusatzverluste $P_{q,r}$ und die asynchronen harmonischen Oberwellenmomente $M_{e\nu}$ reduziert werden, wenn gilt:

$$\boxed{0{,}8 \cdot Q_\mathrm{s} \le Q_\mathrm{r} < Q_\mathrm{s}}$$

4) Kraftwellen mit der Knotenzahl $2r^*$ können vermieden werden, wenn gilt:

$$\boxed{\left|Q_\mathrm{s} - Q_\mathrm{r}\right| \ne 0, 1, 2, \ldots r^*, 2p, 2p \pm 1, 2p \pm 2, \ldots, 2p \pm r^*}$$

Dabei werden die Kraftwellen der Ordnung $r = 0$ trotz der großen Fernwirkung der Schallabstrahlung generell als weniger kritisch angesehen, da die entsprechende Resonanzfrequenz $f_\mathrm{res,0}$ des Gehäuses groß ist (hier AH160 $f_\mathrm{res,0} \approx 6{,}5$ kHz) und damit weit entfernt von den Anregefrequenzen der Kraftwellen größerer Amplituden mit $f_\mathrm{ton,0} < 2$ kHz liegt. Dies gilt aber nur bei kleinen Motoren, da bei größeren Motoren aufgrund der größeren Masse $f_\mathrm{res,0}$ deutlich absinkt. Die Ergebnisse aus Kapitel 4 zeigen jedoch, dass Kraftwellen der Ordnung $r = 0$ (wenn auch nur abgeschwächt) auch Resonanzen einer anderen Modenummer z.B. $m = 2$ anregen können. Deswegen sind die Entwurfsvorschläge in jedem Fall hinsichtlich ihrer Geräuschabstrahlung zu untersuchen, da sich, wie Tabelle 7.4 zeigt, Kraftwellen mit der Ordnungszahl $r = 0$ nicht vermeiden lassen.

5) Die Anzahl der Rotornuten Q_r sollte gerade gewählt werden, um Kraftwellen der Ordnungzahl $r = 1$ zu vermeiden! Die Kraftwellen dieser Ordnung können unangenehme Biegeschwingungen der Rotoren verursachen, die die Lager schädigen.

Tabelle 7.4 zeigt eine Übersicht über die gemäß den oben genannten Regeln in Betracht zu ziehenden Nutzahlenverhältnisse $Q_\mathrm{s}/Q_\mathrm{r}$. Es wurden in [22] die markierten Nutzahlkombinationen näher untersucht. Maßgebend für die Wahl dieser Nutzahlverhältnisse ist das Fehlen von Radialkraftwellen der Ordnungszahl $r = 2$, was sich in der Regel vorteilhaft auf das Geräuschverhalten der Motoren auswirkt. Anhand des Motors mit Aluminiumläufer für den Betrieb bei 50 Hz mit einer Bemessungsleistung $P_\mathrm{N} = 9{,}2$ kW und der geforderten Wirkungsgradklasse IE2 (siehe Tabelle 7.2 Motor AH160_9,2kW_IE2_50Hz_ALU) wird ein Vergleich der Betriebseigenschaften von Entwürfen mit den jeweiligen Nutzahlenverhältnissen Q_s/Q_r durchgeführt, um die günstigste Kombination zur Einhaltung der Vorgaben zu ermitteln. In [22] werden die entsprechenden analytischen und numerischen Vorausberechnungen zusammengefasst. Die Auslegungen wurden so vorgenommen, dass für die Blechschnitte der unterschiedlichen Nutzahlverhältnisse Q_s/Q_r die normativen Vorgaben bezüglich des Anlaufverhaltens und des Kurzschlussstroms I_k eingehalten werden. Die analytischen Berechnungen bezüglich der Eisenkreisauslegung mit dem Ziel der bestmöglichen elektromagnetischen Ausnutzung werden in [22] mit geeigneten FEM-Modellen überprüft (Abbildung 7.1). Die mittleren Flussdichten, berechnet mit *KLASYS* in den Jochen und Zähnen des Stators und Rotors, stimmen gut mit den FEM-Ergebnissen überein.

Um die Vorgaben bezüglich des maximal zulässigen Kurzschlussstroms I_k und der Drehmomente einzuhalten, wurde eine Doppelstabanordnung im Rotor gewählt (Abbildung 7.1 und Anhang D). Über die Breite und Länge des Streustegs zwischen dem oberen und dem unteren Stab lassen sich die Werte für die Rotorstreuung gezielt variieren, so dass die entsprechende Nutstreuinduktivität $L_{r\sigma Q}$ nicht größer als nötig gewählt wird. Eine unnötige Vergrößerung der Rotorstreuung führt nämlich zu einer Steigerung des Blindstroms und damit zu einer vermeidbaren Erhöhung der Stromwärmeverluste. Zusätzlich sorgt die schlanke, tiefe, sich zur Rotormitte hin verjüngende Nutform für eine Steigerung des Stromverdrängungseffekts (siehe Abschnitt 4.1.7), wodurch das Anlaufmoment M_1 vergrößert werden kann. Allerdings muss auch hier ein Kompromiss gefunden werden, weil eine tiefe Nut eine hohe Rotorstreuung ergibt.

Die Untersuchungen in [22] legen nahe, dass die Motorvariante mit einem Nutzahlenverhältnis von Q_s/Q_r = 36/32 eine interessante Alternative zur aktuell in der Serie eingesetzten Nutkombination Q_s/Q_r = 36/28 ist, um sämtliche Vorgaben zu erfüllen. Allerdings lässt $|Q_s - Q_r| = 4 \neq 0, 1, 2, 3$ mit $r^* = 3$ gegenüber $|Q_s - Q_r| = 8 \neq 0, 1, 2, 3, 4, 5, 6, 7$ mit $r^* = 8$ ein ungünstigeres Geräuschverhalten erwarten. Es wird ein Blechschnitt mit diesem Nutzahlenverhältnis für den Neuentwurf der Motorbaureihe AH160 ausgewählt.

Tabelle 7.4: Übersicht über die gemäß den Entwurfsregeln in Betracht zu ziehenden Nutzahlenverhältnisse Q_s/Q_r.

Statornutzahl Q_s	Gerade Rotornutzahl Q_r $0{,}8 \cdot Q_s \leq Q_r < Q_s$	Gemeinsame Teiler Q_s/Q_r	$\lvert Q_s - Q_r \rvert$	Ordnungszahlen der Radialkraftwellen r (ohne Sättigung, ohne Exzentrizität)
24	18	2, 6	6	0, 2, 4, ...
	20	2, 4	4	0, 4, 8, ...
	22	2	2	0, 2, 4, ...
36	**28**	**2, 4**	**8**	**0, 4, 8, ...**
	30	2	6	0, 2, 4, ...
	32	**2, 4**	**4**	**0, 4, 8, ...**
	34	2	2	0, 2, 4, ...
48	**40**	**2, 4, 8**	**8**	**0, 4, 8, ...**
	42	2, 6	6	0, 2, 4, ...
	44	**2, 4**	**4**	**0, 4, 8, ...**
	46	2	2	0, 2, 4, ...

Durch Anpassung der Wicklung (Windungszahlen, Einschicht- oder Zweischichtwicklung mit Sehnung, Drahtdurchmesser) und des Materials der Kurzschlusskäfige bei gleichbleibenden Blechschnitten des Stators und Rotors wird versucht, die Vorgaben aus Tabelle 7.2 bzw. Tabelle 7.3 bezüglich der Wirkungsgradklassen bei unterschiedlichen Bemessungsleistungen zu erreichen.

7.2. Prototypenvermessung und Vergleich mit den Vorausberechnungen

Eine Vorausberechnung der Betriebseigenschaften wurde für sämtliche Motoren der AH160 (Tabelle 7.2 bzw. Tabelle 7.3) mit dem schlussgeglühten Blech TK 400-50AP durchgeführt. Zum Vergleich mit den Messergebnissen werden hier nur 3 Varianten näher diskutiert. Zum einen werden die Berechnungen mit Messergebnissen für den Serienmotor AH160 (AH160_9,2kW_50Hz_IE2) verglichen, da hier Vergleichsmessungen für den aktuellen Serienmotor durchgeführt wurden.

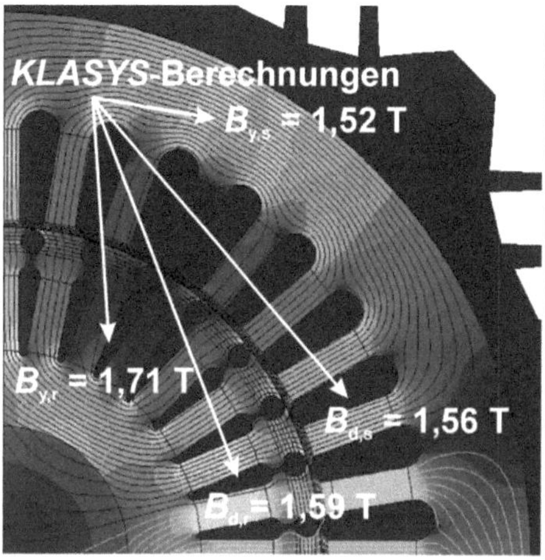

Leerlaufbetrieb:

	KLASYS	*FLUX2D*
I_0 (A)	6,2	6,44
$\cos\varphi_0$	0,065	0,062

FLUX2D-Ergebnisse
Flussdichte *B* (T)

0 - 0,262
0,262 - 0,524
0,524 - 0,787
0,787 - 1,049
1,049 - 1,311
1,311 - 1,574
1,574 - 1,837
1,837 - 2,099

Abbildung 7.1: FEM-Berechnung (*FLUX2D*) im Leerlaufbetrieb bei U_N = 400VY der Motorauslegung der Baureihe AH160 mit einem Nutzahlenverhältnis von Q_s/Q_r = 36/32 für den Betrieb am 50Hz-Netz und einer Bemessungsleistung von P_N = 9,2 kW (Motor AH160_9,2kW_50Hz_IE2). Zum Vergleich sind die mittleren Flussdichtewerte der analytischen Berechnung (*KLASYS*) im Leerlauf angegeben [22].

Weil für die beiden Motoren der Wirkungsgradklasse IE3 im 60-Hz Betrieb (Motoren AH160_9,2kW_60Hz_IE3 mit Alu-Läufer und AH160_11kW_60Hz_IE3 mit Kupferläufer) die geforderten Wirkungsgrade η (inkl. der Toleranz von 0,3 %) schwer zu realisieren sind, werden auch für diese Motorvarianten die Messungen im Vergleich mit den Vorausberechnungen angegeben. Für diese beiden Motorvarianten stehen allerdings keine Messergebnisse eines vergleichbaren Serienmotors zur Verfügung. Für die drei vorgestellten Motorvarianten werden die allgemeinen Betriebsparameter zusammen mit den Verlustbilanzen, das Anlauf- und Kurzschlussverhalten, das thermische Verhalten und die Geräuschabstrahlung diskutiert. Die wichtigsten Maschinenparameter für die drei untersuchten Prototypen sind in Anhang D zusammengefasst.

Für die Messung stehen ein Stator mit einer Einschichtwicklung und ein Stator mit einer Zweischichtwicklung und einer 8/9-Sehnung zur Verfügung. Um produktionsbedingte Einflüsse bei der Fertigung des Rotors abschätzen zu können, stehen jeweils zwei Läufer mit Aluminiumdruckgusskäfig (Rotor ALU_1 und ALU_2)- und Kupferdruckgusskäfig (Rotor CU_1 und CU_2) zur Verfügung. Die Windungszahl der Stator-Einschichtwicklung wurde so gewählt, dass die Vorgaben für den Motor AH160_9,2kW_50Hz_IE2 erfüllt werden. Für den Stator mit Zweischichtwicklung wurde die Wicklung für den Motor AH160_9,2kW_60Hz_IE3 eingesetzt. Für die Vermessung des Motors AH160_11kW_60Hz_IE3, der eine andere Windungszahl aufweist (Anhang D), wird eine entsprechende Anpassung der Versorgungsspannung vorgenommen, so dass sich der gewünschte minimale Grenzwert des Leistungsfaktors cosφ von 0,8 ergibt (vgl. Abschnitt 7.2.1). Eine Anpassung für den Betrieb an das 400 V-Netz für die Serienproduktion muss im Anschluss über eine entsprechende Anpassung der Windungszahl erfolgen.

Die Messungen am 50 Hz-Netz wurden mit im Stern verschalteten Wicklungen vorgenommen. Die Messungen im 60 Hz-Betrieb mussten aufgrund der beschränkten Ausgangsspannung des verwendeten Umformersatzes mit im Dreieck verschalteten Wicklungen vorgenommen werden. Es werden hier nur die Messergebnisse für den Rechtslauf (Blick vom Wellenende auf die A-Seite des Motors) angegeben. Es sei jedoch erwähnt, dass sich für den Linkslauf vergleichbare Ergebnisse ergaben.

7.2.1. Messung der Spannungsreihe zur Bestimmung der optimalen Betriebsspannung

Aufgrund von fertigungsbedingten Toleranzen bei der Produktion von elektrischen Maschinen und der begrenzten Genauigkeit der Berechnungsmodelle sind Abweichungen zwischen Vorausberechnungen und Messergebnissen nicht zu vermeiden. Um den Einfluss des Produktionsprozesses näherungsweise zu erfassen, wurde im Abschnitt 4.2 eine Verschlechterung der Magnetisierungskennlinien und Verlustkoeffizienten der verwendeten Bleche in Abhängigkeit der mittleren Korndurchmesser d_K vorgestellt. Da die Qualität der Bleche produktionsbedingten Schwankungen ausgesetzt sind und auch sonstige Fertigungstoleranzen (Querwiderstand der Stäbe, Wickelkopflänge, Luftspaltweite,...) schwer vorherzusagen sind, kann es sein, dass ein Motor bei Betrieb mit Bemessungsspannung U_N u. U. in einer ersten Auslegung nicht optimal magnetisch ausgenutzt ist. Um die bestmöglichen Betriebseigenschaften der Motoren zu erreichen, wird daher vor jeder Motorenprüfung eine Spannungsreihe aufgenommen und so die optimale Betriebsspannung ermittelt. Dabei werden die Motoren mit Bemessungsleistung P_N und bei Betriebstemperatur betrieben und die Versorgungsspannung variiert. Es werden der direkt gemessene Wirkungsgrad η_{direkt}, der Leistungsfaktor $\cos\varphi$ und der Strangstrom I_s aufgezeichnet. Die Versorgungsspannung, bei der der Wirkungsgrad η_{direkt} maximal ist und der Leistungsfaktor $\cos\varphi$ den vorgegebenen Grenzwert von 0,8 (abzüglich der Toleranz: $\cos\varphi_{min}$ = 0,79) nicht unterschreitet, wird für die weiteren Messungen als Bemessungsspannungen angenommen. Für den Betrieb am 400V-Netz muss anschließend gegebenenfalls eine entsprechende Anpassung der Windungszahl bei konstantem Nutfüllfaktor k_f vorgenommen werden, um die optimale Betriebsspannung bei 400 V zu erhalten.

7.2.1.1. Motor AH160_9,2kW_50Hz_IE2

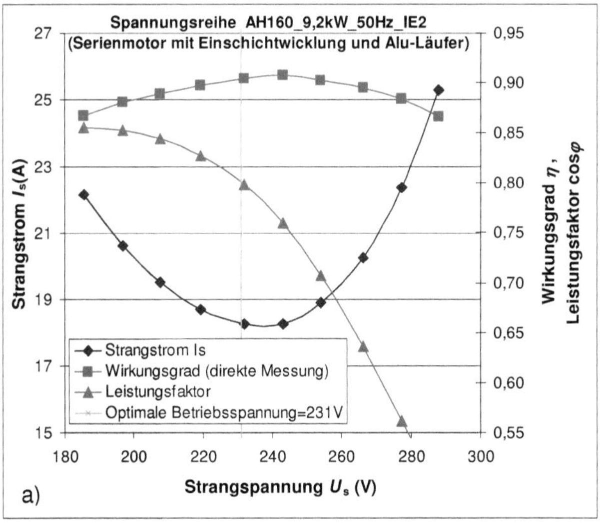

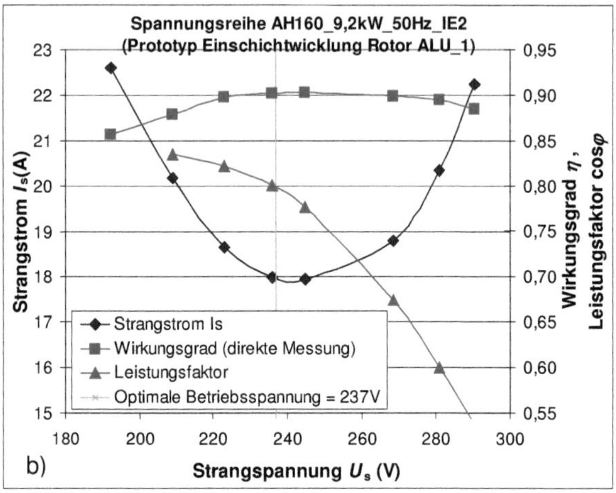

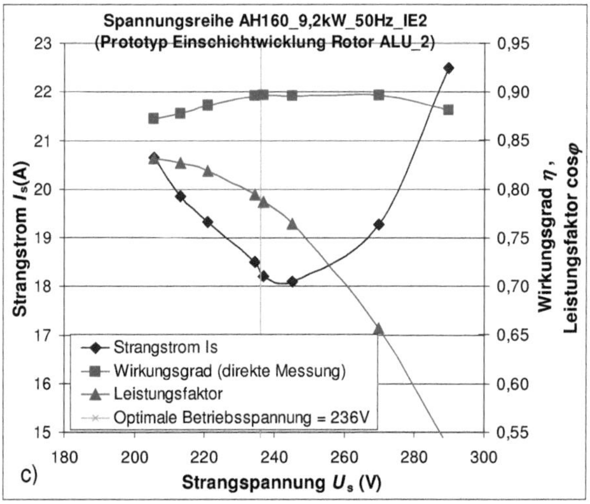

Abbildung 7.2: Messung des Strangstroms I_s, des Wirkungsgrads η_{direkt} und des Leistungsfaktors cosφ mit unterschiedlichen Versorgungsspannungen bei Betriebstemperatur und konstanter mechanischer Ausgangsleistung von $P_N = 9{,}2$ kW (Spannungsreihe) a) Serienmotor AH160_9,2kW_50Hz_IE2 mit Einschichtwicklung und Aluminiumläufer; b) und c) Prototyp AH160_9,2kW_50Hz_IE2 mit Einschichtwicklung und den beiden Aluminiumläufern ALU_1 bzw. ALU_2.

7.2.1.2. Motor AH160_9,2kW_60Hz_IE3

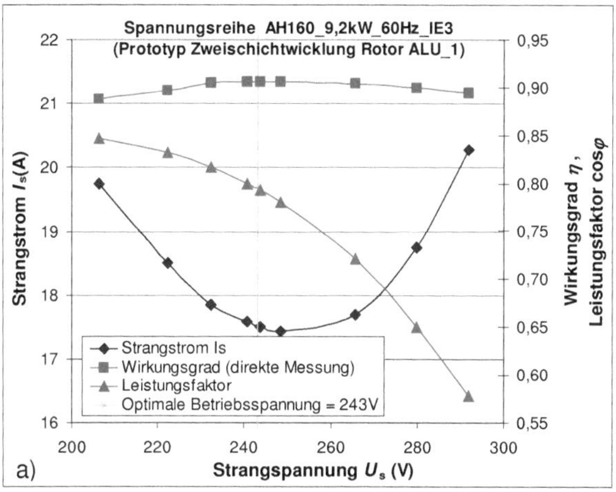

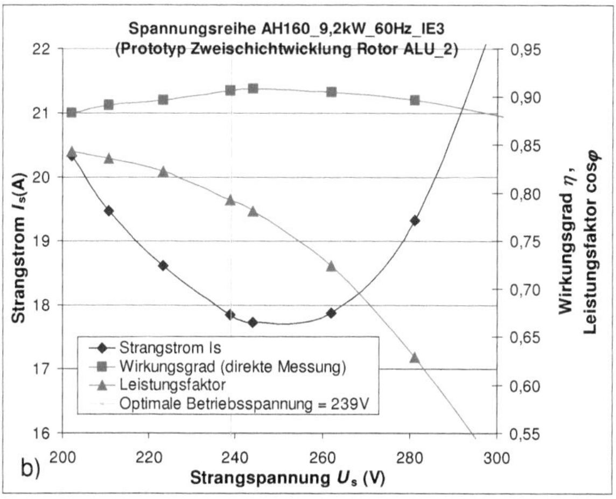

Abbildung 7.3: Wie Abbildung 7.2, jedoch: Prototyp AH160_9,2kW_60Hz_IE3 mit 8/9-gesehnter Zweischichtwicklung und den beiden Aluminiumläufern a) ALU_1 und b) ALU_2.

7.2.1.3. Motor AH160_11kW_60Hz_IE3

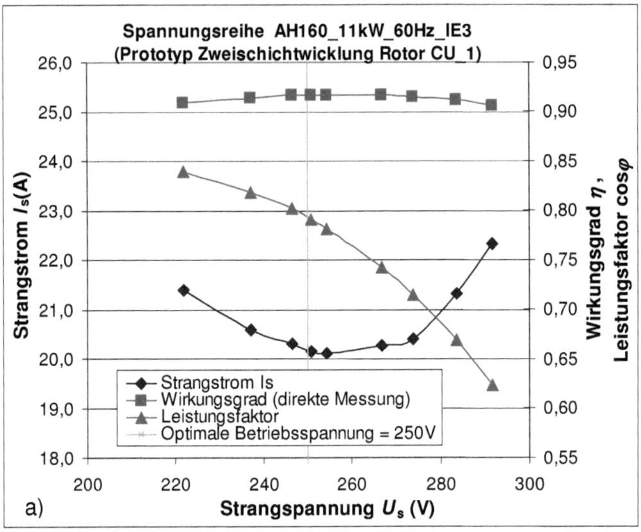

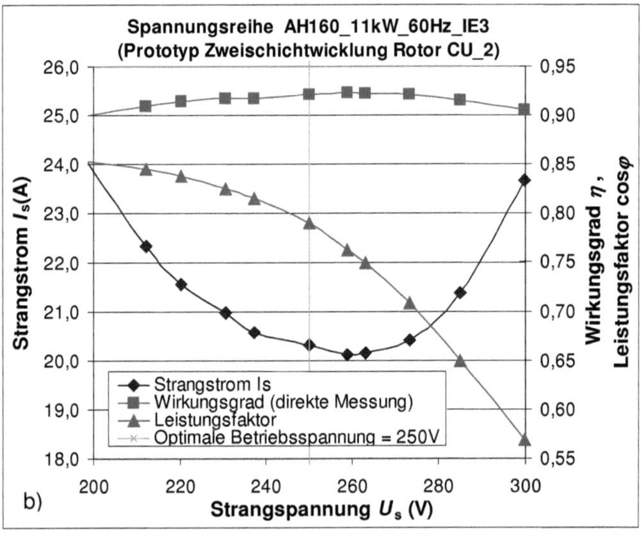

Abbildung 7.4: Wie Abbildung 7.2, jedoch: konstante Ausgangsleistung von $P_N = 11$ kW (Spannungsreihe); Prototyp AH160_11kW_60Hz_IE3 mit 8/9-gesehnter Zweischichtwicklung und den beiden Kupferläufern a) CU_1 und b) CU_2.

Zusammenfassung:

Es zeigen sich leichte Unterschiede in der optimalen Betriebsspannung für die Motoren AH160_9,2kW_50Hz_IE2 und AH160_9,2kW_60Hz_IE3 bei den Messungen mit den beiden verfügbaren Rotoren mit Aluminiumkäfig ALU_1 und ALU_2. Dabei ist die ermittelte optimale Betriebsspannung im Falle des Rotors ALU_2 um ca. 2 % kleiner als beim Betrieb mit Rotor ALU_1. Im Falle des Motors AH160_11kW_60Hz_IE3 mit Kupferkäfig sind keine wesentlichen Unterschiede bei der optimalen Betriebsspannung zwischen den Messungen mit den beiden Kupferläufern CU_1 und CU_2 feststellbar. Tabelle 7.5 fasst die für die Messungen der folgenden Abschnitte verwendeten optimalen Betriebsspannungen als Bemessungsspannungen U_{sN} für die weiteren Experimente zusammen.

Tabelle 7.5: Zusammenfassung der aus den Messungen der Spannungsreihe ermittelten optimalen Betriebsspannungen U_{sN} der untersuchten Motorvarianten mit den jeweiligen Werten des Strangstroms I_s, des (direkt gemessenen) Wirkungsgrads η und des Leistungsfaktors $\cos\varphi$ im Bemessungspunkt.

Motorvariante	AH160_ 9,2kW_50Hz_IE2 Einschichtwicklung, Aluminiumkäfig			AH160_ 9,2kW_60Hz_IE3 Zweischichtwicklung, Aluminiumkäfig		AH160_ 11kW_60Hz_IE3 Zweischichtwicklung, Kupferkäfig	
Rotor	Serie	ALU_1	ALU_2	ALU_1	ALU_2	CU_1	CU_2
Strangspannung U_{sN} (V)	230,9	237,8	235,4	243,3	238,6	250,5	249,9
Strangstrom I_s (A)	18,7	17,9	18,3	17,44	17,77	20,18	20,32
Leistungsfaktor $\cos\varphi$	0,795	0,795	0,793	0,795	0,795	0,794	0,793
Wirkungsgrad η_{direkt} (%)	90,59	90,90	90,44	91,01	91,38	92,42	92,68

7.2.2. Wirkungsgrad und allgemeine Betriebsdaten

Der Wirkungsgrad η wird indirekt gemäß Methode 1 in [96] gemessen. Zum Vergleich werden die analytischen Vorausberechnungen aus *KLASYS* dargestellt. Für den Vergleich der gemessenen Verluste mit den Berechnungsergebnissen gelten die Aussagen aus Abschnitt 4.5.7. Alle Messergebnisse werden für jeweils beide Rotoren ALU_1 und ALU_2 bzw. CU_1 und CU_2 im Rechtslauf (Blick vom Wellenende auf die A-Seite des Motors) angegeben.

7.2.2.1. Motor AH160_9,2kW_50Hz_IE2 im Vergleich mit dem Serienmotor AH160

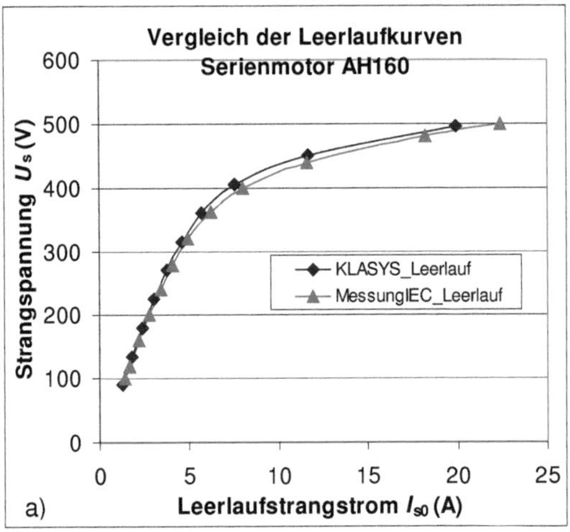

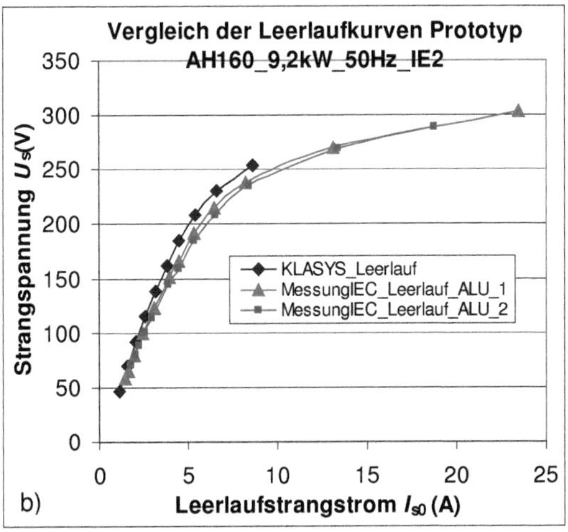

Abbildung 7.5: Messung des Strangstroms I_{s0} bei unterschiedlichen Strangspannungen U_s im Vergleich mit den analytisch berechneten Werten (*KLASYS*) a) Serienmotor AH160 b) Prototyp AH160_9,2kW_50Hz_IE2 mit beiden verfügbaren Rotoren ALU_1 und ALU_2. Bei den Berechnungen wurden die Fertigungseinflüsse gemäß Abschnitt 4.2 berücksichtigt.

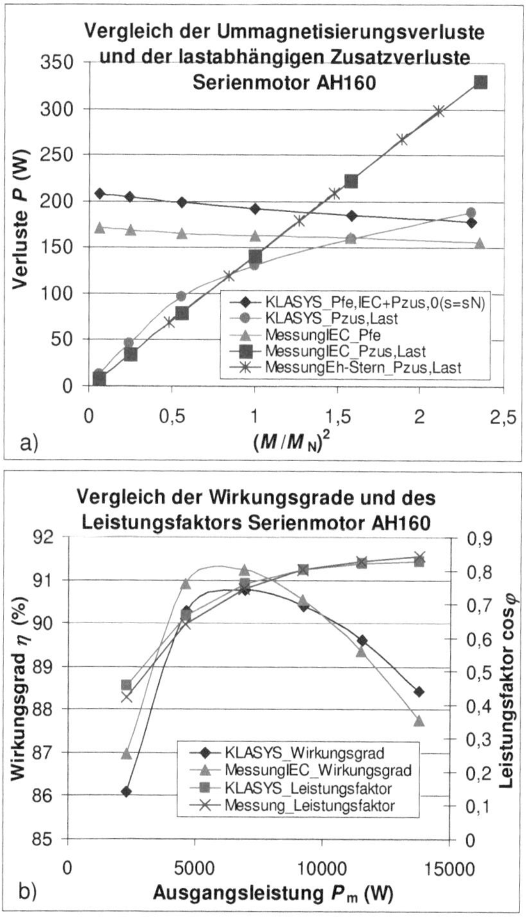

Abbildung 7.6: a) Vergleich der messtechnisch (IEC-Norm [96] Methode 1 und Eh-Stern-Messung) ermittelten mit den analytisch (*KLASYS)* berechneten lastabhängigen Zusatzverlusten $P_{zus,Last}$ und Ummagnetisierungsverlusten $P_{Fe,IEC}$ für den Serienmotor AH160. ($P_{Fe,IEC}$ wird immer zusammen mit den Leerlauf-Zusatzverlusten $P_{zus,0}$ ($s = s_N$) gemessen) b) Vergleich der messtechnisch (IEC-Norm [96] Methode 1) ermittelten mit den analytisch (*KLASYS)* berechneten Wirkungsgraden η für den Serienmotor AH160. Zusätzlich wird der gemessene und berechnete Verlauf des Leistungsfaktors $\cos\varphi(P_m)$ dargestellt.

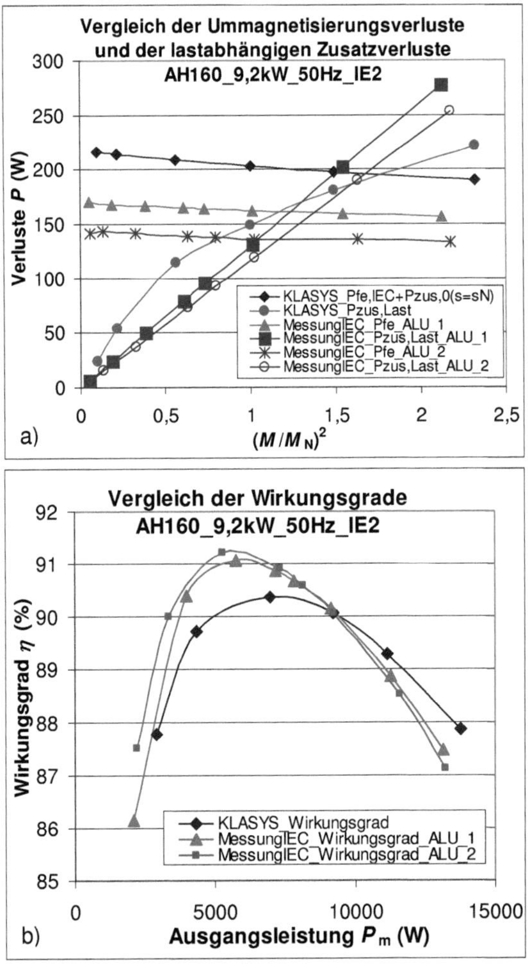

Abbildung 7.7: a) Vergleich der messtechnisch (IEC-Norm [96] Methode 1) ermittelten mit den analytisch (*KLASYS*) berechneten lastabhängigen Zusatzverlusten $P_{zus,Last}$ und Ummagnetisierungsverlusten $P_{Fe,IEC}$ für den Prototyp AH160_9,2kW_50Hz_IE2_ALU_1 bzw. ALU_2. ($P_{Fe,IEC}$ wird immer zusammen mit den Leerlauf-Zusatzverlusten $P_{zus,0}$ (s = s_N) gemessen) b) Vergleich der messtechnisch (IEC-Norm [96] Methode 1) ermittelten mit den analytisch (*KLASYS*) berechneten Wirkungsgraden η. des Prototypen AH160_9,2kW_50Hz_IE2_ALU_1 bzw. ALU_2.

Tabelle 7.6: Analytisch (*KLASYS*) berechnete Kenngrößen im Leerlaufbetrieb des Prototypen AH160_9,2kW_50Hz_IE2 und des Serienmotors AH160 im Vergleich mit Messergebnissen nach IEC-Norm [96] Methode 1.

Größe	Serienmotor AH160		Prototyp AH160_9,2kW_50Hz_IE2		
	KLASYS	Messung	*KLASYS*	Messung	
				ALU_1	ALU_2
Spannung U_N (V)	400 Y	400,1 Y	412 Y	412,3 Y	409,4 Y
Leerlaufstrom I_0 (A)	7,29	7,98	7,1	8,20	8,41
Leistungsfaktor $\cos\varphi_0$	0,063	0,055	0,064	0,050	0,049
Elek. Eingangsleistung P_0 (W)	319,6	302,4	321,8	294,1	290,41

Zusammenfassung:

Der Vergleich der gemessenen mit den analytisch vorausberechneten Leerlaufkennlinien in Abbildung 7.5 zeigt, dass die Leerlaufströme I_{s0} sowohl im Falle des Serienmotors AH160 als auch für den Prototypen AH160_9,2kW_50Hz_IE2 zu klein berechnet werden. Für diese Motoren wird die Verschlechterung der $B(H)$-Kennlinie gemäß [48] (vgl. Abschnitt 4.2) durch das Bearbeiten der Bleche offensichtlich unterschätzt. Bei Bemessungsspannung U_N ergibt sich für den Serienmotor eine Abweichung von $(I_{s0,rech} - I_{s0,mess})/ I_{s0,mess} = - 8,6\ \%$ und bei dem Prototyp AH160_9,2kW_50Hz_IE2_ALU_1 eine Abweichung von - 13,4 %. Gründe dafür könnten unzureichend genaue Herstellerangeben bezüglich der mittleren Korndurchmesser d_K und der Magnetisierbarkeit des Blechmaterials sein.

Bei der Vorausberechnung der Leistungsbilanz des Serienmotors AH160 und des Prototyps AH160_9,2kW_50Hz_IE2_ALU_1 bzw. ALU_2 ergibt sich eine zufriedenstellende Übereinstimmung der vorausberechneten und gemessenen Wirkungsgrade η. Die maximale Abweichung im Bemessungsbetrieb $(\eta_{rech} - \eta_{mess})/\eta_{mess}$ beträgt 0,2 %. In Abbildung 7.6a) bzw. Abbildung 7.7a) werden die gemessenen und berechneten Ummagnetisierungsverluste $P_{Fe,IEC} + P_{zus,0}(s = s_N)$, die gemäß den Ausführungen in Abschnitt 4.5.7 zusammen mit den Leerlauf-Zusatzverlusten $P_{zus,0}(s = s_N)$ gemessen werden, und die lastabhängigen Zusatzverluste $P_{zus,Last}$ des Serienmotors AH160 bzw. des Prototyps AH160_9,2kW_50Hz_IE2 gegenübergestellt. Dabei fällt auf, dass die vorausberechneten Ummagnetisierungsverluste $P_{Fe,IEC}$ + $P_{zus,0}(s = s_N)$ gerade beim Prototyp AH160_9,2kW_50Hz_IE2 höher ausfallen als bei den Messungen. Grund für diese Abweichungen kann hier neben den üblichen Schwankungen der Blechqualität eine leichte Überschätzung der Verschlechterung der Verlustkoeffizienten durch die Methode aus Abschnitt 4.2 sein, da die Bleche des Prototypen nicht gestanzt, sondern per Laserschnitt gefertigt wurden. Abbildung 7.6b) bzw. Abbildung 7.7b) stellen die jeweils gemessenen und vorausberechneten Wirkungsgrade η in den sechs Lastpunkten aus [96] dar. Für den Bemessungspunkt werden die berechneten und gemessenen Verlustleistungen in Tabelle 7.7 zusammengefasst.

Im Rahmen der Messgenauigkeit ergeben sich für alle Gegenüberstellung gute Übereinstimmungen. Der Prototyp weist einen um ca. 0,4 % geringeren Wirkungsgrad η im Vergleich zum Serienmotor auf, erfüllt aber mit 90,15 % bzw. 90,07 % für die Messungen mit den Rotoren ALU_1 bzw. ALU_2 dennoch die Vorgaben bezüglich der geforderten Wirkungsgradklasse IE2.

Tabelle 7.7: Analytisch (*KLASYS*) berechnete Leistungsbilanz des Prototypen AH160_9,2kW_50Hz_IE2 und des Serienmotors AH160 im Bemessungsbetrieb im Vergleich mit Messergebnissen nach IEC-Norm [96] Methode 1. Zur Berechnung der Stromwärmeverluste wurden die gleichen Temperaturen wie bei den Messungen verwendet. Die Messergebnisse werden gemäß [96] für eine Umgebungstemperatur von ϑ_{amb} = 25°C korrigiert. Die grau hinterlegten Felder sind Berechnungsgrößen, die nicht direkt mit entsprechenden Messgrößen vergleichbar sind.

Größe	Serienmotor AH160		Prototyp AH160_9,2kW_50Hz_IE2		
	KLASYS	Messung	*KLASYS*	Messung	
				ALU_1	ALU_2
Bemessungsspannung U_N (V)	400 Y	400,2 Y	412 Y	412,6 Y	407,7 Y
Strangstrom I_{sN} (A)	18,23	18,28	17,49	17,89	18,29
Hauptfeldspannung U_h (V)	215,0	-	222,7	-	-
Leistungsfaktor $\cos\varphi_N$	0,801	0,797	0,814	0,795	0,793
Elek. Eingangsleistung P_e (W)	10218,4	10159,3	10231,3	10160,6	10242,1
Stator-Stromwärmeverluste $P_{Cu,s}$(W)	405,56	404,44	351,40	374,37	392,53
Leerlauf-Ummagnetisierungsverluste $P_{Fe,0}$(W)	140,28	-	145,16	-	-
Ummagnetisierungsverluste $P_{Fe,IEC} = P_{Fe,0}\cdot(U_h/U_{h0})^2$ (W)	128,42	-	134,68	-	-
Ummagnetisierungsverluste $P_{Fe,N}$(W) (über *Steinmetz*-Formel berechnet)	136,19	-	141,57	-	-
Umgerechnete Leerlauf-Zusatzverluste $P_{zus,0}(s=s_N)=P_{zus,0}(s=0)\cdot(U_h/U_{h0})^2$ (W)	63,44	-	68,66	-	-
Ummagnetisierungsverluste $P_{Fe,IEC}$ + Leerlauf-Zusatzverluste $P_{zus,0}(s=s_N)$ (W)	191,87	163,20	203,34	162,50	136,03
Rotor-Stromwärmeverluste $P_{Cu,r}$[W]	194,67	195,99	258,5	276,52	311,92
Reibungsverluste P_{fr+w}[W]	52,34	54,57	51,67	55,85	57,89
Verluste Stromoberschwingungen $P_{Cu,r,os}$(W)	13,9	-	23,7	-	-
Flusspulsationsverluste in den Statorzähnen $P_{p,s}$ (W)	69,48	-	63,63	-	-
Oberflächenverluste Stator $P_{O,s}$ (W)	24,83	-	34,44	-	-
Flusspulsationsverluste Rotorzähne $P_{p,r}$ (W)	1,23	-	1,68	-	-
Oberflächenverluste Rotor $P_{O,r}$ (W)	83,22	-	88,30	-	-
Querstromzusatzverluste $P_{q,r}$ (W)	7,56	-	5,6	-	-
Gesamte Zusatzverluste P_{zus} (W)	193,96	-	217,43	-	-
Lastabhängige Zusatzverluste $P_{zus,Last}$(W)	130,51	141,08	148,77	131,54	118,79
Gesamtverluste P_d (W)	981,28	959,28	1015,37	1000,8	1017,2
Mech. Ausgangsleistung P_m (W)	9237,2	9200,0	9215,9	9159,8	9224,9
Wellenmoment M_N (Nm)	60,06	59,79	60,32	60,02	60,68
Drehzahl n (min^{-1})	1468,7	1469,3	1459,1	1457,1	1451,7
Wirkungsgrad η (%)	90,39	90,56	90,08	90,15	90,07
Wirkungsgradklasse nach [19]	IE2	IE2	IE2	IE2	IE2

7.2.2.2. Motor AH160_9,2kW_60Hz_IE3 und Motor AH160_11kW_60Hz_IE3

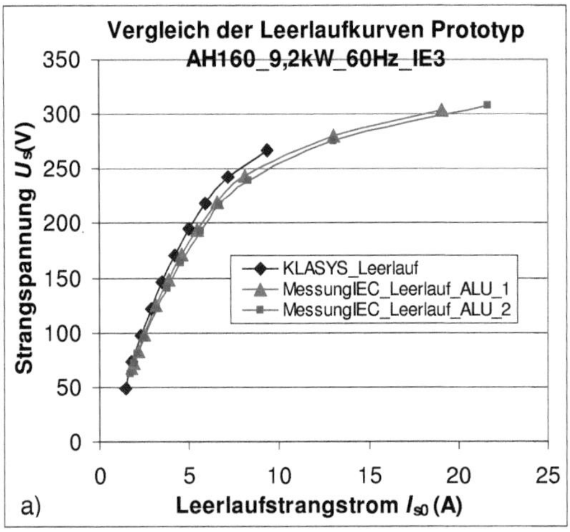

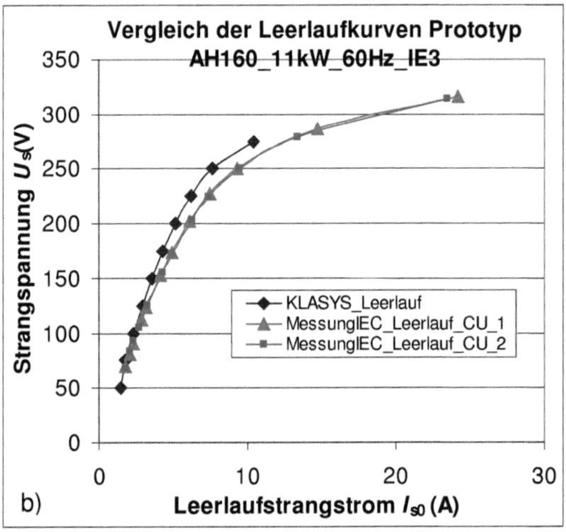

Abbildung 7.8: Messung des Strangstroms I_{s0} bei unterschiedlichen Versorgungsspannungen im Vergleich mit den analytisch berechneten Werten (*KLASYS*) a) Prototyp AH160_9,2kW_60Hz_IE3 mit beiden verfügbaren Rotoren ALU_1 und ALU_2 b) Prototyp AH160_11kW_60Hz_IE3 mit beiden verfügbaren Rotoren CU_1 und CU_2. Bei den Berechnungen wurden die Fertigungseinflüsse gemäß Abschnitt 4.2 berücksichtigt.

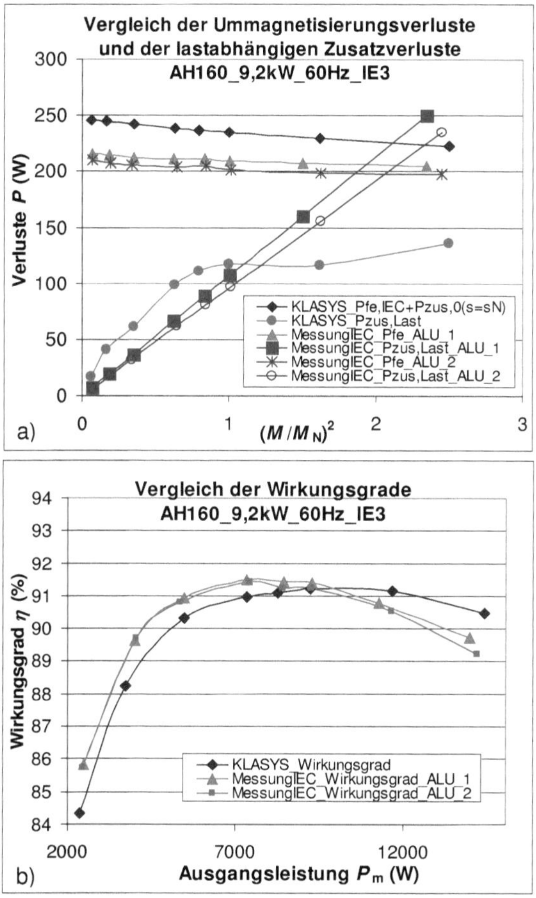

Abbildung 7.9: a) Vergleich der messtechnisch (IEC-Norm [96] Methode 1) ermittelten mit den analytisch (*KLASYS*) berechneten lastabhängigen Zusatzverlusten $P_{zus,Last}$ und Ummagnetisierungsverlusten $P_{Fe,IEC}$ für den Prototyp AH160_9,2kW_60Hz_IE3_ALU_1 bzw. ALU_2. ($P_{Fe,IEC}$ wird immer zusammen mit den Leerlauf-Zusatzverlusten $P_{zus,0}(s = s_N)$ gemessen) b) Vergleich der messtechnisch (IEC-Norm [96] Methode 1) ermittelten mit den analytisch (*KLASYS*) berechneten Wirkungsgraden η. des Prototypen AH160_9,2kW_60Hz_IE3_ALU_1 bzw. ALU_2.

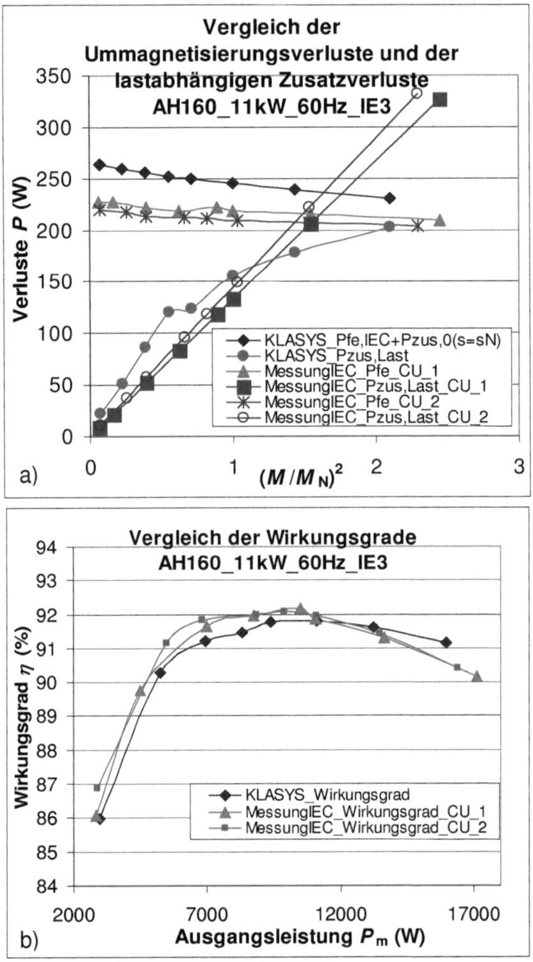

Abbildung 7.10: a) Vergleich der messtechnisch (IEC-Norm [96] Methode 1) ermittelten mit den analytisch (*KLASYS*) berechneten lastabhängigen Zusatzverlusten $P_{zus,Last}$ und Ummagnetisierungsverlusten $P_{Fe,IEC}$ für den Prototyp AH160_11kW_60Hz_IE2_CU_1 bzw. CU_2. ($P_{Fe,IEC}$ wird immer zusammen mit den Leerlauf-Zusatzverlusten $P_{zus,0}(s = s_N)$ gemessen) b) Vergleich der messtechnisch (IEC-Norm [96] Methode 1) ermittelten mit den analytisch (*KLASYS*) berechneten Wirkungsgraden η. des Prototypen AH160_11kW_60Hz_IE2_CU_1 bzw. CU_2.

Tabelle 7.8: Analytisch (*KLASYS*) berechnete Kenngrößen im Leerlaufbetrieb der Prototypen AH160_9,2kW_60Hz_IE3 und AH160_11kW_60Hz_IE3 im Vergleich mit Messergebnissen nach IEC-Norm [96] Methode 1.

Größe	Prototyp AH160_ 9,2kW_60Hz_IE3			Prototyp AH160_ 11kW_60Hz_IE3		
	KLASYS	Messung		*KLASYS*	Messung	
		ALU_1	ALU_2		CU_1	CU_2
Spannung U_{sN} (V)	243 D	243,3 D	238,6 D	251 D	250,4 D	250,6 D
Leerlaufstrangstrom I_{s0} (A)	7,16	8,05	8,25	7,77	9,32	9,44
Leistungsfaktor $\cos\varphi_0$	0,074	0,064	0,063	0,041	0,061	0,055
Elek. Eingangsleistung P_0 (W)	387,4	376,9	373,9	240,6	429,2	394,22

Zusammenfassung:

Der Vergleich der gemessenen mit den analytisch vorausberechneten Leerlaufkennlinien in Abbildung 7.8 zeigt wie auch zuvor, dass die Leerlaufströme I_{s0} sowohl im Falle des Prototyps AH160_9,2kW_60Hz_IE3 als auch für Prototyp AH160_11kW_60Hz_IE3 zu klein berechnet werden. Bei Betrieb mit Bemessungsspannung U_N ergibt sich für den Prototyp AH160_9,2kW_60Hz_IE3_ALU_1 eine Abweichung von $(I_{s0,rech}-I_{s0,mess})/I_{s0,mess}=-11\ \%$ und bei dem Prototyp AH160_11kW_60Hz_IE3_CU_1 eine Abweichung von - 16,6 %. Die Gegenüberstellung der berechneten und gemessenen Verluste zeigt Tabelle 7.9. Die maximale Abweichung zwischen den vorausberechneten und gemessenen Wirkungsgraden η im Bemessungsbetrieb $(\eta_{rech} - \eta_{mess})/\eta_{mess}$ beträgt 0,24 %. In Abbildung 7.9a) bzw. Abbildung 7.10a) werden die gemessenen und berechneten Ummagnetisierungsverluste $P_{Fe,IEC}+P_{zus,0}(s=s_N)$ der Prototypen AH160_9,2kW_60Hz_IE3 bzw. AH160_11kW_60Hz_IE3 gegenübergestellt. Dabei fällt auf, dass die vorausberechneten Ummagnetisierungsverluste $P_{Fe,IEC} + P_{zus,0}(s = s_N)$ durchweg höher ausfallen als bei den Messungen. Grund dafür kann hier neben den üblichen Schwankungen der Blechqualität eine leichte Überschätzung der Verschlechterung der Verlustkoeffizienten durch die Methode aus Abschnitt 4.2 sein, da die Bleche der beiden Prototypen nicht gestanzt, sondern per Laserschnitt gefertigt wurden.

Tabelle 7.9: Analytisch (*KLASYS*) berechnete Leistungsbilanz der Prototypen AH160_9,2kW_60Hz_IE3 und AH160_11kW_60Hz_IE3 im Bemessungsbetrieb im Vergleich mit Messergebnissen nach IEC-Norm [96] Methode 1. Zur Berechnung der Stromwärmeverluste wurden die gleichen Temperaturen wie bei den Messungen verwendet. Die Messergebnisse werden gemäß [96] für eine Umgebungstemperatur von ϑ_{amb} = 25°C korrigiert Die grau hinterlegten Felder sind Berechnungsgrößen, die nicht direkt mit entsprechenden Messgrößen vergleichbar sind (LL = Leerlauf; Verl. = Verluste).

Größe	AH160_9,2kW_60Hz_IE3			AH160_11kW_60Hz_IE3		
	KLASYS	Messung		*KLASYS*	Messung	
		ALU_1	ALU_2		CU_1	CU_2
Bemessungsspannung U_N (V)	243 D	243,3 D	238,6 D	251 D	250,5 D	249,89
Strangstrom I_{sN} (A)	16,98	17,46	17,76	19,56	20,05	20,32
Hauptfeldspannung U_h (V)	230,9	-	-	233,8	-	-
Leistungsfaktor $\cos\varphi_N$	0,811	0,795	0,795	0,816	0,797	0,793
Elek. Eingangsleistung P_e (W)	10101,8	10140,7	10117,5	12078,3	12017,2	12056,2
Stator-Stromwärmeverl. $P_{Cu,s}$(W)	250,72	264,78	273,29	342,75	357,36	363,58
LL-Ummagnetisierungsverl. $P_{Fe,0}$(W)	173,4	-	-	182,01	-	-
Ummagnetisierungsverl. $P_{Fe,IEC} = P_{Fe,0}\,(U_h/U_{h0})^2$ (W)	164,45	-	-	166,84	-	-
Ummagnetisierungsverl. $P_{Fe,N}$(W) (über *Steinmetz*-Formel berechnet)	170,89	-	-	174,29	-	-
Umger. LL-Zusatzverluste $P_{zus,0}(s{=}s_N) = P_{zus,0}(s{=}0)\cdot(U_h/U_{h0})^2$ (W)	70,56	-	-	78,92	-	-
Ummagnetisierungsverl. $P_{Fe,IEC}$ + LL-Zusatzverl. $P_{zus,0}(s{=}s_N)$ (W)	235,01	209,25	201,55	245,77	218,24	208,95
Rotor-Stromwärmeverl. $P_{Cu,r}$(W)	182,16	189,13	205,04	139,91	151,94	151,83
Reibungsverluste P_{fr+w}(W)	101,07	101,56	107,21	107,25	119,35	94,46
Verl. Stromoberschw. $P_{Cu,r,os}$(W)	7,4	-	-	7,5	-	-
Flusspulsationsverl. in den Statorzähnen $P_{p,s}$ (W)	57,39	-	-	63,52	-	-
Oberflächenverl. Stator $P_{O,s}$ (W)	35,47	-	-	48,25	-	-
Flusspulsationsverl. in den Rotorzähnen $P_{p,r}$ (W)	0,692	-	-	0,754	-	-
Oberflächenverl. Rotor $P_{O,r}$ (W)	83,21	-	-	108,54	-	-
Querstromzusatzverluste $P_{q,r}$ (W)	3,68	-	-	5,75	-	-
Gesamte Zusatzverluste P_{zus} (W)	187,95	-	-	234,46	-	-
Lastabh. Zusatzverl $P_{zus,Last}$(W)	117,39	107,48	97,20	155,53	132,85	149,43
Gesamtverluste P_d (W)	886,29	872,20	884,29	991,20	979,74	968,25
Mech. Ausgangsleistung P_m (W)	9215,5	9268,5	9233,2	11087,1	11037,5	11087,9
Wellenmoment M (Nm)	49,85	50,15	50,05	59,57	59,34	59,61
Drehzahl n (min^{-1})	1765,4	1764,8	1761,7	1777,3	1776,1	1776,1
Wirkungsgrad η (%)	91,23	91,40	91,26	91,79	91,85	91,96
Wirkungsgradklasse nach [19]	IE2	IE2	IE2	IE2	IE2	IE2

Abbildung 7.9b) bzw. Abbildung 7.10b) stellen die jeweils gemessenen und vorausberechneten Wirkungsgrade η in den sechs Lastpunkten aus [96] dar. Hier sind die Übereinstimmungen zwischen Vorausberechnungen und den Messergebnissen in Anbetracht der Rechen- und Messtoleranzen zufriedenstellend. Allerdings erfüllen beide Entwürfe nicht die geforderte Wirkungsgradklasse IE3. Für den Prototyp AH160_9,2kW_60Hz_IE3 ergibt die Messung im günstigsten Fall mit dem Rotor ALU_1 eine Abweichung von $\Delta\eta = \eta_{soll}-\eta_{ist} = 92\ \% - 91{,}4\ \% = 0{,}6\ \%$ (vgl. Tabelle 7.3) und für den Prototyp AH160_11kW_60Hz_IE3 mit dem Rotor CU_2 eine Abweichung von $\Delta\eta = \eta_{soll}-\eta_{ist} = 92{,}7\ \% - 91{,}96\ \% = 0{,}74\ \%$ (vgl. Tabelle 7.3).

7.2.3. Anlaufverhalten

Das Anlaufverhalten der Motoren wurde mit dem Reversierversuch aus Abschnitt 4.4.4 und durch Belastung mit einer Pendelmaschine gemessen. Besonders bei den Messungen im 60Hz-Betrieb kommt es während des Reversierens zu einem erheblichen Einbruch der Versorgungsspannung, was durch quadratische Korrektur der Drehmomentmesswerte $M \sim U_s^2$ und lineare Korrektur der Strangströme $I_s \sim U_s$ in Bezug auf die Betriebsspannung rechnerisch kompensiert wird (vgl. Abbildung 7.12d, Abbildung 7.13b, Abbildung 7.14b). Dabei ist zu beachten, dass sich durch die reduzierten Spannungen auch die Sättigungsverhältnisse verändern, so dass eine Korrektur alleine über die Spannungswerte vor allem bei den hier sehr hohen Spannungseinbrüchen bis zu fast 40 % (Abbildung 7.14b) nur näherungsweise richtig ist. Weiterhin ist zu berücksichtigen, dass die Frequenz f_s während des Reversierens am verwendeten 60-Hz-Umformersatz kurzzeitig um ±3 % variiert, da trotz Optimierung der Parameter der Drehzahlregelung des Umformers eine gewisse Nachregelzeit unvermeidbar ist.

7.2.3.1. Motor AH160_9,2kW_50Hz_IE2 im Vergleich mit dem Serienmotor AH160

Abbildung 7.11a) vergleicht die Messergebnisse $M(s)$ zweier hintereinander durchgeführter Reversierversuche mit dem Serienmotor AH160 mit den analytischen Vorausberechnungen a) mit Berücksichtigung des gemessenen Querwiderstandsbelags r_q = 1,2·10^{-4}Ohm·cm^2 (vgl. Abschnitt 4.4) und b) mit der Annahme eines isolierten Käfigs. Die großen Unterschiede bei den analytischen Ergebnissen verdeutlichen den Einfluss der Querströme $\underline{I}_q$ auf die Hochlaufkurven und die Notwendigkeit, gerade bei den hier betrachteten tiefen Rotornuten mit einer verhältnismäßig großen Nutseitenfläche von A_q = 71,7 cm^2, den richtigen Wert für den Querwiderstandsbelag r_q in der Rechnung zu verwenden. Die Rechnung und die Messung zeigen ein deutliches synchrones Oberwellenmoment $M_{e\nu\nu}$ im Anlaufbereich bei einen Schlupf von s = 0,9, welches auf die nutharmonische Feldoberwelle $\nu = -\mu$ = 19 zurück zu führen ist, und ein synchrones Oberwellenmoment $M_{e\nu\nu}$, verursacht durch die Feldoberwelle $\nu = -\mu$ = -11 bei einem Schlupfwert von s = 1,2. Zudem bilden sich starke asynchrone Oberwellenmomente $M_{e\nu}$ (vorwiegend) aufgrund des ersten Nutharmonischenpaars im Bereich des Kurzschlusspunkts $s \approx 1$ und ein deutliches asynchrones Oberwellenmoment $M_{e\nu}$ im Bereich des Schlupfwerts s = 1,2 aufgrund der Feldoberwelle der Ordnung ν = 5 aus. Wie bereits in Abschnitt 4.4.4 erwähnt, ist die starke Überhöhung der Drehmomente im Gegenstrombereich bei den Messergebnissen auf die Einflüsse von Wirbelströmen in axialer Richtung durch die teilweise gebrückten Rotorbleche und die zusätzlich ansteigenden Rotorquerströme in den geschrägten Rotoren zurückzuführen (vgl. [33, 62]). Da das Vorzeichen der synchronen Oberwellenmomente (bremsend oder antreibend) von der Phasenlage zwischen dem beteiligten Rotoroberfeld und dem Statoroberfeld im jeweiligen Betriebsschlupf s abhängt [23, 26, 67], variiert es zufällig mit der Rotorlage, weswegen die synchronen Oberwellenmomente beim Schlupf s = 0,9 in Abbildung 7.12a) unterschiedliches Vorzeichen aufweisen. Abbildung 7.11b) vergleicht die im Reversierversuch gemessenen Hochlaufkurven $M(s)$ des Serienmotors AH160 mit den Messergebnissen des Prototyps AH160_9,2kW_50Hz_IE2. Es zeigt sich ein leichter Anstieg des Anlaufmoments M_1 (um ca. 9 %) bei gleichzeitiger Reduktion des Kippmoments M_b (um ca. 5 %) beim Prototypen AH160_9,2kW_50Hz_IE2. Wie auch die analytische Berechnung in Abbildung 7.12a) zeigt, ergibt sich für den Prototypen

AH160_9,2kW_50Hz_IE2 ein großes synchrones Oberwellenmoment $M_{e\nu\nu}$ aufgrund der Feldoberwellen der Ordnung $\nu = -\mu = -17$ im Gegenstrombereich, während die $M(s)$-Kurve im Anlaufbereich nur um den Kurzschlusspunkt herum durch die asynchronen Oberwellenmomente (vorwiegend) der nutharmonischen Feldoberwellen beeinflusst wird.

Tabelle 7.10 stellt die gemessenen und analytisch vorausberechneten charakteristischen Drehmomentwerte für den Serienmotor AH160 und den Prototyp AH160_9,2kW_50Hz_IE2 gegenüber. Der Entwurf erfüllt alle bezüglich der maximalen und minimalen Drehmomente geforderten Vorgaben. Die Messergebnisse für beide Rotoren ALU_1 und ALU_2 sind vergleichbar.

Tabelle 7.10: Analytisch (*KLASYS*) berechnete Drehmomente des Prototypen AH160_9,2kW_50Hz_IE2 und des Serienmotors AH160 im Vergleich mit Messergebnissen aus dem Reversierversuch.

Größe	Serienmotor AH160		Prototyp AH160_9,2kW_50Hz_IE2		
	KLASYS	Messung	*KLASYS*	Messung	
				ALU_1	ALU_2
Spannung U_N (V)	400 Y	400 Y	412 Y	412 Y	408 Y
Anlaufmoment M_1 (Nm)	161,2	162,6	163,6	177,4	177,9
Kippmoment M_b (Nm)	202,1	195,2	184,8	185,3	186,8
Sattelmoment M_u (Nm)	154,3	138,1	153,6	152,9	154,0
Bemessungsmoment M_N (Nm)	60,0	59,79	60,36	60,02	60,68

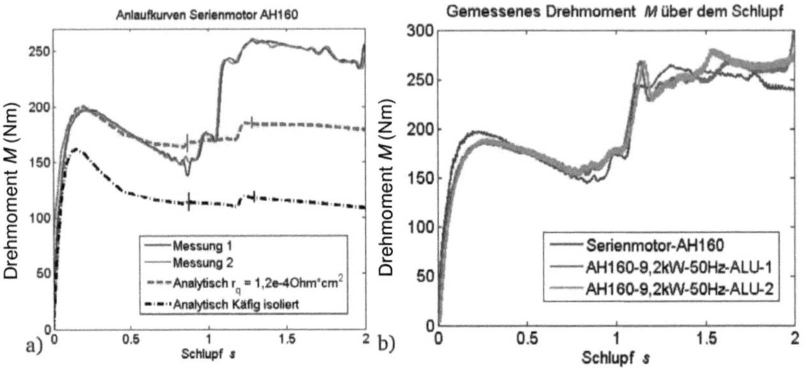

Abbildung 7.11: a) Über den Reversierversuch (Abschnitt 4.4.4) gemessene Hochlaufkurven des Serienmotors AH160 im Vergleich mit den analytisch (*KLASYS*) vorausberechneten Hochlaufkurven bei Bemessungsspannung $U_N = 400$ VY, $f_N = 50$ Hz. Um den Einfluss des Querwiderstandes R_q zu verdeutlichen, werden die analytischen Berechnungen alternativ mit Verwendung des gemessenen Werts von $r_q = 1{,}2 \cdot 10^{-4}\text{Ohm} \cdot \text{cm}^2$ und mit der Annahme eines ideal isolierten Käfigs dargestellt. b) Gegenüberstellung der im Reversierversuch gemessenen Hochlaufkurven des Serienmotors AH160 ($U_N = 400$ VY, $f_N = 50$ Hz) mit dem Prototypen AH160_9,2kW_50Hz_IE2 ($U_N = 412$ VY bzw. 408 VY, $f_N = 50$ Hz).

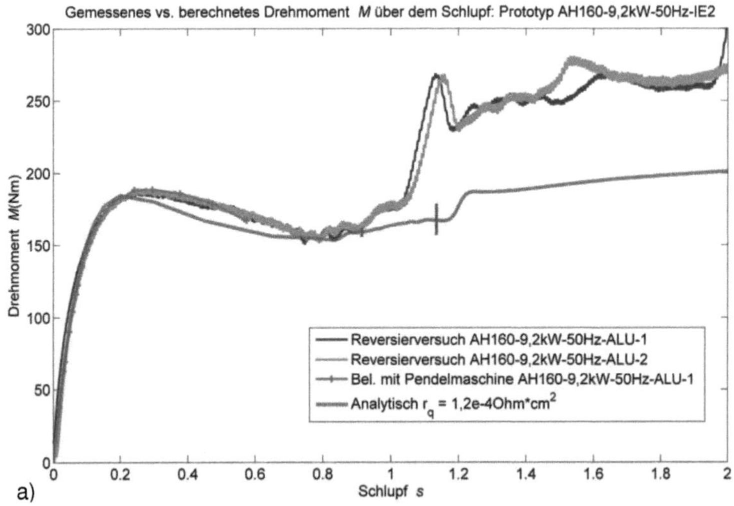

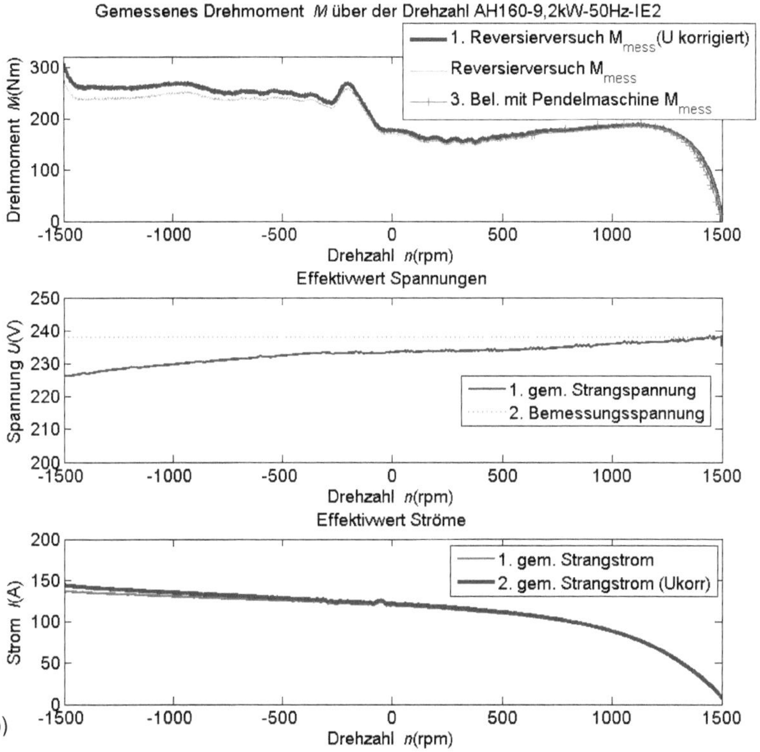

b)

Abbildung 7.12: a) Über den Reversierversuch (Abschnitt 4.4.4) gemessene Hochlaufkurven des Prototypen AH160_9,2kW_50Hz_IE2_ALU_1 bzw. ALU_2 (U_N = 412 VY bzw. 408 VY, f_N = 50Hz) im Vergleich mit den analytisch (*KLASYS*) vorausberechneten Hochlaufkurven mit r_q = $1{,}2\cdot10^{-4}$Ohm·cm². b) Während des Reversierversuchs aus c) gemessene Verläufe der Strangspannung U_s und des in Bezug auf die Bemessungsspannung korrigierten Drehmoments M und Strangstroms I_s des Prototyps AH160_9,2kW_50Hz_IE2_ALU_1.

7.2.3.2. Motor AH160_9,2kW_60Hz_IE3 und Motor AH160_11kW_60Hz_IE3

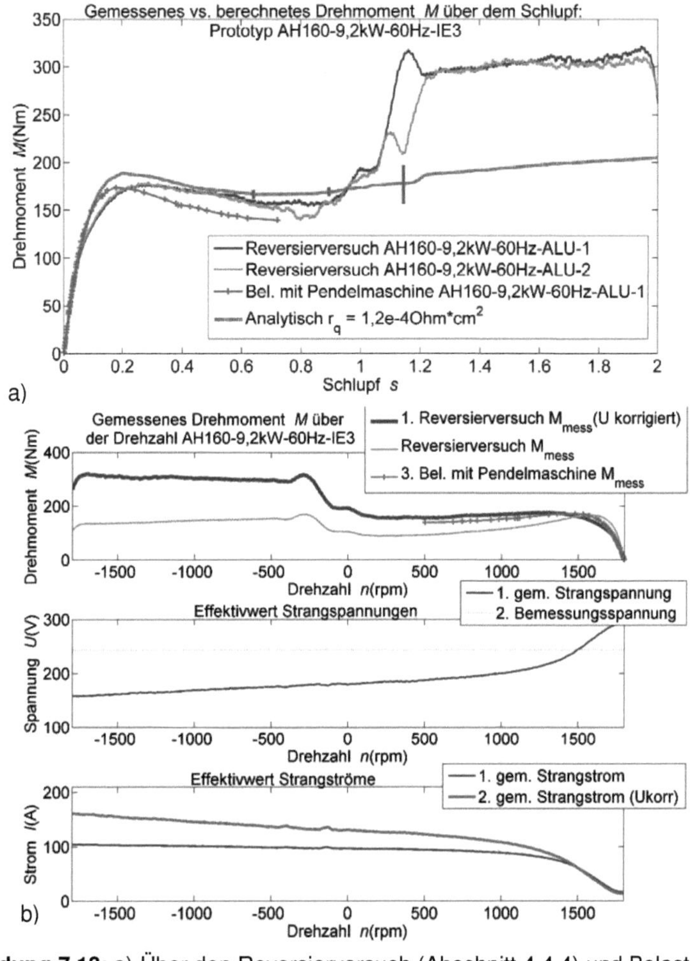

Abbildung 7.13: a) Über den Reversierversuch (Abschnitt 4.4.4) und Belastung mit der Pendelmaschine gemessene Hochlaufkurven des Prototypen AH160_9,2kW_60Hz_IE3_ALU_1 bzw. ALU_2 (U_N = 243 VD bzw. 239 VD, f_N = 60 Hz) im Vergleich mit den analytisch (*KLASYS*) vorausberechneten Hochlaufkurven mit $r_q = 1{,}2 \cdot 10^{-4}$Ohm·cm². b) Während des Reversierversuchs aus a) gemessene Verläufe der Strangspannung U_s und des in Bezug auf die Bemessungsspannung korrigierten Drehmoments M und Strangstroms I_s des Prototyps AH160_9,2kW_60Hz_IE3_ALU_1.

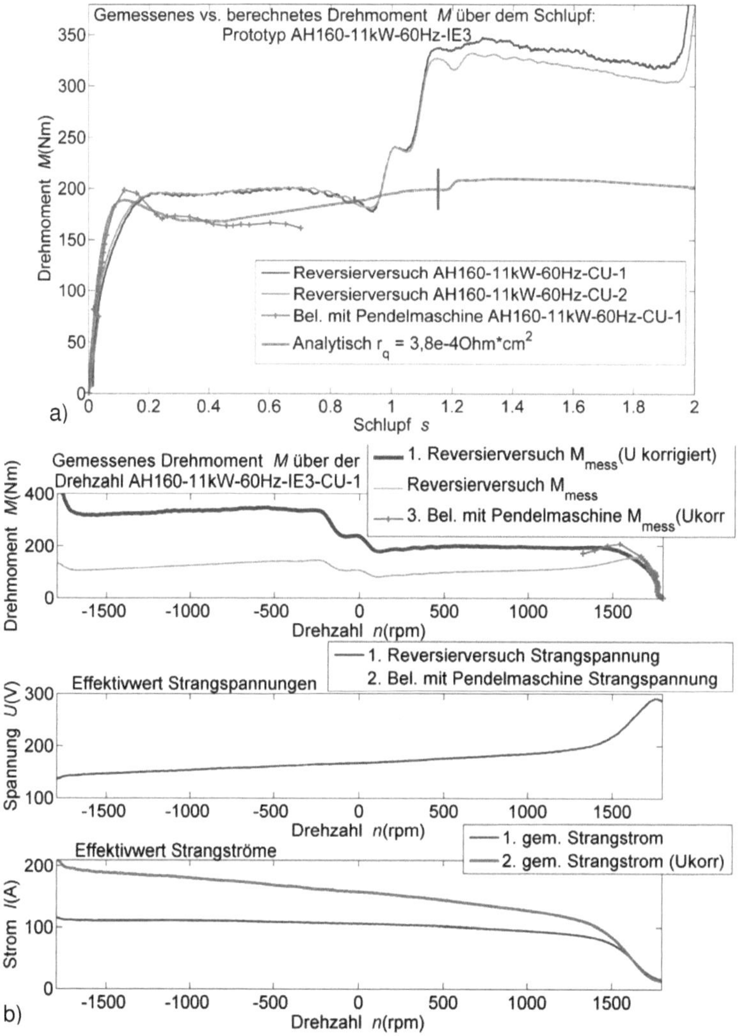

Abbildung 7.14: Über den Reversierversuch (Abschnitt 4.4.4) und Belastung mit der Pendelmaschine gemessene Hochlaufkurven des Prototypen AH160_11kW_60Hz_IE3_CU_1 bzw. CU_2 (U_N = 251 VD bzw. 250 VD, f_N = 60 Hz) im Vergleich mit den analytisch (*KLASYS*) vorausberechneten Hochlaufkurven mit $r_q = 3{,}8 \cdot 10^{-4}$Ohm·cm². b) Während des Reversierversuchs aus a) gemessene Verläufe der Strangspannung U_s und des in Bezug auf die Bemessungsspannung korrigierten Drehmoments *M* und Strangstroms I_s des Prototyps AH160_11kW_60Hz_IE3_ALU_1.

Zusammenfassung:

Die Messungen zeigen, dass lediglich für den Motor AH160_11kW_60Hz_IE3 eine Überschreitung des maximal zulässigen Drehmoments im Kurzschlusspunkt auftritt. Generell zeigen alle Messungen, dass kaum Spielraum für eine weitere Erhöhung der maximalen Drehmomentwerte vorliegt. Die normativ geforderten minimalen Werte für einen gesicherten Anlauf werden durchweg eingehalten.

Tabelle 7.11: Analytisch (*KLASYS*) berechnete Drehmomente der Prototypen AH160_9,2kW_60Hz_IE3 und AH160_11kW_60Hz_IE3 im Vergleich mit Messergebnissen aus dem Reversierversuch.

Größe	Prototyp AH160_9,2kW_60Hz_IE3			Prototyp AH160_11kW_60Hz_IE3		
	KLASYS	Messung		*KLASYS*	Messung	
		ALU_1	ALU_2		CU_1	CU_2
Spannung U_N (V)	243 D	243 D	243 D	251 D	251 D	250 D
Anlaufmoment M_l (Nm)	173,3	191,8	183,4	195,2	237,3	235,5
Kippmoment M_b (Nm)	187,0	174,7	173,6	188,8	194,7	195,3
Sattelmoment M_u (Nm)	166,3	153,7	144,4	168,0	179,4	181,2
Bemessungsmoment M_N (Nm)	49,85	50,15	50,05	59,57	59,34	59,61

7.2.4. Kurzschlusskennlinien

Bei fest gebremstem Rotor und steigender Versorgungsspannung U_s werden die Strangströme I_s gemessen und berechnet. Dabei muss gewährleistet sein, dass die Vorgaben bezüglich der maximalen Kurzschlussscheinleistung S_k bei Bemessungsspannung U_{sN} eingehalten werden. Durch die ansteigende Sättigung der Streuwege (Zick-Zack- und Nutstreufluss mit den Sättigungsfaktoren k_{zk} bzw. $k_{ns,r/s,A/B}$) bei ansteigender Versorgungsspannung (Abschnitt 4.1), steigen die Kurven $I_k(U_s)$ nichtlinear an. Daher sollte eine Messung des Kurzschlussstromes auch immer bis zur Bemessungsspannung U_{sN} hin vorgenommen werden, auch wenn dies mit einer starken Erwärmung der Wicklung einhergeht.

7.2.4.1. Motor AH160_9,2kW_50Hz_IE2 im Vergleich mit dem Serienmotor AH160

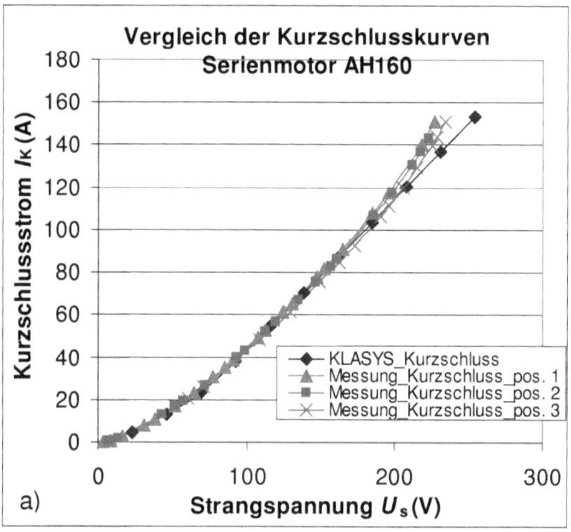

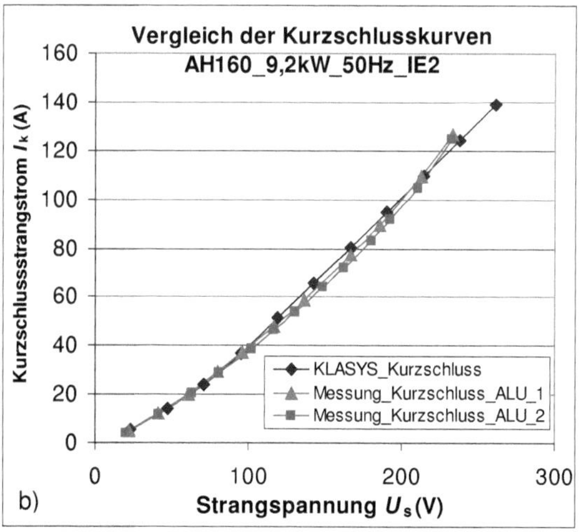

Abbildung 7.15: a) Messung der Kurzschlusskennlinien I_k (U_s) in drei unterschiedlichen Positionen und Vergleich mit der analytischen Vorausberechnung für den Serienmotor AH160. b) Messung der Kurzschlusskennlinien I_k (U_s) der Prototypen AH160_9,2kW_50Hz_IE2_ALU_1 bzw. ALU_2 und Vergleich mit der analytischen Vorausberechnung.

Zusammenfassung:

Abbildung 7.15a) zeigt die für drei unterschiedliche festgehaltene Rotorpositionen gemessenen Kurzschlusskurven I_k (U_s) des Serienmotors AH160 im Vergleich mit den analytisch mit *KLASYS* berechneten Werten. Es zeigt sich eine leichte Abhängigkeit des Kurzschlussstroms von der Rotorposition, da sich mit unterschiedlichen Rotorpositionen relativ zum Stator aufgrund der gegenseitigen Nutung auch die Flussverkettungen des Luftspaltstreufeldes mit der Statorwicklung ändern. Obwohl die Ströme I_k im Bereich der Bemessungsspannung U_{sN} = 231 V bei der Messung stärker ansteigen als bei der Berechnung, was auf eine in Realität höhere Sättigung der Streuwege als in der Berechnung schließen lässt, sind die Ergebnisse vergleichbar. Für den Serienmotor AH160 ergibt sich für den Kurzschlussstrom bei Bemessungsspannung I_k (U_{sN}) eine Abweichung von $(I_{k,rech} - I_{k,mess})/ I_{k,mess} = -5$ %.

Tabelle 7.12: Analytisch (*KLASYS*) berechnete Kenngrößen im Kurzschlussbetrieb des Prototypen AH160_9,2kW_50Hz_IE2 und des Serienmotors AH160 im Vergleich mit Messergebnissen.

Größe	Serienmotor AH160		Prototyp AH160_9,2kW_50Hz_IE2		
	KLASYS	Messung	*KLASYS*	Messung	
				ALU_1	ALU_2
Verkettete Spannung U_K (V)	400 Y	396,2 Y	412 Y	412 Y	408 Y
Kurzschlussstrom I_K (A)	136,6	143,8	124,05	130,64	126,94
Leistungsfaktor $\cos\varphi_K$	0,503	0,592	0,498	0,548	0,550
Elek. Eingangsleistung P_K (kW)	47,55	58,39	44,04	51,09	49,34

Abbildung 7.15b) zeigt die gemessenen Kurzschlusskurven der Prototypen AH160_9,2kW_50Hz_IE2_ALU_1 und ALU_2 im Vergleich mit den analytischen Vorausberechnungen. Bei Betrieb im Kurschluss (s = 1) mit Bemessungsspannung ergibt sich eine Abweichung von $(I_{k,rech} - I_{k,mess})/ I_{k,mess} = -5$ % bei Verwendung des Rotors ALU_1 und $(I_{k,rech} - I_{k,mess})/ I_{k,mess} = -2,3$ % für die Messung mit dem Rotor ALU_2. Tabelle 7.10 fasst die berechneten und die gemessenen Werte für den Serienmotor AH160 und den Prototyp AH160_9,2kW_50Hz_IE2 für Betrieb mit der Bemessungsspannung U_N zusammen. Der Prototyp unterschreitet den maximal zulässigen Kurzschlussstrangstrom von $I_{k,max}$ = 151,4 A (vgl. Tabelle 7.2) deutlich.

7.2.4.2. Motor AH160_9,2kW_60Hz_IE3 und Motor AH160_11kW_60Hz_IE3

Tabelle 7.13: Analytisch (*KLASYS*) berechnete Kenngrößen im Kurzschlussbetrieb der Prototypen AH160_9,2kW_60Hz_IE3 und AH160_11kW_60Hz_IE3 im Vergleich mit den polynomisch extrapolierten Messergebnissen.

Größe	Prototyp AH160_9,2kW_60Hz_IE3			Prototyp AH160_11kW_60Hz_IE3		
	KLASYS	Messung		*KLASYS*	Messung	
		ALU_1	ALU_2		CU_1	CU_2
Spannung U_K (V)	243 D	243	239	251 D	251 D	250 D
Kurzschlussstrangstrom I_{sK} (A)	143,3	141,7	142,3	175,4	174,8	172,1
Leistungsfaktor $\cos\varphi_K$	0,512	-	-	0,496	-	-
Elek. Eingangsleistung P_K (kW)	53,41	-	-	65,21	-	-

Zusammenfassung:

Abbildung 7.16a) zeigt die gemessenen und vorausberechneten Kurzschlusskennlinien $I_k(U_s)$ der Prototypen AH160_9,2kW_60Hz_IE3 bzw. AH160_11kW_60Hz_IE3 mit den jeweils zwei zur Verfügung stehenden Rotoren ALU_1 und ALU_2 und Abbildung 7.16b) jene mit den Läufern CU_1 und CU_2. Da eine Messung mit dem zur Verfügung stehenden Umformersatz zur Generierung der 60Hz-Versorgungsspannung nur bis zu einem Kurzschlussstrangstrom I_k von ca. 110A der im Dreieck verschalteten Testmotoren möglich war, werden die Werte für den Betrieb mit Bemessungsspannung über ein Polynom 2. Ordnung aus den Messergebnissen extrapoliert. Es ergeben sich die in Tabelle 7.13 angegebenen Ergebnisse. Für den Prototyp AH160_9,2kW_60Hz_IE3 mit dem Rotor ALU_1 ergibt sich eine Abweichung zwischen analytischer Rechnung und Messung von $(I_{k,rech} - I_{k,mess})/\ I_{k,mess} = 1{,}1\ \%$ und für den Betrieb mit dem Rotor ALU_2 ein Abweichung von $(I_{k,rech} - I_{k,mess})/\ I_{k,mess} = 0{,}7\ \%$.

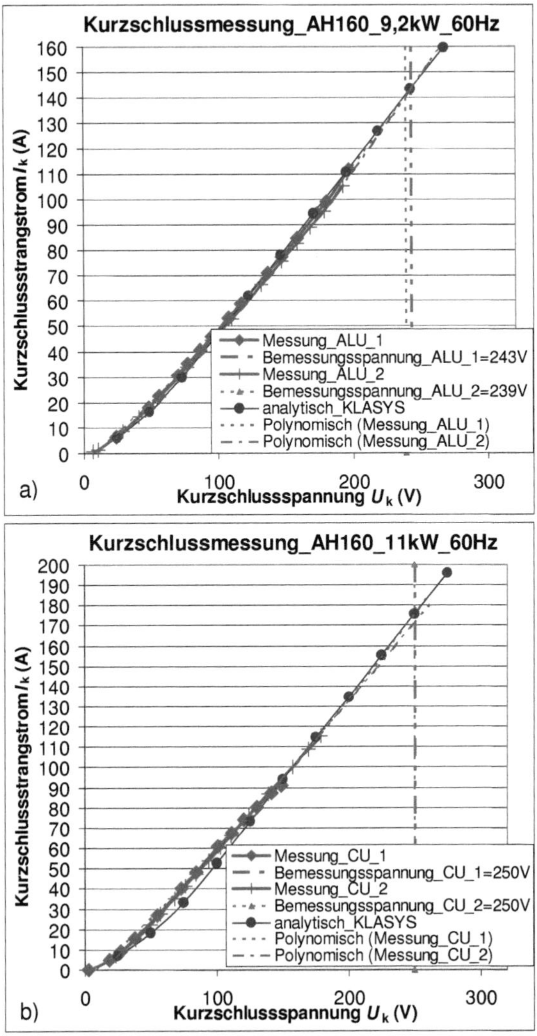

Abbildung 7.16: a) Messung der Kurzschlusskennlinien $I_k(U_s)$ der Prototypen AH160_9,2kW_60Hz_IE3_ALU_1 bzw. ALU_2 und Vergleich mit der analytischen Vorausberechnung. b) Messung der Kurzschlusskennlinien $I_k(U_s)$ der Prototypen AH160_11kW_60Hz_IE3_CU_1 bzw. CU_2 und Vergleich mit der analytischen Vorausberechnung. Da eine Messung mit 60Hz bei dem zur Verfügung stehenden Umformersatz nur bis zu einem maximalen Kurzschlussstrangstrom I_k von ca. 110 A möglich ist, muss eine Extrapolation für die Werte bei Bemessungsspannung erfolgen.

Für den Prototyp AH160_11kW_60Hz_IE3 mit dem Rotor CU_1 ergibt sich eine Abweichung zwischen analytischer Rechnung und Messung von $(I_{k,rech} - I_{k,mess})/ I_{k,mess} = 0{,}3\ \%$ und für den Betrieb mit dem Rotor CU_2 eine Abweichung von $(I_{k,rech} - I_{k,mess})/ I_{k,mess} = 1{,}9\ \%$. Es ist zu erwarten, dass sich die Kurzschlusskurven in der Realität durch die Sättigung der Streuwege im Bereich der Bemessungsspannung stärker erhöhen als dies bei der Extrapolation der Fall ist (vgl. Messung im 50Hz-Betrieb Abbildung 7.15). Sowohl im Falle des Prototyps AH160_9,2kW_60Hz_IE3 als auch für den Prototyp AH160_11kW_60Hz_IE3 wird mit $I_k(U_N) = 142$ A bzw. 175 A der Grenzwert von $I_{k,max} = 151{,}4$ A bzw. 180,9 A knapp unterschritten (vgl. Tabelle 7.3).

7.2.5. Thermisches Verhalten

Zur Vorausberechnung der Betriebstemperaturen wird das in Kapitel 6 vorgestellte thermische Widerstandsnetzwerk verwendet. Die für die Berechnung eingesetzten Verluste sind in Abschnitt 7.2.2 zusammengefasst. Zum Vergleich stehen Messergebnisse der Temperaturen am Gehäuse (am Lufteintritt und im Windschatten des Klemmenkastens) und die gemessenen mittleren Wicklungstemperaturen sowie die Temperaturfühler zur punktuellen Erfassung der Temperatur im Bereich des Wickelkopfs der A-Seite zur Verfügung.

7.2.5.1. Motor AH160_9,2kW_50Hz_IE2 im Vergleich mit dem Serienmotor AH160

Der Grenzwert der maximal zulässigen Übertemperatur $\Delta\vartheta = 105$ K der Wärmeklasse F in der Statorwicklung, bestimmt mit dem Widerstandsverfahren gemäß IEC60034-1, wird mit großem Abstand eingehalten (siehe Tabelle 7.14), da die Motorausnutzung zur Erhöhung des Motorwirkungsgrads reduziert ist. Auch im Betrieb mit $P_N = 15$ kW sind keine Grenzwertüberschreitungen zu erwarten. Für den Betrieb mit einer Netzfrequenz von $f_N = 60$ Hz ist bei dem hier verwendeten Rechenmodell, welches die gesamten Reibungsverluste P_{fr+w} als Lagerreibungsverluste der beiden Kugellager berücksichtigt, eine im Vergleich zur Realität erhöhte Temperatur von Lagerinnen- und Außenring zu vermuten. Da die Luftreibungsverluste $P_w \sim n^3$ bei 60 Hz überproportional im Vergleich zu den Lagerreibungsverlusten $P_{fr} \sim n$ ansteigen, sollte der durch diese Annahme verursachte Fehler, dass beide Verlustkomponenten im Lager anfallen, deutlich ansteigen.

Tabelle 7.14: Analytisch berechneter Temperaturanstieg $\Delta\vartheta$ des Prototyps AH160_9,2kW_50Hz_IE2 und des Serienmotors AH160 im Vergleich mit Messergebnissen nach dem Erwärmungslauf mit P_N = 9,2 kW (analytische Berechnung: Mittelwerte aus A- und B-Seite in entsprechenden Maschinenbauteilen, siehe Abschnitt 6.2.3).

Erwärmung: $\Delta\vartheta = \vartheta - \vartheta_{amb}$ **Maschinenbauteil**	Serienmotor AH160		Prototyp AH160_9,2kW_50Hz_IE2		
	Analytisch	Messung	Analytisch	Messung	
				ALU_1	ALU_2
Gehäuse am Lufteintritt	29,3 K	11,3 K	29,1 K	11,7 K	10,5 K
Gehäuse im Windschatten des Klemmenkastens		32,3 K		30,1 K	32,4 K
Mittlere Wicklungstemperatur	45,7 K	47,6 K	46,5 K	50,1 K	51,7 K
Wickelkopf	50,3 K	48,1 K	51,0 K	51,2 K	53,7 K
Rotoroberfläche	57,2 K	-	62,4 K	-	-
Lageraußenring	28,7 K	-	31,5 K	-	-
Lagerinnenring	39,1 K	-	42,9 K	-	-

Zur Berücksichtigung der erhöhten Wärmeübergangskoeffizienten α im Gehäuse und am Lagerschild der B-Seite im 60 Hz-Betrieb aufgrund des um 20 % erhöhten Lüfterdrehzahl im Vergleich zum 50Hz-Betrieb wird ein linearer Anstieg der in diesen Bereichen vorherrschenden Windgeschwindigkeiten v_{Luft} angenommen (vgl. Abschnitt 6.3.1). Der äquivalente Leitwert des Luftspalts wird im 50 Hz- und 60 Hz als gleich angenommen, da sich für diese Drehzahlsteigerung keine wesentliche Erhöhung der *Nusselt*-Zahl Nu ≈ 2 ergibt.

Die vorausberechneten Temperaturen stimmen im Rahmen der Mess- und Simulationsgenauigkeit gut mit den verfügbaren Messwerten überein.

7.2.5.2. Motor AH160_9,2kW_60Hz_IE3 und Motor AH160_11kW_60Hz_IE3

Tabelle 7.15: Analytisch berechneter Temperaturanstieg $\Delta\vartheta$ der Prototypen AH160_9,2kW_60Hz_IE3 und AH160_11kW_60Hz_IE3 im Vergleich mit Messergebnissen nach dem Erwärmungslauf mit P_N = 9,2 kW bzw. 11kW (analytische Berechnung: Mittelwerte aus A- und B-Seite in entsprechenden Maschinenbauteilen, siehe Abschnitt 6.2.3).

Erwärmung: $\Delta\vartheta = \vartheta - \vartheta_{amb}$ **Maschinenbauteil**	Prototyp AH160_9,2kW_60Hz_IE3			Prototyp AH160_11kW_60Hz_IE3		
	Analytisch	Messung		Analytisch	Messung	
		ALU_1	ALU_2		CU_1	CU_2
Gehäuse am Lufteintritt	21,3 K	5,9 K	4,82 K	24,7 K	9,4 K	7,5 K
Gehäuse im Windschatten des Klemmenkastens		24,0 K	24,6 K		31,9 K	29,0 K
Mittlere Wicklungstemperatur	35,7 K	40,7 K	40,3 K	45,8 K	50,4 K	46,9 K
Wickelkopf	40,9 K	42,5 K	43,0 K	51,1 K	54,6 K	51,0 K
Rotoroberfläche	52,6 K	-	-	68,5 K	-	-
Lageraußenring	35,2 K	-	-	37,8 K	-	-
Lagerinnenring	45,4 K	-	-	50,2 K	-	-

7.2.6. Vergleich der analytisch berechneten Geräuschabstrahlung mit Messergebnissen

Die Messung der Geräuschabstrahlung der Serienmotoren AH160_11kW_50Hz_IE2_CU_1, AH160_11kW_60Hz_IE2_CU_1 und der Prototypmotoren AH160_9,2kW_50Hz_IE2_ALU_1, AH160_9,2kW_60Hz_IE3_ALU_1, AH160_11kW_60Hz_IE3_CU_1 wurden bei unterschiedlichen Ausgangsleistungen P_m gemäß [3] beim industriellen Partner im schalltoten Messraum durchgeführt und mit den gemäß Abschnitt 5.4 modifizierten analytischen Vorausberechnungen verglichen. Die Wirkungen von sättigungsbedingten Oberfeldern und Exzentrizitätsoberfeldern des Luftspaltfeldes werden dabei vernachlässigt.

7.2.6.1. Serienmotor AH160_11kW_50Hz_IE2_CU_1 und AH160_11kW_60Hz_IE2_CU_1

Für den Serienmotor AH160 waren nur Messergebnisse für den Betrieb mit

P_N = 11 kW im 50 Hz- und 60 Hz-Betrieb verfügbar (Abbildung 7.17). Daher wurden auch die analytischen Vergleichsrechnungen für diese mechanische Abgabeleistung berechnet. Die dominanten gemessenen Schallleistungspegel L_{wA} werden bei ca. 850 Hz gemessen, wo auch die Vorausberechnungen einen dominanten Pegel ergeben. Der Vergleich zwischen der in Kapitel 5 vorgestellten modifizierten analytischen Rechnung und den Messergebnissen zeigt für beide Messungen im 50 Hz- und 60 Hz-Betrieb qualitativ zufriedenstellende Übereinstimmungen, auch wenn quantitativ der analytisch berechnete maximale Schallleistungspegel L_{wA} = 62 dB(A) bei $f_{ton} \approx$ 850Hz etwa 13 dB(A) unter dem gemessenen liegt. Aufgrund der Vorausberechnung wurde für den Serienmotor eine Überschreitung der zulässigen Grenzwerte der Schallleistungspegel L_{wA} ausgeschlossen, was durch die Messergebnisse bestätigt wird.

7.2.6.2. Prototyp AH160_9,2kW_50Hz_IE2_ALU_1

Abbildung 7.18 stellt die vorausberechneten Schallleistungspegel L_{wA} den Messwerten für den Prototypen AH160_9,2kW_50Hz_IE2_ALU_1 gegenüber. Im Vergleich zum Serienmotor aus Abschnitt 7.2.6.1 ergeben sich hier zwei dominante Pegel bei $f_{ton} \approx$ 900 Hz und $f_{ton} \approx$ 1650 Hz, die im Vergleich zum Serienmotor (obwohl hier die mechanische Ausgangsleistung mit P_N = 11 kW größer ist) einen um ca. 4 dB(A) erhöhten maximalen Schallleistungspegel L_{wA} aufweisen. Damit lässt sich aus den analytischen Vorausberechnungen der Schluss ziehen, dass der Entwurfsvorschlag mit Q_S/Q_r = 36/32 bezüglich der Einhaltung der maximal erlaubten Schallleistungspegel L_{wA} im Vergleich zum Serienmotor mit Q_S/Q_r = 36/28 ungünstiger einzustufen ist, obwohl die Ordnungszahlen der auftretenden elektromagnetischen Radialkraftwellen dieselben sind (vgl. Tabelle 7.4).

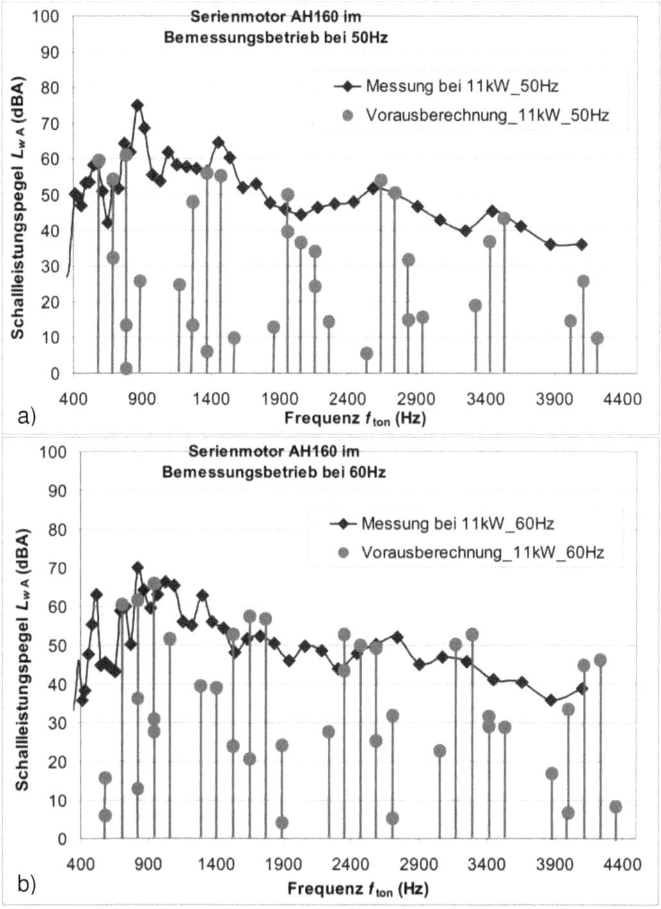

Abbildung 7.17: Berechnete und gemessene Schallleistungspegel L_{wA} des vierpoligen Serienmotors AH160 bei $P_N = 11$ kW a) bei 50Hz (AH160_11kW_50Hz_IE2_CU_1), b) bei 60Hz (AH160_11kW_60Hz_IE2_CU_1), mit Kupfer-Druckgusskäfig.

Für den Prototypen ergeben die Messergebnisse auch einen um 13 dB(A) größeren maximalen Schallleistungspegel L_{wA} von 81 dB(A), der nur noch um 7 dB(A) kleiner als der max. zulässige Pegel von 88 dB(A) ist (vgl. Tabelle 7.2). Der Vergleich zwischen analytischer Berechnung und den Messergebnissen für den Prototypen AH160_9,2kW_50Hz_IE2 bestätigt die Aussagekraft der modifizierten analytischen Vorausberechnung.

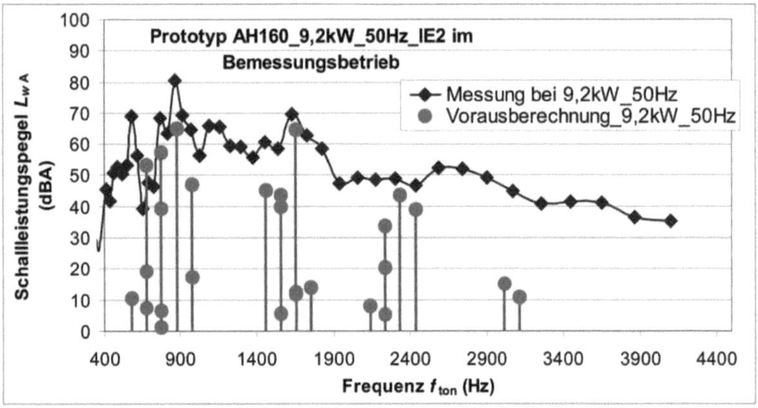

Abbildung 7.18: Berechnete und gemessene Schallleistungspegel L_{wA} des vierpoligen Prototypmotors AH160 bei $P_N = 9{,}2$ kW und f_N = 50Hz (AH160_9,2kW_50Hz_IE2_ALU_1) mit Aluminium-Druckgusskäfig.

7.2.6.3. Prototyp AH160_9,2kW_60Hz_IE3_ALU_1

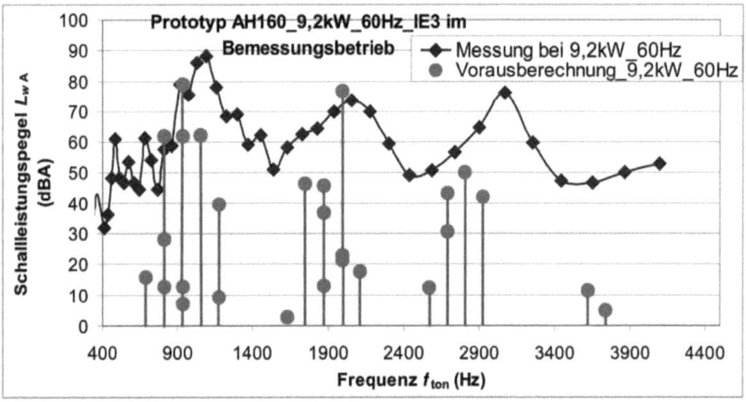

Abbildung 7.19: Wie Abbildung 7.18, jedoch bei f_N = 60Hz (AH160_9,2kW_60Hz_IE2_ALU_1).

Für den Betrieb des Prototypen AH160_9,2kW_60Hz_IE3_ALU_1 mit der Bemessungsleistung von $P_N = 9{,}2$ kW am 60Hz-Netz ergeben die analytischen Vorausberechnungen im Vergleich zum 50Hz-Betrieb aus dem vorangegangenen Abschnitt eine deutliche Steigerung der dominanten Schallleistungspegel L_{wA} bei den Frequenzen $f_{ton} \approx 900$ Hz und $f_{ton} \approx 2000$ Hz auf 80 dB(A) bzw. 78 dB(A) (Abbildung 7.19). Da auch die Vergleichsrechnungen der Mastermotoren aus Kapitel 5 gezeigt haben, dass die Vorausberechnungen generell etwas zu niedrige Schallleistungspegel ergaben, ist hier in der Realität eine Überschreitung des maximal zulässigen Schallleistungspegels gegeben, die bei $f_{ton} \approx 1000$ Hz eine Grenzwertüberschreitung um ca. 1 dB(A) ergibt. Während diese beiden Überhöhungen bei $f_{ton} \approx 1000$ Hz und $f_{ton} \approx 2000$ Hz durch die analytische Vorausberechnung vorhergesagt wurden, wird die in der Messung auftretende starke Überhöhung bei einer Frequenz $f_{ton} \approx 3000$ Hz durch die analytische Berechnung völlig unterschätzt. In unmittelbarer Nähe zu den Frequenzen $f_{ton} \approx 2810$ Hz und $f_{ton} \approx 2930$ Hz werden zwar anregende Kraftwellen berechnet, die in Zusammenhang mit den ermittelten Resonanzstellen aber nur Schallleistungspegel von 42 dB(A) hervorrufen. Die Messung ergibt bei $f_{ton} \approx 3070$ Hz einen deutlich höheren Pegel von 76 dB(A).

7.2.6.4. Motor AH160_11kW_60Hz_IE3_CU_1

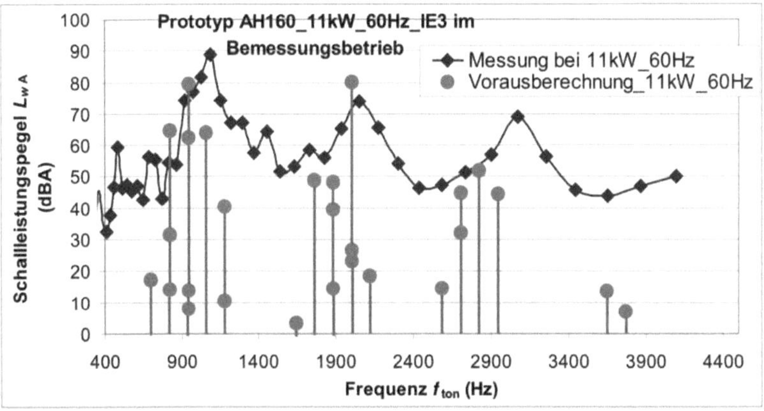

Abbildung 7.20: Wie Abbildung 7.18, jedoch mit P_N = 11 kW bei f_N = 60 Hz (AH160_11kW_60Hz_IE3_CU_1) mit Kupfer-Druckgusskäfig.

Auch in Abbildung 7.20 ergeben die Messungen ein Überschreiten des zulässigen Grenzwertes für den Schallleistungspegel L_{wA} um 1 dB(A) bei $f_{ton} \approx 1000$ Hz und einen großen Schallleistungspegel $L_{wA} = 70$ dB(A) bei

$f_{ton} \approx 3000$ Hz, welcher bei der analytischen Rechnung deutlich unterschätzt wird.

7.3. Diskussion weiterer Optimierungsmöglichkeiten

Die Messungen bezüglich der Motoren AH160_9,2kW_60Hz_IE3 mit beiden verfügbaren Aluminium-Druckgusskäfigen (ALU_1 bzw. ALU_2) und AH160_11kW_60Hz_IE3 mit beiden verfügbaren Kupfer-Druckgusskäfigen (CU_1 bzw. CU_2) ergaben einen zu geringen Wirkungsgrad η für die geforderte Einstufung in der Wirkungsgradklasse IE3. Daher werden in diesem Abschnitt Potentiale für eine weitere Reduzierung der Verlustleistungen diskutiert.

7.3.1. Reduktion der Reibungsverluste

Die gemessenen Reibungsverluste P_{fr+w} betragen bei den Messungen im 60 Hz-Betrieb im Mittel $P_{fr+w}(f_s = 60\text{ Hz}) \approx 108$ W und sind im Vergleich zu den Messergebnissen für den 50 Hz-Betrieb $P_{fr+w}(f_s = 50\text{ Hz}) \approx 57$ W wegen der höheren Lüfterdrehzahl deutlich höher. Selbst mit der Annahme, dass die Reibungsverluste P_{fr+w} komplett von der Luftreibung des Lüfters herrühren und damit kubisch $\sim n^3$ von der Drehzahl abhängen, dürften die gemessenen Werte nicht größer als $P_{fr+w}(f_s = 60\text{ Hz}) \approx 57\text{ W}\cdot(60/50)^3 = 98{,}5$ W ausfallen. Vergleichsmessungen an dem Serienmotor, bei dem baugleiche Lager und Lüfter verwendet werden, legen nahe, dass die Reibungsverluste P_{fr+w} im 60Hz-Betrieb einen Wert von 89 W nicht überschreiten. Tabelle 7.16 stellt die auf diesen Verlustwert $P_{fr+w} = 89$ W korrigierte gemessene Leistungsbilanz aus Tabelle 7.9 für die Motoren im 60 Hz-Betrieb gegenüber.

Im Falle des Motors AH160_11kW_60Hz_IE3_CU_1 ergibt sich eine maximale Steigerung des Wirkungsgrades von $\Delta\eta = 0{,}25$ %. Im Mittel ergibt sich eine Wirkungsgradsteigerung von $\Delta\eta = 0{,}15$ %.

Tabelle 7.16: Korrektur der in Tabelle 7.9angegebenen gemessenen Verlustbilanz mit den geringeren durch die Reibung verursachten Verlusten von P_{fr+w} = 89 W.

Größe	AH160_9,2kW_60Hz_IE3		AH160_11kW_60Hz_IE3	
	ALU_1	ALU_2	CU_1	CU_2
Bemessungsspannung U_N (V)	243,3 D	238,6 D	250,55 D	249,89
Strangstrom I_{sN} (A)	17,46	17,76	20,05	20,32
Elek. Eingangsleistung P_e (W)	10140,7	10117,5	12017,2	12056,2
Stator-Stromwärmeverluste $P_{Cu,s}$(W)	264,78	273,29	357,36	363,58
Ummagnetisierungsverluste $P_{Fe,IEC}$ + Leerlauf-Zusatzverluste $P_{zus,0}(s=s_N)$ (W)	209,25	201,55	218,24	208,95
Rotor-Stromwärmeverluste $P_{Cu,r}$(W)	189,13	205,04	151,94	151,83
Verringerte Reibungsverluste P_{fr+w} (W)	**89**	**89**	**89**	**89**
Verlustreduzierung ΔP_{fr+w} gegenüber Messergebnissen aus Tabelle 7.9 (W)	**-12,56**	**-18,21**	**-30,35**	**-5,46**
Lastabhängige Zusatzverluste $P_{zus,Last}$(W)	107,48	97,20	132,85	149,43
Gesamtverluste P_d (W)	872,20	884,29	979,74	968,25
Mech. Ausgangsleistung P_m (W)	9268,5	9233,2	11037,5	11087,9
Wirkungsgrad η (%)	91,40	91,26	91,85	91,96
Wirkungsgradsteigerung $\Delta\eta$ gegenüber Messergebnissen aus Tabelle 7.9 (%)	**0,12**	**0,18**	**0,25**	**0,05**

7.3.2. Verlängerung des Kurzschlussrings

Aus produktionstechnischen Gründen wurde die Länge der Kupfer- und Aluminium-Kurzschlussringe auf l_{ring} = 13 mm beschränkt. Prinzipiell ist allerdings eine Erhöhung der axialen Länge auf bis zu l_{ring} = 30 mm realisierbar. Weiterhin konnte nicht die komplette Rotornuthöhe als Ringhöhe genutzt werden, und die Höhe des KS-Ringes beträgt h_{ring} = 23 mm. Tabelle 7.17 bzw. Tabelle 7.18 zeigen die analytischen Berechnungsergebnisse für die Motoren AH160_9,2kW_60Hz_IE3_ALU mit Aluminium-Druckgusskäfig bzw. AH160_11kW_60Hz_IE3_CU mit Kupfer-Druckgusskäfig bei Betrieb mit P_N = 9,2 kW bzw. P_N = 11 kW und steigender axialer Länge l_{ring} der KS-Ringe. Durch die mit steigender axialen Länge des KS-Rings größer werdende Querschnittsfläche des KS-Rings A_{ring} sinken der gesamte Rotorwiderstand R_r und damit die Stromwärmeverluste im Rotor $P_{Cu,r}$. Da der Kurzschlussstrom I_k im Wesentlichen durch die Summe der *ohm*'schen Widerstände R_r'+ R_s und der Streureaktanzen

$X_{s\sigma} + X_{r\sigma}$' beschränkt wird, steigen durch eine Verlängerung des KS-Rings allerdings auch die Kurzschlussströme I_k an.

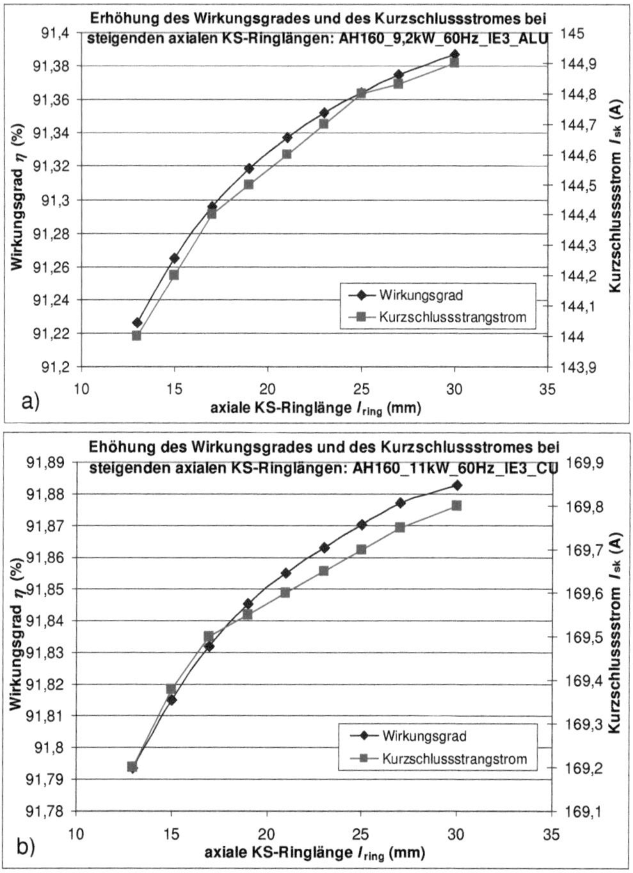

Abbildung 7.21: Analytische Berechnung des Wirkungsgrades η und des Strangstroms im Kurzschlussfall I_{sk} bei unterschiedlichen axialen Längen des KS-Rings l_{ring} für a) Motor AH160_9,2kW_60Hz_IE3_ALU mit U_N = 243 VD, f_s = 60 Hz, P_N = 9,2 kW und b) Motor AH160_11kW_60Hz_IE3_CU mi-tU_N = 251 VD, f_s = 60 Hz, P_N = 11 kW.

Tabelle 7.17: Analytische Untersuchung (*KLASYS*) des Verbesserungspotentials des Entwurfs AH160_9,2kW_60Hz_IE3_ALU durch Verlängerung des KS-Rings aus Aluminium: U_N = 243 VD, f_s = 60 Hz, P_N = 9,2 kW.

Axiale Länge KS-Ring l_{ring} (mm)	**13**	**17**	**21**	**25**	**30**
Querschnittsfläche KS-Ring A_{ring} (mm^2)	300	391	483	575	690
Stromdichte im Rotorsstab J_{stab} (A/mm^2)	2,72	2,72	2,72	2,72	2,72
Stromdichte im KS-Ring J_{ring} (A/mm^2)	1,79	1,37	1,11	0,93	0,78
Stator-Stromwärmeverluste $P_{Cu,s}$(W)	250,72	249,73	249,36	249,06	248,67
Ummagnetisierungsverluste $P_{Fe,IEC}$ + Leerlauf-Zusatzverluste $P_{zus,0}(s=s_N)$ (W)	235,01	233,18	232,37	231,77	231,36
Rotor-Stromwärmeverluste $P_{Cu,r}$(W)	185,84	180,49	177,19	174,83	172,60
Reibungsverluste P_{fr+w} (W)	101,01	101,12	101,19	101,24	101,28
Lastabhängige Zusatzverluste $P_{zus,Last}$(W)	113,71	113,89	114,00	114,21	114,34
Gesamtverluste P_d (W)	886,29	878,42	874,12	871,11	868,26
Drehzahl n (min^{-1})	1765,4	1766,4	1767,0	1767,5	1767,9
Drehmoment M (Nm)	49,85	49,81	49,80	49,79	49,76
Mech. Ausgangsleistung P_m (W)	9215,5	9213,7	9216,3	9216,1	9212,6
Wirkungsgrad η (%)	91,23	91,29	91,33	91,36	91,38
Wirkungsgradsteigerung $\Delta\eta$ gegenüber l_{ring}=13 mm (%-Punkte)	**0**	**0,069**	**0,111**	**0,138**	**0,161**
Kurzschlussstrangstrom I_{sk} (A)	144	144,4	144,6	144,8	144,9
Anlaufmoment M_1 (Nm)	183,3	182,0	181,2	180,7	180,4
Kippmoment M_b (Nm)	194,1	193,9	193,6	193,5	193,3

Die Berechnungsergebnisse zeigen, dass eine Vergrößerung der Querschnittsfläche des KS-Rings A_{ring} im Falle des Motors AH160_9,2kW_60Hz_IE3 mit Aluminium-Käfig eine Erhöhnung des Wirkungsgrads bewirkt. Während sich der Kurzschlussstrom bei einer Vergrößerung von A_{ring} um den Faktor 690 mm^2/300 mm^2 = 2,3 nur um ΔI = 0,9 A erhöht, kann der Wirkungsgrad η um 0,16 %-Punkte gesteigert werden (vgl. Abbildung 7.21a). Für den Motor AH160_11kW_60Hz_IE3_CU mit Kupfer-Käfig ergibt sich in diesem Falle eine geringere Steigerung des Kurzschlussstroms I_k um 0,6 A, aber auch eine geringere Steigerung des Wirkungsgrads um $\Delta\eta$ = 0,09 %-Punkte (vgl. Abbildung 7.21b).

Tabelle 7.18: Analytische Untersuchung (*KLASYS*) des Verbesserungspotentials des Entwurfs AH160_11kW_60Hz_IE3_CU durch Verlängerung des KS-Rings aus Kupfer: U_N = 251 VD, f_s = 60 Hz, P_N = 11 kW.

Axiale Länge KS-Ring l_{ring} (mm)	**13**	**17**	**21**	**25**	**30**
Querschnittsfläche KS-Ring A_{ring} (mm^2)	300	391	483	575	690
Stromdichte im Rotorsstab J_{stab} (A/mm^2)	3,20	3,20	3,20	3,20	3,20
Stromdichte im KS-Ring J_{ring} (A/mm^2)	2,11	1,62	1,31	1,09	0,92
Stator-Stromwärmeverluste $P_{Cu,s}$(W)	342,75	342,31	341,90	341,66	342,31
Ummagnetisierungsverluste $P_{Fe,IEC}$ + Leerlauf-Zusatzverluste $P_{zus,0}(s=s_N)$ (W)	245,77	245,35	245,14	245,14	244,93
Rotor-Stromwärmeverluste $P_{Cu,r}$(W)	145,66	141,06	138,08	136,06	134,71
Reibungsverluste P_{fr+w} (W)	107,25	107,33	107,39	107,42	107,45
Lastabhängige Zusatzverluste $P_{zus,Last}$(W)	149,78	149,84	149,92	149,86	150,30
Gesamtverluste P_d (W)	991,20	985,88	982,42	980,14	979,69
Drehzahl n (min^{-1})	1777,3	1778,0	1778,4	1778,8	1779,0
Drehmoment M (Nm)	59,57	59,53	59,49	59,46	59,53
Mech. Ausgangsleistung P_m (W)	11,087	11,084	11,079	11,076	11,089
Wirkungsgrad η (%)	91,79	91,83	91,85	91,87	91,88
Wirkungsgradsteigerung $\Delta\eta$ gegenüber l_{ring}=13 mm (%-Punkte)	**0**	**0,038**	**0,061**	**0,076**	**0,089**
Kurzschlussstrangstrom I_{sk} (A)	169,2	169,5	169,6	169,7	169,8
Anlaufmoment M_1 (Nm)	201,8	200,8	200,3	199,95	199,67
Kippmoment M_b (Nm)	191,2	190,5	191,1	190,97	190,79

7.3.3. Variation der Statornuthöhe, -breite und der Nutform

In diesem Abschnitt wird untersucht, inwiefern eine Steigerung des Wirkungsgrads η durch eine Optimierung der Nutgeometrie möglich ist. Wird eine zu kleine Ständer-Nutfläche $A_{Q,s}$ gewählt, so steigen die Statorstromwärmeverluste $P_{Cu,s}$ bei konstantem Nutfüllfaktor $k_f = N_c \cdot A_{Cu,s}/A_{Q,s}$ aufgrund des steigenden *ohm*'schen Widerstandes an. Wird dagegen die Nutfläche $A_{Q,s}$ zu groß gewählt, so dass das Statorjoch- oder der Statorzahn zu stark gesättigt werden, steigen sowohl der Magnetisierungsstrom $\underline{I}_m$ und damit die Statorstromwärmeverluste $P_{Cu,s}$ als auch die Ummagnetisierungsverluste P_{Fe} an.

Die Abbildung 7.23 bzw. Abbildung 7.24 zeigt die analytisch berechneten Wirkungsgrade η sowie die Leerlaufströme I_{s0} und die entsprechenden Verlustleistungen der Motoren AH160_9,2kW_60Hz_IE3_ALU bzw. AH160_11kW_60Hz_IE3_CU bei unterschiedlichen Nuthöhen h_Q und konstanten Statorzahnbreiten $b_{d,s}$ für eine Birnennut, wie sie auch im Falle der Prototypen verwendet wird (Abbildung 7.22a). Hier muss allerdings bedacht werden, dass sich für eine geänderte Nuthöhe h_Q und einen damit geänderten Sättigungsgrad des Eisenkreises auch die optimale Statorspannung ändert; hier wird sie mit U_N = 243 VD konstant gehalten.

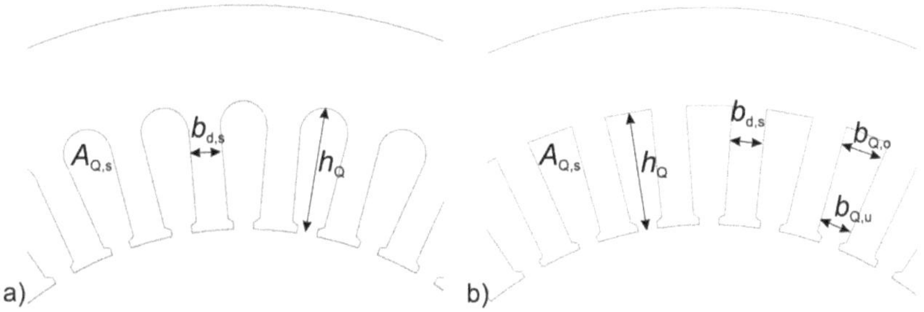

Abbildung 7.22: Veranschaulichung der verglichenen Nutformen des Stators a) Birnenform: Sie wurde beim gefertigten Prototypen verwendet, b) Trapeznuten.

Bei einer Reduktion der Nuthöhe um $\Delta h_Q \approx 2$ mm und gleichzeitiger Steigerung der Statorjochhöhe $h_{y,s}$ können laut analytischer Berechnung (*KLASYS*) beim Motor AH160_9,2kW_60Hz_IE3 ca. 0,1 % und beim Motor AH160_11kW_60Hz_IE3 ca. 0,07 % an Wirkungsgrad gewonnen werden. Eine Veränderung der Zahnbreite $b_{d,s}$ brachte keine wesentliche Verbesserung und wird hier nicht weiter betrachtet.

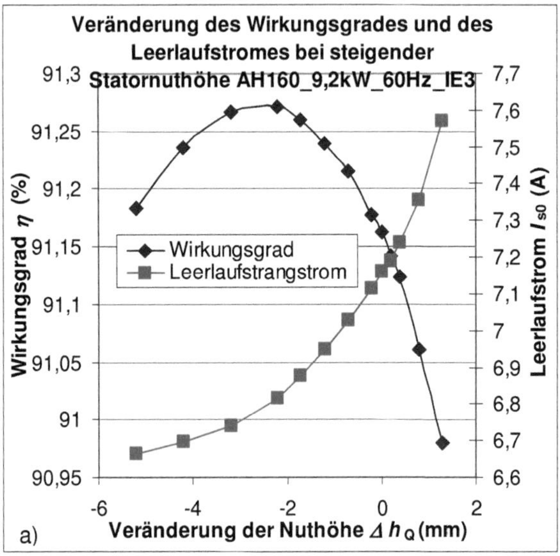

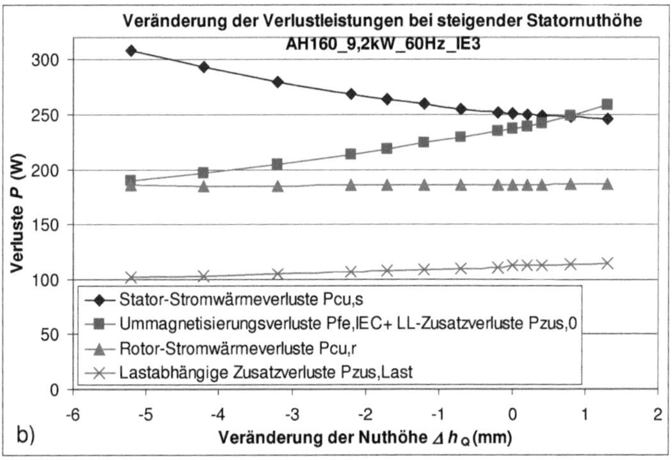

Abbildung 7.23: Analytische Berechnung a) des Wirkungsgrades η und des Strangstroms im Leerlaufbetrieb $I_{s0} \approx I_m$ und b) der Verlustleistungen bei Veränderung der Statornuthöhe h_Q (Breite des Zahns $b_{d,s}$ = konst. und k_f = 43 %) für den Motor AH160_9,2kW_60Hz_IE3 mit U_N = 243 VD, f_s = 60 Hz, P_N = 9,2 kW.

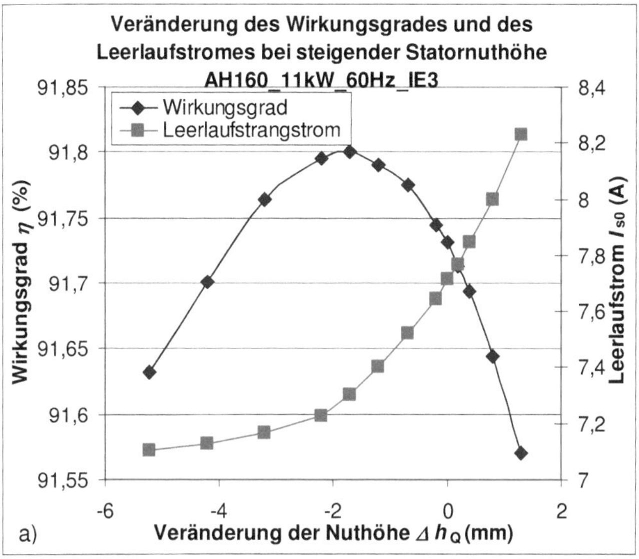

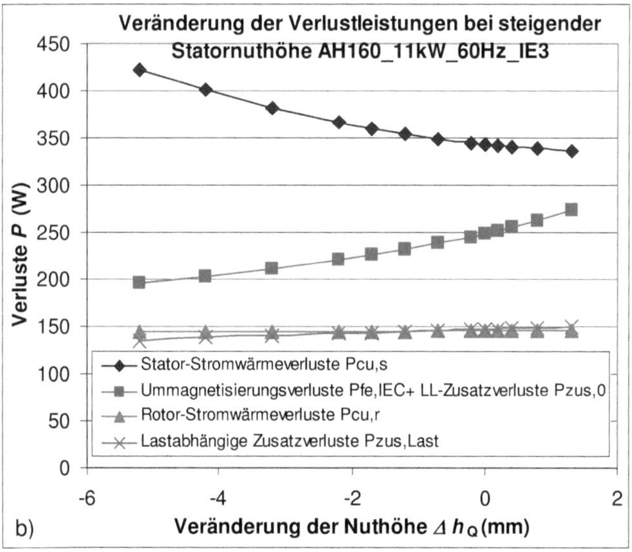

Abbildung 7.24: Analytische Berechnung a) des Wirkungsgrades η und des Strangstroms im Leerlaufbetrieb $I_{s0} \approx I_m$ und b) der Verlustleistungen bei Veränderung der Statornuthöhe h_Q (Breite des Zahns $b_{d,s}$ = konst. und k_f = 43 %) für den Motor AH160_11kW_60Hz_IE3 mit U_N = 251 VD, f_s = 60 Hz, P_N = 11 kW.

Im nächsten Schritt wurde untersucht, inwiefern die Verwendung einer Trapeznut (Abbildung 7.22b) eine Verbesserung des Wirkungsgrads bewirkt. Wird derselbe Nutfüllfaktor $k_f = 43\ \%$ wie bei der Birnennut angenommen, so ergibt sich bei der Trapeznut eine geringfügig größere Leiterquerschnittsfläche und damit ein reduzierter Strangwiderstand R_s. Allerdings wird durch die Ecken am Nutgrund die Sättigung der Zähne verstärkt. Abbildung 7.25 zeigt die für beide Motoren berechneten Wirkungsgrade bei gleicher Zahnbreite $b_{d,s}$ und unterschiedlichen Nuthöhen h_Q und Verwendung einer Birnen- bzw. einer Trapeznut.

Es lässt sich bei den maximal berechneten Wirkungsgraden η und Verwendung einer Trapeznut mit $k_f = 43\ \%$ für den Motor AH160_9,2kW_60Hz_IE3 eine Steigerung von lediglich 0,05 % und beim Motor AH160_11kW_60Hz_IE3 eine Steigerung von nur 0,024 % erreichen, die im Wesentlichen auf geringfügige Reduktionen der Stromwärmeverluste $P_{Cu,s}$ zurückzuführen ist.

7.3.4. Einsatz einer nicht-schlussgeglühten Blechsorte

Um Kosten bei der Produktion der Motoren zu sparen, soll gemäß den Vorgaben zur Baureihe AH160 im Gegensatz zu den Motoren AH80 und AH100 auf ein Rekristallisationsglühen der Bleche nach dem Stanzen oder der fertigen Blechpakete verzichtet werden. Die Bleche sind bereits durch den Hersteller geglüht worden („schlussgeglühte Bleche“) und wurden nach dem Stanzen und Paketieren beim Motorhersteller nicht mehr wärmebehandelt. Die Verschlechterungen der Blecheigenschaften durch den Produktionsprozess werden daher nicht beseitigt und vermindern den Wirkungsgrad.

Gemäß [48] können die Einflüsse der durch den Stanzprozess beschädigten Kornstruktur durch diesen Glühprozess nach dem Stanzen teilweise wieder behoben werden. Dazu werden Bleche verwendet, die beim Blechhersteller nicht schlussgeglüht wurden, sondern erst nach dem Stanzprozess beim Motorhersteller schlussgeglüht werden, was aber teurer ist.

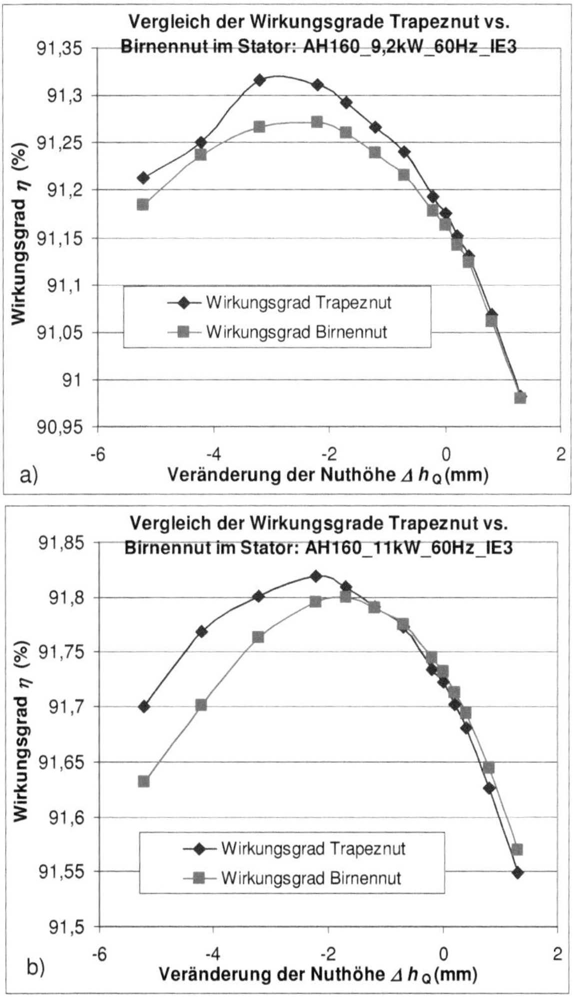

Abbildung 7.25: Analytische Berechnung des Wirkungsgrades η bei Verwendung einer Birnen- und einer Trapeznut im Stator und Veränderung der Statornuthöhe h_Q (Breite des Zahns $b_{d,s}$ = konst. und k_f = 43 %) a) für den Motor AH160_11kW_60Hz_IE3 mit U_N = 251 VD, f_s = 60 Hz, P_N = 11 kW und b) AH160_11kW_60Hz_IE3 mit U_N = 251 VD, f_s = 60 Hz, P_N = 11 kW.

Durch das Rekristallisationsglühen nach dem Stanzen fallen die in Abschnitt 4.2 diskutierten Verschlechterungen der Verlustkoeffizienten und der Magnetisierbarkeit geringer aus [48]. Die zur Berechnung wesentlichen

Materialparameter des nicht-schlussgeglühten Elektroblechs TK 390-50PP im Vergleich mit den Daten des für den Prototypen verwendeten, bereits beim Hersteller schlussgeglühten Elektroblechs TK 400-50AP sind im Anhang D zu finden. Der Vergleich der analytischen Berechnungsergebnisse beider Motoren mit Verwendung beider Blechsorten in Tabelle 7.19 zeigt, dass sich die Wirkungsgrade η für die Prototypen durch die Verwendung des nicht-schlussgeglühten Blechs TK390-50PP und anschließendem Rekristallisationsglühen (ohne Veränderung des Blechschnitts oder des KS-Rings) um ca. 1 % erhöhen lassen, so dass die Wirkungsgradklasse IE3 erreicht wird (vgl. Tabelle 7.3).

Tabelle 7.19: Analytische Untersuchung (*KLASYS*) des Verbesserungspotentials bei Verwendung des nicht-schlussgeglühten Elektrobleches TK 390-50PP im Vergleich mit dem schlussgeglühten Elektroblech TK 400-50AP.

Motor	**AH160_9,2kW_60Hz_IE3**		**AH160_11kW_60Hz_IE3**	
Blechtyp	TK 400-50AP	TK 390-50PP	TK 400-50AP	TK 390-50PP
Strangspannung U_s (V)	243	243	251	251
Statorstrangstrom I_s (A)	16,98	16,78	19,56	19,37
Leistungsfaktor cosφ	0,811	0,812	0,816	0,814
Stator-Stromwärmeverluste $P_{Cu,s}$(W)	250,72	244,97	342,75	335,92
Ummagnetisierungsverluste $P_{Fe,IEC}$ + Leerlauf-Zusatzverluste $P_{zus,0}(s{=}s_N)$ (W)	235,01	169,41	245,77	181,09
Rotor-Stromwärmeverluste $P_{Cu,r}$(W)	185,84	183,71	145,66	143,53
Reibungsverluste P_{fr+w} (W)	101,01	101,03	107,25	107,27
Lastabhängige Zusatzverluste $P_{zus,Last}$(W)	113,71	80,24	149,78	103,34
Gesamtverluste P_d (W)	886,29	779,36	991,20	871,15
Drehzahl n (min^{-1})	1765,4	1765,7	1777,3	1777,5
Drehmoment M (Nm)	49,85	49,82	59,57	59,45
Mech. Ausgangsleistung P_m (kW)	9,215	9,211	11,087	11,067
Wirkungsgrad η (%)	91,23	92,19	91,79	92,70

7.3.5. Zusammenfassung der weiteren Optimierungspotentiale

Werden die in den vorangegangenen Abschnitten diskutierten Verbesserungsvorschläge zusammengefasst, so ergeben sich bei Verwendung des nicht-schlussgeglühten Elektroblechs TK 390-50PP im Vergleich mit dem schlussgeglühten Elektroblech TK 400-50AP die in Tabelle 7.20 zusammengefassten Ergebnisse. Trotz der Maßnahmen in den Abschnitten 7.3.1-

7.3.3 werden die für die Einstufung als IE3-Motoren benötigten Wirkungsgrade bei der Verwendung des schlussgeglühten Elektroblechs TK 400-50AP nicht erreicht.

Die berechneten Werte für die maximalen Kurzschlussströme I_k liegen im Falle des Motors AH160_9,2kW_60Hz_IE3 knapp über den zulässigen Werten von 151,4 A. Für beide Motoren ergeben sich grenzwertige maximale Drehmomente. Erst bei Verwendung des nicht-schlussgeglühten Elektroblechs TK 390-50PP würde bei gleichzeitigem Einsatz der Maßnahmen in den Abschnitten 7.3.1-7.3.3 eine Erfüllung der geforderten Wirkungsgrade gemäß Tabelle 7.3 ermöglichen.

Tabelle 7.20: Analytische Berechnung (*KLASYS*) der maximal möglichen Wirkungsgradsteigerung bei Verwendung des nicht-schlussgeglühten Elektrobleches TK 390-50PP im Vergleich mit dem schlussgeglühten Elektroblech TK 400-50AP. Dabei werden alle in den Abschnitten 7.3.1-7.3.3 diskutierten Maßnahmen kombiniert.

Motor	**AH160_9,2kW_60Hz_IE3**		**AH160_11kW_60Hz_IE3**	
Blechtyp	TK 400-50AP	TK 390-50PP	TK 400-50AP	TK 390-50PP
Nutform	Rechteck	Rechteck	Rechteck	Rechteck
Strangspannung U_s (V)	243	243	251	251
Statorstrangstrom I_s (A)	16,67	16,55	19,32	19,21
Leistungsfaktor $\cos\varphi$	0,823	0,822	0,823	0,82
Stator-Stromwärmeverluste $P_{Cu,s}$(W)	277,69	273,72	366,64	362,40
Ummagnetisierungsverluste $P_{Fe,IEC}$ + Leerlauf-Zusatzverluste $P_{zus,0}(s=s_N)$ (W)	227,69	164,38	251,68	185,04
Rotor-Stromwärmeverluste $P_{Cu,r}$(W)	169,57	168,31	132,03	130,74
Reibungsverluste P_{fr+w} (W)	86	86	87	87
Lastabhängige Zusatzverluste $P_{zus,Last}$(W)	79,40	55,08	108,16	73,81
Gesamtverluste P_d (W)	840,24	747,39	945,47	838,96
Drehzahl n (min^{-1})	1768,2	1768,4	1779,3	1779,41
Drehmoment M (Nm)	49,76	49,76	59,50	59,40
Mech. Ausgangsleistung P_m (kW)	9,213	9,214	11,086	11,073
Wirkungsgrad η (%)	91,64	92,49	92,14	92,96
Wirkungsgradsteigerung $\Delta\eta$ gegenüber Messergebnissen in Tabelle 7.9 (%-Punkte)	**0,41**	**1,27**	**0,35**	**1,17**
Kurzschlussstrangstrom I_{sk} (A)	153,3	153	180,8	180
Anlaufmoment M_1 (Nm)	200,7	199,39	225,3	223,3
Kippmoment M_b (Nm)	203,9	202,97	201,0	199,8

7.4. Zusammenfassung zur Untersuchung der Entwurfsvorschläge

Die Untersuchung die gemäß der Entwurfsvorschläge gefertigten Prototypen ergab, dass die für den 60 Hz-Betrieb vorgesehenen Motoren mit einer Bemessungsleistung von P_N = 9,2 kW und 11 kW die geforderte Wirkungsgradklasse IE3 trotz Einsatz einer gesehnten Zweischichtwicklung nicht erfüllen, wie das auch die Vorausberechnungen vorhergesagt haben. Es bleibt offen, ob mit den gegebenen Randbedingungen überhaupt eine Erfüllung der Wirkungsgradvorgaben möglich ist, zumal die Randbedingungen bezüglich der maximal zulässigen Drehmomente M und der zulässigen Kurzschlussströme I_k keinen weiteren Spielraum für wirkungsgradsteigernde Maßnahmen zulassen. Für die AH160 ergibt sich bei einer Bemessungsleistung von P_N = 9,2 kW bei Betrieb am 50 Hz-Netz für den Prototyp AH160_9,2kW_50Hz_IE2_ALU bei Einhaltung der geforderten Wirkungsgradklasse IE2 im Vergleich zum Serienmotor eine Reduktion des Wirkungsgrads η um ca. 0,4 % bei gleichzeitiger Reduktion des Kippmoments M_b um ca. 8 % und Steigerung des Anlaufmoments M_1 um etwa 11 %.

Für die Geräuschabstrahlung ergeben sich sowohl bei den analytischen Vorausberechnungen als auch bei den Messungen im 60 Hz-Betrieb mit den Bemessungsleistungen P_N = 9,2 kW bzw. P_N = 11 kW dominante magnetisch erregte Töne bei den Frequenzen $f_{ton} \approx$ 1000 Hz und $f_{ton} \approx$ 2000 Hz. Dabei überschreiten die Schallleistungspegel mit einem Wert von $L_{wA} \approx$ 89 dB(A) bei $f_{ton} \approx$ 1000 Hz die genormten Grenzwerte [3] um 1 dB(A). Für den 50Hz-Betrieb ergeben sowohl die analytische Vorausberechnung als auch die Messungen keine Grenzwertüberschreitungen. Bei den Messungen im 60 Hz-Betrieb treten bei $f_{ton} \approx$ 3000 Hz im Vergleich zu den analytischen Berechnungen deutlich größere Schallleistungspegel L_{wA} auf. Wie bereits in Kapitel 5 diskutiert wurde, können ungenügend genau berechnete Resonanzfrequenzen oder das Vernachlässigen der nutdifferenzharmonischen oder der sättigungsbedingten Oberwellen bei der Berechnung der Feldoberwellen von Stator und Rotor (Abschnitt 4.3.2.4 bzw. 4.3.3.6) der Grund für derartige Abweichungen sein. Das Verbesserungspotential bei der Reduktion der Verlustleistungen und der Geräusche durch

die Verwendung einer 7/9-Sehnung anstelle der hier gewählten 8/9-Sehnung wird aufgrund entsprechender (hier nicht weiter diskutierten) Vorausberechnungen als eher gering eingeschätzt.
Die analytische Untersuchung der weiteren Optimierungspotentiale in Abschnitt 7.3 zeigt, dass sich durch Variation der Jochhöhe h_y und der axialen KS-Ringlänge l_{ring} sowie der Reduktion der Verluste durch Luft- und Lagerreibung P_{fr+w} bei beiden Motoren AH160_9,2kW_60Hz_IE3 und AH160_11kW_60Hz_IE3 mit dem schlussgeglühten Elektroblech TK 400-50AP bestenfalls etwa 0,4 % an Steigerung im Wirkungsgrad η realisieren lassen. Damit würden die minimalen Wirkungsgradwerte für eine Einstufung in der Wirkungsgradklasse IE3 immer noch nicht erreicht. Die Berechnungen zeigen, dass die Verwendung des nicht-schlussgeglühten Elektroblechs TK 390-50PP bei unverändertem Blechschnitt eine Steigerung von ca. 1 % gegenüber den vermessenen Prototypen bewirkt und damit die geforderten Wirkungsgrade erreicht werden. Der dafür benötigte Glühprozess verteuert allerdings den Produktionsprozess.
Um sowohl die Geräusche als auch die Verlustleistungen durch eine Reduktion der Feldoberwellen des Stators erheblich reduzieren zu können, kann zusätzlich zu einer Sehnung eine Sonderverschaltung der Ständerwicklung als Serienschaltung von im Stern und im Dreieck geschalteten Wicklungsteilen eingesetzt werden. Das Potential einer solchen Schaltung wird im folgenden Kapitel 8 untersucht. Für die hier untersuchten Norm-Asynchronmotoren der Baureihe AH160 kommt allerdings ein Einsatz einer solchen Sonderschaltung laut Herstellerangaben aus Kostengründen nicht in Frage.

8. Einsatz einer mehrphasigen Wicklung in Stern-Polygon-Mischschaltung für KLASM zur Steigerung des Wirkungsgrads

Zur Reduktion der Zusatzverluste P_{zus}, die zum größten Teil aufgrund von Oberwelleneffekten entstehen, wurde im vorangegangenen Kapitel 7 bei der Neuauslegung des Motors der AH160 für den Betrieb am 60 Hz-Netz eine gesehnte Wicklung eingeführt. Gemäß den Erläuterungen in Abschnitt 4.3.5.1 können dadurch je nach Verhältnis W/τ_p die Amplituden von Oberwellen bestimmter Ordnungszahlen ν, die nicht den Ordnungszahlen ν der nutharmonischen Oberwellen aus (4.63) entsprechen, reduziert werden. In diesem Kapitel wird nun eine mehrphasige Wicklung in Stern-Polygon-Mischschaltung gemäß *Auinger* [137] untersucht, die durch eine Serienschaltung aus in Stern und Dreieck verschalteten Wicklungsteilen bei Anschluss an ein konventionelles 3-phasiges Spannungssystem die Durchflutungsverteilung einer 6-phasigen Maschine erregt. Dadurch können die Amplituden der Oberwellen mit den Ordnungszahlen ν = -5, 7, -17, 19, -29, 31,...=1±6·k, k = 0, 1, 2, 3,... erheblich reduziert werden, wodurch, ähnlich wie bei der Sehnung, eine Reduktion der oberwellenbedingten parasitären Effekte einer KLASM erreicht werden kann.

8.1. Generelles zur Verwendung einer mehrphasigen Wicklung in Stern-Polygon-Mischschaltung

Zur Verbesserung des Wirkungsgrads η und des Betriebsverhaltens einer KLASM der Achshöhe 180 mm (AH180 siehe Tabelle 8.4) mit den Bemessungsdaten P_N = 15 kW; U_N = 400 VY, f_N = 50 Hz (Tabelle 8.4) wird versucht, durch Verminderung der Durchflutungs-Oberwellenanteile die Zusatzverluste P_{zus} und die harmonischen asynchronen und synchronen Oberwellenmomente $M_{e\nu}$ bzw. $M_{e\nu\nu}$ zu reduzieren. Um dieses Ziel zu erreichen, wird ein Prototypmotor PT180 mit einer Sonderverschaltung der Wicklungen im Ständer untersucht. Ziel ist es; diese Stern-Dreieck-Mischschaltung nach *Auinger* [137] („*Auinger*"-Wicklung) auf ihre Anwendbarkeit für Norm-Asynchronmotoren zu untersuchen. Der entsprechende Prototyp PT180 (siehe Tabelle 8.4; Wickelschema im Anhang E) wird daher mit gleichen geometrischen Abmessungen angefertigt und soll auch die gleichen normativen Vorgaben erfüllen. Die „*Auinger*"-Wicklung besteht aus einem in Stern verschalteten äußeren Wicklungsteil (Spulenwindungszahl N_{cY}, Lochzahl q_Y), der in Serie mit einem in Dreieck verschalteten Wicklungsteil (Spulenwindungszahl $N_{c\Delta}$, Lochzahl q_Δ) verbunden wird (Abbildung 8.1a; Vergleich der Wicklungsschemata Serienmotor AH180 und Prototypmotor PT180 im Anhang E). Diese Verschaltung erzeugt bei dreiphasigem (m = 3) Netzanschluss eine 12-zonige Durchflutungsverteilung $V_\delta(x,t)$, wie sie sonst nur bei Wicklungen mit m = 6 Strängen auftritt. Um dies zu erreichen, müssen die Ströme in den Stern- und Dreiecksleitern I_Y bzw. I_Δ jeweils um 30°el phasenversetzt sein (Abbildung 8.1b und c). Um eine symmetrische Durchflutungsverteilung im Luftspalt $V_\delta(x,t)$ und die gewünschte Phasenlage von $\pi/6$ zwischen den Durchflutungen der jeweiligen Spulengruppen zu erreichen, muss gemäß [137, 138, 139] folgende Bedingung eingehalten werden:

Effektive Windungszahlen der Y- bzw. Δ-Schaltung:

$$k_{w1Y} \cdot N_{cY} \cdot q_Y = k_{w1\Delta} \cdot N_{c\Delta} \cdot q_\Delta / \sqrt{3}. \tag{8.1}$$

Dabei sind k_{w1Y} und $k_{w1\Delta}$ die Grundwellen-Wicklungsfaktoren der Y- bzw. Δ-Schaltung.

Dies kann, wie in [140] gezeigt wird, durch Verwendung gleicher Spulenwindungszahlen $N_{cY} = N_{c\Delta}$ und unterschiedlicher Lochzahlen $q_Y/q_\Delta = 1/\sqrt{3}$ in (8.1 (z.B. q_Y/q_Δ = 4/7) je Strang näherungsweise erreicht werden. Da dies aber für Motoren der hier betrachteten Leistungsklasse zu einer zu hohen Anzahl von Statornuten Q_s führt, wird im vorliegenden Fall des Motors AH180 mit Q_s = 48 für den entsprechenden Prototypen PT180 mit „*Auinger*"-Wicklung eine Anpassung der Strangwindungszahlen im Verhältnis $N_{sY}/N_{s\Delta} = 1/\sqrt{3}$ bei gleicher Lochzahl $q_Y = q_\Delta$ vorgenommen (siehe Abschnitt 8.3). Aber auch Kombinationen aus beiden Varianten mit $q_Y \neq q_\Delta$ und unterschiedlichen Spulenwindungszahlen $N_{cY} \neq N_{c\Delta}$, die dennoch die Bedingung (8.1 erfüllen, sind denkbar (vgl. [141, 142, 143]). Wie in Abschnitt 8.2 gezeigt wird, kann sich nur für Ordnungszahlen $\nu = 1 + 2m \cdot g$ mit geraden ganzen Zahlen g = 0 (Grundwelle), ±2, ±4… und der Strangzahl $m = 3$ eine gleichphasige Addition der Durchflutungsoberwellen der Stern- und Dreieckswicklung $V_{\delta Y,\nu}(x,t)$ bzw. $V_{\delta\Delta,\nu}(x,t)$ ergeben. Für alle ungeradzahligen ganzen Zahlen g und damit für ν = -5, 7, -17, 19,….sind die Durchflutungsoberwellen der Stern- und Dreieckswicklung $V_{\delta Y,\nu}(x,t)$ bzw. $V_{\delta\Delta,\nu}(x,t)$ im Idealfall gegenphasig und heben sich auf. Damit können diese Oberwellen im Vergleich zu denen der m = 3-phasigen Wicklung im Idealfall mit einer Stromverteilung gemäß Abbildung 8.1b) (mit $\hat{I}_\Delta / \hat{I}_Y = 1/\sqrt{3}$) und $N_{sY}/N_{s\Delta} = 1/\sqrt{3}$ bei fehlender Rückwirkung des Rotors eliminiert und in der Realität (mit Berücksichtigung der primären Ankerrückwirkung) zumindest reduziert werden. Eine nähere Untersuchung dazu wird über eine analytische Rechnung und FEM-Berechnungen (Programm *FLUX2D*) in Abschnitt 8.2 durchgeführt. Daher lassen sich parasitäre Oberwelleneffekte wie zusätzliche Ummagnetisierungsverluste P_{zus}, zusätzliche asynchrone und synchrone harmonische Oberwellenmomente $M_{e\nu}$ bzw. $M_{e\nu\nu}$ und Geräusche reduzieren, was in Abschnitt 8.3 anhand von Messergebnissen eines Normmotors im Vergleich zu einem baugleichen Prototypen PT180 mit *Auinger*-Wicklung gezeigt wird. Durch Einführung einer 11/12-Sehnung können bei dieser Sonderwicklung auch die Oberwellen der Ordnungen ν = -11, 13, -23, 25…reduziert werden (siehe Abbildung 8.2b). Diese Maßnahme wird beim Prototyp PT180 jedoch nicht genutzt, da aus Kostengründen und zur besseren Vergleichbarkeit mit dem Serienmotor AH180 (mit Einschichtwicklung) eine Einschichtwicklung eingesetzt wurde. Da der Wicklungsfaktor k_{w1} der Grundwelle für eine 6-phasige Wicklung mit gleicher Lochzahl q = 2 gegenüber dem Faktor k_{w1} einer 3-phasigen Wicklung mit q = 4 (gleiche Nutzahl pro Pol) um 3,4 %-Punkte größer ist, kann, um den gleichen Hauptflusses Φ_h zu erreichen, die Strangwindungszahl N_S bei Einsatz einer mehrphasigen Wicklung in Stern-Polygon-Mischschaltung um den Faktor 0,9577/0,9914 bzw. 3,4 % reduziert werden. Damit lassen sich unter Annahme eines gleichen Nutfüllfaktors k_f wegen des dann um 3,4 % größeren Leiterquerschnitts A_{Cu} die Stromwärmeverluste $P_{Cu,s}$ senken. Leider wirken die nutharmonischen Oberwellen mit den Ordnungszahlen ν gemäß (4.63), also ν= -23, 25, -47, 49…., nach wie vor dominant und werden durch die Sonderschaltung sogar leicht verstärkt, da diese Oberwellen denselben Wicklungsfaktor k_{w1} wie die Grundwelle aufweisen.

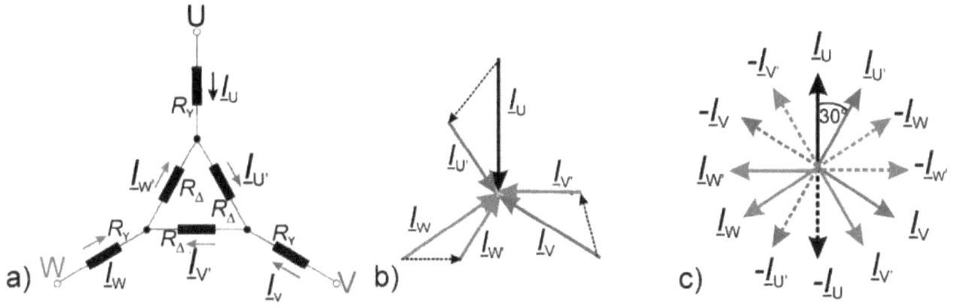

Abbildung 8.1: a) Anordnung der drei Wicklungsstränge mit äußerer Stern- und innerer Dreieckschaltung (Wickelschema im Anhang E), b) Phasenlagen der Wicklungsströme, c) Aus der Wicklungsanordnung a) resultierendes magnetisch wirksames Stromsystem mit um 30° gegeneinander phasenverschobenen Zweig-Strömen. Da die Spulenwindungszahl der äußeren Sternschaltung um $1/\sqrt{3}$ kleiner ist als bei der inneren Dreieckschaltung, erregen die dort um $\sqrt{3}$ größeren Ströme in den Strängen U, V, W gleich große Magnetfelder. Daher sind in c) die magnetisch wirksamen Ströme in den Strängen U, V, W und U', V', W' gleich groß.

8.2. Analyse der resultierenden Durchflutungen im Luftspalt

Die gesamte Durchflutung im Luftspalt $V_\delta(x,t)$ lässt sich gemäß [28, 29] wie folgt berechnen:

$$V_\delta(x,t) = \sum_{\nu=1,-5,7,\ldots}^{\infty} \frac{\sqrt{2}}{\pi} \cdot \frac{m}{p} \cdot N_s \cdot \frac{k_{d\nu} \cdot k_{p\nu}}{\nu} \cdot I \cdot \cos\left(\frac{\nu \cdot x \cdot \pi}{\tau_p} - \omega t \right), \tag{8.2}$$

$\nu = 1 + 2 \cdot m \cdot g$, $m = 3$, $g = 0, \pm 1, \pm 2, \ldots$.

Dabei sind $k_{d\nu}$ bzw. $k_{p\nu}$ der Zonen- bzw. den Sehnungsfaktor der Wicklung (hier Einschichtwicklung, also ungesehnt: $k_{p\nu} = 1$), aus denen sich durch Multiplikation der Wicklungsfaktor $k_{w\nu} = k_{d\nu}$ ergibt [28, 29, 140, 141]. Bei der *Auinger*-Wicklung mit angepassten Windungszahlen $N_{cY}/N_{c\Delta} = 1/\sqrt{3}$ und daher bei $q_Y = q_\Delta (= q = 2)$ auch $N_{sY}/N_{s\Delta} = 1/\sqrt{3}$ (vgl. Prototypmotor PT180 in Abschnitt 8.3) ergibt sich für die Grundwelle mit der Ersatzstrangzahl $m' = 6$ ein Nutenwinkel $\alpha_Q = 2\pi/(2 \cdot m' \cdot q) = \pi/(6 \cdot 2) = \pi/12$ bzw. 15°el als Phasenverschiebung zwischen den einzelnen Spulenspannungen beider Wicklungen U, V, W und U', V', W', weswegen gilt:

$$k_{\mathrm{dY}\nu} = k_{\mathrm{d}\Delta\nu} = k_{\mathrm{d}\nu} = \frac{\sin\left(q \cdot \nu \frac{\alpha_{\mathrm{Q}}}{2}\right)}{q \cdot \sin\left(\nu \frac{\alpha_{\mathrm{Q}}}{2}\right)} = 0{,}9914 \tag{8.3}$$

bei $q = 2$ für die Grundwelle $\nu = 1$.

Der räumliche Versatz Δx zwischen den Zonen U und U', V und V', W und W' ist gemäß dem Wicklungsschema im Anhang E $\Delta x = \tau_{\mathrm{p}}/(2m) = \tau_{\mathrm{p}}/6$, $m = 3$. Daher sind $V_{\delta\mathrm{Y}}(x,t)$ und $V_{\delta\Delta}(x,t)$ um Δx räumlich verschoben (8.5).

Da die Sinus-Ströme $i_{\Delta}(t)$ und $i_{\mathrm{Y}}(t)$ zweier benachbarter Spulengruppen U und U', V und V', W und W' um $\pi/6 = 30°\mathrm{el}$ gegeneinander phasenverschoben sind, gilt:

$$i_{\Delta}(t) = \hat{I} \cdot \cos(\omega t) = \sqrt{2} \cdot I \cdot \cos(\omega t),\ i_{\mathrm{Y}}(t) = \sqrt{2} \cdot \sqrt{3} \cdot I \cdot \cos\left(\omega t - \frac{\pi}{6}\right). \tag{8.4}$$

In Gleichung (8.2) eingesetzt, ergibt das für die ν-te Oberwelle:

$$V_{\delta\mathrm{Y}\nu}(x,t) = \frac{\sqrt{2}}{\pi} \cdot \frac{m}{p} \cdot N_{\mathrm{sY}} \cdot \frac{k_{\mathrm{dY}\nu}}{\nu} \cdot I \cdot \sqrt{3} \cdot \cos\left(\frac{\nu \cdot x \cdot \pi}{\tau_{\mathrm{p}}} - \frac{\pi\nu}{6} - \left(\omega t - \frac{\pi}{6}\right)\right)$$

für die Y-Wicklung,

$$V_{\delta\Delta\nu}(x,t) = \frac{\sqrt{2}}{\pi} \cdot \frac{m}{p} \cdot N_{\mathrm{s}\Delta} \cdot \frac{k_{\mathrm{d}\Delta\nu}}{\nu} \cdot I \cdot \cos\left(\frac{\nu \cdot x \cdot \pi}{\tau_{\mathrm{p}}} - \omega t\right) \tag{8.5}$$

für die Δ-Wicklung.

Durch Umformung des Kosinus-Terms in $V_{\delta\mathrm{Y}\nu}(x,t)$ über $\cos(\alpha \pm \beta) = \cos\alpha \cos\beta \mp \sin\alpha \sin\beta$ ergibt sich mit $g = 0, \pm 1, \pm 2, \ldots$:

$$V_{\delta\mathrm{Y},\nu}(x,t) = \frac{\sqrt{2}}{\pi} \cdot \frac{m}{p} \cdot N_{\mathrm{sY}} \cdot \frac{k_{\mathrm{dY}\nu}}{\nu} \cdot I \cdot \sqrt{3} \cdot (-1)^{g} \cdot \cos\left(\frac{\nu \cdot x \cdot \pi}{\tau_{\mathrm{p}}} - \omega t\right)$$

für die Y-Wicklung,

$$V_{\delta\Delta,\nu}(x,t) = \frac{\sqrt{2}}{\pi} \cdot \frac{m}{p} \cdot N_{\mathrm{s}\Delta} \cdot \frac{k_{\mathrm{d}\Delta\nu}}{\nu} \cdot I \cdot \cos\left(\frac{\nu \cdot x \cdot \pi}{\tau_{\mathrm{p}}} - \omega t\right) \tag{8.6}$$

für die Δ-Wicklung.

Die Summe beider Durchflutungswellen $V_{\delta\mathrm{Y}\nu}(x,t)$ und $V_{\delta\Delta\nu}(x,t)$ ergibt mit der Annahme eines idealen Verhältnisses von $N_{sY}/N_{s\Delta} = 1/\sqrt{3}$ und $k_{dY\nu} = k_{d\Delta\nu} = k_{d\nu}$:

$$V_{\delta\nu}(x,t) = V_{\delta Y\nu}(x,t) + V_{\delta\Delta\nu}(x,t) \Rightarrow$$

$$V_{\delta\nu}(x,t) = \frac{\sqrt{2}}{\pi} \cdot \frac{m}{p} \cdot \frac{k_{d\nu}}{\nu} \cdot I \cdot \sqrt{3} \cdot (2N_{sY}) \cdot \cos\left(\frac{\nu \cdot x \cdot \pi}{\tau_p} - \omega t\right),$$

falls g gerade oder 0 (8.7)

$$V_{\delta\nu}(x,t) = 0 \qquad ,$$

falls g ungerade.

Da in der Realität das Verhältnis $N_{cY}/N_{c\Delta} \neq 1/\sqrt{3}$ ist, denn es kann an $1/\sqrt{3}$ nur angenähert werden, gilt dann für $m = 3$, $q = q_Y = q_\Delta$ und der Phasenverschiebung von 30° el zwischen $i_\Delta(t)$ und $i_Y(t)$ für $k_{d\nu}$ gemäß (8.3):

$$V_{\delta\nu}(x,t) = \frac{\sqrt{2}}{\pi} \cdot \frac{m}{p} \cdot \frac{k_{d\nu}}{\nu} \cdot I \cdot \sqrt{3} \cdot \left(N_{sY} + \frac{N_{s\Delta}}{\sqrt{3}}\right) \cdot \cos\left(\frac{\nu \cdot x \cdot \pi}{\tau_p} - \omega t\right),$$

falls g gerade oder 0 (8.8)

$$V_{\delta\nu}(x,t) = \frac{\sqrt{2}}{\pi} \cdot \frac{m}{p} \cdot \frac{k_{d\nu}}{\nu} \cdot I \cdot \sqrt{3} \cdot \left(-N_{sY} + \frac{N_{s\Delta}}{\sqrt{3}}\right) \cdot \cos\left(\frac{\nu \cdot x \cdot \pi}{\tau_p} - \omega t\right),$$

falls g ungerade.

Der dreiphasige Serienmotor hat bei Verschaltung im Stern $m = 3$, $q^* = 4$ und $N_s = 2 \cdot N_{sY}$ folgende Durchflutungsoberwellen $V_{\delta\nu}{}^*(x,t)$, die gemäß [26, 28, 33] folgendermaßen berechnet werden:

$$V_{\delta\nu}{}^*(x,t) = \frac{\sqrt{2}}{\pi} \cdot \frac{m}{p} \cdot N_s \cdot \frac{k_{d\nu}{}^*}{\nu^*} \cdot I \cdot \sqrt{3} \cdot \cos\left(\frac{\nu^* \cdot x \cdot \pi}{\tau_p} - \omega t\right),$$

$$k_{d\nu^*} = \frac{\sin\left(\frac{\nu^* \pi}{2 \cdot m}\right)}{q^* \sin\left(\frac{\nu^* \pi}{2 \cdot m \cdot g}\right)} \qquad (8.9)$$

$\nu^* = 1 + 2 \cdot m \cdot g$, $g = 0, \pm 1, \pm 2, \ldots$.

Setzt man (8.7) und (8.9) ins Verhältnis, so ergibt sich mit $N_{sY} \neq N_{s\Delta}/\sqrt{3}$ und $\nu = \nu^*$:

$$\frac{V_{\delta\nu}(x,t)}{V_{\delta\nu}*(x,t)} = \frac{k_{\mathrm{d}\nu}\cdot\left((-1)^g\cdot N_{\mathrm{sY}}+\frac{N_{\mathrm{s}\Delta}}{\sqrt{3}}\right)}{N_{\mathrm{s}}\cdot k_{\mathrm{d}\nu}*}. \tag{8.10}$$

Damit wird die theoretisch mögliche Verringerung der Oberwellenamplituden der *Auinger*-Schaltung gegenüber der im Stern geschalteten Maschine AH180 abgeschätzt (Tabelle 8.1). Ein Maß für den auftretenden Oberwellengehalt ist die Oberwellenstreuziffer σ_{os} [28, 29]:

$$\sigma_{\mathrm{os}} = \sum_{|\nu|>1}\left(\frac{k_{\mathrm{w}\nu}}{\nu\cdot k_{\mathrm{w}1}}\right)^2 \Rightarrow$$

σ_{os} =0,0073 für den 3-phasigen Serienmotor (m = 3), (8.11)

σ_{os} =0,0046 für den Idealfall mit „*Auinger*"-Wicklung (m' = 6).

Die Oberwellen ν = -5, 7, -17, 19, … werden nur für den Idealfall a) in Tabelle 8.1 gänzlich gelöscht (vgl. (8.7)). Fall b) ergibt keine gänzliche Auslöschung (vgl. (8.8)), aber eine starke Verringerung auf ca. 0,5 %. Die FEM-Ergebnisse zeigen eine deutlich geringere Reduktion für die Oberwellen ν= -5, 7, -17, 19…. Grund dafür ist zum einen, dass durch Rotoroberströme $\underline{I}_{\mathrm{r}\nu}$ schon im Leerlauf (aber vor allem im Bemessungsbetrieb) Rotorfelder entstehen, die bei der analytischen Betrachtung der Durchflutungsoberwellen $V_{\delta\mathrm{Y}\nu}(x,t)$ und $V_{\delta\Delta\nu}(x,t)$ für den Stator in (8.7) nicht berücksichtigt werden.

Die Ströme $i_\Delta(t)$ und $i_\mathrm{Y}(t)$ sind in der FEM-Simulation nicht genau um $\pi/6 = 30°$ phasenverschoben. Auch beträgt das Verhältnis der Amplituden nicht genau $\hat{I}_\Delta/\hat{I}_\mathrm{Y} = 1/\sqrt{3}$ (siehe Tabelle 8.2). Die Unterschiede in den Phasenlagen lassen sich dadurch erklären, dass die jeweils drei Strangimpedanzen der Dreieck- und Sternschaltung nicht gleich groß sind, sondern aufgrund der gegenseitigen Nutung und lokalen Eisensättigung des resultierenden Felds aus Stator- und Rotorwicklung unterschiedlich sind.

Tabelle 8.1: Verringerung der Oberwellenamplituden (8.10) der „*Auinger*"-Schaltung $q_Y = q_\Delta = q = 2$ a) für den Idealfall mit Spulenwindungszahlen $N_{cY}/N_{c\Delta} = 1/\sqrt{3}$, b) Für den realisierbaren Fall $N_{cY}/N_{c\Delta} = 22/38$ und c) numerisch (FEM) berechnete Verringerung der Amplituden des Luftspaltfeldes B_δ (Leerlauf LL, Bemessungsbetrieb NN; $N_{cY}/N_{c\Delta} = 22/38$) im Vergleich mit dem Serienmotor (q^*=4, m=3, FLUX2D) (vgl. Abbildung 8.2) (Motordaten Serienmotor AH180 und Prototypmotor PT180 mit „*Auinger*"-Schaltung in Tabelle 8.4) [144].

	$B_{\delta\nu}/B_{\delta\nu^*}$					$B_{\delta\nu}/B_{\delta\nu^*}$			
	a)	b)	c)			a)	b)	c)	
$N_{cY}/N_{c\Delta}$	$1/\sqrt{3}$	**22/38**	**22/38**	**22/38**	$N_{cY}/N_{c\Delta}$	$1/\sqrt{3}$	**22/38**	**22/38**	**22/38**
ν			**LL**	**NN**	ν			**LL**	**NN**
1	1,035	1,033	0,973	1,009	**-29**	0	-0,0053	0,339	1,342
-5	0	-0,0053	0,444	0,413	**31**	0	0,0053	0,714	1,352
7	0	0,0053	0,291	0,0022	**-35**	-1,035	-1,033	0,773	0,767
-11	-1,035	-1,033	1,405	1,146	**37**	-1,035	-1,033	0,652	1,035
13	-1,035	-1,033	1,529	1,103	**-41**	0	0,0053	0,822	1,171
-17	0	0,0053	0,863	0,531	**43**	0	-0,0053	0,782	0,812
19	0	-0,0053	0,570	0,823	**-47**	1,035	1,033	0,976	1,005
-23	1,035	1,033	0,955	0,965	**49**	1,035	1,033	0,986	1,005
25	1,035	1,033	0,951	1,051					

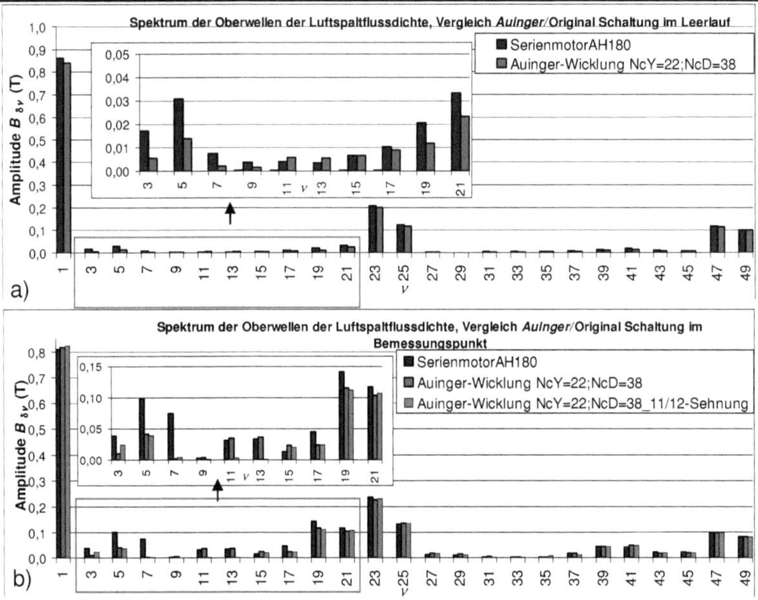

Abbildung 8.2: Ergebnisse der FEM-Simulation (*FLUX2D*) der Oberwellenamplituden des Luftspaltfeldes $B_{\delta\nu}$ bei U_N = 400 VY, f_s = 50 Hz im a) Leerlauf s = 0 und bei b) Bemessungsbetrieb P_{eN} = 17 kW. [138, 139] (Motordaten Serienmotor AH180 und Prototypmotor PT180 mit „*Auinger*"-Schaltung in Tabelle 8.4).

Denn es hängt die Flussverkettung der einzelnen Wicklungsstränge mit dem Rotor von der Rotorlage und der Lage von Stator- zu Rotorzahnkopf ab. Zusätzlich tritt ein Kreisstrom durch die Sättigungsoberwelle $\nu = 3$ in der inneren Dreieckschaltung auf (vgl. [141] und Abschnitt 4.3.2.3). Die Werte in Tabelle 8.2 zeigen, dass die äußere Y-Schaltung im Vergleich zur inneren Δ-Wicklung ein symmetrischeres Stromsystem mit ca. um 120° versetzten Strömen mit fast gleichen Amplituden führt. Daher weichen auch die Phasenlagen und das Amplitudenverhältnis $\hat{I}_\Delta/\hat{I}_Y$ vom Idealfall 30° bzw. $1/\sqrt{3}$ ab.

Tabelle 8.2: Motoren PT180 und AH180: Phasenlagen und Effektivwerte der Ströme $i_\Delta(t)$ und $i_Y(t)$ aus den FEM-Berechnungen (*FLUX2D*) im Bemessungspunkt der Maschine mit $N_{cY}/N_{c\Delta} = 22/38$: P_{eN} = 17 kW; U_N = 400 VY (in Klammern Werte für Leerlaufbetrieb bei U_N = 400 VY) [144].

Y-Wick.	I_Y (A)	Phasenwinkel φ_Y (°)	Δ-Wick.	I_Δ (A)	Phasenwinkel φ_Δ (°)	Differenz $\lvert\varphi_Y-\varphi_\Delta\rvert$ (°)	$(I_Y/\sqrt{3})/I_\Delta$
I_U	13,8 (4,6)	2,1(-59,5)	$I_{U'}$	8,5(2,8)	32,5(-25,1)	30,4(34,4)	0,93(0,95)
I_V	13,7 (4,6)	121,9(60,2)	$I_{V'}$	7,7(2,7)	148,1(86,7)	26,1(26,5)	1,02(0,98)
I_W	13,8 (4,6)	-118,2(-179,4)	$I_{W'}$	7,6(2,4)	-85,2(-150,2)	33,1(29,2)	1,01(1,11)

Die Gründe für eine nur teilweise Auslöschung der Oberwellen $\nu = -5, 7, -17, 19$….in den FEM-Simulationen in Abbildung 8.2 wurden anhand von geeigneten FEM-Modellen näher untersucht. Dazu wurden die Stränge der Motoren mit idealen Stromquellen gespeist, um definiert Abweichungen von der idealen Stromverteilung (wie z.B. in Tabelle 8.2) simulieren zu können. Abbildung 8.3a) zeigt die Feldverteilung über eine Polteilung des Motors PT180 mit $N_{cY}/N_{c\Delta} = 22/38$ im Leerlaufbetrieb und Vorgabe eines idealen Verhältnisses von $\hat{I}_\Delta/\hat{I}_Y = 2,65/4,6 = 1/\sqrt{3}$ und idealen Phasenverschiebungen zwischen den Strangströmen I_Y und I_Δ von 30°. Abbildung 8.3b) stellt die simulierten Spektren des Originalmotors AH180 und des Motors PT180 für unterschiedliche Fälle gegenüber.

Da sich für den Fall, dass der Einfluss des Rotors bei der Berechnung mitberücksichtigt wird, keine gänzliche Auslöschung der durch die „*Auinger*"-Wicklung betroffenen Oberwellen mit den Ordnungszahlen $\nu = -5, 7, -17, 19$…ergibt, wurde eine Untersuchung ohne Einfluss des Rotorkäfigs mit einem voll magnetischem Rotor durchgeführt. Der Einfluss der Ankerrückwirkung und der unterschiedlichen Flussverkettungen der Stränge je nach Rotorlage fällt in dieser Betrachtung weg. Abbildung 8.4a) zeigt die Feldverteilung über eine Polteilung τ_p des Motors PT180 mit ungenutetem Rotor und $N_{cY}/N_{c\Delta} = 22/38$ im Leerlaufbetrieb und Vorgabe eines idealen Verhältnisses von $\hat{I}_\Delta / \hat{I}_Y = 2{,}65/4{,}6 = 1/\sqrt{3}$ bei idealen Phasenlagen von 30° zwischen den Strangströmen (vgl. Abbildung 8.1c). Abbildung 8.4b) zeigt die Spektren der Luftspaltflussdichten der Motoren AH180 und PT180 für unterschiedliche Fälle.

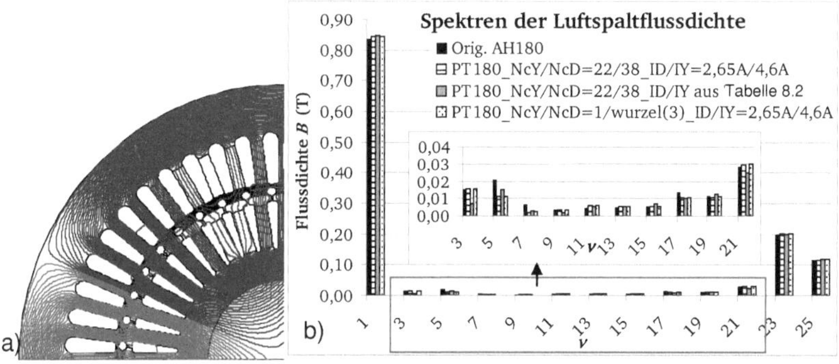

Abbildung 8.3: a) Feldverteilung über eine Polteilung des Motors PT180 mit $N_{cY}/N_{c\Delta} = 22/38$ im Leerlaufbetrieb und Vorgabe eines idealen Verhältnisses von $\hat{I}_\Delta / \hat{I}_Y = 2{,}65/4{,}6 = 1/\sqrt{3}$ bei idealen Phasenlagen von 30° zwischen den Strangströmen (vgl. Abbildung 8.1c). b) Spektren der Oberwellenamplituden des Luftspaltfeldes $B_{\delta\nu}$ im Leerlaufbetrieb für den Originalmotor AH180 mit $I_s = 4{,}6$ A (120° Phasenverschiebung) und dem Motor PT180 für unterschiedliche Verhältnisse $N_{cY}/N_{c\Delta}$ und Werte für $\hat{I}_\Delta / \hat{I}_Y$. Die Rotorlage ist bei allen Untersuchungen gleich.

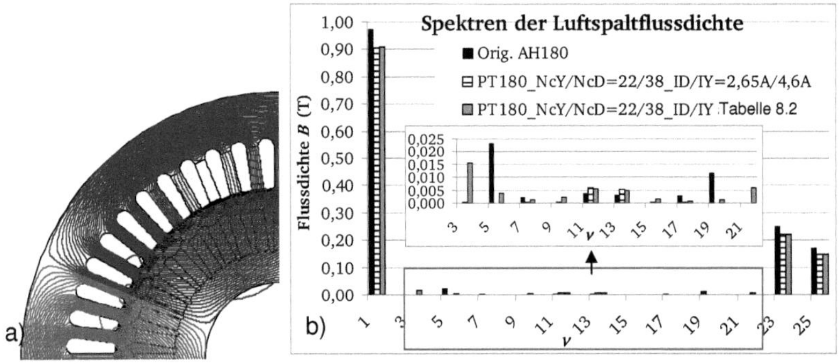

Abbildung 8.4: a) Feldverteilung über eine Polteilung des Motors PT180 mit ungenutetem Rotor und $N_{cY}/N_{c\Delta} = 22/38$ im Leerlaufbetrieb und Vorgabe eines idealen Verhältnisses von $\hat{I}_\Delta/\ \hat{I}_Y = 2{,}65/4{,}6 = 1/\sqrt{3}$ bei idealen Phasenlagen von 30° zwischen den Strangströmen (vgl. Abbildung 8.1c). b) Spektren der Oberwellenamplituden des Luftspaltfeldes $B_{\delta\nu}$ im Leerlaufbetrieb für den Originalmotor AH180 mit $I_s = 4{,}6$ A (120° Phasenverschiebung) und dem Motor PT180 für unterschiedliche Verhältnisse $N_{cY}/N_{c\Delta}$ und Werte für $\hat{I}_\Delta/\ \hat{I}_Y$.

Folgende Aussagen können getroffen werden (siehe auch Tabelle 8.3):

- Bei $N_{cY}/N_{c\Delta} = 1/\sqrt{3}$ und idealer sechsphasiger Stromverteilung ergibt sich für den Motor PT180 eine nahezu vollständige Auslöschung der Amplituden der Oberwellen mit den Ordnungszahlen $\nu = -5, 7, -17, 19...$ im Vergleich zum Serienmotor AH180 (Abbildung 8.4).
- Da der Unterschied zwischen den Windungszahlverhältnissen $N_{cY}/N_{c\Delta} = 22/38 = 0{,}579$ und $N_{cY}/N_{c\Delta} = 1/\sqrt{3} = 0{,}577$ gering ist, ist bei Vorgabe eines idealen Stromsystems (Abbildung 8.1c) mit $\hat{I}_\Delta/\hat{I}_Y = 2{,}65/4{,}6 = 1/\sqrt{3}$ auch die Abweichung von einer 6-strängigen Maschine gering. Deshalb sind in Abbildung 8.4 für diesen Fall trotz Eisensättigung die Oberwellen mit $\nu = -5, 7, -17, 19, ...$ nahezu Null.
- Dank des Einflusses der Rotornutung (Abbildung 8.3) ist diese Verringerung etwas geringer als bei ungenutetem Rotor (Abbildung 8.4).
- Wie auch schon in Tabelle 8.1 für den Leerlaufbetrieb fallen die Reduktionen der Oberwellen der Ordnungen $\nu = -5, 7$ deutlich stärker aus als für die Oberwellen der Ordnungszahlen $\nu = -17, 19$.

- Für die Oberwellen der Ordnungszahlen $\nu = -11, 13$ ergeben sich für den Motor mit der *„Auinger"*-Schaltung um bis zu 32 % größere Amplituden im Vergleich zum Originalmotor AH180. Da diese Amplituden generell deutlich kleiner als die der Oberwellen mit $\nu = -5, 7$ ausfallen, sind die Auswirkungen gering. Die oben erwähnte 11/12-Sehnung könnte hier bei Bedarf Abhilfe schaffen.
- Eine nicht ideale Verteilung der Strangströme gemäß Tabelle 8.2 hat erheblichen Einfluss auf die Oberwellen der Ordnungszahlen $\nu = -5, 7, -17, 19...$, so dass sich keine Auslöschung der Oberwellen mehr ergibt.
- Das Verhältnis zwischen Grundwellenamplitude und den Amplituden der Oberwellen der Ordnungszahlen $\nu = -5, 7, -17, 19...$ ist für den Motor AH180 mit Rotorkäfig mit ungenutetem Rotor gleich.

Es ist also zu erwarten, dass sich in der Realität durch die unterschiedlichen Flussverkettungen der Wicklungsstränge mit dem Rotorkäfig und die dadurch resultierenden nicht ideal verteilten Stromsysteme bei der Verwendung der *„Auinger"*-Schaltung eine Reduktion des gewünschten Effektes der Auslöschung ergibt. Zusätzlich können eventuelle Unsymmetrien durch unterschiedliche Wickelkopfgeometrien, Breiten der Rotoreisenbrücken und Lagen der Windungen innerhalb der Nuten die Situation noch verschärfen. Daher werden im folgenden Abschnitt 8.3 Vergleichsmessungen eines Prototypen PT180 mit *„Auinger"*-Wicklung mit dem sonst baugleichen Serienmotor AH180 durchgeführt, um zu prüfen, inwiefern sich die Reduktion der Oberwellen der Ordnungen $\nu = -5, 7, -17, 19...$ messtechnisch nachweisen lässt.

8.3. Vergleich der Messergebnisse einer Standard-KLASM mit einem baugleichen Motor mit einer mehrphasigen Wicklung in Stern-Polygon-Mischschaltung

Zur weiteren Untersuchung der Sonderwicklung nach *Auinger* [137] wurde eine Prototyp-Maschine PT180 angefertigt, die bei gleichen geometrischen Maßen wie beim Serienmotor AH180 vergleichbare Betriebseigenschaften bei besserem Wirkungsgrad η aufweisen soll. Tabelle 8.4 fasst die wichtigsten Maschinendaten zusammen. Zur Erhöhung der Vergleichbarkeit wird bei beiden Motoren derselbe Rotor mit Alu-Druckgusskäfig verwendet. Der Prototyp PT180 wurde bei zwei Bemessungsspannungen vermessen. Da das Verhältnis der Spulenwindungszahl des Prototypen $N_{cY}/ N_{c\Delta} = 25/43$ beträgt, entspricht dies einer Windungszahl je Strang für $m' = 6$ von $N_s = p \cdot q \cdot N_c/a = 2 \cdot 2 \cdot 25/2 = 50$.

Tabelle 8.3: Verhältnis der Oberwellenamplituden $B_{\delta\nu}$ des Motors PT180 mit „*Auinger*"-Schaltung aus der FEM-Berechnung des Leerlauffeldes (8.10) im Vergleich zum Originalmotor AH180 mit den Oberwellenamplituden $B_{\delta\nu^*}$ für ideale Phasenverschiebung von 30° zwischen den Strömen der sechs Zweige a) für den Fall mit Spulenwindungszahlen $N_{cY}/N_{c\Delta} = 22/38$ und $\hat{I}_\Delta/ \hat{I}_Y = 1/\sqrt{3}$, b) Für den Fall $N_{cY}/N_{c\Delta} = 22/38$ und Strömen gemäß Tabelle 8.2 und c) im Falle der Simulation mit Rotorkäfig zusätzlich für den Idealfall mit $N_{cY}/N_{c\Delta} = 1/\sqrt{3}$ und $\hat{I}_\Delta/ \hat{I}_Y = 1/\sqrt{3}$ (vgl. Abbildung 8.3 und Abbildung 8.4).

	$B_{\delta\nu}/B_{\delta\nu^*}$					
	Mit Rotorkäfig			**Rotor ungenutet**		
	a)	**b)**	**c)**		**a)**	**b)**
$N_{cY}/N_{c\Delta}$	**22/38**	**22/38**	$1/\sqrt{3}$	$N_{cY}/N_{c\Delta}$	**22/38**	**22/38**
$\hat{I}_\Delta/ \hat{I}_Y$	$1/\sqrt{3}$	Tab. 8.2	$1/\sqrt{3}$	$\hat{I}_\Delta/ \hat{I}_Y$	$1/\sqrt{3}$	Tab. 8.2
$\nu = 1$	1,011	1,013	1,011	$\nu = 1$	0,931	0,933
-5	0,522	0,713	0,531	**-5**	0,005	0,156
7	0,333	0,447	0,357	**7**	0,091	0,543
-11	1,320	1,250	1,319	**-11**	1,563	1,476
13	1,132	1,107	1,134	**13**	1,732	1,642
-17	0,781	0,751	0,777	**-17**	0,067	0,203
19	0,937	1,098	0,946	**19**	0,010	0,112
-23	1,011	1,006	1,011	**-23**	0,889	0,891
25	1,022	1,024	1,022	**25**	0,862	0,865

Der Serienmotor AH180 hat bei $m = 3$ die Windungszahl je Strang von $N_s = p \cdot q^* \cdot N_c^*/a^* = 2 \cdot 4 \cdot 22/2 = 88$. Bei $m' = 6$ entspräche dies einem Wert von $N_s = 88/2 = 44$. Daher muss beim Motor PT180 die Bemessungsspannung so erhöht werden, dass das Produkt aus Grundwellenwicklungsfaktor k_{w1} und Durchflutung $k_{w1} \cdot \Theta_0 = k_{w1} \cdot N_c \cdot I_0$ im Leerlauf dieselbe Flussdichte im Luftspalt erregt wie beim Serienmotor AH180. Gemäß der Messergebnisse in Tabelle 8.5 ist dies ist für die Bemessungsspannung $U_N = 467$ V

der Fall. Wie Abbildung 8.5 zeigt, ergibt sich bei dieser Versorgungsspannung $U_N = 467$ V bei Bemessungslast von P_N = 15 kW ein zum Originalmotor AH180 vergleichbarer Wert für den Leistungsfaktor $\cos\varphi_N$ (Tabelle 8.4), weswegen die Messergebnisse für diese Spannung besonders zu beachten sind.
Es wurden folgende Messungen durchgeführt:

- Messung der Verlustbilanz und des Wirkungsgrads nach Methode 1 in [96] (Abschnitt 8.3.1)
- Messung der Erwärmungskurven gemäß [96] (Abschnitt 8.3.2)
- Messung des Drehmomentverlaufs $M(s)$ im Schlupfbereich $s = 0\ldots2$ [75] und gleichzeitige Messung der axialen Schwingungen $Y(s)$ im Lagerschild an der B-Seite (Abschnitt 8.3.3)
- Messung der Kurzschlusskennlinien I_k (U_k) (Abschnitt 8.3.4)
- Messung der Schallleistungspegel L_{wA} gemäß [3] (Abschnitt 8.3.5)

Tabelle 8.4: Maschinen- und Betriebsdaten des Motors AH180 und des Prototyps PT180 (vgl. [138, 139, 144]).

Geometrische Größen	AH180	PT180	Gemessene Größen Bemessungspunkt	AH180	PT180	PT180
Polzahl $2p$	4	4	Verk. Spannung U_N (V)	400Y	454	467
Eisenlänge l_{Fe} (mm)	170	170	Leistungsfaktor $\cos\varphi_N$	0,809	0,823	0,806
Stator-/Rotornuten Q_s/ Q_r	48/40	48/40	Bemessungsstrom I_{sN}	29,7	25,5	25,2
Spulenwindungszahl N_c	22	Y:25;	Nenndrehzahl n_N (min^{-1})	1467	1465	1466
Parallele Zweige a	2	2	Drehmoment M_N (Nm)	98,06	98,1	97,9
Nuten pro Pol und Strang	$q = 4$	q_Y=q_Δ=2	Mech. Leistung P_N (kW)	15,05	15,04	15,07
Rotorschrägung b_{sk} (mm)	12,9	12,9	Wirkungsgrad η_{direkt} (%)	90,15	91,05	91,33

Tabelle 8.5: Gemessene Werte der Motoren AH180 und PT180 im Leerlaufbetrieb.

Leerlaufbetrieb	AH180	PT180	PT180
Bemessungsspannung U_N (V)	400	454	467
Leerlaufstrom I_0 (A)	13,61	10,57	11,58
Leerlaufdurchflutung Θ_0 (A)·k_{w1}	287A	262A	287A
Leistungsfaktor φ_0	0,055	0,053	0,051
Elektrische Eingangsleistung P_0 (W)	518,3	441,3	479,3

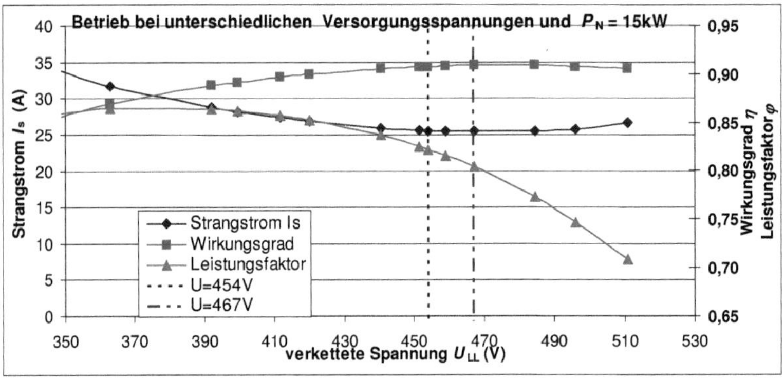

Abbildung 8.5: Messung des Strangstroms I_s, des Leistungsfaktors $\cos\varphi$ und des Wirkungsgrades η des Motors PT180 bei gleich bleibender Ausgangsleistung $P_m = P_N = 15$ kW und unterschiedlichen Versorgungsspannungen (Spannungsreihe).

8.3.1. Messung der Verlustbilanz

Die Verlustbilanz und die indirekten Wirkungsgrade η beider Motoren wurden gemäß Methode 1 in [96] gemessen (Abbildung 8.6). Abbildung 8.7a) zeigt die lastabhängigen Zusatzverluste $P_{zus,Last}$ des Prototyps PT180 für die Versorgungsspannungen $U_N = 454$ V und $U_N = 467$ V im Vergleich zum Serienmotor AH180. Abbildung 8.7b) stellt die gemessenen indirekten Wirkungsgrade η (bezogen auf $\vartheta_{ref} = 25$ °C) in Abhängigkeit der Abgabeleistung P_m im Bereich des Bemessungsbetriebs gegenüber. Die Messergebnisse zeigen, dass die lastabhängigen Zusatzverluste $P_{zus,Last}$ beim *Auinger*-Motor PT180 im Vergleich zum Normmotor AH180 im Bemessungsbetrieb bei $U_N = 467$ V um 47 % reduziert sind (Tabelle 8.6). Auch die Ummagnetisierungsverluste $P_{Fe,IEC} + P_{zus,0}(s = s_N)$, die bei einer Messung gemäß Methode 1 in [96] zusammen mit den Leerlauf-Zusatzverlusten $P_{zus,0}(s = s_N)$ gemessen werden (vgl. Abschnitt 4.5.7 und [42, 67]), können um 12 % reduziert werden. Grund dafür sind, wie im vorangegangenen Abschnitt 8.2 erläutert, die verringerten Amplituden der harmonischen Oberwellen mit den Ordnungszahlen $\nu = -5, 7, -17, 19,...$ und die damit verbundene Reduktion der zusätzlichen Ummagnetisierungsverluste beim Motor PT180 im Vergleich zum Motor AH180. Die Stromwärmeverluste $P_{Cu,s}$ können im Idealfall aufgrund des um 3,5 % größeren Wicklungsfaktors $k_{W1,P180}/k_{W1,AH180} =$ 0,9914/0,9577 = 1,035 (8.3) wegen $r_{s,PT180}/r_{s,AH180} = 1/1,035^2 = 0,93$ um ca. 7 % reduziert werden. Hier ist allerdings noch nicht das ganze Einsparpotential ausgeschöpft. Aufgrund unterschiedlicher Produktionsverfahren beider Motoren und der größeren Anzahl von Spulenverbindungen auf der B-Seite des Prototypen PT180 ist die axiale Länge der Wickelköpfe auf der B-Seite des Motors PT180 um 78 mm/70 mm = 11 % größer. Generell ließe sich jedoch der Wickelkopf eines Motors mit einer *Auinger*-Wicklung genau so gestalten wie der eines Motors mit einer konventionellen Dreiphasenwicklung. Für die Strangwiderstände R_s beider Motoren gilt mit den Messergebnissen der verketteten Widerstände R_{LL} [139]:

Mittlerer gemessener Widerstand einer Sternspule

$R_Y = 0,269\ \Omega$ ($\vartheta = 20°C$),

Mittlerer gemessener Widerstand einer Dreieckspule

$R_\Delta = 0,773\ \Omega$ ($\vartheta = 20°C$).

$$R_{LL,PT180} = \left(2 \cdot R_Y + \frac{2R_\Delta^2}{3R_\Delta}\right) \cdot \frac{1}{a} = 0,527\ \Omega, \tag{8.12}$$

Strangwiderstand $R_{s,PT180} = R_{LL,PT180}/2 = 0,263\ \Omega$ ($\vartheta = 20°C$)

$R_{LL,AH180} = 2 \cdot R_s = 0,39\ \Omega$,

mittlerer gemessener Strangwiderstand

$R_{s,AH180} = R_{LL,AH180}/2 = 0,194\ \Omega$ ($\vartheta = 20°C$).

Für die bezogenen Strangwiderstände r_s beider Motoren ergibt sich daher mit den Messwerten aus Tabelle 8.4:

$$r_{s,AH180} = \frac{R_{s,AH180}}{Z_N} = \frac{R_{s,AH180}}{U_N / I_N} \frac{0,194\Omega \cdot 29,7\text{A} \cdot \sqrt{3}}{400\text{V}} = 0,0249$$

für den Standard-Motor AH180,

$$r_{s,PT180} = \frac{R_{s,PT180}}{Z_N} = \frac{R_{s,PT180}}{U_N / I_N} = \frac{0,263\Omega \cdot 25,24\text{A} \cdot \sqrt{3}}{467\text{V}} = 0,0246 \tag{8.13}$$

für den Motor PT180 mit $U_N = 467$ V.

Beide Motoren haben somit etwa denselben bezogenen Widerstand.

Wegen des um 3,5 % größeren Wicklungsfaktors $k_{W1,P180}/k_{W1,AH180} = 0{,}9914/0{,}9577 = 1{,}035$ (8.3) der Grundwelle beim Motor PT180 könnte für das gleiche Drehmoment M_e bei konstantem Ständestrom I_s wegen $M_e \sim k_{w1} \cdot I_s \cdot B_\delta$ der bezogene Strangwiderstand $r_{s,PT180}$ bei gleichem Nutfüllfaktor k_f um $(1/1{,}035^2) = 0{,}93$ also 7 % gegenüber dem des Standardmotors $r_{s,AH180}$ reduziert werden, wodurch die Statorstromwärmeverluste $P_{Cu,s}$ um den selben Faktor 7 % reduziert werden könnten. Aufgrund des längeren Wickelkopfes des Motors PT180 sind die bezogenen Widerstände in (8.13) jedoch in etwa gleich. Schätz man nun aber ab, dass durch die aufwendigere Verschaltung doch um ca. 3,5 % längere Wickelköpfe nötig sind, beträgt eine realistische Verringerung des Statorwiderstands etwa 3,5 %. Daher wird in Tabelle 8.6 in Klammern der um 3,5 % reduzierte Wert der Stromwärmeverluste $P_{Cu,s}$ angegeben, den der Motor PT180 bei Verwendung des gleichen Fertigungsverfahrens und damit derselben Wickelkopfgeometrie wie beim Motor AH180 aufweisen würde.

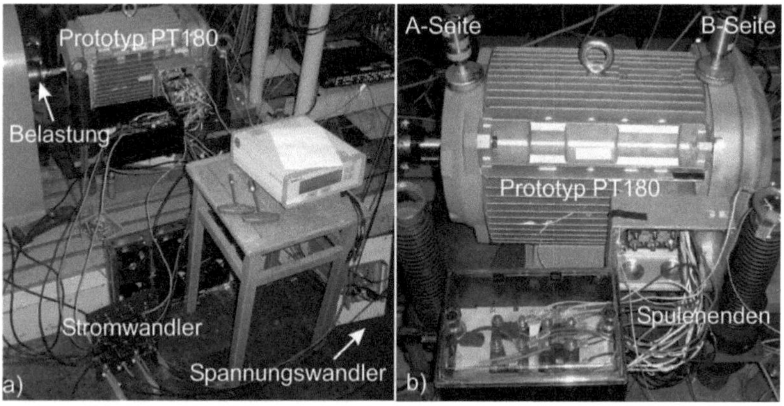

Abbildung 8.6: a) Messaufbau zur Bestimmung der Verlustbilanz mit Strom- und Spannungswandlern zur Messung der Ströme in den in Y und Δ verschalteten Wicklungsteilen b) Prototyp-Motor PT180.

Insgesamt lassen sich die Verluste P_d des Motors PT180 bei $U_N = 467$ V durch die Verwendung einer mehrphasigen Wicklung in Stern-Polygon-Mischschaltung gemäß *Auinger* [137] um ca. $\Delta P_d = 176$ W (196 W bei gleicher Wickelkopfgeometrie und $r_{s,AH180}/\ r_{s,PT180} = 1{,}035$) senken. Damit lässt sich eine Steigerung des Wirkungsgrades η von ca. 1 % (1,1 % bei gleicher Wickelgeometrie und $r_{s,AH180}/ r_{s,PT180} = 1{,}035$) erreichen.

Tabelle 8.6: Gemessene Verlustbilanz [96] der Motoren AH180 und PT180 für zwei Bemessungsspannungen. Alle Stromwärmeverluste werden auf eine Umgebungstemperatur von ϑ_{amb} = 25°C umgerechnet. Die Messungen beider Motoren wurden bei Rotation im Rechtslauf durchgeführt. In Klammern sind die Korrekturen der Stator-Stromwärmeverluste $P_{Cu,s}$ des Motors PT180 für den Fall gleicher Wickelköpfe angegeben.

Bemessungsbetrieb	**AH180**	**PT180**	**PT180**
Bemessungsspannung U_N (V)	400	454	467
Elektrische Eingangsleistung P_e (W)	16602,90	16521,80	16470,7
Statorstromwärmeverluste $P_{Cu,s}$ (W)	648,04	626,43 (604,50)	604,01 (582,86)
Ummagnetisierungsverluste $P_{Fe,IEC}$ + Zusatzverluste im Leerlauf $P_{zus,0}(s = s_N)$ (W)	223,29	233,49	198,62
Rotorstromwärmeverluste $P_{Cu,r}$ (W)	358,24	364,45	348,72
Lastabhängige Zusatzverluste $P_{zus,Last}$ (W)	254,13	199,06	159,35
Luft- und Lagerreibungsverluste P_{fr+w} (W)	89,43	89,65	86,68
Gesamtverluste P_d (W)	1573,13	1513,1 (1491,2)	1397,4 (1376,2)
Ausgangsleistung P_m (kW)	15,075	15,008 (15,030)	15,073 (15,094)
Wirkungsgrad η (%)	**90,52**	**90,84 (90,97)**	**91,51 (91,64)**

8.3.2. Messung der Erwärmungskurven und der Strangströme und -Spannungen

Die Reduktion der Gesamtverluste P_d des Prototypen PT180 im Bemessungsbetrieb ist auch in den gemäß [96] gemessenen Erwärmungskurven sichtbar. Abbildung 8.8 vergleicht den Temperaturanstieg $\Delta\vartheta = \vartheta_{mess} - \vartheta_{amb}$ in der Wicklung und im Wickelkopf beider Motoren. Die mittleren Wicklungstemperaturen ϑ_w werden dabei gemäß [96] aus den lokalen Messwerten im Bereich der Wicklung und einem über die Kaltwiderstände und einer Widerstandsmessung während des Abkühlens nach dem Erwärmungslauf errechneten Korrekturfaktors ermittelt (vgl. Abschnitt 6.3.3).

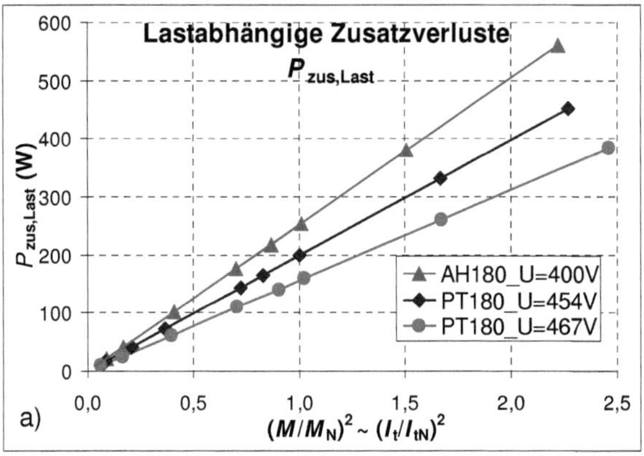

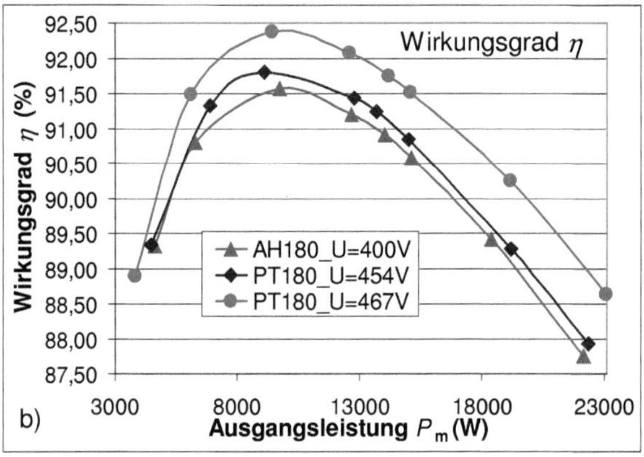

Abbildung 8.7: a) Gemessene lastabhängige Zusatzverluste $P_{zus,Last}$ und b) indirekte Wirkungsgrade η (bezogen auf $\vartheta_{ref} = 25°C$) der Motoren AH180 und PT180, Messmethode 1 aus [96], Prüflinge mit Rotation im Rechtslauf.

Der Vergleich der mittleren Wicklungstemperaturen nach dem Erwärmungslauf $\vartheta_{w,end}$ zeigt einen um knapp 10 K niedrigeren Wert des Motors PT180. Dieser große Unterschied kann nicht alleine auf die um $\Delta P_d = 176$ W geringeren Gesamtverluste zurückgeführt werden. Ein Vergleich der resultierenden Wärmeübergangszahl $\alpha = P_d/\Delta\vartheta_w$, bestimmt aus den Gesamtverlusten und der mittleren Wicklungserwärmung, beider Motoren zeigt, dass durch die unterschiedliche Imprägnierung der Wicklungen eine um 5 % bessere Wärmeabfuhr beim Motor PT180 auftritt, was die Wicklungstemperaturen $\vartheta_{w,end}$ für den Motor PT180 weiter senkt.

$$
\frac{\alpha_{\mathrm{PT180}}}{\alpha_{\mathrm{AH180}}} = \frac{P_{\mathrm{d,PT180}}(U_{\mathrm{N}} = 467\mathrm{V})}{P_{\mathrm{d,AH180}}} \cdot \frac{\Delta\vartheta_{\mathrm{w,end,AH180}}}{\Delta\vartheta_{\mathrm{w,end,PT180}}(U_{\mathrm{N}} = 467\mathrm{V})} = \\
= \frac{1397\mathrm{W}}{1573\mathrm{W}} \cdot \frac{64{,}7\mathrm{K}}{54{,}6\mathrm{K}} = 1{,}052 \qquad (8.14)
$$

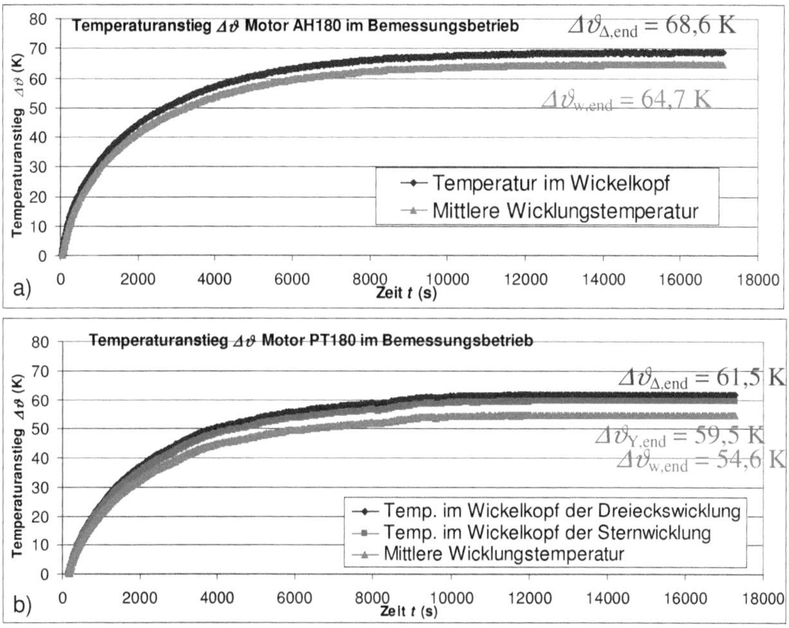

Abbildung 8.8: Erwärmungslauf gemäß [96] bei Bemessungsbetrieb a) AH180 mit U_{N} = 400 V und b) PT180 mit U_{N} = 467 V. Für beide Motoren sind die Messergebnisse für den Wickelkopf $\Delta\vartheta$ auf der Anschlussseite (A-Seite) angegeben.

Für den Motor PT180 werden Thermoelemente im Wickelkopf jeweils einer im Dreieck und im Stern verschalteten Spule angebracht. Die Messergebnisse in Abbildung 8.8 zeigen, dass die gemessenen Erwärmungen ϑ_{Δ} in der Dreieckwicklung um 2 K größer sind als die der im Stern verschalteten Spulen. Für die Stromwärmeverluste $P_{\mathrm{Cu,Y}}$ und $P_{\mathrm{Cu,\Delta}}$ in den Wicklungsteilen gilt mit den gemessenen Widerstandswerten der Spulen R_{Y} und R_{Δ} (ϑ_{w} = 20°C) aus (8.12) und den gemessenen Strömen I_{Y} und I_{Δ} in Tabelle 8.7:

$$P_{Cu,Y} = R_Y \cdot I_Y^2 = 0{,}269\ \Omega \cdot (12{,}76\text{A})^2 = 43{,}79\ \text{W},$$
$$P_{Cu,\Delta} = R_\Delta \cdot I_\Delta^2 = 0{,}773\ \Omega \cdot (7{,}44)^2 = 42{,}78\ \text{W}. \qquad (8.15)$$

Damit sind die Verlustleistungen $P_{Cu,Y}$ und $P_{Cu,\Delta}$ vergleichbar und können nicht der Grund für die unterschiedlichen Temperaturen sein. In der im Dreieck verschalteten Spule treten allerdings schon im Leerlaufbetrieb zusätzlich 150Hz-Kreisströme $\underline{I}_D$ durch die sättigungsbedingte 3. harmonische Feldoberwelle auf (vgl. Abschnitt 4.3.2.3). Aus der Messung dieser Kreisströme $\underline{I}_D$ im Leerlaufbetrieb (Abbildung 8.9) ergeben sich zusätzliche Stromwärmeverluste $P_{Cu,D}$ von maximal nur:

$$P_{Cu,D} = 6 \cdot R_\Delta \cdot I_D^2 = 6 \cdot 0{,}962\ \Omega\ (\vartheta_w = 80°\text{C}) \cdot (0{,}55\text{A})^2 = 1{,}74\ \text{W}, \qquad (8.16)$$

die für eine geringe zusätzliche Erwärmung der in Dreieck im Vergleich zu den im Stern verschalteten Wicklungsteilen führen können.

Tabelle 8.7: Gemessene Phasenlagen und Effektivwerte der Ströme in den in Stern und Dreieck verschalteten Wicklungsteilen des Motors PT180 bei Bemessungsbetrieb U_N = 454 V; P_N = 15 kW (vgl. Tabelle 8.2) [144].

Y-Wick.	I_Y (A)	Phasenwinkel φ_Y (°)	Δ-Wick.	I_Δ (A)	Phasenwinkel φ_Δ (°)	Differenz $\lvert\varphi_Y-\varphi_\Delta\rvert$ (°)	$(I_Y/\sqrt{3})/I_\Delta$
I_U	12,87	-97,73	$I_{U'}$	7,38	-67,81	-29,92	1,006
I_V	12,84	141,0	$I_{V'}$	7,38	173,91	-32,91	1,004
I_W	12,59	21,78	$I_{W'}$	7,57	53,08	-31,3	0,96

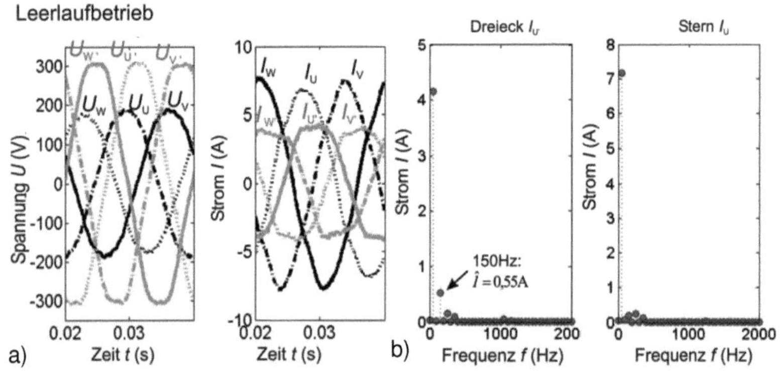

Abbildung 8.9: a) Gemessene Spannungen und Ströme in den in Stern und Dreieck verschalteten Wicklungsteilen des Motors PT180 und b) FFT der Ströme I_U (Stern) und $I_{U'}$ (Dreieck) im Leerlaufbetrieb mit U_N = 454 V [144].

Die in Tabelle 8.7 zusammengefassten, im Bemessungsbetrieb gemessenen Effektivwerte und Phasenwinkel der Ströme I_Y und I_Δ ergeben, ähnlich wie bei den FEM-Ergebnissen in Tabelle 8.2, dass leichte Abweichungen vom idealen Stromsystem mit $\hat{I}_\Delta / \hat{I}_Y = 1/\sqrt{3}$ und Phasendifferenzen von $|\varphi_Y - \varphi_\Delta| \neq 30°$el zwischen zwei benachbarten Spulengruppen auftreten. Diese sind, wie die Untersuchungen in Abschnitt 8.2 zeigen, zum größten Teil auf die Ankerrückwirkung zurückzuführen. Wie im gleichen Abschnitt gezeigt wurde, wird durch diese Abweichungen vom idealen Stromsystem die Wirkung der *Auinger*-Wicklung reduziert, so dass im Vergleich zum Idealfall keine totale Auslöschung der Oberwellen der Ordnungszahlen ν = -5, 7, -17, 19,...mehr stattfindet.

8.3.3. Messung der Hochlaufkurven und axialen Schwingungen während des Hochlaufs der Motoren

Der über den in Abschnitt 4.4.4 vorgestellten Reversierversuch im Schlupfbereich von $s = 2$ bis $s = 0$ gemessene Drehmomentverlauf $M(s)$ des Motors AH180 (Abbildung 8.10) zeigt ein deutlich sichtbares asynchrones harmonisches Oberwellenmoment $M_{e\nu}$, verursacht durch die Oberwelle der Ordnung $\nu = -5$, bei einem Schlupf s = 1,2 und ein synchrones harmonisches Oberwellenmoment $M_{e\nu\nu}$, verursacht durch Stator- und Rotorfeldoberwellen der Ordnung $\nu = -\mu$ = 19 bei einem Schlupf s = 0,9 (Abbildung 8.11). Da diese Oberwellen gemäß Abschnitt 8.2 durch die Verwendung einer *Auinger*-Wicklung reduziert werden, sind diese harmonischen Oberwellenmomente in dem Drehmomentverlauf des Motors PT180 nicht sichtbar (Abbildung 8.11). Durch die Reduktion der Oberwellen und der damit sinkenden Oberfelderstreuziffer σ_{os} (8.11) wird das Kippmoment M_b des Motors PT180 beim Reversieren mit einer Versorgungsspannung von U = 454 V um 3 % und bei Versorgungsspannung von U = 467 V sogar um 9 % im Vergleich zum Motor AH180 erhöht (Tabelle 8.8).

Abbildung 8.10: Motor PT180 bei Durchführung des Reversierversuchs (siehe Abschnitt 4.4.4) mit Beschleunigungsaufnehmern für die Messung der Drehbeschleunigung und der axialen Schwingungen.

Tabelle 8.8: Gemessene Drehmomentwerte des Motors AH180 und des Prototypen PT180 mit U_N = 454 V. Die Werte M^* für den Motor PT180 mit einer Bemessungsspannung von U^* = 467 V wurden über die Beziehung $M^* = (U^*/U)^2$ berechnet.

	AH180 (U_N = 400V)	**PT180 (U_N = 454V)**	**PT180 (U_N = 467V)**
Anfahrmoment $M_{s=1}$ (Nm)	233,5	236,8	250,6
Sattelmoment M_p (Nm)	208,5	224,3	237,3
Kippmoment M_b (Nm)	288,8	297,8	315,1
Bemessungsmoment M_N	98,06	98,11	97,94

Die am Lagerschild der B-Seite während des Reversiervorgangs gemessene maximale axiale Schwingungsamplitude $\hat{Y}$ ist beim Motor AH180 deutlich größer als beim Motor PT180, da durch Reduktion der Oberwellen beim Motor PT180 die Schwingungsanregung durch radiale magnetische Kraftwellen geringer ist [114].

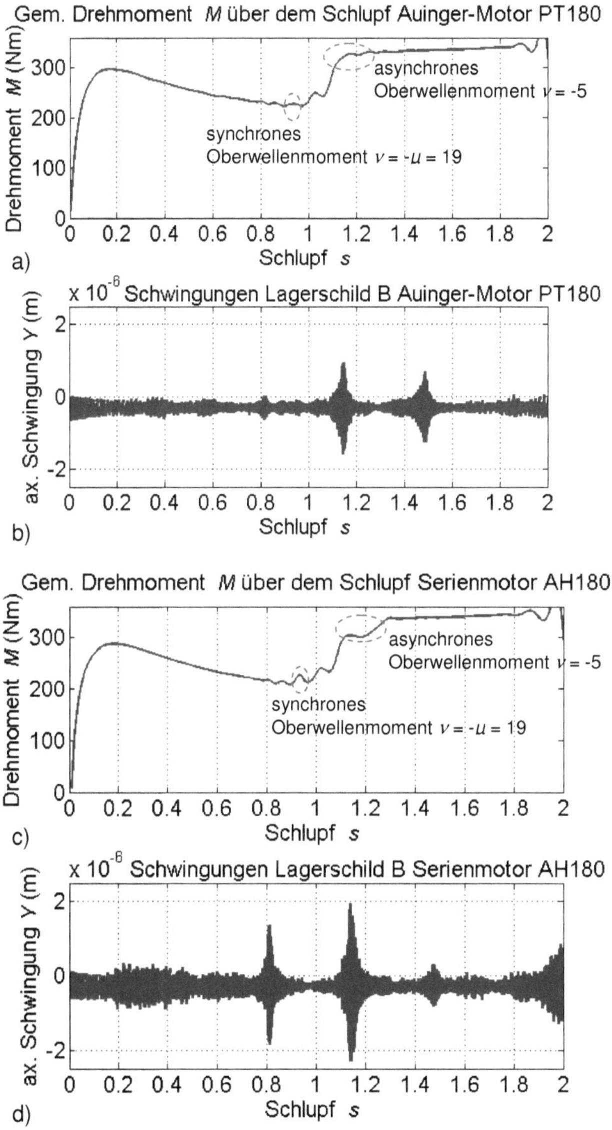

Abbildung 8.11: Gemessenes Drehmoment $M(s)$ und axiale Schwingung $Y(s)$ am Lagerschild auf der B-Seite (siehe Abbildung 8.6b) während des Reversiervorgangs bei Bemessungsspannung a),b) Motor PT180; U_N = 454 V c),d) Motor AH180; U_N = 400 V.

8.3.4. Messung der Kurzschlusskennlinie

Die effektive Windungszahl je Strang (8.1 des Prototypen PT180 ist $k_{w1Y} \cdot N_{cY} \cdot q_Y + (1/\sqrt{3}) \cdot k_{w1\Delta} \cdot N_{c\Delta} \cdot q_\Delta = 98{,}79$ und die des Standard-Motors AH180 nur $k_{w1} \cdot N_c \cdot q = 84{,}28$. Damit ist die effektive Windungszahl des Motors PT180 um 17 % größer als die des Motors AH180. Die gemessenen verketteten Strangwiderstände R_{LL} des Motors betragen im Mittel $R_{LL,PT180} = 0{,}519\ \Omega$ (bei $\vartheta = 20°C$) und ist damit um 34 % größer als der gemessene mittlere Wert des Motors AH180 mit $R_{LL,AH180} = 0{,}39\ \Omega$ ($\vartheta = 20°C$) (8.12). Bei der Bemessungsspannung von $U_N = 400$ V ist der Kurzschlussstrom I_k des Motors AH180 um 25 % größer als beim Motor PT180 mit einer Bemessungsspannung von $U_N = 467$ V, obwohl hier die Versorgungsspannung um den Faktor 467 V/400 V = 1,17 erhöht wurde (Abbildung 8.12 und Tabelle 8.9). Im Kurzschlussbetrieb wird der Kurzschlussstrom I_k nur von den *ohm*'schen Widerständen je Phase $R_s + R_r$ und den Streuinduktivitäten $X_{s\sigma} + X_{r\sigma}$ von Stator und Rotor beschränkt. Da die Rotoren bei beiden Motoren gleich sind, ist die erhöhte Streuimpedanz $Z = R_s + j\omega L_{s\sigma}$ des Stators der Grund für die geringeren Kurzschlussströme I_k des Motors PT180. Zusätzlich zu dem um 34 % größeren Widerstand $R_{LL,PT180}$, ist die Streureaktanz $L_{s\sigma} \sim N_s^2$ des Motors PT180 wegen der erhöhten Anzahl an Windungen je Strang N_s deutlich größer als beim Motor AH180. Die FEM-Ergebnisse in Abbildung 8.12 zeigen, dass im Falle einer Reduktion der Windungszahl N_{cY} der im Stern verschalteten Spulen auf 22 ($N_{c\Delta} = \sqrt{3} \cdot N_{cY} =\approx 38$) und der damit verbundenen Angleichung der effektiven Windungszahlen der Motoren PT180 und AH180, für eine Bemessungsspannung von $U_N = 400$ V vergleichbare Werte des Kurzschlussstroms I_k für beide Motoren auftreten.

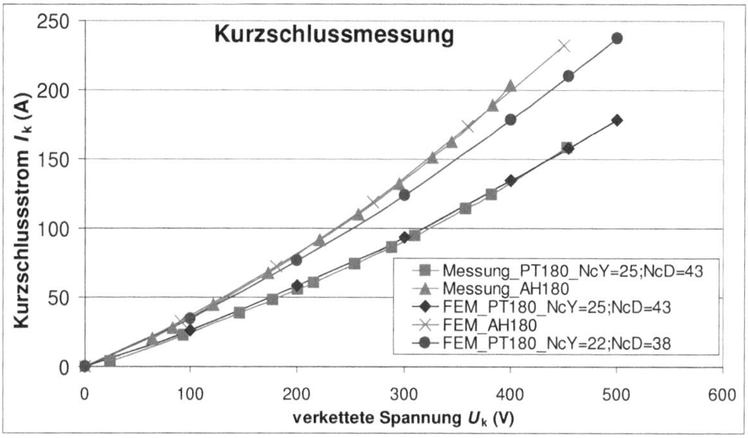

Abbildung 8.12: Gemessene Kurzschlusskurven $I_k(U_k)$ der Motoren AH180 und PT180. Zusätzlich werden FEM-Ergebnisse der Kurzschlusskurven $I_k(U_k)$ für den Motor AH180 und den Motor PT180 mit $N_{cY}/N_{c\Delta}$ = 25/43 und $N_{cY}/N_{c\Delta}$ = 22/36 angegeben.

Tabelle 8.9: Messergebnisse der Motoren AH180 und PT180 im Kurzschlussbetrieb.

Kurzschlussbetrieb	AH180	PT180	PT180
Bemessungsspannung U_N (V)	400	454	467
Kurzschlussstrom I_k (A)	203,7	158,3	162,2
Leistungsfaktor $\cos\varphi_k$	0,495	0,506	0,503
Elektrische Eingangsleistung P_k (kW)	69,8	62,8	65,9

8.3.5. Vergleichende Geräuschmessungen

Abbildung 8.13 zeigt die Ergebnisse der Geräuschmessung des Standard-Motors AH180 und des Prototypen PT180 mit einer *Auinger*-Wicklung. Um beurteilen zu können, welche Schallleistungspegel L_{wA} ihren Ursprung in einer Schwingungsanregung des Motorgehäuses durch elektromagnetische Radialkraftwellen haben (vgl. Kapitel 5), werden die Pegel im Leerlaufbetrieb und im Bemessungsbetrieb miteinander verglichen. Die Schallleistungspegel L_{wA}, die im Bemessungsbetrieb einen größeren Wert aufweisen, sind auf elektromagnetische Schwingungsanregungen zurückzuführen, da diese mit den steigenden Amplituden der Stator- und Rotorfelder $B_{s\nu}$

bzw. $B_{r\mu}$ bei steigender Belastung ansteigen. Bei einem Großteil des betrachteten Frequenzspektrums der in Abbildung 8.13 betrachteten Schallleistungspegel L_{wA} ist für den Motor PT180 eine Reduktion festzustellen. Besonders deutlich ist die Verminderung der Schallabstrahlung für die Frequenzen f_{ton} = 878 Hz und f_{ton} = 1078 Hz, wo um 9,8 dB bzw. 7,6 dB geringere Schallleistungspegel L_{wA} gemessen wurden (Tabelle 8.10). Hier treten Radialkraftwellen auf, die u. A. von Statorfeldoberwellen der Ordnungen ν = -5, 7, -17, 19 erregt werden, die gemäß Tabelle 8.1 durch die *Auinger*-Wicklung reduziert werden. Wie der Vergleich der Feldoberwellenamplituden in Tabelle 8.1 weiterhin zeigt, kann es aufgrund des größeren Grundwellen-Wicklungsfaktors k_{w1} (8.3) des Motors PT180 mit der *Auinger*-Wicklung allerdings auch zu einer Erhöhung von Amplituden der Feldoberwellen kommen. Daher werden gerade Radialkraftwellen, bei denen die nutharmonischen Statorfeldoberwellen ν = -23, 25, -47, 49, ... beteiligt sind, verstärkt, wodurch bei den gemessenen Schallleistungspegeln L_{wA} bei den Frequenzen f_{ton} = 1756 Hz und f_{ton} = 2156 Hz für den Motor PT180 höhere Werte im Vergleich zum Motor AH180 auftreten. Die Reduktion der dominanten magnetisch erregten Töne bei der Frequenz von f_{ton} = 1078 Hz sorgt jedoch für eine signifikante Verbesserung der Geräuschemissionen beim Motor PT180. Die Messergebnisse beweisen, dass der Einsatz einer mehrphasigen Wicklung in Stern-Polygon-Mischschaltung im Motor PT180 zu einer Reduktion der Schallabstrahlung führt und damit die Einhaltung der in [3] zusammengefassten Grenzwerte für die Schallleistungspegel L_{wA} erleichtert.

8.3.6. Zusammenfassung

Der Vergleich eines Kurzschlussläufer-Asynchronmotors PT180 (U_N = 467 V) mit einer mehrphasigen Wicklung in Stern-Polygon-Mischschaltung gemäß [137] mit einem Normmotor AH180 gleicher Baugröße ergibt durch Reduktion der lastabhängigen Zusatzverluste $P_{zus,Last}$ um 47 % bei P_N = 15 kW sowie die Reduktion der Ummagnetisierungsverluste $P_{Fe,IEC} + P_{zus,0}(s = s_N)$ um ca. 11 % und zusätzlich durch die im Falle vergleichbarer Wickelkopfgestaltung mögliche Reduktion der Statorstromwärmeverluste $P_{Cu,s}$ um ca. 10 % (7 % el. Messung, ca. 3,5% bei verringertem Widerstand durch einen entsprechenden Fertigungsprozess) einen um ca. 1 % erhöhten Wirkungsgrad η. Die Messung der Drehmomentverläufe $M(s)$ im Schlupfbereich $s = 0 \ldots 2$ zeigt eine Reduktion der asynchronen und synchronen Oberwellenmomente $M_{e\nu}$ bzw. $M_{e\nu\nu}$ beim Motor PT180 im Vergleich zum Motor AH180, da die Oberwellenamplituden des Luftspaltfeldes durch diese Sonderschaltung erheblich reduziert werden können.

Tabelle 8.10: Vergleich ausgewählter, gemessener Schallleistungspegel L_{wA} aus Abbildung 8.13 , die auf eine elektromagnetische Kraftanregung zurückzuführen sind. Für die an der Erregung der elektromagnetischen Radialkraftwellen (r < 10) bei der jeweiligen Frequenz f_{ton} beteiligten Statorfeldoberwellen der Ordnungszahlen ν werden jeweils die ersten 6 Werte bis $\nu = 50$ angegeben. Da die Feldoberwellen der Ordnungszahlen ν = -5, 7, -17, 19, ... sich gemäß Abschnitt 8.2 im Falle des Prototypen PT180 nicht gänzlich auslöschen, treten (wenn auch vermindert) Schallleistungspegel L_{wA} bei Frequenzen f_{Ton} auf, die bei einer ideal sechsphasigen Maschine nicht auftreten würden. Motor AH180: U_N = 400 VY, P_N = 15 kW, s_N = 2,2 %; Prototyp PT180: U_N = 467 VY, P_N = 15 kW, s_N = 2,3 %.

Frequenz f_{ton} (Hz) AH180	PT180	Ordnungszahlen der auftretenden Kraftanregungen r	Beteiligte Statoroberwellen ν	L_{wA} AH180 (dB(A))	L_{wA} PT180 (dB(A))	$\Delta L_{wA} = L_{wA,AH180} - L_{wA,PT180}$
778	777	4, 8	-5, 7, 13, 19,	51,7	51,4	+0,3 dB(A)
878	877	0	-5, 7, -11, 13,	58,2	48,4	+9,8 dB(A)
1078	1077	4, 8	-5, 7, -11, 13,	75,2	67,6	+7,6 dB(A)
1756	1754	0	7, 13, 25, 31,	48,8	58,8	-10 dB(A)
2056	2054	0	-5, 7, -11, -17,	53,1	49,7	+3,5 dB(A)
2156	2154	4, 8	-5, -11, -23, -	50,0	51,5	-0,9 dB(A)
3034	3031	4, 8	7, 13, -35, -	46,4	45,4	+1 dB(A)
3812	3808	0	43, 49	47,6	44,3	+ 3,2 dB(A)
3912	3908	4, 8	-41, 43, -47,	49,2	42,4	+6,9 dB(A)
4012	4008	4, 8	- 41, -47	46,7	41,4	+5,3 dB(A)

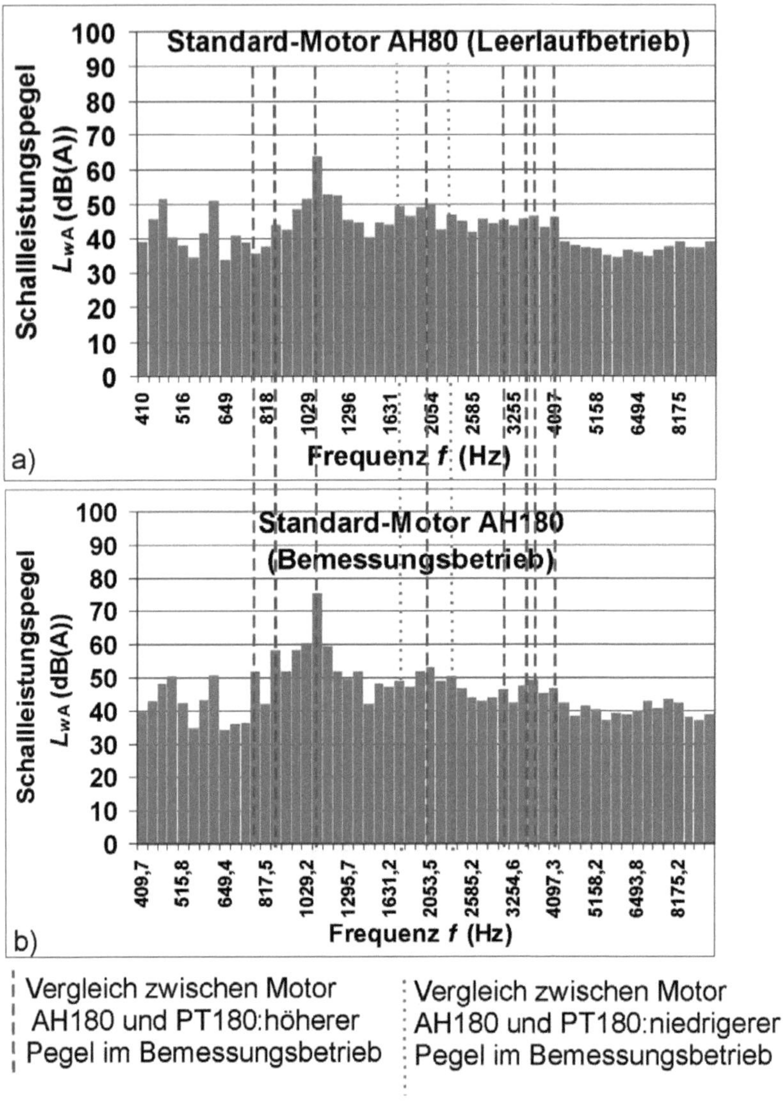
Standard-Motor AH80 (Leerlaufbetrieb)
Schallleistungspegel
L_{wA} (dB(A))
100
90
80
70
60
50
40
30
20
10
0
410
516
649
818
1029
1296
1631
2054
2585
3255
4097
5158
6494
8175
Frequenz f (Hz)
a)
Standard-Motor AH180
(Bemessungsbetrieb)
Schallleistungspegel
L_{wA} (dB(A))
100
90
80
70
60
50
40
30
20
10
0
409,7
515,8
649,4
817,5
1029,2
1295,7
1631,2
2053,5
2585,2
3254,6
4097,3
5158,2
6493,8
8175,2
Frequenz f (Hz)
b)
Vergleich zwischen Motor AH180 und PT180:höherer Pegel im Bemessungsbetrieb
Vergleich zwischen Motor AH180 und PT180:niedrigerer Pegel im Bemessungsbetrieb

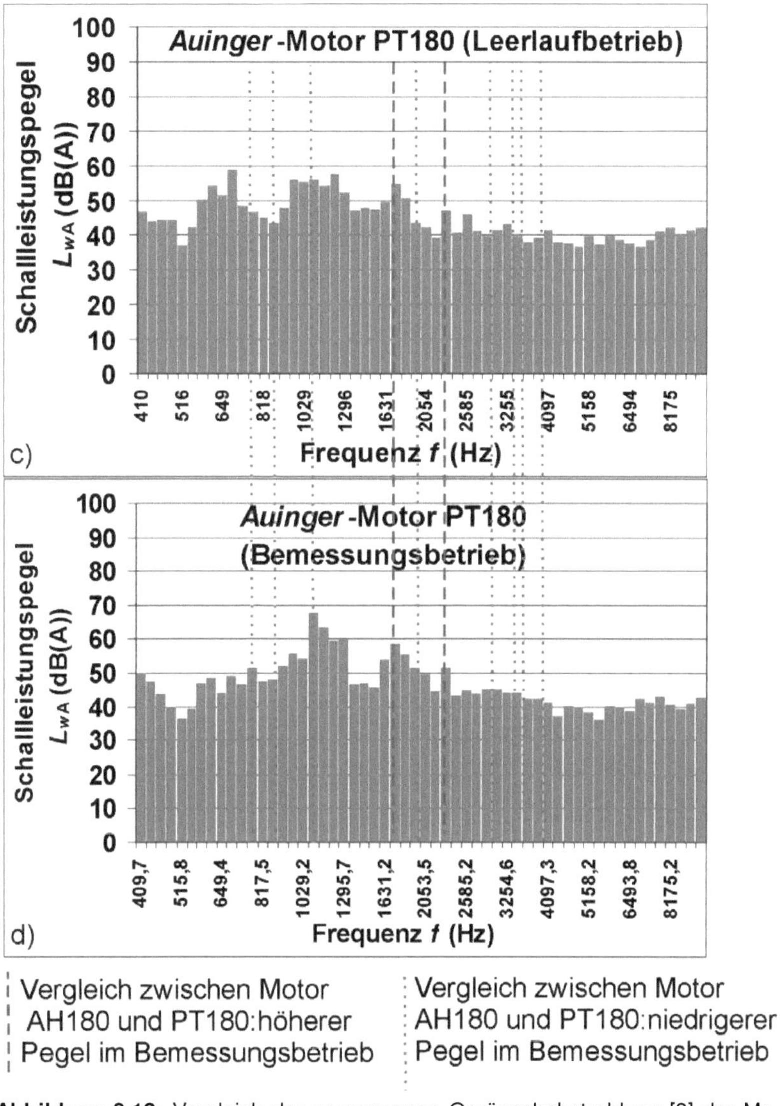

Abbildung 8.13: Vergleich der gemessenen Geräuschabstrahlung [3] der Motoren AH180 und PT180 bei Betrieb am 50 Hz-Netz im Rechtslauf (Blick aufs Wellenende an der A-Seite): a) Motor AH180 im Leerlaufbetrieb, b) Motor AH180 im Bemessungsbetrieb, c) Motor PT180 im Leerlaufbetrieb und d) Motor PT180 im Bemessungsbetrieb.

Die gemessenen axialen Schwingungen *Y(z,t)* am Lagerschild der B-Seite während des Reversierens sind beim Prototypen PT180 kleiner, was auf geringere elektromagnetische Kraftanregungen durch Reduktion der Feldoberwellen im Luftspaltfeld schließen lässt [114]. Die aufgrund der Verringerung einiger Feldoberwellenamplituden und der damit verbundenen Verringerung der radialen elektromagnetischen Kräfte im Luftspalt reduzierten Schwingungsanregungen lassen sich auch bei dem Vergleich der gemessenen Geräuschemissionen beider Motoren PT180 und AH180 feststellen. Durch den Einsatz der *Auinger*-Wicklung beim Motor PT180 kann gegenüber dem Motor AH80 bei gleicher Abgabeleistung $P_N = 15$ kW eine erhebliche Reduktion der dominanten magnetisch erregten Töne erreicht werden.

9. Zusammenfassung

9.1. Wesentliche Ergebnisse

Die vorgestellte Arbeit liefert analytische Berechnungsmodelle zur Vorausberechnung der elektromagnetischen Betriebsparameter, des Luftspaltfeldes, der Drehmomente und Verluste, sowie ein Modell für eine Abschätzung der Geräuschemissionen und der Betriebstemperaturen für eine netzspannungsgespeiste KLASM in beliebigen Betriebspunkten. Damit wird ein Auslegungswerkzeug geschaffen, das es ermöglicht, schnell und zuverlässig KLASM normgerecht auszulegen.
Für die Vorausberechnung der elektromagnetischen Betriebsparameter mit Berücksichtigung der Eisensättigung und der Querströme in geschrägten Motoren wird das von *Weppler* [23, 34] vorgestellte Ersatzschaltbild verwendet. Der Einfluss des Fertigungsprozesses auf die $B(H)$-Kennlinie und die Verlustziffern der verwendeten Elektrobleche wird auf Basis der Arbeit von *Schoppa* [48] berücksichtigt. Dabei haben Vergleichsmessungen der $U_0(I_0)$-Kurven im Leerlaufbetrieb gezeigt, dass eine Berücksichtigung dieser Bearbeitungseinflüsse gerade bei Motoren kleiner Achshöhen notwendig ist.
Zur Vorausberechnung der während des Betriebs auftretenden Luftspaltfelder werden basierend auf den Ersatzschaltbildparametern gemäß *Weppler* die Arbeiten von *Taegen, Seinsch* und *Heller* [41, 54, 59, 60, 61, 62, 66] kombiniert. Die Umsetzung dieser Modelle in dem Programm *KLASYS* wurde von Herrn *R. Hagen* [31] durchgeführt und das Programm für das hier vorgestellte Forschungsprojekt zur Verfügung gestellt. Die resultierenden Luftspaltfelder wurden für die Testmotoren AH80 und AH100 mit FEM-Berechnungen in unterschiedlichen Betriebspunkten überprüft, wobei die gute Qualität der von *R. Hagen* erstellten analytischen Berechnungsmodelle untermauert wurde.
Die Berechnung sämtlicher Feldoberwellen des Stators- und Rotors bildet die Grundlage zur Vorausberechnung der Drehmomentverläufe $M(s)$ im Schlupfbereich s = 0…2 mit Berücksichtigung der harmonischen asynchronen und synchronen Oberwellenmomente. Die vorgestellte Berech-

nung wurde anhand von Messergebnissen für die Motoren AH80 und AH100 mit geschrägtem Rotorkäfig überprüft, wobei sich gezeigt hat, dass die Querströme eine wesentliche Rolle spielen. Die Berücksichtigung der Querströme gemäß *Weppler* [35] erfordert die Kenntnis des Querwiderstandbelags r_q, der anhand von Messungen an speziell präparierten Testmotoren ermittelt wurde.

Zur Berechnung der Verlustbilanz von KLASM wurden Berechnungsmodelle zur Vorausberechnung der Zusatzverluste vorgestellt. Hier lag der Fokus besonders auf den Zusatzverlusten durch die Flusspulsationen in den Zähnen des Stators und Rotors. Für die analytische Vorausberechnung der Flusspulsationen werden die Modelle zur Berechnung der Spalt- und Nutstreuflüsse von *Weppler* [34] und *Schetelig* [40] von *R. Hagen* kombiniert. Zur Ermittlung der daraus resultierenden Ummagnetisierungsverluste in den Zahnköpfen und –Schäften wurden diese Modelle mit den Arbeiten von *Taegen* [85] zur Berechnung der Oberflächenverluste und Flusspulsationsverluste verbunden. Ein Vergleich mit Messergebnissen und FEM-Berechnungen der Verläufe der Flusspulsationen sowie die messtechnische und numerische Überprüfung der Zusatzverluste hat die Qualität der erarbeiteten analytischen Berechnungsmodelle gezeigt.

Als Grundlage für eine analytische Vorausberechnung der während des Betriebs der KLASM erzeugten Schallleistungspegel dienen die Arbeiten von *Jordan* [71] und *Frohne* [106]. Vergleichsmessungen für die beiden Motoren AH80 und AH100 haben gezeigt, dass die in diesen Berechnungsmodellen verwendete Näherung des Stators als frei schwingenden Ring zu unzureichend genauen Vorausberechnungen der mechanischen Eigenfrequenzen führen. Über FEM-Berechnungen des Stators mit Berücksichtigung von mechanischen Randbedingungen konnten Verbesserungen dieser Vorausberechnungen erreicht werden, so dass letztlich eine zufriedenstellende qualitative Berechnung der Schallleistungspegel im Vergleich zu den Messergebnissen erreicht werden konnte, auch wenn quantitativ die berechneten und gemessenen Pegel differieren.

Für die Vorausberechnung der Temperaturen in der Wicklung, dem Statorblechpaket, dem Rotor und den Kugellagern wurde ein thermisches Mehrkörper-Ersatzschaltbild vorgestellt und über FEM-Berechnungen und

Vergleichsmessungen verifiziert. Im Vergleich zu den Messergebnissen konnte eine max. Abweichung von ±5 % der Vorausberechnungen erreicht werden.
Die Berechnungsmodelle wurden verwendet, um eine Motorbaureihe der Achshöhe 160 mm für den Betrieb am 50 Hz- und 60 Hz-Netz mit 12 Motoren und Bemessungsleistungen von $P_N = 7{,}5$ kW … 15 kW hinsichtlich der vorgestellten Vorgaben bezüglich des Anlaufverhaltens, der Geräuschabstrahlung, der allgemeinen elektrischen und geometrischen Maschinenparameter und vor allem der Wirkungsgradklassen zu entwerfen. Die besondere Schwierigkeit bestand darin, die Blechschnitte so auszulegen, dass mit den gleichen geometrischen Abmaßen alle Bemessungsleistungen mit den entsprechenden Wirkungsgradklassen nur durch Anpassung der Statorwicklung oder des Rotorkäfigmaterials erreicht werden. Dabei sind die geforderten normativen oder produktionsbedingten Vorgaben nicht zu missachten. Die in dieser Arbeit vorgestellten Messergebnisse für drei Motorvarianten der Motorbaureihe, die als besonders kritisch hinsichtlich der Erfüllung aller Vorgaben angesehen werden, zeigen die gute Qualität der verwendeten Berechnungsmodelle. Dennoch ist es im Rahmen dieser Arbeit mit den vorgegebenen Randbedingungen nicht gelungen, alle Vorgaben bezüglich der Einstufung in die geforderten Wirkungsgradklassen zu erfüllen. Die Messergebnisse der Prototypen im 60 Hz-Betrieb zeigen zudem, dass bei dem gewählten Nutzahlverhältnis $Q_s/Q_r = 36/32$ bei $2p = 4$ die zulässigen maximalen Geräuschpegel leicht überschritten werden. Diese Motoren sind somit lauter als jene mit $Q_s/Q_r = 36/28$ bei $2p = 4$.
Zur Steigerung des Wirkungsgrads von KLASM durch die Reduktion der oberwellenbedingten Zusatzverluste wurde der Einsatz einer mehrphasigen Wicklung in Stern-Polygon-Mischschaltung gemäß *Auinger* [137] (*Auinger*-Wicklung) untersucht. Der Vergleich der Betriebseigenschaften eines Prototyp-Motors PT180, der mit einer *Auinger*-Wicklung versehen wurde, mit einem baugleichen Standard-KLASM AH180 zeigt bei Betrieb mit der Bemessungsleistung $P_N = 15$ kW eine deutliche Steigerung des Wirkungsgrades η um etwa 1 % und eine erhebliche Reduktion oberwellenbedingter parasitärer Effekte wie harmonische Oberwellenmomente und Geräuschemissionen.

9.2. Neue Erkenntnisse

Die KLASM blickt seit der Erfindung durch *M. v. Dolivo-Dobrowolsky* im Jahre 1889 auf eine über 120-jährige Geschichte zurück, in der in einer Vielzahl von Untersuchungen zahlreiche Erkenntnisse bezüglich der Berechnungen dieses Maschinentyps gefunden wurden. Diese Arbeit greift einige dieser Ideen auf, kombiniert sie miteinander und gleicht die Berechnungsergebnisse über geeignete FEM-Berechnungen und Messungen ab. Diese Arbeit war nur möglich, weil in einem begleitenden Forschungsprojekt durch *R. Hagen* [31] die analytischen Modelle im Berechnungsprogramm *KLASYS* entsprechend realisiert wurden und durch den industriellen Partner eine wesentliche Unterstützung durch den Bau der Prototypmotoren und durch die Durchführung der Geräuschmessungen stattfand. Damit wird durch das Studium dieser Arbeit ein tiefgehendes Verständnis über die Funktionsweise der KLASM erreicht, das für einen Entwurf von KLASM-Wirkungsgradmotoren für IE3 und vielleicht auch IE4 unabdingbar ist und aufgrund der komplexen, physikalischen Vorgänge innerhalb der Maschine auch zukünftig Gegenstand weitergehender Forschungen sein wird.
Die Erkenntnisse dieser Arbeit haben dazu beigetragen, die Berechnungssoftware *KLASYS* weiter zu verbessern. Auch im Zeitalter steigender Rechenleistung soll ein analytischer Erstentwurf einer KLASM nicht durch FEM-Berechnungen ersetzt werden, weil er wesentlich rascher möglich ist und auch 3D-Effekte gut nachbilden kann. Tiefgehende FEM-Untersuchungen, die eine vergleichbare Vielzahl von Ergebnissen ähnlicher Qualität wie das Programm *KLASYS* liefern, nehmen deutlich mehr Zeit in Anspruch, um für den Entwurfsprozess von KLASM mit Variantenrechnung attraktiv zu sein. Gerade die Anfang des 21. Jahrhunderts eingeleiteten Bestrebungen zur Reduktion des weltweiten Energieverbrauchs durch die schrittweise Einführung von energieoptimierten Antrieben verstärken den Bedarf an zuverlässigen und schnellen Auslegungswerkzeugen, wozu die in dieser Arbeit gewonnenen Erkenntnisse einen Beitrag liefern sollen.

10. Anhang A: Maschinendaten

Allgemeine Kenndaten der Testmotoren AH80, AH100 und AH160

Elektrische Größen (Typenmessung des Herstellers)	**AH80**	**AH100**	**AH160**
Bemessungsspannung U_N (V)	400 Y	400 Y	400 Y
Leistungsfaktor $\cos\varphi_N$	0,783	0,803	0,797
Bemessungsfrequenz f_N (Hz)	50	50	50
Bemessungsstrom I_N (A)	1,84	4,48	18,28
Bemessungsdrehzahl n_N (min^{-1})	1437	1425	1470
Bemessungsmoment M_N (Nm)	4,98	14,74	59,79
Bemessungsleistung P_N (kW)	0,75	2,2	9,2
Wirkungsgrad η_N	81,2	85,2	90,5
Wirkungsgradklasse	IE2	IE2	IE2
Polzahl $2p$	4	4	4
Wärmeklasse	F	F	F

Geometrische Größen	**AH80**	**AH100**	**AH160**
Achshöhe (mm)	80	100	160
Eisenlänge l_{Fe} (mm)	90	125	210
Statornutenzahl Q_s	36	36	36
Rotornutenzahl Q_r	28	28	28
Schrägung des Rotors b_{sk} (mm)	τ_{Qr}	τ_{Qr}	τ_{Qr}
Wicklungstyp	Einschicht	Einschicht	Einschicht
Blechtyp	ISO 520-65D	ISO 520-65D	TK 400-50AP
Rotorkäfigmaterial	Aluminium	Aluminium	Aluminium

Tabelle 10.11: Materialeigenschaften des nicht-schlussgeglühten Elektroblechs ISO 520-65D im Vergleich mit dem schlussgeglühten Elektroblech TK 400-50AP.

Blechtyp	**Verlustfaktoren (B = 1 T)**		**Mitt. Korndurchmesser d_K (µm)**	**Elek. Leitfähigkeit σ (MS/m)**
	Wirbelstrom- p_{Ft} (W/kg)	**Hysterese- p_{Hy} (W/kg)**		
TK 400-50AP (schlussgeglüht)	0,56	1,01	67	3,15
ISO 520-65D (nicht-schlussgeglüht)	1,08	1,44	150	4,76

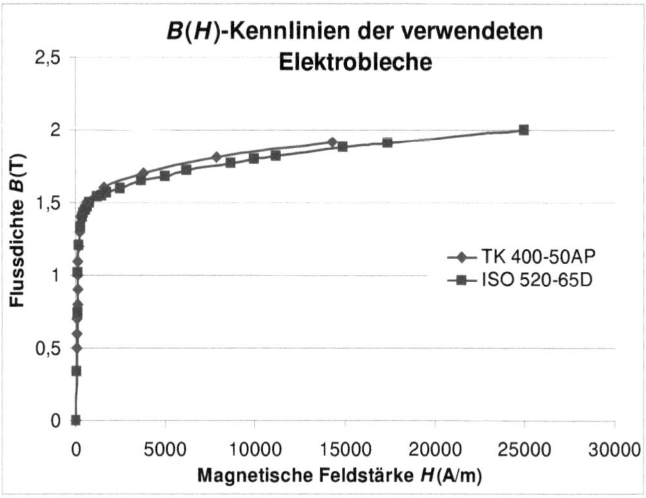
B(H)-Kennlinien der verwendeten Elektrobleche
2,5
2
1,5
1
0,5
0
0
5000
10000
15000
20000
25000
30000
Magnetische Feldstärke H (A/m)
Flussdichte B (T)
TK 400-50AP
ISO 520-65D

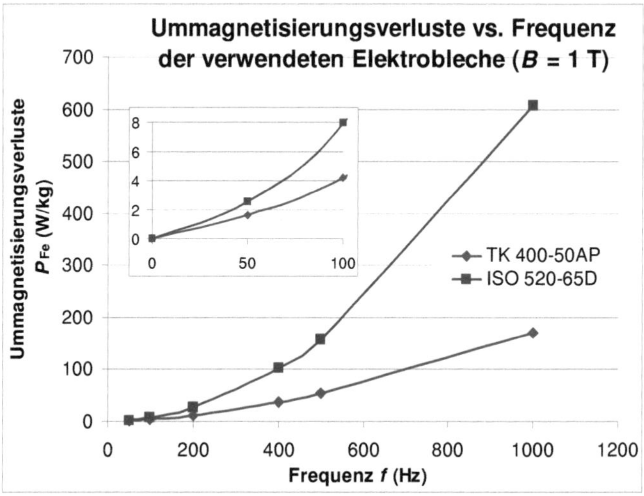
Ummagnetisierungsverluste vs. Frequenz der verwendeten Elektrobleche (B = 1 T)
700
600
500
400
300
200
100
0
0
200
400
600
800
1000
1200
Frequenz f (Hz)
Ummagnetisierungsverluste
P Fe (W/kg)
8
6
4
2
0
0
50
100
TK 400-50AP
ISO 520-65D

11. Anhang B: Herleitung der Maxwell'schen Zugspannung an der Grenzfläche zwischen Luftspalt und dem Stator

Elektromagnetische Flächenkraft auf einen Körper in einem dominant magnetischen Feldsystem

In diesem Abschnitt soll aufgezeigt werden, unter welchen Randbedingungen und Vereinfachungen die weit verbreitete Formel (5.8) zur Berechnung der senkrecht auf eine Grenzfläche lokal wirkenden magnetischen Kraftdichte verwendet werden kann.

Gemäß [145] zeigen sich die Wechselwirkungen, die zum Austausch von Energie oder Impuls führen in Leistungen und Kräften. Dementsprechend können die auf einen Körper wirkenden Kräfte aus der Energie- bzw. der Impulsbilanz ermittelt werden.

Die Änderung der elektromagnetischen Energie W in einem Volumen kann gemäß [145, 146, 147] mit dem *Poynting*'schen Satz beschrieben werden:

$$\frac{dW(V)}{dt} = -\int_{\partial V} \vec{S} d\vec{A} - \int_{V} \vec{E} \cdot \vec{J} dV - \int_{V} \left(\vec{E} \cdot \frac{d\vec{D}}{dt} + \vec{H} \cdot \frac{d\vec{B}}{dt} \right) dV . \qquad (11.1)$$

Dabei steht $\vec{S}$ für den *Poynting*-Vektor, für den gemäß [145, 146, 147] gilt:

$$\vec{S} = \vec{E} \times \vec{H} . \qquad (11.2)$$

Das erste Integral $\int_{\partial V} \vec{S} d\vec{A}$ beschreibt die in bzw. aus einem Volumen ein- bzw. ausgestrahlte elektromagnetische Energie. Die übrigen Terme geben die Umwandlung der Feldenergie in andere Energieformen an (vgl. [146]).

Betrachtet man nun einen Körper V beliebiger Beschaffenheit in einem materiefreien Raumbereich V_1 (Hüllfläche ∂V_1) endlicher Ausdehnung, der von einer geschlossenen Fläche ∂V eingehüllt ist (Abbildung 11.1a), so ist die von außen zugeführte Leistung rein elektromagnetischen Ursprungs und (11.1) kann wie folgt vereinfacht werden:

$$\frac{dW(V)}{dt} + Q^{\mathrm{ne}}(\partial V) = -\int_{\partial V} \vec{S} d\vec{A} = -\int_{\partial V} \left(\vec{E} \times \vec{H} \right) \cdot d\vec{A} = -\int_{\partial V} \left(\vec{E} \times \vec{H} \right) \cdot \vec{n} dA . \qquad (11.3)$$

Dabei steht der Vektor $\vec{n}$ senkrecht auf der Hüllfläche ∂V des Körpers und hat den Betrag $|\vec{n}| = 1$. $Q^{\mathrm{ne}}(\partial V)$ steht für die Summe aller Energieflüsse nicht elektromagnetischen Ursprungs wie z.B. Wärmeströme durch Wärmestrahlung oder mechanische Energieflüsse durch Kontaktkräfte oder Verformungen. Da diese zusätzlichen Energieströme im Falle der hier betrachteten Situation des Stators lediglich eine untergeordnete Rolle spielen, werden sie hier nicht weiter betrachtet.

Wie die Energie ist gemäß [145] auch der Impuls $\vec{p}$ eines Gesamtsystems eine Erhaltungsgröße. Da der elektromagnetische Beitrag zum Gesamtimpuls in magnetisch dominanten Feldsystemen verschwindend klein ist, kann dieser vernachlässigt werden und nur der mechanische Impuls auf den bewegten Körper ist von Bedeutung. Da im materiefreien Raum wie oben erwähnt nur ein elektromagnetischer Impulsfluss auf den Körper wirken kann, ergibt sich [145]:

$$\vec{F}(V) = \frac{d\vec{P}(V)}{dt} = \frac{d}{dt}\int_V \rho \cdot \vec{v}\,dV = -\int_{\partial V_1} \vec{n} \cdot \underset{\sim}{\vec{p}_{\mathrm{m}}}\,d\vec{A}. \tag{11.4}$$

Dabei steht $-\underset{\sim}{\vec{p}_{\mathrm{m}}}$ für den magnetischen *Maxwell*'schen Spannungstensor, der physikalisch eine Impulsflussdichte darstellt. In einem dominant magnetischen Feldsystem, wie es im Falle von elektrischen Maschinen vorzufinden ist, gilt [145]:

$$\underset{\sim}{\vec{p}_{\mathrm{m}}} = \frac{1}{2\mu_0} B^2 \underset{\sim}{\delta} - \frac{1}{\mu_0} \vec{B} \otimes \vec{B} \text{ mit } \underset{\sim}{\delta} \text{ als Einstensor} \tag{11.5}$$

Mit (11.4) und den in [145] angegebenen Rechenregeln für das Tensorprodukt $\otimes$ ergibt sich:

$$\vec{n} \cdot \underset{\sim}{\vec{p}_{\mathrm{m}}} = \frac{1}{\mu_0}\left(\frac{1}{2} B^2 \vec{n} \cdot \underset{\sim}{\delta} - \left(\vec{n} \cdot \vec{B}\right)\vec{B}\right) \tag{11.6}$$

Für die an der Oberfläche angreifende Kraft gilt:

$$\vec{F}(V) = -\int_{\partial V_1} \vec{n} \cdot \underset{\sim}{\vec{p}_{\mathrm{m}}}\,d\vec{A} = -\int_{\partial V_1} \frac{1}{\mu_0}\left(\frac{1}{2} B^2 \vec{n} - \vec{n} \cdot \vec{B}\vec{B}\right) d\vec{A} = \int_{\partial V_1} \vec{\sigma}\,d\vec{A}. \tag{11.7}$$

Die magnetische Oberflächenkraftdichte $\vec{\sigma}$ ist also [145, 146]:

$$\vec{\sigma} = -\frac{1}{\mu_0}\left(\left(\vec{n} \cdot \vec{B}\right)\vec{B} - \frac{1}{2}\left(\vec{B}\vec{B}\right)\vec{n}\right). \tag{11.8}$$

Im Luftspalt einer KLASM verläuft das Luftspaltfeld $B_\delta(x,t)$ im Bemessungsbetrieb wegen $B_{\mathrm{r}} >> B_{\mathrm{t}} = \mu_0 A$ annähernd radial durch den schmalen

Luftspalt und tritt somit senkrecht durch die Zähne in den Stator ein. Die Feldlinien $\vec{B}$ verlaufen somit parallel oder antiparallel durch die Statoroberfläche an den Zahnköpfen, weswegen in (11.8) $\vec{B} = \pm\vec{n}B$ gilt und die magnetische Oberflächenkraftdichte $\vec{\sigma}$ die bekannte Formel für die *Maxwell*'sche Zugkraft ergibt (für 2-dimensionale Felder $\vec{B} = (B_r, B_t) \cong (B_r, 0)$):

$$\vec{\sigma} = -\frac{1}{\mu_0}\left(\left(\vec{n}\cdot\vec{B}\right)\vec{B} - \frac{1}{2}B^2\vec{n}\right) = -\left(\frac{B_r^2 - B_t^2}{2\mu_0}, \frac{B_r B_t}{\mu_0}\right) = -\left(\frac{2B_r^2}{2\mu_0}, 0\right). \quad (11.9)$$

Bei der Berechnung der magnetischen Oberflächenkraftdichte σ gemäß (11.9) sind folgende Punkte zu beachten:

- Bei der Herleitung wurde ein ideal materiefreier Raum, in dem sich der betrachtete Körper befindet, vorausgesetzt. Damit wurden alle Kräfte nicht-elektromagnetischen Ursprungs wie z.B. die Schwerkraft ausgeblendet. Auch die durch die auf den Körper wirkenden Kräfte verursachten Verformungen wurden vernachlässigt (siehe dazu [148, 149]).
- Es wird in (11.9) angenommen, dass keine Kräfte auf Oberflächenladungen auftreten. Diese Kräfte müssen gegebenenfalls addiert werden.
- Die *Maxwell*-Spannungsvektoren sind nur für den Fall, dass die Körperoberfläche eine ideale Senke für die Impulsflussdichte darstellt, als lokal wirksame Flächenkräfte aufzufassen [145]. Das gilt nur für den Fall ideal magnetisierbarer Körper, bei denen die Feldstärke H wegen $\mu = \infty$ im Körper selbst Null ist. Daher ist die dort gespeicherte magnetische Energie auch Null und konzentriert sich zur Gänze in einer Grenzschicht an der Körperoberfläche. In allen anderen Fällen hat nur das Integral $-\int_{\partial V_1} \vec{n}\cdot\underset{\sim}{p_m}\,d\vec{A} = \int_{\partial V_1}\vec{\sigma}\,d\vec{A}$ über eine geschlossene Oberfläche als resultierende Kraft $\vec{F}(V)$ eine physikalische Bedeutung.

In [150] wird eine Methode angegeben, mit der die Oberflächenkraftdichte $\vec{\sigma}$ für den Fall eines nicht ideal magnetisierbaren, isotropen und nicht polarisierbaren Stoffes mit konstantem μ berechnet werden kann. Dazu wird ein eng anliegendes, die Grenzfläche zwischen zwei isotropen Materialen mit den Permeabilitäten μ_1 und μ_2 vollkommen einhüllendes und unendlich dünnes Volumen V_{Grenz} eingeführt und die Oberflächenkraftdichten auf die Oberflächen A_1 und A_2 berechnet (Abbildung 11.1b). Die Richtungsvektoren der Flächen $\vec{n}_1$bzw. $\vec{n}_2$ werden dabei so gewählt, dass sie als Normalen von der Oberfläche weg zeigen. Die Richtung des resultierenden Kraftvektors $\vec{n}$ wird so gewählt, dass sie vom Stoff niedrigerer Permeabilität μ_1 zum Stoff höherer Permeabilität μ_2 gerichtet ist und normal zur Grenzfläche $\vec{A} = A_2\vec{n}_2 = -A_1\vec{n}_1 = A \cdot \vec{n}$ verläuft. Über die Beziehung $\vec{B} = \mu \cdot \vec{H}$ kann (11.8) wie folgt beschrieben werden:

$$\vec{\sigma} = -\left[\left(\vec{n} \cdot \vec{B}\right)\vec{H} - \frac{1}{2} \cdot \left(\vec{B}\vec{H}\right)\vec{n}\right]. \tag{11.10}$$

Da beide Raumbereiche 1 und 2 als istotrop angenommen werden, zeigen die Vektoren $\vec{B}$ und $\vec{H}$in dieselbe Richtung. Der erste Subtrahend in (11.10) ergibt einen Anteil der Spannung $\vec{\sigma}$ in Richtung der Feldstärke $\vec{H}$ und der zweite Subtrahend ergibt einen senkrecht dazu liegenden Anteil. Der Anteil in Richtung $\sigma \cdot \vec{e}_{\text{H}||}$ bzw. senkrecht $\sigma \cdot \vec{e}_{\text{H}\perp}$ zu der Feldstärke $\vec{H}$ ist:

$$\sigma \cdot \vec{e}_{\text{H}||} = \frac{\left|\vec{H}\right| \cdot \left|\vec{B}\right|}{2} \cdot \cos\alpha \text{ bzw. } \sigma \cdot \vec{e}_{\text{H}\perp} = \frac{\left|\vec{H}\right| \cdot \left|\vec{B}\right|}{2} \cdot \sin\alpha . \tag{11.11}$$

Dabei wird α als Winkel zwischen dem Normalenvektor $\vec{n}$ und der Feldstärke $\vec{H}$definiert (Abbildung 11.1b). Die Richtung der Feldstärke $\vec{H}$ist um diesen Winkel α gegenüber der mechanischen Spannung $\vec{\sigma}$verdreht. Daher ist der mechanische Spannungsvektor $\vec{\sigma}$ um 2α gegen die Flächennormale $\vec{n}$ geneigt.

Die Beträge der mechanischen Spannung an den Flächen A_1 und A_2 des Kontrollvolumens sind:

$$\sigma_1 = \frac{\vec{H}_1 \cdot \vec{B}_1}{2} = \frac{\left|\vec{H}_1\right| \cdot \left|\vec{B}_1\right| \cdot \cos 0°}{2} = \frac{\left|\vec{H}_1\right| \cdot \left|\vec{B}_1\right|}{2} \text{ bzw. } \sigma_2 = \frac{\left|\vec{H}_2\right| \cdot \left|\vec{B}_2\right|}{2} \quad . \tag{11.12}$$

Für die tangentialen und normalen Komponenten dieser mechanischen

Spannungen gilt:

$$
\begin{aligned}
\sigma_{1t} &= \frac{\vec{H}_1 \cdot \vec{B}_1}{2} \sin 2\alpha_1 = \frac{\left|\vec{H}_1\right| \cdot \left|\vec{B}_1\right|}{2} 2\sin\alpha_1 \cos\alpha_1 = H_{1t} B_{1n} \\
\sigma_{2t} &= \frac{\vec{H}_2 \cdot \vec{B}_2}{2} \sin 2\alpha_2 = \frac{\left|\vec{H}_2\right| \cdot \left|\vec{B}_2\right|}{2} 2\sin\alpha_2 \cos\alpha_2 = H_{2t} B_{2n} \\
\sigma_{1n} &= \frac{\vec{H}_1 \cdot \vec{B}_1}{2} \cos 2\alpha_1 = \frac{\vec{H}_1 \cdot \vec{B}_1}{2} \left(\cos^2\alpha_1 - \sin^2\alpha_1\right) = \frac{1}{2}\left(H_{1n} B_{1n} - H_{1t} B_{1t}\right) \\
\sigma_{2n} &= \frac{\vec{H}_2 \cdot \vec{B}_2}{2} \cos 2\alpha_2 = \frac{\vec{H}_2 \cdot \vec{B}_2}{2} \left(\cos^2\alpha_2 - \sin^2\alpha_2\right) = \frac{1}{2}\left(H_{2n} B_{2n} - H_{2t} B_{2t}\right)
\end{aligned}
\tag{11.13}
$$

Da der Winkel α_1 hier stets größer als 90° sein muss, wird $H_{1t}B_{1n}$ negativ. Da zusätzlich an Grenzflächen gilt [146, 150]:

$$
B_{n1} = B_{n2};\; H_{t1} = H_{t2} \text{ und } \frac{B_{t1}}{B_{t2}} = \frac{\mu_1}{\mu_2};\; \frac{H_{n1}}{H_{n2}} = \frac{\mu_2}{\mu_1},
\tag{11.14}
$$

können die Gleichungen (11.13) wie folgt umgeschrieben werden:

$$
\begin{aligned}
\sigma_{1t} &= -\sigma_{2t} \\
\sigma_{1n} &= \frac{1}{2}\left(\mu_1 H_{1n}^2 - \mu_1 H_{1t}^2\right) \text{ und} \\
\sigma_{2n} &= \frac{1}{2}\left(\frac{\mu_1}{\mu_2} H_{1n} B_{1n} - \frac{\mu_2}{\mu_1} H_{1t} B_{1t}\right) = \frac{1}{2}\left(\frac{\mu_1^2}{\mu_2} H_{1n}^2 - \mu_2 H_{1t}^2\right)
\end{aligned}
\tag{11.15}
$$

Damit heben sich die tangentialen Kraftkomponenten auf und die resultierende normal zur Grenzfläche in Richtung $\vec{n}$ gerichtete mechanische Spannung $\vec{\sigma}$ hat den folgenden Betrag:

$$
\begin{aligned}
&\vec{\sigma}\vec{n} = \sigma_1 \vec{n}_1 + \sigma_2 \vec{n}_2 = -\sigma_1 \vec{n} + \sigma_2 \vec{n} = -\left(\sigma_{1n} - \sigma_{2n}\right)\vec{n} \\
&\Rightarrow -\left(\sigma_{1n} - \sigma_{2n}\right) = -\frac{\mu_2 - \mu_1}{2}\left(H_{1t}^2 + \frac{\mu_1}{\mu_2} H_{1n}^2\right)
\end{aligned}
\tag{11.16}
$$

Die lokale mechanische Spannung ist an der Oberfläche konzentriert und hängt dort also von der Differenz der Permeabilitäten ab und ist zudem von der radialen und normalen Feldkomponente abhängig.

Im Fall von elektrischen Maschinen gilt für den Luftspaltbereich $\mu_1 = \mu_0$ und $\mu_2 = \mu_0 \cdot \mu_r = \mu_{Fe}$. Mit (11.16) ergibt sich (vgl. [150]):

$$\vec{\sigma} = -\frac{\mu_{Fe} - \mu_0}{2}\left(\frac{B^2_{Luft,t}}{\mu_0^2} + \frac{\mu_0}{\mu_{Fe}}\frac{B^2_{Luft,n}}{\mu_0^2}\right)\cdot\vec{n} = -\frac{\mu_{Fe} - \mu_0}{2\mu_{Fe}\mu_0}\left(B^2_{Luft,n} + \mu_r B^2_{Luft,t}\right)\cdot\vec{n} = \\ = -\frac{\mu_r - 1}{2\mu_{Fe}}\left(B^2_{Luft,n} + \mu_r B^2_{Luft,t}\right)\cdot\vec{n} \tag{11.17}$$

Wird wie bei der Herleitung der Oberflächenspannung einer Grenzfläche aus der Impulsflussdichte in (11.9) das Eisen als unendlich permeabel angenommen, gilt $\mu_r = \infty$ und damit auch $\mu_{Fe} = \infty$. Nur in diesem Fall stellt ja die Grenzschicht wie oben bereits erwähnt, eine ideale Senke für die elektromagnetische Impulsflussdichte dar. Weiterhin ist dann die Feldstärke im Eisen $H_2 = H_{2t} = H_{Fe,t} = 0$, weswegen gemäß (11.14) auch die tangentiale Feldkomponente in der Luft $H_{1t} = H_{Luft,t} = B_{1t}/\mu_1 = B_{Luft,t}/\mu_0 = 0$ sein muss, wenn kein Strombelag A in der Grenzschicht auftritt. Somit stehen die Feldlinien senkrecht auf der Grenzschicht. Aus (11.17) ergibt sich für diesen Fall die Formel für die *Maxwell*'sche Zugkraft (vgl. (11.9)):

$$\vec{\sigma} = -\frac{\mu_r - 1}{2\mu_{Fe}}\left(B^2_{Luft,t} + \mu_r B^2_{Luft,t}\right)\cdot\vec{n} = \\ = -\left(\frac{1}{2\mu_0} - \frac{1}{2\mu_r\mu_0}\right)\left(B^2_{Luft,n} + \mu_r B^2_{Luft,t}\right)\cdot\vec{n} \\ \Rightarrow \lim_{\mu_r\to\infty} -\left(\frac{1}{2\mu_0} - \frac{1}{2\mu_r\mu_0}\right)\left(B^2_{Luft,n} + \mu_r B^2_{Luft,t}\right)\cdot\vec{n} = \\ = -\left(\frac{1}{2\mu_0} - 0\right)\left(B^2_{Luft,n} + 0\right)\cdot\vec{n} = -\frac{B^2_{Luft,n}}{2\mu_0}\vec{n} \tag{11.18}$$

Die zur Vorausberechnung der Geräusche in Kapitel 5 verwendete Formel (11.9) zur Berechnung der auf den Stator wirkenden radialen, magnetischen Zugkräfte gilt also streng genommen nur für den Fall des ideal magnetisierbaren, isotropen Eisens. Auch nur für diesen Fall sind bei Vernachlässigung eines Strombelags die tangentialen Feldkomponenten bei der Berechnung vernachlässigbar. Für den Leerlauf- und Bemessungsbetrieb einer KLASM ist es daher in erster Näherung zulässig (wie in dieser Arbeit geschehen), die einfache Formel (11.9) zu verwenden, da hier im Luftspalt vorwiegend radiale Feldkomponenten vorherrschen, und die Zahnköpfe i. A. noch nicht allzu stark gesättigt sind. Für steigende Schlupfwerte s sättigen die Zahnköpfe und die Permeabilität des Eisens sinkt aufgrund des

Luftspaltstreuflusses Φ_Z stark (vgl. Abschnitt 4.1.5). Zusätzlich steigt der Einfluss der tangentialen Feldkomponenten, weswegen die einfache Formel (11.9) zunehmend an Gültigkeit verliert und streng genommen die Formel (11.17) oder aufwändigere Formeln verwendet werden müssen.

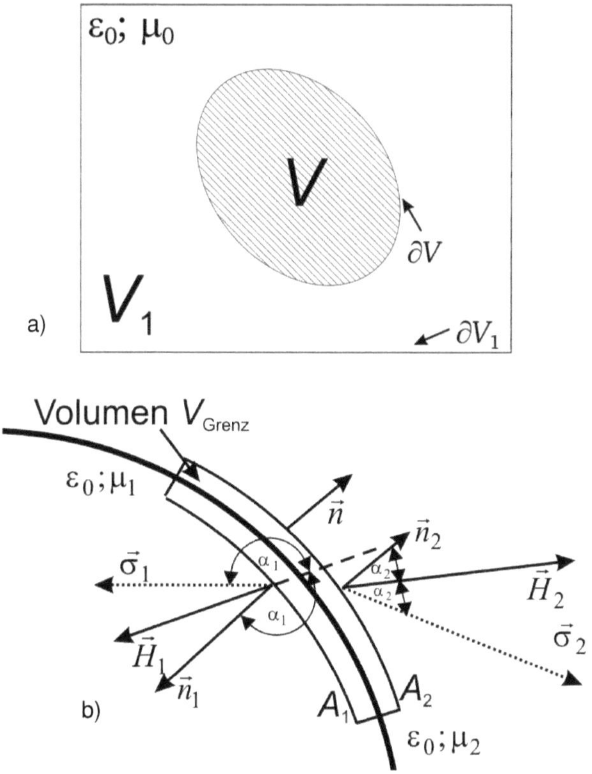

Abbildung 11.1: a) Zur Herleitung der elektromagnetisch verursachten Kraft auf einen Körper (vgl. [145]). b) Zur Berechnung der lokalen magnetischen Kraft/Fläche am Übergang zweier beliebiger homogener, isotroper Materialien mit den konstanten Permeabilitäten μ_1 und μ_2.

12. Anhang C: Herleitung der Schwebung in den Verläufen der radialen Auslenkung Y_r (t)

Obwohl für die Berechnung der Gehäuseschwingungen eine lineare partielle Differentialgleichung zu lösen ist, kann das Phänomen der Schwebung auf Grund der noch nicht abgeklungenen Schwingung des Einschwingvorgangs auch an einem Feder-Masse-Element (Masse *m*, Federkonstante *c*, Federweg *x*) prinzipiell erläutert werden. Die anregende Kraftwelle wird dann durch eine konzentrierte Wechselkraft mit der Amplitude $\hat{F}$ und Kreisfrequenz ω ersetzt.

Differentialgleichung: $m \cdot \ddot{x} + cx = \hat{F} \sin \omega t$

Anfangsbedingungen: $x(0)=0$ und $\dot{x}(0)=0$ bei $t=0$

Lösungsansatz: $x = x_p + x_h$

Homogene Lösung $x_h = A \cdot \sin \omega_0 t + B \cdot \cos \omega_0 t$:

Eingesetzt in die homogene Differentialgleichung $m \cdot \ddot{x} + cx = 0$ ergibt das:

$$-\omega_0^2 \cdot m \cdot A \cdot \sin \omega_0 t - \omega_0^2 \cdot m \cdot B \cdot \cos \omega_0 t + c \cdot A \sin \omega_0 t + c \cdot B \cdot \cos \omega_0 t = 0$$

Diese Gleichung ist nur erfüllt, wenn gilt:

$$A \cdot \sin \omega_0 t\left(-\omega_0^2 \cdot m + c\right) = 0 \text{ und } + B \cdot \cos \omega_0 t\left(-\omega_0^2 \cdot m + c\right) = 0 \Rightarrow \omega_0 = \pm\sqrt{\frac{c}{m}}$$

mit ω_0 als Eigenkreisfrequenz des Systems.

Partikuläre Lösung $x_p = C \cdot \sin \omega t + D \cdot \cos \omega t$:

Eingesetzt in die partikuläre Differentialgleichung

$m \cdot \ddot{x} + cx = \hat{F} \sin \omega t$ ergibt das:

$$C \cdot \sin \omega t + D \cdot \cos \omega t - \omega_m^2 m \cdot x_p + c \cdot x_p = \hat{F} \cdot \sin \omega t$$

Berechnung der Konstanten *C* und *D*:

$$-C \cdot \omega_m^2 \cdot \sin \omega t - D \cdot \omega_m^2 \cdot \cos \omega t + c \cdot C \cdot \sin \omega t + c \cdot D \cdot \cos \omega t = \hat{F} \cdot \sin \omega t$$

Diese Gleichung ist nur erfüllt, wenn gilt:
$$\sin \omega t\left(-C \cdot \omega_m^2 + c \cdot C - \hat{F}\right) = 0$$
$$\cos \omega t\left(-D \cdot \omega_m^2 + c \cdot D\right) = 0$$

Daraus folgt für $\omega \neq \omega_0$: $D = 0,\ C = \dfrac{\hat{F}}{c - m \cdot \omega^2}$

Erfüllung der Anfangsbedingung zur Bestimmung von *A* und *B*:

$$x(0)=0=x_\text{h}(0)+x_\text{p}(0)=A\cdot\sin 0+B\cdot\cos 0+C\cdot\sin 0+D\cdot\cos 0=0\Rightarrow B=0$$

$$\dot{x}(0)=0=\dot{x}_\text{h}(0)+\dot{x}_\text{p}(0)=\omega_0\cdot A\cdot\cos 0+C\cdot\omega\cdot\cos 0=0\Rightarrow A=-\frac{C\cdot\omega}{\omega_0}$$

Als Lösung ergibt sich schließlich:

$$x(t)=\frac{\hat{F}}{c-m\cdot\omega^2}\cdot\left(-\frac{\omega}{\omega_0}\sin\omega_0 t+\sin\omega t\right)=\frac{\hat{F}}{m}\cdot\frac{1}{\omega_0^2-\omega^2}\cdot\left(-\frac{\omega}{\omega_0}\sin\omega_0 t+\sin\omega t\right)$$

Mit folgender Umformung:

$$a\cdot\sin\alpha+b\cdot\sin\beta=\frac{c+d}{2}\cdot\sin\alpha+\frac{c-d}{2}\cdot\sin\beta=\frac{c}{2}(\sin\alpha+\sin\beta)+\frac{d}{2}(\sin\alpha-\sin\beta)$$

ergibt sich mit $\alpha=\dfrac{x+y}{2}$ und $\beta=\dfrac{x-y}{2}$

$$\frac{c}{2}\left(\sin\frac{x+y}{2}+\sin\frac{x-y}{2}\right)+\frac{d}{2}\left(\sin\frac{x+y}{2}-\sin\frac{x-y}{2}\right)=$$

$$=\frac{c}{2}\left(\sin\frac{x}{2}\cdot\cos\frac{y}{2}+\sin\frac{y}{2}\cdot\cos\frac{x}{2}\right)+\frac{d}{2}\left(\cos\frac{x}{2}\cdot\sin\frac{y}{2}-\cos\frac{y}{2}\cdot\sin\frac{x}{2}\right)=$$

$$=2\frac{c}{2}\cdot\sin\frac{x}{2}\cdot\cos\frac{y}{2}+2\frac{d}{2}\cdot\sin\frac{y}{2}\cdot\cos\frac{x}{2}=c\cdot\sin\frac{x}{2}\cdot\cos\frac{y}{2}+d\cdot\sin\frac{y}{2}\cdot\cos\frac{x}{2}$$

Dabei gilt:

$\alpha+\beta=x;\ \alpha-\beta=y$

$a+b=c$ und $a-b=d$

Anwenden auf obige Gleichung ergibt:

$$x=C\cdot\sin\omega t+A\sin\omega_0 t$$

$$x=(C+A)\cdot\sin\left(\frac{\omega+\omega_0}{2}t\right)\cdot\cos\left(\frac{\omega-\omega_0}{2}t\right)+(C-A)\cdot\cos\left(\frac{\omega+\omega_0}{2}t\right)\cdot\sin\left(\frac{\omega-\omega_0}{2}t\right)$$

Dabei ist:

$$C+A=\frac{\hat{F}}{m}\cdot\frac{1}{\omega_0^2-\omega^2}\cdot\left(1-\frac{\omega}{\omega_0}\right)=\frac{\hat{F}}{m}\cdot\frac{1}{\omega_0}\cdot\frac{1}{\omega_0+\omega}$$

$$C-A=\frac{\hat{F}}{m}\cdot\frac{1}{\omega_0^2-\omega^2}\cdot\left(1+\frac{\omega}{\omega_0}\right)=\frac{\hat{F}}{m}\cdot\frac{1}{\omega_0}\cdot\frac{1}{\omega_0-\omega}.$$

Eingesetzt ergibt sich demnach:

$$x(t)=\frac{\hat{F}}{m\cdot\omega_0}\cdot\left(\frac{\sin\left(\frac{\omega+\omega_0}{2}t\right)\cdot\cos\left(\frac{\omega-\omega_0}{2}t\right)}{\omega_0+\omega}+\frac{\cos\left(\frac{\omega+\omega_0}{2}t\right)\cdot\sin\left(\frac{\omega-\omega_0}{2}t\right)}{\omega_0-\omega}\right)$$

Bei einer geringen Differenz $\Delta\omega = \omega_0 - \omega$ ergibt sich wegen $\omega_0 + \omega \cong 2\omega$ der Ausdruck

$$x(t) \cong \frac{\hat{F}}{m \cdot \omega_0} \cdot \left(\frac{\sin(\omega t) \cdot \cos\left(\frac{\Delta\omega}{2} t\right)}{2\omega} + \frac{\cos(\omega t) \cdot \sin\left(\frac{\Delta\omega}{2} t\right)}{\Delta\omega} \right)$$

und wegen $\omega >> \Delta\omega$:

$$x(t) \cong \frac{\hat{F}}{m \cdot \omega_0} \cdot \left(\frac{\cos(\omega t) \cdot \sin\left(\frac{\Delta\omega}{2} t\right)}{\Delta\omega} \right)$$

Dies ist eine Schwebung der mit ω angeregten Schwingung $x(t)$ mit $\Delta\omega$. Für $\Delta\omega \rightarrow 0$ ergibt sich mit $\sin\Delta\omega t \sim \Delta\omega t$ daraus der Resonanzfall

$$x(t) \cong \frac{\hat{F}}{m \cdot \omega_0} \cdot \cos(\omega t) \cdot \frac{t}{2},$$

wo die Schwingungsamplitude linear mit der Zeit t wegen der fehlenden Dämpfung zeitlich unbegrenzt zunimmt.

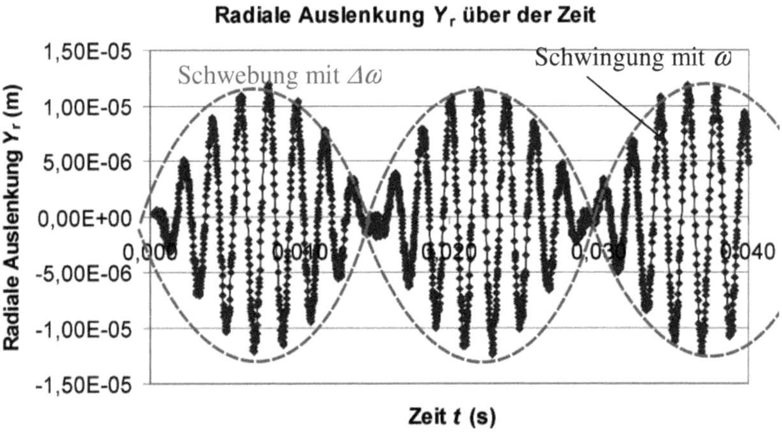

Abbildung 12.1: Zeitverlauf der radialen Auslenkung Y_r (t) mit überlagerter Schwebung.

13. Anhang D: Maschinenparameter der Entwurfsvorschläge für die Motorbaureihe AH160

Abbildung 13.1: Stator- und Rotorblechpaket des Entwurfvorschlags der Motorbaureihe AH160 mit einem Nutzahlenverhältnis von Q_s/Q_r = 36/32 (CAD-Programm *AutoCAD 3D*).

Tabelle 13.1: Zusammenstellung der wichtigsten Parameter der Statoren der in dieser Arbeit betrachteten Motorvarianten der Entwurfvorschläge für die Motorbaureihe AH160. Die weiß hinterlegten Wicklungsdaten wurden für die Prototyp-Statoren gewählt und die entsprechenden Statoren standen für die in Kapitel 7 vorgestellten Messungen zur Verfügung.

Motorbezeichnung	**AH160_ 9,2kW_50Hz_IE2**	**AH160_ 9,2kW_60Hz_IE3**	**AH160_ 11kW_60Hz_IE3**
Statornutenzahl Q_s	36	36	36
Parallele Zweige a	2	2	2
Parallele Leiter 1 a_1	2	2	2
Drahtdurchmesser d_1 (mm)	0,95	0,95	0,90
Isolationsdicke $d_{ISO,1}$ (mm)	0,047	0,0465	0,045
Parallele Leiter 2 a_2	1	1	2
Drahtdurchmesser d_2 (mm)	0,9	1	0,85
Isolationsdicke $d_{ISO,2}$ (mm)	0,045	0,047	0,043
Spulenwindungszahl N_c	31	14 (2 Schicht)	13
Strangwindungszahl N_s	93	84	78
Nutwandisolation d_{nomax} (mm)	0,26	0,26	0,26
Res. Füllfaktor k_f (%)	44,4	43	43,7
Blechtyp	TK 400-50AP	TK 400-50AP	TK 400-50AP

Tabelle 13.2: Zusammenstellung der wichtigsten Parameter des Rotorblechschnitts und des Rotorkäfigs (Aluminium und Kupfer) des Entwurfvorschlags für die Motorbaureihe AH160.

	Geometrische Größe	Blech TK400-50AP
Vorgaben	Wellendurchmesser d_{ri} (mm)	50
	Eisenlänge l_{fe} (mm) (Max. möglicher Wert)	210
	Luftspalt δ (mm) (Minimal möglicher Luftspalt)	0,325
	Eisenfüllfaktor k_{Fe}	0,97
	Min. Höhe der Einbrücke $h_{Qr,min}$ (mm)	0,4
	Min. Breite des Streustegs $b_{steg,min}$ (mm)	0,8
	Mittlere Durchmesser KS-Ring $d_{m,KS}$ (mm)	103,8
	Nutöffnungen des Rotors s_{Qr}	Geschlossen
	Querschnittsfläche des KS-Rings A_{KS} (mm^2)	299
	Axiale Länge KS-Ring l_{KS} (mm)	13
Wählbar	Rotornutenzahl Q_r	32
	Schrägung b_{Sk}	τ_{Qs}
	Rotoraussenduchmesser d_{ra} (mm)	126,85
	Nutform	Doppelnut
	Blechtyp	TK 400-50AP

Tabelle 13.12: Materialeigenschaften des nicht-schlussgeglühten Elektroblechs TK 390-50PP im Vergleich mit dem schlussgeglühten Elektroblech TK 400-50AP.

Blechtyp	Verlustfaktoren (B = 1 T)		Mittlerer Korndurchmesser d_K (µm)	Elektrische Leitfähigkeit κ_{el} (MS/m)
	Wirbelstrom- p_{Ft} (W/kg)	Hysterese- p_{Hy} (W/kg)		
TK 400-50AP (schlussgeglüht)	0,56	1,01	67	3,15
TK 390-50PP (nicht-schlussgeglüht)	0,38	0,87	70	2,53

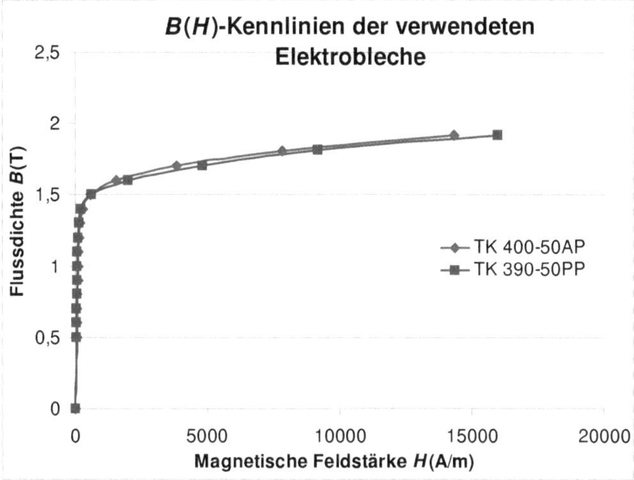
B(H)-Kennlinien der verwendeten Elektrobleche
Flussdichte B(T)
Magnetische Feldstärke H(A/m)
TK 400-50AP
TK 390-50PP

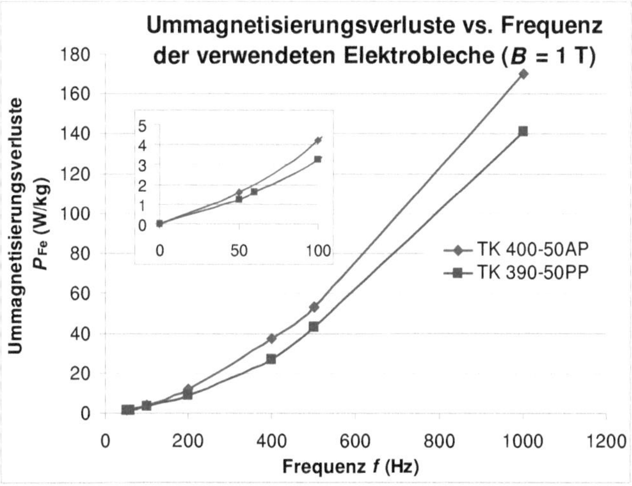
Ummagnetisierungsverluste vs. Frequenz der verwendeten Elektrobleche (B = 1 T)
Ummagnetisierungsverluste P_Fe (W/kg)
Frequenz f (Hz)
TK 400-50AP
TK 390-50PP

14. Anhang E: Wickelschema des Serienmotors AH180 im Vergleich zum Prototypmotor PT180 mit Auinger -Wicklung

Für beide Motoren gilt: $Q_s = 48$; $2p = 4$

Wickelschema Serienmotor

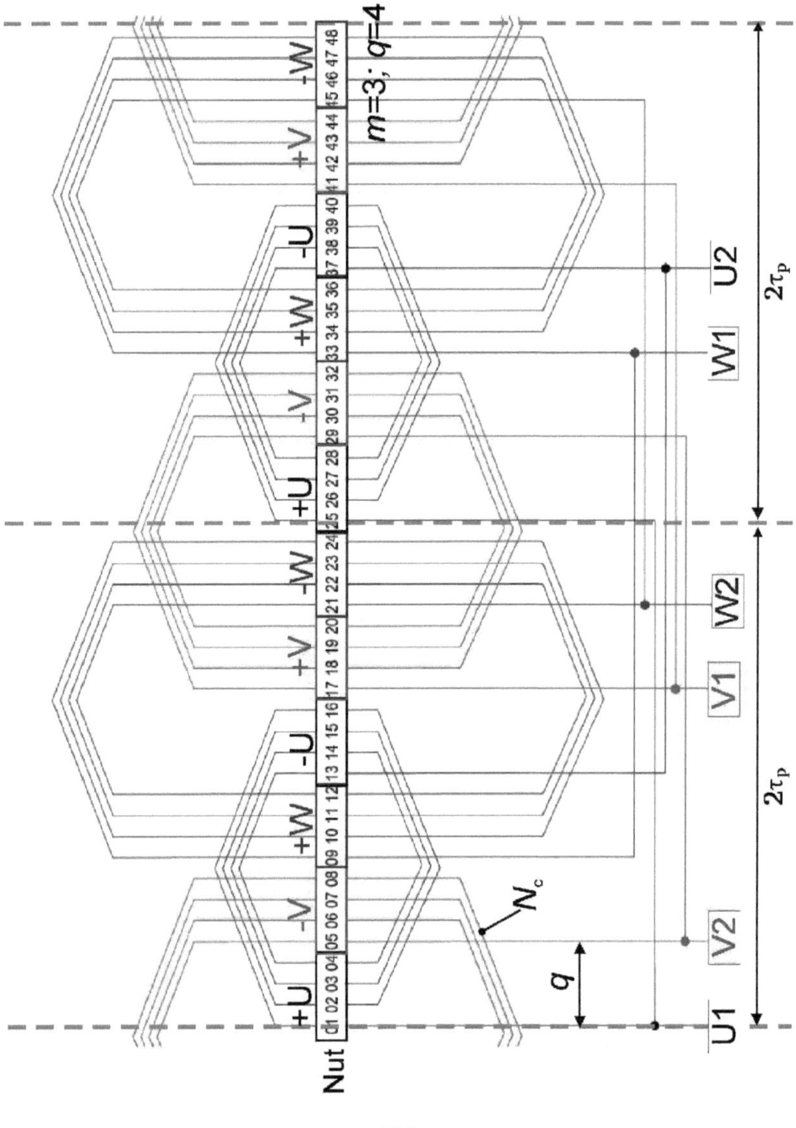

Wickelschema Prototypmotor PT180

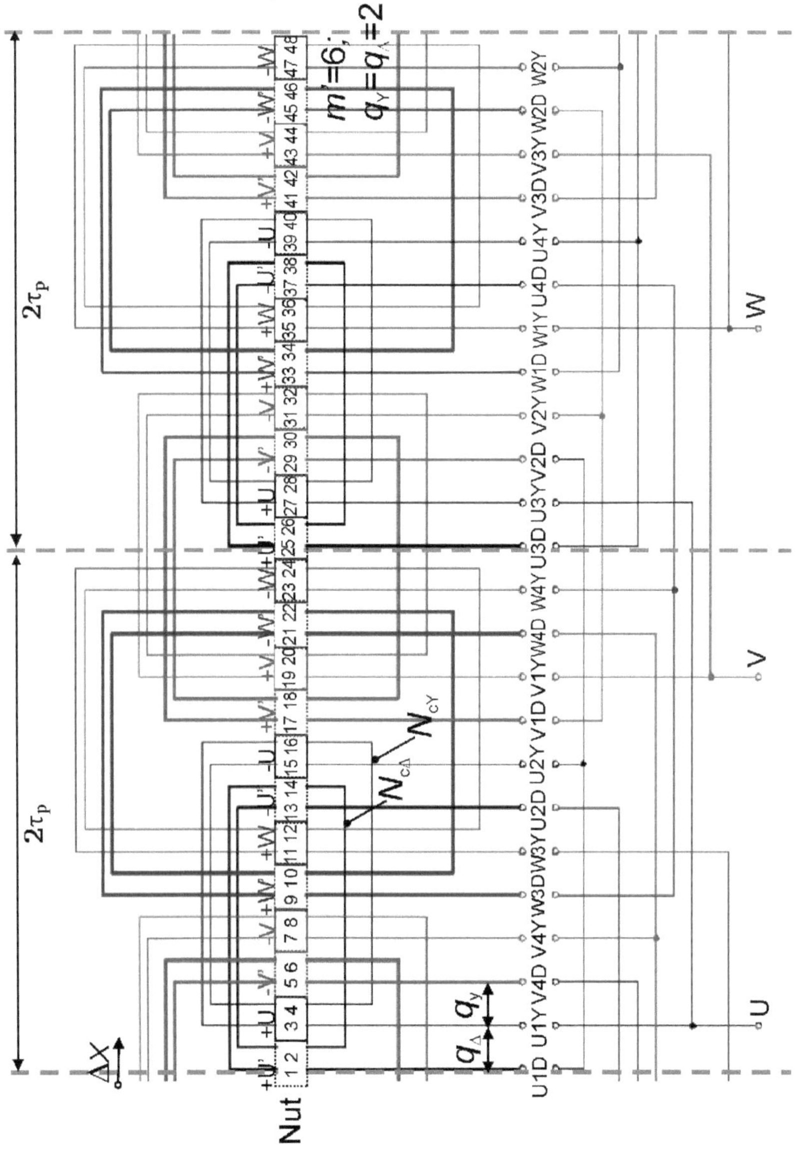

15. Literaturverzeichnis

[1] ZVEI, "Broschüre: Energiesparen mit Elektrischen Antrieben", Zentralverband Elektrotechnik und Elektroindustrie e.V. (ZVEI), Frankfurt/Main, 2006.

[2] DIN, VDE, "DIN EN 60034-1 bzw. VDE 0530-1: Thermische Klassen bei Elektrischen Maschinen", in *Drehende elektrische Maschinen*, ed. DKE (Deutsche Kommission Elektrotechnik Elektronik Informationstechnik im DIN und VDE), Frankfurt/Main, 2009

[3] DIN, VDE, "DIN EN 60034-9 bzw. VDE 0530-9:Geräuschgrenzwerte (noise limits)", in *Drehende elektrische Maschinen*, ed. DKE (Deutsche Kommission Elektrotechnik Elektronik Informationstechnik im DIN und VDE), Frankfurt/Main, 2008

[4] DIN, VDE, "DIN EN 60034-7 bzw. VDE 0530-7: Bezeichung für Bauformen und Aufstellung elektrischer Maschinen", in *Drehende elektrische Maschinen*, ed. DKE (Deutsche Kommission Elektrotechnik Elektronik Informationstechnik im DIN und VDE), Frankfurt/Main, 2009

[5] "Energie in Deutschland: Trends und Hintergründe zur Energieversorgung", Bundesministerium für Wirtschaft und Technologie (BMWi), Berlin/Bonn, 2010.

[6] *Global Infomine: Datenbasis LME (London Metal Exchange).* 2010, Available: http://www.infomine.com/

[7] "Energiemarkt Deutschland: Zahlen und Fakten zur Gas-, Strom- und Fernwärmeversorgung", Bundesverband der Energie- und Wasserwirtschaft e.V. (BDEW), Berlin, 2009.

[8] "Fourth Assessment Draft Report", Intergovernmental Panel on Climate Change (IPCC), Genf, Schweiz, 2007.

[9] E. Baake, M. Doppelbauer, O. Drubel, R. d. l. Haye, "Effizienz- und Einsparpotentiale elektrischer Energie in Deutschland", Verband der Elektrotechnik Elektronik und Informationstechnik e.V. (VDE), Frankfurt/Main, 2008.

[10] "Energiekonzept für eine umweltschonende, zuverlässige und bezahlbare Energieversorgung", Bundesministerium für Wirtschaft un Technologie (BMWi), Berlin/Bonn, 2010.

[11] R. Hüppe, "Mit modernen elektrischen Antrieben die Energiekosten in der Industrie senken", in *VDI-Konferenz „Energieeffiziente Antriebe“*, Nürtingen, 2010.

[12] R. Werle, C. U. Brunner, S. B. Nielsen, S. Hatch, H. Falkner, K. Kulterer, R. d. Klerck, "Global effort for efficient motor systems: EMSA", in Proc. of the Int. Conf. *IEEE-EEMODS11*, Alexandria (VA), USA, 2011, 13 pages, CD-ROM.

[13] "Broschüre: Motoren und geregelte Antriebe", Zentralverband Elektrotechnik und Elektroindustrie e.V. (ZVEI), Frankfurt/Main, 2010.

[14] C. U. Brunner, "Harmonized Standards for Motors and Systems: Global progress report and outlook", in Proc. of the Int. Conf. *IEEE-EEMODS11*, Alexandria (VA), USA, 2011, 13 pages, CD-ROM.

[15] DIN, VDE, "DIN EN 60034-12 bzw. VDE 0530-12: Anlaufverhalten von Drehstrommotoren mit Käfigläufern ausgenommen polumschaltbare Motoren", in *Drehende elektrische Maschinen*, ed. DKE (Deutsche Kommission Elektrotechnik Elektronik Informationstechnik im DIN und VDE), Frankfurt/Main, 2008

[16] "Statistische Motorlebensdauer", DKI-Informationsdruck, 2009.

[17] A. Moehle, "The revision of IEC 60034-2-1 and the new IEC 60034-2-3 for efficiency determination of converter-fed machines", in Proc. of the Int. Conf. *IEEE-EEMODS11*, Alexandria (VA), 2011, 11 pages, CD-ROM.

[18] M. Doppelbauer, "Accuracy of the determination of losses and energy efficiency of induction motors by the indirect test procedure", in Proc. of the Int. Conf. *IEEE-EEMODS11*, Alexandria (VA), USA, 2011, 13 pages, CD-ROM.

[19] DIN, VDE, "DIN EN 60034-30 bzw. VDE 0530-30: Wirkungsgradklassifizierung von Drehstrommotoren mit Käfigläufern ausgenommen polumschaltbare Motoren", in *Drehende elektrische Maschinen*, ed. DKE (Deutsche Kommission Elektrotechnik Elektronik Informationstechnik im DIN und VDE), Frankfurt/Main, 2009

[20] *Frequenzumrichtergespeiste Antriebe*. 2010, Available: http://www.ptb.de/cms/en/fachabteilungen/abt3/fb-37/ag-372/forschung-372/372-forschung-umrichter.html

[21] Y. Qu, "FEM-Untersuchung von Asynchronmotoren mit Kurzschlusskäfig hinsichtlich der Zusatzverluste und des Sättigungsverhaltens", Diplomarbeit, Institut für Elektrische Energiewandlung, Technische Universität, Darmstadt, 2009.

[22] M. Strauch, "Normgerechte (IEC-60034) Neuauslegung von Kurzschlussläufer-Asynchronmotoren mit Aluminium- und Kupferkäfig im Hinblick auf gesteigerte Energieeffizienz unter Verwendung analytischer und numerischer Berechnungsmodelle", Diplomarbeit, Institut für Elektrische Energiewandlung, Technische Universität, Darmstadt, 2010.

[23] A. Binder, "Vorausberechnung der Betriebskennlinien von Drehstrom-Kurzschlusslaeufer-Asynchronmaschinen mit besonderer Beruecksichtigung der Nutung", Dissertation, Technische Universität, Wien, Österreich, 1988.

[24] "Betriebsanleitung Drehstrommotoren DR/DV/DT/DTE/DVE", SEW Eurodrive GmbH & Co KG, Bruchsal, 2004.

[25] A. Binder, "Skript zur Vorlesung: Elektrische Maschinen und Antriebe", Institut für Elektrische Energiewandlung, Technische Universität Darmstadt, 2010.

[26] A. Binder, *Elektrische Maschinen und Antriebe*. Wien: Springer Verlag, 2012.

[27] A. Binder, "Skript zur Vorlesung: Energy Converters: CAD and System Dynamics", Institut für Elektrische Energiewandlung, Technische Universität, Darmstadt, 2010.

[28] W. Nürnberg, *Die Asynchronmaschine*. Berlin: Springer-Verlag, 1952.

[29] R. Richter, *Elektrische Maschinen,* vol. 4. Berlin: Springer-Verlag, 1954.

[30] T. Stefan, "Rechenprogramm für die Betriebskennlinien der Drehstrom-Asynchronmaschine mit Kurzschlussläufer mit Berücksichtigung der Eisensättigung, Nutung und Schrägung", Diplomarbeit, Institut für Elektrische Maschinen, Technische Universität, Wien, 1986.

[31] R. Hagen, "Die Berechnung der Drehstrom-Käfigläuferasynchronmaschine mit Berücksichtigung der Zusatzverluste bei Netz- und Umrichterbetrieb", Dissertation, Technische Universität, Darmstadt, 2013.

[32] A. Binder, "Skript zur Vorlesung: Motor developement for Electrical Drive Systems", Institut für Elektrische Energiewandlung, Technische Universität, Darmstadt, 2010.

[33] R. Fischer, *Elektrische Maschinen,* vol. 12. Auflage. München/Wien: Carl Hanser Verlag, 2004.

[34] R. Weppler, "Die Berechnung der Spaltstreuung bei Kurzschlussläufermotoren mit Berücksichtigung der Eisensättigung", Dissertation, Technische Hochschule Hannover, 1962.

[35] R. Weppler, "Ein Beitrag zur Berechnung von Asynchronmotoren mit nichtisoliertem Laeuferkaefig", *Archiv f. Elektrotechnik,* vol. 50, pp. 238-252, 1966.

[36] A. Binder, T. Knopik, R. Hagen, "Comparison of numerical and analytical calculations of the cage induction motor performance including zig-zag flux saturation", in Proc. of the Int. Conf. *IEEE-EEMODS 09*, Nantes, France, 2009, 12 pages, CD-ROM.

[37] R. Hagen, T.Knopik, A. Binder, "Comparison of numerical and analytical simulation of saturated zig-zag flux in induction machines", in Proc. of the Int. Conf. *IEEE-IEMDC*, Miami, USA, 2009, pp. 1325-1330.

[38] R. Elkner, "Berechnung des gesättigten Leerlauffeldes bei DS-Asynchronmaschinen mit Nutungseinfluss", Diplomarbeit, Institut für Elektrische Maschinen, Technische Universität, Wien, 1986.

[39] A. Binder, "Angenäherte Berechnung des zweidimensionalen gesättigten Luftspaltfeldes bei Drehstrom-Asynchronmaschinen im Leerlauf", *Archiv f. Elektrotechnik,* vol. 73, pp. 131-139, 1990.

[40] H. Schetelig, "Die Berechnung der magnetischen Fluesse in Drehstrom-Asynchronmaschinen mit Kaefiglaeufer ", Dissertation, Technische Universität Hannover, 1969.

[41] B. Heller, V. Hamata, *Harmonic field effects in induction machines.*

Oxford/New York: Elsevier Scientific Publishing Company, 1977.

[42] R. Hagen, A. Binder, M. Aoulkadi, T. Knopik, K. Bradley, "Comparison of measured and analytically calculated stray load losses in standard cage induction machines ", in Proc. of the Int. Conf. *IEEE- ICEM*, Villamoura, Portugal, 2008, 6 pages, CD-ROM.

[43] R. Weppler, "Grundsaetzliches zur Berechnung der Spaltstreuung bei Kurzschlusslaeufermotoren mit Beruecksichtigung der Eisensaettigung", *ETZ-A,* vol. 85, pp. 402-407, 1964.

[44] R. Weppler, W. Neuhaus, "Der Einfluss der Nutoeffnungen auf den Drehmomentenverlauf von Drehstrom-Asynchronmotoren mit Kaefiglaeufer", *ETZ-A,* vol. 90, pp. 186-191, 1969.

[45] F. W. Carter, "Air-gap and Interpolar Induction", *Instn. Elect. Engrs.,* vol. 29, pp. 925-933, 1900.

[46] F. W. Carter, "Air-gap Induction", *Electr. World, New York, USA,* vol. 38, pp. 884-888, 1901.

[47] K. Vogt, *Berechnung elektrischer Maschinen*: VEB-Verlag, 1982.

[48] A. Schoppa, "Einfluss der Be- und Verarbeitung auf die magnetischen Eigenschaften von schlussgeglühtem, nichtkornorientiertem Elektroband", Dissertation, Fakultät für Maschinenwesen, RWTH Aachen, 2001.

[49] M. Platen, G. Henneberger, J. Schneider, A. Schoppa, "Untersuchungen zum Einfluss des eingesetzten Elektroblechs auf den Wirkungsgrad von ausgewählten Asynchron-Normmotoren", *Electrical Engineering,* vol. 82, pp. 291-300, 2000.

[50] E. G. Araujo, J. Schneider, K. Verbeken, G. Pasquarella, Y. Houbaert, "Dimensional Effects on Magnetic Properties of Fe-Si Steels Due to Laser and Mechanical Cutting", *IEEE-IAS Trans. Ind. Appl.,* vol. 46, pp. 213-216, 2010.

[51] H. Huneus, A. Lex, "Magnetische Eigenschaften von nichtkornorentiertem Elektroblech", *ETZ,* vol. 112, pp. 1204-1208, 1991.

[52] E. Mirbach, H. Reiche, "Der Einsatz rondengeglühter Magnetkörper - eine energieökonomische Alternative für die Herstellung und den Betrieb von Asynchronmotoren", *Elektrie,* vol. 46, pp. 391-397, 1992.

[53] R. Pfeiffer, "Bestimmung der Leitwertwellen im Luftspalt elektrischer Maschinen mit doppelseitiger Nutung", Dissertation, FB17, Elektrische Energietechnik Technische Hochschule, Darmstadt, 1977.

[54] F. Taegen, R. Walcak, "Eine experimentell überprüfte Vorausberechnung der Oberfelder von Käfigläufermotoren", *Archiv f. Elektrotechnik,* vol. 66, pp. 233-242, 1983.

[55] S. Williamson, Y. N. Feng, "On the Calculation of Harmonic Air-Gap Fields in Machines with Single-Sided Slotting", in Proc. of the Int. Conf. *IEEE-PEMD*, Dublin, Irland, 2006, pp. 671-675.

[56] J. Kolbe, "Zur numerischen Berechnung und analytischen Nachbildung des Luftspaltfeldes von Drehstrommaschinen", Dissertation, Hochschule der Bundeswehr Hamburg, 1983.

[57] J. Kolbe, "Analytische Nachbildung der numerisch ermittelten Feldverteilung von mehrsträngigen Wicklungen in Asynchronmaschinen", *Archiv f. Elektrotechnik,* vol. 65, pp. 107-116, 1982.

[58] A. Rentschler, "Dynamisches Modell der Asynchronmaschine mit Berücksichtigung von Fehlern und Unsymmetrien", Dissertation, Technische Universität Darmstadt, Shaker-Verlag, Aachen, 2008.

[59] F. Taegen, R. Walcak, "Eine experimentell überprüfte Vorausberechnung der Harmonischen des Läuferstroms von Käfigläufermotoren mit geraden Nuten", *Archiv f. Elektrotechnik,* vol. 67, pp. 265-273, 1984.

[60] F. Taegen, "Die Bedeutung der Läufernutschlitze für die Theorie der Asynchronmaschine mit Käfigläufer", *Archiv f. Elektrotechnik,* vol. 68 pp. 373-386, 1964.

[61] H.-O. Seinsch, "Die Berechnung der magnetische Geräusche anregenden Radialkraftwellen bei Induktionsmotoren mit Käfigläufern", *Technischer Bericht des Instituts für Elektrische Maschinen und Antriebe der Universität Hannover* Nr. 884a, 1980.

[62] H.-O. Seinsch, *Oberfelderscheinungen in Drehfeldmaschinen.* Stuttgart: B.G. Teubner, 1992.

[63] K. Oberretl, "Die Oberfeldtheorie des Käfigmotors unter Berücksichtigung der durch die Ankerrückwirkung verursachten Statoroberströme und der parallelen Wicklungszweige", *Archiv f. Elektrotechnik,* vol. 49, pp. 344-363, 1965.

[64] K. Oberretl, "Das zweidimensionale Luftspaltfeld einer Drehstromwicklung mit offenen Nuten ", *Archiv f. Elektrotechnik,* vol. 53, pp. 371-381, 1970.

[65] R. Bulovas, H. Jordan, M. Purkermani, G. Röder, "Sättigungsfelder und ihre Wirkungen", *Archiv f. Elektrotechnik,* vol. 54, pp. 220-228, 1971.

[66] F. Taegen, R. Walcak, "Theoretische und experimentelle Untersuchung der Laeuferoberfelder von Kaefiglaeufermotoren", *Archiv f. Elektrotechnik,* vol. 67, pp. 169-178, 1984.

[67] T. Knopik, A. Binder, "Measurement proven analytical and numerical models for calculation of the teeth flux pulsations and harmonic torques of skewed squirrel cage induction machines", in Proc. of the Int. Conf. *IEEE-ECCE,* Phoenix (AZ), USA, 2011, 8 pages, CD-ROM.

[68] T. S. Birch, O. I. Butler, "Permeance of closed-slot bridges and its effect on induction-motor-current computation", *Proc. IEE,* vol. 118, pp. 169-172, 1971.

[69] E. Weber, "Der Nutungsfaktor in elektrischen Maschinen", *ETZ,* vol. 23, pp. 858-861, 1928.

[70] H. Jordan, H. W. Boller, "Über die phasenrichtige Addition der

nutharmonischen Wicklungsoberfelder und der Nutungsoberfelder bei phasenreinen Mehrphasenwicklungen", *ETZ-A,* vol. 84, pp. 235-238, 1963.

[71] H. Jordan, *Der geräuscharme Motor.* Essen, Germany: Verlag W. Girardet, 1950.

[72] W. Geysen, H. Jordan, K. P. Kovacs, "Bemerkungen zur Vorausberechnung des Verhaltens von Drehstromasynchronmotoren mit Käfigläufern", *European Journal of Engineering Education,* vol. 3, pp. 291-305, 1978.

[73] H. Jordan, F. Lax, "Über die Wirkung von Exzentrizitäten und Sättigungserscheinungen auf den Körper- und Luftschall von Drehstromasynchronmotoren", *AEG-Mitteilungen,* vol. 44, pp. 423-426, 1954.

[74] P. Jaenicke, "Die Berechnung der elektromagnetischen Zugkräfte bei Drehstromasynchronmotoren mit statischer Exzentrizität", Dissertation, Technische Universität Hannover, 1975.

[75] H. Jordan, G. Pfaff, "Dynamische Kennlinien von Drehstrom-Asynchronmotoren", *ETZ-A,* vol. 83, pp. 388-390, 1962.

[76] H. Jordan, F. Taegen, "Über den Einfluss der Isolation des Läuferkäfigs auf die Drehmomente von Drehstrom-Asynchronmotoren", *AEG-Mitteilungen,* vol. 52, pp. 42-43, 1962.

[77] S. Williamson, A. C. Sandy-Smith, "Estimation of the Inter-Bar Resistance of a Cast Cage Motor", *IEEE-IAS Trans. Ind. Appl.,* vol. 40, No. 2, pp. 558-565, 2004.

[78] D. Gersh, A. C. Smith, A. Samuelson, "Measurement of inter-bar resistance in cage rotors", in Proc. of the Int. Conf. *IEEE-EMD*, Cambridge, U.K., 1997, pp. 253-257.

[79] F. Gann, "Elektrodynamischer Beschleunigungssensor", Dissertation, Technische Universität Stuttgart, 1962.

[80] A. Binder, "Skript zur Vorlesung: Large Generators and High Power Drives", Institut für Elektrische Energiewandlung, Technische Universität Darmstadt, 2010.

[81] D. Ionel, M. Popescu, S. J. Dellinger, T. J. E. Miller, R. J. Heidemann, M. I. McGilp, "On the Variation With Flux and Frequency of the Core Loss Coefficients in Electrical Machines", *IEEE-IAS Trans. Ind. Appl.,* vol. 42, No. 3, pp. 658-667, 2006.

[82] D. Ionel, M. Popescu, S. J. Dellinger, T. J. E. Miller, R. J. Heidemann, M. I. McGilp, "Factors Affecting the Accurate Prediction of Core Losses in Electrical Machines", in Proc. of the Int. Conf. *IEEE-IEMDC*, San Antonio, USA, 2005, pp. 1625-1632.

[83] G. Bertotti, "General Properties of Losses in Soft Ferromagnetic Materials", *IEEE-MAG Trans. on Magn.,* vol. 24, pp. 621-631, 1988.

[84] M. Aoulkadi, A. Binder, "Reverse Rotation Test for the Measurement of Stray

load losses in 1.5 MW Squirrel-cage induction Generators", in Proc. of the Int. Conf. *Proc. Of the Symp. On Power Electronics, Electrical Drives, Automation & Motion (SPEEDAM)*, Capri, Italy, 2004, pp. F4B-1 – F4B-4.

[85] F. Taegen, "Zusatzverluste von Asynchronmaschinen", *Acta Technica CSAV,* vol. 1, pp. 1-30, 1968.

[86] B. Heller, "Die hochfrequenten Zusatzverluste bei Leerlauf in Asynchronmaschinen mit offenen Statornuten", *Acta Technica CSAV,* vol. 2, pp. 631-653, 1969.

[87] H. Jordan, F. Taegen, "Zur Berechnung der Zahnpulsationsverluste von Asynchronmaschinen", *ETZ-A,* vol. 86, pp. 805-809, 1965.

[88] J. D. Lavers, H. Hollitscher, "A simple method of estimating the minor loop hysteresis loss in thin laminations", *IEEE-MAG Trans. on Magn.,* vol. 14, No. 5, pp. 386-388, 1978.

[89] B. Piepenbreier, F. Taegen, "Surface losses in cage induction motors", in Proc. of the Int. Conf. *IEEE-ICEM*, Beijing, 1987, pp. 326-329.

[90] L. Dreyfus, "Theorie der zusätzlichen Eisenverluste in Drehstromasynchronmotoren", *Archiv f. Elektrotechnik,* vol. 20, pp. 37-87, 1928.

[91] T. Lu, A. Binder, "Analytical and Experimental Analysis of Losses in Inverter-fed Permanent Magnet High-speed Machines with Surface-mounted Magnets", in Proc. of the Int. Conf. *IEEE-ICEM*, Brügge, 2002, 6 Pages, CD-ROM.

[92] T. Lu, "Weiterentwicklung von hochtourigen permanenterregten Drehstromantrieben mit Hilfe von Finite-Elemente-Berechnungen und experimentellen Untersuchungen", Dissertation, Technische Universität Darmstadt, 2004.

[93] J. Hak, "Reibungsverluste im Luftspalt", *E und M,* vol. 77, pp. 325-328, 1977.

[94] B. J. Scherb, "Reibungsverhalten von radial und axial belasteten Radial-Zylinderrollenlagern", *Antriebstechnik,* vol. 41, pp. 39-42, 2001.

[95] "F.A.G. Kugelfischer Georg Schäfer AG, Schmierung von Wälzlagern. Veröffentlichung", *Publ.-Nr. WL 81 115/4 DA,* 2002.

[96] DIN, VDE, "DIN EN 60034-2 bzw. VDE 0530-2: Verfahren zur Bestimmung der Verluste und des Wirkungsgrades von drehenden elektrischen Maschinen aus Prüfungen (ausgenommen Maschinen für Schienen- und Straßenfahrzeuge)", in *Drehende elektrische Maschinen*, ed. DKE (Deutsche Kommission Elektrotechnik Elektronik Informationstechnik im DIN und VDE), Frankfurt/Main, 2009

[97] IEEE, "IEEE 112-1996", in *IEEE Standard Test Procedure for Polyphase Induction Motors and Generators*, ed. American National Standards Institute, Washington D.C., 1997

[98] W. Nürnberg, *Die Prüfung elektrischer Maschinen.* Berlin: Springer-Verlag,

1981.

[99] M. Strauch, "Entwicklung einer teilweise automatisierten Vermessung von Asynchronmotoren mit Hilfe von LabView", Studienarbeit, Institut für Elektrische Energiewandlung, Technische Universität Darmstadt, 2009.

[100] H. Jordan, E. Richter, G. Röder, "Ein einfaches Verfahren zur Messung der Zusatzverluste in Asynchronmaschinen", *ETZ-A,* vol. 88, pp. 577-583, 1967.

[101] M. Aoulkadi, A. Binder, "The eh-star method for determination of stray load losses in cage induction machines", in Proc. of the Int. Conf. *IEEE-EEMODS*, Heidelberg, Germany, 2005, pp. 130-140.

[102] M. Aoulkadi, A. Binder, "Comparison of different evaluation methods to determine stray load losses in induction machines with eh-star method", in Proc. of the Int. Conf. *IEEE-IEMDC*, Antalya, Türkei, 2007, pp. 519-524.

[103] M. Aoulkadi, "Experimental Determination of Stray Load Losses in Cage Induction Machines", Dissertation, Technische Universität Darmstadt, 2010.

[104] Cedrat, *Flux10:2D/3D Applications,* vol. 2. Meylan Cedex: Cedrat group, 2008.

[105] M. Bartosch, "FEM-Untersuchung (FLUX2D vs. JMAG) von Kurzschlussläufer- Asynchronmotoren im Vergleich mit analytischen Berechnungen und Messergebnissen", Bachelorarbeit, Institut für Elektrische Energiewandlung, Technische Universität Darmstadt, 2011.

[106] H. Frohne, "Über die primären Bestimmungsgrößen der Lautstärke bei Asynchronmaschinen", Dissertation, Technische Hochschule Hannover, 1959.

[107] M. v. d. Giet, K. Hameyer, R. Rothe, M. H. Gracia, "Analysis of noise exciting magnetic force waves by means of numerical simulation and a space vector definition", in Proc. of the Int. Conf. *IEEE-ICEM*, Vilamoura , Portugal 2008, 6 pages, CD-ROM.

[108] K. C. Maliti, "Modelling and Analysis of magnetic noise in Squirrel-Cage Induction Motors", Dissertation, Royal Institute of Technology, Stockholm, Sweden, 2000.

[109] M. Mirzaei, A. Binder, "Acoustic Noise Calculation for High-Speed Permanent-Magnet Motors", in Proc. of the Int. Conf. *Electromotion 2009-EPE Chapter "Electric Drives" Joint Symposium*, Lille, France, 2009, 6 pages, CD-ROM.

[110] K. Oberretl, "Losses, torques and magnetic noise in induction motors with static converter supply, taking multiple armature reaction and slot openings into account", *IET Electr. Power Appl.,* vol. 1, pp. 517-531, 2007.

[111] S. P. Verma, A. Balan, "Determination of radial-forces in relation to noise and vibration problems of squirrel-cage induction motors", *IEEE Trans. on Energy Conversion,* vol. 9, pp. 404-413, 1994.

[112] S. P. Verma, A. Balan, "Experimental investigations on the stators of electrical machines in relation to vibration and noise problems ", *IEE proceedings: Electric Power Applications,* vol. 145, pp. 455-462, 1998.

[113] R. Lach, "Magnetische Geräuschemission umrichtergespeister Kafigläufer-Asynchronmaschinen", Dissertation, Universität Dortmund, 2005.

[114] T. Knopik, R. Kimmich, A. Binder, "Prediction of the noise power level of squirrel cage induction machines in different operation points taking into account mechanical boundary conditions for modal analysis", in Proc. of the Int. Conf. *IEEE-EPE*, Birmingham, 2011, 10 pages, CD-ROM.

[115] J. L. Besnerais, V. Lanfranchi, M. Hecquet, P. Brochet, "Optimal Slot Numbers for Magnetic Noise Reduction in Variable-Speed Induction Motors", *IEEE-MAG Trans. on Magn.,* vol. 45, No. 8, pp. 3131-3136, August 2009.

[116] H. Tappel, "Der Einfluß der dynamischen Eigenschaften der Zähne auf das schwingungstechnische Verhalten elektrischer Maschinen", *Archiv f. Elektrotechnik,* vol. 75, pp. 443-450, 1992.

[117] K. Federhofer, *Dynamik des Bogenträgers und Kreisringes.* Wien: Springer-Verlag, 1950.

[118] S. P. Verma, R. S. Girgis, "Resonance Frequencies of Electrical Machine Stators having Encased Construction, Part I: Derivation of the general frequency equation", in Proc. of the Int. Conf. *IEEE-PES (Power Eng. Soc.), Winter meeting*, New York, 1973, pp. 1577-1585.

[119] S. P. Verma, R. S. Girgis, "Resonance Frequencies of Electrical Machine Stators having Encased Construction, Part II: Numerical results and experimental verification", in Proc. of the Int. Conf. *IEEE-PES (Power Eng. Soc.), Winter meeting*, New York, 1973, pp. 1586-1593.

[120] S. P. Verma, R. S. Girgis, "Resonant frequencies and vibration behaviour of stators of electrical machines as affected by teeth, windings, frame and laminations", in Proc. of the Int. Conf. *IEEE-PES (Power Eng. Soc.), Summer Meeting*, Los Angeles, 1978, pp. 1446-1455.

[121] M. Ade, "Ein Beitrag zur Modellierung des Antriebsstrangs von Hybrid-Elektrofahrzeugen", Dissertation, Technische Universität Darmstadt, 2008.

[122] W. Wagner, *Wärmeübertragung,* 6. Auflage. Würzburg: Vogel-Fachbuch, 2004.

[123] H. O. Prandtl, *Führer durch die Strömungslehre,* vol. 11. Auflage. Braunschweig/Wiesbaden: Vieweg Friedr. + Sohn-Verlag, 2002.

[124] A. Binder, "Skript zur Vorlesung: Neue Technologien bei Elektrischen Energiewandlern", Institut für Elektrische Energiewandlung, Technische Universität Darmstadt, 2010.

[125] M. Still, "Rechnerische und messtechnische thermische Untersuchung von Kurzschlussläufer-Asynchronmotoren", Studienarbeit, Institut für Elektrische Energiewandlung, Technische Universität Darmstadt, 2010.

[126] F. Meier, "Erwärmung von Bahnmotoren im stationären Betrieb", *Brown Boveri Mitteilungen* vol. 53, pp. 574-589, 1966.

[127] A. Boglietti, A. Cavagnino, "Analysis of the Endwinding Cooling Effects in

TEFC Induction Motors", *IEEE-IAS Trans. Ind. Appl.,* vol. 43, pp. 1214-1222, 2007.

[128] J. Hak, "Der Wärmewiderstand zwischen Zahn und Joch ", *Archiv f. Elektrotechnik,* vol. 45, pp. 257-272, 1960.

[129] D. Staton, A. Boglietti, A. Cavagnino, "Solving the More Difficult Aspects of Electric Motor Thermal Analysis", in Proc. of the Int. Conf. *IEEE-IEMDC*, Madison, USA, 2003, pp. 620-628.

[130] J. Hak, "Der Luftspaltwärmewiderstand einer elektrischen Maschine", *Archiv f. Elektrotechnik,* vol. 42, pp. 257-272, 1956.

[131] H. Neudorfer, "Thermische Untersuchung und Berechnung eines flüssigkeitsgekühlten Traktionsmotors mit Getriebeölwellenkühlung", Dissertation, Technische Universität Wien, 1998.

[132] W. Benecke, "Temperaturfeld und Wärmefluss bei kleinen oberflächengekühlten Drehstrommotoren mit Käfigwicklung ", *ETZ-A,* vol. 87, pp. 455-459, 1966.

[133] B. Schlecht, *Maschinenelemente 2, Getriebe – Verzahnung – Lagerungen.* München: Pearson Education Deutschland GmbH, 2009.

[134] *SKF, Estimation of the frictional Moment of ball bearings.* 2012, Available: http://www.skf.com/group/products/bearings-units-housings/ball-bearings/principles/friction/estimation-of-the-frictional-moment/index.html

[135] F. Aprodu, "Design of a FEM-model for thermal calculation of squirrel-cage induction machines and comparison with analytic models and measurements", Diplomarbeit, Institut für Elektrische Energiewandlung, Technische Universität Darmstadt, 2008.

[136] K. Oberretl, "13 Regeln für minimale Zusatzverluste in Induktionsmotoren", *Bulletin Oerlikon,* vol. 389/390, pp. 1-11, 1969.

[137] H. Auinger, "Mehrphasige Wicklung in Stern-Polygon-Mischschaltung für eine elektrische Maschine", Europa Patent EP 0 557 809 B1, 1993.

[138] T. Knopik, A. Binder, "Einsatz einer mehrphasigen Wicklung in Stern-Polygon-Mischschaltung für Kurzschlussläufer-Asynchronmotoren zur Steigerung der Energieeffizienz", in Proc. of the Int. Conf. *VDI-Wissensforum: Antriebssysteme 2011*, Nürtingen, 2011, 10 pages, CD-ROM.

[139] T. Knopik, A. Binder, "Investigations on a combined star-polygon plural phase winding for an induction machine to reduce parasitic harmonic effects", in Proc. of the Int. Conf. *IEEE-EEMODS*, Alexandria (VA), USA, 2011, 13 pages, CD-ROM.

[140] A. Hughes, "New 3-phase winding of low m.m.f.-harmonic content", *Proc. IEE,* vol. 117, pp. 1657-1666, 1970.

[141] J. Y. Chen, "Performance Enchancement of AC machines and permanent magnet generators for sustainable energy applications", Dissertation, School of Electrical and Computer Engineering, Curtin University of Technology, Perth,

Australia, 1999.

[142] J. Y. Chen, C. Z. Chen, "Inestigation of a new AC electrical machine winding", *IEE proceedings B: Electric Power Applications,* vol. 145, pp. 125-132, 1998.

[143] J. Y. Chen, C. Z. Chen, "A low Harmonic, High Spread Factor Induction Motor", in Proc. of the Int. Conf. *IEEE-Power Electronics Drives and Energy Systems for Industrial Growth,* Perth, Australia, 1998, pp. 129-134.

[144] A. Zinni, "FEM-Überprüfung von analytischen Methoden zur Berechnung des Luftspaltfeldes von Kurzschlussläufer Asynchronmotoren und Untersuchung einer Sonderschaltung zur Reduzierung der Feldoberwellen", Masterarbeit, Institut für Elektrische Energiewandlung, Technische Universität Darmstadt, 2011.

[145] A. Prechtl, "Vorlesungen über Elektrodynamik", Institut für Grundlagen und Theorie der Elektrotechnik, Technische Universität Wien, 2010.

[146] T. Weiland, "Skript zur Vorlesung: Grundlagen der Elektrodynamik", Institut für die Theorie elektromagnetischer Felder, Technische Universität Darmstadt, 2006.

[147] H. Hofmann, *Das elektromagnetische Feld,* 3. ed. Wien: Springer-Verlag, 1986.

[148] C. Schlensok, B. Schmülling, M. v. d. Giet, K. Hameyer, "Electromagnetically Excited Audible Noise - Evaluation and Optimisation of Electrical Machines by Numerical Simulation", *Electrical Power Quality and Utilisation,* vol. XII, pp. 121-128, 2006.

[149] M. v. d. Giet, "Analysis of electromagnetic acoustic noise excitations", Dissertation, Institut für elektrische Maschinen, RWTH Aachen, 2011.

[150] G. Oberdorfer, *Lehrbuch der Elektrotechnik* 6. ed. vol. I. München: Oldenburg-Verlag, 1961.

Eigene Publikationen während der Promotionszeit

[36] A. Binder, T. Knopik, R. Hagen, "Comparison of numerical and analytical calculations of the cage induction motor performance including zig-zag flux saturation", in Proc. of the Int. Conf. *IEEE Int. conf. EEMODS 09,* Nantes, France, 2009, 12 pages, CD-ROM.

[37] R. Hagen, T.Knopik, A. Binder, "Comparison of numerical and analytical simulation of saturated zig-zag flux in induction machines", in Proc. of the Int. Conf. *IEEE-IEMDC,* Miami, USA, 2009, pp. 1325-1330.

[42] R. Hagen, A. Binder, M. Aoulkadi, T. Knopik, K. Bradley, "Comparison of measured and analytically calculated stray load losses in standard cage induction machines ", in Proc. of the Int. Conf. *IEEE- ICEM,* Villamoura, Portugal, 2008, 6 pages, CD-ROM.

[67] T. Knopik, A. Binder, "Measurement proven analytical and numerical models

for calculation of the teeth flux pulsations and harmonic torques of skewed squirrel cage induction machines", in Proc. of the Int. Conf. *IEEE-ECCE*, Phoenix (AZ), USA, 2011, 8 pages, CD-ROM.

[114] T. Knopik, R. Kimmich, A. Binder, "Prediction of the noise power level of squirrel cage induction machines in different operation points taking into account mechanical boundary conditions for modal analysis", in Proc. of the Int. Conf. *IEEE-EPE*, Birmingham, 2011, 10 pages CD-ROM.

[138] T. Knopik, A. Binder, "Einsatz einer mehrphasigen Wicklung in Stern-Polygon-Mischschaltung für Kurzschlussläufer-Asynchronmotoren zur Steigerung der Energieeffizienz", in Proc. of the Int. Conf. *VDI-Wissensforum: Antriebssysteme 2011*, Nürtingen, 2011, 10 pages CD-ROM.

[139] T. Knopik, A. Binder, "Investigations on a combined star-polygon plural phase winding for an induction machine to reduce parasitic harmonic effects", in Proc. of the Int. Conf. *IEEE-EEMODS*, Alexandria (VA), USA, 2011, 13 pages, CD-ROM.

- T. Knopik, A. Binder, P. Güllich, "Rotor angle detection via shaft iron remanence for the balancing process of small rotors", in Proc. of the Int. Conf. *IEEE-SDEMPED*, Cracow, 2007, 6 pages, CD-ROM
- T. Knopik, A. Binder, B. Funieru, P. Güllich, "Ausnutzung der Eisenremanenz zur Positionserfassung beim Auswuchten von Kleinrotoren", in *GMM/ETG-Fachtagung: Klein- und Mikroantriebstechnik*, Augsburg, 2007, pp. 1-6.

Während der Promotionszeit betreute Abschlussarbeiten

[21] Y. Qu, "FEM-Untersuchung von Asynchronmotoren mit Kurzschlusskäfig hinsichtlich der Zusatzverluste und des Sättigungsverhaltens", Diplomarbeit, Institut für Elektrische Energiewandlung, Technische Universität, Darmstadt, 2009.

[22] M. Strauch, "Normgerechte (IEC-60034) Neuauslegung von Kurzschlussläufer-Asynchronmotoren mit Aluminium- und Kupferkäfig im Hinblick auf gesteigerte Energieeffizienz unter Verwendung analytischer und numerischer Berechnungsmodelle", Diplomarbeit, Institut für Elektrische Energiewandlung, Technische Universität Darmstadt, 2010.

[99] M. Strauch, "Entwicklung einer teilweise automatisierten Vermessung von Asynchronmotoren mit Hilfe von LabView", Studienarbeit, Institut für Elektrische Energiewandlung, Technische Universität Darmstadt, 2009.

[105] M. Bartosch, "FEM-Untersuchung (*FLUX2D* vs. *JMAG*) von Kurzschlussläufer Asynchronmotoren im Vergleich mit analytischen Berechnungen und Messergebnissen", Bachelorarbeit, Institut für Elektrische Energiewandlung, Technische Universität Darmstadt, 2011.

[125] M. Still, "Rechnerische und messtechnische thermische Untersuchung von Kurzschlussläufer-Asynchronmotoren", Studienarbeit, Institut für Elektrische Energiewandlung, Technische Universität Darmstadt, 2010.

[135] F. Aprodu, "Design of a FEM-model for thermal calculation of squirrel-cage induction machines and comparison with analytic models and measurements", Diplomarbeit, Institut für Elektrische Energiewandlung, Technische Universität Darmstadt, 2008.

[144] A. Zinni, "FEM-Überprüfung von analytischen Methoden zur Berechnung des Luftspaltfeldes von Kurzschlussläufer Asynchronmotoren und Untersuchung einer Sonderschaltung zur Reduzierung der Feldoberwellen", Masterarbeit, Institut für Elektrische Energiewandlung, Technische Universität Darmstadt, 2011.

- F. Mink, "Implementierung selbsteinstellender Lage- und Drehzahlregelungen in einen industriellen Servoregler", Diplomarbeit, Institut für Elektrische Energiewandlung, Technische Universität Darmstadt, 2008.
- Y. Gemeinder, " Bemessung eines Magnetisierjochs für Wuchtmaschinen ", Studienarbeit, Institut für Elektrische Energiewandlung, Technische Universität Darmstadt, 2008.
- L. Weiss, "Energiekostenreduktion der Firma Rasselstein am Beispiel der elektrischen Antriebskonfiguration einer Walzstrasse", Studienarbeit, Institut für Elektrische Energiewandlung, Technische Universität Darmstadt, 2008.
- P. Vennemann, "FEM-Feldbetrachtung zur Entwicklung eines Sensors für die Messung des Wellenschlages bei hohen Drehzahlen", Studienarbeit, Institut für Elektrische Energiewandlung, Technische Universität Darmstadt, 2011.

MIX
Papier aus verantwortungsvollen Quellen
Paper from responsible sources
FSC® C105338

Printed by Books on Demand GmbH, Norderstedt / Germany